石油化工职业技能培训教材

油品储运调和操作工

中国石油化工集团公司人事部
中国石油天然气集团公司人事服务中心   编

中国石化出版社

内 容 提 要

　　《油品储运调和操作工》为《石油化工职业技能培训教材》系列之一，涵盖石油化工生产人员《国家职业标准》中，对该工种初级工、中级工、高级工、技师四个级别的专业理论知识和操作技能的要求。主要内容包括：储运调和基础、储运设备及仪表、储运工艺、润滑油调和等四篇。

　　本书是油品储运调和操作工进行职业技能培训的必备教材，也是专业技术人员必备的参考书。

图书在版编目（CIP）数据

　　油品储运调和操作工／中国石油化工集团公司人事部，
中国石油天然气集团公司人事服务中心编．—北京：中国
石化出版社，2009（2023.4 重印）
　　石油化工职业技能培训教材
　　ISBN 978-7-5114-0039-0

　　Ⅰ．油… Ⅱ．①中… ②中… Ⅲ．石油与天然气储运–技
术培训–教材 Ⅳ. TE8

　　中国版本图书馆 CIP 数据核字（2009）第 128943 号

中国石化出版社出版发行

地址:北京市东城区安定门外大街 58 号
邮编:100011　电话:(010)57512500
发行部电话:(010)57512575
http://www.sinopec-press.com
E-mail:press@sinopec.com
北京富泰印刷有限责任公司印刷
全国各地新华书店经销

*
787×1092 毫米 16 开本 33 印张 1 插页 832 千字
2023 年 4 月第 1 版第 7 次印刷
定价:98.00 元

《石油化工职业技能培训教材》
开发工作领导小组

为了进一步加强石油化工行业技能人才队伍建设，满足职业技能培训和鉴定的需要，中国石油化工集团公司人事部、中国石油天然气集团公司人事服务中心联合组织编写了《石油化工职业技能培训教材》。本套教材的编写依照劳动和社会保障部制定的石油化工生产人员《国家职业标准》及中国石油化工集团公司人事部编制的《石油化工职业技能培训考核大纲》，坚持以职业活动为导向，以职业技能为核心，以"实用、管用、够用"为编写原则，结合石油化工行业生产实际，以适应技术进步、技术创新、新工艺、新设备、新材料、新方法等要求，突出实用性、先进性、通用性，力求为石油化工行业生产人员职业技能培训提供一套高质量的教材。

根据国家职业分类和石油化工行业各工种的特点，本套教材采用共性知识集中编写，各工种特有知识单独分册编写的模式。全套教材共分为三个层次，涵盖石油化工生产人员《国家职业标准》各职业（工种）对初级、中级、高级、技师和高级技师各级别的要求。

第一层次《石油化工通用知识》为石油化工行业通用基础知识，涵盖石油化工生产人员《国家职业标准》对各职业（工种）共性知识的要求。主要内容包括：职业道德，相关法律法规知识，安全生产与环境保护，生产管理，质量管理，生产记录、公文和技术文件，制图与识图，计算机基础，职业培训与职业技能鉴定等方面的基本知识。

第二层次为专业基础知识，分为《炼油基础知识》和《化工化纤基础知识》两册。其中《炼油基础知识》涵盖燃料油生产工、润滑油（脂）生产工等职业（工种）的专业基础及相关知识，《化工化纤基础知识》涵盖脂肪烃生产工、烃类衍生物生产工等职业（工种）的专业基础及相关知识。

第三层次为各工种专业理论知识和操作技能，涵盖石油化工生产人员《国家职业标准》对各工种操作技能和相关知识的要求，包括工艺原理、工艺操作、设备使用与维护、事故判断与处理等内容。

《油品储运调和操作工》为第三层次教材，在编写上，仍采用传统教材模式，不分级别，而是按内容编写。在编写顺序上遵循由浅到深、先基础理论知识后技能操作的编写原则。在编写内容上，力求同时兼顾到炼化储运、销售企业油库和润滑油调和三大板块。按照职业鉴定大纲将整个内容分为4篇，第1篇储运调和基础，第2篇储运设备及仪表，第3篇储运工艺，第4篇润滑油调和，其中前3篇内容为炼化、销售油库储运所掌握内容，第4篇为润滑油调和操作所掌握内容。按照内容和版块编写，有利于各板块选择自身的学习内容，达到学以致用的目的。在章节安排上把设备使用和操作知识和工艺操作知识分开编写，使得技能人员通过对有关设备从理论到技能的学习后，达到自觉把所学知识应用到操作中的目的。

《油品储运调和操作工》教材由中国石油化工股份有限公司销售事业部负责组织编写，主编郭建新(中石化山西石油分公司)，参加编写的人员有林茂南(茂名石化)、杨榕(长城润滑油北京分公司)、闫德林(中石化北京石油分公司)、姚运涛(中石化龙禹公司)、赵毅清(中石化湖北石油分公司)、肖淑琴(中国石化集团公司)、李绍松(长城润滑油茂名分公司)罗明(长城润滑油武汉分公司)。

本教材由郭建新主编并总纂。其中第1篇第4章、第二篇第3章和第3篇第1章由郭建新编写，第2篇第1、2、4章和第3篇2、5、6章由林茂南编写，第4篇第1、3章由杨榕编写，第1篇第5、8章、第2篇第6章和第3篇第3章由闫德林编写，第1篇第7章和第5篇第5章安全仪表部分由姚运涛编写，第1篇第1、2章和第3篇第4章由赵毅清编写，第1篇第6章和第2篇第5章计量仪表部分由肖淑琴编写，第1篇第3章由罗明编写，第4篇第2章由李绍松编写。

本教材已经中国石油化工集团公司人事部、中国石油天然气集团公司人事服务中心组织的职业技能培训教材审定委员会审定通过，主审郑洪林，参加审定的人员有肖铁岩、孙成海、赵志海、汪君、张宏图、王鸿宇、周兆云、刘振东、李再关、胡建华、张耀鸿、孙作森、毛忠、熊云、葛鸿、陈惠颜，审定工作得到了中国石油集团公司、解放军后勤工程学院的大力支持；中国石化出版社对教材的编写和出版工作给予了通力协作和配合，在此一并表示感谢。

由于石油化工职业技能培训教材涵盖的职业(工种)较多，同工种不同企业的生产装置之间也存在着差别，编写难度较大，加之编写时间紧迫，不足之处在所难免，敬请各使用单位及个人对教材提出宝贵意见和建议，以便教材修订时补充更正。

目　录

第1篇　储运调和基础

第2篇　储运设备及仪表

第4篇 润滑油调和

第1篇 储运调和基础

本篇内容介绍储运调和的基础知识，主要包括石油产品知识、石油燃料、润滑油基础、识图及维修、设备管理、油品计量、安全环保、设备防腐等八章内容，是储运调和操作工掌握技能的基础。

第1章 石油及石油产品知识

1.1 石油产品概述

古代动植物的遗体，由于地壳的运动被压在地层的深处，在缺氧、高温和高压的条件下，经过漫长的时间逐渐变成石油。经过勘探开采出来的石油称为原油。在常温常压下，原油大都呈流体或半流体状态，颜色多是黑色或深棕色，少数为暗绿色、赤褐色或黄色，并且有特殊的气味。原油通过炼油厂蒸馏、裂化、重整、烷基化、精制、调和等加工工艺，得到一系列性质各异、用途不同的产品，这些产品统称为石油产品，如汽油、柴油、煤油、润滑油、溶剂油、石蜡、沥青、液化石油气等。

1.1.1 石油的组成

1.1.1.1 元素组成

石油主要由碳(占 83%~87%)、氢(占 11%~14%)两种元素组成，合计占 96%~99%。其次还含有硫、氮、氧元素，含量约占 1%~4%。此外，还含有微量的铁、镍、铜、钒、砷、氯、磷、硅等元素，它们的含量非常少，常以百万分之几计，它们也是以化合物的形式存在，对石油产品的影响不大，但其中的砷会使铂重整的催化剂中毒，铁、镍、钒会使催化裂化的催化剂中毒，因此在铂重整或催化裂化加工中，对原料要有所选择或进行预处理。

1.1.1.2 烃类组成

石油是由各种烃类和非烃类化合物组成的复杂混合物，烃类是其主要的组成成分。石油中的烃类按其结构不同，主要分为烷烃、环烷烃、芳香烃和不饱和烃等类。

1. 烷烃 石油的主要成分，其分子通式为 C_nH_{2n+2}，它属于饱和烃，分子结构特点是碳原子之间以单键连成链状，其余价键为氢原子所饱和。碳数大于3的烷烃存在组成相同而结构不同的同分异构体。碳呈直链的称为正构烷烃，带侧链称为异构烷烃。在常温常压下，碳原子数为 1~4(C_1~C_4)的低分子烷烃是气体，碳原子数为 5~16(C_5~C_{16})的中分子烷烃是液体，碳原子数为 16(C_{16})以上的高分子烷烃是固体。

2. 环烷烃 环烷烃的分子通式为 C_nH_{2n}，它的分子结构不呈链状，而是呈封闭的环状结构，按环的多少分为单环、双环和多环三类，是一种环状的饱和烃。石油中的环烷烃主要是环戊烷和环已烷的化合物。在常温下常压下，碳原子数在 4 个及以下的环烷烃为气体，4 个以上的为液体，固态的环烷烃多为双环和多环。

3. 芳香烃　芳香烃分子通式是 C_nH_{2n-6}。苯（C_6H_6）是芳香烃中最简单的化合物，具有苯环结构的烃类称为芳香烃。根据苯环的多少和结构形式的差别，芳香烃分为单环、多环和稠环芳香烃三类。

4. 不饱和烃　不饱和烃在原油中含量极少，主要是在二次加工过程中产生的。在高温裂解过程中，生成大量的不饱和烃（主要是烯烃，间有少量二烯烃，但没有炔烃），它的化学安定性差，很容易生成胶质，所以在生产油品时应尽可能将它们除去。

1.1.1.3　非烃类组成

石油中的非烃类化合物含量虽不多，但它们对炼制过程和石油产品质量及环境保护都有极大的危害，应予以高度重视。

1. 含硫化合物　石油中的硫化物有硫醇、硫醚、二硫化物、噻吩以及它们的衍生物。这些硫化物对储油的金属容器、加工装置有腐蚀作用，使某些金属催化剂中毒，燃烧后生成 SO_2 或 SO_3，遇水后生成 H_2SO_3 或 H_2SO_4，严重污染大气和土壤，因此在石油精制过程中，必须尽可能把硫化物除去。随着对环境保护力度的不断加强，对石油产品中硫含量的要求越来越高，我国也在不断降低硫含量的指标，使之不断接近国际标准。

2. 含氧化合物　石油中的含氧化合物可分为中性氧化物和酸性氧化物两类。中性氧化物有醛、酮类，它们在石油中含量极少。酸性氧化物有环烷酸、脂肪酸和酚类，总称石油酸。环烷酸在有水分子存在及高温时，能直接与金属反应发生腐蚀。

3. 含氮化合物　含氮化合物在石油中含量不大，一般为千分之几到万分之几。在石油馏分中的分布随馏分沸点的升高而增加，大部分含氮化合物以胶状、沥青状物质存在于渣油中。含氮化合物在石油产品的储运过程中，由于受热和光的作用，容易氧化缩聚而生成有色的胶质溶于油品中，这些生成物即使是极少量也能加深油品的色度并产生臭味。含氮化合物还会使石油加工中的催化剂中毒，所以必须把其从油品中除去。

4. 胶质、沥青质　胶质、沥青质是石油中结构最复杂、相对分子质量最大的一部分物质。胶质通常是黏稠液体或半固态物质，具有延伸性，颜色从红褐色到暗褐色，密度为 $1.0 \sim 1.1 g/cm^3$，随着馏分沸点的升高而增加。胶质具有很强的着色能力，油品中的颜色主要是由于胶质的存在而造成的，颜色的深浅反映了胶质含量的多少。胶质受热或氧化时可转化为沥青质，甚至生成不溶于油的焦炭状物质。胶质存在于油中，会使油品使用时生成炭渣，导致机件磨损和堵塞，因而必须将其除去。但胶质是沥青的重要组成成分，它可以提高沥青的延伸性能。沥青质是暗褐色或深黑色脆性固体，其相对密度稍大于胶质，受热温度高于 300℃ 时会分解生成焦炭状物质和气体。石油中的沥青质全部集中在渣油中。

1.1.2　原油的分类

1.1.2.1　按组成分类

按原油中烷烃、环烷烃、芳香烃等主要烃类的组成不同可分为以下几类：

1. 石蜡基　这类油的特点是含有较多的石蜡（即直链烷烃含量占 50% 以上），凝点较高。如大庆原油。

2. 中间基　这类油的特点是既含有一定数量的烷烃，也含有一定数量的环烷烃和芳香烃。如胜利原油。

3. 环烷基　这类油的特点是含环烷烃和芳香烃较多，凝点较低，密度较大。如孤岛原油。

1.1.2.2 按硫含量分类

原油中，硫含量低于 0.5% 为低硫原油；硫含量 0.5%~2% 为含硫原油，硫含量高于 2% 的为高硫原油。我国原油硫含量一般较低，如大庆原油属于低硫石蜡基原油。进口的中东原油大部分为含硫和高硫中间基原油。不同类型的原油应选用不同的加工炼制工艺。

1.1.3 石油产品及润滑剂的分类

1.1.3.1 石油产品及润滑剂的总分类

按 GB/T 498—87，石油产品及润滑剂共分六类，其类别和含义见表 1-1-1。

表 1-1-1 石油产品及润滑剂的总分类

类　别	各类别的含义	类　别	各类别的含义
F	燃料	W	蜡
S	溶剂和化工原料	B	沥青
L	润滑剂和有关产品	C	焦

1.1.3.2 石油燃料分类

按照 GB/T 12692—90 标准规定，石油产品中燃料（F 类）根据燃料的类型分为四组，见表 1-1-2。

表 1-1-2 石油燃料的分类

组　别	各类别的含义	说　明
G	气体燃料	主要由甲烷或乙烷，或它们混合组成的石油气体燃料
L	液化气燃料	主要由丙烷-丙烯，或者丁烷-丁烯，或者丙烷-丙烯和丁烷-丁烯混合组成的石油液化气燃料
D	馏分燃料	除液化石油气以外的石油馏分燃料，包括汽油、煤油和柴油。重质馏分油可含少量蒸馏残油
R	残渣燃料	主要由蒸馏残油组成的石油燃料

1.1.4 石油产品的特性

1.1.4.1 易燃性

燃烧是一种同时有光和热产生的快速氧化反应。油品的组分主要是碳氢化合物及其衍生物，是可燃性有机物质。其中许多油品的闪点较低，同燃点很接近，不需要很高温度，甚至在常温下蒸发速度也很快。由于油品在储存收发作业中，不可能是全封闭的，导致油蒸气大量积聚和漂移，存在于有大量助燃物的空气中，只要有足够的点火能量，很容易发生燃烧。油品的燃烧速度很快，尤其是轻质油品，汽油的燃烧线速度最大可达 5mm/min，重量速度最大可达 221kg/m² · h，水平传播速度也很大，即使在封闭的储油罐内，火焰水平传播速度可达 2~4m/s，因此，油品一旦发生燃烧，氧气供给难以控制，很容易造成更大的危险性。

1.1.4.2 易爆性

物质从一种状态迅速地转变成另一种状态，并在瞬间放出巨大能量同时产生巨大声响的现象成为爆炸。爆炸是一种破坏性极大的物理化学现象。油品的爆炸危险性通常用爆炸极限表示，它包括爆炸下限和爆炸上限。爆炸极限有爆炸浓度极限和爆炸温度极限两种表示方式。油蒸气与空气组成混合气体达到爆炸极限时，遇到引爆源，即能发生爆炸。

油品的爆炸极限很低，尤其是轻质油品，浓度在爆炸极限范围的可能性大，引爆能量仅为 0.2mJ，绝大多数引爆源都具有足够的能量来引爆油气混合物。油品的易爆性还表现在爆

3

炸温度极限越接近与环境温度，越容易发生爆炸。冬天室外储存汽油，发生爆炸的危险性比夏天还大。夏天在室外储存汽油因气温高，在一定时间内，汽油蒸气的浓度容易处于饱和状态，遇火源往往发生燃烧，而不是爆炸。

1.1.4.3 易积聚静电

两种不同的物体，包括固体、液体、气体和粉尘，通过摩擦、接触、分离等相对运动而产生的没有定向移动的电荷称为静电。静电的产生和积聚同物体的导电性有关。石油产品的电阻率很高，一般在 $10^7 \sim 10^{13} \Omega \cdot m$ 之间，是静电非导体。电阻率越高，导电率越小，积累电荷的能力越强。汽油、煤油、柴油在泵送、灌装、装卸、运输等作业过程中，流动摩擦、喷射、冲击、过滤都会产生大量静电，很容易引起静电荷积聚，静电电位往往可达几万伏。而静电积聚的场所，常有大量的油蒸气存在，很容易造成静电事故。油品静电积聚不仅能引起静电火灾爆炸事故，还限制油品的作业条件。

静电电荷量与容器内壁粗糙程度，介质的流速、流动时间、温度（柴油相反）、所通过的过滤网的密度、流经的闸阀、弯头数量、电阻率成正比；与空气湿度成反比。常见的几种石油产品的电阻率见表 1-1-3。

表 1-1-3　常见的几种石油产品的电阻率

油品名称	电导率/（S/m）	电阻率/（Ω·m）
原油	$1 \times 10^{-9} \sim 1 \times 10^{-7}$	$1 \times 10^9 \sim 1 \times 10^7$
汽油	$3 \times 10^{-14} \sim 1 \times 10^{-11}$	$3 \times 10^{14} \sim 1 \times 10^{11}$
柴油	$6 \times 10^{-10} \sim 1.2 \times 10^{-9}$	$1.7 \times 10^{11} \sim 8 \times 10^{10}$
煤油	$2 \times 10^{-14} \sim 2 \times 10^{-11}$	$5 \times 10^{13} \sim 5 \times 10^{10}$
喷气燃料	$5 \times 10^{-11} \sim 3 \times 10^{-10}$	$2 \times 10^9 \sim 1 \times 10^7$

1.1.4.4 易受热膨胀

热胀冷缩是所有物质的特性。温度升高，油品体积膨胀，饱和蒸气压增大；温度降低，体积收缩，饱和蒸气压减小。几种常用油品的膨胀系数：汽油为 0.0012，煤油为 0.0010，柴油为 0.0009。拱顶油罐安装呼吸阀、内浮顶油罐安装通气孔，一方面是油罐收发作业的需要，另一方面也是减少油品损耗、防止油品热胀冷缩的需要。一般情况下，油桶盛装油品时需预留 5%~7% 的空容积，就是防止油品的热胀冷缩。油桶灌装标准详见表 1-1-4。

表 1-1-4　油桶灌装标准　　　　　　　　　　　　　单位：kg

油品名称	200L 大桶		100L 中桶	30L 扁桶
	夏季	冬季		
汽油	135	140	68	21
轻柴油	155	160	80	24
煤油	155	160	78	24
120 号溶剂油	130	135	65	20
200 号溶剂油	140	145	70	21
机械润滑油	160~170		80~85	25~26
内燃机油	170		85	25
变压器油	165		82	25
齿轮油	170~175		85~87	26~27
润滑脂	180		90	

1.1.4.5 易蒸发、易扩散和易流淌

蒸发的实质是物质分子的运动。物质由液态变为气态的过程称为气化，蒸发和沸腾都是气化现象。蒸发是在任何温度下液体表面的气化现象，而沸腾是在某一温度下液体内部和表面同时进行的气化现象。液体的蒸发是一个动态循环的过程。在密闭容器中，当从液面逸出的分子数量等于返回液面分子的数量时，气相和液相保持相对平衡，这种平衡称为饱和状态，液体就不会因蒸发而减少，这时的蒸气称为饱和蒸气，饱和蒸气产生的气压称为饱和蒸气压。饱和蒸气压是石油产品很重要的特性参数之一。石油产品中轻质成分越多，饱和蒸气压越大，低温启动性能越好，蒸发损耗越大，越容易产生气阻。

影响蒸发的因素很多，总起来可以分为两方面。一是油品本身性质方面的因素，如沸点、蒸气压、蒸发潜热、黏度和表面张力等。二是外界条件的因素，如周围空气的温度和压力、空气流动速度、蒸发面积以及容器的密封程度等。在石油产品的储运中，采取喷淋降温、安装呼吸阀等都是减少油品蒸发的措施。

油气同空气混合后的混合气体相对密度同空气很接近，尤其是轻质油品蒸气同空气的混合物，受风影响扩散范围广，并沿地面漂移，积聚在坑洼地带，所以加油站内建构筑物之间一定要有安全距离，以防火灾及险情扩大。

液体都具有流动扩散的特性，油品的流动扩散能力取决于油品的黏度。低黏度的轻质油品，相对密度小于水，其流动扩散性很强。所以储存油品的设备由于穿孔、破损，常发生漏油事故。

1.1.4.6 具有一定的毒性

油品及其蒸气都具有一定的毒性，一般属于刺激性、麻醉性的低毒物质。其毒性，因化学结构、蒸发速度和所含添加剂性质、加入量的不同而不同。一般认为基础油中的芳香烃、环烷烃毒性较大，油品中加入的各种添加剂，如抗爆剂、防锈剂、抗腐剂等也具有一定的毒性。这些有毒物质主要通过呼吸道、消化道和皮肤侵入人体，造成人身中毒。因此，应严格遵守操作规程，加强防毒劳动保护措施，避免中毒事故发生。

1.2 石油及其产品的主要理化指标

1.2.1 密度

密度是指在规定温度下，单位体积内所含的质量数，密度的单位为 g/cm^3 或 kg/m^3。石油的密度是随其组成中的含碳、氧、硫量的增加而增大的，含芳香烃、胶质、沥青质多的密度大，而含环烷烃多的密度居中，含烷烃多的密度小。因此根据石油产品的密度，在某种程度上可以判断该油品的大概质量，测定密度可初步鉴别油品的种类。

石油的密度主要用于换算数量与交货验收的计量和某些油品的质量控制，如通过测定油品密度变化，可了解油品蒸发损失或混油情况。

1.2.2 馏程

蒸馏指液体在蒸馏设备或仪器中被加热汽化，并把蒸气导出使其冷凝和收集的操作过程。馏程是指将油品在规定条件下进行蒸馏，从而得到的从初馏点到终馏点的蒸馏温度与馏出体积百分数之间关系。

车用汽油中，10%馏出温度可以表示汽油中含有轻馏分的大概数量，是影响车辆起动性能的重要指标，温度过高，冷车不易启动，过低则易产生气阻；50%馏出温度是表示汽油的

平均蒸发性能，它能影响发动机的加速性能，温度低则蒸发性和发动机的加速性就好，工作也较平稳；90%馏出温度表示汽油中不易蒸发和重质馏分的含量，如温度过高，说明燃料中含有不易燃烧的重质组分过多，不能保证燃料在使用条件下完全蒸发和燃烧，就会增加耗油量，甚至稀释润滑油，从而影响汽油的使用性能。

馏程对轻质燃料具有重要的意义，它是石油产品的主要理化指标之一。从馏程结果可以看到油品的沸点范围，判断油品组成中轻质和重质成分的大体含量。各种液体燃料都对其蒸馏作了详细的规定，因此在鉴别未知燃料时，可以用测定燃料的馏程，作为主要依据。

定期测定油品的馏程可了解燃料的蒸发损失及是否混有其他种油品。油品在储存过程中，轻质成分极易蒸发损失，从而使它的10%馏出温度升高，如果混油馏程会发生急剧变化。

1.2.3 辛烷值

辛烷值是表示汽油抗爆性的指标。抗爆性是汽油在发动机内不发生爆震的能力。爆震（俗称敲缸）是汽油发动机中一种不正常的燃烧现象，爆震燃烧时，发动机有时会发生强烈的震动，并发生金属敲击声，排气管冒黑烟，耗油量增大，严重的爆震会损坏发动机的零部件。

辛烷值是表示点燃式发动机燃料抗爆性的一个约定数值。在规定条件下的标准发动机试验机中，通过和标准燃料（异辛烷和正庚烷的混合物。异辛烷的辛烷值定为100；正庚烷的辛烷值为0）进行比较来测定。采用和被测燃料具有相同抗爆性的标准燃料中异辛烷的体积百分数表示所测燃料的辛烷值。

辛烷值测定法有马达法（MON）和研究法（RON）两种。马达法辛烷值和研究法辛烷值的平均值称为抗爆指数。车用汽油的牌号是按辛烷值的大小来划分牌号的。

1.2.4 十六烷值

十六烷值是表示柴油燃烧性能的指标，它是表示柴油在压燃式发动机中着火性能的一个约定值。在规定条件下的标准发动机试验中，通过和标准燃料（正十六烷与 α-甲基萘配成不同比例的混合液，正十六烷的十六烷值为100，α-甲基萘的十六烷值为0）进行比较来测定，采用和被测定燃料具有相同着火性能的标准燃料中正十六烷的体积百分数表示。

十六烷值影响柴油的燃烧的平稳性。十六烷值高的柴油自燃点低，在柴油机的汽缸中容易自燃，不易产生爆震。柴油的十六烷值对发动机的起动，特别是在低温时的起动有较大的影响，因而，不同的柴油机对柴油十六烷值有最低需要数要求。超过实际需要的十六烷值并不能改善发动机的性能，所以在保证最大燃料适应性的情况下，十六烷值应尽可能低，这样可以节约有限的柴油资源。

1.2.5 实际胶质

在规定条件下测得发动机燃料的蒸发残留物称为实际胶质，以100ml试样（燃料）在试验条件下所含胶质的毫克数（mg/100mL）表示。它包括燃料实际含有的胶质和在试验条件下加速蒸发时所产生的部分胶质。

实际胶质是用于评定汽油或柴油在发动机中生成胶质的倾向，判定发动机燃料的安定性能。测定的实际胶质含量，不是指油品中含有胶状物的真正数量，只是作为评定发动机燃料在发动机中使用时生成胶质倾向的一个指标。故和用其他试验方法所测出的胶状物质（如硫酸胶质、硅酸胶质等）有所区别。一般来说，实际胶质大的燃料在使用时，易使发动机的进油系统和燃烧系统产生胶状沉积物，影响发动机的正常工作。

实际胶质还是液体燃料在储存过程中的重要质量控制指标之一。在储存过程中，液体表面和空气中的氧接触，在常温下一些不安定的烃类自动氧化，首先生成过氧化物，经过分解、缩合等反应而生成大分子的胶质。储存时定期测定实际胶质，可了解氧化变质情况，并根据测定结果确定能否使用和继续储存。

1.2.6　色度

色度是在规定条件下，油品颜色最接近于某一标准色板(色液)的颜色时所测的结果。柴油的色度应不大于 3.5。通过测定其色度可以判断其精制程度和稳定性。一般来说，色度小，则精制程度越好，胶质含量少，安定性好。

1.2.7　凝点

试油在规定试验条件下冷却，将试管倾斜 45°，经过 1min 试样液面不移动时的最高温度称为凝点，以℃表示。凝点是评价油品低温性能的指标，是在低温下失去流动性的最高温度。

柴油是按凝点来划分牌号的。某些油品为了使用时参考其低温流动性能，也用凝点来表示其牌号。如 45 号变压器油要求其凝点不高于-45℃。

1.2.8　冷滤点

冷滤点是指在规定试验条件下，20mL 试油在 1min 内开始不能通过过滤器时的最高温度，以℃表示。

冷滤点、凝点、倾点都是评价油品低温流动性能指标。冷滤点一般用于柴油，倾点一般用于润滑油。冷滤点比凝点更具实用性，因为柴油温度降至凝点时，过滤器可能已堵塞，且冷滤点与柴油实际使用极限温度有良好的对应关系，并不受是否加有低温流动性改进剂的影响，一般将柴油的冷滤点作为柴油使用温度的极限温度。

1.2.9　闪点

闪点分闭口闪点和开口闪点，开口闪点用以测定重质润滑油的闪点，闭口闪点用以测定燃料或轻质油品的闪点。

闪点是表示油品的安全性的指标。油品的危险性是根据闪点来划分的，闭口闪点在 45℃以下的为易燃液体，在 45℃以上的为可燃液体。

测定油品的闪点，可以判断油品馏分组成的轻重。一般的规律是油品的蒸气压越高，馏分组成越轻，则闪点越低；反之，馏分越重的油品，则闪点越高。

测定闪点可以大体判断油品是否变质或混入其他油品。通常，开口闪点要比闭口闪点高 20～30℃，同时测定某些润滑油的开口和闭口闪点，可以判断润滑油馏分的宽窄程度和是否掺入轻质组分。

1.2.10　硫含量

液体燃料硫含量是指燃料中活性及非活性硫化物的总含硫量，以质量百分数表示。由于正常燃料中一般不允许含有活性硫物质，所以硫含量实际上是各种非活性含硫物质的总硫量。硫燃烧后生成二氧化硫和三氧化硫，遇水生成亚硫酸和硫酸，会腐蚀机件缩短其使用年限，污染大气和土壤，损害人体、动植物健康。

现在我国特别是西方发达国家对油品中的硫含量的要求越来越严格。因此，对汽油产品来说，不仅要控制硫含量，还要控制硫醇的硫含量。

1.2.11　机械杂质

存在于油品中所有不溶于规定溶剂(汽油、苯)的沉淀状或悬浮状物质(包括了一些不溶于溶剂的有机成分，如碳氢质和炭化物等）称为机械杂质。

油品中的机械杂质是在储运、保管和使用的过程中混入的，如泥沙、灰尘、铁锈和金属粉末等。这些机械杂质可用沉淀或过滤的方法除去。燃料中含有机械杂质，会堵塞油路和滤清器，严重磨损油泵和喷油嘴。润滑油中的机械杂质会磨损机件，并增大残炭和灰分数量。变压器油中含有机械杂质，就会严重降低它的绝缘性能。

1.2.12　残炭

残炭是指将油品放入残炭测定器中，在不通入空气的试验条件下，加热使其蒸发和分解，排出燃烧的气体后，所剩余的焦黑色残留物。测定结果用重量百分数表示。

残炭是油品中胶状物质和不稳定化合物的间接指标。油品残炭越大说明油品中不稳定的烃类和胶状物质就越多。例如，裂化原料油若残炭较大，表明其含胶状物质多，在裂化过程中易生成焦炭，使设备结焦；轻柴油以 10% 蒸余物的残炭作为指标。柴油的残炭值是其馏程和精制程度的函数，柴油的馏分越轻和精制得越好，其残炭值就越小。所以测定柴油10% 蒸余物的残炭，对于保证生产质量良好的柴油有重要意义；用含胶状物质较多的重油制成的润滑油，有较高的残炭值，残炭值可用以间接查明润滑油的精制程度；测定焦化原料油的残炭，能间接查明可得到的焦炭产量。残炭值愈大，焦炭产量愈高。

1.2.13　灰分

油品在规定条件下灼烧后，所剩的不燃物质，称为灰分，以百分数表示。

灰分可作为油品洗涤精制是否正常的指标，如用酸碱精制时，脱渣不完全，则残余的盐类和皂类使灰分增大；重质燃料油若含灰分太大，降低了使用效率。灰分沉积在管壁、蒸气过热器、节油器和空气预热器上，不但使传热效率降低，而且会引起这些设备的提前损坏；在油品应用上，如柴油灰分超过一定数量，灰分进入积炭将增加积炭的坚硬度，使气缸套和活塞环的磨损增大。

1.2.14　水分

石油产品中水分的来源在于运输和储存过程中，进入石油产品中的水；石油产品有一定程度的吸水性，能从大气中或与水接触时，吸收和溶解一部分水。汽、煤油几乎不与水混合，但仍可溶有不超过 0.01% 的水。

水分是指油中的含水量，以质量百分数（%）表示。测定油中水分含量，可为油品计量计算和确定脱水方案提供依据。如果油中含水过量，有如下危害：水分蒸发时要吸收热量，会使发热量降低，并能将溶解的盐带入气缸内，生成积炭，增加气缸的磨损；在低温时，燃料油中的水分会产生冰晶，堵塞发动机燃料系统的导管和滤清器，减少发动机的供油量，影响发动机的正常工作；加速油品氧化，储存中有无水分，对于燃料的氧化变质影响很大；引起容器和机械的腐蚀；润滑油中水分还会促使润滑油乳化，破坏添加剂和润滑膜，使润滑油性能变坏。

1.2.15　水溶性酸碱

石油产品的水溶性酸或碱是指加工及储存过程中落入石油产品内的可溶于水的矿物酸碱。矿物酸主要为硫酸及其衍生物，包括磺酸和酸性硫酸酯。水溶性碱主要为苛性钠和碳酸钠。它们多是由于用酸碱精制时清除不净，由其残余物所形成。

1.2.16　酸度及酸值

石油产品的酸度和酸值都是表明石油中含有酸性物质的指标。中和 100mL 石油产品中的酸性物质所需的氢氧化钾毫克数，称为酸度。中和 1g 石油产品中的酸性物质所需的氢氧化钾毫克数，称为酸值。所测得的酸度(值)，为有机酸和无机酸的总值。但在大多数情况下，油品中没有无机酸存在，因此所测定的酸度(值)几乎都代表有机酸。油品中所含有的有机酸主要为环烷酸，是环烷烃的羧基衍生物。

1.2.17 碘值

100克试油所能吸收碘的克数，称为石油产品的碘值。碘值是表示油品安全性的指标之一。从测得碘值的大小可以说明油品中的不饱和烃含量的多少。石油产品中的不饱和烃愈多，碘值就愈高，油品安定性也愈差。

喷气燃料要求在储运时性质安定。如油品中含有较多不饱和烃，碘值大，在空气及较高温度的作用下，易产生胶状物质，引起显著的质量变化。碘值小，说明油品中不饱和烃含量少，化学性质较稳定，经过长时期储存也不会因氧化而发生质量变化。

1.2.18 诱导期

汽油在压力为7kPa的氧气中以及在温度为100℃时未被氧化所经过的时间，称为诱导期。汽油诱导期是控制汽油安定性的指标之一。通常，汽油的诱导期越长，安定性就越好，储存期就越长，反之安定性就差。如直馏汽油的诱导期就比较长，化学安定性好，这样的产品就是经过较长时期储存也不会被空气中的氧所氧化而变质。但热裂化汽油，由于含大量的不饱和烃，尤其是二烯烃，其抗氧化安定性差，诱导期短，极易被空气中氧气所氧化，储存时很易形成胶质。

1.3 主要石油产品

石油产品品种繁多，涉及到社会生活的各个方面。这里简要介绍石蜡、沥青、石油焦、主要的溶剂和化工原料及燃料中的液化石油气。

1.3.1 石蜡

石蜡是从原油蒸馏所得的润滑油馏分经溶剂精制、溶剂脱蜡或经蜡冷冻结晶、压榨脱蜡制得蜡膏，再经溶剂脱油、精制而得的片状或针状结晶，又称晶形蜡，碳原子数约为18~30的烃类混合物，主要组分为直链烷烃(约为80%~95%)，还有少量带个别支链的烷烃和带长侧链的单环环烷烃(两者合计含量20%以下)。

根据加工精制程度不同，石蜡可分为全精炼石蜡、半精炼石蜡(又称白石蜡)和粗石蜡3种。石蜡主要质量指标为熔点和含油量，前者表示耐温能力，后者表示纯度。每类蜡又按熔点，一般每隔2℃，分成不同的品种，如52、54、56、58等牌号。

其中前二者用途较广，主要用作食品及其他商品(如蜡纸、蜡笔、蜡烛、复写纸)的组分及包装材料，烘烤容器的涂敷料、化妆品原料，用于水果保鲜、提高橡胶抗老化性和增加柔韧性、电器元件绝缘、精密铸造等方面，也可用于氧化生成合成脂肪酸。粗石蜡由于含油量较多，主要用于制造火柴、纤维板、篷帆布等。石蜡中加入聚烯烃添加剂后，其熔点增高，粘附性和柔韧性增加，广泛用于防潮、防水的包装纸、纸板、某些纺织品的表面涂层和蜡烛生产。

1.3.2 沥青

石油沥青是原油加工过程的一种产品，根据提炼程度的不同，在常温下呈黑色或黑褐色的黏稠液体、半固体或固体，具有较高的感温性，主要含有可溶于三氯乙烯的烃类及非烃类衍生物，其性质和组成随原油来源和生产方法的不同而变化。

石油沥青的生产方法有蒸馏法、溶剂沉淀法、氧化法、调和法、乳化法、改性沥青。

石油沥青按用途可以分为：道路沥青、建筑沥青、防水防潮沥青、以用途或功能命名的各种专用沥青等。

沥青在生产和使用过程中可能需要在储罐内保温储存，如果处理适当，沥青可以重复加热即可在较高温度保持相当长的时间而不会使其性能受到严重损害。但是如果接触氧、光和过热就会引起沥青的硬化，最显著的标志是沥青的软化点上升，锥入度下降，延度变差，使沥青的使用性能受到损失。

1.3.3 石油焦

石油焦是原油经蒸馏将轻重质油分离后，重质油再经热裂化的过程，转化而成的产品。从外观上看，焦炭为形状不规则，大小不一的黑色块状（或颗粒），有金属光泽，焦炭的颗粒具多孔隙结构，主要的元素组成为碳，占80%以上，其余的为氢、氧、氮、硫和金属元素。

石油焦主要用于制取炭素制品，如石墨电极、阳极弧，提供炼钢、有色金属、炼铝之用；制取碳化硅制品，如各种砂轮、砂皮、砂纸等；制取商品电石供制作合成纤维、乙炔等产品；也可做为燃料。

1.3.4 溶剂及化工原料

1.3.4.1 石脑油

石脑油是石油产品之一，又称为"轻汽油"或"化工轻油"，是由 $C_4 \sim C_{12}$ 的烷烃、环烷烃、芳烃、烯烃组成的混合物。在常温、常压下，石脑油为无色透明或微黄色液体，有特殊气味，不溶于水。密度为 $650 \sim 750 kg/m^3$，硫含量不大于0.08%，烷烃含量不超过60%，芳烃含量不超有12%，烯烃含量不大于1.0%。

石脑油主要用作化肥、乙烯生产和催化重整原料，也可以用于生产溶剂油或作为汽油产品的调和组分。石脑油用作石化原料时，是管式炉裂解制取乙烯、丙烯，催化重整制取苯、甲苯、二甲苯的重要原料；作为裂解原料时，要求石脑油组成中烷烃和环烷烃的含量不低于70%（体积分数）；作为催化重整原料用于生产高辛烷值汽油组分时，进料为宽馏分，沸点范围一般为80~180℃；用于生产芳烃时，进料为窄馏分，沸点范围为60~165℃。

1.3.4.2 溶剂油

溶剂油是烃的复杂混合物，为无色、易燃、易爆、透明的液体。

溶剂油的用途十分广泛。用量最大的是涂料溶剂油（俗称油漆溶剂油），其次有印刷油墨、皮革、农药、杀虫剂、橡胶、化妆品、香料、医药、电子部件等溶剂油。

按沸程分，溶剂油可分为三类：低沸点溶剂油，如6#抽提溶剂油，沸程为60~90℃；中沸点溶剂油，如橡胶溶剂油，沸程为80~120℃；高沸点溶剂油，如油漆溶剂油，沸程为140~200℃，近年来广泛使用的油墨溶剂油，其干点可高达300℃。

按化学结构分，溶剂油则可分为链烷烃、环烷烃和芳香烃三种。实际上除乙烷、甲苯和二甲苯等少数几种纯烃化合物溶剂油外，溶剂油都是各种结构烃类的混合物。

1.3.5 液化石油气

液化石油气是石油产品之一。简称LPG。是由炼油厂气或天然气（包括油田伴生气）加压、降温、液化得到的一种无色、挥发性气体。由炼油厂气所得的液化石油气，主要成分为丙烷、丙烯、丁烷、丁烯，同时含有少量戊烷、戊烯和微量硫化合物杂质。液化石油气的品种及代号见表1-1-5。

表 1-1-5　液化石油气的品种及代号

液化石油气	品种代号 F-	说　明
	LP	以丙烷、丙烯、丙烷和丙烯为主组成的烃类产品，其余主要是乙烷-乙烯和丁烷-丁烯异构体
	LB	以丁烷、丁烯、丁烷和丁烯组成为主的烃类产品，其余主要是丙烷—丙烯和戊烷—戊烯异构体
	LC	以丙烷—丙烯和丁烷—丁烯组成为主的烃类混合物，其余主要是乙烷—乙烯和戊烷-戊烯异构体

　　液化石油气在常温和常压下为气态。液化石油气在空气中极易挥发，从液态变为气态时，体积膨胀非常大，约增大 250～300 倍，达到一定浓度时，遇到火星或电火花，都能迅速引起燃烧，达到爆炸浓度极限时还会发生爆炸。液化气无特殊气味，且具有一定的毒性，易引起急性中毒。为了提醒人们及时发现液化气是否泄漏，加工厂常向液化气中混入少量有恶臭味的硫醇或硫醚类化合物。一旦有液化气泄漏，就立即闻到这种气味，而采取应急措施。

第2章 石油燃料

石油燃料可分为气体燃料、液化气燃料、馏分燃料和残渣燃料。本章主要介绍汽油、煤油、柴油、燃料油以及汽油、煤油、柴油常用添加剂。

2.1 汽 油

汽油是由复杂烃类(碳原子数约4~12)组成的混合物,为无色至淡黄色的易流动液体。沸点范围为30~205℃,空气中含量为74~123g/m³时遇火爆炸。汽油的热值(燃料的热值是指1kg燃料完全燃烧后所产生的热量)约为44000kJ/kg。

汽油根据制造过程可分为直馏汽油、热裂化汽油、催化裂化汽油、重整汽油、焦化汽油、叠合汽油、加氢裂化汽油、裂解汽油和烷基化汽油、合成汽油等;根据用途可分为航空汽油、车用汽油等;根据汽油组分油中加入的变性燃料不同可分为车用乙醇汽油、甲醇汽油等。

汽油主要用作点燃式内燃机的燃料,广泛用于汽车、摩托车、快艇、农林业用飞机等。

2.1.1 车用汽油

车用汽油是汽油的一种,为点火式发动机的燃料。

为满足油品使用、储存和环保等方面的需要,车用汽油应达到以下方面的要求:良好的蒸发性,保证发动机在冬季易于启动,在夏季不易产生气阻,并能较完全燃烧;抗爆性好,辛烷值要合乎规定,以保证发动机运转正常,不发生爆震,充分发挥功率;安定性好,诱导期要长,实际胶质要小,使汽油长期储存中不会产生过多的胶状物质和酸性物质、辛烷值降低、酸度增大、颜色变深等;抗腐蚀性好,在储存和使用过程中保证不会腐蚀储油容器和汽油机机件。具体的质量技术要求及试验方法(GB 17930—2006)见表1-2-1和表1-2-2。

表1-2-1 车用汽油(Ⅱ)质量技术要求及试验方法

项 目		质量指标			试 验 方 法
		90	93	97	
抗爆性					
研究法辛烷值(RON)	不小于	90	93	97	GB/T5487
抗爆指数($RON+MON$)/2	不小于	85	88	报告	GB/T503、GB/T5487
铅含量[a]/(g/L)	不大于		0.005		GB/T8020
馏程					
10%蒸发温度/℃	不高于		70		
50%蒸发温度/℃	不高于		120		
90%蒸发温度/℃	不高于		190		GB/T6536
终馏点/℃	不高于		205		
残留量/%(体积分数)	不大于		2		

项　目		质 量 指 标			试 验 方 法
		90	93	97	
蒸气压/kPa					
11 月 1 日至 4 月 30 日	不大于		88		GB/T8017
5 月 1 日至 10 月 31 日	不大于		74		
实际胶质/(mg/100mL)	不大于		5		GB/T8019
诱导期/min	不小于		480		GB/T8018
硫含量[b]/%(质量分数)	不大于		0.05		GB/T380、GB/T17040
硫醇(需满足下列要求之一)					
博士试验			通过		SH/T0174
硫醇硫含量/%(质量分数)	不大于		0.001		GB/T1792
铜片腐蚀(50℃，3h)	不大于		1		GB/T5096
水溶性酸或碱			无		GB/T259
机械杂质及水分			无		目测[c]
苯含量[d]/%(体积分数)	不大于		2.5		SH/T0693、SH/T0713
芳烃含量[e]/%(体积分数)	不大于		40		GB/T11132、SH/T0741
烯烃含量[e]/%(体积分数)	不大于		35		GB/T11132、SH/T0741
氧含量/%(质量分数)	不大于		2.7		SH/T0663
甲醇含量[a]/%(质量分数)	不大于		0.3		SH/T0663
锰含量[f]/(g/L)	不大于		0.018		SH/T0711
铁含量/(g/L)	不大于		0.01		SH/T0712

　a. 车用汽油中，不得人为加入甲醇以及含铅或含铁的添加剂。

　b. 在有异议时，以 SH/T0689 方法测定结果为准。

　c. 将试样注入 100mL 玻璃量筒中观察，应当透明，没有悬浮和沉降的机械杂质和水分。在有异议时，以 GB/T511 和 GB/T260 方法测定结果为准。

　d. 在有异议时，以 SH/T0713 测定结果为准。

　e. 对于 97 号车用汽油，在烯烃、芳烃总含量控制不变的前提下，可允许芳烃的最大值为 42%(体积分数)，在含量测定有异议时，以 GB/T11132 方法测定结果为准。

　f. 锰含量是指汽油中甲基环戊二烯三羰基锰形式存在的总锰含量，不得加入其他类型的含锰添加剂。

表 1-2-2　车用汽油(Ⅲ)质量技术要求及试验方法

项　目		质 量 指 标			试 验 方 法
		90	93	97	
抗爆性					
研究法辛烷值(RON)	不小于	90	93	97	GB/T5487
抗爆指数(RON+MON)/2	不小于	85	88	报告	GB/T503、GB/T5487
铅含量[a]/(g/L)	不大于		0.005		GB/T8020
馏程					
10%蒸发温度/℃	不高于		70		
50%蒸发温度/℃	不高于		120		
90%蒸发温度/℃	不高于		190		GB/T6536
终馏点/℃	不高于		205		
残留量/%(体积分数)	不大于		2		

项 目		质量指标			试 验 方 法
		90	93	97	
蒸气压/kPa					GB/T8017
11月1日至4月30日	不大于		88		
5月1日至10月31日	不大于		72		
实际胶质/(mg/100mL)	不大于		5		GB/T8019
诱导期/min	不小于		480		GB/T8018
硫含量[b]/%(质量分数)	不大于		0.015		GB/T380、GB/T11140 SH/T0253 GB/T0689
硫醇(需满足下列要求之一):					
博士试验			通过		SH/T0174
硫醇硫含量/%(质量分数)	不大于		0.001		GB/T1792
铜片腐蚀(50℃,3h)	不大于		1		GB/T5096
水溶性酸或碱			无		GB/T259
机械杂质及水分			无		目测[c]
苯含量[d]/%(体积分数)	不大于		1.0		SH/T0693、SH/T0713
芳烃含量[e]/%(体积分数)	不大于		40		GB/T11132、SH/T0741
烯烃含量[e]/%(体积分数)	不大于		30		GB/T11132、SH/T0741
氧含量/%(质量分数)	不大于		2.7		SH/T0663
甲醇含量[a]/%(质量分数)	不大于		0.3		SH/T0663
锰含量[f]/(g/L)	不大于		0.016		SH/T0711
铁含量/(g/L)	不大于		0.01		SH/T0712

　　a. 车用汽油中,不得人为加入甲醇以及含铅或含铁的添加剂。

　　b. 在有异议时,以 GB/T380 方法测定结果为准。

　　c. 将试样注入 100mL 玻璃量筒中观察,应当透明,没有悬浮和沉降的机械杂质和水分。在有异议时,以 GB/T511 和 GB/T260 方法测定结果为准。

　　d. 在有异议时,以 SH/T0713 测定结果为准。

　　e. 对于 97 号车用汽油,在烯烃、芳烃总含量控制不变的前提下,可允许芳烃的最大值为 42%(体积分数),在含量测定有异议时,以 GB/T11132 方法测定结果为准。

　　f. 锰含量是指汽油中甲基环戊二烯三羰基锰形式存在的总锰含量,不得加入其他类型的含锰添加剂。

　　按研究法辛烷值将车用汽油划分为 90 号、93 号、97 号三个牌号。在选用油品时,应根据发动机压缩比的高低选择不同牌号的汽油。通常情况下,压缩比在 8.5~9.5 的中档轿车应选用 93 号车用汽油;压缩比大于 9.5 的轿车应选用 97 号汽油。现在国产轿车压缩比大都在 9.0 以上,有的进口车压缩比甚至在 10.8 以上,最好选用 97 号以上的汽油。

　　当选择的汽油牌号低于发动机要求的牌号时,应适当推迟点火角;当汽车从平原行使至高原时,应适当推迟点火角;当由车用汽油改加同牌号的乙醇汽油时,应适当提前点火角。

　　汽车在炎热夏季或高原、高山地区行使时,应采取通风、减少输油管道的弯曲等措施,防止产生气阻,造成油路供油不足或停止。当由车用汽油改加乙醇汽油时,应清洗油路和喷油嘴。

2.1.2 车用乙醇汽油

乙醇汽油作为一种新型清洁燃料，是目前世界上可再生能源的发展重点，是一种由粮食及各种植物纤维加工成的变性燃料乙醇和车用乙醇汽油调和组分油按一定比例混配形成替代能源。

2.1.2.1 变性燃料乙醇

变性燃料乙醇以玉米、小麦、薯类、甘蔗、甜菜等为原料，经发酵、蒸馏制得乙醇，通过专用设备、特定脱水工艺生产的含量在99.2%（体积分数）以上的无水乙醇，再添加变性剂（2%~5%（体积分数）的车用汽油）变性处理。在20℃时，其密度应在0.7918~0.7893g/cm³范围内。添加一定比例的助溶剂和腐蚀抑制剂后，混配成车用乙醇汽油。

变性燃料乙醇质量技术要求及试验方法（GB18350—2001）见表1-2-3。

表1-2-3 变性燃料乙醇质量技术要求及试验方法

项 目		质 量 指 标	试 验 方 法
外观		清澈透明、无肉眼可见悬浮物和沉淀物	
乙醇/%（体积分数）	≥	92.1	GB18350附录A
甲醇/%（体积分数）	≤	0.5	GB18350附录A
实际胶质/（mg/100mL）	≤	5.0	GB/T8019
水分/%（体积分数）	≤	0.8	GB18350附录B
无机氯（以Cl⁻计）/（mg/L）	≤	32	GB18350附录C
酸度（以乙酸计）/（mg/L）	≤	56	GB18350附录D
铜/（mg/L）	≤	0.08	GB18350附录E
pHe值[1]		6.5~9.0	GB18350附录F

1）2002年4月1日前，pHe值暂按5.7~9.0执行。

注：应加入有效的金属腐蚀抑制剂，以满足车用乙醇汽油铜片腐蚀的要求。

2.1.2.2 车用乙醇汽油调和组分油

车用乙醇汽油调和组分油是指由炼油厂或石油化工厂生产出的车用汽油半成品（不添加含氧化合物的液体烃类），主要作为不同牌号车用乙醇汽油的调和油，是一种不能直接使用的组分汽油。

目前，车用乙醇汽油调和组分油主要为催化裂化装置生产的汽油，研究法辛烷值分为90号、93号、97号三个牌号。其质量指标与车用汽油有一定的差别。由于加入乙醇后会增加辛烷值，所以与车用汽油相比，车用乙醇汽油调和组分油辛烷值可以低一些。车用乙醇汽油调和组分油的技术要求（GB/T22030—2008）见表1-2-4。

表1-2-4 车用乙醇汽油调和组分油（Ⅲ）的技术要求和试验方法

项 目	质 量 指 标			试 验 方 法
	90	93	97	
抗爆性				
研究法辛烷值（RON） 不小于	88.0	91.0	95.5	GB/T5487
抗爆指数（RON+MON）/2 不小于	83.5	86.5	报告	GB/T503、GB/T5487
铅含量[a]/（g/L） 不大于		0.005		GB/T8020

15

项 目		质量指标			试 验 方 法
		90	93	97	
馏程					
10%蒸发温度/℃	不高于		70		
50%蒸发温度/℃	不高于		120		
90%蒸发温度/℃	不高于		190		GB/T6536
终馏点/℃	不高于		205		
残留量/%（体积分数）	不大于		2		
蒸气压/kPa					
11月1日至4月30日	不大于		81		GB/T8017
5月1日至10月31日	不大于		67		
实际胶质/（mg/100mL）	不大于		5		GB/T8019
诱导期/min	不小于		540		GB/T8018
硫含量[b]/%（质量分数）	不大于		0.015		GB/T11140
硫醇（需满足下列要求之一）：					
博士试验			通过		SH/T0174
硫醇硫含量/%（质量分数）	不大于		0.001		GB/T1792
铜片腐蚀（50℃，3h）	不大于		1		GB/T5096
水溶性酸或碱			无		GB/T259
机械杂质及水分			无		目测[c]
有机氧含量[d]/%（质量分数）	不大于		0.5		SH/T0663、SH/T0720
苯含量[e]/%（体积分数）	不大于		2.5		SH/T0693、SH/T0713
烯烃含量[f]/%（体积分数）	不大于		38		GB/T11132、SH/T0741
芳烃含量[f]/%（体积分数）	不大于		44		GB/T11132、SH/T0741
锰含量[g]/（g/L）	不大于		0.018		SH/T0711
铁含量[a]/（g/L）	不大于		0.010		SH/T0712

  a. 铅不得人为加入。

  b. 有异议时以 SH/T0689 方法测定结果为准。

  c. 将试样注入 100mL 玻璃量筒中观察，应当透明，没有悬浮和沉降的机械杂质和水分。在有异议时，以 GB/T511 和 GB/T260 方法测定结果为准。

  d. 不得人为加入，在有异议时，以 SH/T0663 方法测定结果为准。

  e. 在有异议时，以 SH/T0693 方法测定结果为准。

  f. 在有异议时，以 GB/T11132 方法测定结果为准，对 97#组分油在芳、烯烃总量控制不变的前提下可允许芳烃含量的最大值为 46%（体积分数）。

  g. 锰含量是指汽油中甲基环戊二烯三羰基锰（MMT）形式存在的总锰含量，不得加入其他类型的含锰添加剂。

2.1.2.3 车用乙醇汽油

车用乙醇汽油是指在车用乙醇汽油调和组分油中，按体积比加入一定比例（我国目前暂定为 10%）的变性燃料乙醇，由车用乙醇汽油定点调配中心按国家标准 GB18351—2004 的质量要求，通过特定的工艺混配而成的点燃式内燃机车用燃料。它可以有效改善油品的性能和质量，降低一氧化碳、碳氢化合物等主要污染物排放。它不影响汽车的行驶性能，还减少有害气体的排放量。

车用乙醇汽油按研究法辛烷值分为 90 号、93 号、97 号三个牌号。标识方法是 E10(90 号)、E10(93 号)、E10(97 号)。其质量要求技术要求(GB18351-2004)见表 1-2-5。

表 1-2-5　车用乙醇汽油技术要求

项　目		质量指标			试验方法
		90 号	93 号	97 号	
抗爆性					
研究法辛烷值(RON)	不小于	90	93	97	GB/T5487
抗爆指数(RON+MON)/2	不小于	85	88	报告	GB/T503
铅含量[a]/(g/L)	不大于	0.005			GB/T8020
馏程					
10%蒸发温度/℃	不高于	70			
50%蒸发温度/℃	不高于	120			
90%蒸发温度/℃	不高于	190			GB/T6536
终馏点/℃	不高于	205			
残留量(体积分数)/%	不大于	2			
蒸气压/kPa					
从 11 月 1 日至 4 月 30 日	不大于	88			GB/T8017
从 5 月 1 日至 10 月 31 日	不大于	74			
实际胶质/(mg/100mL)	不大于	5			GB/T8019
诱导期[b]/min	不小于	480			GB/T8018
硫含量[c](质量分数)/%	不大于	0.05			GB/T380　GB/T11140　GB/T17040　SH/T0253　SH/T0689　SH/T0742
硫醇(需满足下列要求之一)					
博士试验		通过			SH/T0174
硫醇硫含量(质量分数)/%	不大于	0.001			GB/T1792
铜片腐蚀(50℃,3h)/级	不大于	1			GB/T5069
水溶性酸或碱		无			GB/T259
机械杂质		无			目测[d]
水分(质量分数)/%	不大于	0.20			SH/T0246
乙醇含量(体积分数)/%		10.0±2.0			SH/T0663
其他含氧化合物(质量分数)/%	不大于	0.5[e]			SH/T0663
苯含量[f](体积分数)/%	不大于	2.5			SHT/0693、SH/T0713
芳烃含量[g](体积分数)/%	不大于	40			GB/T11132、SH/T0741
烯烃含量[g](体积分数)/%	不大于	35			GB/T11132、SH/T0741
锰含量[h]/(g/L)	不大于	0.018			SH/T0711
铁含量[i]/(g/L)	不大于	0.010			SH/T0712

　　a. 本标准规定了铅含量最大限值,但不允许故意加铅。

　　b. 诱导期允许用 GB/T256 方法测定,仲裁试验以 GB/T8018 方法测定结果为准。

　　c. 硫含量允许用 GB/T11140、GB/T17040、SH/T0253、SH/T0689、SH/T0742 方法测定,仲裁试验以 GB/T380 方法

17

测定结果为准。

    d. 将试样注入 100mL 玻璃量筒中观察，应当透明，没有悬浮和沉降的机械杂质及分层。在有异议时，以 GB/T511 方法测定结果为准。

    e. 不得人为加入甲醇。

    f. 苯含量允许用 SH/T0713 测定，仲裁试验以 SH/T0693 方法测定结果为准。

    g. 芳烃含量和烯烃含量允许用 SH/T0741 测定，仲裁试验以 GB/T11132 方法测定结果为准。对于 97 号车用乙醇汽油，在烯烃、芳香烃含量控制不变的前提下，允许芳香烃含量的最大值为 42%（体积分数）。

    h. 锰含量是指汽油中以甲基环戊二烯三羰基锰（MMT）形式存在的总锰含量。含锰汽油在储存、运输和取样时应避光。

    i. 铁不得人为加入。

车用乙醇汽油在运输、储存过程中必须使用专用的管道、容器和机泵。这些储罐、泵、管线、计量器的密封件和材质必须适应乙醇汽油的要求。在储存运输过程中，要保证整个系统干净和不含水。如果发生相分离，分出的水相必须送往专门的废水处理厂进行处理。

车用乙醇汽油中 10%（体积分数）的变性燃料乙醇可作为增氧剂，完全替代汽油中含氧添加剂 MTBE（甲基叔丁基醚）的使用，减少其对地下水资源的污染；可使氧含量达到 3.5%，助燃效果好，使汽油充分燃烧，提高了汽油的燃烧效率，有效降低 33% 的尾气有害物排放；可使辛烷值提高 2~3 个单位，提高了油品的抗爆性能。能疏通油路，有效地消除汽车油箱及油路系统中燃油杂质的沉淀和凝固，减少积炭，预防和消除发动机燃烧室、气门、火花塞、排气管、消声器等部位积炭的产生，避免了因积炭形成引起的故障，延长了发动机的使用寿命。

车用乙醇汽油中的燃料乙醇是一种性能优良的有机溶剂，具有较强的溶解清洗性能。因此车辆在首次使用车用乙醇汽油时，最好对车辆的油箱及油路的主要部件，如燃油滤清器、化油器等进行清洁检查或清洗，以保证燃油系统各部件的清洁。乙醇是亲水性液体，易与水互溶，要防止燃料乙醇与调和组分油分层的现象发生，影响发动机的正常工作。另外燃料乙醇具有一定的溶胀性，特别是对天然橡胶类产品，因此在运输、储存、使用的过程中，应注意密封材料的选择。

2.1.3　甲醇汽油

甲醇汽油同车用乙醇汽油一样，也是正在研发的一种新型替代能源。甲醇汽油，是在汽油（或组分油）中加入一定比例的甲醇，也包括加入甲醇、乙醇、正丙醇、正丁醇和异丙醇的混合醇，其混合物可作为点燃式内燃机的燃料。甲醇掺入量一般为 5%~20%，以掺入 15% 者为最多，称 M15 甲醇汽油。甲醇汽油抗爆性能好，辛烷值随甲醇掺入量的增加而增高。因燃料的氧含量增加，可提高燃烧性能，减少有害气体的排放。但对汽油发动机的腐蚀性和对橡胶材料的溶胀率都较大，且易于分层，低温运转性能和冷起动性能较差，动力性能也不及汽油。

随着煤炭气化技术的推广和使用，甲醇成本的降低和产量增加，甲醇汽油也必将会得到广泛的应用。

2.1.4　航空汽油

用作活塞式航空发动机燃料的石油产品。具有足够低的结晶点（-60℃以下）和较高的发热量，良好的蒸发性和足够的抗爆性。

航空汽油有几种牌号。一种为 95 号（95/130，即汽油-空气贫混合物在巡航条件下的马达法辛烷值（MON）为 95，汽油-空气富混合物在起飞时的品度值为 130），其中含有四乙基铅。主要用于有增压器的大型活塞式航空发动机。另一种为 75 号，水白色，马达法辛烷值（*MON*）为 75，无铅汽油。主要用于无增压器的小型活塞式航空发动机。

由催化裂化或催化重整生产的高辛烷值汽油馏分加高辛烷值组分和少量抗爆剂及抗氧剂调和而成，抗爆性能高。

中国航空汽油主要含有催化裂化汽油的精制组分，并添加适量的异丙苯、烷基化汽油、工业异辛烷、异戊烷和四乙基铅，以及十万分之几的抗氧剂，有时还加入少量腐蚀抑制剂及少量油溶性染料。航空汽油用在活塞式航空发动机的燃料。航空活塞式发动机与一般汽车发动机工作原理相同，只是功率大，自重轻一些，因而对航空汽油的质量要求和车用汽油就有类似之处。现在这种发动机只用于一些辅助机种，如通讯机、气象机等，所以相应的航空汽油的用量也大大减少。

2.2 煤　　油

煤油是轻质石油产品的一类，是由复杂烃类（碳原子数约 9~16）组成的混合物。平均相对分子质量在 200~250 之间，密度约为 0.84g/cm³，闪点 40℃ 以上，运动黏度 40℃ 为 1.0~2.0mm²/s，芳烃含量 8%~15%，不含苯及不饱和烃（特别是二烯烃）。以石蜡基原油沸点 230℃ 左右的馏分或环烷基原油 215℃ 左右的馏分，经蒸馏、深度精制而得。沸程为 180~310℃，纯品为无色透明液体，含有杂质时呈淡黄色，硫含量 0.04%~0.10%。

一般所说的煤油主要指灯用煤油，执行标准为 GB 253—89。目前，煤油用作灯用燃料已经很少，而随着涡轮发动机的迅速发展，喷气燃料的需求量急速增长，当前煤油绝大部分用作喷气燃料，喷气燃料（即航空煤油）成为石油炼制行业最重要的产品之一。

2.2.1　喷气燃料

随着航空工业和民航事业的发展，航天器的动力装置逐步由涡轮喷气发动机代替了航空活塞式发动机。这种发动机通过把燃料燃烧转变为高温高压燃气产生推力，推动飞机向前飞行，使用的燃料称为喷气燃料，由于国内外普遍生产和广泛使用的喷气燃料多属于煤油型，所以通常称之为航空煤油。它是由直馏馏分、加氢裂化和加氢精制等组分及必要的添加剂调和而成的一种透明液体，主要由不同馏分的烃类化合物组成。具有清澈透明、不含悬浮和沉降的机械杂质和水分；较好的低温性、安定性、蒸发性、润滑性以及无腐蚀性，不易产生静电和着火危险性小等特点。

"3 号喷气燃料"，又称航空煤油，其密度适宜，热值高，燃烧性能好，能迅速、稳定、连续、完全燃烧，且燃烧区域小，积炭量少，不易结焦；低温流动性好，能满足寒冷低温地区和高空飞行对油品流动性的要求；热安定性和抗氧化安定性好，可以满足超音速高空飞行的需要；洁净度高，无机械杂质及水分等有害物质，硫含量尤其是硫醇性硫含量低，对机件腐蚀小。其主要技术指标（GB6537—2006）见表 1-2-6。

表 1-2-6　3 号喷气燃料的技术要求

项　目		指　标	试 验 方 法
外观		常温下清澈透明，目视无不溶于水及固体物质	目测
颜色	不小于	+25ᵃ	GB/T 3555

项　　目		指　标	试 验 方 法
组成			
总酸值/(mg KOH/g)	不大于	0.015	GB/T 12574
芳烃含量(体积分数)/%	不大于	20.0^B	GB/T 11132
烯烃含量(体积分数)/%	不大于	5.0	GB/T 11132
总硫含量(质量分数)/%	不大于	0.20^C	GB/T 380
			GB/T 11140
			GB/T 17040
			SH/T 0253
			SH/T 0689
硫醇性硫(质量分数)%	不大于	0.0020	GB/T 1792
或博士试验^d		通过	SH/T 0174
直馏组分(体积分数)/%		报告	
加氢精制组分(体积分数)/%		报告	
加氢裂化组分(体积分数)/%		报告	
挥发性			
馏程			GB/T 6536
初馏点/℃		报告	
10%回收温度/℃	不高于	205	
20%回收温度/℃		报告	
50%回收温度/℃	不高于	232	
90%回收温度/℃		报告	
终馏点/℃	不高于	300	
残留量(体积分数)/%	不大于	1.5	
损失量(体积分数)/%	不大于	1.5	
闪点(闭口)/℃	不低于	38	GB/T 261
密度(20℃)/(kg/m³)		775~830	GB/T 1884，GB/T 1885
流动性			
冰点/℃	不高于	-47	GB/T 2430，SH/T 0770^e
黏度/(mm²/s)			GB/T 265
20℃	不小于	1.25^f	
-20℃	不大于	8.0	
燃烧性			
净热值/(MJ/kg)	不小于	42.8	GB/T 384^g，GB/T 2429
烟点/mm	不小于	25.0	GB/T 382
或烟点最小为 20mm 时，			
萘系烃含量(体积分数)/%	不大于	30.0	SH/T 0181
或辉光值	不小于	45	GB/T 11128
腐蚀性			
铜片腐蚀(100℃，2h)/级	不大于	1	GB/T 5096
银片腐蚀(100℃，4h)/级	不大于	1^b	SH/T 0023
安定性			
热安定性(260℃，2.5h)			
压力降/kPa	不大于	3.3	GB/T 9169
管壁评级		小于 3，且无孔雀蓝色或 异常沉淀物	

项 目		指 标	试 验 方 法
洁净性			
实际胶质/(mg/100mL)GB/T 9169	不大于	7	GB/T 8019, GB/T 509[i]
水反应			GB/T 1793
界面情况/级 GB/T 9169	不大于	1h	
分离程度/级 GB/T 9169	不大于	2[j]	
固体颗粒污染物含量/(mg/L)	不大于	1.0	SH/T 0093
导电性			
电导率(20℃)/(pS/m)		50~450[k]	GB/T 6539
水分离指数			
未加抗静电剂	不小于	85	SH/T 0616
加入抗静电剂	不小于	70	
润滑性			
磨痕直径 WSD/mm	不大于	0.65[l]	SH/T 0687
经铜精制工艺的喷气燃料,油样应按 SH/T 0182 方法测定铜离子含量,不大于 150ug/kg			

a. 对于民用航空燃料,从炼油厂输送到客户,输送过程中的颜色变化不允许超过以下要求:初始赛波特颜色大于+25,变化不大于8;初始赛波特颜色在25~15之间,变化不大于5;初始赛波特颜色小于15,变化不大于3。

b. 对于民用航空燃料的芳烃含量(体积分数)规定为不大于25.0%。

c. 如有争议时,以 GB/T380 为准。

d. 硫醇性硫和博士试验可任做一项,当硫醇性硫和博士试验发生争议时,以硫醇性硫为准。

e. 如有争议以 GB/T 2430 为准。

f. 对于民用航空燃料,20℃的黏度指标不作要求。

g. 如有争议时,以 GB/T 384 为准。

h. 对于民用航空燃料,此项指标不作要求。

i. 如有争议时,以 GB/T 8019 为准。

j. 对于民用航空燃料不要求报告分离程度。

k. 如燃料不要求加抗静电剂,对此项指标不作要求。燃料离厂时要求大于 150pS/m。

l. 民用航空燃料要求 WSD 不大于 0.85mm。

经检验合格的航空煤油通过管道装入铁路专用槽车或油轮,运至民航储油库,经化验合格后入油罐。罐中航空煤油经过一定时间的沉降,使所含的游离杂质、水分沉入罐底,然后由浮动吸管在罐内自上而下将油吸入油泵,加压后输送到离机坪很近的油库油罐中。再经化验,合格后灌入专用油罐车,开至飞机翼下,将油加入其油箱中;或者由铺设在机坪下的输油管线经过专门输油设施加到飞机油箱里。航空煤油从槽车中卸下加入飞机油箱,整个过程一般要经过三道以上精细过滤,滤去杂质和水分。每个环节有配套的措施控制质量,工作人员严格操作规程操作,以保证加到飞机上的油品质量合格和数量准确无误。大多数民航机场都有专业经营航空煤油的公司,为往来经停的飞机提供燃油及相关服务。在中国各机场,是由直属民航总局的中国航空油料总公司的职工们完成飞机加油的。

2.2.2　灯用煤油

灯用煤油按质量分为优质品、一级品和合格品三个等级。主要用于点灯照明和各种喷灯、汽灯、汽化炉和煤油炉等的燃料;也可用作机械零部件的洗涤剂,喷洒农药的溶剂,橡胶和制药工业的溶剂,油墨稀释剂,有机化工裂解原料,玻璃陶瓷工业、铝板、金属工件表面化学热处理等工艺用油。

灯用煤油的的规格及质量指标见表 1-2-7。

表 1-2-7 煤油规格及质量指标

项 目		GB253—89			试验方法
		优级品	一级品	合格品	
色度/号	不小于	+25	+19①	+13①	GB/3555
硫醇硫(质量分数)/%	不大于	0.001	0.003	—	GB/1792
硫含量(质量分数)/%	不大于	0.04	0.06	0.10	GB/380
馏程					GB/6535
10%馏处温度/℃	不高于	205	205	225	
终馏点/℃	不高于	300	300	310	
闪点(闭口)/℃	不低于	40	40	40	GB/261
冰点/℃	不高于	−30	—	—	GB/2430
浊点/℃	不高于	—	−15	−12	GB/6986
运动黏度(40℃)/(mm²/s)		1.0~1.9	1.0~2.0	—	GB/256
燃烧性(点灯试验)					
16h试验结束时达到下列要求②					
平均燃烧速率/(g/h)		18~26	18~26	—	
火焰宽度变化/mm	不大于	6	6	—	
火焰宽度降低/mm	不大于	5	5	—	
灯罩附着物浓密程度	不重于	轻微	轻微	—	
灯罩附着物颜色	不深于	白色	白色	—	
8h				合格	ZBE31007
烟点/mm	不小于			20	GB/382
机械杂质及水分		无	无	无	目测③
水溶性酸或碱		无	无	无	GB/259
铜片腐蚀(100℃,3h)/级	不大于	1	1	—	GB/5096
(100℃,2h)/级	不大于	—	—	1	
密度(20℃)/(kg/m³)	不大于	840	840	840	GB/1884

2.3　柴　　油

柴油是柴油机燃料,是由复杂烃类(碳原子数约 10~22)组成的混合物。主要由原油蒸馏、催化裂化、热裂化、加氢裂化、石油焦化等过程生产的柴油馏分调配而成;也可由页岩油加工和煤液化制取。

柴油的主要质量指标是十六烷值、黏度、凝点、硫含量等。适宜的十六烷值,可保证油品易于自燃,有良好的燃烧性能,燃烧完全,发动机工作稳定,不易发生工作粗暴现象;有合适的黏度,以保证高压油泵的润滑和雾化的质量;选用适当凝点的柴油,可保持油品在外界环境温度下,不会丧失流动性;含硫量小,以保证不腐蚀发动机;安定性好,在储存中生成胶质及燃烧后生成积炭的倾向都比较小。

2.3.1　轻柴油

轻柴油是用作汽车、拖拉机、内燃机车、工程机械,以及配用于船舶、矿山、发电、钻井等设备的高速柴油等压燃式发动机的燃料。一般由天然石油的直馏柴油与二次加工柴油掺合而得,有时也掺入一部分裂化产物。

轻柴油按凝点分为 10、5、0、−10、−20、−35 和 −50 七个牌号。根据不同气温、地区和季节,选用不同牌号的轻柴油。气温低,选用凝点较低的轻柴油,反之,则选用凝点较高的轻柴油。一般可参照以下原则选用：

10 号轻柴油：适用于有预热设备的柴油机；

5 号轻柴油：适用于风险率 10% 的最低气温在 8℃ 以上的地区使用；

0 号轻柴油：适用于风险率 10% 的最低气温在 4℃ 以上的地区使用；

-10 号轻柴油：适用于风险率 10% 的最低气温在 -5℃ 以上的地区使用；

-20 号轻柴油：适用于风险率 10% 的最低气温在 -14℃ 的地区使用；

-35 号轻柴油：适用于风险率 10% 的最低气温在 -29℃ 的地区使用；

-50 号轻柴油：适用于风险率 10% 的最低气温在 -44℃ 的地区使用；

各地风险率为 10% 的最低气温是从中央气象局资料室编写的《石油产品标准是气温资料》中摘录编制的。某月风险率为 10% 的最低气温值，表示该月中最低气温低于该值的概率为 0.1，或者说该月中最低气温高于该值的概率为 0.9。

轻柴油的技术要求见表 1-2-8。

表 1-2-8 轻柴油的技术要求

项　　目		10号	5号	0号	-10号	-20号	-35号	-50号	试验方法
色度/号	不大于				3.5				GB/T6540
氧化安定性，总不溶物[1] mg/100MmL	不大于				2.5				SH/T0175
硫含量[2]/%（质量分数）	不大于				0.2				GB/T380
酸度，mgKOH/100mL	不大于				7				GB/T258
10%蒸余物残炭[3]/%（质量分数）	不大于				0.3				GB/T268
灰分/%（质量分数）	不大于				0.01				GB/T508
铜片腐蚀（50℃，3h）	不大于				1				GB/T5096
水分[4]/%（体积分数）	不大于				痕迹				GB/T260
机械杂质[5]					无				GB/T511
运动黏度（20℃），mm²/s				3.0~8.0		2.5~8.0	1.8~7.0		GB/T265
凝点/℃	不高于	10	5	0	-10	-20	-35	-50	GB/T510
冷滤点/℃	不高于	12	8	4	-5	-14	-29	-44	SH/T0248
闪点（闭口）/℃	不低于			55			45		GB/T261
十六烷值	不小于				45[5]				GB/T386
馏程									GB/T6536
50%蒸发温度/℃	不高于				300				
90%蒸发温度/℃	不高于				355				
95%蒸发温度/℃	不高于				365				
密度（20℃）/kg/m³					实测				GB/T1884 GB/T1885

1) 为保证项目，每月必须检测一次。在原油性质发生变化，加工工艺条件改变，调和比例变化及检修开工后等情况下应及时检验。

2) 可用 GB/T11131、GB/T11140 和 GB/T17040 方法测定，结果有争议时，以 GB/T380 方法为准。

3) 若柴油中含有硝酸酯型十六烷值改进剂，10%蒸余物残炭的测定，必须用不加硝酸酯的基础燃料进行。柴油中是否含有硝酸型十六烷值改进剂的检验方法见附录 A，可用 GB/T17144 方法测定。结果有争议时，以 GB/T268 方法为准。

4) 由中间基或环烷基原油生产的各号轻柴油十六烷值允许不小于 40（有特殊要求者由供需双方确定），可用 GB/T11139 或 SH/T0694 方法计算。结果有争议时，以 GB/T386 方法为准。

5) 可用目测法，即将试样注入 100mL 玻璃量筒中，在室温（20±5℃）下观察，应当透明，没有悬浮和沉降的水分及机械杂质。结果有争议时，按 GB/T260 或 GB/T511 方法测定。

2.3.2 车用柴油

为改善环境空气质量，保护人体健康，应尽量降低柴油的硫含量，这就要求在全国范围内尽早保证供应含硫量低于 500PPM 和 50PPM 的车用柴油。车用柴油按凝点分为 10、5、0、−10、−20、−35 和 −50 七个牌号。其油品的选用原则同轻柴油。车用柴油的技术要求和试验方法见表 1-2-9。

表 1-2-9 车用柴油的技术要求和试验方法

项 目		10号	5号	0号	−10号	−20号	−35号	−50号	试验方法
氧化安定性 总不溶物ª/(mg/100mL)	不大于				2.5				SH/T 0175
硫(质量分数)ᵇ/%	不大于				0.05				GB/T 380
10%蒸余物残炭ᶜ/%	不大于				0.3				GB/T 268
灰分(质量分数)/%	不大于				0.01				GB/T 508
铜片腐蚀(50℃，3h)	不大于				1				GB/T5096
水分(质量分数)ᵈ/%	不大于				痕迹				GB/T260
机械杂质ᵉ					无				GB/T511
润滑性 磨痕直径(60℃)ᶠ/um					460				ISO 12156-1
运动黏度(20℃)/(mm²/s)				3.0~8.0		2.5~8.0	1.8~7.0		GB/T265
凝点/℃	不高于	10	5	0	−10	−20	−35	−50	GB/T510
冷滤点/℃	不高于	12	8	4	−5	−14	−29	−44	SH/T0248
闪点(闭口)/℃	不低于			55			50	45	GB/T261
着火性(需满足下列要求之一) 十六烷值	不小于			49		46	45		GB/T 386
或十六烷值指数	不小于			46		46	43		GB/T 11139 SH/T 0694
馏程 50%回收温度/℃	不高于				300				GB/T6536
90%回收温度/℃	不高于				355				
95%回收温度/℃	不高于				365				
密度(20℃)/(kg/m³)				820~860			800~840		GB/T1884 GB/T1885

a. 为出厂保证项目，每月应检测一次。在原油性质发生变化，加工工艺条件改变，调和比例变化及检修开工后等情况下应及时检验。对特殊要求用户，按双方合同要求进行检验。

b. 可用 GB/T 11131、GB/T 11140、GB/T 17040 和 SH/T 0689 方法测定，结果有争议时，以 GB/T 380 方法仲裁。

c. 可用 GB/T 17144 方法测定。结果有争议时，以 GB/T 268 方法为准。若柴油中有硝酸酯型十六烷值改进剂及其他性能添加剂时，10%蒸余物残炭的测定，必须用不加硝酸酯和其他性能添加剂的基础燃料进行。柴油中是否含有硝酸型十六烷值改进剂的检验方法见附录 A。

d. 可用目测法，即将试样注入 100mL 玻璃量筒中，在室温(20±5℃)下观察，应当透明，没有悬浮和沉降的水分及机械杂质。结果有争议时，按 GB/T260 或 GB/T511 方法测定。

e. 为出厂保证项目，对特殊要求用户，按双方合同要求进行检验。

2.3.3 生物柴油

生物柴油是指以油料作物、野生油料植物和工程微藻等水生植物油脂以及动物油脂、餐饮垃圾油等为原料油通过酯交换工艺制成的可代替石化柴油的再生性柴油燃料。是由动植物油脂与醇(例如甲醇或乙醇)经酯交换反应制得的脂肪酸单烷基酯,最典型的为脂肪酸甲酯。生物柴油是生物质能的一种,它是生物质利用热裂解等技术得到的一种长链脂肪酸的单烷基酯。生物柴油是含氧量极高的复杂有机成分的混合物,这些混合物主要是一些相对分子质量大的有机物,几乎包括所有种类的含氧有机物,如:醚、酯、醛、酮、酚、有机酸、醇等。生物柴油是一种优质清洁柴油,可从各种生物质提炼,因此可以说是取之不尽,用之不竭的能源,在资源日益枯竭的今天,有望取代石油成为替代燃料。

目前,世界各国,尤其是发达国家,都在致力于开发高效、无污染的生物质能利用技术。其中生物柴油被作为重点发展的清净能源之一,采取了不收税的激励政策。可以预见生物柴油作为一种重要的清洁燃料将在大型汽车行驶中发挥重要作用。我国在生物柴油的研发方面也取得了积极的成果。

世界上很多国家已经拟定了生物柴油标准,从而保证柴油的质量,保证使用者更加放心的使用生物柴油。生物柴油的国际标准是 ISO 14214A,另一个是 ASTM 国际标准 ASTM D 6751。我国也于 2007 年发布了 GB/T 20828—2007《柴油机燃料调和用生物柴油(BD100)》。

BD100 按硫含量分为 S500 和 S50 两个牌号,其技术要求和试验方法见表 1-2-10。

表 1-2-10　柴油机燃料调和用生物柴油(BD100)技术要求和试验方法

项　目		质量标准		试验方法
		S500	S50	
密度(20℃)(kg/m³)		820~900		GB/T 6536ᵃ
运动黏度(40℃)(mm²/s)		1.9~6.0		GB/T 265
闪点(闭口)/℃	不低于	130		GB/T 261
冷滤点/℃		报告		SH/T 0248
硫含量(质量分数)/%	不大于	0.05	0.005	SH/T 0689ᵇ
10%蒸余物残炭(质量分数)/%	不大于	0.3		SH/T 17144ᶜ
硫酸盐灰分(质量分数)/%	不大于	0.020		GB/T 2433
水含量(质量分数)/%	不大于	0.05		SH/T 0246
机械杂质		无		GB/T 511ᵈ
铜片腐蚀(50℃,3h)/级	不大于	1		GB/T 5096
十六烷值	不小于	49		GB/T 386
氧化安定性(110℃)/h	不小于	6.0ᵉ		EN 14112
酸值/(mgKOH/g)	不小于	0.80		GB/T 264ᶠ
游离甘油含量(质量分数)/%	不大于	0.020		ASTM D6584
总甘油含量(质量分数)/%	不大于	0.240		ASTM D6584
90%回收温度/℃	不高于	360		GB/T 6536

a. 也可用 GB/T 5526、GB/T 1884、GB/T 1885 方法测定,以 GB/T 2540 仲裁。

b. 可用 GB/T 380、GB/T 11131、GB/T 12700、GB/T 11140 和 GB/T 17040 方法测定,结果有争议时,以 SH/T 0689 方法为准。

c. 可用 GB/T 268 方法测定,结果有争议时,以 GB/T 17144 仲裁。

d. 可用目测法,即将试样注入 100mL 玻璃量筒中,在室温(20℃±5℃)下观察,没有悬浮和沉降的接卸杂质。结果有争议时，按 GB/T 511 测定。

　　e. 可加抗氧剂。

　　f. 可用 GB/T 5530 方法测定，结果有争议时，以 GB/T 264 仲裁。

2.4　燃　料　油

　　燃料油是成品油的一种，也称残渣燃料油或重油，广泛用于电厂发电、船舶锅炉燃料、加热炉燃料、冶金炉和其他工业炉燃料。燃料油主要由石油的裂化残渣油和直馏残渣油制成的，有时还加入适量轻质馏分油以调整其黏度；也可以由页岩油加工和煤液化等获得。其特点是黏度大，含非烃化合物、胶质、沥青质多。

　　燃料油作为炼油工艺过程中的最后一种产品，产品质量控制有着较强的特殊性。最终燃料油产品形成受到原油品种、加工工艺、加工深度等许多因素的制约。

2.4.1　燃料油的分类

　　1. 根据含硫量的高低，燃料油可以划分为高硫、中硫、低硫燃料油。低硫燃料油含硫在 1% 以下，高硫燃料油通常高达 3.5% 甚至 4.5% 或以上。

　　2. 根据加工工艺流程，燃料油可以分为常压重油、减压重油、催化重油和混合重油。常压重油指炼油厂催化、裂化装置分馏出的燃料油（俗称油浆）；混合重油一般指减压重油和催化重油的混合。

　　3. 根据用途，燃料油可以分为船用燃料油和炉用燃料油（重油）及其他燃料油。前者是由直馏重油和一定比例的柴油混合而成，用于大型低速船用柴油机（转速小于 150r/min）。后者又称为重油，主要是减压渣油、或裂化残油或二者的混合物，或调入适量裂化轻油制成的重质石油燃料油，供各种工业炉或锅炉作为燃料。

2.4.2　燃料油的主要质量指标

　　目前我国还没有关于燃料油的强制性国家质量标准。为了与国际接轨，中国石油化工总公司于 1996 年参照国际上使用最广泛的燃料油标准：美国材料试验协会（ASTM）标准《ASTMD396—92 燃料油标准》，制定了我国的行业标准 SH/T 0356—1996。此标准根据燃料油的闪点、馏程、运动黏度、10% 蒸余物残留、灰分、硫含量、铜片腐蚀、密度、倾点等，将燃料油分为 1 号、2 号、4 号轻、4 号、5 号轻、5 号重、6 号和 7 号。

2.4.3　燃料油的应用

　　1 号和 2 号是馏分燃料油，适用于家用或工业小型燃烧器上使用。4 号轻和 4 号燃料油是重质馏分燃料油或是馏分燃料油与残渣燃料油混合而成的燃料油。5 号轻、5 号重、6 号和 7 号是黏度和馏程范围递增的残渣燃料油，为了装卸和正常雾化，在温度低时一般都需要预热。我国使用较多的是 5 号轻、5 号重、6 号和 7 号燃料油。

　　我国燃料油消费的主要方式是以燃烧加热为主，主要集中在发电、交通运输、冶金、化工、轻工等行业。其中电力行业的用量最大，占消费总量的 32%；其次是石化行业，主要用于化肥原料和石化企业的燃料，占消费总量的 25%；第三是交通运输行业，主要是船舶燃料，占消费总量的 22%；近年来需求增加最多的是建材和轻工行业（包括平板玻璃、玻璃器皿、建筑及生活陶瓷等制造企业），占消费总量的 14%；钢铁部门的燃料油消费占全部消费量的比例为 7% 左右。从我国石油供需情况看，工业用油占石油消费量的一半，其中燃料油又占工业用油的 35%，因此，我国减少工业用油的重点将放在燃料油替代方面，是缓解我国石油消费过快增长的有效途径。

2.5 燃油添加剂

2.5.1 燃油添加剂的分类

石油添加剂是加入油品中能显著改善油品原有性能或赋予油品某些新的品质的某些化学物质。其中绝大多数是人工合成的、能溶解于矿物油中的有机化合物。原油经过多种炼制过程，加工出的各种产品，往往不能直接满足各种机械设备对油品使用性能的要求。有效而且比较经济的方法是加入各种添加剂，加入量一般为千分之几到百分之几。石油产品中使用添加剂最多的是润滑油，其次是汽油、煤油及柴油等轻质油品。石油蜡与石油沥青中也用到一些添加剂。

石油添加剂按应用场合分为润滑剂添加剂、燃料添加剂、复合添加剂和其他添加剂四部分，按相同作用分为一个组，同一组内根据其组成或特性的不同分成若干品种。其名称用符号表示。一般表示形式为：类 品种

如：T 1101

"T"表示类(石油添加剂)

"1101"表示品种(表示抗爆剂中的四乙基铅，其中前面二个阿拉伯数字"11"，表示燃料添加剂部分中抗爆剂的组别号)。

燃料添加剂以提高燃料油品的燃烧性能和改善环境保护条件为主，按作用分为抗爆剂、金属钝化剂、防冰剂、抗氧防胶剂、抗静电剂、抗磨剂、抗烧蚀剂、流动改进剂、防腐蚀剂、消烟剂、十六烷值改进剂、清净分散剂、热安定剂、染色剂等组。燃料添加剂的组号及代号见表 1-2-11。

表 1-2-11　燃料添加剂的组号及代号

	组　别	组　号	统一命名	代　号
燃料添加剂	抗爆剂	11	1101　抗爆剂	T 1101
	金属钝化剂	12	1201　金属钝化剂	T 1201
	防冰剂	13	1301　防冰剂	T 1301
	抗氧防胶剂	14		
	抗静电剂	15	1501　抗静电剂	T 1501
	抗磨剂	16	1601　抗磨剂	T 1601
	抗烧蚀剂	17		
	流动改进剂	18	1801　流动改进剂	T 1801
	防腐蚀剂	19		
	消烟剂	20		
	助燃剂	21		
	十六烷值改进剂	22		
	清净分散剂	23		
	热安定剂	24		
	染色剂	25		

2.5.2 抗爆剂

抗爆剂又称抗震剂。主要用于改善汽油的燃烧特性，防止或减轻汽油在汽油机内燃烧时爆震、提高辛烷值与热效率的添加剂。长期以来，最有效且比较经济的抗爆剂是四乙基铅和四甲基铅。

20世纪70年代以后，为减少铅毒污染，欧美各国对汽油中含铅量加以限制，同时开发并使用无铅汽油。在开发无毒抗爆剂过程中，甲基叔丁基醚（MTBE）作为高辛烷值组分，已在实际中得到应用。

MTBE为无色透明，易挥发液体，易燃、易爆。具有很强的抗氧化性，不易生成过氧化物，主要作高辛烷值汽油调和剂，也可用作化工原料。以裂解 C_4 中的异丁烯和甲醇为原料，在一定温度、压力和催化剂作用下，进行合成反应生成MTBE，要经精馏而得产品。

MTBE作为汽油的辛烷值改进剂，除可增加汽油含氧量外，还可促进清洁燃烧。但是MTBE极易溶于水，美国在地下饮用水体中越来越多地发现了MTBE。MTBE在很低浓度下也能导致水质恶臭，美国环保局已将其列为人类可能的致癌物质。美国加州2004年起禁用MTBE，之后许多国家和地区也相继立法禁用MTBE，其趋势是需求量不断减少，逐步取消。

现行使用的抗爆剂主要有甲基环戊二烯三羰基锰（简称MMT）、甲基叔丁基醚（简称MTBE）、甲基叔戊基醚（简称TAME）、叔丁醇（简称TBA）、甲醇、乙醇等。MTBE的主要的替代品有：乙醇、车用甲醇燃料、异辛烷、二异丙基醚等。

2.5.3 汽油清净剂

化油器、燃料喷嘴和进气阀的沉积物可导致燃烧过程恶化、排放增加。清净剂对控制发动机沉积物的生成十分有效。汽油清净剂是具有清净、分散、抗氧、破乳、防锈性能的多功能复合添加剂，一般含有清净剂主剂、携带剂及其他功能剂。

汽油清净剂中起主要作用的添加剂即主剂是特定的胺类化合物。作为主剂的化合物通常有酰胺型、聚烯胺型、聚醚胺型、聚氨脂型等几类物质。

2.5.4 十六烷值改进剂

柴油十六烷值表征柴油的燃烧性能和抗爆性能，是评价柴油的质量的重要指标。近年来，随着我国经济的发展，成品油特别是柴油的需求量增长迅猛，炼油厂需加大柴油的产量，而部分炼油厂还没有加氢裂化的炼油装置，所以需通过直馏柴油调和或添加十六烷值改进剂来满足柴油十六烷值的要求。

十六烷值改进剂具有提高柴油十六烷值，改变点火性能、降低柴油车辆尾气排放、增加动力性能、节省燃油、提高柴油储存期等功能。在柴油中添加200~500ppm的十六烷值改进剂，可提高十六烷值2~5个单位。目前主要的十六烷值改进剂是硝酸醚、戊基硝酸酯和过氧化物等。

2.5.5 柴油降凝剂

降凝剂是一种化学合成的聚合物或缩聚物，其分子中一般含有极性基团和与石蜡烃结构相似的烷基链。柴油降凝剂又称低温流动性改进剂（PPD），用以改变柴油中石蜡的结晶形状，从而改善油品在低温时的流动性，使柴油能适应较宽温度范围的使用要求。

PPD对含蜡量小于10%的柴油效果显著；对于催化裂化柴油、宽馏分柴油降凝幅度也特别大；对于石蜡基原油的直馏柴油，一般效果不显著。当PPD与含蜡柴油的分子结构相似时，可明显改善柴油的低温流变性。

2.5.6 抗氧化剂

抗氧化剂多用于含有二次加工组分的汽油及柴油中，以改善这些油品的氧化安定性。

在汽油中用得较多的抗氧化剂有 N, N'-二仲丁基对苯二胺、屏蔽酚类等。

柴油特别是催化柴油，从生产到消耗的整个过程始终存在氧化安定性问题。其质量变差主要由于以下反应：(a)酸碱反应。有机酸与碱氮化合物生成沉渣；(b)烯烃氧化。烯烃与氧生成胶质；(c)烯醇共氧化。烯烃、氧和硫醇生成胶质；(d)酯化反应。芳烃、杂环氮和苯硫醇生成沉渣。影响柴油氧化安定性的主要组分为烃类和含硫、氮、氧化合物。

2.5.7 防冰剂

防冰剂主要用作喷气燃料的添加剂，可防止溶解于燃料中微量水的析出和在低温下结冰，导致因输油困难而影响发动机正常工作，在使用前添加。T1301 防冰剂是无色透明、无固体杂质、溶解能力极强的溶剂，具有良好的防冰性能。

2.5.8 抗静电剂

抗静电剂添加于喷气燃料及其他轻质燃料中，可提高油品的电导率，获得良好的抗静电效果，确保燃料的安全输转、储运和使用。一般由有机酸金属盐与聚合型含氮化合物组成。

第3章　润滑油基础

3.1　润滑油基础油

　　润滑油基础油是各种润滑油产品生产中的主要原材料，对润滑油产品质量起着重要作用。而润滑油基础油的性质又是由所采用原材料性质和加工工艺决定。因此了解和掌握基础油的加工工艺和性质，对润滑油的生产有着重要的意义。

3.1.1　润滑油基础油的组成

3.1.1.1　润滑油基础油的组成

　　矿物油型润滑油基础油是不同烃类的混合物，主要由烷烃(包括直链、单支链、多支链)、环烷烃(单环、双环、多环)和芳香烃(单环、多环)等烃类组成，同时还包括少量含氧、含氮、含硫化合物以及胶质和沥青质等非烃类化合物。对于直馏馏分润滑油基础油而言，其烃类碳原子数一般为 $C_{20}\sim C_{40}$，平均相对分子质量为 $300\sim500$，馏程(馏分的沸点范围)为 $350\sim535℃$；对于残渣润滑油基础油而言，其烃类碳原子数大于 C_{40}，相对分子质量大于 500，馏程大于 $500\sim535℃$。

3.1.1.2　润滑油基础油的组成与产品质量的关系

　　1. 理想的润滑油基础油应具有的性质

　　理想的润滑油基础油应具有良好的黏温性、良好的低温流动性、优良的抗乳化性能、良好的抗泡性和空气释放性能、良好的密封适应性、优良的氧化安定性、良好的添加剂感受性和极低的蒸发性。

　　2. 不同烃类对基础油的理化性能的影响

　　由于各类烃和非烃化合物本身的物理特性和化学特性不同，因此基础油中各组分的含量，直接影响到产品的理化性能。不同烃类对基础油主要理化性能的影响见表1-3-1。

表1-3-1　不同烃类对基础油的主要理化性能的影响

组分 理化性能	烃类				非烃化合物		
	正构烷烃	异构烷烃	环烷烃	芳烃	氧化物	氮化物	硫化物
黏度	小	中	很大	大	—	—	—
黏温性	很好	好	中	差	差	差	差
低温流动性	差	中	好	差	差	差	差
凝点	高	中	低	高	高	高	高
闪点	高	较高	中	低	差	差	差
密封适应性	好	较好	中	差	—	—	—
抗乳化性	好	好	好	中	差	差	差
空气释放值	好	好	中	中	差	差	差

　　(1) 不同烃类对基础油黏度的影响

　　碳原子数目相同的烷烃、芳香烃、环烷烃对黏度数值的影响：烷烃的黏度最小，芳香烃次之，环烷烃最大；分子中的环状结构增加，则黏度增大。环状烃类带有侧链时，它的黏度随侧链的原子数的增多而增大。由于环烷烃结构的分子具有较大黏度，所以环烷烃是润滑油的黏度载体。矿油基础油中烷烃的含量很少，主要成分是带侧链的环状烃，环状烃以环烷烃为主。矿油基础油中环烷烃含量一般在50%以上，有的高达75%。

（2）不同烃类对基础油黏温性能的影响

黏度指数是黏温性能的一种表达方式，黏度指数越高代表黏温性能越好。在基础油中所含烃类，以正构烷烃的黏度指数最高，能达到200以上，异构烷烃的黏度指数比相应的正构烷烃的要低一些，并且随着分支程度的增加而下降。在环状烃上的侧链对黏度指数也有影响，它和烷烃相似，链的长度增加时，黏度指数增大，分支程度增加，黏度指数减少。带有长侧链的单环烃，它的黏度指数与环所在的位置有关，当环的位置向长链的中部移动时黏度指数下降。在侧链相同的情况下，随着环数量的增加，黏度指数随之下降。

（3）不同烃类对基础油的低温性能的影响

基础油中各种烃类的结构对凝点有很大的影响。正构烷烃的凝点最高，随着正构烷烃的碳原子数的增加，凝点逐渐上升。异构烷烃的凝点比相应的正构烷烃的低，而且随着分支程度的增大而迅速下降。当异构烷烃的分支位置向主链的中部移动时凝点急剧下降。当烷烃中引入环状烃也可以使凝点下降。带侧链的环状烷烃，侧链分支程度越大，凝点下降越快。

（4）不同烃类对基础油抗氧化性能的影响

烷烃具有一定的抑制氧化性能，环烷烃在高温下较容易氧化，两者对抗氧剂具有很好的感受性。不带侧链的芳香烃具有很强的抗氧化性，而带侧链的芳香烃易于氧化。在烷烃和芳香烃共存的情况下，芳香烃被氧化的程度要大于烷烃，即起到抗氧化的作用。另外芳香烃的苯环数越多、侧链越短，其抗氧化性能越好。

3.1.2 润滑油基础油的分类

3.1.2.1 润滑油基础油的分类标准

润滑油基础油标准中规定，润滑油基础油的代号是根据黏度指数和适用范围确定的。润滑油通用基础油的代号由表示黏度指数高低的英文字母组成，即"UH（Ultra High）超高"、"VH（Very High）很高"、"H（High）高"、"M（Middle）中"和"L（Low）低"的英文字头。"VI"为黏度指数（Viscosity Index）的英文字头。润滑油专用基础油代号由润滑油通用基础油代号和专用符号组成。专用符号为代表该类基础油特性的一个英文字母。"W"为"Winter 冬天"的英文字头，表示其低凝特性，"S"为"Super"的英文字头，表示其深度精制特性。润滑油基础油的分类，见表1-3-2。

表1-3-2　润滑油基础油的分类

类　别	黏度指数	超高黏度指数 $VI \geqslant 140$	很高黏度指数 $120 \leqslant VI < 140$	高黏度指数 $90 \leqslant VI < 120$	中黏度指数 $40 \leqslant VI < 90$	低黏度指数 $VI < 40$
通用基础油		UHVI	VHVI	HVI	MVI	LVI
专用基础油	低凝	UHVI W	VHVI W	HVI W	MVI W	—
	深度精制	UHVI S	VHVI S	HVI S	MVI S	—

3.1.2.2 润滑油基础油的代号

润滑油基础油黏度等级划分见表1-3-3。

表 1-3-3　润滑油基础油黏度等级划分

溶剂精制中性油黏度牌号（40℃赛氏黏度整数值）								
黏度等级	60	65	75	90	100	125	150	175	200
运动黏度范围/（mm²/s）40℃	7.00~<9.00	9.00~<12.0	12.0~<16.0	16.0~<19.0	19.0~<24.0	24.0~<28.0	28.0~<34.0	34.0~<38.0	38.0~<42.0
黏度等级	250	300	350	400	500	600	650	750	900
运动黏度范围/（mm²/s）40℃	42.0~<50.0	50.0~<62.0	62.0~<74.0	74.0~<90.0	90.0~<110	110~<120	120~<135	135~<160	160~<180

光亮油黏度牌号（100℃赛氏黏度整数值）		
黏度等级	90BS	120BS	150BS
运动黏度范围/（mm²/s）100℃	17~<22	22~<28	28~<34

加氢基础油黏度牌号（100℃运动黏度整数值）							
黏度等级	2	3	4	5	6	7	8	10	12
运动黏度范围/（mm²/s）100℃	1.50~<2.50	2.50~<3.50	3.50~<4.50	4.50~<5.50	5.50~<6.50	6.50~<7.50	7.50~<9.00	9.00~<11.0	11.0~<13.0
黏度等级	14	16	20（90BS）		26（120BS）		30（150BS）		
运动黏度范围/（mm²/s）100℃	13.0~<15.0	15.0~<17.0	17.0~<22.0		22.0~<28.0		28.0~<34.0		

基础油代号举例："HVI 150"代表黏度等级为 150 的高黏度指数基础油，由通用基础油代号+赛氏 40℃通用黏度（秒）组合而成；"HVI 150BS"代表黏度等级为 150 的高黏度指数光亮油，由通用基础油代号+赛氏 100℃通用黏度（秒）+BS 组成。

3.1.3　美国石油学会（API）润滑油基础油类别划分

美国石油学会（API）根据基础油组成的主要特性，将基础油分为五类，具体内容见表 1-3-4。

表 1-3-4　美国石油学会（API）基础油分类

类　　别	饱和烃含量/%	硫含量/%	黏度指数
Ⅰ	<90	和/或>0.03	80≤VI<120
Ⅱ	≥90	≤0.03	80≤VI<120
Ⅲ	≥90	≤0.03	VI≥120
Ⅳ	PAO		
Ⅴ	其他前 4 类不能包括的基础油		

3.1.4 润滑油基础油加工工艺

为了脱除润滑油馏分中的非理想组分，提高产品的各方面性能，使之能够满足各种机械的工作要求，必须对润滑油馏分进行加工。我国润滑油基础油的现代生产工艺经过五十多年的发展，形成了"老三套"加工工艺和加氢工艺相结合的格局。虽然"老三套"加工工艺仍然是我国各炼油厂基础油生产过程中主要采用的工艺，但是随着适合于生产润滑油基础油的石蜡基原油资源不断减少、劣质重质原油比例增加、环保意识的提高和机械加工业的快速发展，对润滑油产品提出了更高的要求，加氢工艺在各大炼油厂被广泛采用，如高桥石化、荆门石化等。与"老三套"加工工艺相比，通过加氢处理工艺生产出的基础油会有更好的黏温性、更优的氧化安定性、更好的低温流动性、更强的剪切安定性、更好的油水分离性、更弱的腐蚀性和更低的蒸发损失等优点，同时可以提高资源的利用率和减少环境污染，因此加氢工艺更符合现在和未来基础油加工工艺的发展趋势。下面就分别对润滑油基础油的"老三套"加工工艺和加氢工艺作简要介绍。

3.1.4.1 "老三套"加工工艺

"老三套"加工工艺就是将常减压馏分先后经过溶剂精制、溶剂脱蜡、白土（加氢）补充精制等加工工序得到所需的基础油。用减压渣油生产基础油则需先经过丙烷脱沥青工序，然后再按上述工序进行加工。"老三套"加工工艺流程示意图见图1-3-1。

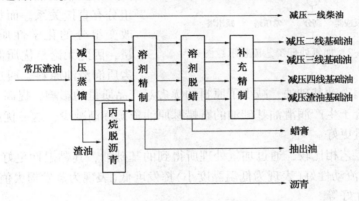

图1-3-1 "老三套"加工工艺流程示意图

溶剂精制是利用溶剂对润滑油馏分中不同组分的溶解度大小不同的特点，将不同组分进行分离，从而脱除润滑油原料中的大部分多环短侧链芳烃、胶质、沥青质、多环或杂环化合物、环烷酸类以及某些含氮、氧、硫的非烃化合物等非理想组分，达到改善油品黏温性能、抗氧化安定性、残炭、色度等性能指标的目的。精制过程常用的溶剂一般有糠醛、苯酚和N-甲基吡咯烷酮（NMP）等。影响精制效果的因素主要有溶剂的性质、精制温度、剂油比、抽提装置型号和抽提装置内温度梯度等。

润滑油原料中除了含有一些非理想组分外，还有一些石蜡和地蜡，溶剂脱蜡就是将润滑油原料溶于选择性溶剂中，然后通过降温使蜡在溶液中的溶解度下降，随之处于过饱和状态的蜡便形成固体结晶从溶液中析出，最后通过过滤将固体蜡和液体分离，从而改善油品的低温流动性。溶剂脱蜡典型工艺流程包括结晶工序、制冷工序、过滤工序（包括真空密闭系统）和溶剂回收及干燥工序。影响脱蜡效果的主要因素有溶剂的性质、剂油比、溶剂加入方式、冷却速率和溶剂含水量等。

经过溶剂精制和溶剂脱蜡后的润滑油原料，将会有少量的溶剂残留其中，并且还有少量有害物质无法除去。通过补充精制可以脱出残留在润滑油原料中的溶剂和少量的胶质、沥青质、环烷酸、氧化物、硫化物、水分和机械杂质等有害组分，从而达到改善油品色度、氧化安定性、抗乳化性、空气释放值、残炭等性能的目的。补充精制的工艺主要有白土补充精制、加氢补充精制和液相脱氮-白土补充精制三种。

减压渣油是生产高黏度润滑油的基础原料，但其中含有大量的沥青，因此在进行精制之前一般通过丙烷脱沥青工序将其除去。丙烷脱沥青的典型工艺流程包括抽提工序和溶剂回收工序。影响丙烷脱沥青效果的主要因素有溶剂的纯度、所处理的原料性质、剂油比和温度。

3.1.4.2 加氢处理工艺

润滑油加氢处理工艺就是通过加氢催化裂化、加氢异构化和加氢脱除杂原子等方式来达到将非理想组分转变成理想组分的目的。加氢处理过程改变了组分的分子结构，属于化学转化加工工艺。加氢处理工艺流程示意图见图1-3-2。

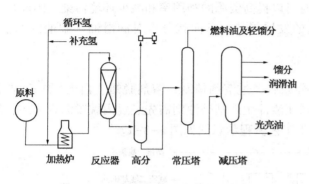

图1-3-2　加氢处理工艺流程示意图

1. 加氢处理工艺的显著优点

（1）适用的原料多样化

溶剂精制油的质量好坏与原料油组分有直接关系。而加氢处理是通过改变组分的化学性质来改善油品质量，因此无论是优质润滑油原料还是劣质润滑油原料，通过加氢处理均可以生产出优质的润滑油基础油，减少了原料的优劣对产品质量的影响，提高了加工工艺的灵活性。特别是适合于生产润滑油基础油的石蜡基原油资源逐渐减少，这一优点更加突出。

（2）产品质量更好

与溶剂精制工艺相比较，通过加氢处理所得到的基础油，其黏温性更好(表现为其黏度指数更高)、低温流动性好(表现为低温黏度小)挥发度低(表现为蒸发损失值小)和对抗氧化剂等添加剂感受性好等。

（3）基础油收率高

加氢处理工艺是以减压渣油和脱沥青油等重质油为原料，通过加氢转化其中的非理想组分来提高理想组分的含量，从而达到提高基础油的收率。

2. 加氢处理工艺的基本原理

在高温、高压、大氢油比条件下，通过催化剂的作用使稠环芳烃发生加氢反应生成多环烷烃、多环烷烃发生加氢反应开环生成少环长侧链烷烃、长直链烷烃加氢裂化为短链烃和直链烃转化为异构烷烃。当然以上过程也伴随着加氢补充精制的各种反应发生。因此加氢处理工艺不但改变油品的外观、颜色和氧化安定性，还可以提高产品的黏温性能等指标。

3. 加氢处理工艺流程

通过脱气处理的原料油与氢气混合，进入加热炉升温到规定温度，之后送入装有催化剂床层的反应器。反应完毕，将物料引入高、低压分离器。高压分离器中出来的氢气经过除杂(如硫化氢、轻烃)后可以循环使用，油料则经过常、减压蒸馏切割成不同牌号的加氢基础油。

4. 加氢处理效果的影响因素

（1）压力控制

在我国石化工业中，加氢处理工艺的压力一般控制在 15~20MPa；加氢反应压力控制较低时，不利于芳烃加氢饱和以及环烷烃的开环，同时还会加速催化剂的失活进程。

（2）温度控制

在我国石化工业中，加氢处理工艺的温度一般控制在 350℃~430℃；加氢反应温度控制较低时，反应速度较慢，势必减小空速，从而影响装置的处理能力和效率。

（3）氢油比控制

在加氢处理工艺中采用较大的氢油比，其体积比一般为 1000 :1~1800 :1，这样高的氢油比有利于提高原料雾化均匀度、温度分布平衡和反应压力的保持。

（4）空速控制

由于加氢处理所需的条件比较苛刻，因此与加氢补充精制相比，其空速较小，一般为 $0.3~1.0h^{-1}$。空速过大势必提高反应温度和氢分压力的升高，同时还会降低油收率。

3.1.4.3 合成基础油

合成油一般是由低分子化合物经过合成得到的较高分子化合物。与矿物油相比，它具有耐真空、耐高低温、耐高负荷、耐强辐射和耐强氧化腐蚀等性能特点，因此在 -60℃ 以下或 150℃ 以上的温度工作条件下，合成油取代矿物油作为润滑油脂的基础油。它的缺点是来源少、成本高。常用生产润滑油的合成油分为合成烃油、酯类油、聚醚、硅油、氟油和磷酸酯等六类。合成油的主要特性有：

（1）高低温性能　合成油具有很好的热稳定性，能够满足高温条件下的润滑需求。合成油的低温黏度小，低温流动性好，使其能够在低温条件下使用。合成油的黏度随温度变化幅度小，具有很好的黏温性能，能够适应较宽的温度范围。

（2）氧化安定性能　在同等试验条件下，合成油氧化后生成的产物要低于矿物油氧化后生成的产物，表明合成油具有更加优越的氧化安定性能。

（3）挥发性能　合成油一般是一种纯化合物，决定了其具有沸点范围窄的特点，因此其挥发性低。

（4）抗燃性　合成油具有很好热稳定性，在很高的温度下不燃烧，抗燃性能优越。

（5）环保性能　合成油的使用寿命长、挥发性低，使得润滑油的换油周期延长、使用过程中润滑油损耗量减少，而且在同等条件下使用合成油的发动机能够节省燃料，因此它具有良好的环保性能。

3.2　润滑油性能指标及其影响因素

3.2.1　运动黏度

1. 含义

表示液体在重力作用下流动时，内摩擦力的大小。

2. 影响因素：

（1）温度　温度对油品的黏度有直接和重大影响。黏度随温度的升高而减小，随温度的降低而增大；

（2）压力　一般情况下，压力对黏度的影响不明显，但是当压力超过 4.92MPa 时，黏度随压力的变化情况就较为明显。

（3）化学组成　相对分子质量相同的情况下，环烷烃的黏度最大、芳香烃次之、烷烃最小。

（4）馏分　一般轻馏分的黏度小，重馏分的黏度大。

3.2.2　黏度指数

1. 含义

黏度指数是表示油品黏度随温度变化而变化的性质。油品黏度随温度变化而变化的幅度大，黏度指数就小，表示其黏温特性差；若油品黏度随温度变化而变化的幅度小，其黏度指数就大，表示其黏温特性好。

2. 影响因素

不同种类的烃，其黏度指数不一样。因此油品中各烃类所占的比例对油品的黏度指数有很大影响。

3.2.3　闪点

影响油品闪点指标的因素主要有馏分、蒸汽压和化学组成。

（1）馏分　一般情况下，油品中轻馏分的闪点低，重馏分的闪点高。因此油品中轻馏分含量和重馏分含量的比例对油品的闪点的影响较大。

（2）蒸汽压　蒸汽压越高，闪点越低；蒸汽压越低，闪点越高。

（3）化学组成　相对分子质量大小相同的不同种类烃，其闪点不一样，油品闪点取决于油品中各烃类的组分比例。

3.2.4　凝点

影响油品凝点指标的因素主要有化学组成、馏分、蜡含量和含水量。

（1）化学组成　不同种类的烃低温流动性不一样。石蜡烃的凝点高，环烷烃的凝点低。因此油品中各烃类所占的比例对油品的凝点有很大影响。

（2）馏分　一般轻馏分油品，低温流动性好，凝点低；重馏分油品，低温流动性差，凝点高。

（3）蜡含量　蜡是使油品失去流动性的重要因素。蜡在油品降温过程中能够形成结晶网络，将油品包围在其架构中阻止油品流动。

（4）含水量　水分在0℃时就会结冰，那么油中含水就容易造成油品失去流动性，提高油品的凝点。

3.2.5　倾点

1. 含义

倾点是指石油产品在规定的试验条件下冷却，每间隔3℃检查一次试样的流动性，试样能够流动的最低温度。

2. 影响因素

倾点与凝点均表示油品的流动性，只是试验条件不同而得到不同的数据而已。因此它们的影响因素一样。

3.2.6　水分

影响油品水分指标的因素主要有原材料带水、储运过程、储运设备、工作环境和油品氧化。

（1）储运过程　储存和运输过程中，容器密闭性好，可以防止水分进入容器，减少油品中水分含量。

（2）储运设备　储运设备在装油品前得到彻底清理，可以减少油品中水分含量。

（3）工作环境　油品在容易与水接触或湿度高的环境中工作时，液体水或水蒸气容易形成冷凝水进入油品，提高油品中的水含量。

（4）油品氧化　油品在使用过程中氧化变质后容易生成水进入到油品中。

3.2.7　机械杂质

影响油品机械杂质指标的因素主要有过滤工艺、储存和运输、储存和运输设备以及油品氧化。

（1）过滤工艺　炼油厂生产基础油过程中要使用白土精制，白土微粒可能残留在油品中；其他精制方法则可能残留矿物盐和金属微粒，若是过滤工序不能将它们过滤掉，则会形成机械杂质。

（2）储运过程　油品在储存和运输过程中，容器封闭不严，可能有灰尘、泥沙等进入，形成机械杂质。

（3）储运设备　容器、管线等设备受到腐蚀时容易产生铁锈渣，或者设备在投用前没有清理干净。

（4）油品氧化　油品在长期储存过程中，一些不饱和烃和硫、氮、氧等化合物发生氧化而形成不溶的黏稠物。

3.2.8　低温动力黏度

1. 含义

低温动力黏度也称作发动机油表观黏度，是指在规定条件下，液体在一定剪切应力下流动时内摩擦力的大小，其值为流动液体所受的剪切应力与剪切速率之比，是表示非牛顿液体流动时的内摩擦力特征，体现发动机油的低温起动性能。

2. 影响因素

（1）温度　温度对油品的低温动力黏度有直接影响。低温动力黏度随温度的升高而减小，随温度的降低而增大；

（2）化学组成　相对分子质量相同的情况下，各烃类组分对油品的黏度贡献不一样，因此油品中各烃含量比例对油品的黏度有很大的影响。

（3）馏分　一般轻馏分的低温动力黏度小，重馏分的低温动力黏度大。

3.2.9　边界泵送温度

1. 含义

GB/T 9171 试验方法规定，边界泵送温度是指能把机油连续地、充分地供给发动机油泵入口的最低温度或出现临界屈服应力或临界黏度时的最高温度。ASTM D3829 试验方法规定，试验 1min 后，油道最低机油压力达到 13.8MPa 的温度。边界泵送温度是表征油品在泵送过程中气阻和流动受限现象。

2. 影响因素

边界泵送温度虽然与低温动力黏度属于两种不同的指标，且要比后者更为复杂，但是两者之间有很明显的关联性，因此它的影响因素基本和低温动力黏度一样。

3.2.10　布氏表观黏度

1. 含义

采用布罗克费尔特（brookfield）黏度计测定的表观黏度，称为布氏表观黏度。它用来替代凝点、成沟点和低温运动黏度表示车辆齿轮油的低温性能，更能够真实反映油品实际使用情况。

2. 影响因素

布氏表观黏度影响因素与发动机油表观黏度相同。

3.2.11 成沟点

1. 含义

成沟点是指在规定的条件下，用金属片在试油中划出一条沟，然后在规定时间内试油不能流到一起和不能够完全盖住试油容器底部的最高温度。它反映了车辆齿轮油的低温性能。

2. 影响因素

成沟点影响因素与油品的凝点相同。

3.2.12 抗乳化性

1. 含义

抗乳化性是指在规定的条件下，油水混合物中的油和水分离的能力。用时间表示油和水分离速度的快慢，称为破乳化时间。

2. 影响因素

（1）馏分　一般轻馏分油品，抗乳化性好；重馏分油品，抗乳化性差。

（2）油品的温度　油品温度高，抗乳化性好；油品温度低，抗乳化性能差。

（3）清洁性　油品受到污染，抗乳化性能变差。

（4）极性物质含量　有些极性物质能够降低液体表面张力，使油品的抗乳化性能变差。有些极性物质则增加液体表面张力，改善油品的抗乳化性。

3.2.13 空气释放值

1. 含义

空气释放值是指在规定的条件下，油品中携带的空气减少到规定数量时所需的时间(min)。

2. 影响因素

（1）馏分　一般轻馏分油品，空气释放值好；重馏分油品，空气释放值差。

（2）化学组成　不同烃类对油品的空气释放值的影响不一样，相对分子质量大致相同的烷烃空气释放性能最好，环烷烃次之，芳烃较差，多环芳烃最差。

（3）清洁性　油品受到污染，空气释放值变差。

（4）极性物质含量　有些极性物质能够降低气泡表面张力，使油品的空气释放性能变差。有些极性物质则增加气泡表面张力，改善油品的空气释放性能。

（5）温度　温度升高，气泡表面张力变大，空气释放性好。

3.2.14 总碱值

1. 含义

总碱值是指在规定条件下，中和存在于 1 克试样中全部碱组分所需要的酸量，以相当的氢氧化钾毫克数表示。

2. 影响因素

总碱值主要受添加剂的品种及其加入量的影响。一般清净剂、分散剂和内燃机油复合剂的总碱值比较大，基础油的总碱值为零，因此通过检测油品的碱值大小，可确认油品是否加入了足量的添加剂。

3.2.15 酸值

1. 含义

酸值是指中和 1 克油品中的酸性物质所需要的氢氧化钾毫克数，以毫克 KOH/克油表示。

2. 影响因素

酸值主要受添加剂的品种及其加入量的影响。一般抗磨液压油和工业润滑油的添加剂呈酸性，基础油的酸值通常很小，因此通过检测油品的酸值，来确认油品是否加入了足量的添加剂。

3.2.16 中和值

1. 含义

中和值是油品的酸值或碱值的习惯统称，它是油品酸碱度的量度。以中和一定重量的油品所需要的碱或酸的相当量来表示的数值。

2. 影响因素

影响因素同酸值，也是由添加剂的品种和数量来决定。

3.2.17 起泡性

1. 含义

起泡性是指油品生成泡沫的倾向以及生成泡沫的稳定性能。

2. 影响因素

（1）分子间力的影响

表面张力与物质的本性及所接触相的性质有关。液体或固体中的分子间的相互作用力越大，表面张力越大。同一种物质与不同性质的其他物质接触时，表面层中分子所处力场则不同，导致表面(界面)张力出现明显差异。一般液–液界面张力介于该两种液体表面张力之间。

（2）温度的影响

表面张力一般随温度升高而降低。这是由于随温度升高，液体与气体的密度差减小，使表面层分子受指向液体内部的拉力减小。

（3）压力的影响

表面张力一般随压力增加而下降。这是由于随压力增加，气相密度增大，同时气体分子更多地被液面吸附，并且气体在液体中溶解度也增大，这三种效果均使表面张力下降。

3.2.18 色度

影响油品色度指标的因素主要有基础油精制深度和添加剂。

（1）基础油精制深度　基础油精制深度越深，脱去的杂质和杂原子越多，颜色就越浅，甚至无色，色度就小。反之色度就大。

（2）添加剂　有的添加剂颜色深、加量比较多，成品油的色度就比较大，反之色度就小。

3.2.19 蒸发损失

1. 含义

蒸发损失是指在规定条件下蒸发后，其损失值所占的质量百分数。

2. 影响因素

（1）馏分　一般情况下，油品中轻馏分的挥发性强，重馏分挥发性弱。因此油品中轻馏分含量和重馏分含量的比例决定油品的蒸发损失大小。

（2）温度　油品温度越高，蒸发损失量就越大。

（3）压力　压力越小，油品饱和蒸汽压就越小，蒸发速度越快，蒸发损失量就越大。

3.2.20　硫酸盐灰分

1. 含义

硫酸盐灰分是指在规定条件下，油品被炭化后的残留物经硫酸处理，转化为硫酸盐后的灼烧恒重物，以重量百分数表示。

2. 影响因素

（1）基础油　基础油精制过程中残留有原油中的可溶性金属盐、白土微粒，酸碱精制过程生成的硫酸钠、磺酸钠等盐。

（2）添加剂　生产油品采用的含金属化合物的添加剂，如钠、镁、钾、钙、锌、钡等金属盐化合物。

（3）储运过程　储运过程设备、管线和金属容器受腐蚀生成的金属盐和铁锈等物质。

3.2.21　密封适应性

1. 含义

密封适应性是指弹性密封体经受油品（主要指液压油）接触对其尺寸和机械性能影响的程度和适应能力。

2. 影响因素

（1）化学组成　不同的烃类密封材料的相溶性不一样，而且不同烃类对不同材料的密封件相溶性也不同，因此密封适应性不一样。

（2）温度　一般温度愈高，油品对密封材料的溶解性愈强，加速密封件的老化。

3.2.22　液相锈蚀试验

1. 含义

液相锈蚀试验是指在规定条件下，将钢棒浸入试样与蒸馏水或合成海水的混合液中保持至规定时间后，目视钢棒的生锈程度的试验。

2. 影响因素

（1）基础油　基础油中存在水溶性酸碱、活性硫和水等物质，容易引起铁质设备设施发生锈蚀。

（2）添加剂　添加剂中含有活性硫等物质，容易引起铁质设备设施发生锈蚀。防锈剂含量不足，易影响油品的防锈性能。

3.2.23　铜片试验

影响油品铜片试验指标的因素主要有基础油和添加剂。

（1）基础油　基础油中存在水溶性酸碱、活性硫和水等物质，容易引起金属设备设施发生腐蚀。

（2）添加剂　添加剂中含有活性硫等物质，容易引起金属设备设施发生腐蚀。抗腐剂含量不足，易影响油品的防腐性能。

3.2.24　水溶性酸碱

影响油品水溶性酸碱指标的因素主要有基础油加工工艺和油品储运。

润滑油的水溶性酸是润滑油中溶于水的低分子有机酸和无机酸（硫酸及其衍生物如磺酸及酸性硫酸酯等）。润滑油中的水溶性碱，是指润滑油中溶于水的碱和碱性化合物，如氢氧化钠及碳酸钠等。

（1）基础油　润滑油精制过程中酸、碱脱除效果不好，导致油品中存在水溶性酸碱。

（2）油品储运　油品储运过程受到污染或氧化变质而产生水溶性酸碱。

3.2.25　密度

影响油品密度指标的因素主要有馏分、温度和化学组成。

（1）馏分　相对分子质量小的组分密度小，相对分子质量大的组分密度大。馏分中相对分子质量不同的组分含量比例不同，密度大小不一样。

（2）温度　一般情况下，密度随物质的温度升高而变小。

（3）化学组成　密度是物质的特性，相对分子质量大致相同的正构烷烃密度最小，环烷烃和芳烃密度较大。

3.2.26　残炭

油品中残炭主要是由基础油中的胶质、沥青质、多环芳烃以及含硫、含氮、含氧的化合物等物质组成。通过精制可以脱除这些物质，基础油精制深度越深，残炭含量越小，用减压渣油生产出来的基础油残炭含量比较高。

3.2.27　介电强度

1. 含义

介电强度也称绝缘强度，是指在规定条件下，电器用油（或其他绝缘材料）被击穿时的电压除以施加电压的两电极之间距离所得的数值，kV/cm。

2. 影响因素

（1）水分、机械杂质　产品中的水分、机械杂质含量大，介电强度变小。

（2）气泡　产品中的气泡含量大，介电强度变小。

（3）温度、湿度　产品中的温度高、湿度大，介电强度变小。

（4）储运过程　储运过程中进入水和杂质，或储运环境比较潮湿，介电强度变小。

3.2.28　介质损耗

1. 含义

介质损耗是指电器用油（或其他介质）受到交流电场作用时，电器用油（或其他介质）中转变为热的那部分损耗掉的能量。常用的几个介质损耗参数：

（1）介质损耗角　通过电介质的电流向量与电压向量之间的夹角的余角。

（2）介质损耗因数　衡量在交流电场下，介质损耗的程度。用介质损耗角的正切值表示。

2. 影响因素

（1）杂质　油品中存在溶解或悬浮杂质、胶体颗粒和水时，介质损耗增大；

（2）电场强度　电场强度过大，油品介质损耗增大；

（3）电导　液体中存在自由载流子使之产生电导，油品介质损耗增大。

3.2.29　苯胺点

1. 含义

苯胺点是指油品在规定条件下与同等体积的苯胺完全混溶时的最低温度。

2. 影响因素

不同的烃类在苯胺试剂中的溶解度不一样，烷烃苯胺点最高，环烷烃苯胺点次之，芳烃苯胺点最低。

3.3 润滑油添加剂

随着汽车、机械、电力、航空航天等行业的发展，设备的工作条件也越来越苛刻、工作环境越来越恶劣，润滑油基础油的性能已不能满足需要。当润滑油基础油加入一些添加剂，油品的各种性能得到了极大改善，不但可以满足设备工作需求，还可以大大延长润滑油的使用寿命，减少石油资源的消耗。

我国润滑油添加剂单剂共有 10 大类 200 多个品种，复合剂共有 12 大类，基本能够满足国内油品生产需求，但是一些高端油品添加剂，基本上还是以进口为主。与此同时，润滑油添加剂从 20 世纪 90 年代初期开始，逐步由单剂发展为复合剂，到现在为止复合剂的使用占有绝对的统治地位，特别是一些大的润滑油生产厂商，其产品基本上采用复合添加剂来生产。

3.3.1 润滑油添加剂分类

3.3.1.1 润滑油添加剂分类及其标准

1. 润滑油添加剂的分类

润滑油添加剂按组成分为单剂和复合添加剂两大部分。单剂按其功能划分可分为清净剂和分散剂、抗氧抗腐剂、极压抗磨剂、油性剂和摩擦改进剂、抗氧剂和金属减活剂、黏度指数改进剂、防锈剂、降凝剂、抗泡剂等组。复合添加剂按其适用的润滑油产品划分，可分为汽油机油复合剂、柴油机油复合剂、通用发动机油复合剂、二冲程摩托车油复合剂、铁路内燃机车油复合剂、船用发动机油复合剂、工业齿轮油复合剂、车辆齿轮油复合剂、通用齿轮油复合剂、液压油复合剂、工业润滑油复合剂和防锈油复合剂等组。

2. 我国润滑油添加剂的分类标准

到目前为止，我国尚未制定石油添加剂及其分类的国家标准，而只有部分石油添加剂的行业标准和企业标准。其中石油添加剂的分类行业标准有 1 个，润滑油添加剂行业标准有 19 个。现在用的添加剂标准为《石油添加剂的分类》SH/T 0389—92。

3.3.1.2 润滑油添加剂的命名及其代号

润滑油添加剂在国际上没有一个统一的标准，因此国外各大添加剂厂商分别制定了自己的产品命名规则和代号编码规则。我国润滑油添加剂的命名由三部分组成：1~2 位阿拉伯数字组成的组号、2 位阿拉伯数字组成的品种号和大类添加剂名称。例如 203 抗氧抗腐剂，分解成三部分就是"2"+"03"+"抗氧抗腐剂"。代号也是由三部分组成：石油添加剂类别号"T"、1-2 位阿拉伯数字组成的组号和 2 位阿拉伯数字组成的品种号。例如 T203，分解成三部分就是"T"+"2"+"03"。

3.3.2 润滑油添加剂性能和作用机理

一种添加剂使用在什么润滑油产品中，一个油品中同时加入的数种添加剂之间的协同效应，主要是由该添加剂的性能决定。因此了解添加剂的性能和作用机理，对如何使用各添加剂有很大的帮助。下面就以上几大类添加剂的这方面内容作简单介绍。

3.3.2.1 清净剂

清净剂是内燃机油必需的主要添加剂之一。内燃机油在发动机高温工作条件下容易氧化生成积炭、漆膜和油泥等沉积物以及酸性物，牢固地附着在发动机金属表面，极大地增加了发动机运动部件的腐蚀磨损、堵塞油路和滤网，严重时活塞组件被烧结咬死。通过加入清净剂，能够有效抑制这些物质在金属表面沉淀，除去发动机活塞组件表面已发生的沉积物，中和润滑油与燃料氧化生成的酸性物质，保证发动机正常运行，延长发动机使用寿命。

1. 清净剂的性能

清净剂具有高温清净性和防锈性。它的高温清净性体现在能够有效抑制积炭、漆膜和油泥等沉积物在金属表面沉淀和除去发动机活塞组件表面已发生的沉积物；而防锈性体现在中和润滑油和燃料氧化生成酸性物质防止发动机金属的酸腐蚀。

2. 清净剂的作用机理

（1）酸中和作用机理

清净剂都具有一定的碱性，其碱值大小因组分而异。它的存在可以很好地中和润滑油氧化和燃料不完全燃烧产生的有机酸，使其变成没有活性的油溶性物质，防止了这些物质进一步氧化缩合成漆膜等不溶物。还可以中和燃料燃烧后产生的 H_2SO_3、H_2SO_4、HCl 和 HNO_3 等无机酸，有效保护发动机不被锈蚀。

（2）清洁作用机理

清净剂对漆膜和积炭等沉积物具有很强的吸附作用，使这些沉积物变得疏松并随清净剂胶束一并分散在油中，然后通过机油循环系统滤出。

（3）分散作用机理

清净剂属于一种表面活性剂，在油中呈胶束状，胶束的两端分别分布着亲油基团和极性基团。极性基团对漆膜和积炭等沉积物具有很强的吸附作用，使清净剂胶束在其颗粒表面形成一层隔离膜。而带膜的颗粒带有同性电荷，彼此间相互排斥而分散在油中。

（4）增溶作用机理

清净剂分子俘获不溶颗粒后，通过膜表面的亲油基团溶解分散在油中，防止沉淀物颗粒聚集在发动机内表面形成漆膜和积炭等。

（5）吸附作用机理

分散剂分子中的极性基团活性比那些不溶物中所含的氧化产物的活性强，定向排列吸附在金属的表面，形成一层保护膜，有效阻止油中的氧化产物在金属表面的沉积，延缓金属对油品氧化过程的催化作用。

3. 清净剂的分类

（1）清净剂按其化学组分可以分为磺酸盐、烷基酚盐、烷基水杨酸盐、硫代磷酸盐和环烷酸盐清净剂。

（2）清净剂按总碱值分为低碱值、中碱值、高碱值和超高碱值清净剂。低碱值的清净剂分散性能较好，而高碱值的清净剂酸中和能力及高温清净性较好。

（3）清净剂按其所含的金属元素可以分为钠盐、钙盐、镁盐和钡盐清净剂。

常用清净剂举例：T105（中碱值合成磺酸钙）、T106（高碱值合成磺酸钙）和T109（烷基水杨酸盐）等。

3.3.2.2　分散剂

分散剂是一种不含金属的添加剂，亦称无灰型添加剂。它能将发动机在运行过程中生成的油泥分散在油中，防止润滑油循环系统遭受污染和堵塞。

1. 分散剂的性能

分散剂具有很好的油泥分散性和一定的高温清净性。它能有效地将油泥胶溶于油中，也能将漆膜和积炭等不溶物增溶于油中，与清净剂复配使用会有很好的协同效应，从而可以提高产品的质量和降低油品中添加剂的加入量。

2. 分散剂的作用机理

（1）分散作用机理

分散剂也是一种表面活性剂，它的结构和对不溶物分散作用机理基本与清净剂一致，它的亲油基团是清净剂的几倍，而分散能力是它的10倍以上。

（2）增溶作用机理

分散剂的极性基团与油泥中的羟基、羧基、羰基、硝基和硫酸基等极性基团发生作用，形成油溶性络合颗粒分散在油中，达到增溶的目的。

3. 分散剂的分类

分散剂按化学组分分为聚异丁烯丁二酰亚胺（包括单烯基、双烯基和多烯基）、聚异丁烯丁二酸酯、苄胺和无灰磷酸酯等。常用分散剂举例：T154（双烯基丁二酰亚胺）。

3.3.2.3 抗氧抗腐剂

抗氧抗腐剂除了用在内燃机油外，还广泛用于齿轮油和液压油。它可以抑制油品的氧化、钝化金属对油品氧化过程的催化作用以及保护金属部件不受酸性物的腐蚀等。

1. 抗氧抗腐剂的性能

抗氧抗腐剂具有抗氧和抗腐蚀性能，同时还具有一定的抗磨性能。

2. 抗氧抗腐剂作用机理

油品的氧化过程始于游离基的产生，游离基与氧反应生成过氧化物，然后进行一系列的联锁反应，最终生成有机酸、酮和醛等，这些物质在一定条件下发生缩合反应变成漆膜和油泥。针对以上油品氧化反应机理，可从两个方面来阻断联锁反应的发生：一是俘获游离基，二是将过氧化物分解成稳定的化合物。

3. 抗氧抗腐剂的分类

（1）二烷基二硫代磷酸盐（ZDDP） 该剂是一种多功能添加剂，具有抗氧、抗腐和抗磨作用。按化学分子结构分为烷基芳基型、短链伯醇基型、长链伯醇基型、伯仲醇基型和仲醇基型。

（2）二烷基二硫代氨基甲酸盐 该剂简称为MDTC，是一种多功能添加剂，具有抗氧、抗腐、抗磨作用和极压性，且具有比ZDDP更好的耐高温性能。按所含的金属元素分为锌盐、钼盐、锑盐、铅盐和镉盐。它通常与ZDDP复配使用在润滑油产品中，可以起到提高产品性能，降低成本。

常用抗氧抗腐剂举例：T202（硫磷丁辛基锌盐）和T203（硫磷双辛基锌盐）。

3.3.2.4 极压抗磨剂

机械在高负荷冲击、高速运转和高扭矩低速运行时，摩擦副表面往往容易产生瞬时的局部高压、高温，导致其表面已有的油膜受到破坏而引发严重磨损，甚至烧结。加入适量的极压剂，能够使机械的摩擦表面得到很好得保护。

1. 极压抗磨剂的性能

它具有在高温、高负荷、高速或者低速、高负荷、冲击负荷条件下减少磨损和防止烧结的性能。

2. 极压抗磨剂的作用机理

极压抗磨剂易于与金属表面发生化学反应（可控制性的化学腐蚀），生成一层熔点低、塑性好的化学保护膜。这种保护膜在苛刻的边界摩擦条件下发生塑性变形，减少摩擦阻力。

与此同时，化学保护膜的塑性变形和熔化的膜屑填平摩擦副表面凹坑，增加摩擦表面积，从而降低接触面的单位负荷，减少磨损。

3. 极压抗磨剂的分类

极压抗磨剂是一种具有化学活性、有机极性化合物，根据其所含的活性元素分为硫型、磷型和氯型极压抗磨剂。三者相比较而言，形成的油膜强度：磷型＞氯型＞硫型；而极压性能：硫型＞氯型＞磷型。除上述类型外还有有机金属极压抗磨剂和硼酸盐极压抗磨剂等。常用极压抗磨剂举例：T302（氯化石蜡）和 T351（二丁基二硫代氨基甲酸钼）。

3.3.2.5　油性剂和摩擦改进剂

油性剂和摩擦改进剂能够使润滑油在摩擦副表面形成定向吸附膜，将摩擦副金属表面隔离，达到改善摩擦性能的作用。早期人们采用动植物油来改善油品润滑性，故称之为油性剂；后来人们发现一些化合物具有降低摩擦表面的摩擦系数的性能，故称之为摩擦改进剂。

1. 油性剂和摩擦改进剂的性能

它具有良好的吸附性（物理的和化学的）、润滑性和减磨性，还有一定的极压性。

2. 油性剂和摩擦改进剂的作用机理

该添加剂属于极性化合物，含有极性基。极性基对金属表面具有很强的黏附力，在金属表面定向排列形成物理吸附膜和化学吸附膜。其中物理吸附是可逆的，当温度升高和负荷加大时，物理吸附膜很容易脱离金属表面而失去作用；而化学吸附是不可逆的，当温度上升，化学吸附作用加大，形成抗磨能力较强的薄膜。当然以上过程只是当温度不太高、冲击负荷不太大的边界润滑状态下发生。若温度过高或冲击负荷较大，则需要采用极压抗磨剂来替代。

3. 油性剂和摩擦改进剂的分类

（1）油性剂的分类

油性剂主要包括动植物油类和脂肪酸及其衍生物类，如脂肪酸、脂肪醇、脂肪酸酯、脂肪酸胺盐等。常用油性剂举例：T406（苯三唑十八胺盐）。

（2）摩擦改进剂分类

摩擦改进剂有油溶性的和非油溶性的。油溶性的包括磷酸酯和有机钼系列；非油溶性的一般指一些固体添加剂，如石墨、二硫化钼、硼酸盐和聚四氟乙烯树脂等。常用摩擦改进剂举例：T462（二烷基二硫代磷酸氧钼）。

3.3.2.6　抗氧剂

润滑油同金属和氧接触后，在光和热的作用下常会发生氧化反应而变质，而且氧化过程是一个联锁反应，因此一旦激发氧化反应，却不加以抑制的话，油品很快就会衰变，生成大量的酸性物质、漆膜和油泥。加入抗氧剂能够很好地抑制氧化反应的发生，大大延长产品的使用寿命。

1. 抗氧剂的性能

它能提高产品的氧化安定性，延缓产品衰变速率和延长产品的使用周期。

2. 抗氧剂的作用机理

抗氧剂的作用机理有两种，一种是自由基终止剂作用机理，另一种是过氧化物分解剂作用机理。

（1）自由基终止剂作用机理

在金属、光、热和氧的作用下，激发产生的过氧自由基通常会去抢夺润滑油中烃类的氢原子，而加入抗氧剂后，抗氧剂分子中的氢原子比烃类的氢原子更容易被抢夺，相当于抗氧剂先于烃类捕获过氧自由基，从而阻止烃类因失去氢原子生成新自由基，中断联锁反应链的形成。而且失去氢原子的抗氧剂自由基也能与过氧自由基结合生成稳定产物。

（2）过氧化物分解剂作用机理

过氧自由基获得氢原子后变成氢过氧化物，加入分解剂后，分解剂能够很快同氢过氧化物发生一系列反应，生成稳定化合物，达到分解过氧化物的目的。

3. 抗氧剂的分类

（1）自由基终止剂

常用的自由基终止剂主要有酚型和胺型抗氧剂。酚型抗氧剂（如 T501）适合于 150℃ 以下，温度高了就容易失效并起到促进氧化的负作用。胺型抗氧剂（如 T534）具有很好的高温抗氧性、很长的耐久抗氧性，对延长诱导期、抑制油品后期氧化效果较好，能够很好地控制油品氧化引起的黏度增长和减少沉积物的生成。但是胺型抗氧剂的价格贵、毒性大，而且在酸性物质存在时易失效，因此应用范围受到限制。

（2）过氧化物分解剂

常用的有二烷基二硫代磷酸锌（ZDDP），这是一种集抗氧化、抗腐蚀和抗磨损性能于一体的添加剂。

3.3.2.7　金属减活剂

油品氧化的发生和氧化过程的加速，往往是由金属或金属离子的催化作用引起的。于是人们想办法采取一些措施降低金属的催化作用，一是通过加入金属钝化剂，形成分子膜将金属离子隔离起来使之钝化；二是通过加入金属减活剂，去除其催化活性。在我国润滑油中使用的为金属减活剂，燃料油中使用的为钝化剂。

1. 金属减活剂的性能　具有抑制金属或金属离子的催化效能，提高油品的抗氧化安定性。

2. 金属减活剂的作用机理　金属减活剂能和金属离子生成螯合物使其失去催化活性，或者在金属表面生成化学保护膜，抑制其生成金属离子进入油中。

3. 金属减活剂的分类　金属减活剂是由含硫、磷、氮或其他一些非金属元素组成的有机化合物。常用的有苯三唑衍生物（T551）和噻二唑衍生物（T561）。它们作用的对象均为非铁金属。与抗氧剂复配使用具有很好的协同效应，并降低抗氧剂的用量。

3.3.2.8　黏度指数改进剂

黏度指数改进剂是一种高分子化合物，是由相同或不同的小分子化合物聚合而成。它加入到油品中能有效增加油品的高温黏度，更能够很好地改善油品黏温性能和油品的低温流动性，扩大油品适用温度范围。

1. 黏度指数改进剂的性能

黏度指数改进剂具有改善油品黏温性能、低温启动性和高温润滑性。一个优质的黏度指数改进剂应具有良好的抗剪切稳定性、热稳定性和高温高剪切性能。

2. 黏度指数改进剂的作用机理

在油品中加入黏度指数改进剂，低温时分子收缩成团，减小分子的流体力学表面积和体积，降低油品的内摩擦力，从而减少对油品低温黏度的影响；高温时黏度指数改进剂分子因溶胀而扩展开来，增加了分子的流体力学表面积和体积，从而增大油品的内摩擦力，其结果是提高了油品的高温黏度。

3. 黏度指数改进剂的分类

黏度指数改进剂主要有乙丙共聚物(OCP)、聚异丁烯(PIB)、聚甲基丙烯酸酯(PMA)、苯乙烯聚酯(HSD、SDC)、苯乙烯双烯共聚物和聚正丁基乙烯基醚。常用黏度指数改进剂举例：T613(乙丙共聚物)和T614(乙丙共聚物)。

3.3.2.9 防锈剂

金属在储存或工作环境中遇到水、氧或酸性物质时，容易引起腐蚀和生锈，造成了巨大损失。采用防锈剂可以阻止或缓解金属部件发生锈蚀。

1. 防锈剂的性能

防锈剂的主要作用是防止黑色金属在水和空气存在的条件下氧化生成的棕色或棕红色的锈斑。

2. 防锈剂的作用机理

防锈剂是一种极性物质，它的分子两端分别分布着极性基团和亲油基团。极性基团对金属表面具有很强的吸附力和亲水性，亲油基团是烷基，具有很强的亲油性和疏水性。防锈剂在保护金属不发生锈蚀方面有四种方式：

（1）防锈剂分子以物理吸附和化学吸附的方式在金属表面紧密排列成多层保护膜，防止腐蚀性介质接触到金属表面，从而起到保护作用。

（2）防锈剂分子通过极性基团将腐蚀性介质包围，然后通过亲油基团将其分散在油中，起到隔离和减活作用。

（3）利用极性基团的亲水性，将附着在金属表面的水分子置换出来，使之离开金属表面并分散在油中。

（4）一些防锈剂具有碱性，当遇到酸性腐蚀性介质时，防锈剂分子将与其发生酸碱中和反应，使其变成不具腐蚀性的中性化合物。

3. 防锈剂分类

防锈剂有磺酸盐、羧酸及其酯类和盐类、有机磷酸及盐类、硫氮杂环化合物等。常用防锈剂举例：T746(烯基丁二酸)。

3.3.2.10 降凝剂

油品在低温时发生凝固而失去流动性的情况有两种方式，一种是，随着温度的降低油品的黏度随之增大，到一定低温后油品失去流动性，称之为黏温凝固；另一种是，当温度下降时，油品中的正构烷或长链烷烃溶解度下降，并以蜡结晶的形式析出，这些结晶蜡形成一种三维网状结构，将润滑油固定在蜡晶结构中，从而使油品失去流动性，称之为构造性凝固。降凝剂对构造性凝固才有效果，也就是说它对石蜡基润滑油能够起到作用，而对其他性质的润滑油作用不明显。

1. 降凝剂的性能　它能改善油品的低温流动性，降低油品的倾点和凝点。

2. 降凝剂的作用机理　降凝剂是一种具有与烃类相似结构的化合物，通过其烷基侧链吸附在蜡结晶表面或形成共晶，从而改变蜡晶体的生长方向，达到改变蜡结晶的形状和尺寸，阻止蜡晶体联结成三维网状结构。

3. 降凝剂的分类　降凝剂有烷基萘、聚-α烯烃、聚丙烯酸酯、聚甲基丙烯酸酯。常用降凝剂举例：T801(烷基萘)、T803(聚α-烯烃-1)和T808(苯乙烯富马酸酯共聚物)。

3.3.2.11 抗泡剂

油品在搅动的过程中，空气易于混入油品中形成稳定的气泡。气泡的存在往往影响设备的工作稳定性、加速油品氧化变质的进度和造成金属表面的气蚀。通过加入抗泡剂，能够很好地抑制油品中气泡的产生或降低气泡的稳定性使其迅速破裂。

（1）抗泡剂的性能　抑制气泡的产生和加速气泡的消除速度。

（2）抗泡剂的作用机理　抗泡剂分子容易吸附在气泡表面，通过改变气泡的局部表面张力大小，使气泡膜表面各方向受力失衡而形成一个薄弱部分，进而引发泡沫破裂。

（3）抗泡剂的分类　常用的抗泡剂主要有甲基硅油、非硅型抗泡剂和复合抗泡剂。常用抗泡剂举例：T901（甲基硅油）、T922（2号复合抗泡剂）和T923（3号复合抗泡剂）。

3.3.2.12　抗乳化剂

油品在储存和使用过程中，有时水分进入其中，油和水会形成乳白色浑浊的液体，这就是常说的乳化现象。润滑油一旦乳化就容易失去润滑性能，同时加速油品的氧化变质和腐蚀金属。抗乳化剂是一种表面活性剂，加入油品中就能够使油中水迅速分离出来。

（1）抗乳化剂的性能　抗乳化剂能有效改善油品的油水分离性能。

（2）抗乳化剂的作用机理　油品中混入水后，水被油分子分散成细小颗粒而包围起来，形成油包水（W/O）型乳化液。加入抗乳化剂后，抗乳化剂分子吸附在油-水界面上，改变油-水界面的张力，使水颗粒外表吸附的那层薄膜破裂而释放出来，从而达到油水分离。另外，抗乳化剂还能使乳化液发生转相，即促使油包水（W/O）型乳化液向水包油（O／W）型乳化液转变，在转变的过程中实现油水分离。

（3）抗乳化剂的分类　抗乳化剂有胺-环氧乙烷缩合物、乙二醇酯、环氧丙烷-环氧乙烷共聚物等。常用抗乳化剂举例：T1001（胺与环氧化物缩合物）。

3.3.2.13　其他添加剂

润滑油添加剂除了上述一些外，还有染色剂、螯合剂、偶合剂、杀菌剂等等。由于目前极少数油品生产中使用到，这里就不作介绍。

3.3.2.14　复合添加剂

由于大部分油品为了获得所需的多种性能以满足设备运行的要求，经常要加入多种添加剂，在加入过程中要考虑到各添加剂的加入顺序、加入条件、时间间隔、添加剂的配伍性等等一系列问题。为了简化润滑油生产过程，降低添加剂的误用率，通常将各单剂进行复配调和，形成一种多功能添加剂，从而大大减少一个油品生产过程中加入的添加剂的品种数量。表1-3-5列举了一些常见的复合添加剂。

表1-3-5　常见复合添加剂

添加剂类别	商品牌号	生产厂商
汽油机油复合剂	T3001	上海海润添加剂公司
	H9360	雅富顿添加剂公司
	P5212	润英联添加剂公司
	LZ9846	路博润添加剂公司
	OLOA51005	雪佛龙奥伦耐公司
柴油机油复合剂	T3141	上海海润添加剂公司
	T3151	
	OLOA68006	雪佛龙奥伦耐公司
	LZ4980A	路博润添加剂公司
	H1275	雅富顿添加剂公司

添加剂类别	商品牌号	生 产 厂 商
车辆齿轮油复合剂	LZ1038	路博润添加剂公司
	H343	雅富顿添加剂公司
	T4143	无锡南方添加剂公司
	LAN 4204	兰州炼化三叶公司
抗磨液压油复合剂	LZ5703	路博润添加剂公司
	H521	雅富顿添加剂公司
汽轮机油复合剂	T6001	兴普公司
	IR2030D	汽巴公司(巴斯夫)

3.4 润滑油产品

3.4.1 摩擦、磨损与润滑的基本概念

3.4.1.1 摩擦的基本概念

1. 摩擦的定义

两个相互接触的物体,通过外力的作用下发生相对运动或具有相对运动的趋势时,接触表面总会存在一种阻碍相对运动或趋势的现象,称之为摩擦。其中两个相互接触、作相对运动的物体,称为摩擦副。

2. 摩擦的分类

(1) 按摩擦副的运动形式分为滑动摩擦和滚动摩擦两类;

(2) 按摩擦副的运动状态分为静摩擦和动摩擦;

(3) 按摩擦副表面的润滑状态分为干摩擦、边界摩擦和流体摩擦。

3.4.1.2 磨损的基本概念

1. 磨损的定义

物体工作表面由于相对运动而不断损失的现象叫做磨损。

2. 磨损的分类

(1) 黏着磨损 摩擦副相对运动时,由于固相焊合,接触表面的材料从一个表面转移到另一表面的现象,叫做黏着磨损;

(2) 磨料磨损 摩擦面间有硬的颗粒或硬的突起物(如尘土、磨屑、材料组织中的硬点、铸件中的夹砂等),在摩擦过程中金属表面产生研磨拉沟等材料脱落现象叫磨料磨损;

(3) 表面疲劳磨损 两接触表面作滚动或滚动滑动复合摩擦时,在交变接触压应力作用下,使材料表面疲劳而产生物质损失的现象叫做表面疲劳磨损。

(4) 腐蚀磨损 在摩擦过程中金属同时与周围介质发生化学反应,导致物质损失,这种现象称为腐蚀磨损。

3.4.1.3 润滑的基本概念

润滑就是在摩擦副之间加入润滑剂,摩擦副表面就被流体层或表面分子薄膜层隔离,化干摩擦为流体摩擦或边界摩擦,大大降低摩擦副表面的摩擦系数。

1. 流体动力润滑

在作相对运动的部件之间充满流体层,将摩擦副表面隔离称为流体动力润滑。这种润滑

状态是最理想的，典型的例子如轴承内的润滑。

2. 弹性流体润滑

润滑剂在点、线接触的高压摩擦副（齿轮、滚动轴承和凸轮等）中也能形成分隔摩擦表面油膜，产生流体动力润滑。但接触区内的高压环境会使接触面发生极大的弹性形变并使其间的润滑剂黏度大为增加。考虑弹性变形和压力对黏度的影响这两个因素的流体动力润滑称为弹性流体润滑。

3. 边界润滑

当摩擦副之间的流体厚度不足以将两个表面隔离，表面的微凸体会发生连续接触，此刻的润滑状态称为边界润滑。此时的润滑是靠吸附在摩擦副表面的极性物质分子形成的吸附膜提供。

4. 混合润滑

当摩擦副之间的流体厚度不足以将两个表面完全隔离，表面的微凸体会发生间歇性接触，此刻的润滑状态称为混合润滑。

3.4.2 润滑油产品分类

按照 GB/T498—87《石油产品及润滑剂的总分类》标准，润滑油产品属于其中的"润滑剂和有关产品类"，代号为"L"。润滑油分类标准包括 1 个总分组标准和 16 个子分组标准，共17 个分类标准。

我国润滑油产品总分类标准 GB/T 7631.1—87《润滑剂和有关产品（L 类）的分类 第 1 部分：总分组》系等效采用 ISO6743/0—1981《润滑剂、工业润滑油和有关产品（L 类）的分类——第 0 部分：总分组》而制定的。分类是根据应用场合划分的，具体内容详见下表 1-3-6。

表 1-3-6　润滑剂和有关产品（L 类）的分类

组　别	应 用 场 合	组　别	应 用 切 合
A	全损耗系统	P	风动工具
B	脱模	Q	热传导
C	齿轮	R	暂时保护防腐蚀
D	压缩机（包括冷冻机和真空泵）	T	汽轮机
E	内燃机	U	热处理
F	主轴、轴承和离合器	X	用润滑脂的场合
G	导轨	Y	其他应用场合
H	液压系统	Z	蒸汽气缸
M	金属加工	S	特殊润滑剂应用场合
N	电器绝缘		

备注：本分类比 ISO6743/0—1981 分类的差异在于多"S"组别

3.4.2.1　液压油

1. 液压油的性能

（1）抗磨性能　设备的液压系统都在一定的负荷下工作，特别是高压液压系统的工作负荷大，启动和停车瞬间往往处于边界润滑状态，若油品的抗磨性差，很容易造成设备的磨损，缩短设备使用寿命。

（2）抗氧化性能　油品的品质好，不易变质，才能够平稳传递负荷，保证设备工作的稳定性，因此油品要有好的抗氧化性能。

（3）防锈性能　液压油具有良好的防锈性能，才能保证设备不被锈蚀，有利于保持设备工作精度，提高设备工作稳定性。

（4）黏温性能　具有良好的黏温性能够减小油品黏度随温度变化的幅度，确保温度变化时仍能为设备表面提供足够的保护膜，而且低温下容易流动。

（5）清洁性　润滑油的清洁性越来越被广大设备制造商重视，因为现代机械设备加工精度越来越高，液压系统各部件非常精密，彼此间的间隙非常小，大大提高了设备的操作控制精准度。润滑油中存在的颗粒很容易导致油路堵塞，使控制系统失灵。

（6）密封适应性能好　油品对液压系统密封性材料无侵蚀作用，可以保证设备工作的稳定性，同时可以减少密封材料对油品的污染。

（7）空气释放性能和抗泡性能　油品中的空气和泡沫容易造成系统压力不足和效率低下、负荷传递灵敏度降低，严重时还会发生气蚀，引起异常震动和噪音，损伤设备。

2. 液压油的作用

（1）动力传递作用　将原动力机械能转化成平稳的高压能输送出去。

（2）控制作用　通过调节液压油的压力、流量和流向等，可以实现机械操作手的力度、频率和方向。

（3）润滑和冷却作用　油品的润滑作用体现在良好的抗磨性能够减少设备的磨损延长部件的使用寿命，同时将工作过程中产生的热能传递出去。

3. 液压油的分类

（1）质量等级

H 组（液压系统）（GB/T 7631.2—2003/ISO 6743—4：1999）规定了产品的详细分类及代号。液压系统用油分类的原则是根据产品品种的主要应用场合和相应产品的不同组成来确定，分为 HH 液压油、HL 液压油、HM 液压油、HR 液压油、HV 液压油、HS 液压油、HETG 液压油、HEPG 液压油、HEES 液压油、HEPR 液压油、HG 液压导轨油、HFAE 难燃液压液、HFS 难燃液压液、HFB 难燃液压液、HFC 难燃液压液、HFDR 难燃液压液和 HFDU 难燃液压液。

GB 11118.1—94《矿物油型和合成烃型液压油》产品标准将 L-HM、L-HV 和 L-HS 三个品种按质量分为优等品和一等品，L-HL 和 L-HG 二个品种只设一等品。

（2）黏度等级

液压油黏度分类是按照工业黏度等级划分标准（GB/T 3141—94）进行，该标准是等效采用国际标准 ISO 3448—1992《工业液体润滑剂——ISO 黏度分类》。ISO 黏度分类见表 1-3-7。

表 1-3-7　ISO 黏度分类

ISO 黏度等级	中间点运动黏度 (40℃)/(mm²/s)	运动黏度范围(40℃)/(mm²/s)	
		最小	最大
2	2.2	1.98	2.42
3	3.2	2.88	3.52
5	4.6	4.41	5.06
7	6.8	6.12	7.48
10	10	9.00	11.0
15	15	13.5	16.5
22	22	19.8	24.2
32	32	28.8	35.2
46	46	41.4	50.6

ISO 黏度等级	中间点运动黏度 (40℃)/(mm²/s)	运动黏度范围(40℃)/(mm²/s)	
		最小	最大
68	68	61.2	74.8
100	100	90	110
150	150	135	165
220	220	198	242
320	320	288	352
460	460	414	506
680	680	612	748
1000	1000	900	1100
1500	1500	1350	1650
2200	2200	1980	2420
3200	3200	2880	3520

备注：对于某些 40℃ 运动黏度等级大于 3200 的产品，如某些含高聚合物或沥青的润滑剂，可参照本分类表中的黏度等级设计，只要把运动黏度测定温度 40℃ 改为 100℃，并在黏度等级后加后缀符号"H"即可。如黏度等级为 15H，表示该黏度等级是采用 100℃ 运动黏度确定的，它在 100℃ 时的运动黏度范围应为 13.5~16.5

4. 液压油的牌号

液压油牌号的标记为：液压油+品种+黏度等级+质量等级。例如：液压油 L-HM46(优等品)。GB 11118.1—94《矿物油型和合成烃型液压油》标准中规定：L-HL(一等品)有 15、22、32、46、68 和 100 等 6 个牌号，L-HM(优等品)有 15、22、32、46 和 68 等 5 个牌号，L-HM(一等品)有 15、22、32、46、68、100 和 150 等 7 个牌号，L-HG(一等品)有 32 和 68 两个牌号，L-HV(优等品)有 10、15、22、32、46、68 和 100 等 7 个牌号，L-HV(一等品)有 10、15、22、32、46、68、100 和 150 等 8 个牌号，L-HS(优等品)有 10、15、22、32 和 46 等 5 个牌号，L-HS(一等品)有 10、15、22、32 和 46 等 5 个牌号。

3.4.2.2 内燃机油

1. 内燃机油的性能

（1）黏度性能

油品黏度是体现其在重力作用下内部摩擦力大小的指标。黏度大的油品在发动机内表面形成油的膜强度高，能够为摩擦副表面提供很好的保护。但是黏度过大，油品内摩擦力增加，为了克服输送油品的摩擦阻力所需的能耗增加；与此同时，黏度大的油品流动性能差，那么发动机启动时，油品不容易送达到摩擦副表面，得不到及时润滑的摩擦副就容易受磨损。黏度小的油品所形成的油膜强度低，摩擦副表面油膜容易破坏而遭到磨损；同时密封性变差，润滑油容易进入发动机的燃烧室，增加了润滑油的消耗，燃料油和燃烧产物也容易进入润滑油循环系统，污染润滑油而加速其变质。

（2）黏温性能

油品的黏温性能可用黏度指数表示，通过检测油品的 40℃ 和 100℃ 运动黏度，然后经过计算便可以得到黏度指数值。黏度指数高的油品，黏度随温度的变化幅度小，有利于油品在温度变化情况下保持油膜强度的稳定性。

（3）低温性能

油品的低温性能可以用倾点、低温动力黏度和边界泵送性来衡量。倾点低表示油品在低温下的流动性好；低温动力黏度小表示油品的冷启动性能好。边界泵送温度低，表示油品的泵送性好。

（4）高温抗剪切性能

发动机油处于一个高温环境、高速运转时剪切速率高的条件下工作。高温高剪切黏度能够很好地衡量油品高温抗剪切性能的好坏。一般高温高剪切黏度越大越好，确保油品在高温下能够持久给发动机摩擦表面提供强度足够的油膜，保护其不受磨损。对于那些加增黏剂的内燃机油，此项目必须检测。

（5）清净分散性

内燃机油处于一个高温环境下工作，油品容易发生氧化和衰变，生成一些胶状物和积炭。这些物质的存在容易破坏摩擦表面的油膜，增加发动机的磨损。因此内燃机油必须具备很好的清洁和分散的性能，及时将这些物质清洗掉并分散在机油中带走，再通过过滤系统将其排出。

（6）抗氧化性能

内燃机油工作在一个温度高、有金属催化作用和空气存在环境下，若是没有一定的抗氧化能力就很容易发生氧化反应而变质，生成一些具有腐蚀性的酸性物质和不溶性胶质。通过加入一些抗氧化剂可以提高油品的抗氧化性能。

（7）环保性能

润滑油的环保性能体现在油品组分中的硫、磷含量的控制、挥发度低和燃料的节省。油品中的硫、磷含量高，废弃后容易造成环境的污染；挥发度低，可以减少润滑油的排放和减少机油的消耗量。润滑油的品质提高，将降低用于克服发动机运行过程中的摩擦能耗，发动机的效率得到提高后，燃料油便得到节省，从而降低尾气的排放量。

2. 内燃机油的作用

（1）润滑和减磨作用

发动机正常运行时，其活塞与缸套、连杆与连杆轴瓦、曲轴与主轴瓦等部件之间经常作高速相对运动，在这些摩擦副中加入润滑油，便能够大大降低部件之间的摩擦阻力，从而减少发动机的磨损。

（2）清洁作用

内燃机油能够将发动机工作过程中产生的漆膜、油泥等物质沉积下来，并清洁个别部件上已形成的漆膜与积炭，将这些物质均匀分散在油品中滤出，保持了发动机内部的清洁。

（3）密封作用

发动机缸套与活塞环等部件接触面之间多少存在一定的间隙，加上再光滑的表面都存在微小的凹凸。当缝隙之间和表面凹槽中填充了润滑油后，可以防止燃气窜入曲轴箱内，起到很好的密封作用。

（4）冷却发动机部件作用

润滑油循环系统中的油品温度要比发动机部件的温度低，润滑油通过与这些部件接触不断带走热量，从而达到冷却的作用。

（5）防锈、防腐作用

燃料燃烧和润滑油氧化变质后会产生水和酸性物质。水容易导致发动机部件生锈，而酸性物质易使发动机腐蚀。润滑油中含有对这些物质增溶和中和作用的组分，阻止了这些物质对部件的腐蚀和锈蚀。

3. 内燃机油的分类

（1）质量等级

内燃机油分类（GB/T 7631.3—1995）规定了汽车用及其他固定式内燃机油的详细分类，

但是不包括内燃机车柴油机油和船用柴油机油。内燃机油分为汽油机油和柴油机油。GB 11121—2006《汽油机油》产品标准包括 SE、SF、SG、SH、GF-1、SJ、GF-2、SL 和 GF-3等 9 个品种。GB 11122—2006《柴油机油》产品标准包括 CC、CD、CF、CF-4、CH-4 和CI-4等 6 个品种。E 组（内燃机）（GB/T 7631.17—2003/ISO6743—15：2000）规定了二冲程分类，将其分为 EGB、EGC 和 EGD 等 3 个质量等级。

汽油机油质量分类有美国 API、美日 ILSAC 和欧洲 ACEA 三大体系。分别见表1-3-8、表1-3-9、表1-3-11。

表 1-3-8　API 汽油机油质量等级

公布年代	API 等级	产生新质量等级背景
1935 年前		石油馏分
1935	SA	开始质量等级
1952	SB	使用 ZDDP 抗氧抗腐剂
1964	SC	使用抗氧剂、清净分散剂
1968	SD	汽油机装 PCV 阀
1972	SE	汽油机装 EGR 系统
1980	SF	适用汽车装有催化转化器
1988	SG	解决产生黑色油泥问题、汽油喷射代替化油器
1994	SH	控制磷含量不大于 0.12%，执行 MTAC 多次评定标准
1996	SJ	控制磷含量不大于 0.1%，延长催化转化器使用里程
2000	SL	2000 排放标准，强调了旧油的节能要求
2004	SM	控制磷含量不大于 0.08%，控制硫含量，进一步提高燃油经济性，各方面要求全面增强

表 1-3-9　ILSAC 汽油机油质量等级

公布年代	ILSAC 等级	与 API 等级关系
1994	GF-1	SH 级增加程序Ⅵ节能台架
1996	GF-2	SJ 级增加程序ⅥA 节能台架
2001	GF-3	SL 级增加程序ⅥB 节能台架
2004	GF-4	SM 级增加程序ⅥB 节能台架

柴油机油质量分类主要有美国 API 和欧洲 ACEA 两大体系。API 柴油机油质量等级见表1-3-10、表1-3-11。

表 1-3-10　API 柴油机油质量等级

公布年代	API 等级	产生新质量等级背景
1941	CA	轻负荷，自然吸气
1949	CB	轻负荷，高硫燃料
1961	CC	中负荷或低增压
1970	CD	重负荷或中、高增压
1988	CE	高增压、直喷柴油机
1990	CF-4	比 CE 级更好的高温清净性，满足高增压直喷柴油机
1994	CF	非公路用车、含硫燃料、IMPC 发动机
1994	CG-4	低硫燃料，改进烟炱分散性和磨损
1998	CH-4	延迟点火，降低 NO_X，强分散烟炱能力
2002	CI-4	适用 EGR 柴油机
2007	CJ-4	满足 2007 年排放标准要求，适于高比例废气再循环装置、柴油颗粒过滤器（DPF）、DPF+柴油氧化催化剂（DOC）；欧洲的柴油车制造商或采用 EGR，或采用选择性催化还原（SCR）后处理技术。

表 1-3-11　欧洲 ACEA 内燃机油质量等级

公布年代	每次公布的质量等级			
1996	A1-96 B1-96 E1-96	A2-96 B2-96 E2-96	A3-96 B3-96 E3-96		
1998	A1-98 B1-98 E1-98	A2-96 B2-98 E2-98	A3-98 B3-98 E3-98	B4-98 E4-98	
2002	A1-02 B1-02 E2-96	A2-96 B2-98 E3-98	A3-02 B3-98 E4-99	A5-02 B4-02 E5-99	B5-02
2004	A1/B1-04 C1-04 E2-96	A3/B3-04 C2-04 E4-99	A3/B4-04 C3-04 E6-04	A5/B5-04 E7-04	
2007	A1/B1-04 C1-04 E2-96	A3/B3-04 C2-04 E4-07	A3/B4-04 C3-07 E6-04	A5/B5-04 C4-07 E7-04	
2008	A1/B1-08 C1-08 E4-08	A3/B3-08 C2-08 E6-08	A3/B4-08 C3-08 E7-08	A5/B5-08 C4-08 E9-08	

注：A1—低黏度，节省燃料汽油机油

A2—较低黏度，一般换油期机油

A3—较高性能，长换油期机油

A5—高性能、长换油期、节省燃料机油

A1/B1　低黏度、节省燃油

A3/B3　低黏度、长换油期

A3/B4　高性能汽油机、直喷柴油机

A5/B5　高性能汽油机及柴油机、长换油期、节省燃油

C1：带 DPF 及 TWC 的高性能轿车及轻卡、低黏度、低摩擦（节省燃油）、低 SAPS，延长带 DPF 及 TWC 寿命

C2：带 DPF 及 TWC 的高性能轿车及轻卡、低黏度、低摩擦（节省燃油），延长带 DPF 及 TWC 寿命

C3：带 DPF 及 TWC 的高性能轿车及轻卡，延长带 DPF 及 TWC 寿命

C4：带 DPF 及 TWC 的高性能轿车及轻卡、低 SAPS，延长带 DPF 及 TWC 寿命

E2：适用通用及涡轮增压柴油机

E4：满足欧Ⅰ、欧Ⅱ、欧Ⅲ、欧Ⅳ、欧Ⅴ高速苛刻工况柴油机；带 EGR、SCR、无 DPF

E6：满足欧Ⅰ、欧Ⅱ、欧Ⅲ、欧Ⅳ、欧Ⅴ高速苛刻工况柴油机；带 EGR、SCR、带或不带 DPF；低硫柴油

E7：满足欧Ⅰ、欧Ⅱ、欧Ⅲ、欧Ⅳ、欧Ⅴ高速苛刻工况柴油机；带 EGR、SCR、无 DPF

E9：满足欧Ⅰ、欧Ⅱ、欧Ⅲ、欧Ⅳ、欧Ⅴ高速苛刻工况柴油机；带 EGR、SCR、带或不带 DPF；低硫柴油

（2）黏度等级

内燃机油黏度等级标准是参照美国汽车工程师协会（SAE）黏度分类方法制定的，它将内燃机油的黏度分为 11 个级号，其中 6 个含 W（即 0W、5W、10W、15W、20W 和 25W）的低温黏度级号和 5 个不含 W（即 20、30、40、50 和 60）的 100℃ 运动黏度级号，详细分类见表 1-3-12（适用于 SG 级以上的汽油机油和 CF 级以上的柴油机油）和表 1-3-13（适用于 SF 级以下的汽油机油和 CD 级以下的柴油机油）。根据黏度牌号又可以将内燃机油分为单级油和多级油。含一个黏度级号的内燃机油称为单级油，而同时含一个低温黏度级号和一个

100℃运动黏度级号的内燃机油称为多级油，多级油的两个黏度级号之差不小于15。

表 1-3-12　内燃机油黏度分类

黏度等级号	低 温 黏 度		高 温 黏 度	
	指定温度下冷启动黏度/mPa·s 不大于	指定温度下无屈服应力泵送黏度/mPa·s 不大于	100℃运动黏度/(mm²/s)	高温高剪切黏度(150℃,10⁶s⁻¹)/mPa·s 不小于
0 W	6200(−35℃)	60000(−40℃)	≮3.8	—
5 W	6600(−30℃)	60000(−35℃)	≮3.8	—
10 W	7000(−25℃)	60000(−30℃)	≮4.1	—
15 W	7000(−20℃)	60000(−25℃)	≮5.8	—
20 W	9500(−15℃)	60000(−20℃)	≮5.6	—
25 W	13000(−10℃)	60000(−15℃)	≮9.3	—
20	—	—	5.6~<9.3	2.6
30	—	—	9.3~<12.5	2.9
40	—	—	12.5~<16.3	3.7
50	—	—	16.3~<21.9	3.7
60	—	—	21.9~<26.1	3.7

表 1-3-13　内燃机油黏度分类

黏度等级号	低温动力粘度/mPa·s,不大于	边界泵送温度/℃,不高于	100℃运动粘度/(mm²/s),不小于	
0 W	3250　在　−30℃	−35	3.8	—
5 W	3500　在　−25℃	−30	3.8	—
10 W	3500　在　−20℃	−25	4.1	—
15 W	3500　在　−15℃	−20	5.6	—
20 W	4500　在　−10℃	−15	5.6	—
25 W	6000　在　−5℃	−10	9.3	—
20	—	—	5.6	小于9.3
30	—	—	9.3	小于12.5
40	—	—	12.5	小于16.3
50	—	—	16.3	小于21.9
60	—	—	21.9	小于26.1

　　备注：低温动力黏度采用GB/T 6538方法测定；运动黏度采用GB/T 265方法测定；对于0W、20W和25W油品的边界泵送温度采用GB/T 9171方法测定，对于5W、10W和15W油品的边界泵送温度采用SH/T 0562方法测定

4. 内燃机油的牌号

　　内燃机油牌号的标记为：质量等级+黏度等级+发动机油。例如：SJ 10W-40 汽油机油。GB 11121—2006《汽油机油》标准中规定的 9 个品种分别有 17 个牌号，包括 14 个多级油 0W-20、0W-30、5W-20、5W-30、5W-40、5W-50、10W-30、10W-40、10W-50、15W-30、15W-40、15W-50、20W-40、20W-50 和 3 个单级油 30、40、50。GB 11122—2006《柴油机油》标准中规定的 6 个品种分别有 20 个牌号，包括 16 个多级油0W-20、0W-30、0W-

40、5W-20、5W-30、5W-40、5W-50、10W-30、10W-40、10W-50、15W-30、15W-40、15W-50、20W-40、20W-50、20W-60 和 4 个单级油 30、40、50、60。

3.4.2.3　船用油

1. 船用油的性能

（1）酸中和性能　由于船用燃料一般属于含硫量高的劣质燃料，因此燃烧后产生大量的酸性物质，对发动机各部件具有很强的腐蚀作用。通过船用油提供足够的碱值来中和酸性物质，使其酸腐蚀活性消除。

（2）油水分离性能　由于船用油在和水接触、潮湿的环境中工作，受水污染的几率大增。油品中含的一些极性物质很容易同水形成乳化液，严重影响油品的性能。通过加入适量的抗乳化剂，可以提高油品的油水分离性能。

（3）其他性能　黏度和黏温性能、清净分散性能、抗氧防腐性能和环保性能同内燃机油。

2. 船用油的作用

（1）中和作用　船用燃料油与内燃机燃料油相比较，其质量差而且含硫量高，燃烧时产生的酸性物质的量大，为了保护发动机部件不被酸腐蚀，就必须用足够的碱将这酸性物质有效中和。

（2）其他作用　润滑减磨、清净分散、密封和冷却等作用同内燃机油。

3. 船用油的分类

船用油按其使用对象不同，可分为船用汽缸油、船用系统油和船用中速桶状活塞式柴油机油。质量级别按其总碱值（TBN）大小来划分。黏度等级分为 30 和 40 两个级号。

4. 船用油的牌号

船用油牌号的标记为：黏度等级 + 质量等级 + 船用油。例如：4005 船用系统油。根据我国市场上用油情况来看，系统油按其总碱值可以分为 5、6、8、10 和 12 等 5 个牌号，船用中速桶状活塞式柴油机油按其总碱值可以分为 12、15、20、25、30 和 40 等 6 个牌号。

3.4.2.4　汽轮机油

1. 汽轮机油的性能

（1）防锈性能　许多汽轮机组处在近水环境中工作，蒸汽或冷凝水容易进入到油品循环系统，水的存在容易引发设备的锈蚀和腐蚀，影响调速系统灵敏度和机组运行平稳性。这就要求汽轮机油应具有良好的防锈性能。

（2）抗乳化性能　水进入到油品中，会使油品发生乳化，降低油品的使用性能。具有良好抗乳化性能的油品，易于将混入油品中的水分迅速分离，并通过排水阀将其除去，提高机组运行安全性。

（3）氧化安定性　汽轮机油在机组中进行快速的循环，加大了油品接触空气的机会，促进了油品的氧化速度。因此要求油品具有良好的抗氧化性能。

（4）空气释放性能　油品在快速的循环过程中，容易进入空气产生气泡。油品空气释放性能好就可以及时将气泡排出，提高设备运行稳定性。

2. 汽轮机油的作用

（1）润滑和减磨作用　随着我国电力行业迅速发展，大功率的汽轮机组越来越多。因此润滑油工作的负荷加大，要求油品具有优良的润滑和减磨性能。

（2）动力传递作用　油品在汽轮机组中将压力传递给调速系统，可以控制汽轮机的运转速度。该作用与液压油一样。

（3）冷却作用　汽轮机组运转速度比较高，其轴承产生大量的热量，润滑油通过不断循环，源源不断地将热量带走，从而起到冷却机组的作用。

3. 汽轮机油的分类

（1）质量等级

T组（汽轮机）（GB/T 7631.10—92）规定了产品的详细分类及代号。按使用设备的类型不同，汽轮机油分为蒸汽汽轮机油和燃气汽轮机油。蒸汽汽轮机油包括 L-TSA 防锈汽轮机油、L-TSC 合成型汽轮机油、L-TSD 抗燃汽轮机油和 L-TSE 极压汽轮机油等 4 个品种；燃气汽轮机油包括 L-TGA 防锈汽轮机油、L-TGB 防锈汽轮机油、L-TGC 合成型汽轮机油、L-TGD 抗燃汽轮机油和 L-TGE 极压汽轮机油等 5 个品种。另外还有控制系统用 TCD 汽轮机油、航空涡轮发动机用 TA 汽轮机油和液压传动装置用 TB 汽轮机油。GB 11120—89《L-TSA 汽轮机油》产品标准将 L-TSA 品种按质量分为优等品、一等品和合格品等 3 个等级。

（2）黏度等级

与液压油黏度分类一样，汽轮机油黏度分类也是按照工业黏度等级划分标准（GB/T 3141—94）进行。

4. 汽轮机油的牌号

汽轮机油牌号的标记为：汽轮机油+品种+黏度等级+质量等级。例如：汽轮机油L-TSA 46（优等品）。GB 11120—89《L-TSA 汽轮机油》标准中规定：L-TSA 每个质量等级都包含 32、46、68 和 100 等 4 个牌号。

3.4.2.5 车辆齿轮油

1. 车辆齿轮油的性能

（1）低温性能　用成沟点和表观黏度来描述车辆齿轮油的低温流动性。低温流动性好的油品，在低温条件下也能够及时足量输送到摩擦副表面。

（2）极压抗磨性能　齿轮副工作过程，许多接触部位都处于边界润滑状态，而且经常形成冲击负荷，这就要求油品具有良好的极压抗磨能力。

（3）热氧化安定性　一些重型车辆齿轮副运转中产生大量的热量，使油品温度快速升高，导致油品中含有的一些极性添加剂容易受热分解成活性很强的物质，对齿轮造成强烈的锈蚀和腐蚀。因此要求油品具有良好的热稳定性。

（4）抗腐蚀性　油品中含有一些具有腐蚀性的添加剂，因此要求对油品铜片腐蚀性进行测试，确保油品的腐蚀性是可控的。

（5）抗剪切性　油品在齿轮润滑过程中，遭受着强度很大的刚性剪切力，加速油品中大分子化合物的降解，降低油品的黏度。因此油品需具备良好的抗剪切性能。

（6）储存稳定性　齿轮油中的一些添加剂在油中的溶解性能较差，储存时间长了后容易析出产生沉淀。因此在该油品储存过程中，要严格监视其储存时间。

2. 车辆齿轮油的作用

（1）润滑减磨作用　齿轮工作过程中，接触面窄，局部单位面积承受的载荷强度高，极易发生边界润滑。在这种工作条件下，齿轮组能够正常运转，得益于油品具有很强的润滑和减磨作用。

（2）缓冲作用　齿轮运转过程，时常会产生冲击负荷，极压抗磨分子膜层具有很好的塑性，能够起到缓冲作用。

（3）冷却作用　处于边界润滑状态下工作的齿轮副容易产生大量的热量，这些热量通过与油品接触而散发出去。

3. 车辆齿轮油的分类

（1）质量等级

我国车辆齿轮油名称与美国石油学会（API）汽车变速器和驱动桥润滑剂使用分类中各品种的对应关系（参考件），见表1-3-14。

表1-3-14　我国车辆齿轮油名称与API名称分类对应表

我国油名	API的品种
普通车辆齿轮油（SH/T 0350—92）	GL-3
中负荷车辆齿轮油（GL-4）	GL-4
重负荷车辆齿轮油（GL-5）（GB 13895—92）	GL-5

API车辆齿轮油质量等级见表1-3-15。

表1-3-15　车辆齿轮油质量分类等级

API质量等级	齿轮油的使用条件	用　途
GL-1	温和	某些手动变速箱，不需要摩擦改进剂和极压剂
GL-2	中等	蜗轮蜗杆、工业齿轮
GL-3	中等	手动变速箱，中等负荷螺旋伞齿轮
GL-4	温和~苛刻	螺旋伞齿轮后桥，低负荷双曲线齿轮，手动变速箱
GL-5	苛刻	双曲线齿轮后桥
GL-6	最苛刻	具有高偏置的轿车双曲线齿轮后桥

（2）黏度等级

GB/T 17477—1998《驱动桥和手动变速器润滑剂黏度分类》规定了驱动桥和手动变速箱润滑剂黏度分类，将其黏度分为7个级号，其中4个含W（即70W、75W、80W和85W）的以低温黏度达150000mPa·s时的最高温度和100℃最小运动黏度级号，3个不含W（即90、140和250）的100℃运动黏度级号，详细分类见表1-3-16。根据黏度牌号又可以将车辆齿轮油分为单级油和多级油。含一个黏度级号的车辆齿轮油称为单级油，而同时含一个低温黏度级号和一个100℃运动黏度级号的车辆齿轮油称为多级油。

表1-3-16　驱动桥和手动变速箱润滑剂黏度分类

黏度等级	最高温度 （黏度达150000mPa·s）/℃	最低黏度（100℃）/ （mm²/s）	最高黏度（100℃）/ （mm²/s）
70 W	−55	4.1	—
75 W	−40	4.1	—
80 W	−26	7.0	—
85 W	−12	11.0	—
90	—	13.5	<24.0
140	—	24.0	<41.0
250	—	41.0	—

4. 车辆齿轮油的牌号

车辆齿轮油牌号的标记为：黏度等级+质量等级+品名。例如：85W/90 GL-5 重负荷车辆齿轮油。GB 13895—92《重负荷车辆齿轮油（GL-5）》标准规定：重负荷车辆齿轮油分为75W、80W/90、85W/90、85W/140、90 和 140 等 6 个牌号。SH/T 0350—92《普通车辆齿轮油》标准规定：普通车辆齿轮油分为 80W/90、85W/90、和 90 等 3 个牌号。

3.4.2.6　工业齿轮油

1. 工业齿轮油的性能

（1）极压抗磨性能　在冲击负荷或高速重载情况下运行的齿轮组，容易造成齿轮磨损和擦伤，严重时发生胶合。因此润滑油要能够很好地保护齿轮就必须有良好的极压抗磨性能。

（2）稳定性　油品必须有良好的热安定性和氧化安定性，确保在受金属的催化作用下，与水、空气等接触时，不易发生氧化，并在温度高的环境中不易发生分解。

（3）抗乳化性　油品具有良好的抗乳化性能，可以很好地保证入油的水分快速分离，保证润滑油在齿面上油膜的形成，同时提高了油品的防腐防锈能力。

2. 工业齿轮油的作用

（1）润滑减磨作用　齿轮工作过程中，接触面窄，局部单位面积承受的载荷强度高，极易发生边界润滑。在这种工作条件下，齿轮组能够正常运转，得益于油品具有很强的润滑和减磨作用。

（2）缓冲作用　齿轮运转过程，时常会产生冲击负荷，极压抗磨分子膜层具有很好的塑性，能够起到缓冲作用，保证设备运行平稳。

（3）冷却作用　处于边界润滑状态下工作的齿轮副容易产生大量的热量，这些热量通过与油品接触而散发出去。

（4）防腐防锈作用　油品易于在齿轮表面形成化学保护膜，阻止水分、杂质等腐蚀性物质的侵蚀，起到很好的防腐防锈的作用。

3. 工业齿轮油的分类

（1）质量等级

C 组（齿轮）（GB/T 7631.7—1995）标准规定了产品的详细分类及代号，将工业齿轮油分为闭式齿轮油（包括 L-CKB、L-CKC、L-CKD、L-CKE、L-CKS、L-CKT 和 L-CKG（润滑脂））和开式齿轮油（包括 L-CKH、L-CKJ、L-CKL 和 L-CKM）。

GB 5903—1995《工业闭式齿轮油》标准按质量将其分为 L-CKB（一等品）、L-CKC（一等品）、L-CKC（合格品）和 L-CKD（一等品）。SH/T 0094—91《涡轮蜗杆油》标准将产品分为 L-CKE 和 L-CKE/P 两个品种，每个品种按质量又可以分为一级品和合格品。

（2）黏度等级

与液压油黏度分类一样，工业齿轮油黏度分类也是按照工业黏度等级划分标准（GB/T 3141—94）进行。

4. 工业齿轮油的牌号

工业齿轮油牌号的标记为：质量等级+黏度等级+品名。例如：L-CKD 220 重负荷工业闭式齿轮油。GB 5903—1995《工业闭式齿轮油》标准规定 L-CKB（一等品）有 100、150、220和 320 等 4 个牌号，L-CKC（一等品）和 L-CKC（合格品）分别有 68、100、150、220、320、460 和 680 等 7 个牌号，L-CKD（一等品）有 100、150、220、320、460 和 680 等 6 个牌号。SH/T 0094—91《涡轮蜗杆油》标准规定 L-CKE 和 L-CKE/P 分别包括 220、320、460、680

和 1000 等 5 个牌号。SH/T 0363—92《普通开式齿轮油》标准规定产品分为 68、100、150、220 和 320 等 5 个牌号。

3.4.2.7 压缩机油

1. 压缩机油的性能

(1) 积炭倾向性能　油品在压缩机内积炭容易引起火灾爆炸事故的发生。因此调和该油品时，宜选用那些含沥青质和胶质少的深度精制基础油和无灰型添加剂。

(2) 氧化安定性能　压缩机活塞和气缸表面的油品与压缩空气接触频繁，很容易发生氧化生成酸性物质和胶质。酸性物质具有腐蚀和锈蚀性，而胶质加速油品的积炭倾向。因此油品必须要有优良的氧化安定性。

(3) 抗乳化性能　空气经过压缩后，其中的水分被液化，进入油品中造成油品乳化。油品抗乳化性能好就能够快速分离水分，保护油品功能的正常发挥。

2. 压缩机油的作用

(1) 润滑减磨作用　油品在气缸和活塞之前形成流体层，降低摩擦表面的摩擦系数，减少设备的磨损。

(2) 冷却作用　压缩机将气体介质压缩是一个放热的物理过程，产生大量的热，使压缩机部件的温度急剧升高。油品通过循环可以带走一部分热量，对设备的冷却起到重要作用。

(3) 密封的作用　气缸与活塞之间的缝隙充满油品，其能防止气体泄漏，提高压缩机的工作效率。

3. 压缩机油的分类

(1) 质量等级

D 组（压缩机）（GB/T 7631.9—1997）标准包括空气压缩机、真空泵、气体压缩机油和制冷压缩机油（即冷冻机油）等产品的分类。按所适用的压缩机结构不同，空气压缩机油分为往复式或滴油回转（滑片）式压缩机油（包括 L-DAA、L-DAB 和 L-DAC），喷油回转（滑片和螺杆）式压缩机油（包括 L-DAG、L-DAH 和 L-DAJ），往复式、滴油回转式、喷油回转式（滑片和螺杆）真空泵油（L-DVA 和 L-DVB），油封式（回转滑片和回转柱塞）真空泵油（L-DVC）。按压缩气体性质不同，气体压缩机油分为 L-DGA、L-DGB、L-DGC、L-DGD 和 L-DGE。按工作环境温度不同，制冷压缩机油分为 L-DRA、L-DRB、L-DRC 和 L-DRD。

(2) 黏度等级

与液压油黏度分类一样，压缩机油黏度分类也是按照工业黏度等级划分标准（GB/T 3141—94）进行。

4. 压缩机油的牌号

压缩机油牌号的标记为：压缩机油+质量等级+黏度等级。例如：压缩机油 L-DAB 150。GB 12691—90《空气压缩机油》标准将 L-DAA 和 L-DAB 分别分为 32、46、68、100 和 150 等 5个牌号。GB 5904—86《轻负荷喷油回转式空气压缩机油（L-DAG）》标准将 L-DAG 分为 15、22、32、46、68 和 100 等 6 个牌号。

3.4.2.8 冷冻机油

1. 冷冻机油的性能

(1) 低温流动性　油品在冷冻机形成的低温环境中工作，要求具有很好的低温流动性、较低的絮凝点。

（2）稳定性　冷冻机工作过程中抽出的热易形成一个高温环境，加上金属的催化作用，油品和冷却介质之间易发生反应，生成一些有腐蚀性的物质，堵塞循环系统的回路，影响设备正常工作。因此要求油品对制冷介质具有较好的化学稳定性。同时热稳定性不好的油品在上述环境下还容易发生分解，产生的积炭附在冷冻机部件表面，影响制冷效果。

（3）蒸发性能　在高温的情况下，油品的轻组分容易蒸发，因此要求冷冻机油的蒸发损失小。

2. 冷冻机油的作用

（1）润滑作用　冷冻机油润滑压缩机运动零部件表面，减少阻力和摩擦，降低功耗，延长使用寿命。

（2）冷却作用　冷冻机油能及时带走运动表面摩擦产生的热量，防止压缩机温升过高或压缩机被烧坏。

（3）密封作用　润滑油渗入各摩擦件密封面而形成油封，起到阻止制冷剂泄漏的作用。

（4）降噪声　润滑油不断冲洗摩擦表面，带走磨屑，可减少摩擦件的磨损，降低压缩机运动部件噪声。

3. 冷冻机油的分类

（1）质量等级

GB/T 16630—1996《冷冻机油》标准将产品分为L-DRA/A（一等品）、L-DRA/B（一等品）、L-DRB/A（优等品）和L-DRB/B（优等品）等4个品种。

（2）黏度等级

与液压油黏度分类一样，冷冻机油黏度分类也是按照工业黏度等级划分标准（GB/T 3141—94）进行。

4. 冷冻机油的牌号

冷冻机油牌号的标记为：冷冻机油+质量等级+黏度等级。例如：冷冻机油L-DRA/B 46。GB/T 16630—1996《冷冻机油》标准规定L-DRA/A（一等品）、L-DRB/A（优等品）和L-DRB/B（优等品）三个品种分别有15、22、32、46和68等5个牌号，L-DRA/B（一等品）有15、22、32、46、68、100、150、220和320等9个牌号。

3.4.2.9　热传导液

1. 热传导液的性能

（1）热稳定性　热传导液一般在280℃以上的高温环境下工作，热稳定性差的油品就容易发生热裂解并聚合结焦，附在加热炉内管壁上，影响管壁的传热效果，严重时管壁发生局部过热而被烧穿。

（2）氧化安定性　高温下油品接触空气后容易发生氧化，加速油品的衰变速度。

（3）安全性　油品必须具有较高的闪点、燃点和自燃点，降低因意外泄漏时发生爆炸和火灾的危险性。

（4）挥发性　高温易导致油品蒸发损失大，因此要求油品具有较高的馏程。

2. 热传导液的作用

热传导液主要起到传热作用，它能够将热量连续均匀地传给被加热物质，防止被加热物质因过热而降低质量，提高了加工行业加热工艺控制水平。

3. 热传导液的分类

Q 组（热传导液）（GB/T 7631.12—94）标准规定，按使用温度和场合不同热传导液分为 L-QA、L-QB、L-QC、L-QD 和 L-QE 等 5 个品种。

4. 热传导液的牌号

SH/T 0677—1999《热传导液》标准规定 L-QB 有 240、280 和 300 等 3 个牌号，L-QC 只有 320 一个牌号，L-QD 则未作具体规定，只要使用温度大于 320℃的某一个温度定为牌号即可。

第4章 识图及维修基础

4.1 制图基本知识

4.1.1 工程制图的一般规定

1. 图纸幅面（GB/T 14689—1993）

绘制图样时，应优先采用表1-4-1中规定的幅面尺寸。图纸四周应画出图框，需要装订的图样，其图框的周边尺寸分别用 a 和 c 表示；不需要装订的图样，其周边尺寸用 e 表示。

表1-4-1　基本幅面及图框尺寸　　　　　　　　mm

幅面代号	A0	A1	A2	A3	A4
$B \times L$	841×1189	594×841	420×594	297×420	210×297
a	25				
c	10			5	
e	20		10		

2. 比例（GB/T 14690—1993）

图样中的比例是指图中图形与实物相应要素的线性尺寸之比。绘制图样时，一般采用表1-4-2中规定的比例。

表1-4-2　常用的比例

原值比例	1：1
缩小比例	（1：1.5）　1：2　（1：2.5）　（1：3）　（1：4）　1：5　（1：6）　1：1×10^n（1：1.5×10^n） 1：2×10^n　（1：2.5×10^n）·（1：3×10^n）　（1：4×10^n）　（1：5×10^n）　（1：6×10^n）
放大比例	2：1　（2.5：1）　（4：1）　5：1　1×10^n：1　2×10^n：1　（2.5×10^n：1）　（4×10^n：1）　5×10^n：1

注：1. n 为正整数；2. 必要时允许选用表中带括号的比例。

图样上各个视图应采用相同的比例，并在标题栏的比例栏中填写。

3. 字体（GB/T 14691—1993）

图样中书写的字体必须做到字体端正，笔画清楚，排列整齐，间隔均匀。

汉字规定用长仿宋体书写，并采用国家正式公布的简化汉字。

数字和字母可写成斜体或直体，但常用斜体。斜体字的字头向右倾斜，与水平线成75°。

4. 图线（GB/T 4457.4—2002）

机械制图中常用的各种图线的名称、型式、线宽及主要用途见表1-4-3所示。

表 1-4-3　图线的型式、宽度及其用途

图 线 名 称		图 线 型 式	图 线 宽 度	一 般 应 用
实线	粗实线		d　常用的粗实线宽度有 0.5mm、0.7mm、1mm 等	可见的轮廓线
	细实线		d　取粗实线宽度的 1/2	尺寸线，尺寸界线，剖面线等
波浪线			d　取粗实线宽度的 1/2	断裂处的边界线，视图和剖视的分界线
细虚线		12d　3d	d　取粗实线宽度的 1/2	不可见的轮廓线
细点画线		24d 3d 0.5d	d　取粗实线宽度的 1/2	轴线、对称中心线
细双点画线		24d 3d 0.3d	d　取粗实线宽度的 1/2	假想投影轮廓线，中断线
双折线			d　取粗实线宽度的 1/2	断裂处的边界线

4.1.2　三视图

在三投影面体系中，物体在正立投影面上的投影，即由前向后看物体所画的视图，称之为主视图；物体在水平投影面上的投影，即由上向下看物体所画的视图，称之为俯视图；物体在侧立投影面上的投影，即由左向右看物体所画的视图称之为左视图。将三个投影面展开后并去掉投影轴等，就得到一个物体的三视图，如图 1-4-1 所示。

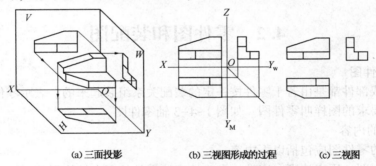

(a) 三面投影　　　　(b) 三视图形成的过程　　　　(c) 三视图

图 1-4-1　三视图的形成及展开

通常将物体沿 X 轴方向的距离成为长度；沿 Y 轴方向的距离成为宽度；沿 Z 轴方向的距离成为高度。从图 1-4-2 可以看到，主视图反映物体的长度和高度；俯视图反映物体的长度和宽度；左视图反映物体的高度和宽度。由此可得出三视图的投影规律：

（1）长对正——主、俯视图长对正。

（2）高平齐——主、左视图高平齐。

（3）宽相等——俯、左视图宽相等，前后要对应。

4.1.3　剖视图

剖视图主要用于表示机件内部的结构形状，它是假想用剖切面剖开机件，将处在观察者和剖切面之间的部分移去，而将其余部分向投影面投射，所得到的图形称为剖视图。

剖视图的种类。根据机件剖开的范围可将剖视图分为三类：全剖视图、半剖视图和局部剖视图。

（1）全剖视图　用剖切面完全地剖开机件得到的剖视图，称为全剖视图。

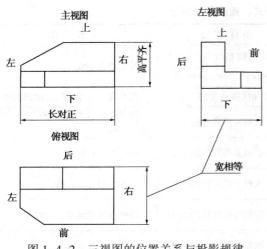
图 1-4-2 三视图的位置关系与投影规律

（2）半剖视图 当机件具有对称平面时，在垂直于对称平面的投影面上投影，所得到的图形以对称中心为界，一半画成剖视，另一半画成视图，这种剖视图，称为半剖视图。

（3）局部剖视图 用剖切面局部地剖开机件所得到的剖视图，称为局部剖视图。

4.1.4 轴测图

轴测图是物体在平行投影下形成的一种单面投影，它能同时反映物体长、宽、高三个方向的形状，因此富有立体感，在以二维画法为主的工程图样中常用作一种辅助性图样。

轴测图所采用的投影方法是平行投影法，从而具有平行投影的投影特性。作图时应特别注意以下几点：

（1）空间相互平行的线段，其轴测投影仍相互平行；

（2）空间平行于某坐标轴的线段，其伸缩系数与该坐标轴的伸缩系数相同轴测图根据投射方向的不同，分为正轴测图和斜轴测图。

4.2 零件图和装配图

4.2.1 零件图

各种机械或部件都是由若干零件按一定的装配关系组装起来的。表示零件结构形状、尺寸大小和技术要求的图样叫零件图。如图 1-4-3 轴零件图。

1. 零件图的内容

一张完整的零件图应包括以下内容：

（1）一组视图 用来清晰、完整、准确地表达零件的所有结构形状。

（2）全部尺寸 完整、正确、清晰及合理地标注出制造和检验零件所需要的全部尺寸。

（3）技术要求 用代（符）号、数字和文字写出零件在制造和检验时应达到的一些质量要求，如表面粗糙度、尺寸公差、形状与位置公差、材料的热处理等要求。

（4）标题栏 按国标规定配置的标题栏一般放在图纸的右下角，用来填写零件的名称、图号、材料、数量、比例及设计人员的签名和日期等内容。标题栏各个单位可以根据自身的要求，确定标题栏的格式。

按照 GB10609 技术制图-标题栏要求，标题栏总高为 56，每一格高为 7，总长为 180，每小格的长为 12、12、16、12、12、16、26、24、50。单位为 mm。

2. 读图的方法和步骤

（1）看标题栏 了解零件的名称、材料、图的比例、重量，对零件有一个初步的认识。

（2）分析零件图 看懂零件图的内、外形状和结构是读懂零件图的重点。组合体的看图方法，仍然适用于读零件图。看图时往往先从主视图入手，再看其他视图。然后了解各视图间的投影对应关系，各视图的表达重点。一般先看主要部分，后看次要部分；先看整体，后看细节。

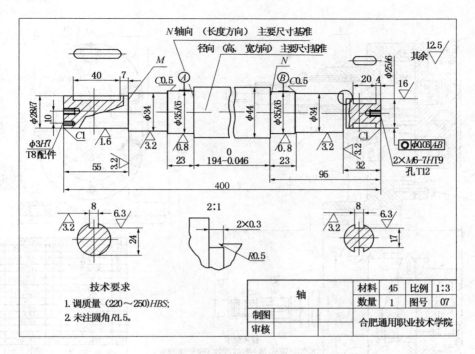

图 1-4-3　轴零件图

（3）分析尺寸和技术要求　先确定该零件的尺寸基准，找出主要尺寸，然后按形体分析和结构分析，确定该零件各部分结构的定位尺寸、定形尺寸及总体尺寸。还要看懂技术要求，如表面粗糙度、公差与配合等内容，进一步了解零件结构作用，为制订加工工艺奠定基础。

（4）综合分析，看懂零件图　把看懂的零件结构、尺寸标注和技术要求综合起来，就能比较全面地读懂这张零件图。

4.2.2　装配图

若干零件可按一定的装配关系装配成机器或部件，表达该机器或部件的图样称为装配图。装配图主要表达机器或部件的工作原理、装配关系、主要结构形状和技术要求，也是包装运输、选购使用、安装调试和维修的重要技术文件。如图 1-4-4 齿轮泵装配图。

1. 装配图的内容

（1）一组视图　用来表达机器或部件的工作原理、装配关系、主要零件的结构形状等。

（2）必要的尺寸　在装配图中标注出机械或部件的规格、性能、装配、外形和安装等方面的尺寸。

（3）技术要求　用文字或符号说明机器或部件在装配检验、安装调试、使用维修等方面应达到的技术要求。

（4）标题栏、序号及明细栏　装配图上必须对每个零件进行编号，并在明细栏中依次列出零件的序号、名称、数量、材料等。在标题栏中应写明装配体的名称、图号、比例以及有关人员的签名等。

2. 读装配图

在装配和安装机器时，要看懂装配图才能进行；在使用、维修和技术交流时，也要经常看装配图，来了解机器的用途、工作原理和结构特点。因此，读懂装配图是至关重要的。读

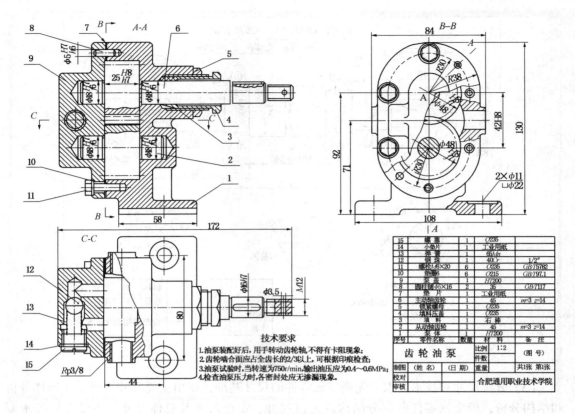

15	螺塞	1	Q235	
14	小垫片	1	工业用纸	
13	弹簧	1	65Mn	
12	钢珠	1	40Cr	1/2″
11	螺栓M6×20	6	Q235	GB/T5782
10	垫圈6	6	Q215	GB/T97.1
9	泵盖	1	HT200	
8	圆柱销d5×16	2	35	GB/T117
7	垫片	1	工业用纸	
6	主动齿轮	1	45	m=3 z=14
5	锁紧螺母	1	Q235	
4	填料压盖	1	Q235	
3	填料	1	石棉	
2	从动齿轮	1	45	m=3 z=14
1	泵体	1	HT200	
序号	零件名称	数量	材料	备注

技术要求
1.油泵装配好后，用手转动齿轮轴，不得有卡阻现象；
2.齿轮啮合面应占全齿长的2/3以上，可根据印痕检查；
3.油泵试验时，当转速为750r/min，输出油压应为0.4～0.6MPa；
4.检查油泵压力时，各密封处应无渗漏现象。

图 1-4-4 齿轮泵装配图

装配图要了解的内容有下列几点：

（1）了解机器或部件的性能、用途和工作原理。

（2）搞清楚各零件的名称、数量、材料及其主要结构形状和在机器或部件中的作用。

（3）了解各零件间的装配关系及机器或部件的拆装顺序。

（4）对复杂的机器或部件要搞清楚各系统的原理和构造。如润滑系统、密封装置和安全装置等。

4.3 油库工艺流程图和安装图的绘制和识读

4.3.1 油库工艺流程图的绘制方法

在绘制油库工艺流程图时，可按油库平面布置的大体位置，将各种工艺设备布置好，然后按正常生产工艺流程、辅助工艺流程的要求，用管道、管件和阀门将各种工艺设备联系起来成为油库工艺流程图。

1. 绘制方法

（1）地上管道用粗实线表示，地下管道用粗虚线表示，管沟管道用粗虚线外加双点划线表示。主要工艺管道（输油管道）用最粗的线型，次要或辅助的管道（真空管道）用较细的线型。不论管道的直径多大，在图上体现的线条粗细是一致的。在油品的主要进出油的油罐区管道、码头管道、铁路装卸油罐道、泵房进出口管道及发油台管道，都要引出标注线。标注线上必须注明编号、油品名称、管道工程直径及油品流向。

（2）为了在图上避免管线与管线、管线与设备发生重叠，通常把管线画在设备的上方或下方。管线与管线发生交叉时，应遵循竖断横连的原则。

（3）管路上的主要设备、阀门及其他重要附件要用细实线画出。各种设备在图上一般只需用细实线画出大致外形轮廓或示意结构，设备大小只需大致保持实际情况。设备间相对大小、设备间相对位置及设备上重要接管位置大致符合实际情况即可。不论设备的规格如何，其在同一图纸上应基本一致。图上设备要进行编号。

设备编号标注通常在设备图形附近，也可直接注在设备图形之内。图上一般附有设备一览表，列出设备的编号、名称、规格及数量等项。若图中全部采用规定画法的可不再有图例。

2. 常用设备、阀门及管道附件的规定画法见表 1-4-4、表 1-4-5。

表 1-4-4　工艺流程图常用图例

序号	名称	图例	序号	名称	图例
1	闸阀		13	电动离心泵	
2	截止阀		14	管道泵	
3	止回阀		15	电动往复泵	
4	球阀		16	蒸汽往复泵	
5	蝶阀		17	齿轮泵	
6	旋塞阀		18	螺杆泵	
7	电动阀		19	真空泵	
8	安全阀		20	立式油罐	
9	电磁阀		21	卧式油罐	
10	过滤器		22	鹤管	
11	流量计		23	胶管	
12	消气器		24	卸油臂（快速接头）	

表 1-4-5　工艺流程图常用图例

图　例	名　称	图　例	名　称
	管道泵		安全阀
	滑片泵		汽车装油鹤管
	闸阀		
	止回阀		火车卸油鹤管（带潜泵）
	过滤器		
	蝶阀	PI	压力表，真空表
	介质流向	×××-MG-××	真径-汽油-管号
	法兰，法兰盖	×××-D□-××	真径-柴油-管号
	灌桶鹤管	×××-C□-××	直径-煤油-管号
	浮球阻油器	T-×-××	油罐代号
	截止阀	P-××	油泵代号
	金属软管		

4.3.2　油库工艺流程图的识读

1. 识读方法

（1）先读标题栏。看是局部工艺流程还是总工艺流程图。

（2）看油库主要作业区收发油情况。收油是管道直接来油，还是铁路或水路来油；发油是利用位差自流发油还是泵发油工艺；受油容器是铁路槽车、油船还是油罐汽车。

（3）看油罐区。共有几种油品、多少油罐、油罐的单罐容积、油罐类型、油罐分组、管区管道工艺形式。

（4）看油泵房(棚)，泵房名称、泵房个数、油泵类型、台数及作用。

（5）看管道走向和管道附件等。

（6）看图的说明部分。

2. 识图能力

不论是卸一种油品，还是发一种油品或倒一种油品，都可以采取"抓两头，看中间"的方法。如果要卸某种油品，则可以先找出起点——该油品从何种运输工具来油，是管输、水路、还是铁路来油。再找终点——要进那个罐区、几号油罐，看看中间有哪些主要环节，是用泵卸还是其他方式。再沿卸油点——中间(泵房)——进油油罐找出沿线所有管道附件及设备，确定在该项作业中，哪些阀门关闭，哪些阀门开启。

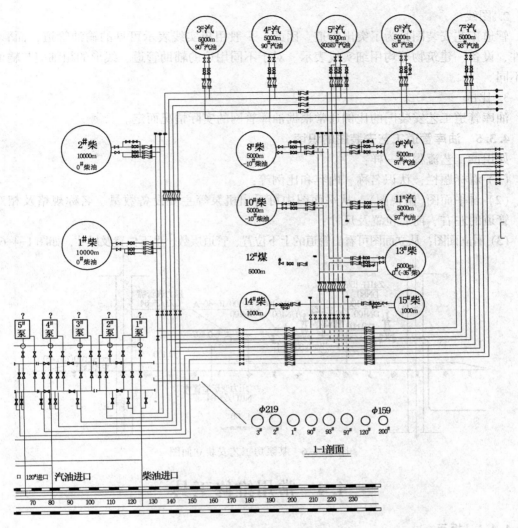

图 1-4-5 某油库工艺流程图局部

4.3.3 油库管道工艺安装图的基本内容

油库管道工艺安装图是用管道将有关设备、管道附件、容器等连接在一起，以完成一定的作业任务，也可以说管道工艺安装图是油库各设备间管道、管件、容器等安装、定位的详图。

管道工艺安装图应包括以下内容：

(1) 必要的平面图、立面剖视图；

(2) 足够的尺寸标注；

(3) 必须的文字说明，如设备的名称、管道的走向、技术参数、安装技术要求和说明等；

(4) 标题栏和明细表。

4.3.4 油库管道工艺安装图的基本画法

1. 视图

管道的各个视图也是按正投影原理绘制，主要包括两种图形，即管道平面布置图和立面图，有的立面图用剖视图或局部放大图绘出。

2. 图线

管道工艺安装图是为了突出管道。因此，一般用粗实线表示可见的输油管道，而管件、阀件、设备、建筑物等均用细实线表示。对于不同用途的辅助管道，线形的粗细应与输油管道不同。

3. 比例

油库管道工艺安装图的比例通常根据油库管网的实际情况而定。

4.3.5 油库管道工艺安装图的识读

如识读工艺流程图一样：

（1）看标题栏，认识名称、内容和比例等；

（2）看平面图（俯视图），从平面图中可看出机泵等主要设备数量、名称规格及相对位置，管道的左右、前后位置及尺寸；

（3）看立面图，从立面图可看出管道的上下位置、管道层数、上下位置及尺寸，如图1-4-6。

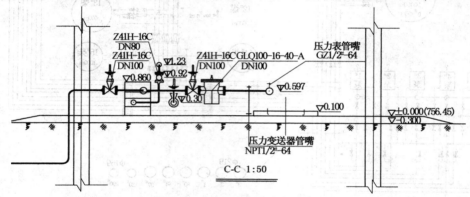

图1-4-6　某泵房工艺安装立面图

4.4 常用维修工具

4.4.1 扳手

扳手是拆装带有棱角的螺母或螺栓用的工具。扳手的种类很多，用途各有不同，一般常用的有开口扳手、活动扳手、套筒扳手、梅花扳手、内六角扳手、锁紧扳手和测力扳手等。

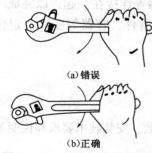

（a）错误

（b）正确

图1-4-7　活动扳手的应用

（1）开口扳手多为双头，用来拆装一般标准规格的螺母和螺栓。这种扳手使用方便，可以直接插入或上下套入。

（2）活动扳手开口宽度可在一定范围内调整，应用范围较广。特别在遇到不规则的螺母或螺栓时，更能发挥作用。使用时应将活动钳口调整合适，以便扳手与螺母或螺栓头贴紧。如松动就会滑出或损坏扳手和螺母，工作时应让扳手可动部分承受"推力"，固定部分承受"拉力"，且用力必须均匀。活动扳手的应用如图1-4-7所示。

（3）套筒扳手适用于拆装位置狭小，特别隐蔽的螺母、螺栓。套筒是做成单体的，工作中可根据需要选用不同规格的套筒和手柄，它的用途广泛。

（4）梅花扳手与开口扳手有同样的用途，但梅花扳手两端是套筒式的。筒中一般有 12 个角、能将螺母或螺栓头部围住，工作时不易滑脱、安全可靠。梅花扳手套口较薄，便于拆装位置受到限制的螺母、螺栓。

（5）内六角扳手主要拆卸内六角螺钉，这种扳手是成套的，可用于内六角螺钉。其规格用六角形对边间距尺寸表示。

（6）锁紧扳手形式多样，大小不一。它主要用于固定圆螺母和轮转运动部件，以便进行拆卸。

图 1-4-8　测力扳手

（7）测力扳手由测力杆和套筒头组成，扭紧时可由指针反映出扭力大小。一般刻度值为 0～30kg·m。如图 1-4-8 所示。

4.4.2　钳子

钳子主要用于切断金属丝，夹持或扭弯较小的金属件。钳子的种类很多，常用的有鱼尾钳、钢丝钳。

钳子的使用方法：

（1）使用前，应擦净钳子上的油污，以免工作时脱落。

（2）使用时，必须将工作件夹持牢固，再用力切割或扭弯。

（3）不能将钳子当扳手或撬棒用。

4.4.3　起子

起子又称螺丝刀或改锥，是旋紧或旋松有槽口螺栓用的工具。常用的起子有：标准起子、重级起子和十字起子。

起子的使用方法及注意事项：

（1）使用前应擦净起子上的油污，以免工作时脱落。

（2）起子切口要和螺栓、螺钉槽口相适应，大小要适合。

（3）使用时以右手握起子把柄，手心抵住柄端，使起子刀口与螺栓、螺钉槽口相垂直而吻合后，再用力旋动起子。

（4）禁止将起子当凿子和撬棒用，以防损坏起子。

4.4.4　千斤顶

千斤顶分液压式和机械式两种。根据顶起重物的额定重量又可分为 3t、5t、8t 等，目前油库中多使用液压式，其结构如图 1-4-9 所示。使用时先将千斤顶放好，对正要顶起的部位，扭紧油开关，压动手柄，被顶物体就逐渐升高。当需要落下千斤顶时，可将开关慢慢旋开，被顶物体就会逐渐下降。

使用千斤顶时应注意以下几点：

（1）起重前，必须估计物体的重量，切忌超载使用。

（2）顶起前应用三角木将车轮固定好。

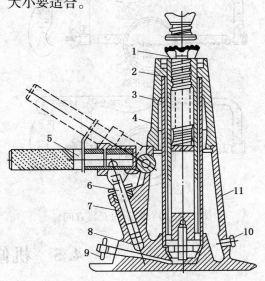

图 1-4-9　液压式千斤顶

1—顶面；2—螺杆；3—储油室盖；4—储油室；
5—手柄；6—活塞；7—唧筒；8—进出油阀；
9—开关；10—加油塞；11—缸壳

（3）使用时必须确定物体的重心，选择千斤顶的着力点，放置平稳，同时要考虑到地面的软硬程度，必要时应垫以木板，以防起重时产生歪斜甚至倾倒。

（4）在千斤顶起升和下降时，严禁在车底下工作。

4.4.5　手锯

手锯是由锯弓和锯条两部分组成的。

锯弓是用来张紧锯条的，由固定式和可调节式两种。锯弓两端都装有夹头，与锯弓的方孔配合，一端是固定的，一端为活动的。当锯条装在两端夹头的销子上后，旋紧活动夹头上的翼形螺母就可以把锯条拉紧。

手锯是在向前推进时进行切削的，所以锯条安装时要保证锯齿的方向正确。如果装反了，则锯齿前角为负值，切削很困难。锯条的松紧也要控制适当。太紧时锯条受力太大，很容易崩断；太松则锯割时锯条容易扭曲，也容易折断。如图1-4-10所示。

4.4.6　錾子和手锤

錾子一般用碳素工具钢锻成，并将切削部分刃磨呈锲形。它主要用于去除毛坯上的凸缘、毛刺、分割材料、錾削平面及油槽等，经常用于不便于机械加工的场合。錾子的种类有扁錾、尖錾和油槽錾三种。

4.4.7　锉刀

锉刀分普通锉、特种锉和整形锉三类。锉刀的结构如图1-4-11所示。

4.4.8. 拔轮器

拔轮器又称拉器，有两爪、三爪之分，如图1-4-12所示。拔轮器用于拆卸各种大小不同的过硬配合件，如齿轮、皮带轮、滚动轴承等。有的拔轮器开口尺寸可以在一定范围内调节，以适应拆卸不同尺寸的过盈配合件。

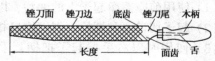

图1-4-11　锉刀各部分名称

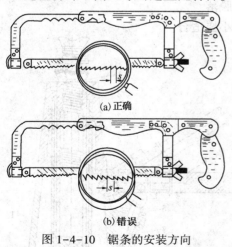

(a)正确

(b)错误

图1-4-10　锯条的安装方向

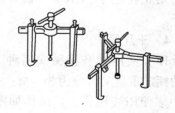

图1-4-12　拔轮器

4.5　机修基本技能

4.5.1　锯割

1. 手锯的使用

锯割时，右手握住锯柄，左手五指稍分开，轻松地搁在锯弓前弓架的弯处，保持锯弓的平稳，如图1-4-13所示。左手不应握得太死或用的压力过大，否则会使锯条歪斜。在虎钳

图 1-4-13 锯割姿势

上锯割时，应站在虎钳的左方，身体稍向右转，并略向前倾，左脚在前，指向工件，右脚在后，前腿稍有弯曲，后退伸直，两脚分担全身重量，两脚分开略宽于手锯的长度。锯割时，右手往前推送锯条，左手保持锯条平衡。

2. 锯割时注意事项

手锯在回程中，不应施加压力，以免锯齿磨损。锯割的速度以每分钟 20~40 次为宜。防止锯条折断时从锯弓上弹出伤人。要特别注意不要突然用过大的力量锯割，工件快要锯断时要减小压力。防止工件被锯下的部分砸到脚上。

4.5.2 錾削

1. 錾削使用

錾子主要用左手的中指、无名指和小指握住，食指和大拇指自然地接触，头部伸出约 20mm。如图 1-4-14 所示。錾子要自如而轻松地握着，不要握的太紧，以免敲击时掌心承受的震动过大。

手锤用右手握住，采用五个手指满握的方法，大拇指轻轻压在食指上，虎口对准锤头方向，不要歪在一侧，木柄尾段露出约 15~30mm。

一般情况下，左脚超前半步，两腿自然站立，人体重心稍微偏于后脚，视线要落在工件的切削部位。为了获得好的錾削质量，除了敲击应该准确以外，錾子的位置也必须保持正确和稳定不变。

2. 錾削的注意事项

錾子要经常刀磨，保持刃口锋利，过钝的錾子不但錾削费力，錾出的表面不平整，而且常易发生打滑现象引起手部划伤；錾子头部有明显的毛刺时，要及时磨掉，避免脆裂伤手；发现手锤木柄有松动或损坏时，要立即安装牢固或更换，以免锤头脱落伤人。

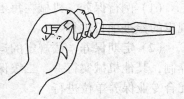

图 1-4-14 錾子握法

4.5.3 锉削

1. 姿势

锉刀的握法掌握得正确与否，对锉削质量、锉削力量的发挥和疲劳程度都有一定的影响。由于锉刀大小和形状不同，锉刀的握法也不同。锉削时的站立位置与錾削相似。站立要自然以便于用力，以适应不同的锉削要求为准。推进锉刀时两手加在锉刀上的压力，应保证锉刀平稳而不上下摆动。推进锉刀时的推力大小，主要由右手控制，而压力的大小，是由两手控制的。

2. 锉削时的注意事项

不使用无柄或柄已开裂的锉刀，锉刀柄要装紧，否则不但用不上力，而且可能因柄脱落而刺伤手腕；不能用嘴吹铁屑，也不准用手清除铁屑。防止铁屑飞入眼内和铁刺扎入手内；不要用手抚摸锉刀表面，因手的油污会使锉削时锉刀打滑而造成损伤。

4.5.4 研磨

手工研磨的运动轨迹，一般采用直线、直线与摆线、螺旋线、8 字形和仿 8 字形等几种。不论哪一种轨迹的研磨运动，其共同特点是工件的被加工面与研具工作面作相密合的平行运动。圆柱面的研磨一般以手工与机器配合的方法进行研磨。

4.6 修理与保养

4.6.1 修理和保养的分类

1. 修理的分类

设备的修理一般分小修、中修、大修和特修几种形式。

(1) 小修 小修是设备维护性的修理。包括检查润滑系统及时换油等。它的目的是消除设备在使用中，由于零件磨损或操作保养不良所造成的局部损伤，以维持设备的正常运转。

(2) 中修 中修是设备在两次大修之间有计划组织的平衡性能修理。其目的在于消除损坏不平衡的状态，或是修复某一损坏部件，以保证大修间隔期的工作性能。

(3) 大修 大修是对设备进行周期性的彻底检查和恢复性的修理。修理时应拆卸所有的零部件，并进行清洗和检查，全面解决所需要更换或修复的磨损零件或部件，包括对某些主体的整修工作，使所有的零件、部件达到一定的精度标准；对机构和设备进行调整、试验和修饰等工作；对电器也必须进行全面彻底的检查，线路要重新安排。

(4) 特修 特修是指正常以外的事故维修或死机复活修理。修复的技术标准应符合大修技术标准，修理的内容根据送修时的实际情况确定。

2. 保养的分类

保养的种类，根据工作的特点划分为：

(1) 例行保养 机械在每班作业前后，以及运转中的检查保养。例行保养由操作人员按规定的检查项目进行。

(2) 定期保养 按规定的运转间隔周期进行的保养，一般内燃机械实行一、二、三级保养制，其他机械实行一、二级保养制。一级保养由操作人员负责；二、三级保养均由操作者配合专业保养单位进行。

(3) 停放保养 指机械临时停放超过一周时，所进行的检查保养。一般由保管员负责。

(4) 封存保养 指机械封存期内保养，一般每月一次，由保管员负责。

(5) 换季保养 指入夏、入冬前进行的保养，主要是更换油料，采取防寒降温措施，可结合定期保养进行。

4.6.2 修理的工艺过程

机器的修理工艺过程包括以下五个阶段：

1. 修理前的准备阶段

(1) 收集和查阅有关资料及说明书，弄清结构及零部件的相互关系；

(2) 检查机器的使用情况和出现的问题，确定修理部位和修理方法；

(3) 准备修理工具和材料。

2. 拆卸阶段

(1) 拆卸时一般按下述原则进行：先拆外后拆内；先拆整后拆零；先拆辅后拆主；先拆易后拆难；

(2) 拆卸特殊配合要求的部件时要进行标记，按顺序摆放整齐。防止配合错乱；

(3) 拆卸已锈死的部件时，要用煤油浸泡；

(4) 拆卸接触面较大的螺栓连接件和有扭力要求的螺栓连接件时，要分批次对称地松开螺栓或螺母，防止部件变形；

（5）没有必要拆卸的零部件，尽量不拆卸。

3. 清洗与检查

拆下的零件进行清洗，然后进行外观检查，看零件是否有裂纹、损伤、弯曲等，再进行尺寸和几何形状的检查，确定修理和更换的零件。不需要更换和修理的零件要妥善放置，怕碰的工作表面应用纸、布包扎，精加工面要上油保养。

清洗是修理中的一个重要环节。根据零部件的材料不同，清洗有以下几种方法。

（1）金属零件的清洗。一种是冷洗法，用煤油、柴油或汽油作清洗剂，清洗后用空气吹干；另一种是热洗法，用碱溶液作清洗剂，效果同汽油相同，费用较低。操作过程要注意，不要将碱溶液落到皮肤上，以免烧伤。

（2）非金属零件的清洗。橡胶零件应用酒精或制动液清洗，不能用洗油、碱溶液清洗，防止发胀变形；皮质零件一般用干净布擦净即可。

4. 更换与修理

更换与修理一般应掌握以下要求：

（1）主件与次要件配合，磨损后一般修理主要件，更换次要件；

（2）主件与次要件配合运转，磨损后一般修理大零件，更换小零件；

（3）加工工序长的零件与加工工序短的零件配合，磨损后一般修复加工工序长的零件，更换加工工序短的零件。

5. 装配、调试和试车

装配的工艺过程一般包括以下两个阶段：

（1）装配前的工艺准备阶段。包括熟悉装配图、工艺文件、技术要求，了解机器结构、零件之间相互关系及连接方法，确定装配的方法和顺序。准备好工具和零部件，对零部件进行必要的检查和试验。

（2）装配工作阶段。一般分部件装配和总装配，先进行部件装配后进行总装配。

调整是调节零件或机构的相对位置、配合间隙、接合松紧度等；检验是检验部件和机器的尺寸精度；试车是试验机器的运转的灵活性，技术指标能否达到要求。试车包括空载试车和负载试车。

第5章　设备管理

5.1　设备管理的基础知识

5.1.1　设备管理的重要性

设备管理是保证企业进行生产经营的物质基础，它对保证企业安全生产、提高生产能力、提高运营效率、提升企业形象和降低成本等，都具有十分重要的意义。对于石油化工企业来说，设备管理是企业整个经营管理中的一个重要组成部分。

5.1.2　设备管理的主要目的

设备管理的主要目的是用技术上先进、经济上合理的设备，采取有效措施，保证设备安全、稳定、长周期、高效率、经济地运行，来保证企业获得最好的经济效益。设备管理是企业管理的一个重要部分。

5.1.3　设备管理的概念

设备管理是指以企业经营目标为依据，通过一系列的技术、经济、组织措施，对设备寿命周期内从规划、设计、制造、选型、购置、验收、安装、调试、使用、维修、改造、报废直至更新全过程的管理工作的总称，即是指对设备的一生实行综合管理。设备管理包括以设备的物质运动形态为重心的技术管理和以价值运动形态管理为重点的经济管理。企业的设备管理是包括两种形态的全面管理。

5.1.4　企业设备管理的内容

1. 按形态可把设备管理分为设备物质运动形态和设备价值运动形态的管理。将这两种形态的管理结合起来，贯穿设备管理的全过程，即设备综合管理。设备综合管理包括设备的合理购置、设备的正确使用与维护、设备的检查与修理、设备的更新改造、设备的安全经济运行和生产组织。

2. 按生命周期可把设备管理分为前期管理、中期管理和后期管理三部分，主要内容有技术，经济，组织三个方面，三者是不可分割的有机整体。

设备的前期管理包括的主要内容有：依据企业经营目标及生产需要制定企业设备规划；选择和购置所需设备，必要时组织设计和制造；组织安装和调试即将投入运行的设备。设备的中期管理包括的主要内容有：对投入运行的设备正确、合理的使用；精心维护保养和及时检修设备，保证设备正常运行。设备的后期管理主要是改造、更新和报废设备。由于设备的前期管理决定了整个设备生命周期中的经济性和效率高低，因此必须高度重视此环节。

5.1.5　EAM 和 PM 在设备管理中的应用

EAM 是石油化工企业管理的固定资产管理系统，是从财务角度对设备的价值管理，是静态管理。它的管理内容包括设备的名称、数量、原值、折旧、残值等。在 EAM 中常使用设备条型码与条型码扫描仪进行设备盘点，这种方法不但可以提高对现有设备的管理效率，也可以较好地掌握设备变化情况。

PM 是 ERP 中的设备管理模块，许多大型石油化工企业引进 PM 模块以提高对设备的管理水平。PM 与 EAM 有所不同，它是从技术角度管理设备，是动态的设备管理。PM 的主要管理内容不但包括设备管理组织机构、设备管理人员信息、设备名称、材质、规格、主要技术参数、生产厂家等静态数据，还包括运行记录、保养记录和维修记录等动态数据。

EAM 和 PM 在设备管理要结合使用才能达到对设备的完整管理，可以更好地决定设备的维修与报废更新，权衡设备购置中的技术水平与价格水平等，达到设备价值与技术管理的有机统一，为企业创造更多的价值。

5.1.6 设备管理的主要指标

5.1.6.1 设备完好率

设备完好率是指企业中技术性能完好设备台数占全部设备的百分率，即设备能正常运转的时间与制度工作时间的比值。企业在实际使用中，可以只计算比较重要的设备。设备完好率是设备管理的一项重要指标，它基本上决定了设备的生产能力。设备完好率=［完好设备台数/设备总数］×100%

5.1.6.2 静、动密封泄漏率

1. 动密封点泄漏率　是指动密封点泄漏点数与总动密封点泄漏点数的比值，它反映了设备动密封面的密封总体状况。动密封是指各种机电设备(包括机床)的连续运动(旋转和往复)的两个偶合件之间的密封，属于动密封。如压缩机轴、泵轴、各种釜类旋转轴等的密封均属动密封。

动密封点泄漏率(‰)=动密封点泄漏点数/动密封点数×1000‰

2. 静密封点泄漏率　是指静密封点泄漏点数与总静密封点泄漏点数的比值，它反映了设备静密封面的密封总体状况。静密封是指设备(包括机床和厂内采暖设备)及其附属管线和附件，在运行过程中两个没有相对运动的偶合件之间的密封属于静密封。如设备管线上的法兰、各种阀门、丝堵、电缆头等均属静密封。

静密封点泄漏率(‰)=静密封点泄漏点数/静密封点数×1000‰

5.1.6.3 设备利用率

设备利用率是指每年度设备实际使用时间占计划用时的百分比。它是反映设备工作状态及生产效率的技术经济指标，即实际生产能力到底有多少在运转发挥生产作用。在企业当中，设备投资常常在总投资中占较大的比例。因此，设备能否充分利用，直接关系到投资效益，提高设备的利用率，等于相对降低了产品成本。设备的利用率可以用以下公式计算：

设备利用率=每小时实际产量/ 每小时理论产量×100%

设备利用率=(每班次(天)实际开机时数/ 每班次(天)应开机时数)×100%

5.2 设备管理的应用知识

5.2.1 设备完好标准及作业区设备管理要求

1. 设备性能良好，机械设备能稳定地满足生产工艺要求。动力设备的功能达到原设计规定标准，运转无超温、超压、超速现象。

2. 设备运转正常，零部件齐全、安全防护装置良好，磨损腐蚀程度不超规定标准，制动系统、计量仪器仪表和润滑系统工作正常。

3. 燃料消耗正常，润滑油功能正常，基本无跑冒滴漏现象。

4. 设备技术资料齐全、准确。

5. 设备外观整洁、卫生。

5.2.2 罐泵阀管等主要设备完好标准

5.2.2.1 油罐

1. 地上油罐至库内各建、构筑物的防火距离、油罐之间的防火距离、防火堤的设置及油罐基础面等应符合《石油库设计规范》的要求。

2. 油罐罐壁的局部凸凹变形、焊缝质量及罐体几何尺寸等应符合《立式圆筒形钢制焊接油罐施工及验收规范》的要求。

3. 使用近 20 年的油罐几何尺寸不得大于下列数值。

(1) 圈板麻点深度不超过下述规定值，见表 1-5-1。

表 1-5-1　油罐钢板厚度使用要求

钢板厚度/mm	3	4	5	6	7	8	9	10
麻点深度/mm	1.2	1.5	1.8	2.2	2.5	2.8	3.2	3.5

(2) 罐底板：4mm 底板余厚不大于 2.5mm，4mm 以上底板余厚不大于 3mm，罐底边缘板减层最大不允许超过设计厚度的 30%。

(3) 底板不得出现面积为 $2m^2$ 以上，高出 150mm 的凸起；局部凸凹变形不大于变形长度的 2/100 或超过 50mm。

(4) 圈板凹凸变形不超过下述规定值，见表 1-5-2。

表 1-5-2　圈板凹凸变形使用要求

测量距离/mm	1500	3000	5000
偏差值/mm	20	35	40

(5) 圈板折皱高度不超过下述规定值，见表 1-5-3。

表 1-5-3　圈板折皱使用要求

圈板厚度/mm	4	5	6	7	8
折皱高度/mm	30	40	50	60	80

(6) 罐体倾斜度不超过设计高度的 1%(最大限度不大于 9cm)。

4. 油罐漆层完好，不露本体。面漆无老化现象，严重变色、起皮、脱落面积不大于 1/6，底漆无大面积外露。油罐涂以规定的颜色。

5. 油罐呼吸阀盘为铜质或铝质材料，重量符合设计要求，垂直安装密封性良好，阻火器有效，防火波形散热片清洁畅通，无冰冻，垫片严密。呼吸阀口径符合流量要求。

6. 量油孔、人孔、光孔、排污阀齐全有效。通风管、加热盘管不堵不漏。升降管灵活，排污阀有效，扶梯牢固，罐顶有踏步。

7. 油罐液位下与油罐连接的各种管线上的第一道阀门(含排污阀)必须采用钢阀。阀门、人孔无渗漏，各部螺栓齐全、紧固。

8. 浮盘密封圈的密封度大于 90%，浮盘升降灵活。

9. 油罐配件材质、图纸，附属设备出厂合格证明书，焊缝探伤报告，严密性及强度实验报告，基础沉陷观测记录，设备卡片，检修及验收记录，储罐容量表等技术资料齐全、准确。

5.2.2.2 阀门

1. 阀门的结构型式、压力、口径适合输送油品的要求。

2. 阀门的安装便于操作和维修，距管座的距离应大于100mm，不得设在管座中间。截止阀、止回阀、减压阀、安全阀安装方向正确。

3. 润滑良好，开关灵活（手动1~6英寸阀门12s内能打开，10s内能关闭），密封良好，不漏油、不串油。

4. 阀体大盖、支架、手轮等各处螺栓、紧固件齐全、满扣、无锈蚀。

5. 阀门连接正确，法兰螺栓紧力均匀。

6. 阀门启闭状态或启闭标志明显。

7. 在爆炸危险场所使用的电动阀门的防爆等级不低于dⅡAT3。

8. 所有阀门均应编号，易造成混有事故的阀门应加锁。

9. 压盖和紧固螺栓保持金属本色，阀杆无锈蚀，阀门外观无损伤、变形、缺陷。阀体整洁、漆层完好、填料有效、无油迹。

10. 在1.5倍工作压力下进行强度试验，阀门严密不漏。

11. 室外阀门保护罩完好，铸铁阀防冻措施有效。

12. 设备卡片、试压和检修记录齐全。

5.2.2.3 离心泵

1. 离心泵完好标准

（1）运转正常，效能良好：

① 压力、流量平稳，出力能满足正常生产需要或达到铭牌能力的90%以上；

② 润滑、冷却系统畅通，油环、轴承箱、液面管等齐全好用；润滑油（脂）选用符合规定；轴承温度符合设计要求；

③ 运转平稳无杂音，振动符合相应标准规定；

④ 轴封无明显泄漏；

⑤ 填料密封泄漏：轻质油不超过20滴/min，重质油不超过10滴/min；

⑥ 机械密封泄漏：轻质油不超过10滴/min，重质油不超过5滴/min。

（2）内部机件无损，质量符合要求：

主要机件材质的选用，转子径向、轴向跳动量和各部安装配合，磨损极限，均能符合相应规程规定。

（3）主体整洁，零附件齐全好用：

① 压力表应定期校验，齐全准确；控制及自动联锁系统灵敏可靠；安全护罩、对轮螺丝、锁片等齐全好用；

② 主体完整，稳定、挡水盘等齐全好用；

③ 基础、泵座坚固完整，地脚螺栓及各部连接螺栓应满扣、齐整、紧固；

④ 进出口阀及润滑、冷却管线安装合理，横平竖直，不堵不漏；逆止阀灵活好用；

⑤ 泵体整洁，保温、油漆完整美观；

⑥ 附机达到完好。

（4）技术资料齐全准确，应具有：

① 设备档案；

② 定期状态监测记录（主要设备）；

③ 设备结构图及易损配件图。

2. 往复泵完好标准

（1）运转正常，效能良好：

① 压力、流量平稳，出力能满足正常生产需要或达到铭牌能力的 90% 以上；

② 注油器齐全好用，接头不漏油，单向阀不倒气，注油点畅通，油环好用，润滑油选用符合规定；

③ 运转平稳无杂音，冲程次数在规定范围内；

④ 填料无明显泄漏：

石棉类填料：轻质油不超过 30 滴/min，重质油不超过 15 滴/min；

塑料类填料：轻质油不超过 20 滴/min，重质油不超过 10 滴/min；

气缸端不允许蒸汽泄漏。

（2）内部机件无损，质量符合要求：

主要机件材质的选用，以及拉杆、活塞环等安装配合，磨损极限及阀组严密性，均应符合规程规定。

（3）主体整洁，零附件齐全好用：

① 安全阀、压力表应定期校验，灵敏准确；

② 主体完整，稳钉、摆轴销子、放水阀门等齐全好用；

③ 基础、泵座紧固完整，地脚螺栓及各部连接螺栓应满扣、齐整、紧固；

④ 进出口阀及润滑、冷却管线安装合理，横平竖直，不堵不漏；

⑤ 泵体整洁，保温、油漆完整美观。

（4）技术资料齐全准确，应具有：

① 设备档案；

② 设备结构图及易损配件图。

3. 高速泵完好标准

（1）运转正常，效能良好：

① 压力、流量平稳，满足正常生产需要或达到铭牌能力的 90% 以上；

② 润滑、冷却系统畅通，油环、轴承箱、液面计等齐全好用；润滑油（脂）选用符合规定；轴承温度符合设计要求；

③ 运转平稳无杂音，振动符合标准规定；

④ 机械密封、油封无明显泄漏，不超过 10 滴/min。

（2）转子公差配合、间隙、跳动符合标准。

（3）主体整洁，附件齐全好用：

① 压力表、温度计、测温单元定期校验，齐全好用；

② 控制及联锁系统灵敏可靠，定期校核；

③ 安全护罩、连接螺栓、机体配件齐全好用；

④ 基础泵座坚固完整，各部螺栓齐整紧固，罗纹高出螺母 3~5 扣；

⑤ 润滑冷却管线、工艺管线安装合理，布局整齐、美观。

（4）技术资料齐全准确：

① 设备档案；

② 有完整的运行、监测、检修记录；

③ 设备结构图及易损配件图。

5.2.2.4　输油管线

1. 输油管线的安装、防护符合《石油库设计规范》的要求。

2. 管线及附件的外表面无重皮、夹渣、裂缝等缺陷。法兰不能直接埋入地下。

3. 煨制管的曲率半径不大于外径的 3.5 倍，弯管的椭圆度不大于 7%。

4. 管线对焊符合《现场设备、工业管道焊接工程施工及验收规范》的规定。

5. 法兰与管线焊接，密封面与管线轴线垂直度符合要求。工作压力小于 4MPa，最大偏差不大于 2mm。

6. 连接法兰的两密封面互相平行，两对称点间最大与最小间隙之差（a-b）不超过下表规定。

公称通经/mm	公称压力 < 1.6MPa
	法兰间隙（a-b）/mm
100	0.2
≥100	0.3

7. 连接法兰盘不允许加两垫、偏垫。垫片内径比法兰内径大 2~3mm；法兰螺栓齐整满扣，螺丝露出帽 2~3 扣。

8. 新安装及使用中的管线在 1.5 倍工作压力的条件下试压不渗漏。

9. 所有管线均应编号。

10. 管线检修记录、试压记录、管网的平面布置和纵断面图以及焊缝探伤检测记录技术资料齐全、准确。

5.2.3　罐区管理要求

5.2.3.1　罐区布置

罐区布置应符合国家有关规范、标准。

5.2.3.2　防火堤

（1）防火堤应采用非燃烧材料建造，并能承受所容纳油品的静压力且不应泄漏。

（2）立式油罐防火堤的计算高度应保证堤内有效容积需要。防火堤的实高应比计算高度高出 0.2m。防火堤实高不应低于 1m，且不宜高于 2.2m。卧式油罐的防火堤实高不应低于 0.5m。采用土质防火堤，堤顶宽度不应小于 0.5m。

（3）严禁在防火堤上开洞。管道穿越防火堤处应采用非燃烧材料严密填实。在雨水沟穿越防火堤处，应采用排水阻油措施。

（4）油罐组防火堤的人行踏步不应少于 2 处，且应处于不同的方位上。

（5）防火堤的有效容积对于固定顶罐，不应小于油罐组内一个最大油罐的容量。对于浮顶油罐或内浮顶罐，不应小于油罐组内一个最大油罐容量的一半。

（6）设置隔堤的顶面标高，应比防火堤顶面标高低 0.2~0.3m。

5.2.3.3　储罐及储罐附件

（1）储存甲、乙 A 类液体，应选用浮顶或浮舱式内浮顶罐。

（2）非金属油罐禁止储存甲、乙 A 类可燃液体。

（3）储存可燃液体的固定顶罐应设有呼吸阀和阻火器。

（4）储罐脱水要采用可靠的安全切水设施。

5.2.3.4 罐区仪表

（1）地上立式油罐应设液位计和高液位报警器。频繁操作的油罐宜设自动联锁切断进油装置。等于和大于 $50000m^3$ 的油罐尚应设自动联锁切断进油装置。有脱水操作要求的油罐宜装设自动脱水器。

（2）液化烃储罐应设液位计、压力表和安全阀，以及高液位报警。

（3）可燃气体、液化烃、可燃液体的罐组应按规范要求设置可燃气检测报警器。

（4）有毒介质罐区应接规范要求设有毒气体检测报警器。

5.2.3.5 罐区管理

（1）储罐应有罐号及所储存物料名称标志，管线应标有管号及物料名称及走向。

（2）制定完善的罐区检测管理制度、安全技术规程、安全操作法、事故预案并严格执行。

（3）制定具体的巡检要求，规范检查项目内容。

（4）严格执行岗位巡检制度，逐步实现智能巡检、打卡巡检，并纳入计算机监控系统。

（5）储罐进出物料时，现场阀门开关的状况在控制室要有明显的标记或显示，避免误操作，并有防止误操作的检测、安全自保等措施，防止油品超高、外溢。

（6）储罐发生高低液位报警时，必须到现场检查确认，采取措施，严禁随意消除报警。

（7）雨季防火堤内积水，要及时排出，排出后立即关闭出水口。

（8）罐区仪表及安全设施必须按时维护保养，确保完好。

（9）罐区要有严格的出入制度，严格的车辆及禁火管理制度。

（10）储罐布置集中，总储量较大的罐区应逐步实现计算机监控管理，对储罐的液位、温度、压力、进出口阀门工作状态实施监控。

（11）计算机监控系统应能快速巡回检测，具有各种限制值报警及异常状态参数的存储功能。

（12）储罐的主要进出口阀门逐步实现自动控制，若有困难，可采用手动阀门信号回讯器，实现计算机监控。

5.2.4 机、泵房（区）完好标准

1. 泵房与有关场所的安全距离符合《石油库设计规范》。

2. 油泵站宜采用地上式。可采用泵房、泵棚，也可采用露天式。

3. 泵房应设外开门，且不宜少于 2 个，其中 1 个能满足泵房内最大设备进出需要。建筑面积小于 $60m^2$ 时可设 1 个外开门。泵房和泵棚的净空高不应低于 3.5m。门窗有防止铁器撞击的措施。

4. 10kV 及以下的变配电间与易燃油品泵房（棚）相毗邻时，应满足：隔墙应为非燃烧材料建造的实体墙。所有穿墙的孔洞，应用非燃烧材料严密填实；变配电间的门窗应向外开。其门窗应设在泵房的爆炸危险区域以外，如窗设在爆炸危险区域以内，应设密闭固定窗；配电间的地坪应高于油泵房室外地坪 0.6m。

5. 泵房室内应通风良好，其地面电阻值不应大于 1MΩ。

6. 室内各类设备布置合理，便于操作检修。

7. 房（棚）顶无渗漏水，侧墙、地面无裂纹，室内整洁，门窗完整无破损，地面平整无

油迹，顶棚、墙壁清洁无灰尘，照明均匀、光亮够用，警示牌明显。

8. 各种规章制度、工艺流程图及各种记录齐全完整，记录准确字体规整，保管妥善。

5.2.5 设备维护保养

5.2.5.1 润滑油"三级过滤"

"三级过滤"为从领油大桶到岗位储油桶、岗位储油桶到油壶、油壶到加油点三个环节的过滤。搞好设备润滑，要做到"三级过滤"，还要坚持"五定"，即定人、定点、定质、定量、定时。操作工应保持本岗位的设备、管道、仪表盘、油漆、保温完整，地面清洁。应加强静密封点管理，消除跑、冒、滴、漏，努力降低泄漏率。

5.2.5.2 设备润滑加油（脂）的标准

设备的润滑油料、擦拭材料和清洗剂要严格按照说明书的规定使用，不得随便代用。润滑油加注必须加注到设备规定油位，一般在视镜的 1/2 至 2/3 之间，不能高于 2/3，润滑油清澈无杂质、无乳化现象，不要加注过多或过少。润滑脂要用新油脂彻底把旧油脂顶出去。润滑油更换周期要严格执行规定，对新设备使用或使用环境恶劣的设备润滑状况要加强检查，保证油品数量不缺品质不坏。

5.2.5.3 机械密封使用的注意事项

1. 机械密封的基本概念

机械密封是无填料的密封装置。它由动环、静环、弹簧和密封圈等组成。动环随轴一起旋转，并能作轴向移动；静环装在泵体上静止不动。这种密封装置是动环靠密封腔中液体的压力和弹簧的压力，使其端面贴合在静环端面上（又称端面密封），形成微小的轴向间隙而达到密封的。为了保证动静环的正常工作，轴向间隙的端面上需保持一层水膜，起冷却和润滑作用。如图 1-5-1。

2. 机械密封工作应注意问题

（1）启动前的准备工作及注意事项

① 全面检查机械密封，以及附属装置和管线安装是否齐全，是否符合技术要求。

② 机械密封启动前进行静压试验，检查机械密封是否有泄漏现象。若泄漏较多，应查清原因设法消除。如仍无效，则应拆卸检查并重新安装。一般静压试验压力用 0.2~0.3MPa。

图 1-5-1 机械密封组成

③ 按泵旋向盘车，检查是否轻快均匀。如盘车吃力或不动时，则应检查装配尺寸是否错误，安装是否合理。

（2）安装与停运

① 启动前应保持密封腔内充满液体。对于输送凝固的介质时，应用蒸汽将密封腔加热使介质熔化。启动前必须盘车，以防止突然启动而造成软环碎裂。

② 对于利用泵外封油系统的机械密封，应先启动封油系统。停车后最后停止封油系统。

（3）运转

① 泵启动后若有轻微泄漏现象，应观察一段时间。如连续运行 4h，泄漏量仍不减小，则应停泵检查。

② 泵的操作压力应平稳，压力波动不大于 0.1MPa。

③ 泵在运转中，应避免发生抽空现象，以免造成密封面干摩擦及密封破坏。

④ 密封情况要经常检查。运转中，当其泄漏超过标准时，重质油不大于 5 滴/分，轻质

油不大于 10 滴/分,如 2~3 日内仍无好转趋势,则应停泵检查密封装置。

5.2.5.4　静 动 密 封

1. 静动密封点的计算

(1) 动密封点的计算方法　一对连续运动(旋转或往复)两个偶合件之间的密封算一个动密封点。

(2) 静密封点的计算方法　一个静密封点接合处,算一个静密封点。如:一对法兰,不论其规格大小,均算一个密封点;一个阀门一般算四个密封点,如阀门后有丝堵或阀后紧接放空,则应各多算一点;一个丝扣活接头,算三个密封点;特别部位,如连接法兰的螺栓孔与设备内部是连通的,除了接合面算一个密封点外,有几个螺栓孔应加几个密封点。

(3) 泄漏点的计算方法　有一处泄漏,就算一个泄漏点,不论是密封点或因焊缝裂纹、砂眼、腐蚀以及其他原因造成的泄漏均作泄漏点统计。

(4) 泄漏率计算公式　静(动)密封点泄漏率(‰)=静(动)密封点泄漏点数/静(动)密封点数×1000‰。

2. 静动密封泄漏的检查方法

(1) 静密封检验标准

① 设备及管线的接合部位用肉眼观察,不结焦,不冒烟,无漏痕,无渗迹,无污垢。

② 仪表设备及风引线、焊接及其他连接部位用肥皂水试漏,无气泡(真空部位,用薄纸条顺的办法)。

③ 电气设备、变压器、油开关、油浸纸绝缘电缆头等接合部位,用肉眼观察,无渗漏。

④ 乙炔气、煤气、乙烯、氨、氯等易燃易爆或有毒气体系统,用肥皂水试漏,无气泡,或用精密试纸试漏,不变色。

⑤ 氧气、氮气、空气系统,用 10mm 宽、100mm 长薄纸试漏,无吹动现象或用肥皂水检查无气泡。

⑥ 蒸汽系统用肉眼观察不漏气,无水垢。

⑦ 酸、碱等化学系统,用肉眼观察无渗迹,无漏痕,不结垢,不冒烟或用精密试纸试漏不变色。

⑧ 水、油系统宏观检查或用手摸,无渗漏,无水垢。

⑨ 各种机床的各种变速箱、立轴、变速手柄,宏观检查无明显渗漏,没有密封的部位不进行统计和考核。

(2) 动密封检验标准

① 各类往复压缩机曲轴箱盖(透平压缩机的轴瓦)允许有微渗油,但要擦净。

② 各类往复压缩机填料(透平压缩机的气封),使用初期不允许泄漏,到运行间隔期末允许有微漏。对有毒、易燃易爆介质的填料状况,在距填料外盖 300mm 内,取样分析,有害气体浓度不超过安全规定范围。填料函不允许漏油,而活塞杆应带有油膜。

③ 各种注油器允许有微漏现象,但要经常擦净。

④ 齿轮油泵允许有微漏现象。范围每 2min1 滴。

⑤ 各种传动设备采用油环的轴承不允许漏油,采用注油的轴承允许有微渗,并应随时擦净。

⑥ 水泵填料允许泄漏范围初期每分钟不多于 20 滴,末期不多于 40 滴(周期小修 1 个月,中修 3 个月)。

⑦ 输送物料介质填料，每分钟不大于 15 滴。

⑧ 凡使用机械密封的各类泵，初期不允许有泄漏，末期每分钟不超过 5 滴。

3. 静密封无泄漏的标准

（1）静密封无泄漏的标准

静密封点泄漏率保持在 0.5‰，动密封点泄漏率在 2‰ 以下。

（2）无泄漏油库（工厂）标准

① 有健全的密封管理保证体系，职责明确，管理完善。

② 静、动密封档案，管理台账、消漏堵漏记录、密封管理技术基础资料齐全完整，密封点统计准确无误。

③ 保持静密封点泄漏率在万分之五以下、动密封点泄漏率在千分之二以下，并无明显的泄漏点。

④ 全油库（厂）主要作业区（生产车间）必须为无泄漏作业区（车间），全部设备完好率达到 90% 以上，主要设备完好率达到 95%。

5.2.5.5 设备使用维护的要求

1. "四懂"即懂结构、懂原理、懂性能、懂用途。懂结构就是掌握设备由哪些零件组成；懂原理就是清楚设备怎么工作的；懂性能就是知道设备的工作能力；懂用途就是知道设备能够做什么工作。

2. "三会"即会操作、会维护保养、会排除故障。会操作就是使用设备完成工作；会维护保养就是对设备的日常检查保养，保证设备能正常工作；会排除故障就是能排除设备使用中的常见问题、故障，使设备继续运行下去。

3. 四过硬是指本岗位操作技术过硬，所管设备使用维护保养过硬，复杂情况下处理问题过硬，产品质量过硬。

4. 一平、二净、三见、四无、五不漏。一平是指：地面平整，不积污水，酸水、物料；二净是指：门窗玻璃净，墙壁地面净；三见是指：沟见底，轴见光，设备见本色；四无是指：无垃圾、无杂物蛛网、无废料、无闲散设备；五不漏是指：水、电、气、油、物料不漏。

5. 三条线：工具摆放一条线；配件零件摆放一条线；材料摆放一条线。

6. 三不见天：润滑油不见天；清洗过的机件不见天；铅粉不见天。

7. 三不落地：使用工具、量具不落地；拆下来的零件不落地；污油脏物不落地。

8. 五不准：没有火票不准动火；不戴安全帽不准进入现场；没有安全带不准高空作业；没有检查过的起重设备不准起吊；危险区没有警示栏杆（绳）无人监护不准作业。

9. 五不乱用：不乱用大锤、管钳、扁铲；不乱拆、乱卸、乱栓、乱顶；不乱动其他设备；不乱打保温层；不乱用其他设备零附件。

5.2.5.6 设备维护（检查）"五字诀"

1. 设备检查"五字诀"是企业设备检查中的主要检查方法，即听、闻、摸、比、看五字操作法。听就是用耳朵听设备运转过程中是否有异常声音；闻就是用鼻子闻设备运行部位是否有异常气味；摸就是用手触摸设备转动部位及其他部位的温度和振动是否正常；比就是对比相同或相近设备之间的运行状况，找出不正常的情况；看就是用眼睛观察设备运行参数是否符合规定要求，设备及管路有无跑、冒、滴、漏和其他缺陷隐患。

2. 企业设备检查的实施方法有以操作工为主的巡回检查、设备维修人员的定期检查和管理人员的专项检查。在这些检查中巡回检查一般采用主观检查法，即运用五字诀对本岗位机械、电器、仪表设备运转过程中的温度、压力、流量、振动、声响、润滑、紧固、密封等情况进行检查。

5.2.5.7 设备维护"十字作业法"

设备维护"十字作业法"是指设备定期保养内容及要求，可简述为十字作业法，即清洁、润滑、紧固、调整、防腐。清洁，指设备外观及配电箱(柜)无灰垢、油泥；润滑，指设备各润滑部位的油质、油量满足要求；紧固，指各连接部位紧固；调整，指有关间隙、油压、安全装置调整合理；防腐，指金属结构件及机体清除掉腐蚀介质的侵蚀及锈迹，必要时在表面刷漆。

5.2.5.8 设备检查的意义

设备检查就是设备使用或专业维修人员对设备在运行中或基本不拆卸、少拆卸的情况下，掌握设备运行状态，判定产生故障部位和原因，并预测预报未来状态。

设备检查的意义在于：保障设备安全，防止突发故障；保障设备精度，提高产品质量；实施状态维修，节约维修费用；避免设备事故造成的环境污染；给企业带来大的经济效益。

第6章 油品计量

6.1 计量基础知识

6.1.1 法定计量单位

1984年2月27日国务院颁布的《关于在我国统一实行法定计量单位的命令》中所规定的《中华人民共和国法定计量单位》是我国新规定采用的法定计量单位，它是以国际单位制单位为基础，并结合我国的具体国情，适当地增加了一些其他单位而构成的。

按照国务院《关于在我国统一实行法定计量单位的命令》的规定，我国法定计量单位的构成见图1-6-1，各单位的具体定义和描述见表1-6-1、表1-6-2、表1-6-3：

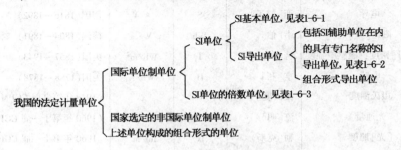

图1-6-1 我国法定计量单位的构成

表1-6-1 SI基本单位的名称、符号、定义

序　号	量的名称	单位名称	单位符号	定　　　义
1	长度	米	m	是光在真空中(1/299 792 458)s时间间隔内所经路径的长度。[第十七届CGPM(1983)]
2	质量	千克(公斤)	kg	等于国际千克原器的质量[第一，三届CGPM(1889，1901)]
3	时间	秒	s	是铯-133原子基态的两个超精细能级间跃迁所对应的辐射的9192631770个周期的持续时间。[第十三届CGPM(1967)]
4	电流强度	安[培]	A	在真空中，截面积可忽略的两根相距1m的无限长平行圆直导线内通以等量恒定电流时，若导线间相互作用力在每米长度上为2×10^{-7}N，则每根导线中的电流为1A。[CIPM(1946)决议，第九届CGPM(1948)批准]
5	热力学温度	开[尔文]	K	水三相点热力学温度的1/273.16。[第十三届CGPM(1967)(决议4)]
6	物质的量	摩[尔]	mol	是一系统的物质的量，该系统中所包含的基本单位数与0.012kg碳-12的原子数目相等。在使用摩尔时，基本单位应予指明，可以是原子、分子、离子、电子及其他粒子，或是这些粒子的特定组合。[第十四届CGPM(1971)决议3]
7	发光强度	坎[德拉]	cd	是一光源在给定方向上的发光强度，该光源发出频率为540×10^{12}Hz的单色辐射，且在此方向上的辐射强度为(1/683)W/s[第十六届CGPM(1979)决议3]

注：(1)圆括号中的名称，是它前面的名称的同义词，下同。

（2）无括号的量的名称与单位均为全称。方括号中的字，在不致引起混淆、误解的情况下，可以省略。去掉方括号中的字即为其名称的简称，下同。

表 1-6-2　国际单位制中具有专门名称的导出单位

序号	量的名称	单位名称	单位符号	量纲	被纪念科学家的国籍、生期说明
1	频率	赫[兹]	Hz	s^{-1}	德国（1857—1894）
2	力；重力	牛[顿]	N	$kg \cdot m/s^2$	英国（1643—1727）
3	压力，压强，应力	帕[斯卡]	Pa	N/m^2	法国（1623—1662）
4	能[量]，功，热	焦[耳]	J	$N \cdot m$	英国（1818—1889）
5	功率，辐射通量	瓦[特]	W	J/s	英国（1736—1819）
6	电荷[量]	库[仑]	C	$A \cdot s$	法国（1736—1806）
7	电位，电压，电动势	伏[特]	V	W/A	意大利（1745—1827）
8	电容	法[拉]	F	C/V	英国（1791—1867）
9	电阻	欧[姆]	Ω	V/A	德国（1787—1854）
10	电导	西[门子]	S	A/V	德国（1816—1892）
11	磁通[量]	韦[伯]	Wb	$V \cdot s$	德国（1804—1891）
12	磁通[量]密度，磁感应强度	特[斯拉]	T	Wb/m^2	美国（1857—1943）
13	电感	亨[利]	H	Wb/A	美国（1788—1878）
14	摄氏温度	摄氏度	℃		（1948 年第九届 CGPM 通过采用）
15	光通量	流[明]	lm	$cd \cdot sr$	（1960 年第十一届 CGPM 通过采用）
16	[光]照度	勒[克斯]	lx	lm/m^2	（1960 年第十一届 CGPM 通过采用）
17	放射性活度	贝可[勒尔]	Bq	s^{-1}	法国（1852—1908）
18	吸收剂量	戈[瑞]	Gy	J/kg	英国（1905—1965）
19	剂量当量	希[沃特]	Sv	J/kg	瑞典（1896—1966）
20	[平面]角	弧度	rad	m/m	又称辅助单位
21	立体角	球面度	sr	m^2/m^2	又称辅助单位

表 1-6-3　SI 词头名称、符号一览表

因数	词头名称 英文	词头名称 中文	符号	因数	词头名称 英文	词头名称 中文	符号
10^{24}	yotta	尧[它]	Y	10^{-1}	deci	分	d
10^{21}	zetta	泽[它]	Z	10^{-2}	centi	厘	c
10^{18}	exa	艾[可萨]	E	10^{-3}	milli	毫	m
10^{15}	peta	拍[它]	P	10^{-6}	micro	微	μ
10^{12}	tera	太[拉]	T	10^{-9}	nano	纳[诺]	n
10^{9}	giga	吉[咖]	G	10^{-12}	pico	皮[可]	p
10^{6}	mega	兆	M	10^{-15}	femto	飞[母托]	f
10^{3}	kilo	千	k	10^{-18}	atto	阿[托]	a
10^{2}	hecto	百	h	10^{-21}	zepto	仄[普托]	z
10^{1}	deca	十	da	10^{-24}	yocto	幺[科托]	y

6.1.2 误差理论基础

6.1.2.1 误差的表示方法

1. 绝对误差

绝对误差为测量结果减去被测量的真值。

$$绝对误差=测量结果-真值 \qquad (1-6-1)$$

注：绝对误差不要与误差的绝对值相混淆，后者为误差的模。

2. 相对误差

相对误差为测量误差除以被测量的真值。

$$相对误差=绝对误差/被测量真值×100\% \qquad (1-6-2)$$

3. 引用误差

引用误差为测量仪器的误差除以仪器的特定值。

$$引用误差=测量仪器的绝对误差/特定值×100\% \qquad (1-6-3)$$

4. 误差分析

用量油尺测量液位的高度是 1m 油高，测得值为 1.001m，则误差为 0.001m；用同一把尺测量液位高度是 10m 的油高，测得值为 10.001m，则误差亦为 0.001m(不考虑尺本身的误差)。从两个测量结果来看，它们的绝对误差是相同的，但相对误差是不同的。

$$前者相对误差 0.001/1×100\%=0.1\%$$

$$后者相对误差 0.001/10×100\%=0.01\%$$

与绝对误差相比，相对误差能更好地描述测量的准确程度。显然，后者的测量准确度要比前者高。

6.1.2.2 误差的来源

要做到减少或消除误差，就必须了解产生误差的原因。一般误差主要有以下四个方面的来源：

1. 装置误差

（1）标准器误差 标准器是提供标准量值的器具，它们的量值（标称值）与其自身体现出来的客观量值之间有差异，从而使标准器自身带有误差。

（2）仪器、仪表误差 因受到设计原理、制造与安装、调整与使用等多方面问题的影响，产生误差。

（3）附件误差 在测量过程中使用的各种辅助器具均属测量附件，如电学测量中的转移开关、电源及连接导线等均会引起误差。

2. 环境误差

由于各种环境因素与测量所要求的标准状态不一致，以及随时间和空间位置的变化引起的测量装置和被测量本身的变化而造成的误差称为环境误差。

3. 人员误差

测量人员由于受分辨能力、反应速度、固有习惯和操作熟练程度的限制，以及疲劳或一时疏忽的生理、心理上的原因所造成的误差称为人员误差。

4. 方法误差

采用近似的或不同的测量方法、计算方法而引起的误差称为方法误差。

6.1.2.3 测量误差的分类

测量误差是系统误差和随机误差的和。

1. 系统误差

系统误差是指在重复条件下对同一被测量进行无限多次测量所得结果的平均值与被测量的真值之差。

系统误差表现为：在同一条件下对同一给定量进行多次重复测量的过程中，其误差的绝对值和符号均保持不变；或当条件改变时，误差按某一确定的规律变化，且可以表示为某一个或某几个因素的函数，而这些因素的变化是可以掌握的，这为减少或消除误差提供了方便。

2. 随机误差

随机误差是指测量结果与在重复性条件下对同一被测量进行无限次测量所得结果的平均值之差。

随机误差是由许多微小的、难以控制的或尚未掌握规律的变化因素所造成的。就单次测量而言，其误差值的出现纯属偶然，不具有任何确定的规律。但若在重复性条件下多次测量则可发现随机误差具有统计的规律性。随机误差的这种统计规律常称为误差分布率，通常的测量误差是服从正态分布的。

通过大量的对测量数据的观察，人们总结出了大多数的随机误差有如下三个特征，它常被称作随机误差公理。

（1）在一定测量条件下（指一定的计量器具、环境、被测对象和人员等）随机误差的绝对值不会超过一定的界限；

（2）小误差出现的机会比大误差出现的机会要多；

（3）多次测量时，绝对值相等、符号相反的随机误差出现的机会相等，或者说它们出现的概率相等。

3. 粗大误差

粗大误差是指明显超出规定条件下预期的误差，粗大误差又称过失误差或疏忽误差。这种误差主要是人为造成的，如测量者的粗心或疲劳等。

含有粗大误差的测得值会歪曲客观现象，严重影响测量结果的准确性。这类含有粗大误差的测得值也称为坏值或异常值，这些值必须设法从测量列中找出来并加以剔除，以保证测量结果的正确性。

4. 误差的相互转换

在误差分析中，要估计的误差通常只有系统误差和随机误差两类。必须注意的是误差的性质是可以在一定的条件下相互转化的。

6.1.2.4 消除误差的方法

研究误差最终是为了达到减小或消除误差以提高测量准确度的目的。下面介绍各类误差的消除方法。

1. 系统误差的消除

消除系统误差的基本方法有：以修正值的方法对测量结果进行修正；在实验过程中消除一切产生系统误差的因素；在测量过程中，选择适当的测量方法，使系统误差抵消而不致带入测量结果中。

2. 随机误差的消除

根据随机误差的对称性和抵偿性可知，当无限次的增加测量次数时，就会发现测量误差的算术平均值的极限为零。因此，应尽可能地多测几次，并取其多次测量结果的算术平均值作为最终测得值，以达到减少或消除随机误差的目的。

3. 粗大误差的剔除

测量列中的粗大误差应在做数据处理之前将其剔除，这样剩下的测得值才会更符合客观情况。

6.2 静态计量器具

6.2.1 量油尺

量油尺是用于测量容器内油品高度或空间高度的专用尺。

6.2.1.1 量油尺的结构

量油尺由尺铊、尺架、尺带、挂钩、摇柄、手柄等部件构成。其中尺铊由黄铜或其他密度合适又较安全的材料制成。

测量低黏度油品采用轻型尺铊，重 0.7kg 的测深量油尺；测量高黏度油品采用重型尺铊，重 1.6kg 的测深量油尺或测空量油尺。用挂钩将尺铊连接在尺带上，铊身呈圆柱形或棱柱形，下端呈圆台形，测深量油尺的零点在尺铊底端，测空量油尺的零点在尺铊的中部。所以尺铊和旋转闭合的转动钩必须固定，不能调换或松动。尺架上装有鼓轮和轴，轴的一端连接摇柄。摇柄的作用是将尺带卷在鼓轮上，摇柄上刻有量油尺的标称长度。量油尺结构见图 1-6-2。

6.2.1.2 量油尺的技术要求

① 尺带应由含碳 0.8% 的碳钢制成，钢带经热处理后，在鼓轮上收卷和伸开不得留有残存的变形。

② 尺带表面必须洁净，不得有斑点、锈迹、扭折等缺陷。边缘应平滑，不得有锋口和倒刺。

③ 尺带的一面蚀刻或印有米、分米、厘米和毫米等刻度及其相应的数字，尺带上所有刻线必须均匀、清晰，并垂直于钢带的边缘。

④ 测深量油尺和测空量油尺的零点处到尺带 500mm 刻度的零位偏差均不得超过 ±0.5mm。测空量油尺尺铊上任意一刻度到零点处的示值允差不得超过 ±0.2mm。测深量油尺尺铊上任一刻度到零点处的示值允差不得超过 ±0.5mm。

尺带任意两线纹间的允许误差 △，不同准确度等级由下列公式求出：

$$Ⅰ 级：△ = ±(0.1 + 0.1L)mm \quad (1-6-4)$$
$$Ⅱ 级：△ = ±(0.3 + 0.2L)mm \quad (1-6-5)$$

式中，L 是以米为单位的长度，当长度不是米的整数倍时，取最接近的较大的整"米"数，但厘米分度和毫米分度的示值允差不得超过技术要求的规定。

6.2.1.3 量油尺的使用要求

使用量油尺前，应检查量油尺是否合格，并符合以下规定：

① 尺带不应扭折、弯曲及镶接；

② 刻度线、数字应清晰；

图 1-6-2 量油尺结构

③ 尺铊尖部无损坏；

④ 有检定周期内的修正值表；

⑤ 根据被测油品的黏度，选用不同类型量油尺，并检查尺铊与挂钩是否连接牢固；

⑥ 量油尺使用后应擦净，收卷好，放在固定的尺架上。油品交接计量使用的量油尺检定周期一般为半年，最长不得超过 1 年。

6.2.2 量水尺

量水尺的技术要求如下：

① 量水尺应采用圆柱形或方形的黄铜制造；

② 刻度全长 300mm，最小分度 1mm，质量约 0.8kg；

③ 量水尺表面应光洁，刻线清晰。

6.2.3 温度计

6.2.3.1 温度计的种类

温度计是利用物质的某些物理性质随温度变化而变化的特性制成的。根据物质特性随温度变化的物理性质制作的温度计有：

（1）膨胀式温度计　是利用物体随温度的变化而膨胀或收缩的原理制成的，例如玻璃液体温度计就是常见的一种。

（2）便携式电子温度计　是利用金属的电阻随温度升高而增大，半导体电阻温度增高而减小的特性，通过测量电阻值变化的大小来确定温度高低的，主要包括电阻式温度计、半导体式温度计。

（3）热电偶温度计　是根据不同温度的两个接点电位不等产生电动势（热电势），通过测量热电势变化的大小来判断温度的高低。

（4）辐射式高温计　是利用测量物体热辐射强度的原理制作的，如光学温度计。

（5）压力式温度计　是利用温度变化后工作物质的压力变化测量温度的，它的结构与压力表相似。

6.2.3.2 玻璃液体温度计

玻璃液体温度计是利用感温液体在透明玻璃感温泡和毛细管内的热膨胀作用来测量温度的。按温度计的结构，分为棒式和内标式两种；按使用时的浸没深度分为全浸和局浸两种。

使用全浸温度计测温时，温度计示值以下的部分应全部浸在测温介质内，特殊情况下无法全浸时，可用下式修正为

$$\Delta t = \gamma n (t - t_1) \qquad (1 - 6 - 6)$$

式中　Δt——露出液柱的温度修正值，℃；

γ——感温液体的膨胀系数（水银 0.00016），℃$^{-1}$；

n——露出液柱的度数（修正到整数度），℃；

t——被测介质的实际温度，℃；

t_1——借助辅助温度计测出的露出液柱平均温度，℃。

玻璃液体温度计的玻璃应光洁透明，不得有裂痕和影响强度的缺陷，刻线应清晰，数字清楚，毛细管内的液柱不得中断。

6.2.3.3 便携式电子温度计

便携式电子温度计是利用温度的变化引起传感元件阻值的变化，经转换电路转换成电压的变化量，并进行线性化校正和放大后，经 A/D 转换器驱动数码显示电路显示温度值。它

具有结构简单、价格便宜、准确度高、测温范围广等特点。便携式电子温度计可作为精确的测量装置使用，测量油罐内一个或几个点的油品温度，也可作为标准温度计使用，检验其他温度测量装置的准确度。

6.2.3.4 温度计的使用要求

1. 玻璃液体温度计的使用要求

油品交接计量可选用分度值为 0.2℃ 的玻璃棒全浸水银温度计。使用中的温度计应符合以下规定：

（1）玻璃棒内的毛细管水银柱不许断裂；

（2）感温泡无裂痕；

（3）温度计的刻线和数字应清晰；

（4）有检定周期内的修正值表。

玻璃液体温度计检定周期为 1 年。

2. 便携式电子温度计的使用要求

（1）检查是否符合温度计的规格要求，表面有无损伤；

（2）在打开计量口或蒸汽闭锁阀之前，应将其壳体放到罐体上接地；

（3）在每次使用前后，检查电池状态，必要时应更换电池或重新充电；

（4）检查温度计的响应时间，考虑到对油罐计量的适用性，响应时间通常应少于 15s；

（5）有检定周期内的修正值表。

6.2.4 石油密度计

密度计是测量液体密度的。用于测量石油密度的密度计称为石油密度计。

6.2.4.1 密度计的结构和技术要求

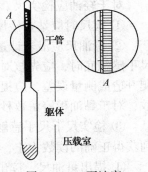

图 1-6-3 石油密度计构造图

密度计又称浮计。它由躯体、压载室、干管三部分组成。躯体是圆柱形的中空玻璃管，下端是压载室，室内填满金属丸，用胶固物或玻璃板封固，躯体上端有直径均匀的干管，指示读数的分度表粘于干管内。密度计的结构见图 1-6-3。

密度计是按阿基米德定律设计的。同一支密度计的质量是不变的，它却可以测定一定范围的液体密度。这是因为液体密度小时，浸没深度大；液体密度大时，浸没深度小。浸没深度大小反映了液体的密度大小，所以密度计的示值从下至上逐渐减小。

符合 SH 0316—1998 石油密度计的技术要求见表 1-6-4。

表 1-6-4　密度计技术要求

型号	单位	密度范围	每支单位	刻度间隔	最大刻度误差	弯用面修正值
SY—02	kg/m³ (20℃)	600～1100	20	0.2	±0.2	+0.3
SY—05		600～1100	50	0.5	±0.3	+0.7
SY—10		600～1100	50	1.0	±0.6	+1.4
SY—02	g/cm³ (20℃)	0.600～1.100	0.02	0.0002	±0.0002	+0.0003
SY—05		0.600～1.100	0.05	0.0005	±0.0003	+0.0007
SY—10		0.600～1.100	0.05	0.0010	±0.0006	+0.0014

6.2.4.2 密度计的使用要求

用于油品计量的密度计应按新标准选用 SY-02 型或 SY-05 型的密度计，所用密度计应符合下列规定：

1. 密度计的玻璃应光洁、透明、无裂痕和其他影响读数的缺陷；
2. 密度计的分度标尺刻线和数字应清晰，标尺纸条应牢固地贴于干管内壁，并应有判断标尺是否发生移动的标记；
3. 密度计的金属弹丸不得有明显的移动；
4. 应有检定周期内的修正值表；
5. 密度计检定周期为 1 年，但根据其使用及稳定性等情况可为 2 年。

6.3 散装油品人工计量操作

6.3.1 油面高度测量

所有油面高度测量应符合 GB/T 13894—1992《石油和液体石油产品液位测量法 手工法》的规定。

操作方法和要求

1. 检实尺

对于轻油应检实尺。

① 检尺时应站在检尺口的上风方向，打开罐顶计量口盖。

② 量油尺应沿着计量口的下尺槽连续降落并始终与检尺口接触，同时应防止摆动，下尺手感触底时，应先核对量油尺读数与参照高度是否相符。核对参照点高度后，为避免油痕爬升造成测量误差，应提起尺带，抹干净油痕附近尺带，重新下尺。对于轻油应立即提尺读数，对于黏油稍停留数秒钟后提尺读数。

③ 检实尺下尺手感触底时，若量油尺读数与参照高度不符，必须用尺铊探查底部，直到获得正确的读数为止，如不能取得正确读数应作好记录并及时报告。

④ 提出量油尺，读出量油尺的浸油高度，取液痕最靠近的刻度值。然后将量油尺上的油品擦净，再次测量油高。如果第二次测量值与第一次测量值相差大于 1mm 时，应重新测量，直到两次连续测量值相差不大于 1mm 为止，记录测量值，取第一次测量值做为油高。

⑤ 在测量油高时，当尺铊在轻轻触及油罐底之前，应有一个液面扰动的平息时间，对于黏性油品，应保持尺铊与罐底接触 3-5s，以使得量油尺周围的油品表面达到正确的水平位置，避免读数偏低。

⑥ 轻油易挥发，读数应迅速。若尺带油痕不明显，可在油痕附近的尺带上涂试油膏。

⑦ 读数时，应先读小数，后读大数，尺带不应平放或倒放，以免液面上升。

⑧ 盖回计量口盖，清理计量口周边卫生。

2. 检空尺

对于重质油品应检空尺。

① 待油面稳定后，站在容器顶部计量口的上风头，打开罐顶计量口盖。

② 测深量油尺应沿着计量口的下尺槽连续降落并始终与检尺口接触，下尺时尺铊不要摆动，尺铊接近油面时应缓慢下尺，以防静止的油面被破坏。

③ 当尺铊在刚刚进入液体中时，使尺铊在这个位置保持到液面停止扰动，继续缓慢降

落，直到量油尺上的一个整数米刻度 L 准确地与参照点处在一条水平线上。

④ 提出量油尺，记录被油浸湿的量油尺长度和与参照点处在一条水平线上的量油尺刻度值 L_1，$(L-L_1)$ 即为空间高度（空距）。容器的总高减去空间高度，即为容器内油面的高度。表达式为

$$H_1 = H - (L - L_1) \hspace{3cm} (1-6-7)$$

式中　H_1——油面高度，m；

　　　H——容器参照高度，m；

　　　L——尺带下尺高度示值，m；

　　　L_1——浸油深度，m。

⑤ 重复进行这个操作，直到两次连续测量值相差不大于 2mm 为止。若 2 次读数误差不大于 1mm 时，取第一次测量值作为油高。若 2 次读数误差大于 1mm 时，取两个测量值的平均值作为空距。若连续测量两次误差超过 2mm 应重新检尺。

用测空量油尺测量空高方法见 GB/T 13894—1992《石油和液体石油产品液位测量法 手工法》

3. 其他规定

（1）检尺部位

立式金属罐、卧式金属罐均在罐顶计量口的下尺槽或标记处（参照点）进行检尺。如油罐有多个计量口时，应对这些计量口的使用做出规定，每批油品输转前后，测量应按照同一方法在同一位置进行。

铁路罐车在罐体顶部人孔盖铰链对面处进行检尺。

油船舱上有两个以上计量检测口时，应在舱容表规定的计量口进行检尺。

（2）液面稳定时间

收、付油后进行油面高度检尺时必须待液面稳定、泡沫消除后方可进行检尺，其液面稳定时间根据 JJF 1014—1989《罐内液体石油产品计量技术规范》有如下规定：

对于立式金属罐，轻油收油后液面稳定 2h，付油后液面稳定 30min。重质黏油收油后液面稳定 4h，付油后液面稳定 2h。

对于卧式金属罐和铁路罐车，轻油液面稳定 15min，重质黏油稳定 30min。

（3）新投用和清刷后的立式油罐在罐底垫 1m 以上的油后，再进行收、付油品交接计量。

（4）浮顶罐的油品交接计量，应避开在油罐容积表规定的非计量段进行量油，以避免收、付油前后浮顶状态发生变化产生计量误差。

（5）油品交接计量前后，与容器相连的管路工艺状态应保持一致。

（6）对于油船检尺后一定要按规定进行纵倾修正（横倾应尽量避免）。

4. 报告测量结果

报告检尺日期、时间、容器的名称、编号、测量点、油品名称等。

报告检尺量值，准确到 1mm。在进行大量油品输转的有关测量时，应报告全部有关输油管线在操作开始和结束的状态。

6.3.2　水尺高度测量

将量水尺擦净，在估计水位的高度上，均匀地涂上一层薄薄的试水膏，然后将量水尺在容器计量口的下尺槽降落到容器内，直至轻轻地接触罐底。应保持水尺垂直，轻油停留

3~5s，重油停留 10~30s 后，将量水尺提起，在试水膏变色处读数，即为容器内底水高度。

当容器内底水高度超过 300mm 时，可以用量油尺代替量水尺。

6.3.3　油品温度测量

容器内油温的测量操作应符合 GB/T 8927—2008《石油和液体石油产品温度测量 手工法》的规定。

测量容器内油品液面高度后，应立即测量油温。选择一支合格的适合容器内油品温度范围的全浸水银温度计放入杯盒中，盒子的容量至少为 100mL，充溢盒的容量至少为 200mL。将杯盒放入容器内指定的测温部位。测温部位是根据液面高度测量的。

油高 3m 以下，在油高中部一点测油温。

油高 3~4.5m 时，在油品液面高度的 1/6、5/6 处测温，共测 2 点，取其算术平均值作为油品的温度。

油高 4.5m 以上时，在油品液面高度的 1/6、1/2 和 5/6 处各测一点温度，取 3 点油温的算术平均值作为油品的温度。

油和液体石油产品液位测量法(手工法)璃板封固，躯体上端有直接，其他注意事项见 GB/T 8927—2008《石油和液体石油产品温度测量 手工法》)。

6.3.4　油品密度测量

6.3.4.1　容器内的油品取样

油品取样操作应符合 GB/T 4756—1998《石油液体手工取样法》中的有关规定。

1. 取样前的准备

（1）选择清洁干燥、不渗漏、耐溶剂作用，并有足够强度、容量适合的取样器、取样设备和收集器。

（2）收集器可供储存和运送试样使用，应该有合适的塞子或阀密封试样。

2. 取样部位

为取得代表性试样应按表 1-6-5 规定执行。

表 1-6-5 取样部位

容器名称	取样部位	取样份数	取样容器数
均匀油品	立罐液面 3m 以上，油船舱(每舱)	上部：顶液面下 1/6 处 中部：液面深度 1/2 处 下部：顶液面下 5/6 处	各取一份按等体积 1:1:1 混合成平均	油船舱 2-8 个取两个，9~15 取 3 个，16~25 个取 5 个
	立罐液面低于 3m，卧罐容器小于 60m，铁路罐车(每罐车)	中部：液面深度 1/2 处	各取一份	龙车 2~8 个取 2 个，9~15 个取 3 个，16-25 个取 5 个，26~50 个取 8 个，但必须包括首车
非均匀油品	立罐	出口液面向上每米间隔取样	每份分别试验	

3. 取样方法及操作注意事项

（1）取样时，首先用待取样的油品冲洗取样器一次，再按照取样规定的部位、比例和上、中、下的次序取样。

（2）试样容器应有足够的容量，取样结束时至少留有 10% 的无油空间（不可将取满容器的试样再倒出，造成试样无代表性）。

（3）试样取回后，应分装在两个清洁干燥的瓶子里密封好，供试样分析和提供仲裁使用。贴好标签，注明取样地点、容器（罐）号、日期、油品名称、牌号和试样类型等。

（4）表 1-6-5 中油船是指装同种油品的油船个数和随机取样舱的个数。

（5）装油品的龙车的铁路罐车也是指装有同种油品的铁路罐车数，但必须包括同样品种的首车。

（6）安全操作应遵照国家安全规程和石油安全操作规范执行。

6.3.4.2 油品密度的测定

油品密度测定的操作应符合 GB/T 1884—2000《原油和液体石油产品密度实验室测量法 密度计》的有关规定。

1. 仪器

（1）密度计量筒　由透明玻璃等材料制成，其内径至少比密度计外径大 25mm，其高度应使密度计在试样中漂浮时，密度计底部与量筒底部的间距至少有 25mm。为了倾倒方便，密度计量筒边缘应有斜嘴。

（2）密度计　应符合 SH/T 0316—1998 石油密度计技术条件，应有有效的检定证书。

（3）恒温浴　其尺寸大小能容纳密度计量筒，使试样完全浸没在恒温浴液体表面以下，在试验期间，能保持试验温度变化在 ±0.25℃ 以内。

（4）温度计应有有效的检定证书。

2. 油品密度测定法

在油品计量测定密度时，应在散装石油温度或接近散装石油温度 ±3℃ 下测定密度，以减少石油体积修正的误差。对于黏稠试样应达到足够的流动性，原油样品试验温度应高于倾点 9℃ 以上，或高于浊点 3℃ 以上中较高的一个温度。将均匀的试样小心地倾入量筒中，在整个试验期间，当环境温度变化大于 ±2℃，应将量筒置入恒温水浴中，以免温度变化太大。把温度计插入试样中并使水银温度计读数示值保持全浸。再将清洁干燥的石油密度计轻轻地放在试样中，对于不透明的黏稠液体，要等待密度计慢慢地沉入液体中；对于透明低黏度液体，将石油密度计压入试样约两个刻度再放开，在放开时要轻轻转动一下密度计，使它能在离开量筒壁的地方静止下来，自由漂浮。应有充分的时间让石油密度计静止，使其达到平衡，即可读取密度计刻度值。读取密度计的刻度值后，应再次读取试验温度值。必须指出，读取密度计读数即视密度的时候，必须按照密度计上标注的规定方法进行读数。

若测定透明液体，应先将眼睛放在稍低于液面的位置，慢慢地升到表面，先看到一个不正的椭圆，然后变成一条与密度计刻度相切的直线（见图 1-6-4）。密度计读数为液体的水平面与密度计刻度相切的那一点。

若测定不透明液体，应将眼睛放在稍高于液面的位置观察（见图 1-6-5）。密度计读数为液体弯月面上沿与密度计刻度相切的那一点。

用温度计小心地搅拌试样，待密度计离开筒壁，静止后读数，温度变化不应超过 0.5℃。对观察到的密度计读数，应按密度检定证书给出的修正值进行修正后，记录到 $0.1kg/m^3$（$0.0001g/cm^3$）。由于密度计读数是按液体弯月面下沿读数进行检定的，当测不透明液体密度时应按标准给出的弯月面修正值对观察到的密度计读数再做修正。查 GB/T 1885—1998《石油计量表》中相应的表格，原油查表 59A，石油产品查表 59B，润滑油查表59D，将修正后的密度计的读数换算到20℃下的标准密度。

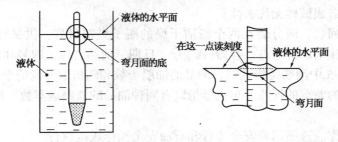

图1-6-4 透明液体的密度计刻度读数

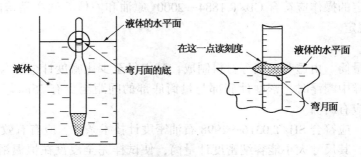

图1-6-5 不透明液体的密度计刻度读数

6.4 容量表及其使用

容量表反映了在20℃、空罐容器内任意高度下的容积，即从容器底部基准点起，任一垂直高度下该容器的有效容积。容量表一般是以厘米或分米为单位编制的。下面介绍各类油罐容量表的使用方法。

6.4.1 立式金属罐容量表

6.4.1.1 立式金属罐容量表的计量性能

容量为 $20 \sim 100m^3$（含 $100m^3$）的立式金属罐，总容量的不确定度为 0.3%（$k=2$）；容量为 $100 \sim 700m^3$（含 $700m^3$）的立式金属罐，总容量的不确定度为 0.2%（$k=2$）；容量为 $700m^3$ 以上的立式金属罐，总容量的不确定度为 0.1%（$k=2$）。

立式金属罐容量表为20℃的容量，在罐壁温度为 t℃时，需按以下方法计算容量。对于非保温罐：

$$V_t = (V_B + \Delta V_P) \times [1 + 2\alpha(t - 20)] \qquad (1-6-8)$$

注：量油尺修正 $h_t = h_0 \times [1 + \alpha_尺(t_y - 20)]$ $\qquad (1-6-9)$

式中 V_B——容量表示值，L；

ΔV_P——液体静压力容积修正值，L；

α——罐壁材质线膨胀系数，对于低碳钢取 $\alpha = 0.000012$，$1/℃$；

t——罐壁温度，$t = [(7 \times t_y) + t_g]/8$℃； $\qquad (1-6-10)$

t_y——罐内液体温度，℃；

t_g——罐外四周空气温度平均值，℃。

对于保温罐：

$$V_t = (V_B + \Delta V_P)[1 + 3\alpha(t - 20)] \qquad (1-6-11)$$

式中　t——罐壁温度，用罐内液体温度 t_y 代替，℃；

其他参数同上。

6.4.1.2　立式金属罐容量表的使用

表 1-6-6 为 423 号立式金属罐容积表、小数表和静压力修正表的一部分。

表 1-6-6　立式金属罐容积表　　　　　　　　　　　　　　　　罐号：423

高度/m	容量/kL	高度/m	容量/kL	高度/m	容量/kL	毫米容积表	
						(7.200~8.399m)	
						mm	kL
7.30	1200.682	7.70	1266.756	8.10	1332.831	3	0.496
7.31	1202.334	7.71	1268.408	8.11	1334.482	4	0.661
7.32	1203.985	7.72	1270.060	8.12	1336.134	5	0.826
7.33	1205.637	7.73	1271.712	8.13	1337.786	6	0.991
7.34	1207.289	7.74	1273.364	8.14	1339.438	7	1.156

立式金属罐静压力修正表　　　　　　　　　　　　　　　　　　罐号：423

高度/m	容积/kL	高度/m	容积/kL	高度/m	容积/kL	高度/m	容积/kL
0.20	0.000	2.80	0.080	5.40	0.296	8.00	0.649
0.30	0.001	2.90	0.085	5.50	0.307	8.10	0.666
0.40	0.002	3.00	0.091	5.60	0.318	8.20	0.682

装油后油罐受压引起的容积增大值，即根据液位高度查静压力容积增大值表，得液位高度下装水的静压力容积增大值 V_{sp}，再乘以油罐内油品的相对密度，使其换算成该液位高度下实际介质的静压力容积增大值 V_{gp}，准确至升，即：$V_{gp} = V_{sp} \times d_4^t$；$d_4^t = VCF \times \rho_{20}/1$。

例 1-6-1　若 423 号罐装油液位高 8.126m，油品的标准密度为 0.7531g/cm³，计量温度 31℃，求该罐油品的体积？

解：查表 1-6-7

8.12m 高的容积 $V_1 = 1336.134$kL　　6mm 高的容积 $V_2 = 0.991$kL

8.10m 高的水静压容积修正值 $V_3 = 0.666$kL

查 60B 表得：$VCF = 0.9868$

油品的体积 $V = V_1 + V_2 + V_3 \times VCF \times d_4^{20}$

$$= 1336.134 + 0.991 + 0.666 \times 0.9868 \times \frac{0.7531}{1} = 1337.62 \text{m}^3$$

6.4.2　浮顶罐容量表

使用浮顶罐容量表时，应注意油品交接计量时的液位一定要避开非计量区间。因为在这一区间内，浮顶在油罐中的状态似浮非浮，难以确定浮顶在油罐中排开液体的体积和重量。

计量时的液位高于浮顶最低起浮高度(非计量区间的上限)时，液位下的容量表体积减去浮顶排开罐中介质在实际温度下的体积，才是油罐实际液位下介质的表载体积。

液位低于非计量区间下限时，容量表的使用同立式罐。因为此时浮顶已落在罐底支架上，液面在浮顶以下。一般情况下，当浮顶完全起浮时，计算油量时可采取扣除浮顶重量或扣除浮顶的体积。

在油品的计量中，如果收付油在同一个油罐上进行，而且浮顶处于自由浮起状态，由于前尺和后尺均要扣除相同的浮顶重量，因此可以不考虑浮顶重量，但在油品盘库时一定要扣除浮顶重量。

6.4.3 卧式金属罐容量表

卧式罐是一个两端封顶的水平放置的圆筒，其容积由两端封顶和圆筒两部分组成。卧式罐容积表以厘米为间隔，单位高度的容量不等，也没有线性关系。当计算卧式罐的毫米高度容量时，按线性插值法近似计算。

卧式金属罐容积表是20℃时的容量。在 t℃使用时，可以换算为

$$V_t = V_{20}[1 + \beta(t_s - 20)] \qquad (1-6-12)$$

式中　V_t——t℃时的容量，m^3；

　　　V_{20}——容量表所示的容量，m^3；

　　　t_s——罐壁平均温度，℃；

　　　β——罐材料的体胀系数0.000036，1/℃。

罐壁温度 t_s 可由下式计算为

$$t_s = (7t_L + t_A)/8 \qquad (1-6-13)$$

式中　t_s——罐壁温度，℃；

　　　t_L——液体温度，℃；

　　　t_A——环境温度，℃。

对于带有绝热层壳壁的油罐（保温罐）可采用 $t_s = t_L$。

罐充装容量（装液安全高度）由使用单位自行决定，这点应予以注意。

6.4.4 球形金属罐容量表

球形金属罐是一种压力密闭容器，常用于储存液化石油气及轻质液态化工产品。球形罐通常是在承压状态下使用，所以球形罐容量表的编制实际上包括空罐状态下的容积 V 和承压球形罐容积增大值 ΔV 两部分。承压球形罐总容积 $V_p = V + \Delta V$。球形罐液位高度下的容积计算和查容量表的方法同卧式罐。

6.4.5 铁路罐车容量表

1976年后，我国使用的铁路罐车表为XB表。1986年后铁道部标准计量所为了方便广大用户，按罐车型号排列编表，采用英文字母作每种型号的字头，共有A、B、C、D、E、F、G、H、I、J、K、L、M、N、FA、FB、FC、FD、FE、FF，20个字头，每个字头1000个表，将8万个容积表减少至2万多个容量表，成为现行的所谓 ABC 表。现在最常见的、应用最广泛的铁路罐车为G70车，表头为TX或FG。

6.4.6 油船舱容量表

大型油轮舱容大，若计量口不在液货舱中心，装油以后船体会有不同程度的纵倾，就会造成计量误差。

大型油轮的液货舱一般是按空距和正浮状态编制的，舱容表上注明了舱容总高（参照高度），还列出了与空距相对的实际高度。为了修正装油后的船体和编容量表时的船体状态不一致造成的误差，液位下的表载容积需要用纵倾修正值修正。纵倾修正表将倾斜状态下测量的高度修正到水平状态时的高度。

油船的舱容表所示容量是标准温度20℃的表载容量，非20℃温度时应按实际情况，对

舱容进行修正。即

$$V_t = V_D[1 + 3\alpha(t - 20)] \qquad (1-6-14)$$

式中 V_t——液体温度为 t℃，对舱体热膨胀修正后的体积，m^3；

V_D——经纵倾修正后，舱容表中的体积，m^3；

t——舱壁平均温度，℃；

α——舱体材料的线膨胀系数，取 $\alpha = 0.000012$，1/℃。

表1-6-7为大庆油轮液货舱第一舱左舱容表和液货舱纵倾修正表。

表1-6-7　大庆油轮液货舱舱容表

船名：大庆　　　　　　　　　　　　　　舱号：第一仓左　　　　　总高：8.21m

空高/m	容量/m^3	实际高/m	容量/m^3	空高/m	容量/m^3
2.2	180.40	0	0.82	1.1	232.32
2.1	185.14	0.1	1.58	1.0	236.84
2.0	189.88	0.2	3.40	0.9	241.36
1.9	194.62	0.3	6.27	0.8	245.88
1.8	199.36	0.4	10.20	0.7	250.40
1.7	204.10	0.5	15.18	0.6	254.92
1.6	208.84	0.6	21.21	0.5	259.44
1.5	213.58	0.7	28.30	0.4	263.96
1.4	318.32			0.3	268.48
1.3	223.06			0.2	273.00
1.2	227.80			0.1	277.40

液货舱纵倾修正表

前后吃水差/m	0.30	0.60	0.90	1.20	1.50	1.80
1~6舱号/dm	+0.05	+0.10	+0.15	+0.18	+0.23	+0.28

例1-6-2　大庆油轮左一舱空距0.27m，水高0.12m，测量时的前吃水0.6m，后吃水1.2m。求舱内装油体积？

解：计算前后吃水差为1.2-0.6=0.6m。

将测量空距进行水平空距修正：查液货舱纵倾修正值表吃水差0.6m时，修正值为+0.1dm(0.01m)。水平空距为0.27+0.01=0.28m。

查舱容表，空距0.28m时，其舱容为273.00-(273.00-268.48)×0.08=269.384m^3。水高经水平修正后得0.12-0.01=0.11m。计算水的体积，查舱容表得1.58+(3.40-1.58)×0.01=1.762m^3。该舱装油体积为269.384-1.762=267.622m^3。

6.4.7　汽车油罐车容量表

汽油罐车一般由1~3个油仓组成，每个油仓均有计量基准点刻线。用于油品交接计量的汽车油罐车须有经检定部门检定合格的证书和罐车容量表。汽车油罐车容量表不确定度不大于0.25%（$k=2$）。

汽车油罐车容量表的使用同卧式罐，汽车油罐车计量的停车场应坚实、平整、坡度不大

103

于 0.5 度(5/1000)。表 1-6-8 为沪 B-35470 汽车罐车容积表。

表 1-6-8　沪 B-35470 汽车罐车容积表

高度/cm	容积/L	高度/cm	容积/L	高度/cm	容积/L	高度/cm	容积/L
109	20	54	4038	47	4469	40	4854
108	41	53	4099	46	4529	39	4904
107	61	52	4161	45	4565	38	4947
106	81	51	4223	44	4640	37	4989
105	102	50	4284	43	4696	36	5031
104	122	49	4346	42	4750	35	5071
103	141	48	4417	41	4803	34	5111

注：下尺点总高 1408mm；帽口高 244mm；钢板厚 4.5mm；内竖直径 1116mm。

例 1-6-3　沪 B-35470 汽车装柴油，用量油尺测量计量口基准点下尺读数为 536mm，尺带浸油 183mm，求该车装油的表载体积。

解：求空高　　　　　　　　$H_空 = 536 - 183 = 353\text{mm}$

查表 1-6-9 该罐空高 353mm，装油的实际表载体积为：

$$V_油 = 5071 + (5071 - 5031)/(350 - 360) \times (353 - 350) = 5059\text{L}$$

6.5　散装油品油量计算

6.5.1　油量计算基础知识

（1）标准温度　确定某些随温度而变化的物理量时选定的一个参照温度。我国规定 20℃ 为标准温度。

（2）计量温度(t)　储油容器或管线内的油品在计量时的温度，用 t 表示，单位℃。

（3）标准体积(V_{20})　在标准温度 20℃、101.325kPa 下的体积，用 V_{20} 表示，单位 m³。

（4）体积修正系数(VCF)　石油在标准温度下的体积与其在非标准温度下的体积之比，用 VCF 表示。

（5）原油含水率　原油中所含水分的质量百分比。

（6）石油在空气中的质量(空气中的重量、商业质量)　表示石油数量的实用单位，等于油品在空气中称量时与之平衡的砝码的质量。在石油计量中为了准确计算油品质量，常常采用空气浮力修正值 1.1kg/m³ 对石油在真空中的质量进行修正。

6.5.2　油品油量计算

6.5.2.1　标准密度的换算

在容器内取得代表性试样后进行密度测定，得到的是测定温度下的密度计读数（不透明液体作弯月面修正），按密度计检定证书给出的修正值进行修正后，即得到试验温度（视温度）和视密度。根据油品试样的试验温度和视密度按油品分类查 GB/T 1885—1998 表 59《标准密度表》得标准密度。标准密度单位为 kg/m³ 时，保留 1 位小数，单位为 g/cm³ 时，保留四位小数。

已知某种油品在某一试验温度（视温度）下的视密度，换算标准密度的步骤为：

① 根据油品类别选择相应油品的标准密度表，原油、产品和润滑油的标准密度表表号分别为表 59A、表 59B 或表 59D；

② 确定视密度所在标准密度表中的密度区间，并根据试验温度确定被查找的标准密度所在的表页；

③ 在视密度行中查找已知的视密度值，在温度栏中找到已知的实验温度值。该视密度所在列与实验温度值所在行交叉点上的数即为该油品的标准密度。

如果已知的视密度值正好介于视密度行中两个相邻视密度值之间，则可以采用内插法确定标准密度，但温度值不内插，用较接近的温度值查表。

当需要用内插法确定标准密度时，可以采用下面的公式进行计算，即

$$标准密度 = \rho_{基} + \frac{\rho_{上} - \rho_{下}}{\rho'_{上} - \rho'_{下}} \times (\rho'_t - \rho'_{基}) \qquad (1-6-15)$$

式中　$\rho'_{上}$、$\rho'_{下}$——介于被查视密度 ρ'_t 值的两个相邻上限和下限视密度值；

　　　　$\rho_{上}$、$\rho_{下}$——试验温度 t' 所在行 $\rho'_{上}$、$\rho'_{下}$ 所在列交叉点上的表载两个相邻上限和下限标准密度值；

　　　　$\rho'_{基}$——$\rho'_{上}$、$\rho'_{下}$ 较接近的视密度值；

　　　　$\rho_{基}$——$\rho'_{上}$、$\rho'_{下}$ 两者之中与 $\rho'_{基}$ 对应的那个表载标准密度值。

例 1-6-4　汽油试样温度 22℃，视密度 725.0kg/m³，求试样的 20℃ 的密度。

解：查表，视密度纵列 725.0 kg/m³，温度横行 22.00℃，得 20℃ 的密度为 726.8kg/m³。

6.5.2.2　标准体积的换算

计算油品数量时，需将计量温度（容器内油品的温度）下的油品体积换算为 20℃ 的标准体积，才能与标准密度相乘求出油品质量。换算的方法是使用体积修正系数 VCF。即

$$V_{20} = V_t \cdot VCF \qquad (1-6-16)$$

根据油品的计量温度 t 和标准密度 ρ_{20} 查 GB/T 1885—1998 表 60《体积修正系数表》得到体积修正系数 VCF。

已知某种油品的标准密度和计量温度，查找、换算体积修正系数的步骤为：

① 根据油品类别选择相应油品的体积修正系数表，原油、产品和润滑油的体积修正系数表表号分别为表 60A、表 60B 或表 60D；

② 确定标准密度所在体积修正系数表中的密度区间，并根据计量温度确定被查找的体积修正系数所在的表页；

③ 在标准密度行中查找已知的标准密度值，在温度栏中找到油品的计量温度值，该标准密度值所在列与计量温度值所在行交叉点上的数即为该油品的体积修正系数。

如果已知的标准密度值正好介于标准密度行中两个相邻标准密度值之间，则可以采用内插法确定体积修正系数，而温度值不内插，仅以较接近的温度值查表。

当需要用内插法确定体积修正系数时，可以采用下面的公式进行计算，即

$$VCF = VCF_{基} + \frac{VCF_{上} - VCF_{下}}{\rho_{上} - \rho_{下}} \times (\rho_{20} - \rho_{基}) \qquad (1-6-17)$$

式中　$\rho_{上}$、$\rho_{下}$——与被查标准密度 ρ_{20} 加值相邻的上限和下限两个标准密度值；

　　$VCF_{上}$、$VCF_{下}$——计量温度所在行与 $\rho_{上}$、$\rho_{下}$ 所在列交叉点上的表载两个相邻上限和下限体积修正系数值；

　　　　$\rho_{基}$——$\rho_{上}$、$\rho_{下}$ 中与被查标准密度 ρ_{20} 值较接近的标准密度值；

　　$VCF_{基}$——和 $VCF_{上}$、$VCF_{下}$ 两者之中与 $\rho_{基}$ 对应的那个表载体积修正系数值。

例 1-6-5 原油油温 38.9℃，体积为 520m³，标准密度为 856.1kg/m³，求原油标准体积。查表计算：

$$VCF = 0.9840 + (0.9841 - 0.9840)/(858.0 - 856.0) \times (856.1 - 856.0)$$
$$= 0.9840 + 0.00005 = 0.98405$$
$$V_{20} = 520 \times 0.98405 = 511.706m^3$$

6.5.2.3 油量计算

油量计算公式为

$$m = V_{20}(\rho_{20} - 1.1) \qquad (1-6-18)$$

式中　m——油品在空气中的质量，kg；

V_{20}——油品在 20℃下的体积，m³；

ρ_{20}——油品标准密度，kg/m³

1.1——空气浮力修正值，kg/m³

原油和其他含水油品的公式为

$$m_n = m(1 - W) = V_{20} \cdot (\rho_{20} - 1.1)(1 - W) \qquad (1-6-19)$$

式中　m_n——净油的质量，kg；

ρ_{20}——油品的标准密度，kg/m³

V_{20}——油品的标准体积，m³；

W——原油或其他含水油品的含水率，%。

例 1-6-6 汽油的标准密度 725.4kg/m³，标准体积 516.532m³，求汽油的重量。

解：$m = V_{20} \cdot (\rho_{20} - 1.1) = 516.532 \times (725.4 - 1.1) = 374124kg$

6.5.3 立式金属罐油量计算

6.5.3.1 计算步骤

① 根据液位高度查容量表，得液位下的表载体积 V_B；

② 根据罐底明水高度查容量表，得罐底明水体积 V_s；

③ 计算装油后油罐受压引起的容积增大值，准确至 L，即

$$\triangle V_p = \triangle V_{sp} \cdot d_4^t \qquad (1-6-20)$$

④ 将罐内液位高度下的表载体积，修正到罐壁温度下的实际体积 V_t(L)；

⑤ 计算标准体积 V_{20}，准确至 L。在计算过程中 VCF 值保留至小数点后第五位；

⑥ 计算油品在空气中的重量，准确至 kg。

6.5.3.2 油量计算公式

1. 保温罐

$$m_n = \{(V_B + \triangle V_{sp} \cdot d_4^t - V_s) \cdot [1 + 2\alpha(t - 20)] \cdot VCF \cdot (\rho_{20} - 1.1) - G\}(1 - W)$$

$$(1-6-21)$$

式中　m_n——罐内纯油在空气中的重量，kg；

V_B——罐内液位高度下的总表载体积，m³；

V_s——罐内明水高度下的表载体积，m³；

d_4^t——罐内油品计量温度下的密度和 4℃纯水密度的比值（纯水密度取 1000kg/m³）；

$\triangle V_{sp}$——罐内液位高度下装水引起的静压力容积增大值，m³；

α——油罐材质体积线胀系数（碳钢材质一般取 $\alpha = 0.000012$），1/℃；

t——罐壁温度，℃（用罐内油温代替）；

VCF——体积修正系数；

ρ_{20}——罐内油品标准密度，kg/m^3；

G——油罐浮顶重量（质量），kg；

W——罐内油品的含水率，%。

注：保温罐不作量油尺温度修正。

式（1-6-21）是立式金属罐油量计算的综合计算式，它适用于储存含水原油浮顶罐内油品重量计算。若罐内油品不含水，视 $W=0$；若罐内无罐底明水，视 $V_s=0$，若储存罐是一般的立罐（无浮顶），视 $G=0$。按式（1-6-21）计算浮顶罐内油品重量时，严禁浮顶在非计量区（不可计量段）计量。

2. 非保温罐

非保温罐和保温罐油量计算的差别就是罐壁温度变化对罐壳胀缩的影响不同。对于非保温罐，罐的内壁受油温 t_y 的影响，外壁受外界环境温度 t_q 的影响，由于环境温度比较复杂，非保温罐的罐壁温度难以准确测定。

按照 JJG 168—2005 检定规程的规定，对非保温罐，罐壁温度为

$$t = [(7 \times t_y) + t_q]/8 \qquad (1-6-22)$$

式中　t_y——罐内液体温度；

t_q——罐外四周空气温度平均值℃。

油品计算为

$$m_n = \{(V_B + \triangle V_{sp} \cdot d_4^{20} - V_s) \cdot [1 + 2\alpha(t-20)] \cdot VCF \cdot (\rho_{20} - 1.1) - G\}(1-W)$$
$$(1-6-23)$$

其中，α 为罐壁和量油尺材质线膨胀系数，对于低碳钢 $\alpha = 0.000012$，$1/℃$

注：量油尺应进行温度修正 $h_i = h_o \times [1+\alpha(t_y-20)]$

6.5.4　其他类型油罐的油量计算

卧式罐、铁路罐车、油船舱、球型罐的油量计算同立式罐一样，各类型油罐油量计算的差别就在于油品表载体积的求法。

6.6　衡器计量

6.6.1　电子轨道衡

动态电子轨道衡能在货车不摘钩、不停车的条件下，完成对列车逐节车皮自动称量和整列车的自动累计称重。这种衡器可具备自动去皮，自动识别，自动显示、打印、记录功能，还可以检查货车的轮重、轴重、转向架重及偏载。它的称重速度快，效率高，不仅可以减少车辆的占用时间，提高车辆周转率，而且可以减少操作人员，减轻劳动强度。

1. 动态电子轨道衡的组成

动态电子轨道衡主要由机械称重台面、称重传感器、称重仪表和计算机组成。

（1）机械称重台面

如图 1-6-6，机械称重台面由主梁、纵向限位装置、横向限位装置、抗扭过渡器及称重框架组成。

1）主梁

主梁是直接承受车辆重量的部件，必须有足够的强度。梁体为变截面或等截面箱体梁，由厚钢板焊接而成，焊接后应进行整体退火，清除焊接应力，再进行精加工，这样处理后的

梁体长期使用不变形。

梁体上面开有横向斜度为 1:40 的纵向槽。槽上装有台面钢轨,用压板与梁体压紧。每个称量台面装有两个主梁,这些主梁大多数为独立支撑的,在有的轨道衡里是连在一起的。

2)限位器

限位器是对机械台面起限位作用的阻尼元件。它能使机械台面在列车经过时不产生纵向、横向的位移,但必须不妨碍台面上下位移,使其在竖直方向上有充分的自由度,不产生水平分力,以保证各传感器受力状态正确。

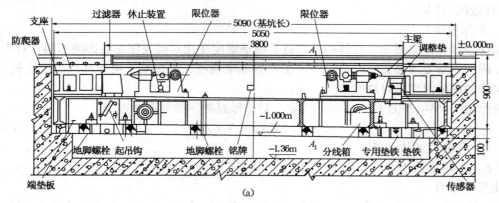

(a)

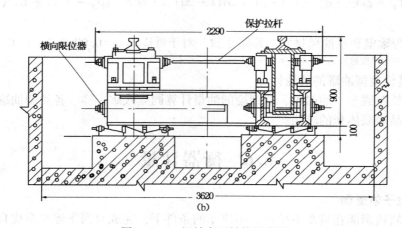

(b)

图 1-6-6　机械台面结构示意图

限位器有多种形式,在轨道衡应用中较为广泛的是钢球限位器和拉杆限位器两种。

3)过渡器

过渡器的作用是为了减少称重时由线路震动所造成的误差,它使车辆进入台面前由各种因素造成的震动减至最小。过渡器是否良好,直接影响计量准确度,过渡器的车轮压痕带应光滑、水平,并且间隙适中。过渡器是易损件,需经常检查更换。

4)防爬器

防爬器安装在轨道衡两端整体道床的铁路线上,防止铁轨由于热胀伸长将轨道衡台面顶死,影响衡器使用,因此是一件不可缺少的装置。

(2)称重传感器

称重传感器是主梁的着力点,是轨道衡的心脏。它是力-电转换元件,它的性能直接影响设备的计量准确度和稳定性。

传感器的种类很多，而在衡器应用中最普遍的是电阻应变式传感器。

应变式称重传感器的基本原理是基于弹性体在一定外力(重力)作用下发生弹性形变(应变)，使粘贴在弹性体上的电阻应变片随之变形，而使其阻值发生变化。如果把这些应变片按一定方式接成电桥，并加上电压做成测量桥路，根据桥路输出电压的变化量，就能测出被称物体的重量。

（3）称重显示仪表

称重显示仪表系统在前面已经详细介绍，这里只着重阐述电子轨道衡电器控制部分。电子动态轨道衡应有一套完善的逻辑控制系统，一般逻辑控制系统的信号采用有开关(硬件方式)或是无开关(软件方式)方式获取。

有开关方式的基本原理是根据设置于台面及台面引出的轨附近的轨道开关的通断信号向系统各个部分发送指令，完成电子轨道衡全部称量和计算过程。它包括轨道开关、侧通电路和各种控制电路。利用轨道开关的信号识别列车方向，识别称量车辆和非称量车辆，识别同一车辆前后转向架，识别同一转向架的两根车轴，控制整个测量系统，同时测量列车通过台面称重时的行车速度。当超过速度时自动报警，发出声光信号，并在记录器数据上做出标记。当确认被称量车辆到达台面指定部位时发出计量指令，适时进行采样和数据处理。当一节车全部通过台面后发出显示和打印指令，当一列车全部通过秤台后可显示出一列车的累计重量，记录器根据数据处理的指令控制打印表格，记录出称重日期、时间及整车重量等。

无开关方式逻辑控制系统的基本原理是使用微处理器直接检测传感器输出信号的逻辑电平，依据预先编制好的逻辑判别软件进行判别。其逻辑原理与有开关方式相似。

（4）计算机

包括微机、打印机、不间断电源及稳压电源。

2. 动态电子轨道衡的工作原理

以编组联挂列车称重为例，动态电子轨道衡的工作原理见图1-6-7所示。

当列车通过秤台面时，台面完成被称量车辆重量(力)的传递工作。称重传

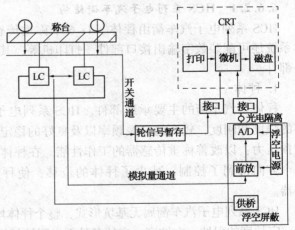

图 1-6-7　动态轨道衡工作原理逻辑框图

感器在激励供桥电源的支持下，将重量信号转换成相应的电压信号，并送入模拟量通道。与此同时车型的判别(开关量)信号也将送入开关量通道。轮信号经整形后直接送入主机，重量信号则需经过放大、滤波、A/D 转换后才经并行接口送入主机。整个系统开始工作时，在工作程序的控制下，计算机系统始终对台面重量进行跟踪、查询、处理。当列车通过台面时，重量信号发生了变化，计算机可进行判别处理，并对一节车的前后两个转向架(或前后四对轴)分别进行采样处理，从而得出一节车之重量值，然后送 CRT 显示，由打印机打印结果。

3. 动态电子轨道衡的维护保养

为了保证动态电子轨道衡计量准确可靠，保证被称量列车安全通过称重台面，除定期检

修调整和进行计量检定外，还要在使用中和日常维护中做到以下几点：

（1）电子轨道衡是一种大型专用设备，操作时应严格按照操作规程进行，不得随意摆弄仪表开关、按键和接插件等，以免损坏机件。

（2）必须经常清扫秤台和各零部件上的灰尘、泥土等杂物，秤台四周与基坑之间不得有异物卡入，保持秤台灵活。

（3）经常检查并紧固秤体与引道轨各连接零部件，防止松动。特别应经常检查和调整过渡器与引道轨，保证其相邻部位能平稳过渡，并不会出现靠擦现象。

（4）经常保持秤台的高度与水平，控制秤台的水平位移量，保证台面不得有过大的下沉。

（5）保持限位装置的清洁、润滑，定期进行检查和调整，保证其处于正常位置和良好的工作状态，即控制秤台水平位移量又不影响称量的灵敏度与准确度。

（6）基坑内应常年保持清洁和干燥，不得有泥污及杂物。

6.6.2　电子汽车衡

电子汽车衡是一种较大的电子平台秤，是静态电子衡器的一种。由于采用称重传感器，代替了笨重而庞大的承重杠杆结构，克服了机械中衡必须深挖地坑的做法，而做成无基坑或浅基坑的结构。同时，还可以根据需要设置一些现代管理和贸易结算等功能（如采用微型计算机进行数据处理），极大地扩展了工作范围，改善了劳动条件，提高了工作效率和经济效益。本节将以 HCS 系列无基坑电子汽车衡为例进行介绍。

6.6.2.1　HCS 系列电子汽车衡结构

HCS 系列电子汽车衡由秤体、4~6 个称重传感器，以及称重显示控制仪表等组成，基本系统还可配装数字输出接口部件、打印机等，其结构如图 1-6-11 所示，点划线内为可装备部件。

1. 秤体

秤体是汽车衡的主要承载部件。HCS 系列电子汽车衡的秤体为钢框架结构，它具有足够的强度和刚度，较高的自振频率以及良好的稳定性。由于自身较重，可给称重传感器一定的预压力，以改善称重传感器的工作性能。在秤体的两端设置了两组限位装置，使前后左右四个方向得到了控制，减少了秤体的位移，使秤体承受的载荷能够准确的传递给称重传感器。

HCS 系列电子汽车衡属无基坑形式，整个秤体均在地面之上，汽车进出秤的承重台需要经过一定长度的引坡。在坡度一定的条件下，引坡越短越好，因此就要求承重台台面距地面的高度要小。秤体两端铺设的引坡可因地制宜地将引坡做成混凝土结构，也可做成钢结构。

2. 称重传感器

HCS 系列电子汽车衡采用 4~6 只 SB 型称重传感器，其结构为剪切型悬臂梁式，具有结构简单，稳定可靠，灵敏度高，输出信号大，安装方便，抗侧向力强等特点。它的抗冲击与振动的性能也很好，而且弹性体经镀镍和密封处理，足以适应工业环境使用。

3. 称重显示控制仪表

HCS 系列电子汽车衡采用 8142 系列称重显示仪表。

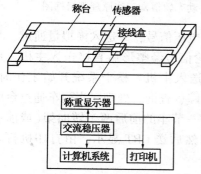

图 1-6-8　电子汽车衡结构框图

它有三种显示形式，即单显示、双显示和多功能型。单显示仪表只能显示毛重、皮重和净重；双显示仪表可用 6 位仪表数字显示毛重、皮重和净重，还能显示时间、日期、标示号、序号等；多功能显示仪表还可显示预置重量值。仪表外壳结构有台式、柜式、墙式。

4. 传力结构

电子汽车衡的传力结构在载荷的传递过程中起着重要作用。一般来说，电子汽车衡的传力结构应满足以下要求：

（1）使秤台在水平方向上能进行一定范围内的自由摆动；

（2）在水平外力消失后，能使承重台较快地恢复平衡；

（3）能经受汽车在承重台上的制动冲击和快速通过；

（4）能经受较大的环境温度的变化。

6.6.2.2　工作原理

HCS 系列电子汽车衡的工作原理是当称重物体或载重汽车停放在秤台上时，载荷通过秤体将重量传递给称重传感器，使其弹性体产生变形，于是粘贴在弹性体上的电阻应变计产生应变，应变计连接成的桥路失去平衡，从而产生了电信号。该电信号的大小与物体的重量成正比，在最大称量时通常为 20~30mV。该信号经前置放大器放大，在经过二级滤波器滤波后，加到模数转换器将模拟变量变成数字量，再由 CPU 微处理器进行处理后，使显示器显示出物体的重量。

如果需要打印记录，数据以 ASCⅡ 码输入点阵式打印机打印记录。同时，输出数据也可以传输给数据处理中心的电子计算机存储累加分类处理，HCS 系列称重系统具有智能化的特点。

6.6.2.3　电子汽车衡的故障判断

常见故障的判断方法：

（1）观察法　通过肉眼观察寻找电子汽车衡的部件是否有异常情况，如虚焊、脱焊、断线、错装、烧焦、变色、短路、碰接、秤台上存在杂物等。

（2）插拔法　拔去某个部件或再插上模拟部件，查看故障在哪里。

（3）试探法　用正常的部件代替有故障疑点的部件。

（4）比较法　将正确的特征与错误特征相比较，寻找故障。

（5）静态特征测量法　把仪表某一特定状态下各点的电平用万用表测出，然后根据逻辑原理分析判断产生故障的原因。

（6）原理法　根据电子称重仪表的工作原理，从原理上进行分析来查找产生故障的原因。

（7）升温法　用人为的方法将环境温度或局部温度升高，使质量不好的元件暴露出来，加以更换，避免仪表在长时间工作或环境温度升高后出现故障。

（8）电源拉偏法　有时仪表会出现一些偶然异常现象，间隔时间很长。为缩短故障出现的间隔，可人为地制造恶劣条件，即人为地改变某些集成电路的工作电压，5V 电源可拉至 4~6V，但上拉应尽量避免过高，防止造成电路的损坏。

（9）敲击法　若仪表等有虚焊或接触不良，金属化孔接触电阻增大时，可用敲击法来进行检查。其方法是在进行"比较法"、"试探法"等检查时，用小橡皮锤或手指轻轻敲击仪表某些部位，使异常情况再现而找出故障。

（10）分割法　将故障范围分割开，由部件到印制板直至某线、某点，依次排查。

（11）代码诊断法　利用仪表自动诊断显示的错误代码来找出故障的方法。

6.7 油品损耗

研究和处理油品损耗是石油计量的重要组成部分之一。加强损耗管理，减少油品损耗数量，直接关系到企业的经济效益，是每个企业必须重视的工作。

6.7.1 油品损耗的原因和分类

6.7.1.1 损耗原因

油品损耗是因液体的蒸发以及装液容器难以避免的洒漏等原因而产生的。

在蒸发过程中，油品由液态变成气态，由此产生的损耗主要是因油品本身的物理性质而决定的。

除了自然蒸发以外，同样不可忽视的是因容器的洒漏而产生的残漏损耗。包括作业中滴洒渗漏的油液、容器内壁粘附的薄油层、容器底部未能卸净的残留余油等，也是造成损耗的重要原因。

不论是蒸发损耗还是残漏损耗，都会造成很大的损失。除了使油品的数量减少，造成直接经济损失之外，逸出罐外的油液和油气还会造成环境污染，并且形成燃爆的潜在危险。此外，油品中的轻质成分蒸发，还会使油品的品质降低。因此，避免和降低油品的损耗，是石油计量中一项很重要的工作。

6.7.1.2 损耗分类

油品损耗按照油品物理形态变化可分为蒸发损耗和残漏损耗。其中蒸发损耗可以按照发生的原因分为自然通风损耗、小呼吸损耗、大呼吸损耗和空容器装油损耗。

1. 蒸发损耗

蒸发损耗是指油品在生产、储存、运输、销售中由于自然蒸发而造成的在数量上的损失。影响蒸发的因素主要有油品的组成、温度、蒸发面积以及容器状况等。油品中各组分的蒸发性能并不相同，其中的轻质成分更易于蒸发。油中的轻质成分多，油品的蒸发速度就越快。

对同一种油品来说，气温和油温的高低是决定蒸发速度的重要因素。温度越高，油品就蒸发的越快。同时，随着温度的升高，容器中气体压力也很快升高，增大的压力一旦超过容器的控制压力使呼吸阀打开时，大量的油蒸气就会排出罐外，从而造成很大的损耗。

在密闭的容器中，随着油品的蒸发，在单位时间内蒸发出来的分子数与返回液体的分子数相等，油蒸气与液体保持动态平衡，这种状态称为饱和，此时蒸气的压力叫做饱和蒸气压。

蒸发还与储油容器状况有关。承压能力较低或密封不严的油罐，尤其很容易逸出罐外，使罐内的压强降低，这样就会使蒸发速度加快。

油品的蒸发损耗按照引起油蒸气排出罐外的原因，可分为以下四种情况。

（1）自然通风损耗

如果装油容器上部有孔隙，随着容器内部或外部气压的波动，油气就会自孔隙被排出或空气被吸入。如果孔隙不止一个，就会因空气流动而形成自然通风，空气从一个孔隙吸入而油气从另一孔隙被吹出。当孔隙分布在不同高度时，还会因高差而产生的气压差使油气从低处孔隙被排出，空气从高处孔隙吸入。油气排出和空气吸入，都会使容器内的油蒸气浓度降低，结果又使油品不断地蒸发，形成恶性循环。这样产生的损耗，就称为自然通风损耗。

（2）小呼吸损耗

小呼吸损耗是指因罐内气体空间温度变化而产生的损耗。自日出到午后气温最高的这段时间里，随着外界温度的上升，罐内气体空间的温度也不断升高，导致油品的大量蒸发。蒸发出来的油蒸气使压力升高。当呼吸阀被这升高的气压打开时，油气就被排出罐外。排气后，压力减小，呼吸阀关闭。

从傍晚到夜间，外界温度下降，罐内的温度和压力随之下降。当压力低于呼吸阀的控制压力时，呼吸阀打开，使外界空气吸入油罐。吸入的空气冲淡了罐内气体中的油气浓度，又促使油品不断地蒸发，使损耗增加。

小呼吸损耗几乎每天都在进行，在4种蒸发损耗中占极大的比重。

（3）大呼吸损耗

大呼吸损耗是指在收油发油时罐内气体空间体积改变而产生的损耗。油罐收油时，罐内液面升高，压缩上部的气体，使气体的压力增大而导致呼吸阀打开产生排气。一般收进多少体积的油品，就要排出大致相同体积的混合气体，损耗是很大的。发油时，罐内气体空间体积增大压力减小，罐外的空气通过呼吸阀被吸入罐内，补充因发油而多出来的空间体积。吸入的大量空气使罐内油蒸气的浓度降至很低，这样又加剧了油品的蒸发。

大呼吸损耗虽然只在进行收发作业时才会发生，但因为它每次引起的排气量或蒸发量一般都很大，所以由此产生的损耗数量也是很大的。

（4）空容器装油损耗

空容器装油损耗又称为饱和损耗。空容器是指未装过油或者油气浓度几乎为零的容器。空容器进油后，因原先不含有油蒸气而使油品迅速蒸发以达到饱和状态，其蒸发量要比有存油的容器大得多。装油损耗的大小主要与进油以后容器内剩余的气体空间的体积有关。进油越少，气体空间体积越大，饱和所需的蒸发量也越多，损耗就越大。

2. 残漏损耗

残漏损耗是指油品在生产、储存、运输、销售中，由于油罐、车、船等容器内壁的粘附，容器内少量余油未能卸净以及未能避免的滴洒、渗漏而造成的在数量上的损失。

残漏损耗的发生，一是油液在容器内壁上的少量粘附、储运设备不可避免的微量渗漏及容器底部无法卸净的余油等，二是与储运和计量操作完成的质量有关。滴洒渗漏、溅油串油、应该卸净而未能卸净的底部余油等，都与容器设备状况以及操作不当或疏忽大意有关。

6.7.2 油品损耗管理

6.7.2.1 定额损耗

在油品损耗的管理上，若按油品储运的作业环节对损耗进行分类，可将损耗分为保管损耗、运输损耗和零售损耗三大类，前两大类又按作业情况各分为几项。在国家标准GB/T 11085—1989《散装液态石油产品损耗标准》(以下简称损耗标准)中，对成品油的各项按作业环节分类的损耗大小做出了规定，它是进行损耗管理的依据。对于原油的损耗国家尚无标准。

1. 保管损耗

保管损耗是指油品从入库到出库整个保管过程中发生的损耗。保管损耗包括储存、输转、灌桶、装、卸等损耗。

（1）储存损耗

原油的储存损耗一般按月进行总量统计：原油月储存量等于当月到厂第一个计量点的实

收总量减去当月进入电脱盐装置的原油总量，再减去当月原油库存变化量。

原油月储存损耗率等于原油月储存损耗量除以当月到厂第一个计量点原油的实收总量。

成品油储存损耗是指单个油罐在不进行收发作业时，因油罐小呼吸而发生的油品损失。储存损耗量和月损耗率的计算公式为：

$$储存损耗量 = 前次油罐计数量 - 本次油罐计数量 \qquad (1-6-24)$$
$$月储存损耗率 = (月累计储存损耗量 \div 月平均储存量) \times 100\% \quad (1-6-25)$$

其中，月累计储存损耗量是该月内日储存损耗量的代数和；月平均储存量是该月内每天油品储存量的累计数除以该月的实际储存天数。

散装液态石油产品储存定额损耗率见损耗标准。

例1-6-7　2号油罐某月盘点累计损耗5000kg，储油量3000000kg有6天，800000kg有5天，2800000kg有3天，1200000kg有6天，3100000kg有10天，两次输转损耗分别为1600kg和1500kg。求储存损耗率。

解：扣除输转损耗后，月累计储存损耗量为

$$5000 - 1600 - 1500 = 1900kg$$

月平均储存量为$(3000000 \times 6 + 800000 \times 5 + 280000 \times 3 + 1200000 \times 6 + 3100000 \times 10) \div (6+5+3+6+10) = 2286667kg$

储存损耗率为$(1900 \div 2286667) \times 100\% = 0.083\%$

（2）输转损耗

输转损耗是指油品从某一个油罐输往另一个油罐时，因油罐大呼吸而产生的油品损失。输转损耗量和损耗率的计算公式为：

$$输转损耗量 = 付油油罐付出量 - 收油油罐收入量 \qquad (1-6-26)$$
$$输转损耗率 = (输转损耗量 \div 付油油罐付出量) \times 100\% \qquad (1-6-27)$$

散装液态石油产品输转定额损耗率见损耗标准。

例1-6-8　两油罐间输油，1号罐付油1276402kg，2号罐收到1276286kg。求输转损耗率。

解：输转损耗量为1276402－1276286＝116kg

输转损耗率为$(116 \div 1276402) \times 100\% = 0.0091\%$

（3）装、卸损耗

装、卸损耗是指油品从油罐装入铁路罐车、油船（驳）、汽车罐车等运输容器内或将油品从运输容器卸入油罐时，因油罐大呼吸及运输容器内油品挥发和粘附而产生的损失。装、卸损耗实际包括装油损耗和卸油损耗，它们的计算方法相同。装、卸损耗量和损耗率的计算公式为：

$$装、卸油损耗量 = 付油容器付出量 - 收油容器收入量 \qquad (1-6-28)$$
$$装、卸油损耗率 = (装、卸油损耗量 \div 付油容器付出量) \times 100\% \quad (1-6-29)$$

散装液态石油产品装车（船）、卸车（船）定额损耗率见损耗标准。

例1-6-9　某油库从油船卸汽油入油罐，油船付出3409612kg，油罐收入3401798kg，B类地区损耗标准规定的损耗率为0.20%。损耗量是否超出了定额损耗？

解：根据规定的损耗率计算定额损耗，可以利用计算损耗率的公式来计算。

定额损耗量为　付油容器付出量×卸油损耗率＝3409612×0.20%＝6819kg

卸油损耗量为　3409612－3401798＝7814kg 大于定额损耗量6819kg

损耗量超过了定额损耗。

（4）灌桶损耗

灌桶损耗是指灌桶过程中油品的蒸发损失。灌桶损耗量和损耗率的计算公式为：

$$灌桶损耗量 = 油罐付出量 - 油桶收入量 \qquad (1-6-30)$$

$$灌桶损耗率 = （灌桶损耗量 ÷ 油罐付出量） × 100\% \qquad (1-6-31)$$

散装液态石油产品灌桶定额损耗率见损耗标准。

2. 运输损耗

原油的运输损耗也称为原油途耗，原油途耗的统计中未区分水路（船）、公路（铁路罐车、汽车罐车）或管道输送的方式，是按月进行计算的。

$$原油途耗量 = 当月供方发货提单总量 - 当月原油进厂实收总量 \qquad (1-6-32)$$

$$原油途耗率 = （当月原油途耗量 ÷ 当月供方发货提单总量） × 100\% \qquad (1-6-33)$$

供方确定提单量的计量点以原油购销合同为准。如果当月供方已将原油发出，但因路途较远，当月（终止到月底）这批原油没有到厂，即在途，计算时将此批原油的提单量从总量中扣除，列入下月一并计算。

对于散装液态石油产品运输损耗是指从发货点装入车、船起，至车、船到达卸货点止，整个运输过程中发生的损耗。运输损耗包括铁路罐车和公路运输损耗、水上运输损耗等。

（1）铁路罐车和公路运输损耗

铁路罐车和公路运输损耗是指油品装车计量后至收站计量验收止，运输途中发生的损耗。这项损耗的损耗量和损耗率的计算公式为：

$$运输损耗量 = 起运前罐车计量数 - 卸货前罐车计量数 \qquad (1-6-34)$$

$$运输损耗率 = （运输损耗量 ÷ 起运前罐车计量数） × 100\% \qquad (1-6-35)$$

其中，罐车计量数是指用铁路罐车或油罐汽车作为计量器具交接时，直接在车中计量的数据。如果不是用罐车而是用储油罐或流量计等计量交接时，在计算时应考虑装、卸车定额损耗量。

散装液态石油产品铁路运输定额损耗率、公路运输定额损耗率见损耗标准。

① 发货装车后，用储油罐或流量计计量时，即：

$$起运前罐车计量数 = 油罐（或流量计）计量数 - 装车定额损耗量 \qquad (1-6-36)$$

其中：
$$装车定额损耗量 = 油罐（或流量计）计量数 × 装车定额损耗率 \qquad (1-6-37)$$

$$起运前罐车计量数 = 油罐（或流量计）计量数 × （1 - 装车定额损耗率)$$
$$\qquad (1-6-38)$$

② 收站卸车后，用储油罐计量时，即：

$$卸货前罐车计量数 = 油罐计量数 + 卸车定额损耗量 \qquad (1-6-39)$$

其中：
$$卸车定额损耗量 = 卸货前罐车计量数 × 卸车定额损耗率 \qquad (1-6-40)$$

$$卸货前罐车计量数 = 油罐计量数 ÷ （1 - 卸车定额损耗率) \qquad (1-6-41)$$

对于同一批同一种油品，发运的铁路罐车在两个或两个以上，当批油品由多辆铁路罐车分装时，则对每辆罐车单独将同批同种油品的计量数相加计算运输损耗。

例1-6-10 用铁路罐车运一批柴油，起运前罐车计量数为208372kg，到达后罐车计量数208150kg，标准规定的定额损耗率为0.12%，运输损耗是否超过了定额损耗？

解：运输损耗量为 $208372 - 208150 = 222kg$

运输损耗率为 $(222 ÷ 208372) × 100\% = 0.11\% < 0.12\%$

运输损耗未超过定额损耗。

（2）水路运输损耗

水路运输损耗是指油品装入油轮、油驳起，至油轮、油驳到达卸货点止，整个运输过程中发生的损耗。由于目前油驳计量仍存在一定的困难，水路运输在计算装卸数量时，一般以岸罐计量数为准。计算水路运输损耗量也是通过油罐计量数计算，计算公式为：

$$水路运输损耗量 = 发货量 - 收货量 \qquad (1-6-42)$$
$$发货量 = 发油油罐计量数 - 装船定额损耗量 \qquad (1-6-43)$$
$$收货量 = 收油油罐收入量 + 卸船定额损耗量 \qquad (1-6-44)$$

卸货时如果是通过过驳转运入库的，收货量的近似计算公式为：

$$收货量 = 收油罐收入量 + 2 × 卸船定额损耗量 + 短途运输损耗量 \quad (1-6-45)$$

短途运输损耗量指的是用里程500km以下的定额水运运输损耗率乘以收入量计算出来的，即：

$$运输损耗率 = （运输损耗量 ÷ 发货量）× 100\% \qquad (1-6-46)$$

散装液态石油产品损耗水路运输定额损耗率见损耗标准。

例1-6-11 用油轮装运柴油，装货时油罐计量数为3936051kg，到达后用油驳转运入库，油罐收入量为3910255kg，装船定额损耗率为0.01%，卸船定额损耗率为0.05%，水运定额损耗率为0.15%，求运输损耗率。

解：发货量为　$3936051×(1-0.01\%) = 3935657kg$

收货量为　$3910255×(1+2×0.05\%+0.15\%) = 3920031kg$

运输损耗量为　$3935657-3920031 = 15626kg$

运输损耗率为　$（15626÷3935657）×100\% = 0.40\%$

（3）零售损耗

零售损耗是指加油站在小批量付油过程和保管过程中发生的油品损失。零售损耗量和损耗率计算公式为：

$$零售损耗量 = 月初库存量 + 本月入库量 - 本月出库量 - 月末库存量$$
$$\qquad (1-6-47)$$

$$零售损耗率 = （当月零售损耗量 ÷ 当月付出量）× 100\% \qquad (1-6-48)$$

散装液态石油产品损耗零售定额损耗率见损耗标准。

6.7.2.2　损耗处理

1. 油品损耗的处理原则

一切损耗处理必须实事求是，有依据、有凭证、不得弄虚作假。出库前的一切损耗应自行承担，不得以任何借口转嫁用户。

油品损溢的处理工作可按图1-6-12的顺序进行。

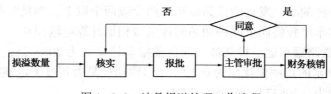

图1-6-9　油品损溢处理工作流程

2. 保管损耗的处理

（1）保管损耗　其中储存损耗、输转损耗、装卸车（船）损耗、灌桶损耗等应逐次计量记载，月末汇总一次核销。

因计量不准而发生的虚假盈亏，在当月一般不能处理，允许跨月处理，但最长不得超过三个月。

（2）整装保管损耗　按批次在出库或盘点后及时核销。

（3）清理油罐损耗　逐罐逐次单独核销。

3. 运输损耗的处理

（1）运输溢耗按批计算，同批同品种油品的运输溢耗可以相抵，收货方发现铁路运输超耗（或单车超过500kg）时，应立即按规定确认超耗，出具索赔手续，电告发货方派人共同进行计量核验，例行索赔。

对于船舶应签订《油品保量运输协议》。

（2）定额内的运输损耗由收货方负担。超过定额损耗或发生溢余时，收货方承担定额损耗，发货方承担溢余，责任方承担超耗。

4. 零售损耗的处理

（1）零售单位的零售损耗可以在月终盘点后，及时按品种一次处理。

（2）不同品种油品的盈亏不能相抵。

（3）超耗数量较大时，必须查明原因，说明情况，写出详细的书面报告，经主管领导批准后，按规定权限要求核销。

（4）如发生溢余时，溢余数量不得隐瞒不报，应作当月收益，不能转跨下月抵消损耗。

6.7.2.3　降低损耗的措施

降低油品损耗，要依靠在储运工作中科学地合理地进行管理和操作，按照损耗发生的规律采用适当的降耗措施，加强工作责任心，防止产生不应出现的额外损耗。

1. 减少操作环节，合理使用油罐

油罐中的气体空间越大，油品的蒸发量就越大，减少储油罐中的空容量。合理制定油品的储运计划，保持油罐有较高的装满程度。

2. 合理安排储运作业，减少呼吸损耗

油罐小呼吸几乎每天都要进行，可以利用大呼吸的吸气和排气冲抵小呼吸的排气和吸气。油罐发油应安排在温度升高油罐要排气时进行，用发油来减小罐内升高的压力，就可少排或不排气，以减少损耗量。在温度降低油罐要吸气时安排收油，少吸进新鲜空气，减少油品的蒸发量。

3. 利用附属设备，减少呼吸损耗

提倡使用浮顶罐或内浮顶罐，由于该油罐液面上的气体空间很小，油品蒸发较少，几乎不排气，呼吸损耗就极小。

有条件的油库，可以建立集气罐，收集油罐排出的气体以便再重新送回油罐，使油气尽量不排向大气，减少呼吸损耗。

4. 降低油罐温度，减少蒸发损耗

油罐表面的涂料颜色对降温和损耗起着重要的作用。白色或银色的涂料可以有效地反射太阳的热辐射以及新的隔热涂料，可使罐内温度较低，油罐小呼吸和油品蒸发量也就比较少。而灰色或深色的涂料，损耗量相对就比较大。

淋水降温是一项有效的措施。一般日出不久温度上升时就应开始淋水降温，直到气温下降油罐不再会排气时停止。为防止罐内温度波动而增大损耗，淋水中间不应中断，也不能断续淋水。

5. 保持设备状态完好

油罐及其附属设备的孔隙处的跑气和渗漏造成的损耗是不容忽视的。要注意油罐设备的完好状况，经常维护保养。经常需要检查计量口、呼吸阀、泡沫室、与罐内相通的自动化装置及其他附件、油泵、阀门、鹤管、法兰等。当清罐时，应检查底板，及时发现损坏和渗漏。

6. 避免大量呼吸损耗

当油罐内外压力差较大时，开启计量口盖，将会排出或吸进大量气体，损耗极大，应该尽量避免。计量或采样工作应安排在内外压差较小时进行，一般可在清晨、傍晚或者是小呼吸刚排完气的时候进行。

7. 认真操作，防止发生滴洒残漏

油罐收油及装车装船时，必须密切注意监控装油高度，防止溢油。使用鹤管等设备装油时，应避免油液滴洒喷溅。鹤管应该插至罐车底部放油，或者采取下部装油。接卸车船时，要将容器底部余油卸尽。接卸人员应注意巡视，防止油液残留。

第 7 章　安全环保技术与管理

7.1　油库安全环保概述

油库安全环境管理的基本任务，就是采用工程技术对策、安全教育对策、安全管理对策，通过有效控制和管理，使油库运行中的人、物（机）、环境协调一致地实现既定目标。

7.1.1　HSE 基本知识

7.1.1.1　HSE 的概念

1. HSE 的定义及内涵

HSE 是健康、安全与环境管理体系的简称（Health Safety and Enviroment Management System），HSE 管理体系的形成和发展是石油化工多年管理工作经验积累的成果，它体现了完整的一体化管理思想。

HSE 管理体系是指实施健康、安全与环境管理的组织机构、职责、做法、程序、过程和资源等而构成的整体。H（健康）是指人身体没有疾病，在心理上保持一种完好的心态；S（安全）是指在劳动生产过程中，努力改善劳动条件，克服不安全因素，使劳动生产在保证劳动者健康、企业财产不受损失、人员生命安全的前提下顺利进行；E（环境）是指与人类密切相关的、影响人类生活和生产活动的各种自然力量或作用的总和，它不仅包括各种自然因素的组合，还包括人类与自然因素间相互形成的生态关系的组合。

HSE 管理体系是一种事前进行的风险分析，研究自身活动可能发生的危害和后果，从而采取有效的防范手段和控制措施防止其发生，以减少可能引起的人员伤害、财产损失和环境污染的有效方式。

2. HSE 管理体系的核心

HSE 管理体系的核心是：提高员工的 HSE 意识和素质，明确和落实各部门、各级人员的 HSE 职责，规范各类人员在工作中的 HSE 行为，严格考核和持续改进 。

3. HSE 管理体系建立的五个阶段

HSE 管理体系的建立大约可分为五个阶段：①初始状态评审；②危害识别与评估；③体系策划与编制；④体系试运行和体系审核；⑤运行阶段。

4. HSE 管理体系运转的基本方式

HSE 管理体系是按照计划（PLAN）—实施（DO）—检查（CHECK）—改进（ACTION）模式建立的一种事前进行危害和环境因素识别，评估危害和环境因素的风险，通过系统化的管理机制控制风险，以便最大限度地减小事故、环境污染和职业病发生，从而达到改善企业安全、健康与环境业绩的管理方法。PDCA 循环是保证 HSE 管理体系运转的基本方式，也是提高和改善企业经营管理的重要方法。

7.1.1.2　岗位危害辨识

油库各工作岗位存在一定危害，开展岗位危害辨识，进行风险分析，提出防范对策措施，是实施 HSE 管理体系对员工的基本要求。

1. 基本概念

危害是可能造成人员伤害、职业病、财产损失、作业环境破坏的根源或状态，也称为危险源和事故隐患。

风险是发生特定危害的可能性或发生事件结果的严重性。

危害识别是认知危害的存在并确定其特性的过程。

2. 危害识别的内容及范围

危害识别一般应从以下四个方面进行，即人的不安全行为、物的不安全状态、管理缺陷、有害的作业环境。

危害识别的范围一般应考虑"三个所有、三种时态、三种状态"，即：所有人，所有物，所有场所；过去、现在和将来；正常、异常和紧急状态。

3. 危害识别与评估方法

危害识别与评估的方法很多，危险评价就是评价危害及影响后果的严重性（S）、危害发生的可能性（L）及频率。油库常用的有：安全检查表（SCL）、工作危害分析（JHA）、预先危险分析（PHA）等。选择哪种评价方法，应根据所确定对象的作业性质和危害复杂程度，选择一种或结合多种方法进行识别。

在选择识别方法时，应考虑活动或作业性质；工艺过程或系统的发展阶段；危害分析的目的；所分析的系统和危害的复杂程度及规模；潜在风险度大小；现有人力资源、专家成员及其他资源；信息资料及数据的有效性；是否是法律法规和其他规范的要求。

危害识别还要考虑：存在什么危害（伤害源）；谁（什么）会受到伤害；伤害怎样发生。

油库进行危害识别时，应根据发生危害的根源及性质，主要考虑以下方面：

火灾和爆炸；跑、冒、滴、漏、混；坠落、冲击与撞击；中毒、窒息、触电及辐射；暴露于化学性危害因素和物理性危害因素的工作环境；人机工程因素（比如工作环境条件或位置的舒适度、重复性工作等）；设备的腐蚀、失效、老化；有毒有害、易燃易爆物料、气体的泄漏；可能造成工作环境破坏的活动、过程和服务。

4. 评价风险

对所识别的危害加以科学评价，根据危害发生的可能性和严重性来确定风险度大小，即风险度为可能性与严重性的乘积。以便采取有效的控制措施，从而把风险降低或控制在可以承受的程度。

5. 风险控制

风险程度的大小是制定控制措施的依据，各部门应根据风险评价的结果制定相应的控制措施，见表1-7-1。

表 1-7-1　风险控制措施

风险程度	控 制 措 施
轻微的	维持现状，保持记录
一般的	制定管理制度、规定进行控制
重大的	制定目标、指标、管理方案，限期采取隐患治理措施

7.1.2　油库的分类和分级

凡是接收、储存、发放原油或石油产品的单位和企业都称为油库。油库是协调原油生产、原油加工、成品油销售和运输的纽带，是石油及其产品储存、供应的基地。

油库可根据其主要储油方式分类。按此分类有地面油库、隐蔽（覆土）油库、山洞油库、水陆联运油库。不同类型的油库其业务性质和作业特点也不同，对安全技术及安全管理有不同的要求和侧重。

油库容量越大，发生事故造成的损失也越大。因此，从安全角度出发，根据国家有关规定，各部门对油库等级的划分，以事故条件下造成的损失和后果，以及操作和业务的繁简等情况进行。《石油库设计规范》(GB 50074—2002)将油库按容量划分为五级，见表1-7-2。

表 1-7-2　石油库等级划分

等　级	总容量(TV)/m³	等　级	总容量(TV)/m³
一级	$100000 \leqslant TV$	四级	$1000 \leqslant TV < 10000$
二级	$30000 \leqslant TV < 100000$	五级	$TV < 1000$
三级	$10000 \leqslant TV < 30000$		

注：① 表中总容量(TV)指油库储油罐容量和桶装油品设计存放量之总和。不包括零位罐、高架油罐、放空油罐的容量。
② 当石油库储存液化石油气时，液化石油气罐的容量应计入石油库总容量。

7.1.3　油库的平面布置

总平面布置是在1:1000、1:2000的库址地形图上布置与确定油库各个区的主要建筑物在平面上的位置。如图1-7-1所示为一油库总平面布置图。

7.1.3.1　总平面布置的原则

① 便于收发作业。油库装卸和发放区要尽可能地靠近交通线，使铁路专用线和公路支线较短。

② 库内油品尽量做到单向流动，避免在库内往返交叉。

③ 合理分区，以便于各种作业安全生产，避免非生产人员来往于工作区域，特别是储油区和装卸区。

④ 库内布置和各种设施，必须符合安全、环保、防火、卫生等有关设计规范，确保油库安全。同时应力求布置紧凑，减少用地。

⑤ 变配电间及锅炉房等辅助设施要尽量靠近主要用电、用汽设备设施，以节省投资和经营费用。

⑥ 尽可能利用地形进行自流作业。

⑦ 油库对外部门要设置在靠近发放区的地方，以便提货人员联系。

⑧ 战略储备油库应充分考虑隐蔽和防护的要求。

⑨ 考虑到油库的今后发展，应适当留有扩建余地。

7.1.3.2　总平面布置的要求

1. 储油区、装卸作业区及油泵房

(1) 储油区是油库核心，应布置在安全可靠的地方；

(2) 铁路装卸区宜布置在油库边缘且便于与铁路专用线接轨的地带；

(3) 码头装卸区宜布置在已有的收发油港区内，布置应考虑到自身和对港区内其他设备设施的安全；

(4) 汽车装卸和零星灌装作业区应布置在油库面向公路一侧的出入口附近，并尽量靠近公路干线。该区宜设围墙与其他各区隔开，并应单独设出入口；

(5) 油泵房及其收发设施应由其用途确定位置。用于铁路收发的油泵房，应靠近铁路收发栈桥；用于码头收油的油泵房，则应靠近码头。

2. 与工艺密切相关的建、构筑物

（1）洗修桶间、堆桶场、灌桶间、桶装库等是有密切联系的建、构筑物，在满足防火距离要求的前提下相对靠近，并使其流向合理、一致；

（2）消防水池或水塔与水泵房、消防泵房也是密切相关的建、构筑物，也要尽量靠近，并应考虑合理流向；

（3）变电、配电间、发电机房也是密切相关的建筑物，也要尽量靠近布置，并应靠近用电负荷中心地带；

（4）锅炉房应布置在靠近供热负荷中心。

3. 库内道路

（1）库内道路应尽可能布置成环形道；

（2）油罐区的周围应设环形消防道路，便于紧急情况下消防车进场扑救；

（3）铁路装卸区应设消防道路，并与库内道路构成环形道，或设有回车场的尽头式道路；

（4）库内有汽车往返交叉作业的路段，其路面应为 6m 宽的双车道，车辆行驶少的路段，其路面应为不小于 4m 宽的单车道，应在适当地段设错车道。错车道宽应比单车道宽 2.5m，其平行段的长度为 10m。

4. 库内构建筑物防火距离应满足规范要求

此外，行政管理和业务用房一般应设在出入口附近，并宜与生产作业区用围墙相隔离。生活区一般宜布置在库外附近。

7.2　防火防爆知识

要做好油库防火防爆工作，必须先了解油品的危险性和燃烧特性。

虽然油品具有易燃易爆的特性，但其燃烧爆炸是有条件的。可燃物、助燃物和着火源是燃烧的三个要素(三个条件)，这三个要素组成一个所谓的燃烧三角形。但某些液体燃料却能在氧气含量不足的空气中持续燃烧，原因在于有活性基团的存在，说明活性基团也是燃烧的附加维数，燃烧条件由燃烧三角形发展为燃烧四面体。

油库的可燃物主要有储存的各种油品、可燃的建筑材料、设备维修保养中使用过的带油棉纱、油罐清洗时清理出的油泥等废弃物；油库火灾的主要助燃物是空气中的氧气；油库火灾的主要点火源有明火、电气设备起火、雷电、静电自然灾害和人为破坏等。

7.2.1　油品的危险性分类

油品的火灾危险是根据油品被引燃的难易程度划分的，而闪点是表示油品燃烧难易程度的重要标志，因此，《石油库设计规范》将油品按闭杯闪点分为甲、乙$_A$、乙$_B$、丙$_A$、丙$_B$三类五个等级。见表 1-7-3。

表 1-7-3　油品火灾危险性分类

类　别		油品闪点 $Ft/℃$	举　例
甲		$Ft<28$	原油、汽油
乙	A	$28≤Ft≤45$	喷气燃料、灯用煤油
	B	$45<Ft<60$	轻柴油、军用柴油
丙	A	$60≤Ft≤120$	柴油、轻柴油、20 号重油
	B	$Ft>120$	润滑油、100 号重油

原油、汽油等是闪点在 28℃ 以下的油品，最易挥发，遇点火源会燃烧或爆炸。喷气燃料、灯用煤油、-35 号轻柴油等油品，闪点高于 28℃，低于 60℃，挥发性也较强，较易引起着火和爆炸。闪点 60℃ 至 120℃ 以下的轻柴油、柴油、20 号重油因储存温度过高，也曾发生过火灾。闪点高于 120℃ 的润滑油和 100 号重油很难起火，除因其他火灾引燃之外，这类油品一般不会引发火灾。

7.2.2 燃烧与爆炸机理

7.2.2.1 油品发生火灾的危险特点

燃烧是一种同时有光和热产生的快速氧化反应，燃烧必须具备发光、发热和氧化反应剧烈这三个特征。油品发生火灾具有以下危险特点：燃烧速度快，通常轻质油品燃烧速度比重质油品快，火势传播速度快；火焰温度高，热辐射大，扑救困难；发生爆炸时，瞬间产生较大的压力，设施设备极易受到破坏，油品易外溢，火势极易蔓延。

1. 突发性强

石油库的油品、油气混合浓度达到燃烧、爆炸的条件时，就有可能在短时间内发生火灾、爆炸。油品火灾具有强烈的突发性。火灾的发生就在瞬间，由于油品热值高，具有较低的闪点和点燃能量，特别是汽油闪点和点燃能量极低。因此，油品着火后，传播速度极快，火焰温度可达到 1000℃ 以上。同时伴随着产生极强的热辐射。几种油品的燃烧速度见表 1-7-4，几种油品燃烧时表面温度见表 1-7-5。

表 1-7-4　几种油品的燃烧速度

油品名称	密度/(kg/cm^3)	燃烧速度	
		直线速度/(cm/h)	质量速度/(kg/m^2·h)
苯	0.875	18.9	165.37
航空汽油	0.73	12.6	91.98
车用汽油	0.73	7.5	76.65
煤油	0.835	6.6	55.11

表 1-7-5　几种油品燃烧时表面温度

油品名称	油品表面温度/℃	油品名称	油品表面温度/℃
汽油	80	煤油	321~326
柴油	345~366	原油	300
重油	>300		

2. 热辐射强

油罐火灾因火焰高大，燃烧猛烈，速度快，火焰温度高。所以，热辐射强。而且热辐射强度与燃烧面积、燃烧时间、相对位置、距离和风向有关。燃烧面积大、时间长、距离近、下风方向热辐射强，反之则弱。

7.2.2.2 爆炸现象及特征

爆炸是一种极为迅速的物理或化学的能量释放过程。在此过程中，体系内的物质以极快的速度把其内部所含有的能量释放出来，转变成机械功，光和热能量形态。所以，一旦发生爆炸事故，就会产生巨大的破坏作用。爆炸发生破坏作用的根本原因是构成爆炸的体系存有高压气体或蒸汽的骤然膨胀。爆炸体系和它周围的介质之间发生急剧的压力突变是爆炸的最重要特征，这种压力突跃变化也是产生爆炸破坏作用的直接原因。

1. 爆炸现象及其分类

爆炸由各种不同的物理成因或化学成因所引起。按照引起爆炸过程发生的原因，可以把爆炸现象分成物理爆炸、核子爆炸、化学爆炸等三类。爆炸按照传播速度分为爆燃、爆炸和爆轰三类。

2. 油品的爆炸性

物质从一种状态迅速地转变成另一种状态，并在瞬间放出巨大能量同时产生巨大声响的现象称为爆炸。通常用爆炸极限表示油品爆炸的危险性。油气与空气混合，其浓度达到一定的混合比范围时，遇到一定能量的点火源就爆炸。爆炸最低的混合比，称为爆炸下限；爆炸最高的混合比，称为爆炸上限。如汽油的爆炸下限油气体积含量为1.4%，爆炸上限为7.6%。如果混合气体浓度超出上述范围时，遇点火源则不发生爆炸。但在通常的储运条件下，油气很难达到均匀与空气混合，在爆炸极限外，可能存在可燃油气混合物的"气袋"或"边缘区"，这种危险必须注意。另外，因为油气浓度是在一定温度下形成的，除了油气浓度爆炸极限外，还有一个温度爆炸极限。表1-7-6列出几种油品的爆炸极限。

表1-7-6　几种油品的爆炸极限

油品名称	浓度爆炸极限/%（体积）		温度爆炸极限/℃	
	下限	上限	下限	上限
车用汽油	1.4	7.6	−38	−8
航空汽油	1.4	7.5	−34	−4
喷气燃料	1.4	7.5	—	—
煤油	0.6	8.0	+40	+86
柴油	0.6	6.5	—	—
溶剂油	1.4	6.0		

3. 油品爆炸的条件

虽然油品具有易燃易爆的特性，但其爆炸是有条件的，油品爆炸必须具备的条件是：有爆炸性混合气体的存在，混合气体的浓度在爆炸浓度范围内，遇火源或受热，点火源具有足够的能量。

7.3　防爆电气

7.3.1　油库用电区域划分

石油库的生产、生活环境，按照对电气安全的不同要求划分为三类区域：

爆炸危险区域——易燃油品和闪点低于或等于环境温度的可燃油品的生产作业区及其周围的有限空间。

火灾危险区域——闪点高于环境温度的可燃油品生产作业区。

一般用电区域——除上述两个区域以外的其他区域。

7.3.2　爆炸危险区域的划分

石油库经营的汽油、溶剂油、煤油、−35号柴油等油品蒸气或薄雾与空气混合形成爆炸性气体混合物，根据其出现的频繁程度和持续时间，将爆炸危险区域划分为3个等级。

0级区域（简称0区）：连续出现或长期出现爆炸性气体混合物的环境。

1 级区域(简称 1 区):在正常运行时可能出现爆炸性气体混合物的环境。

2 级区域(简称 2 区):在正常运行时不可能出现爆炸性气体混合物的环境,或即使出现也仅是短时存在爆炸性气体混合物的环境。

正常运行是指正常的开机、运行、运转、停机,油品的装卸、输送,密闭容器盖的开闭,安全阀、排放阀等以及设备在其设计参数范围内工作的状态。

1. 爆炸危险区域等级图例

爆炸危险区域等级图例见表 1-7-7。

表 1-7-7　爆炸危险区域等级图例表

危险场所名称	0 级区域	1 级区域	2 级区域
图例	0区	1区	2区

注:易燃设施的爆炸危险区域内,地坪以下的坑、沟划为 1 区。

2. 油库爆炸危险区域等级划分

油库爆炸危险区域划分依据的条件及因素繁多,如油品的物理性质、化学性质、作业工艺特点、设备性能和配置状况、气候及地形、地貌等。其中至关重要的是油气和空气构成的爆炸性气体混合物的存在与否及其存在状况。据此,我们归纳出十项原则,作为划分爆炸危险区域范围的参考前提。

(1) 油气密度大于空气密度。即在通常情况下,油气在空气中有"下沉"的趋向,不易逸散。

(2) 当区域内同时有两种不同闪点的油品时,应按闪点低的油品确定区域的等级并划分范围。这就是按危险程度最大的油品蒸气来划分区域,以确保安全。

(3) 油气的扩散是连续的,其浓度是递降的,且都不是阶跃式突变的。因而在划定区域范围时,应从等级较高的极限范围开始,逐级降低,依次划分。

(4) 由于自然因素或环境条件而影响油气的正常扩散,应按可能发生危险的最大极限来确定等级并划分范围。

(5) 处于爆炸危险区域内的坑、沟,应比地面上的危险等级提高一级。这是由于油气有下沉的趋势,因此在坑、沟等死角通风不良处,更易于积聚形成爆炸性气体混合物,所以比地面上的危险性更大一些。

(6) 当通风良好时,一般可降低一级,并依次划分区域范围。这是因为良好的通风空间,油气分子易于逸散,在局部空间积聚形成爆炸性气体混合物的可能性大大减少,因此,在局部空间内,危险级别可降低一级。当然,由于通风良好,油气分子扩散的范围也相应增大了。

(7) 如油气释放源在建筑物、构筑物内,一般以该室为整体来划分区域的等级和范围。这是因为室内相对比室外通风情况要差,室内由于释放源的存在,油气弥漫,过一定时间后整个室内空间可能处于同一气体浓度下,因此,可以以"室"为整体来划定区域。

(8) 呼吸管管口、真空管排气口、消气器等均视为释放源并依次划分区域的等级和范围。量油口、光孔等可开闭的孔口,当处于打开状态时,也应视为释放源。

(9) 未装法兰、阀门、仪表等配管类设施,可不视为危险源。因为未装法兰、阀门、仪表等配管类设施,不存在密封不良问题,在正常情况下油气无从漏泄,因此可不视为危险源。

(10) 依据上述原则划分的区域范围和等级,仅限在正常情况下适用,遇到设备检修或突发事故特殊情况就不再适用。

具体划分范围详见附录 B。

7.3.3 火灾危险区域划分

划分火灾危险区域的意义在于，要求布置在这一区域内的电气设备具有一定的防护功能以及采取其他适当的防火措施。根据可燃物质的特性，将火灾危险环境划分为 3 个区域，是为了对电气设备提出适当的防护要求。

1. 火灾危险环境

对于生产、加工、处理、转运或储存过程中出现或可能出现火灾危险物质环境，称为火灾危险环境。在火灾危险环境中能引起火灾危险的可燃物质有四种：

（1）可燃液体：如柴油、润滑油、变压器油、重油等。

（2）可燃粉尘：如铝粉、焦炭粉、煤粉、面粉、合成树脂粉等。

（3）固体状可燃物质：如煤、焦炭、木材等。

（4）可燃纤维：如棉花纤维、麻纤维、丝纤维、木质纤维、合成纤维等。

2. 火灾危险区域划分

根据火灾事故发生的可能性和后果、危险程度及物质状态的不同，《爆炸和火灾危险环境电力装置设计规范》（GB 50058）将火灾危险环境划分为 3 个危险区域，见表 1-7-8。

表 1-7-8　火灾危险环境划分标准特征及其区域符号

符　号	区　域　特　征	举　例
21 区	生产、加工、使用、储存闪点高于环境温度的可燃液体，且在数量和配置上能引起火灾危险的场所	油库加油站中储存的柴油、润滑油、重油等闪点大于 45℃
22 区	在生产过程中，悬浮状的可燃粉尘或纤维不能与空气形成爆炸性混合物，在数量和配置上能引起火灾危险的场所	
23 区	固体可燃物（煤、木、布、纸等）在数量和配置上能引起火灾的危险场所	

油库一般将可燃液体设备、可燃液体（即乙 B 和丙类液体）油罐组、桶装可燃液体库房和设置有可燃液体设备的房间划分为火灾危险区域。

7.3.4 防爆电气

7.3.4.1 防爆电气分类

电气设备防爆原理归纳起来有四种，即间隙隔爆、不引爆、减少能量和其他防爆原理四种。电气设备防爆类型按《爆炸性环境用防爆电气设备通用要求》（GB 3836.1）规定有七种，即隔爆型、增安型、本质安全型、正压型、充油型、充砂型、浇封型。其代号和含义见表 1-7-9。

表 1-7-9　各型防爆电气设备的代号含义

名　称	代　号	含　义
隔爆型	d	具有能承受内部爆炸性混合物的爆炸压力，并阻止内部爆炸向外壳周围爆炸性混合物传播的电气设备外壳的电气设备
增安型	e	在正常运行情况下不会产生电弧、火花或可能点燃爆炸性混合物的高温，采取措施提高安全程度，以避免在正常和认可的过载条件下出现危险现象的电气设备

名 称	代 号	含 义
本质安全型	i	在正常运行或发生故障情况下,产生的火花或热效应均不能点燃规定的爆炸性混合物的电路,也就是说这类设备产生的能量低于爆炸物质的最小点火能量
正压型	P	向外壳内充入惰性气体,或者连续通入洁净空气,以阻止爆炸性混合物进入外壳内部的电器设备
充油型	O	把可能产生火花、电弧或危险高温的带电零部件浸在油中,使之不能点燃油面上爆炸性混合物的电气设备
充砂型	q	把细粒状砂料填入外壳,壳内出现电弧、火焰传播或壳壁和颗粒表面的温度均不能点燃壳外的爆炸性混合物的电气设备
浇封型	m	把可能产生危险火花、电弧、能量密封起来的电气设备

注:① 本质安全型电气设备及其关联设备,按其使用场所和安全程度分为 ia 和 ib 两个等级。

② ia 级是在正常工作、一个故障或两个故障时,均不能点燃爆炸气体混合物的电气设备,适用于 0 级场所;ib 级是在正常工作和一个故障时,不能点燃爆炸性气体混合物的电气设备,适用于 1 级和 2 级场所。

7.3.4.2 防爆电气的选用

油库爆炸危险区域用电气设备选用按照爆炸危险区域等级,防爆电气结构等要求进行选型。

防爆电气设备要求。气体爆炸危险区域防爆电气设备选型应当符合表 1-7-10 的要求。各种防爆电气设备结构要求,按照《爆炸和火灾危险环境电力装置设计规范》(GB 50058)进行选型。

表 1-7-10 气体爆炸危险区域用电气设备防爆类型选型表

爆炸危险区域	适用的防护型式电气设备类型	符 号
0 区	1. 本质安全型(ia 级)	ia
	2. 其他特别为 0 区设计的电气设备(特殊型)	s
1 区	1. 适用于 0 区的防护类型	
	2. 隔爆型	d
	3. 增安型	e
	4. 本质安全型(ib 级)	ib
	5. 充油型	o
	6. 正压型	p
	7. 充砂型	q
	8. 其他特别为 1 区设计的电气设备(特殊型)	s
2 区	1. 适应于 0 区或 1 区的防护类型	
	2. 无火花型	n

7.3.4.3 爆炸危险场所电气线路

在爆炸危险区域,电气线路的位置、敷设方式、导体材质、绝缘保护方式、连接方式的选择应根据危险区域等级进行,并符合整体防爆要求。

1. 爆炸危险场所电气线路敷设要求

(1)电气线路的位置

① 电气线路的敷设位置应考虑在爆炸危险性较小的区域或远离油气释放源的地方。

127

② 架空线路严禁跨越爆炸危险场所，其两者水平距离不应小于杆塔高度的 1.5 倍。当水平距离小于规定值而无法躲开的特殊情况下，必须采取有效地保护措施。35kV 及以上的架空电力线路，与危险区域的距离应不小于 30m。

（2）电气线路的敷设方式

① 爆炸危险场所电气线路应采用钢管配线或电缆配线；防爆电机、风机宜采用电缆进线方式。

② 钢管配线工程必须明敷，应使用镀锌钢管。电缆配线 1 区应采用铜芯铠装电缆；2 区也宜采用铜芯铠装电缆。

③ 钢管和钢管、钢管和设备以及钢管和配件的连接处采用螺纹连接时，螺纹的啮合应是严密的，公称直径 25mm 以下的钢管不得少于 5 扣，公称直径 32mm 及以上的钢管不得少于 6 扣。

④ 在爆炸危险场所使用的电缆不宜有中间接头。难以避免时，必须在相应的防爆接线盒或分线盒内接连，接线盒不得埋地(墙)。

⑤ 在爆炸危险场所，不同用途的电缆应分开敷设，动力与照明线路必须分设，严禁合用；不应在管沟、通风沟中敷设电缆和钢管布线，埋没的铠装电缆不允许有中间接头或埋接线盒。

⑥ 导线连接应采用有防松动措施的螺栓固定或压接或焊接，不得缠接。铜、铝导线相互连接时必须采用铜铝过渡接头。

2. 爆炸危险场所配线的要求

（1）通用要求

① 爆炸危险场所使用电缆或绝缘导线材质和最小截面应符合规定要求。

② 额定电压。爆炸危险场所使用电缆或绝缘电线，其额定电压不应小于线路的额定电压，且不得小于 500V。零线的绝缘应与相线相同，且应在同一护套或钢管内。

（2）允许负载电流

爆炸危险场所的电气线路，除符合有关规定外，还应满足：

① 导线长期允许负载电流不应小于熔断器熔体额定电流，或自动空气开关延时动作过额定电流的 1.25 倍。

② 电动机支线的长期允许载流量不应小于电动机额定电流的 1.25 倍。

③ 工作零线必须接在设备的接线端子上，不得接在外壳接地端子上(或内接地螺栓上)。

④ 爆炸危险场所的电气线路，应有防止发生过载、短路、漏电、断线、接地保护装置。

（3）线路配置选择

爆炸危险区域配线方式按表 1-7-11 选用。

表 1-7-11　爆炸危险区域配线方式

配线方式	爆炸危险场所等级		
	0 级	1 级	2 级
本安电路及本安关联电路	○	○	○
钢管配线	×	○	○
电缆配线	×	○	○

注：表中符号：○ 为适用；△ 为慎用；×为不适用(下同)。

128

4) 线路保护和连接

① 在 1 级场所单相回路(如照明)中的相线和零线均应有短路保护,并使用双极自动空气开关同时切断相线和零线。

② 危险场所所有电气线路均应设置相应的保护装置,以便在发生过载、短路、漏电、断线、接地等情况下能自动报警或切断电源。

③ 线路的导电部分连接均应采用放松措施的螺栓固定,或者压接、熔焊。铜、铝导线相互连接时,必须采用铜铝过渡接头。

④ 移动式防爆电气设备的供电线路应采用中间无接头,最小截面不小于 2.5mm² 的重型橡胶套电缆。接地线应与相线、中性线在同一护套内,接线时应留有一定的余量(长于相线、中性线),并应接地良好。

(5) 设备进线

① 爆炸危险场所防爆电气设备进线方式见表 1-7-12。

② 中性线必须接在设备的接线端子上,不得接在外壳接地端子上(或内接地螺栓上)。

表 1-7-12　防爆电气设备进线方式

| 引入装置方式 | 密封方式 | 钢管配线 | 电缆配线 | | | 移动式电缆 |
			护套电缆	铅包电缆	铠装电缆	
压盖式、螺母式	弹性密封	○	○	○	○	○
压盖式	垫浇注式		○	○	○	

注: ① 浇注式引入装置即放置电缆头腔的装置。
　　② 移动式电缆必须有喇叭口的引入装置。
　　③ 除移动式电缆和铠装电缆外,凡有振动的入口处必须用防爆挠性连接管与引入装置螺纹连接,严禁钢管直配。

(6) 临时用电线路的要求

① 在爆炸危险场所临时用电,要按规定办理临时用电作业票。

② 临时用电的开关控制宜设在爆炸危险场所以外。

③ 临时线路中间不宜设接线盒。

④ 用电设备必须固定牢靠。

⑤ 每天作业结束或雷雨天应及时断电。

⑥ 用完后必须及时拆除。

⑦ 线路安装必须牢固,地面敷设的临时线路在人员通过处应有防护措施。

7.3.5　电气设备的接地

接地是指把电气设备的某一部分通过接地装置同大地紧密地连接在一起。

7.3.5.1　电气设备接地范围

下列电气设备中的外露可导电部分均应可靠接地:

(1) 电动机、变压器及其他电器的金属底座或外壳;

(2) 配电、控制盘(台、箱)的框架;

(3) 穿线的钢管、电缆铠装层、屏蔽层;

(4) 防爆灯具、插销、开关、接线盒等小型电器设备的外壳;

(5) 各种安装电器设备的金属支架。

7.3.5.2　接地

接地分为保护接地和工作接地。保护接地是指电力设备、家用电器等由于绝缘的损坏可能使得其金属外壳带电，为了防止这种电压危及人身安全或产生二次放电而造成事故灾害，而设置的接地称为保护接地；工作接地是指维持供电系统正常安全运行的接地。保护接地又分为接地保护和接零保护，两种不同的保护方式使用的客观环境不同。

接地保护：就是把电气设备的金属外壳用金属导线与大地可靠连接起来。电气设备采用接地保护措施后，设备外壳已通过导线与大地有良好的接触，则当人体触及带电的外壳时，避免触电事故。

接零保护：接零保护是在中性点接地的系统中，将电气设备在正常情况下不带电的金属部分与零线作良好的金属连接。外壳带电时，使线路上的保护装置（如熔断器）迅速熔断，从而将漏电设备与电源断开，从而避免人身触电的可能性。

油库供电为 TN(TN-C、TN-C-S、TN-S)公用低压电力网和厂矿企业专用低压电力网，从建筑物内总配电盘(箱)开始引出的配电线路和分支线路必须采用 TN-S 系统。爆炸危险场所必须设保护接地干线(网)，且与变压器的中性点接地体连接成一体。

7.3.5.3 接地要求

（1）信息系统单独接地时，其接地电阻值不大于 4Ω；与其他系统联合接地时，其接地电阻值不大于 1Ω。

（2）$1kV$ 以下变压器中性点接地系统，中性点接地电阻值不大于 4Ω。

（3）设备保护接地点，其接地电阻值不大于 4Ω。

（4）石油库内防雷接地、防静电接地、电气设备的工作接地、保护接地及信息系统的接地等，宜共用接地装置，其接地电阻不应大于 4Ω。但不得与独立避雷针、架空避雷线接地体共同设置，且两者相互间最小距离不应小于 $3m$。

（5）当多个接地装置构成接地网时，应设置便于测量接地装置接地电阻的断接卡。

（6）设备、管道等进行局部检修，可能造成有关设备电气接地断路或破坏等电位时，应事先做好临时性接地，检修完毕后应及时恢复。

（7）爆炸危险场所的电气设备与接地线的连接，当采用多股软铜绞线时，其截面积不得小于 $4mm^2$。

7.4 防静电与防雷

两种不同的物体(包括固体、液体、气体)，通过摩擦、接触、分离等机械运动的相互作用产生的，相对于观察者是静止的电荷，称为静电。雷电是静电在自然界中的一种特殊放电形式。静电和雷电也是引起油库火灾的主要点火源。

7.4.1 防静电

7.4.1.1 静电的危害

油品在接卸、输转等过程中，液体与储罐内壁，液体与管道内壁，液体与泵、阀门、计量器等摩擦都会产生静电荷。由于油品是静电的非导体，易产生静电积聚，静电荷积聚到一定程度就会形成静电放电。如果静电放电量超过可燃气体的最小点燃能量，就会引起火灾、爆炸事故。

静电对油库的主要危害：一是引起油品及油蒸气和气体燃料的燃烧爆炸和火灾；二是引起电气元件误动作及作业条件受到限制，妨碍经营；三是引起人体电击及因电击造成的二次伤害。

7.4.1.2 静电的产生、积聚和放电

1. 静电的产生

存在于宇宙间的物质，不论其具有什么样的结构及处于何种物态，都不同程度地具有传导电流的能力，绝对的绝缘体是没有的。从静电角度，根据各种物质所具有的电阻率大小，材料可分为静电导体、静电亚导体和静电非导体三大类。

（1）双电层理论

油品在运输和输送、喷溅式卸油等过程中，产生静电可用双电层理论来解释。所谓双电层理论，是指当两种不同属性的物体相接触时，由于不同物质的原子得失电子的能力不同，不同原子或分子的外层电子的能级不相同，在接触面处各自的电荷将发生新的排列，并发生电子转移，使接触界面两侧出现大小相等，极性相反的电荷层称作偶电层或双电层，同时在触面形成电位差。

（2）油品在油库中的带电形式

油品在储存经营过程中，由于管道和过滤等管件与油品的接触、分离；油品的喷溅、发泡；油品在油罐中的沉降等产生的静电带电现象。按介质的运动形式分为流动带电、喷射带电、冲击带电和沉降带电。

① 流动带电

液体流动带电是油品在储存作业中常见的带电形式。如油品在管道内流动时，会连续地发生液相与固相接触与分离的现象而使被输送的油品带电。其带电过程可以从三种状态来考虑。

当液体从处于静止状态，液体与金属管壁接触，在分界上存在着一个双电层。一种符号的电荷紧靠着管壁，而相反的电荷分布在液体的一边，这部分电荷的密度随着距管壁距离的加大而逐渐减小，处于一种扩散状态，如图 1-7-2(a)。

当管壁内的油品流动时，靠管壁的负电荷被束缚着，不易流动。而呈扩散状态的正电荷则随着油品的流动，形成电流。这种随液体流动而形成的电流叫做流动电流。在工程上经常用这个物量来衡量液体中带有的静电的程度。由于油品的流动使原来的双电层发生了变化，油品中的正电荷被冲走时，原在管壁内侧被束缚的负电荷，由于相反电荷的离去而有条件跑到管壁外侧成为自由电荷。同时，带电油品离去后，又有中性油品分子进行补充，即刻又出现新的双电层，如图 1-7-2(b)。

若金属管线接地，则管线上除去界面双电层所束缚负电荷外，管壁外侧多余负电荷被导入大地，同时，正电荷随着油料的流动移向前方，如图 1-7-2(c)。

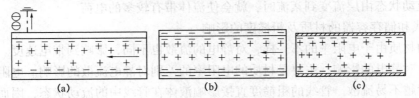

图 1-7-2 油品流动带电原理

② 喷射带电

当油品从喷嘴或关口以束状喷出后，这种束状的油品便于空气连续发生接触与分离现象，使油品带电。喷射蒸汽时，蒸汽中含有的无数微小的液滴，这些液滴同上述微粒存在接触和分离，所以喷射蒸汽也可以产生强烈的静电。如喷射二氧化碳灭火时，由于干冰迅速蒸

发出来，成为二氧化碳从喷嘴中高速喷出，有些来不及蒸发的二氧化碳固体微粒和少量的液体也一起喷出，在喷射过程中产生静电。油库、加油站喷溅式接卸油时也产生喷射带电。

③ 冲击带电

油品从管道出口喷出后遇到板壁时，油品与板壁不断发生接触和分离现象，与板壁分离后的液体向上飞溅，形成许多带电的油滴，当小油滴落在其他物体表面上时，便在接触界面处形成双电层。由于油珠具有惯性，碰到物体之后还要继续流动。于是油珠带走双电层的扩散层，固定层便留在物体表面上。这样，油珠和物体就分别带上了不同符号的静电荷。

④ 沉降带电

油品中含有固体颗粒和水分时，杂质会离解成带电离子，因此，在水和油的界面处形成了双电层。当水滴和油作相对运动时，水滴带走吸附在界面上的电荷，于是油和水滴分别带上了不同符号的电荷，由于悬浮于液体中的微粒沉降时，会使微粒和液体分别带上不同符号的电荷，这样就使容器上下部分产生电位差，这个电位差成为沉降电势。

（3）影响油品带电的因素

① 电导率的影响

液体介质的导电主要依靠活性分子或离子的转移，导电能力的大小决定于活性离子的浓度，对于油品而言，一般属于非极性介质，它的导电率主要受杂质的影响。

油品导电率高，说明含有可电离的杂质较多，起电性较好，能产生较多的静电荷。但电导率高产生的电荷也极易泄露。因此，这类油品不易带上较多电荷。对于导电率很低的油品，由于所含的离子很少，不易形成双电层，所以带电也很困难。显然，当电导率较大或较小时，介质带电是困难的，只有电导率居中的介质，带电较为容易。实验表明，石油产品在管道中流动时，当导电率在 $10^{-13} \sim 10^{-19} S/m$ 时易于带电，而在 $(1 \sim 2) \times 10^{-11} S/m$ 左右最为严重，而一般轻油如汽油、煤油、液化石油气的电导率经测试均在 $5 \times 10^{-12} \sim 2 \times 10^{-11} S/m$ 范围内，因此静电危害很大。

② 水分的影响

在高电阻率的油品中混入水分，不论在输送的管线中还是在储罐里都增加了带电的危险性。一般认为，水是不直接与油品作用增加静电产生，而是通过对油品内所含杂质的作用起间接影响。当油品混入的水在 1%~6% 时最危险，静电起电能力将相应增高 10~50 倍。

③ 流动状态的影响

在工程管线上，由于管壁障碍、转弯、变径、管件等情况，液体的流动状态可能会发生变化，当流动状态由层流变到紊流时，就会使流体带有较多的电荷。

④ 管线和储存容器的材质及粗糙度的影响

不同的材质由于电阻率的不一样，对静电的流散也不同，影响到带电速度。管线和储存容器的材质对静电的影响，主要是材质的电阻率的差别对静电流散的影响。电阻率越大的材质，静电荷越不易流散。管线的粗糙度直接影响液体在管线中的流动状态，因而影响流动液体的带电。管线内壁粗糙度越大，产生的静电荷越多。

⑤ 流速对介质带电的影响

油品的流速越大、管径越大、距离越长，油品同管壁、管件的摩擦越多，产生的静电荷越多。在流动的液体中，迁移的电荷就会产生电流。在大多数情况下，油品离开管道时，其电流正比于流速和管径。

132

2. 静电的积聚和放电

（1）静电的积聚

静电荷积聚多少与材料的绝缘性能有关，也与电荷在介质内流散规律有关。

油品经管线卸入储罐，要积累一定的电量，同时，还会发生电荷泄漏，这是因为油品虽具有较高的电阻率，但并非完全绝缘，而且金属管是良好接地体，因此，可以把油品看作是一个具有泄漏电阻的电容器。

由于汽油、柴油等石油产品本身存在着电阻和对地电容，所以静电积聚电荷是必然的。油罐等金属设备内的电荷积累量，随着接卸时间的延伸，都有一个最大值，达到最大值后将逐渐衰减。减少储罐内电荷积累量的主要办法就是控制流速和控制入口电荷密度，以及油罐的内壁涂料和接地情况等。

（2）静电放电

静电放电通常是一种电位较高、能量较小，处于常温常压下的气体击穿。按放电形式的不同，主要有电晕放电、刷形放电和火花放电三种形式。

① 电晕放电。一般发生在电极相距较远，带电体与接地表面有突出部分或棱角的地方，如罐壁的突出物。这些地方电场强度较大，能将附近的空气局部电离，有时并伴有咝咝响声和辉光。此种形式的放电能量小而分散，一般放电能量为 $0.03 \sim 0.012 \mathrm{mJ}$，一般小于油蒸气的最小点燃能量。因此，危险性小，引起火灾的几率小。

② 刷形放电。这种类型的放电特点是两电极间的气体是非均匀介质，因击穿成为放电通路，但又不集中在某一点上，而且有很多分叉，分布在一定的空间范围内。刷形放电伴有声和光，电击形状多是球形，在绝缘体上更易发生。因为放电不集中，所以在单位空间内释放的能量也较小，但具有一定的危险性，比电晕放电引起的灾害几率高。

③ 火花放电。火花放电是两极间的气体被击穿而形成通路，有明亮而曲折的光束穿过两极间的空间，这时电极具有明显的放电集中点。放电时有短暂爆裂声，伴有白色线状辉光，在瞬间内能量集中释放，因而危险性最大。当两极均为导体且相距又较近时，往往发生火花放电。

（3）影响静电放电的因素

① 电极形状和极性。电极末端的曲率半径越小，越使局部电场增大，也就越容易引发放电，因而锥尖比半球形的电极放电电压为低。另外，在棒形电极带正电荷时比负电荷易发生放电。

② 碳氢化合物气体的组分。试验表明：从甲烷至庚烷，随着碳原子数目的增加，气体的击穿电压也相应增加。

③ 电压作用时间。气体的击穿放电，不仅需要足够的电场强度，还需要一定的作用时间。

7.4.1.3 静电灾害的控制和防护

1. 形成静电灾害的条件及消除静电灾害的基本途径

（1）静电灾害的条件

静电灾害是在一定条件下造成的，静电作为火源引起爆炸和燃烧的条件可归纳为四点，即：

① 有静电产生的来源；

② 静电得以积聚，并达到足以引起火花放电的静电电压；

③ 静电放电的火花能量达到爆炸混合物的最小引燃能量；

④ 静电放电周围必须有爆炸性混合物存在，且爆炸性混合物含量在爆炸浓度范围内。

上述四个条件，任何一个条件不具备时，就不会引起静电灾害。

（2）消除静电的基本途径

从静电灾害形成的条件看出，消除静电灾害有四个基本途径：

① 减少静电的产生。控制装卸油速度，采取密闭式装卸油，工艺上减少弯头、阀门设置，防止油品中混入水分和杂质。

② 防止静电积聚，加速静电电荷的泄漏。不论采用什么样的方法控制静电的产生，都不能完全消除静电，即静电的产生是不可避免的，但只要防止静电荷的积聚不能达到静电放电电压，就能有效地防止静电灾害事故的发生。因此必须加速静电电荷的泄漏。油库防静电积聚的主要措施是对储油罐、输油管线等设备进行接地和跨接。

③ 防止产生高电场引起静电火花放电。罐车来油必须在规定静置时间后才能接卸，油罐在收油后不能立即进行手工计量和检测，防止高电场的形成。爆炸危险场所，操作人员严禁穿脱拍打衣服。

④ 防止爆炸性混合气体存在。降低爆炸危险场所的可燃气体浓度，如防止油品的跑、冒、滴、漏；采用密闭装卸油品和油气回收系统可以减少油蒸气浓度。

2. 防静电措施

静电作为火源引起爆炸和燃烧有四个条件。要避免火灾事故的发生，只要消除其中的任何一个或几个条件。即防止或减少静电的产生；设法导走或中和产生的静电荷，使其不能积聚；防止产生高电场，静电放电没有足够能量；防止爆炸性混合气体的形成。

（1）工艺控制

① 控制装卸油速度，缩短工艺管线的长度，且工艺管线尽量走直线，减少弯头和阀门数量。

② 控制装油方式。严禁喷溅装油，即装车鹤管伸入距离油罐罐底不大于 200mm；采取密闭下装油工艺，以减少静电量的产生。

③ 增设密闭油气回收系统。减少油库爆炸性混合气体的产生，从而减少火灾爆炸事故的发生。

（2）静电接地与跨接

静电接地是指将储存容器、管道及其他设备通过金属导线和接地体与大地连通而形成等电位，并有最小电阻值。跨接是指将金属设备以及各管道之间用金属导线相连造成电位体。

爆炸危险场所和火灾危险场所内的所有装置都需要做防静电接地，但当金属体已与防雷保护接地系统连接时，就不需要另做防静电接地。静电接地应符合以下要求：

① 地上或埋地敷设的输油管道的始端、末端和分支处应设防静电接地。

② 静电连接线宜采用截面不小于 6mm² 的软铜线。为装卸油设跨接的静电接地装置，宜采用能检测跨接线及监视接地装置状态的静电接地仪器。

③ 在爆炸危险区域内的输油、输气管道的法兰接头、胶管两端、阀门等连接处应用金属线跨接。不少于 5 根螺栓连接的法兰，在非腐蚀环境，可不跨接。

④ 防静电接地装置的接地电阻值不大于 100Ω。

（3）限制作业条件

为了避开油面最大静电电位，防止静电事故的发生，对刚接卸油罐和运输后的油罐车进行人工检测时，油品需要静置一段时间，以保证内静电荷的泄漏。我国是按照油品的电导率和容器容积规定静默时间的，见表1-7-13。

表1-7-13　油罐容积与静置时间

储罐容积/m³	<10	11~50	51~5000	>5000
静置时间/min	3	5	20	30

（4）人体的防静电

在爆炸危险场所频繁作业和接触设备，可能由于带电会造成事故。人体由于自身活动和与带电体接触产生静电带电。人体穿着的内外衣为化纤织品或毛织品产生的静电最高，在穿脱时形成的蓝色火花，即放电可能引燃、引爆爆炸性混合气体的机遇较多。因此，员工应穿着防静电服，或棉织品的衣服；勿用化纤和丝绸类纱布去擦试泵、压缩机、量油口等；在爆炸危险场所设置座椅，也勿选用人造革或化纤类作靠垫的座椅；在爆炸危险场所的工作人员严禁穿脱衣服，不得梳头、拍打衣服。

7.4.2　防雷电

7.4.2.1　雷电的危害

雷电是大自然中静电放电过程，是雷云接近大地时，地面感应出相反电荷，当电荷积聚到一定程度，产生云和云之间以及云和大地之间放电，并发出光和声的现象。雷电是一种自然灾害，有很大的破坏作用。建（构）筑物、电气线路和变配电装置等设施和设备遭受雷击时，会产生相当高的过电压和过电流，在所波及的范围内，可能造成设备和设施的破坏，导致火灾或爆炸，甚至人员的伤亡。

雷电的危害可分为直接危害和间接危害。直接危害是由雷电对大地放电引起的，间接危害是由雷电流产生的电磁感应和静电感应而引起的。

1. 电效应

在雷电放电时，能产生数万伏甚至数十万伏的冲击电压，足以烧毁电力系统的电机、变压器、断路器等电力线路和设备，引起绝缘击穿而发生断路，导致可燃、易燃、易爆物品着火爆炸。

2. 热效应

当几十至几百千安的强大电流通过导体时，在极短的时间内将转换成大量的热能，能使放电通道的温度达摄氏数万度。在短时的高温下，可燃物品会燃烧，金属被熔化，造成火灾和爆炸事故。

3. 机械效应

雷电流经被击物内部的纤维缝隙，或流经其他结构的缝隙时，因放电温度高，使空气剧烈膨胀，同时使缝隙内的水分及其物质分散为大量的气体，因而产生巨大的机械力，致使被击物质遭受严重的破坏或造成爆炸。

以上破坏是直接雷击所造成的，这种直接雷所产生的电、热、机械的破坏作用都是很大的。

4. 静电感应

当金属物处于雷云和大地电场中时，金属物上会感应出大量的电荷，雷云放电后，云与大地间的电场虽然消失，但金属物上所感应聚积的电荷却来不及立即逸散，因而产生很高的对地电压。这种对地电压，称为静电感应电压。静电感应电压往往高达几万伏，可以击穿数十厘米的空气间隙，发生火花放电，对油库威胁很大。

5. 电磁感应

电磁感应是由于雷击时，巨大的雷电流在周围空间强大的交变磁场，使处在变化磁场中的金属导体感应出很大的电动势。若导体闭合，金属物上仅产生感应电流，若导体有缺口或回路上某处接触电阻较大，在缺口处会产生火花放电或在接触电阻大的部位产生局部过热，从而引燃周围可燃物。

6. 雷电波侵入

雷击在架空线路，金属管道会产生冲击电压，使雷电波沿线或管道迅速传播。若侵入建筑物内，可造成配电装置和电气线路缘层击穿产生短路。

7.4.2.2 防雷装置

1. 建(构)筑物的防雷分类

建(构)筑物根据其生产性质，发生雷击事故的可能性和后果，分为三类：

(1) 第一类防雷建(构)筑物。凡建(构)筑物中制造、使用、储存大量易爆炸物质，因电火花而引起爆炸，会造成巨大破坏和人身伤亡者，或属于 0 区和 1 区的爆炸危险场所为第一类防雷建(构)筑物。

(2) 第二类防雷建(构)筑物。凡建(构)筑物中制造、使用、储存易爆炸物质，但电火花不易引起爆炸或不致造成巨大破坏和人身伤亡，或属于 2 区爆炸危险场所为第二类防雷建(构)筑物。

(3) 第三类防雷建(构)筑物。凡除第一、二类防雷建(构)筑物外需要防雷的建(构)筑物为第三类防雷建(构)筑物。

不同类型的防雷建(构)筑物，其防雷要求不同。一、二类建(构)筑物的防雷等级高，应有防直接雷击、防雷电感应和防雷电波侵入的措施。三类建(构)筑物应有防直接雷击和防雷电波侵入的措施。

2. 防雷装置构成

防雷装置是利用其高出被保护物的突出地位，把雷电引向自身，通过引下线和接地装置把雷电泄入大地，以保护人身和建(构)筑物免遭雷击。常规防雷装置有接闪器、引下线和接地装置三部分组成。

(1) 接闪器是指直接接受雷电的金属构件，也称引雷器。它所用材料应能满足机械和耐腐蚀的要求，并有足够的热稳定性，以能承受雷电流的热破坏作用。常用接闪器主要有避雷针、避雷线、避雷网和避雷带等。

避雷针主要用于保护相对高度突出的建(构)筑物，一般采用镀锌圆钢或镀锌钢管。针长 1m 以下时，圆钢直径不小于 12mm，钢管公称直径不小于 20mm；针长在 1~2m 时，圆钢直径不小于 16mm，钢管公称直径不小于 25mm。镀锌钢管应将端头打偏并焊接封口，顶端做成尖形，有利于聚集电荷，接闪效果好。

避雷线用于民用电力输送线和较长的单层建(构)筑物，一般分为单根避雷线和双根避雷线两种。避雷线的材料为截面不小于 $35mm^2$ 的镀锌钢绞线。

避雷网和避雷带主要用于保护建(构)筑物以防感应雷击。避雷网为网格状，避雷带为带状，一般采用圆钢或遍钢，其圆钢直径不小于 8mm；扁钢截面不小于 $48mm^2$，厚度不小于4mm。

（2）引下线是避雷保护装置的中间部分，上接接闪器，下连接地装置。引下线一般采用圆钢或扁钢，圆钢直径不应小于8mm，扁钢截面不小于48mm²，厚度不小于4mm。

引下线应沿建筑物的外墙敷设，并经最短路线接地。一个建(构)筑物的引下线一般不少于两根。对于暗装的引下线，其截面积应加大一级。建(构)筑物的金属构件也可作为引下线，但所有的金属构件均应连成电气通路。

（3）接地装置包括埋设在地下的接地线和接地体。其结构形式与静电接地装置相同，可同防静电接地装置共用。接地装置的性能取决于它的结构形式、布局和材料等。也取决于它的实际电阻值。接地电阻值是用来衡量接地装置是否合格的一个指标，电阻越小，电流导入大地的能力越好。

接地干线和接地体应选用镀锌材料，选材见表1-7-14。

表1-7-14　接地干线和接地体材料选择

名　称	地　上		地　下	备　注
	室内	室外		
扁钢	25×4	40×4	40×4	镀锌材料
圆钢	$\phi8$	$\phi10$	$\phi16$	镀锌材料
角钢			50×50×5	镀锌材料
钢管			DN50	镀锌材料

接地体不应少于2根，可用角钢、钢管等敷设，埋地深度不应小于2.5m，两根接地体之间的距离不应小于5m，敷设在地下的接地体不应刷漆，接地线必须连接可靠，不得把几个应予接地的干线连接在一起，防止损伤，并应敷设在便于检查的地方，见图1-7-3。

防雷接地装置同其他接地装置一样，应定期检查和测定。检查各部分的连接情况和锈蚀情况，并测量其接地电阻。一般规定每年春秋两季各检查一次。

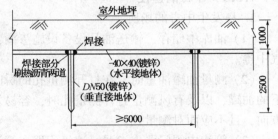
图1-7-3　接地装置剖面图

7.4.2.3　雷电灾害的控制和防护

防雷接地装置，其接地电阻越小，雷电流导入大地的能力越好，反击和跨步电压也越小。油库防雷应符合以下要求：

（1）钢油罐及其金属附件应相互作等电位电气连接并接地，接地点不应少于两处，接地点沿油罐周长的间距不宜大于30m，接地电阻不宜大于10Ω。接地线与接地体应采用焊接方式连接，连接线与被接地设备应使用防锈金属材料并设断接卡，用双螺栓连接，埋地部分均应焊接。防雷接地、防静电接地、电气设备的工作接地、保护接地及信息系统的接地等，宜共用接地装置，其接地电阻不应大于4Ω。

（2）当各自单独设置接地装置时，储油罐的防雷接地装置、配线电缆金属外皮两端和保护钢管两端的接地装置，其接地电阻不应大于10Ω；保护接地电阻不应大于4Ω；地上输油输气管道始、末端和分支的接地装置，其接地电阻不应大于30Ω。

（3）当固定顶钢罐的顶板厚度不小于4mm时，不应装设避雷针；浮顶油罐或内浮顶油罐不应装设避雷针，但应将浮顶与罐体用两根导线做电气连接。浮顶油罐连接导线应选用横截面不小于 25mm² 的软铜复绞线。对于内浮顶油罐，钢质浮盘油罐连接导线应选用横截面不小于 16mm² 的软铜复绞线；铝质浮盘油罐连接导线应选用直径不小于 1.8mm 的不锈钢钢丝绳。

（4）信息系统（通讯、液位、温度、压力、计算机系统等）应采用铠装电缆或导线穿钢管配线。配线电缆金属外皮两端、保护钢管两端均应接地。油罐上安装的信息系统装置，其金属的外壳应与油罐体做电气连接。装于地上钢油罐上的信息系统的配线电缆应采用屏蔽电缆。电缆穿钢管配线时，其钢管上下两处应与罐体做电气连接并接地。

（5）储存甲、乙、丙 A 类油品的钢油罐应采用防雷防静电措施，钢油罐的防雷接地装置可兼作防静电接地装置。

（6）建（构）筑物需要防直击雷时，应采用避雷带（网）保护。

（7）弱电系统（通讯、信号、监测和微机控制等）应按有关规定或产品技术要求，采取防雷措施，装设与电子器件耐压水平相适应的过电压保护器。

（8）380/220V 供配电系统的电缆金属外皮或电缆金属保护管两端均接地，供配电系统的电源端应安装与设备耐压水平相适应的过电压保护器（电涌保护）。

7.5 防 中 毒

石油产品由烃类化合物及少量非烃化合物组成，大多具有毒性，长期接触对人体有不同程度的毒性，若对油品毒性缺乏必要的认识，将造成中毒事故，影响人员身体健康，甚至危及生命安全。因此，应特别注意油料对人生理上的影响及其在日常管理中应采取的防毒措施。

7.5.1 中毒的途径

1. 易发生中毒的场所

（1）油库中储存、输送油品设备设施渗漏，通风不良时，会造成油气积聚，可能发生油气中毒。

（2）测量油罐油量时，在打开测量孔的瞬间可能发生油气中毒，特别是安装于洞内和地下的油罐，以及有风测量打开测量孔时，容易发生中毒，因此，开启测量孔时，应位于上风方向，且不应面对测量孔。

（3）管沟内阀门严重渗漏，油气积聚在管沟内易造成人员中毒。

（4）清洗油罐，检修储、输油设备设施，涂装作业时，极易造成中毒事故。

综上所述，发生中毒事故，一般来说，多发生于油品收发、检修、测量、清洗油罐，以及发生跑、冒、漏、渗的场所和易于排放与积聚油气的地方。一是油气排放源附近，二是通风不良的油罐室、巷道，以及易于积聚油气的低洼处和气动力阴影区，三是储存过油品的空容器内。

2. 毒物进入人体的途径

毒物进入人体的途径主要有以下三条途径：

（1）通过呼吸道吸收。油蒸气、有机溶剂等气体、蒸气毒物可以通过呼吸道进入人体而引起中毒。呼吸道是毒物进入人体的主要途径。

（2）通过皮肤吸收。油品中的某些毒物，可以通过人的表皮毛孔、汗腺、皮脂腺等侵入人体，皮肤吸收后不需经肝脏而直接进入血液循环系统，分布到全身，引起中毒。

（3）通过消化道吸收。消化道吸收可发生在口腔黏膜、胃、小肠等部位，而以小肠吸收为主。主要原因是由于不遵守操作规程和不良的卫生习惯，如用嘴吸汽油、接触毒物后未清洗口腔就吸烟、进食等。

7.5.2 防中毒措施

1. 加强防中毒教育。

2. 保证储、输油设备设施的完好。

3. 改进不符合要求的通风工作场所。

4. 认真执行有关的劳动保护法规。按规定配备一定数量的劳动防护器具，以保证有中毒危险作业的需要。建立劳动防护器具的管理制度，定期给从事有毒有害物质作业的人员进行体检。

5. 严格遵守安全操作规程

（1）清洗油罐、油罐车时，应严格执行《油罐清洗、除锈、涂装作业安全规程》的各项要求。采取自然通风或机械通风以排除油罐内的油气，按规定检测油气浓度，清洗作业的人员应按规定着装整体防护服，佩戴呼吸防护用具，避免吸入过量油气和油泥等与皮肤接触。

（2）设备设施防腐涂装时，应使用危害性较小的涂料。禁止使用含工业苯、石油苯，重质苯、铅白、红丹的涂料及稀料；尽量选用无毒害或低毒害、刺激性小的涂料和稀料。在进行有较大毒性或刺激性的涂料涂装作业时，涂装作业人员应佩带相应的防护用具和呼吸器具。

（3）涂刷生漆等工作场所，除应采取通风措施外，暴露的皮肤应涂防护膏。

（4）防毒呼吸用具及防护用品必须严格按照"说明书"要求使用，使用前必须认真检查。隔离式呼吸面具无论采用何种供气方式都必须保证供气可靠。

（5）凡进入通风不良、烟雾弥漫的燃烧爆炸场所抢险时，作业人员必须严密组织，佩带防护器具，设监护人，定时轮换，并作好发生意外时的抢救准备。

（6）作业中如发生头昏、呕吐、不舒服等情况，应立即停止工作，进行休息或治疗。如发生急性中毒，应立即抢救。先把中毒人员抬到新鲜空气处，松开衣裤。如中毒者失去知觉，则应使患者嗅、吸氨水，灌入浓茶，进行人工呼吸，能自行呼吸后，迅速送医院治疗。

7.5.3 防毒面具

1. 防毒面具分类

按防护原理，可分为过滤式防毒面具和隔绝式防毒面具。

（1）过滤式防毒面具 从结构上可分为导气管式防毒面具和直接式防毒面具两种。直接式防毒面具由面罩和滤毒罐（或过滤元件）组成。面罩包括罩体、眼窗、通话器、呼吸活门和头带（或头盔）等部件。滤毒罐用以净化染毒空气，内装滤烟层和吸附剂，装配成过滤元件。导气管式防毒面具由面罩、大型或中型滤毒罐和导气管组成。

（2）隔绝式防毒面具 由面具本身提供氧气，分贮气式、贮氧式和化学生氧式三种。隔绝式面具主要在高浓度染毒空气（体积浓度大于1%时）中，或在缺氧的高空、水下或密闭舱室等特殊场合下使用。

2. 防毒面具的选用

防毒面具应根据生产环境中不同种类和性质的有毒蒸气、气体、有害气溶胶选择合适的滤毒罐。GB 2890—1995中规定了八种类型的滤毒罐，其中带过滤层的在罐上加注字母"L"。油库可选用防有机气体型过滤盒，滤毒盒类型如表1-7-15所示：

表 1-7-15　滤毒盒类型（GB 2890—1995）

滤毒盒编号	标色	防毒类型	防护对象（举例）
3	褐	防有机气体	有机蒸气：苯及其同系物，汽油，丙酮，二硫化碳，醚等
4	灰	防氨，硫化氢	氨，硫化氢
6	黑	防汞蒸气	汞蒸气
7	黄	防酸性气体	酸性气体：氯气，二氧化硫，硫化氢，氮氧化物

正压式消防空气呼吸器是一种自给开放式空气呼吸器，广泛应用于消防、化工、船舶、石油行业抢险救灾人员在浓烟、蒸气、缺氧等各种恶劣环境中提供呼吸保护，不吸入有毒气体，从而有效地进行灭火、抢险救灾救护和劳动作业。

该系列产品配有视野广阔、明亮、气密良好的全面罩，供气装置配有体积较小、重量轻、性能稳定的新型供气阀；选用高强度背板和安全系数较高的优质高压气瓶；减压阀装置装有残气报警器，在规定的气瓶压力范围内，可向佩戴者发出声响信号，提醒使用人员及时撤离现场。

按气瓶材质分为钢瓶型正压式空气呼吸器和碳纤维瓶正压式空气呼吸器，钢瓶型正压式空气呼吸器有两种规格：RHZK-5/30 和 RHZK-6/30 正压式空气呼吸器；碳纤维瓶正压式空气呼吸器也有两种规格：RHZK-6.8/30 碳纤维瓶和 RHZK-9/30 碳纤维瓶正压式空气呼吸器。（具体参数见表 1-7-16）：

表 1-7-16　正压式空气呼吸器参数表

型　号	气瓶工作压力/MPa	报警压力/MPa	可使用时间/min	质量/kg
RHZK-5/30	30	4~6	50	≤12
RHZK-6/30	30	4~6	60	≤14
RHZK-6.8/30 碳纤维瓶	30	4~6	60	≤8.5
RHZK-2/30 碳纤维瓶	30	4~6	20	≤4

图 1-7-4　正压式空气
呼吸器佩戴示意图

3. 防毒面具和呼吸器的使用及注意事项

（1）正压式空气呼吸器的使用（图 1-7-4）：

① 打开气瓶阀，检查气瓶气压（压力应大 24MPa），然后关闭阀门，放尽余气。

② 气瓶阀门和背托朝上，利用过肩式或交叉穿衣式背上呼吸器，适当调整肩带的上下位置和松紧，直到感觉舒适为止。

③ 插入腰带插头，然后将腰带一侧的伸缩带向后拉紧扣牢。

④ 撑开面罩头网，由上向下将面罩戴在头上，调整面罩位置。用手按住面罩进气口，通过吸气检查面罩密封是否良好，否则再收紧面罩紧固带，或重新戴面罩。

⑤ 打开气瓶开关及供给阀。

⑥ 将供气阀接口与面罩接口吻合，然后握住面罩吸气根部，左手把供气阀向里按，当听到"咔嚓"声即安装完毕。

⑦ 应呼吸若干次检查供气阀性能。吸气和呼气都应舒畅，无不适感觉。

（2）注意事项

防毒面具的浸渍活性炭对毒气进行的物理吸附作用是可逆的，吸附和脱附速度都较快，所以在没有毒气或毒气浓度很低的环境中应摘下面具，避免吸入脱附下来的毒气。

面罩必须保证密封，面罩与皮肤之间无头发或胡须等，确保面罩密封；供气阀要与面罩接口粘合牢固；使用过程中要注意报警器发出的报警信号，听到报警信号后应立即撤离现场。

7.6　油库污水处理

7.6.1　污水处理方法

油库生产污水中主要是含油污水。含油污水的处理主要是去除污水中的油分。其处理方法取决于含油污水数量和质量。以及排入水体的条件。油库含油污水处理的方法一般有：物理方法、化学方法及生物方法。采用最为广泛的是物理方法和物理化学方法。目前油库含油污水常用的处理方法是：隔油、浮选、凝絮、微生物和过滤综合处理法。由于油库污水量较少，且为不连续产生，采用撬装式污水处理装置更为科学合理。

含油污水处理的要求是：达到国家规定的排放标准，不污染环境；回收油料；处理后的水可重复使用。

7.6.2　污水处理设施

7.6.2.1　隔油

隔油主要是利用物理方法，将污水中的浮油分离出来。隔离浮油的设备，称为隔油池。隔油池是油库处理含油污水的主要构筑物。它是利用油和水的比重差来进行分离的。

1. 平流式隔油池（API隔油池）

平流式隔油池的结构如图1-7-5所示。

含油污水由进水管进入配水槽，经进水闸流入隔油池，污水在隔油池中缓缓流动，经过一定时间，油从水中分离出来漂浮至水面，固体杂质沉降于地底。水面的浮油由集油管收集起来，输入污油罐。链带刮泥机的作用，是利用链带上每隔3~4m一个的刮板，水面浮油刮至集油管，池底淤泥和沉渣刮至排泥管，由排泥间排除出去。除去浮油后的污水经过截油板进入出水槽，由出水管排出。

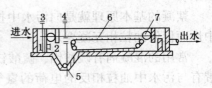

图1-7-5　平流式隔油池
1—配水槽；2—进水孔；
3—进水间；4—排渣间；
5—排渣管；6—刮油刮泥机；
7—集油管

集油管常用直径为300mm的钢管，集油管顶部开有与圆心角成60°的槽口。集油管安装要水平，并使管子能绕轴线转动，要排油时，可把集油管转一角度，使槽口浸入油层面以下，浮油就启动流入管内排出池外。

隔油池池底采用0.01~0.02的坡度，坡向污泥斗，污泥斗侧面倾角45°。在寒冷地区，为了防止隔油池内浮油的凝结，应设加热设备。平流式隔油池的缺点是生产能力低，占地面积大。

2. 平行波纹板式隔油池

平行波纹板式隔油池特点是在隔油池中设置了十多片像百叶窗一样的平行波纹板，板的间距为 10cm，倾斜角与水平面成 45°。含油污水通过时，油粒上浮碰到平行板，细小的油粒就在板下凝聚成比较大的油膜面汇集到池面，然后污油从这里导向污油罐。这种隔油池由于设置了平行波纹板，油位上升距离与平流式隔油池相比非常短，因此能在比较短的时间内将油滴浮升到板的下表面。污泥沉降至板的上表面。它们分别沿着板面移动，经过波纹板的小沟分别浮上和沉降。其优点是：由于波纹板与水面接触的湿周较一般平行板大，所以雷诺数亦较平行板低，从而可使在层流范围内处理的水量增加，故波纹板凝聚油粒的效率较高。

3. 斜板隔油池

斜板隔油池由进水槽、除油区、沉泥区和出水槽等部分组成。进水槽主要起缓冲、调节水流的作用，以保证溢流堰布水均匀。除油区设有安装成 45° 的倾斜波纹板，波纹板用塑料或玻璃钢制作，板的间距为 2~4cm，污水在波纹板中通过，使污水中的油粒和泥渣进行分离。

此种型式的隔油池可除去直径为 50μm 的油粒。其占地面积约为平流式隔油池的 1/3~1/6。

7.6.2.2 浮选

浮选就是向含油污水中通入空气，使污水中的乳化油黏附在空气泡上，随气泡一起浮升至水面。为了提高浮选效果，还可向污水中投入少量浮选剂（即表面活性剂或起泡剂），以降低污水的表面张力。

浮选是靠气泡使活水中的乳化油从水中分出。因此浮选的效果与气泡的分散度有密切的关系。在一定条件下气泡的分散度越大，则单位体积总表面积也越大，气体与油粒碰撞和黏附的机会就越多，浮选效果就越好。

7.6.2.3 絮凝

由于乳化油表面吸附有水分子和带有相同的电荷，他们都妨碍着油粒间的相互聚合而使其在水中呈稳定的悬浮状态。为了使具有这种特性的油粒聚合，就应消除这种使其稳定的因素。

絮凝的基本原理就是向污水中投入电解质（混凝剂）。压缩油粒的双电层，使其达到电中性而促使油粒相互凝聚。

常用的混凝剂有硫酸铝、硫酸铁、硫酸亚铁等。这些混凝剂投入污水后，经过水解生成带有与污水中油粒相反的电荷的氢氧化物，使油粒失去稳定而凝聚成絮状黏性颗粒沉淀下来。絮凝可采用加速澄清池或平池式絮凝澄清池。所谓加速澄清池就是混凝、絮凝形成、沉淀三种过程综合一起设计出的构筑物。

污水的组成对絮凝影响很大。因此应尽可能地保持污水水质的均匀性。当水量、水质变化较大时，应设置缓冲池以调节污水水质和水量的高峰负荷。使污水水质水量比较均匀，充分发挥投药效果，避免药剂投放过多或不足的现象。

7.6.2.4 过滤

油库含油污水经过隔油池后，往往采用滤油来处理污水中的剩余油分。

经过隔油处理的含油污水中的悬浮物质，被滤料截留的原理，可用以下一些作用原理来加以解释。

（1）筛滤作用，滤层中的空隙大小不一，悬浮物颗粒遇到比它小的滤层空隙时，便被截留下来；

（2）沉淀作用，悬浮物质在滤层中的空隙内沉淀堆积；

（3）物理吸附作用，因静电等的物理作用而发生的吸附；

（4）化学吸附作用，因化学作用发生的吸附；

（5）附着作用，污水在滤层内流过时与滤层接触而发生附着现象。

过滤设备通常有干草过滤器和砂滤池。干草过滤器的效率主要取决于干草的置换频率。因为当滤料达到饱和后，滤器就开始成为一个黏合体，同时油就开始从滤器中漏出，这时就应更换滤料。

因为油库污水差不多都是间隙定期排放，一般采用干草作为二级过滤处理较为合适。

当通过以上方法处理（一级处理）还不能使含油污水达到排放标准时，可进一步采用生物滤池、活性污泥池和氧化塘等生化处理方法（二级处理）。生化处理主要是利用大自然中依靠有机物生活的微生物来氧化分解污水中的有机物，除去污水中溶解的和胶体状态的有机物。

7.6.2.5 生化处理

生化处理工艺一般分为厌氧处理和好氧处理二种，厌氧部分采用兼氧池预处理，兼氧池主要去除污水中的氨氮和硫化物、有机污染物；好氧处理主要去除污水中有机污染物和油类。好氧处理是指在好氧状态下，通过各种好氧细菌，原生生物和后生生物的同化、异化作用降解废水中的有机物，使之最终分解成为水、二氧化碳和无机盐的过程。其典型工艺有传统活性污泥法、生物接触氧化法和间歇式活性污泥法。

污水处理工艺为：物化处理（现有）＋兼氧池＋三级活性污泥池组合工艺。该组合工艺有以下特点：

构筑物占地面积小，结构紧凑；运行管理操作简单，自动化程度高，维护量少；处理效果好，运行性能稳定可靠，耐负荷冲击力强；运行费用低。

在对污水排放有更高要求的地方，为了防止环境恶化，消除对水体，水生生物和人畜的危害，还可对污水进行深度处理（三级处理）。

深度处理的方法有活性炭吸附；臭氧氧化法和反渗透法。由于技术比较复杂，处理成本高，因而生产上未被广泛采用。

7.7　油库消防

7.7.1　灭火基本方法

可燃物质发生燃烧和燃烧传播必须具备几个条件，缺一不可。灭火就是为了破坏已产生的燃烧条件，抑制燃烧反应过程的继续。灭火的基本方法有：窒息法、冷却法、隔离法和负催化抑制法四种。

1. 窒息灭火法

窒息灭火法就是阻止空气进入燃烧区，或用不燃物质冲淡空气使燃烧物质断绝氧气的助燃而熄灭。减少空气中氧气含量的灭火方法，适用于扑救密闭房间的生产装置发生的火灾。当空气中氧的含量低于9%～18%时，燃烧即将停止。

2. 冷却灭火法

冷却灭火法就是将灭火剂直接喷洒在燃烧物质的物体上，将可燃物质的温度降低到燃点以下，终止燃烧，是扑救火灾的常用方法。在火场上，除用冷却法扑救火灾外，在必要的情况下，可用冷却剂冷却建（构）筑物构件、生产装置、设备容器，减少遭受火焰辐射，防止结构变形和火灾蔓延扩大。

3. 隔离灭火法

隔离灭火法就是将燃烧物体与附近的可燃物质隔离或疏散开，使燃烧停止。这种方法用于扑救各种固体、液体、气体火灾。采用隔离灭火法的具体措施有：将火焰附近的可燃、易燃、易爆和助燃物质，从燃烧区内转移到安全地点；关闭阀门，阻止气体、液体流入燃烧区；排除生产装置、设备容器内的可燃气体和液体；设法阻拦流散的易燃、可燃液体或扩散的可燃气体；拆除与火源相毗邻的易燃建(构)筑物，形成防止火势蔓延的空间地带；以及用水流封闭等方法扑救稳定性火灾。

4. 负催化抑制灭火法

负催化抑制灭火法是使灭火剂参加到燃烧反应过程中去，使燃烧过程产生的游离基消失，而形成稳定分子或低活性的游离基，使燃烧反应终止。干粉灭火剂属于参与燃烧过程中阻断燃烧联锁反应的灭火剂。故使用这类灭火剂时必须将灭火剂准确地喷射在燃烧区内，使灭火剂参与燃烧反应，否则，将起不到抑制燃烧反应的作用，达不到灭火目的。负催化抑制灭火法的灭火速度较快，但也易复燃，因燃烧区内的可燃物温度短时间降低幅度不大，一旦新鲜空气得到补充，活性基团增多，若不采用其他灭火剂覆盖冷却极易复燃。

7.7.2 油库火灾特点

7.7.2.1 油料火灾的危险特征

(1)燃烧速度快，液体的燃烧速度是指单位时间内所烧掉液体的数量。燃烧速度可表述为重量速度和直线速度两种。易燃液体着火，在燃烧初起时速度是缓慢的，随着燃烧温度的增高，燃烧速度也逐渐加快，直至达到最大值。此后，燃烧速度在整个燃烧过程中，将稳定下来。

(2)燃烧温度高、辐射热量大　油料在发生燃烧时将释放出大量的热量，使火场周围的温度升高，造成火灾的蔓延和扩大，使扑救人员难以靠近，给灭火工作带来困难。可燃物的热值越大，火场上燃烧温度越高，火势蔓延的速度就越快，扑救火灾的工作也就困难。

(3)油料易流动扩散　油料是易流动的液体，具有流动扩散的特点，这在火灾中随着设备的破坏(如罐顶炸开、罐壁破裂或随燃烧的温度升高塌陷变形等)，极易造成火灾的扩散。应注意防止油料的流动扩散，避免火灾扩大。

(4)易沸腾突溢　储存重质油料的油罐着火后，有时会引起油料的沸腾突溢。燃烧的油品大量外溢，甚至从罐内猛烈喷出，形成巨大的火柱，可高达70~80m，火柱顺风向的喷射距离达120m左右，这种现象通常被称为"突溢"。燃烧的油罐一旦发生"突溢"，不仅容易造成扑救人员的伤亡，而且由于火场辐射热大量的增加，引起邻近罐燃烧，扩大灾情。

(5)燃烧和爆炸往往交替进行　油气在空气中的浓度达到爆炸极限范围内时，遇火即产生爆炸。油品在着火过程中，油罐内气体空间的油蒸气浓度是随燃烧状况而不断变化的，因此，燃烧和爆炸往往是交替进行的。

7.7.2.2 油罐火灾的特点

在油库发生的火灾事故中，油罐火灾事故的比例是比较大的。油罐发生火灾时，一般火势猛烈，常伴随着可燃气体混合物的爆炸，使油罐遭到破坏或变形，油品可能外溢漫流燃烧。据不完全统计，油罐发生火灾后，罐顶破坏的约占着火油罐总数的75%，罐底破坏的约占4%，罐体无影响的约占21%。

油罐内储存的油品不相同，引发火灾的概率也不同。原油和重油罐在储存期间时常需要加温，引发火灾事故的概率较大；汽油蒸发性强，火灾的可能性大；煤油和柴油不易挥发，相应火灾危险性小；润滑油品不易引发火灾。

7.7.2.3　油料火灾的发展过程

通常将燃烧的发展过程分为初起、发展、猛烈、下降、熄灭五个阶段，灭火时可根据不同的情况，采取切实有效的措施，扑灭火灾。

初起阶段，即开始燃烧阶段。此时火源面积较小，烟和气体流动缓慢，火焰不高，燃烧强度弱，燃烧放出的辐射热能较低，火焰向周围发展蔓延的速度比较慢。此时，只要能及时发现，用很少的人力和简单的灭火工具就能将火扑灭。

发展阶段，油料火灾的发展速度很快，初起阶段都极为短暂，如果未能及时发现和扑救，则火灾很快发展，使燃烧强度增大，温度升高，附近的可燃物质被加热，气体对流增强，燃烧速度加快，燃烧面积迅速扩大，形成燃烧的发展阶段。此时为控制火势发展和扑灭火灾，必须有一定数量的人力和物力，才能够控制火势，有效及时的扑灭火灾。

猛烈阶段，随着时间的延长，燃烧温度急剧上升，燃烧速度不断加快，燃烧面积迅猛扩展，使火焰包围整个燃烧面。在最高潮时，燃烧速度最快，燃烧辐射热最强，燃烧物分解出大量的燃烧产物，气体对流达到最大限度，设备的机械强度降低，设备开始遭到破坏，重质油可能沸溢，油罐可能变形塌陷等。扑救猛烈阶段的火灾是极为困难的，需要组织大批的灭火力量，经过较长时间的艰苦奋战，付出很大代价，才能控制火势，扑灭火灾。

7.7.3　常用灭火器材

灭火机具（又称为灭火器），是一种依靠自身压力使内部填装的灭火剂喷出，并由人力移动，用于扑救各种初起火灾的工具。初起火灾由于范围小，火势弱，是火灾扑救的最有利时机。一具质量合格的灭火器，若使用方法正确，扑救及时，可将一场损失巨大的火灾扑灭在萌芽状态。由于灭火器结构简单，操作方便使用效果好，价格适宜，在油库各种场合使用较多。

目前，油库常用的灭火器主要有泡沫、二氧化碳、干粉灭火器等。下面将分别介绍泡沫、二氧化碳、干粉灭火器的构造、性能和适用范围。

7.7.3.1　泡沫灭火器

用喷射泡沫进行灭火的灭火器叫做泡沫灭火器。泡沫灭火器主要用于扑救油品火灾，如汽油、煤油，柴油、植物油、动物油以及苯、甲苯等的初起火灾。也可用于扑救固体物质火灾，如木材、棉、麻、纸张等初起火灾。泡沫灭火器不适于扑救带电设备火灾以及气体火灾。泡沫灭火器有化学泡沫灭火器和空气泡沫灭火器两种，化学泡沫灭火器已基本淘汰，在此不再介绍。

空气泡沫灭火器内部充装的是90%的水和10%的YEF-6型氟蛋白泡沫灭火剂。空气泡沫灭火器有储压式和储气瓶式两种结构形式（储气瓶式较少使用），只有手提式，有3L、6L和9L三种规格。与化学泡沫灭火器相比，空气泡沫灭火器具有灭火能力强、操作方便、灭火剂使用时间长等特点。其适用范围与化学泡沫灭火器相同。空气泡沫灭火器的主要性能参数见表1-7-17：

储压式空气泡沫灭火器由筒体、筒盖、泡沫喷枪、喷射软管、加压氮气、提把、压把等组成，如图1-7-6。

表 1-7-17　　MPK 空气泡沫灭火器的主要性能参数

参　数　名　称	数　值	参　数　名　称	数　值
灭火剂量/kg	3	发泡倍数	≥5
充装压力/MPa	10	25%析液时间/s	3
有效喷射时间/s	≥30	喷射剩余率/%	≤4
有效喷射距离/m	≤7	使用温度/℃	4~55

7.7.3.2　二氧化碳灭火器

二氧化碳是一种广泛使用的灭火剂，它是无色无味，不燃烧、不助燃、不导电、无腐蚀性的惰性气体。

1. 二氧化碳灭火器结构

二氧化碳灭火器主要为手提式，它有 MT 型手轮式和 MTZ 型鸭嘴式两种。二氧化碳灭火器由筒身、筒盖、虹吸管和喷头组成，其结构分别见图 1-7-7 和图 1-7-8。

2. 二氧化碳灭火器的使用

使用 MT 型灭火器时，先去掉铅封，翘起喷筒对准火源，转动手轮，打开阀门，瓶内高压气体即自行喷出；使用 MTZ 型灭火器应先拔去保险插销，一手持喷筒，另一手紧压压把，气体即喷出。

由于二氧化碳灭火器的射程近，喷射时间短。因此，在喷射时要迅速果断，接近火源，从近处喷起，快速向前扫射推进。使用中应注意机身的垂直，不可颠倒使用，以防止液体喷出。灭火时手要握住喷管木柄，切勿用手接触喷筒，以免冻伤。

另外空气中二氧化碳含量达5%~6%时，就会使人头晕呕吐；达8%~10%时，会使人感到呼吸困难甚至窒息。因此，灭火时应站在上风位置，顺风喷射，在空气不流通的场所，要特别注意安全。

图 1-7-6　储压式空气泡沫灭火器结构图

1—虹吸管；2—压把；3—喷射软管；4—筒体；5—泡沫喷枪；6—筒盖；7—提把；8—加压氮气；9—泡沫混合液

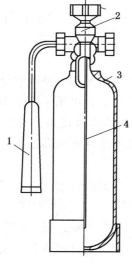

图 1-7-7　MT 型手轮式灭火器结构

1—喷筒；2—启闭阀；3—钢瓶；4—虹吸管

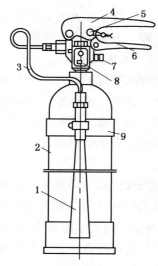

图 1-7-8　MTZ 型鸭嘴式灭火器结构

1—喷筒；2—钢瓶；3—喷管；4—压把；5—保险销；6—提把；7—安全堵；8—启闭阀；9—卡带

二氧化碳灭火器适宜扑救600V以下带电设备、仪器仪表、易燃气体和燃烧面积不大的易燃液体火灾。

3. 二氧化碳灭火器的维护保养

二氧化碳灭火器应放置在干燥、通风和易于取放的地点。存放地点的温度不得超过42℃，因为钢瓶受热，液态二氧化碳会变为气态，使压力剧增，易发生物理性爆炸事故。

7.7.3.3 干粉灭火器

干粉灭火剂是一种干燥的，易于流动的微细固体粉末，一般借助于专用灭火器或灭火设备中的气体压力，将干粉从容器中喷出，以粉雾的形式灭火。干粉灭火剂是由灭火基料、少量的防潮剂和流动促进剂组成的微细固体颗粒。由于这类灭火剂具有灭火效力大，灭火速度快，无毒，不腐蚀，不导电，久储不变质等优点。

干粉灭火剂按其使用范围分为：BC类(普通)，扑救可燃液体、可燃气体及带电设备的火灾；ABC(多用)类，扑救可燃固体、可燃液体、可燃气体及带电设备的火灾；D类，扑救轻金属火灾。在油库一般配置BC类(普通)干粉灭火剂。

1. 干粉灭火器的结构

干粉灭火器一般是以高压二氧化碳气体为喷射动力，将装在器内的粉末呈雾状压出。主要有MF型手提式、MFT推车式和MFB背负式三种。按照盛装高压气体的动力瓶位置的不同，分为外装式和内装式两种结构。动力瓶安在干粉桶身外的，称为外装式(已很少使用，在此不再介绍)；动力瓶安在干粉桶体内的，称为内装式。

MF型手提式干粉灭火器由筒身、二氧化碳小钢瓶、进气管、提把、喷枪等组成，如图1-7-9所示。规格和主要性能参数见表1-7-18。

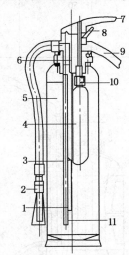

图1-7-9　手提内装式
干粉灭火器构造

1—进气管；2—喷枪；3—出粉管；4—动力瓶；5—筒身；6—筒盖；7—压把；8—保险销；9—提把；10—钢字；11—防潮堵

表1-7-18　手提式干粉灭火器主要性能参数

项目 规格	灭火剂重量/kg	有效喷射距离/m	有效喷射时间/s	灭火级别
MF1	1	≥2.5	≥6	2B
MF2	2	≥2.5	≥8	5B
MF3	3	≥2.5	≥8	7B
MF4	4	≥4	≥9	10B
MF5	5	≥4	≥9	12B
MF6	6	≥4	≥9	14B
MF8	8	≥5	≥12	18B
MF10	10	≥6	≥15	20B

MFT推车式干粉灭火器主要由推车、干粉罐、二氧化碳动力瓶、喷粉胶管、喷嘴、压力表、开关等组成。如图1-7-10所示。

推车式干粉灭火器有25kg、35kg、50kg、70kg和100kg五种规格，其主要性能参数见表1-7-19。

表 1-7-19 推车式干粉灭火器主要性能参数

规格＼项目	灭火剂重量/kg	有效喷射距离/m	有效喷射时间/s	灭火级别
MFT25	25	≥15	≥8	35B
MFT35	35	≥20	≥8	45B
MFT50	50	≥25	≥9	65B
MFT70	70	≥30	≥9	90B
MF100	100	≥35	≥10	120B

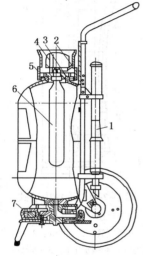

图 1-7-10 推车式
干粉灭火器结构

1—喷枪；2—提环；3—进气压
杆；4—压力表；5—护罩；
6—钢瓶；7—出粉管

MFB 型背负式喷粉灭火器以特制发射药为动力，采用电点火将干粉喷出。它的优点是携带轻便灵活，操作方便，装粉方便，可反复使用。背负式喷粉灭火机是由 3 个干粉钢瓶、输粉管和干粉枪三大部分构成。

2. 干粉灭火器的使用

使用手提式干粉灭火器时，应占据上风方向。使用前需将其上下颠倒几次，使筒内干粉松动，拔下保险销，一手握住喷嘴，对准火源，一手用力压下压把，干粉便会从喷嘴喷射出来。使用推车式干粉灭火器时，一般由两人操作，一人手握喷粉胶管，对准火源，另一人逆时针旋转动力瓶手轮，打开灭火器开关，干粉即可喷出。

使用干粉灭火器扑火时要对准火焰根部，左右扫射，由近而远快速推进，直至火焰全部扑灭。使用干粉灭火器时应注意：一是干粉灭火器灭火过程中应保持直立状态，不得横卧或颠倒使用；二是注意干粉灭火器灭火后防止复燃。

7.7.3.4 小型灭火器材的配置和设置要求

油库一般场所小型灭火器材的配置应按《建筑灭火器配置设计规范》(GBJ140)执行。控制室、电话间、化验室宜选用二氧化碳灭火器；其他场所宜选用干粉型或泡沫型灭火器。灭火器应设置在明显和便于取用的地点，不应设置在潮湿或腐蚀性的地点，且不得影响安全疏散。

7.7.4 油库灭火系统

7.7.4.1 消防冷却水系统

油库消防冷却水系统主要由消防水源(含城市消防给水管网、稳定的天然水源和消防水池)、消防泵站、消防管网、消火栓以及喷淋水设备组成。

1. 消防水源与消防供水量

一、二、三、四级油库应设独立消防给水系统。五级油库的消防给水可与生产、生活给水系统合并设置。缺水少电的山区五级石油库的立式油罐可只设烟雾灭火设施，不设消防给水系统。消防给水系统应保持充水状态。严寒地区的消防给水管道，冬季可不充水。

油库的消防用水量，应按油罐区消防用水量计算决定。油罐区消防用水量，应为扑救油罐火灾配置泡沫最大用水量与冷却油罐最大用水量的总和。但五级石油库消防用水量应按油罐消防用水量与库内建、构筑物的消防计算用水量的较大值确定。消防水池容量可按式(1-7-1)计算：

$$V = 1.2(Q_{配} + Q_{冷}) \qquad (1-7-1)$$

式中　V——消防水池容量，m^3；

　　$Q_{配}$——油罐火灾配置泡沫最大用水量，m^3；

　　$Q_{冷}$——冷却油罐最大用水量，m^3。

消防水池有补水措施时，补水时间不应超过96h。且消防水池容量为：

$$V = 1.2(Q_{配} + Q_{冷} - q_{补} t) \qquad (1-7-2)$$

$$q_{补} = (Q_{配} + Q_{冷})/96 \qquad (1-7-3)$$

式中　t——冷却水供给时间。

水池容量大于 $1000m^3$ 时，应分隔为两个池，并用带阀门的连通管连通。

2. 消防给水网

油库消防给水可采用高压给水系统、临时高压给水系统或低压给水系统三种形式。

（1）高压消防给水系统

高压消防给水管网上设置的消防设备（消火栓、消防炮等），不需消防车、机动泵进行加压，均具有防火规范规定的所需压力。一般情况下，采用高压消防给水管网时，在管网最不利点的消防水压力，不应小于在达到设计消防水量时所需要的压力。

（2）临时高压消防给水系统

临时高压消防给水系统管网内平时没有消防水压要求，当发生火灾启动消防水泵后，管网内的压力达到高压消防管网压力的要求。设有固定冷却水设备和固定消防灭火设备的油库，常采用临时高压消防给水系统。

（3）低压消防给水系统

这种消防给水管网内的压力不能保证管网上灭火设备的水压要求，因此需用消防车或其他设备加压后才能达到所需的水压。为保证消防车取水，低压消防给水管网内的压力，当最大时，应保证每个消火栓出口处在达到设计消防用水量时，给水压力不小于 0.15MPa。

在有强大移动式灭火设备和消防力量的油库，可采用低压消防给水系统。在无足够移动式灭火设备和消防力量的油库，宜采用高压或临时高压消防给水系统。

油库消防给水管网的布置形式应根据实际情况具体确定：一、二、三级油库油罐区的消防给水管道应环状敷设；四、五级油库油罐区的消防给水管道可枝状敷设；山区油库的单罐容量小于或等于 $5000m^3$、且油罐单排布置的油罐区，其消防给水管道可按枝状敷设。一、二、三级油库油罐区的消防水环形管道的进水管道不应少于二条，中间用阀门隔开，每条管能通过全部消防用水量。

3. 油罐消防冷却水的供应

（1）油罐冷却的要求　着火的地上固定顶油罐以及距该油罐罐壁 1.5D 范围内相邻的地上油罐，均应冷却。当相邻的地上油罐超过 3 座时，应按其中较大的 3 座相邻油罐计算冷却水量；着火的浮顶、内浮顶油罐应冷却，其相邻油罐可不冷却。当着火的浮顶油罐、内浮顶油罐浮盘为浅盘或浮舱用易熔材料制作时，其相邻油罐也应冷却；着火的覆土油罐及其相邻的覆土油罐可不冷却，但应考虑灭火时保护用水量（人身掩护和冷却地面及油罐附件水量）；着火的地上卧式油罐应冷却，距着火罐直径与长度之和的一半范围内的相邻罐也应冷却。

（2）油罐消防冷却水供水范围和供给强度　地上立式油罐消防冷却水供水范围和供给强度不应小于表 1-7-20 的规定；覆土油罐的保护用水供给强度不应小于 0.3L/s·m，用水量计算长度为最大油罐的周长；着火的地上卧式油罐的消防冷却水供给强度不应小于

$6L/min \cdot m^2$，其相邻油罐的消防冷却水供给强度不应小于 $3L/min \cdot m^2$。冷却面积应按油罐投影面积计算；距着火的浮顶油罐、内浮顶油罐罐壁 0.4D（为着火油罐与相邻油罐两者中较大油罐的直径）范围内的所有相邻油罐的冷却水量总和不应小于 45L/s。油罐的消防冷却水供给强度应根据设计所选用的设备进行校核。

表 1-7-20　地上立式油罐消防冷却水供水范围和供给强度

油罐及消防冷却水型式		供水范围	供给强度		附　注
			水枪 ϕ16mm	水枪 ϕ19mm	
移动式水枪冷却	着火罐	固定顶罐	罐周全长	0.6L/s·m	0.8L/s·m	
		浮顶罐内浮顶罐	罐周全长	0.45L/s·m	0.6L/s·m	浮盘为浅浮盘式或浮舱用易熔材料制作的内浮顶罐按固定顶罐计算
	邻近罐	不保温	罐周半长	0.35L/s·m	0.5L/s·m	
		保温		0.2L/s·m		
固定式水枪冷却	着火罐	固定顶罐	罐壁表面积	2.5L/min·m²		
		浮顶罐内浮顶罐	罐壁表面积	2.0L/min·m²		浮盘为浅浮盘式或浮舱用易熔材料制作的内浮顶罐按固定顶罐计算
	邻近罐		罐壁表面积的一半	2.0L/min·m²		按实际冷却面积计算，但不得小于罐壁表面积的1/2

注：着火单支水枪保护范围 ϕ16mm 为 8~10m，ϕ19mm 为 9~11m；邻近罐单支水枪保护范围 ϕ16mm 为 14~20m，ϕ19mm 为 15~25m。

（3）油罐固定消防冷却方式　单罐容量不小于 $5000m^3$ 或罐壁高度不小于 17m 的油罐，应设固定式消防冷却水系统；单罐容量小于 $5000m^3$ 且罐壁高度小于 17m 的油罐，可设移动式消防冷却水系统或固定式水炮与移动式水枪相结合的消防冷却水系统；油罐抗风圈或加强圈没有设置导流设施时，其下面应设冷却喷水环管，喷头布置间距不宜大于 2m，喷头的出水压力不得小于 0.1MPa；油罐冷却水的进水立管下端应设排渣口。排渣口下端应高于罐基础顶面，其高差不应小于 0.3m；消防冷却水管道应在防火堤外设控制阀、放空阀。消防冷却水以地面水为水源时，消防冷却水管道上设置过滤器。

（4）消防冷却水最小供给时间　直径大于 20m 的地上固定顶油罐（包括直径大于 20m 的浮盘为浅盘或浮舱用易熔材料制作的内浮顶油罐）应为 6h，其他油罐可为 4h；地上卧式油罐为 1h。

4. 油库消防泵的设置

（1）消防泵房的设置要求

消防泵站应为一、二级耐火等级的建筑。附设在其他建筑内的消防泵站，应用耐火极限不低于 1h 的非燃烧体外围结构与其他房间隔开，并应有直通室外的出口。

一、二、三级油库的消防泵应设两个动力源，四、五级油库消防泵可设一个动力源；消防冷却水泵、泡沫混合液泵应采用正压启动或自吸启动，当采用自吸启动时，自吸时间不宜大于 45s；消防冷却水泵、泡沫混合液泵应各设一台备用泵。消防冷却水泵与泡沫混合液泵的压力、流量接近时，可共用一台备用泵，但备用泵的流量、扬程不应小于最大泵的能力。四、五级油库可不设备用泵；

消防水泵宜采用自灌式引水，并应保证消防泵在接到火警后 5min 内输送到罐区的最不利点。消防管路上的阀门应有明显的启闭标志，且应位于操作方便的地方。为便于观察消防水池、水箱、水塔的水位，消防泵房内应设有水位指示器。

（2）消防水泵的流量与扬程

① 消防水泵的设计流量为着火罐和相邻冷却水之和。

② 消防水泵的扬程按以下公式计算

$$H = h_f + h_z + \Delta z \tag{1-7-4}$$

式中　H——消防水泵的扬程，m；

　　　h_f——给水管网的总摩阻损失，m；

　　　h_z——消火栓出口压力（一般以 $7kg/cm^2$ 计算），m；

　　　Δz——消防水池与消火栓出口的绝对高差，m。

5. 消火栓的设置

消防冷却水系统应设置消火栓。移动式消防冷却水系统的消火栓设置数量，应按油罐冷却灭火所需消防水量及消火栓保护半径确定，消火栓的保护半径为120m，且距着火罐罐壁15m 内的消火栓不应计算在内；固定式消防冷却水系统所设置的消火栓的间距不应大于60m；寒冷地区消防水管道上设置的消火栓应有防冻、放空措施。

6. 油库消防冷却水用量计算

（1）固定冷却水系统的用水量计算

① 着火油罐冷却用水量：

$$Q_1 = q_1 t A_1 / 1000 \tag{1-7-5}$$

式中　Q_1——着火油罐冷却用水量，m^3；

　　　q_1——冷却水供给强度，$L/min \cdot m^2$；

　　　t——冷却水供给时间，min；

　　　A——罐壁冷却面积，m^2。

② 相邻油罐冷却用水量：

$$Q_2 = q_2 t A_2 / 1000 \tag{1-7-6}$$

式中符号意义同上，但各参数的取值不同。

固定式冷却系统油罐冷却用水总量即为着火油罐冷却用水量和相邻油罐冷却用水量之和。

③ 消火栓的数量：

固定式消防冷却水系统中，消火栓的间距按不大于60m 设置。

（2）移动式冷却水系统的用水量计算

① 油罐冷却用水总量：

$$Q = (q_1 L_1 + q_2 L_2) \pi t \tag{1-7-7}$$

式中　Q——油罐冷却用水总量，m^3；

　　　q_1——着火罐冷却水供给强度，$L/s \cdot m$；

　　　L_1——着火罐冷却范围（油罐周长），m；

　　　q_2——相邻罐冷却水供给强度，$L/s \cdot m$；

　　　L_2——相邻罐冷却范围（油罐半周长），m；

　　　t——冷却水供给时间，s。

② 水枪数量：

$$N = (Q_1 + Q_2)/q_3 \qquad (1-7-8)$$

式中 Q_1、Q_2——着火罐和相邻罐冷却用水量，L/s；

q_3——每只水枪的流量，7.5L/s。

③ 消火栓的数量：

$$N = (水枪数量)/2 \qquad (1-7-9)$$

式中 N——消火栓数量，个。

④ 消防车的数量：

消防车数量(辆)，应根据消防车供水能力、水枪数量和喷嘴口径计算后确定。计算公式如下：

$$冷却所需水枪数量\frac{消防车的数量(辆)}{每辆消防车可供的水枪数量} \qquad (1-7-10)$$

7. 油库消防冷却系统模式选择

油库消防冷却系统模式分固定式、半固定式、移动式三种类型。

固定式消防冷却系统在罐上设有喷淋水装置，库内设有冷却水泵站和环形冷却水管及消火栓。半固定式消防冷却系统在罐上不设喷淋水装置，库内只设冷却水管道及消火栓，采用移动水枪冷却。移动式消防冷却系统在库内不设固定冷却水消防设备，采用消防车等机动消防设备灭火。

油库位于城区的地上油罐选用固定式冷却水系统；其他类型罐和机场、码头油库，可选用半固定式冷却水系统；200m³ 以下的地上轻油罐和地上、覆土黏油罐采用移动式消防冷却系统。

7.7.4.2 消防泡沫灭火系统

目前已投入使用的消防灭火系统很多，但油库由于所储介质的特殊性，不是所有的灭火系统都能在油库使用，从适用性、可行性、经济性和可操作性综合比较，泡沫灭火系统对油罐火灾的扑救效果较好。

1. 泡沫灭火系统的分类　泡沫灭火系统分类的方法较多，按灭火剂类型可分为：化学泡沫(基本停用)、空气泡沫(蛋白泡沫和氟蛋白泡沫)和水成膜泡沫；按泡沫的发泡倍数可分为：低倍数(20 倍以下)、中倍数(21~200 倍以下)和高倍数(201~1000 倍)泡沫灭火系统；按泡沫喷射装置的安装形式可分为：固定式、半固定式和移动式；按泡沫喷射装置的形式分为：液上喷射和液下喷射。

2. 油罐泡沫灭火系统的类型和设置形式的确定

一般来讲，根据油罐的类型和安装形式不同，可选择不同的泡沫灭火系统，地上式固定顶油罐、内浮顶油罐应设低倍数泡沫灭火系统或中倍数泡沫灭火系统；浮顶油罐宜设低倍数泡沫灭火系统，当采用中心软管配置泡沫混合液的方式时，亦可设中倍数泡沫灭火系统；离壁式覆土油罐可设高倍数泡沫灭火系统。

油罐的泡沫灭火系统设施的设置方式为：单罐容量大于 1000m³ 的油罐应采用固定式泡沫灭火系统；单罐容量小于或等于 1000m³ 的油罐可采用半固定式或移动式泡沫灭火系统。

3. 油罐泡沫灭火系统混合液的供给强度和连续供给时间

着火的固定顶油罐及浮盘为浅盘或浮舱用易熔材料制作的内浮顶油罐，中倍数泡沫混合液供给强度和连续供给时间不应小于表 1-7-21 的规定。

表 1-7-21　　中倍数泡沫混合液供给强度和连续供给时间

油品类别	混合液供应强度（L/min·m²）		连续供给时间/min
	固定式、半固定式	移动式	
甲、乙、丙	4	5	15

着火浮顶、内浮顶油罐的中倍数泡沫混合液流量，应按罐壁与堰板之间的环形面积计算。泡沫混合液供给强度、泡沫产生器保护周长和连续供给时间不应小于表 1-7-22 的规定。

表 1-7-22　　中倍数泡沫混合液供给强度、泡沫产生器保护周长和连续供给时间

中倍数泡沫产生器混合液流量/（L/s）	泡沫混合液供给强度/（L/min·m²）	保护周长/m	连续供给时间/min
1.5	4	15	15
3	4	30	15

扑救油品流散火灾，需用的中倍数泡沫枪数量，连续供给时间，不应小于表 1-7-23 的规定。

表 1-7-23　　中倍数泡沫枪数量和连续供给时间

油罐直径/m	泡沫枪流量/（L/s）	泡沫枪数量/m	连续供给时间/min
≤15	3	1	15
>15	3	2	15

4. 油罐泡沫灭火系统的计算

泡沫液储备量不应小于油罐灭火设备在规定时间内的泡沫液用量、扑救该油罐流散液体所需泡沫枪在规定时间内的泡沫液用量，以及充满泡沫混合液管道的泡沫液用量之和。即：

$$Q = m(Q_罐 + Q_枪) \qquad (1-7-11)$$

式中　Q——泡沫液储备量，m^3；

　　　$Q_罐$——油罐灭火的泡沫混合液用量，m^3；

　　　$Q_枪$——油罐流散液体灭火的泡沫混合液用量，m^3；

　　　m——泡沫混合液中泡沫液所占的百分比，%（一般取 6%）。

配制泡沫所需水的用量为：

$$Q_{配水} = (1-m)(Q_罐 + Q_枪) \qquad (1-7-12)$$

式中　$Q_{配水}$——配制泡沫所需水的用量，m^3；

　　　其他符号含意同上。

单罐容量等于或大于 5000m^3 油罐的泡沫液储备量不宜小于 1m^3；单罐容量小于 5000m^3 油罐的泡沫液储备量不宜小于 0.5m^3；当油库采用固定式泡沫灭火系统时，尚应配置泡沫勾管、泡沫枪。

5. 低倍数液上空气泡沫计算举例

例 1-7-1：已知一防火堤内有 4 个 2000m^3 储油罐，分别储存车用汽油，其中 2 个汽油罐为单盘式内浮顶油罐，另 2 个为拱顶油罐，油罐直径为 16m，相互间距为 10m，主风向 A 罐向 C 罐方向。如图 1-7-11 所示。要求设置固定式液上低倍数空气泡沫灭火系统和临时高压供水系统。如不考虑泡沫管道长度及其他因素。求：泡沫常备储量、泡沫产生器数量及灭火用水量、泡沫枪和消火栓数量、消防用水总量。

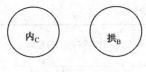

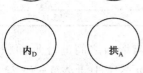

图 1-7-11　油罐布置示意图

解： 根据已知条件，确定拱顶汽油罐（A）为燃烧罐，其余3个油罐为冷却罐。

（1）油罐液面积和周长。

$$A = \frac{\pi}{4}D^2 = \frac{\pi \times 16^2}{4} = 200\mathrm{m}^2$$

$$L = \pi D = \pi \times 16 = 50.3\mathrm{m}$$

（2）泡沫混合液流量。根据油品类型及泡沫灭火系统设置形式，选取泡沫混合液供给强度为 $8\mathrm{l/min \cdot m^2}$，则

$$Q_\mathrm{J} = A \cdot q_1 = 200 \times 8 = 1600\mathrm{L/min \cdot m^2} = 26.7\mathrm{L/s \cdot m^2}$$

$$N = \frac{Q_\mathrm{J}}{q_2} = \frac{26.7}{16} = 1.7 （选 PC16 型）$$

即拱顶汽油罐选用两个 PC16 型横式泡沫产生器。由于内浮顶罐周长为 50.3m，则选用两个 PC8 型横式泡沫产生器，保护周长可达 56m，满足要求，内浮顶罐的泡沫液供给强度为 $12.5\mathrm{L/s \cdot m^2}$。因油罐直径为 16m，可选取 3 支 PQ8 型泡沫枪。则每个油罐或泡沫枪的泡沫液混合流量为：

拱顶罐：$Q_{拱1} = N \cdot q_2 = 2 \times 16 = 32\mathrm{L/s}$

内浮顶罐：$Q_{浮1} = N \cdot q_2 = 2 \times 8 = 16\mathrm{L/s}$

泡沫枪：$Q_{枪2} = N \cdot q_3 = 3 \times 8 = 24\mathrm{L/s}$

由计算可知，泡沫混合液总流量最大值为 32L/s。

（3）泡沫常备储量。如不考虑充填泡沫液管道的泡沫量及备用系数，则需泡沫常备量为：

$$V_{泡备} = Q_1 \cdot x\% \cdot t_1 \times 10^{-3} = 32 \times 6\% \times 60 \times 30 \times 10^{-3} = 3.5\mathrm{m}^3$$

（4）灭火用水量。

$$V_水 = Q_1 \cdot x\% \cdot t_1 \times 10^{-3} = 32 \times 94\% \times 30 \times 60 \times 10^{-3} = 54.1\mathrm{m}^3$$

（5）冷却用水量。冷却采用移动方式，则燃烧罐冷却强度取 0.6L/s·m，邻近罐冷却水强度去 0.35L/s·m，则：

$$Q_{冷1} = n \cdot \pi \cdot D \cdot q_4 = 1 \times \pi \times 16 \times 0.6 = 30.2\mathrm{L/s}$$

$$Q_{冷2} = n \cdot \frac{\pi \cdot D}{2} \cdot q_5 = 3 \times \frac{2 \times 16}{2} \times 0.35 = 26.4\mathrm{L/s}$$

冷却水总流量为：

$$Q_冷 = Q_{冷1} + Q_{冷2} = 30.2 + 26.4 = 56.6\mathrm{L/s}$$

冷却水总用水量：

$$V_冷 = t \cdot Q_冷 \times 10^{-3} = 4 \times 3600 \times 56.6 \times 10^{-3} = 815\mathrm{m}^3$$

实际消防用水总量可取 900m³。

（6）消火栓数。

$$N = \frac{冷却用水总流量}{13} = \frac{56.6}{13} = 4.4 个$$

考虑到备用和保护半径，则消火栓可取 6 个。

例 1-7-2　有一个油罐区，共有两个地上钢质油罐，分别储存汽油和柴油，容量各为 2000m³，直径各为 16m，油罐间距为 16m。采用固定空气泡沫灭火系统，试计算灭火泡沫液

154

常备量。(汽油罐的泡沫供给强度采用 $q_1 = 1.25 L/m^2 \cdot s$，柴油罐采用 $q_2 = 0.80 L/m^2 \cdot s$。拟采用 PC16 型泡沫发生器，混合液流量为 15.14L/s。泡沫常备量按 30min 供给时长、泡沫液按 6% 配比计算)

解：(1) 油罐液面积
$$A = \pi D^2/4 = 3.1416 \times 16^2 \approx 200 m^2$$

(2) 需要泡沫量

汽油罐的泡沫量：$Q = Aq_1 = 200 \times 1.25 = 250 L/s$

柴油罐泡沫量：$Q = Aq_2 = 200 \times 0.8 = 160 L/s$

(3) 空气泡沫发生器数量

PC16 型泡沫发生器泡沫发生量 $q_3 = 100 L/s$。

汽油罐的泡沫发生器数：$N = Q/q_3 = 250/100 \approx 3$ 个

柴油罐的泡沫发生器数：$N = Q/q_3 = 160/100 \approx 2$ 个

(4) 混合液量

汽油罐混合液量：$Q_混 = Nq_混 = 3 \times 15.14 = 45.42 L/s$

柴油罐混合液量：$Q_混 = Nq_混 = 2 \times 15.14 = 30.28 L/s$

(5) 泡沫液常备量

泡沫液常备量应按汽油罐(最大用量)确定，按 30min 计算，泡沫液的常备量为：
$$Q_液 = 6\% \times 30 \times 60 \times Q_混 = 0.108 \times 45.42 = 4800 L = 4.9 m^3$$

答：泡沫液常备量为 $4.9 m^3$。

7.7.4.3 消防引擎泵操作

1. 作业前准备

(1) 检查冷却系统：水量充足，循环水管路畅通、不漏水；

(2) 检查燃油系统：油料充足，油路接头牢固，无渗漏；

(3) 检查润滑系统：油路畅通，油位符合规定，空气滤清器清洁；

(4) 检查电路：电路及仪表接头牢固可靠，线路无脱皮、焦结、漏电等现象；

(5) 检查泵完好情况：油泵基础、机座紧固完整，地脚螺丝满扣、紧固、接地保护灵敏；

(6) 检查管网系统：环形管网无渗漏，消防栓、放水阀在关闭状态、主管线阀门保持常开，阀门无渗漏，水池水量、泡沫液量满足灭火用量要求；

(7) 盘泵：对泵浦进行盘泵检查，保持转动灵敏、无渗漏、卡死现象；

(8) 检查消防池水量：当供水液面低于泵管水平阀时，需进行灌泵及排气引水。

2. 司泵作业

(1) 调节手动油门达 700 转时，打开马达电门起动，查看油温达到规定的温度后提高发动机转速 1500L/min，观察水温表、机油表、真空表、压力表、电流表在规定值范围，带负荷时缓慢开启进口阀门，观察压力表的工作情况；

(2) 发动机起动后，应运行平稳，无振动，无杂音，观察排烟情况，严禁带负荷起动。发动机在高速运转下，离合器脱离时间不能超过 3min；

(3) 供泡沫时，按产生器的配置标准，调节比例混合器，水与泡沫液的混合比为 96∶4；

(4) 司泵人员要坚守岗位，观察泵浦试运行状况，输送泡沫及水源时，压力不得低于 0.8MPa。

3. 停泵

（1）关闭出水闸阀，切断负荷，调节手油门，慢速运行几分钟左右，再停机；

（2）水泵输送泡沫混合液完成后，应吸入清水运行 2min，以自行清洗泵件各部，以免残留泡沫液对部件的腐蚀；

（3）及时补充油料和水源（水箱、水池），对设备进行保养、擦拭、检查，并做好运行后的相关记录。

7.7.5 油库火灾的扑救方法

扑救油库火灾，必须做到及时迅速，方法正确，并确保灭火人员的安全。

7.7.5.1 油罐火灾的扑救

1. 油罐的冷却

扑灭油罐火灾必须贯彻"先控制，后扑灭"的灭火原则。在扑救时，消防人员到达现场后，在灭火准备工作未做好之前，应组织力量用水冷却着火油罐和可能危及的邻近罐，特别是下风位置的油罐。因为油罐火灾的高强辐射热，很可能将邻近油罐的油气引燃，冷却邻近罐是控制火灾不使其扩大的一个重要步骤。另外，着火油罐在强烈火焰的作用下，3~5min后罐壁就会变形或破裂，使油品外流，增加扑救的困难，因此油罐着火后，应及早冷却，这样油罐可以在较长时间内保持不变形、不破裂。高液位罐着火后或有冷却水供给，可减少大量的辐射热。若火灾时没有泡沫及时供给，只要保证有足够的冷却水，罐壁一般是不会被破坏的。在冷却罐壁时，罐壁热量使冷却水变成蒸汽散布在空气中，还有稀释空气的作用，使火灾减弱。在罐壁经冷却、温度下降的情况下，泡沫顺罐壁流向火液面时，受到的破坏也少。

冷却油罐，尽可能将水射在油罐顶部，如果顶部炸掉，应射在油罐残壁的最上部，但不可将水射进罐内。冷却时应注意水流均匀，不可出现空白点，以免造成罐壁各部温差过大，而引起变形或破裂。着火油罐的冷却一般使用水枪喷射，或者用固定冷却水管喷水冷却。

油罐着火时，火势很猛烈，特别是下风方向辐射热相当大，可使邻近油罐蒸发大量油蒸气，引起燃烧或爆炸。在条件许可时对可能危及的邻近油罐都应加以冷却；条件不许可时，可只冷却下风邻罐向着着火油罐的一面（即半周），既要冷却罐壁，又要冷却罐顶。

2. 油罐喷射火炬型燃烧的扑救

油罐火灾时顶盖未被炸掉，油蒸气通过油罐裂缝、透气阀、量油孔等处冒出，在罐外与充足的空气混合，形成稳定的火炬型燃烧火灾。对于这种燃烧，应在初期阶段立即用浸湿的棉被、麻袋、石棉被、海草席等封闭覆盖窒息灭火，或用干粉灭火器和泡沫灭火器灭火。对于由缝隙流出的燃烧油流，可用砂土或其他覆盖物覆盖，也可用泡沫灭火器喷泡沫覆盖。若有固定灭火设施，发现火情应立即启动固定消防设施进行扑救。若只有移动消防，可用消防车组织灭火。

3. 无顶盖油罐火灾的扑救

易燃油料的罐顶，通常随油罐爆炸燃烧而被掀掉、炸破或塌落，液面上形成稳定燃烧，油罐上的固定式或半固定式设备很可能同时受到破坏。扑救这类火灾，可按照下列方法扑救：

（1）首先集中力量冷却着火油罐，不使油罐壁变形、破裂，同时冷却好危险范围的邻近罐，特别是下风位置的邻罐。为了防止邻罐的油蒸气被引燃或引爆，应用石棉被、湿棉被等把邻罐的透气阀、量油孔等覆盖起来。

（2）若油罐所设固定灭火设备没有被破坏，应启动灭火设备灭火。如果没有固定泡沫灭火设备或在发生火灾爆炸时，泡沫灭火设备已被破坏，则应迅速组织力量，采用移动式泡沫灭火设备(泡沫车、泡沫炮等)灭火。

（3）油罐液面较低时，由于罐壁温度高和气流作用，使喷入罐内的泡沫破坏较严重。为了提高灭火效果，可往轻质油罐内注水，以提高液面，然后再喷射泡沫。

（4）如果罐顶炸坏以后，一部分掉进油罐内，而一部分露在油面上，罐顶呈凹凸不平的状态，泡沫就难以覆盖住整个油面，影响灭火速度。在此情况下，可先提高油品液位，使液面高出暴露在液面部分的罐顶，然后用泡沫灭火。

（5）如果采用一切方法都不能使罐内火灾扑灭，就要设法将罐内油料通过密封管道输出。同时继续冷却罐壁，让少数剩余油料燃尽自灭，以保存油罐和防止火灾蔓延。

（6）当油罐区有数个油罐同时发生火灾时，首先应尽可能冷却全部着火油罐和受到威胁最大的邻罐，尽力控制火势。防止扩大和蔓延。然后集中力量，利用未被破坏的固定灭火设备和移动设备、泡沫车等一切灭火设备，有计划地分组同时扑灭数个油罐火灾。

4. 油品外溢油罐火灾的扑救

如果油罐破裂，油品外溢，残存的油罐及油罐区防火堤内均有油品燃烧时，扑救是比较难的。对于这种情况，油罐周围都是燃烧的油火，灭火人员根本不能接近油罐。这时，即使固定泡沫灭火设备未被破坏，也不能用来灭火，因利用这种设备虽然能将油罐中火焰扑灭，但由于罐外已被流散的油料火焰所包围，油罐内被扑灭的油火很快又会燃烧起来。

扑救这种火灾，如有可能应先冷却着火油罐，避免油罐被破坏得十分严重。如果只剩一底座或底部破裂，则不需要再对油罐冷却。

这类火灾最重要的是先扑救防火堤内的油火，然后再扑救油罐火灾，或者同时扑救。扑救防火堤内的油火，应采用堵截包围的灭火战术，集中足够的泡沫枪或泡沫炮，从周围包围，由防火堤边沿开始喷射泡沫，使泡沫逐渐向中心流动，覆盖整个燃烧液面；然后迅速及时地向罐内火灾发起进攻，扑灭罐内的火灾。

5. 重质油品的油罐火灾扑救

扑救重质油品的油罐火灾，争取时间尽快扑灭是非常重要的。如果燃烧时间延长，重质油品就会沸腾或喷溅，造成扑救上的困难。所以在扑救这种火灾时，对已经沸腾或喷溅的油罐，要迅速组织力量，在灭火人员不受威胁的地方进行冷却，并用开花水流或泡沫灭火。如果油罐中油品尚未沸腾或喷溅，应迅速向罐内导入灭火药剂，将火灾扑灭在沸腾喷溅之前。不论油品尚未或即将沸腾或喷溅，都应进行充分地冷却，从而降低油品被加热的温度。

扑救火灾中，要指定专人观察油罐的燃烧情况，判断发生喷溅的时间，保护救护人员的安全。同时，要利用油罐的放水阀排走油罐下部的积水，组织人力、器材修筑围堤，以应付油料的沸腾和喷溅。扑救时若油面过低，不能像轻质油料那样加水提高油面的方法来扑救，以防引起喷溅。

由于重质油料黏度较大，沸腾翻滚会盖住一部分泡沫，引起复燃，因此，在扑救沸腾喷溅油罐火灾时，要组织人力充分冷却罐壁，并在油火熄灭后还应继续供给泡沫，直至确信再不复燃时为止。

7.7.5.2 油泵房火灾的扑救

引起油泵房火灾的原因较多，常见原因有：盘根安装过紧，致使盘根过热冒烟，引燃泵房中集聚的油蒸气；油泵空转，造成泵壳高温，引燃油蒸气；使用非防爆式电动机及电器设备；铁器碰击产生火花或外来飞火等引燃油蒸气；静电接地不符合要求引起放电等。根据这些原因，应特别注意的是泵房内泵和管线不得出现渗漏油现象，地上的洒油或因滴漏而放置的集油盒（盆）等应及时处理，防止泵房内油气过浓。

一般泵房内设干粉灭火器、二氧化碳灭火器等设备。发现火灾后，首先应停止油泵运转，切断泵房电源，关闭闸阀，断绝来油；然后把泵房周围的下水道覆盖密封好，防止油料流淌而扩大燃烧；同时用水枪冷却周围的设施和建筑物。

对于泵房大面积火灾，如炼油厂的泵房内设有固定和半固定式的蒸汽设备时，着火后可供给蒸汽，降低燃烧区中氧的含量，使火焰熄灭。一般蒸汽浓度达到 35% 时，火焰即可熄灭。如没有蒸汽灭火设备时，可根据燃烧油品、燃烧面积、着火部位等，采用灭火器或石棉被等扑救。一般泵房内除油蒸气爆炸导致管线破裂而造成油品流淌的较大火灾外，主要是油泵、油管漏油处及接油盘最易失火，这些部位火灾只要使用轻便灭火器具，就能达到灭火之目的。若泵房内油品流散引起较大面积火灾时，可采用泡沫扑救，向泵房内输送空气泡沫或高倍泡沫等。

7.7.5.3 油罐车火灾的扑救

1. 油罐车罐口火灾的扑救

油罐车罐口发生火灾，一般火柱从口部上窜，火焰呈火炬状，火焰温度较高，燃烧比较稳定，对装卸油栈桥、鹤管及油罐车本身有很大的威胁。对于这种火灾，在罐车完整无损时，可采用窒息法灭火，及时用石棉被或其他覆盖物将罐车口盖严，使罐内在缺氧下终止燃烧；也可利用罐车盖，使其关闭严密，熄灭火焰。将罐口盖住后，如果能用泡沫或水枪喷射罐车口四周边缘，效果更为理想。

如果罐车已经被烧得温度很高，应首先对油罐车加以冷却。冷却时每一罐车必须不少于两支水枪喷射水流，经冷却后救火人员可以接近时再用覆盖法灭火。对灭火人员要用水枪保护，防火烧伤。

2. 油品溢流的油罐车火灾扑救

油罐车脱轨倾倒、油罐破裂、罐内油蒸气爆炸将卸油管崩出引起油品四溅、盛装黏油的罐车燃烧引起沸溢等，使油品流散，形成较大面积较复杂的火灾。这种火灾，火焰辐射热大，燃烧随油品不断流散而扩大，对灭火人员的威胁也大。

扑灭这种情况的火灾，首先应冷却燃烧油罐及其邻近油罐，防止油罐进一步破坏变形。第二，应先扑灭流散的液体火焰，这样才能扑灭油罐车火灾。扑灭流散油品火灾，应根据地形地势，采取有力的阻火设施（筑堤、挖沟等），防止油品随便流散，以控制火势扩大。然后组织泡沫或喷雾水枪对流散油品火焰发起进攻，扑灭流散油品火灾。第三，在扑灭油罐车周围液体火焰之后，应采用泡沫枪、泡沫炮或喷雾水枪，及时地向油罐火灾发起进攻，扑救油罐车火灾。

3. 大面积液体流散的油罐车火灾扑救

油罐车颠覆或一车着火引起多车着火的大面积起火，火灾现场更为复杂，不仅对周围设施造成严重威胁，阻断交通，而且还可能由于油品流散，影响附近的工农业设施及建筑物的安全。扑救这种火灾，应根据地形、地势和灭火力量，选择突击方向和突击点，采取集中优势力量，堵截包围，重点突破，穿插分割，逐个扑灭的灭火战术。

首先用砂土筑起土堤，把溢流在地面的油火控制在较小范围内，防止它到处漫流。与此同时，应组织力量将未燃烧的车辆疏散到安全地带。如果燃烧油罐车严重威胁附近的建筑物或构筑物时，在可能的条件下，可在水枪的掩护下，将油罐车拖至安全地点扑救。但在油罐车内油火喷溅或外泻时，如果灭火力量不足，可先控制火势；如果尚有扑救能力，可先行扑救上风方向及对邻近未燃烧油罐车威胁最大的着火油罐车。在灭火力量形成压倒优势时，可划分成数个战斗段，穿插分割，逐个消灭。

7.7.5.4 油船火灾的扑救

油船发生火灾的原因较多，着火规律与油罐车相似，不同的是装卸油品管道或船舱破裂后，油品流散至水面，在水面上燃烧和扩散。这不仅影响油船的未燃烧舱室，而且威胁码头、船只以及下游的其他建筑物安全。油船着火，甲板面小，灭火进攻和消防技术装备的运用，均受到很大限制，扑救火灾困难。

根据油船火灾特点和消防力量情况，对于油船的初期火灾，因往往在舱口处燃烧，可采用覆盖物覆盖窒息灭火，或采用水枪冲击扑灭舱口或甲板裂口火焰。若船体爆裂，油品外流，或重质油品喷溅，造成船上大面积火灾，可采用船上的自备灭火设备扑救火灾；若自备灭火设备损坏，可采用移动式泡沫灭火设备进行扑救。同时对甲板应进行不断的冷却，对邻近不能驶离的船舶和建、构筑物进行可靠的防卫。甲板上的火灾，一般情况下可采用覆盖物、泡沫、砂土等扑救。重质油品燃烧发生沸溢时，应先冷却船体，当温度下降，或喷溢停止后，用干粉或泡沫扑灭火灾。

对于漂浮在水面上的油火，要先控制，后扑灭。这就是说，必须先控制着火油品在水面上四处漂流，为此可采用漂浮物或木排把油火困住，在短时间内把油火压制到岸边安全地点，然后用泡沫扑救。如果一时不能制作围栏物品，可利用消防船或消防车在下风位置用强力水流阻塞或把火焰压制到一处或岸边，然后用泡沫灭火。

扑灭油船火灾，应注意的是：在装卸油过程中发生火灾，应首先切断岸上的电源，拆下输油管线，把船拖到安全地点，防止火势扩大；灭火过程中应保护好船上的重要设备，减少火灾损失；重质油料发生火灾，应注意防止水流进入油舱内，以免造成沸溢；灭火中人员应注意防止摔倒或落水。

7.7.5.5 油桶及桶装库房和堆场火灾的扑救

油桶火灾，无论漏洒在地面上的油品燃烧，或是桶内、桶外油品燃烧，如果扑救不及时，必将造成油桶爆炸甚至连续爆炸，使桶内油料四处飞溅，火灾迅速蔓延扩大，在短时间内即可造成一片火海的严重局面。

1. 油桶火灾的扑救

对于油桶外部漏油燃烧，迅速用覆盖物覆盖、用砂土掩埋或用灭火器扑救，切勿惊慌，以防止火灾扩大，酿成大灾。对于敞开桶盖或掀去全部顶盖的油桶内油品着火，可利用覆盖法扑救，也可利用灭火器扑救。这种燃烧不会使油桶爆炸，可以在着火油桶的上风方向接近灭火。一切敞口容器都可以用同样方法扑救。

对于桶垛或盛装油桶的车船着火，应注意不要急于去灭火，应先疏散周围的可燃物，或将车、船拉到安全地点，然后用水充分冷却燃烧区内的油桶和附近油桶。在冷却时，冷却水可能使桶内喷燃的油品漫流，应筑简易土堤围住油火。经一段时间的冷却后，应使用各种灭火物积极灭火。

2. 桶装库房火灾的扑救

扑救桶装库房火灾，同扑救其他油料一样，关键是抓紧时间扑救，积极采用防卫措施，尽快控制火势。对于桶装库房着火而油桶尚未燃烧的火灾，应迅速组织力量扑灭燃烧部位的火焰，同时用水枪保护受到威胁的油桶，防止火灾蔓延。如果是部分油桶起火，但未爆炸，而建筑物尚未起火时，应用泡沫枪向燃烧的油桶喷射泡沫，及时地扑救油桶火灾；同时应组织力量对未燃烧的邻近油桶和建筑物进行冷却，防止火势扩大。若个别独立的油桶发生燃烧火灾事故，也可采用覆盖物进行覆盖灭火，或采用简易的泡沫灭火器以及砂土等进行扑救。

扑救桶装库房火灾时，要注意扑救人员的安全。在油桶连续爆炸的情况下进攻，应防止油桶爆炸伤人。火场上需疏散油桶时，应派专人负责，采取必要的措施（如用水流保护疏散人员），确保人员安全。排除库内流散的积水时，应采取可靠的措施（如通过室外水封井、或在门槛下设临时排油管），将流散油品和积水排到安全地方。

7.7.5.6　油管破裂火灾的扑救

输油管线发生火灾，应首先停泵及关闭阀门，停止向着火管线输送油品；然后采用挖坑筑堤的方法，限制着火油品流窜，防止蔓延。单根输油管线发生火灾，可采用直流水枪、泡沫、干粉等扑灭火灾；也可用砂土等掩埋扑灭火灾。在同一地方铺设多根油管时，如其中之一破裂漏出油品形成火灾，会加热其他管线，使管线失去机械强度，管线内部液体或气体膨胀发生破裂，漏出油品，扩大火灾范围。另外，这些管线在输油中都有一定压力，破裂后会把油品喷射出很远距离，这种情况加强输油管线的冷却很有必要。如果油品在管线裂口外成火炬形稳定地燃烧，可用交叉水流先在火焰下方喷射，然后逐渐上移，将火焰割断。

应该指出，输油管线在压力未降低之前，不应采用覆盖法灭火，否则会引起油品飞溅，造成人员伤亡事故。若输油管线附近有灭火蒸汽接管，也可采用蒸汽，对准火焰，扑灭火灾。

7.7.5.7　扑救人员的安全保障

（1）扑救油料火灾时，应指定专人负责，统一指挥。保持高度的组织性和纪律性，行动必须统一，协调一致。

（2）火场要划定危险区。划分时要考虑风向，风向下方的危险区域要适当扩大。危险区的边缘要做出明显标志，派人警戒。在危险区域内只允许消防人员和救火职工进去工作。危险区内人数不要太过多，人数过多在需要撤退时不易迅速撤走。

（3）扑救油罐火灾时，指挥员必须对罐顶会不会炸掉，油罐中燃烧油品会不会喷溅、沸腾作出充分估计，然后才能派出消防人员登上油罐或接近油罐。在派出消防员执行危险任务时，必须采取必要的防护措施。

（4）在灭火人员需要接近沸腾、喷溅或火焰高、辐射热强的油罐时，必须有可靠的防护服和其他工具，并指派水枪掩护。

（5）为了保护灭火人员，在指派水枪掩护的同时，还必须有一支备用水枪，一旦掩护水枪损坏，备用水枪可以马上代替损坏了的水枪，使灭火人员的安全不受影响。

（6）各级火场指挥员，必须十分注意火场灭火人员的安全。只有在极端必要的情况下，才能提出较为危险的灭火任务，并且要为执行危险任务的灭火人员创造有利的安全条件，使灭火人员有可能克服困难，完成任务。

（7）在灭火时，要注意油气或其他有害气体的毒性，防止扑救人员在救火时发生中毒或窒息伤害。

7.8 事故管理

7.8.1 事故分类与分级

事故是造成死亡、职业病、伤害、财产损失、环境破坏的事件。

7.8.1.1 事故分类

事故分类方法较多，油库一般事故可分为以下几类：

（1）火灾事故 指生产过程中失去控制的燃烧，并造成人员伤亡和财物损失的事故。

（2）爆炸事故 指生产过程，由于各种原因引起的爆炸，并造成人员伤亡和财物损失的事故。

（3）设备事故 指设备因非正常损坏，造成停机时间、产量损失或修复费用达到规定数额的事故。

（4）质量事故 指产品质量（包括工程质量和服务质量）达不到技术标准和技术规范而造成的事故。

（5）数量事故 指在进销存过程中，发生的超标准的损溢；操作过程中，跑、冒、滴、漏和混油等事故。

（6）交通事故 指车辆、船舶在行驶、航运过程中，由于违反交通运输规则或由于其他原因，造成车、船损坏，人员伤亡或财产损失的事故。

（7）人身事故 指企业职工在生产劳动过程中，发生的与工作有关的人身伤害和急性中毒事故。

（8）生产事故 由于指挥错误，或者违反工艺操作规程和劳动纪律，造成停产、减产以及井喷、跑油、跑料、串料的事故。

此外按事故性质分为责任事故和非责任事故。

7.8.1.2 事故分级

事故分级一般以事故所造成的损失和危害来划分，根据国务院颁布的《生产安全事故报告和调查处理条例》（2007年6月1日施行）规定，按事故造成的人员伤亡或者直接经济损失，将事故分为四个等级：

（1）特别重大事故 是指造成30人以上死亡，或者100人以上重伤（包括急性工业中毒，下同），或者1亿元以上直接经济损失的事故。

（2）重大事故 是指造成10人以上30人以下死亡，或者50人以上100人以下重伤，或者5000万元以上1亿元以下直接经济损失的事故。

（3）较大事故 是指造成3人以上10人以下死亡，或者10人以上50人以下重伤，或者1000万元以上5000万元以下直接经济损失的事故。

（4）一般事故 是指造成3人以下死亡，或者10人以下重伤，或者1000万元以下直接经济损失的事故。

7.8.2 事故报告

7.8.2.1 事故报告程序

事故发生后，事故现场有关人员应当立即向本单位负责人报告，紧急情况要报警；上亡、中毒事故，应保护现场并迅速组织抢救人员及财产；重大火灾、爆炸、跑油事故，应组成现场指挥部，启动应急预案，防止事故蔓延扩大。

事故现场是指事故具体发生地点及事故能够影响和涉及的区域以及该区域的物品、痕迹等所处的状态。

有关人员主要指事故发生单位在现场的有关工作人员,既可以是负伤者,也可以是在事故现场的其他工作人员;对于发生人员死亡或重伤的人无法报告,且事故现场无其他工作人员时,任何首先发现事故的人都负有立即报告事故的义务。

单位负责人是指一把手或副职;事故单位的指挥中心,包括调度室、监控室等。

7.8.2.2 报告事故内容

报告事故应当包括下列内容:

(1)事故发生单位概况;

(2)事故发生的时间、地点以及事故现场情况;

(3)事故的简要经过;

(4)事故已经造成或者可能造成的伤亡人数(包括下落不明的人数)和初步估计的直接经济损失;

(5)已经采取的措施;

(6)其他应当报告的情况。

7.8.2.3 事故应急

事故发生单位负责人接到事故报告后,应当立即启动事故相应应急预案,或者采取有效措施,组织抢救,防止事故扩大,减少人员伤亡和财产损失。事故发生后,有关单位和人员应当妥善保护事故现场以及相关证据,任何单位和个人不得破坏事故现场、毁灭相关证据。因抢救人员、防止事故扩大以及疏通交通等原因,需要移动事故现场物件的,应当做出标志,绘制现场简图并做出书面记录,妥善保存现场重要痕迹、物证。

7.8.3 事故调查与处理

7.8.3.1 事故调查目的

事故调查是事故管理工作的基础,任何预防事故的措施都必须以大量可靠的原始调查资料为基础。事故调查的目的是找出发生事故的真正原因,接受事故教训,并针对事故原因采取防范措施,防止类似事故重复发生。通过事故调查,可以总结研究发生事故时危险因素向不利转化的规律,丰富和发展安全技术,还会从事故教训中得到启发,发明创造新产品、新工艺、新技术。因为每一次事故的发生,都是违背了客观事物发展规律的结果,必然暴露出生产过程中物质条件的危险因素和管理工作的缺陷。认真调查事故原因,总结经验教训,不但能找到防止事故发生的防范措施,而却也能揭示蕴藏事故教训中的未被认识的新技术。

1. 查明事故发生的经过、原因、人员伤亡情况及直接经济损失;

2. 认定事故的性质和事故责任;

3. 提出对事故责任者的处理建议;

4. 总结事故教训,提出防范和整改措施;

5. 提交事故调查报告。

7.8.3.2 事故调查的程序

为查清事故,要求事故调查人员必须实事求是,根据事故现场的实际情况进行调查,按物证做出结论。事故不论大小,都应该按照事故的调查程序进行,调查工作程序一般不宜省略或跨越。如只有在确定了事故原点之后,才能确定发生事故的原因和事故扩大的原因;只有在查清了事故原因的基础上,才能确定事故性质,进行责任分析。

事故调查程序一般分为两部分内容。一是现场勘查、物证收集、确定事故原点，找出一次事故原因和二次事故原因，确定事故性质，采取防范措施；二是调查事故前情况，查找事故隐患，证实管理方面缺陷，确定有关责任者和有关证明人，进行责任分析和责任处理。

7.8.3.3 事故现场勘查方法

事故现场是指保持着发生事故后原始状态的事故地点，包括事故波及的范围以及与事故有关的场所。油库发生事故，有时现场破坏比较严重，波及的范围也比较大，这是应首先划定事故现场范围，然后派人在指定范围内进行警戒，封锁事故现场，无关人员不得擅自进入现场，更不准随意移动现场内任何物品。对于一些重要痕迹，要单独设立标记进行重点保护，必要时还要采取遮拦或遮盖措施，最好及时进行照相和录像。事故现场勘查要及时、全面、客观和细致。

勘查事故现场具体步骤可分为四步进行。

（1）准备阶段　事故勘查前应准备好勘查器材、图纸，选定现场勘查人员。了解事故前后经过和现场情况。

（2）现场勘查　现场勘查是指先不进入现场内部，而只在现场周围进行概貌观察，以便提出勘查顺序及注意事项。

（3）实地勘察　实地勘察即进入事故现场内进行详尽的调查。先将事故现场在周围环境中的位置和现场全貌进行拍照，把现场的原始状态记录下来。再逐个研究物体在事故前后的位置变化等，要进行实地测量和拍照。

（4）整理现场勘查记录　整理现场勘查记录是把现场勘查结果和现场提供的各种信息储存起来，制成完整的事故现场资料。它包括勘查记录、现场照相合现场绘制图。

7.3.3.4 事故调查报告

事故调查报告应当包括下列内容：

（1）事故发生单位概况；

（2）事故发生经过和事故救援情况；

（3）事故造成的人员伤亡和直接经济损失；

（4）事故发生的原因和事故性质；

（5）事故责任的认定以及对事故责任者的处理建议；

（6）事故防范和整改措施。

7.8.4 事故处理

事故处理是在事故调查分析的基础上，确定了事故等级及性质后方能进行。事故处理内容包括确定有关人员的责任、恢复生产措施、伤亡人员的善后处理及事故分析教育等部分。事故处理要坚持"四不放过"的原则，即事故原因分析不清不放过、事故责任者没受到处罚不放过、群众没受到教育不放过、没有防范措施不放过。

在处理事故时，如遇责任事故，应按职责范围和岗位责任制的规定，分清事故的直接责任和间接责任。其行为与事故的发生有直接关系的人为直接责任人。在直接责任者中，对事故的发生起主要作用的人为主要责任人，对事故的发生有领导责任的人为领导责任人。

7.9　应急预案及演练

7.9.1　应急救援预案的基本要素

应急预案基本要素应包括以下 10 项。

163

（1）组织机构及其职责。

（2）危害辨识与风险评价。

（3）通告程序和报警系统。

（4）应急设备与设施。

（5）应急评价能力与资源。

（6）保护措施程序。

（7）信息发布与公众教育。

（8）事故后的恢复程序。

（9）培训与演练。

（10）应急预案的维护。

7.9.2　应急救援预案的文件体系

1. 应急救援预案的文件体系

一个完整的应急预案是包括总预案、程序、说明书、记录的一个四级文件体系。

（1）一级文件——总预案。它包含了对紧急情况的管理政策、预案的目标，应急组织和责任等内容。

（2）二级文件——程序。它说明某个行动的目的和范围。程序内容十分具体，例如该做什么、由谁去做、什么时间和什么地点等等。它的目的是为应急行动提供指南，但同时要求程序和格式简洁明了，以确保应急队员在执行应急步骤时不会产生误解，格式可以是文字叙述、流程图表或是两者的组合等，应根据每个应急组织的具体情况选用最适合本组织的程序格式。

（3）三级文件——说明书。对程序中的特定任务及某些行动细节进行说明，供应急组织内部人员或其他个人使用，例如应急队员职责说明书、应急监测设备使用说明书等。

（4）四级文件——对应急行动的记录。包括在应急行动期间所做的通讯记录、每一步应急行动的记录等。从记录到预案，层层递进，组成了一个完善的预案文件体系，从管理角度而言，可以根据这四类预案文件等级分别进行归类管理，既保持了预案文件的完整性，又因其清晰的条理性便于查阅和调用，保证应急预案能有效得到运用。

2. 应急救援预案的主要程序文件

不同类型的应急预案所要求的程序文件是不同的，应急预案的内容取决于它的类型。一个完整的应急预案应包括：

（1）预案概况——对紧急情况应急管理提供简述并做必要说明；

（2）预防程序——对潜在事故进行分析并说明采取的预防和控制事故措施；

（3）准备程序——说明应急行动前所需采取的准备工作；

（4）基本应急程序——给出任何事故都可适用的应急行动程序；

（5）专项应急程序——针对具体事故危险性的应急程序；

（6）恢复程序——说明事故现场应急行动结束后需采取的清除和恢复行动。

7.9.3　应急救援预案的编制

7.9.3.1　资料收集和初始评估

编制小组的首要任务是收集制定预案的必要信息并进行初始评估，这包括：

（1）适用的法律、法规和标准；

（2）企业安全记录、事故情况；

（3）国内外同类企业事故资料；

（4）地理、环境、气象资料；

（5）相关企业的应急预案等。

7.9.3.2 应急反应能力分析

根据最可能发生的事故场景，编制小组可以确定出不同紧急情况下相应的应急反应行动。据此，小组可回答以下问题：

（1）在紧急情况下谁该做什么，什么时候做，怎么做？

（2）整个应急过程由谁负责，管理结构应该如何适应这种情况？

（3）如何通报紧急情况，谁负责通知？

（4）可获得哪些外部援助，什么时候能到达？

（5）在什么情况下厂内和厂外人员应该进行避难或疏散？

（6）如何恢复正常操作？

7.9.3.3 编制应急救援预案的注意事项

事故应急预案应当简明，便于有关人员在实际紧急情况下使用。首先预案的主要部分应当是整体应急反应策略和应急行动，具体实施程序应放在预案附录中详细说明。另外，预案应有足够的灵活性，以适应随时变化的实际紧急情况。应确定出如何保证预案更新，如何进行培训和演习。根据预案格式，可以把一些条款放在总体内容中，或放在附录中。

预案编制不是单独、短期的行为，它是整个应急准备中的一个环节。有效的应急预案应该不断进行评价、修改和测试，持续改进。

7.9.3.4 人员和职责的确定

完成危险辨识、后果分析和风险评价后，编制小组需要确定在紧急情况下应该采取什么样的行动最合适，从报警定级到如何实施应急行动或疏散程序。这些行动要由企业或外部人员完成，明确职责，特别是什么时候由谁来指挥。

7.9.3.5 应急资源的评估

在本阶段，编制小组要评价企业在紧急情况下所具有的资源和控制紧急事故的人员。报警要求有良好的系统，从有声报警到电话系统和早期自动监测系统。无论采取什么样的报警方式，评价报警系统和其工作的充分性，出现功能失调或超负荷情况，主要系统应设有备用系统。通讯设备是至关重要的。

7.9.4 应急预案的演练

为了提高救援人员的技术水平与救援队伍的整体能力，以便在事故救援行动中达到快速、有序、有效的效果，发现和解决预案中存在的问题，应经常性地开展应急救援培训、训练或演习。

（1）应急演练的原则是：从实战出发、以人为本；应急演练的目的是检验预案的科学性与可行性，发现并修正预案中存在的问题，提高应急指挥和处置突发事件的能力。

（2）应急演练的基本任务是：加强现场警戒，控制危险源扩散；抢救受伤人员；及时组织人员撤离危险区；清理现场，消除危害后果。

（3）应急演练分为：桌面推演、功能演练和模拟实战演习三种。桌面推演是在桌面文书、计算机或砂盘上进行的，对设定应急情况进行处置的一种演练；功能演练是指在现场不启动应急装备，而对应急预案的整体或部分进行的演练；模拟实战演习是指在现场模拟受灾的实际情况，启动应急装备，而进行的应急预案演练，是预案演练的最高形式。

（4）油库的现场应急预案的演练每季度至少演练一次，二级单位的专项预案每半年至少演练一次。油库的应急小组每月至少进行一次应急技能训练。

（5）对制订出的预案应进行演练，油库演练内容侧重于火灾爆炸、成品油泄漏、突发环境事件及自然灾害事件。

（6）预案演练有计划、有记录、有总结。演练结束后应组织各应急小组研究解决演练和预案存在的问题。

（7）定期对所属单位突发事件应急预案演练进行监督和检查。

第8章 设备防腐

8.1 设备防腐基础知识

腐蚀一直是油库设备管理中的最常见问题，尤其是用钢铁制造的设备受腐蚀的影响最严重。每年因腐蚀造成的经济损失相当可观，主要表现为材料浪费，设备寿命缩短，设备损坏和由此引发事故造成的间接损失。因此研究腐蚀机理和控制方法是非常重要和必要的。

金属在周围介质作用下，由于发生化学变化、电化学变化或物理溶解而产生的破坏称为金属腐蚀。金属发生腐蚀是一种不能避免的自然趋势。

金属的腐蚀按腐蚀性质可分为化学腐蚀、电化学腐蚀；按破坏特征可分为全面腐蚀和局部腐蚀；按腐蚀环境可分为大气腐蚀、土壤腐蚀、淡海水腐蚀和细菌腐蚀。在油库中，金属设备发生的腐蚀以电化学为主，设备腐蚀速度与所处环境关系较大，所以在此从环境对设备腐蚀的影响入手研究腐蚀规律，采取适当的办法控制腐蚀。

8.1.1 化学腐蚀

化学腐蚀是指金属表面与非电解质直接发生纯化学作用而引起的破坏。如金属与空气中的 O_2、SO_2、H_2S 等气体作用。实际上，单纯化学腐蚀的例子是较少见到的。如金属油罐和管道用氧气切割或气焊施工时，就会发生化学腐蚀，反应式如下：

$$4Fe+3O_2 =\!=\!= 2Fe_2O_3（铁锈）$$

这个反应是氧化还原反应，铁失去电子被氧化是还原剂，氧得到电子被还原是氧化剂。

8.1.2 电化学腐蚀

电化学腐蚀是指金属在电解质溶液中，由于形成原电池或外界电流影响使金属表面发生电解作用而产生的破坏。电化学腐蚀是最普遍最常见的腐蚀。如金属在各种电解质水溶液中，在大气、海水和土壤介质中所发生的腐蚀皆属于此类。任何电化学腐蚀反应至少包含有一个阳极反应和一个阴极反应，并以流过金属内部的电子流和介质中的离子流联系在一起。阳极反应是金属转移到介质中和放出电子的过程，即阳极氧化过程，相对应的阴极反应便是介质中氧化剂组分吸收来自阳极电子的还原过程。干电池就是利用此反应原理制成的。

8.1.3 大气腐蚀

大气腐蚀分类。金属材料暴露在大气自然环境条件下，由于大气中水、氧及其他物质的作用而引起的腐蚀，称为大气腐蚀。影响大气腐蚀的主要因素有湿度、温度等气候条件，SO_2、固体尘粒等大气污染物质和金属表面性质和腐蚀物。

8.1.4 土壤腐蚀

土壤是由一个气、液、固三相物质构成的复杂系统，它具有结构多相性、多孔性、不均匀性和相对固定性。因此土壤与浸没在水溶液的腐蚀及大气腐蚀有所不同。土壤腐蚀可分为原电池腐蚀和电解电池腐蚀。

原电池腐蚀是因金属和土壤介质的电化学不均匀性形成了腐蚀原电池，分土壤 pH 值及含盐量不均匀电池腐蚀、氧浓差电池腐蚀和金属所处状态的差异引起的电池腐蚀三类。

电解电池腐蚀是由于土壤中的杂散电流而形成的杂散电流腐蚀电池。有时杂散电流会导致地下金属设施严重腐蚀。土壤中的杂散电流流过埋在土壤中的金属设备、管道、电缆等时，在电流离开金属设施进入大地的阳极端，金属就会受到腐蚀。杂散电流的主要来源是直流大功率电气装置，如电气化铁路。杂散电流的破坏特征是阳极区的局部腐蚀。

8.2 油库设备腐蚀分析

油库的设备较多，在使用中会发生腐蚀。设备腐蚀发生的程度因设备所接触的介质和环境不同而异。因此我们从设备使用环境和所接触介质为准进行分析。下面就油库常用设备和所处环境进行腐蚀分析，见表1-8-1。

表1-8-1 油库设备腐蚀分析表

环境	设备腐蚀部位		典型设备	腐蚀类型	影响因素	防腐措施
埋地	外壁		罐底板	土壤腐蚀中氧浓差电池腐蚀、杂散电流腐蚀、细菌腐蚀	土壤气性，周边大型直流用电设备或装置，	牺牲阳极、涂料防腐、绝缘层防腐、阴极保护
			埋地管道	土壤腐蚀中腐蚀宏电池、氧浓差电池腐蚀、杂散电流腐蚀、细菌腐蚀	土壤pH值、透气性及硫酸盐还原菌等微生物，管道穿越环境，管道温差、应力、材质，周边大型直流用电设备等	牺牲阳极、绝缘层防腐、阴极保护
地上	外壁	室外	地上罐、泵、管道	大气腐蚀	降水、大气湿度、大气污染物（盐微粒、硫化物、粉尘）、温度、日照	涂料防腐（注意防紫外线和阳光辐射能力）
		室内	室内罐、机泵、管道、仪表、油桶、阀门等	大气腐蚀	大气湿度、大气污染物（硫化物、粉尘）	涂料防腐，通风、清洁
		洞库	洞库内罐、管道及阀门等	大气腐蚀	大气湿度、大气污染物（油气、硫化物）	涂料防腐（耐水），通风、清洁
		管沟	管沟内管道、阀门	大气腐蚀	大气湿度、大气污染物（油气、硫化物）	涂料防腐（耐水）
埋地或地上	内壁	油罐、油桶	气体空间部分	化学腐蚀、电化学腐蚀	不饱和烃、冷凝水、油品中硫化物含量	涂料防腐、气相液相缓冲剂
			与油接触部分	氧浓差电池腐蚀	氧气	涂料防腐
			底部与沉降水接触部分	化学腐蚀、细菌腐蚀	电解质、应力、硫化物、厌氧细菌、水	涂料防腐
		输油设备	与流动中的油料相接触	化学腐蚀、气蚀	电解质、硫化物、厌氧细菌、水、油品流动状态	涂料防腐
			与静止中的油料相接触	化学腐蚀、电化学腐蚀、氧浓差电池腐蚀、细菌腐蚀	不饱和烃、水、油品中硫化物、电解质、硫化物、厌氧细菌	涂料防腐

8.3 设 备 防 腐

8.3.1 涂料防腐

涂料防腐是油库最常见的一种防腐形式，主要用于设备内壁和地上设备外壁。涂料的种类很多，主要由两大部分组成。第一部分是成膜物质，也叫固着剂、黏结剂。第二部分是溶剂和稀释剂，统称为稀料。它能溶解和稀释树脂或油料，当涂料固化后全部挥发到空气中去。第三部分是颜料和填料。颜料使漆膜具有一定的颜色，填料没有。颜料和填料都能增加漆膜的厚度并提高漆膜的耐磨、耐热、耐腐蚀性能。

涂料防腐要特别强调除锈，如果除锈不彻底，涂料经年就会起皮剥离。有条件的最好使用喷砂处理，使用手工或电动工具除锈要尽量达到 ST3 级。油库常用设备外壁防腐涂料有丙烯酸酯等，设备内壁防腐涂料主要是环氧树脂漆。

8.3.2 绝缘层防腐

8.3.2.1 绝缘层防腐介绍

对于地埋管道等设备，由于环境恶劣，涂料防腐无法达到防腐要求，必须使用绝缘层的方法。常用的防腐绝缘层有石油沥青、煤焦油沥青、环氧煤沥青、聚烯烃胶黏带、硬质聚氨脂泡沫塑料等。

埋地管道的外防腐绝缘层分为普通、加强和特加强三级。依据土壤腐蚀性和环境因素定，库内埋地管道、穿越铁路、公路、河流湖泊的管道均应采用特加强级防腐。

8.3.2.2 防腐绝缘层质量要求

与金属的黏结性好，保持连续完整；电绝缘层性能好有足够的耐压强度和电阻率，一般击穿电压为 $40\sim60kV/mm$，电阻率为 $10^6\sim10^8\Omega\cdot m$；应具有良好的防水性和化学稳定性；要有足够的机械强度和韧性；具有一定的塑性，高温不软低温不脆；便于施工和维护。

8.3.2.3 常用防腐绝缘层

主要有石油沥青防腐层、煤焦油沥青瓷漆防腐层、熔结环氧粉末涂层（FBE）、聚烯烃胶黏带、三层复合结构防腐层、泡沫塑料防腐保温层、环氧煤沥青防腐冷缠带、聚丙烯增强纤维防腐胶带。

8.3.3 阴极保护

如果设备涂层能做到完整无缺陷，那么只靠涂层就可以完成防腐任务。然而，要做到涂层无缺陷是很困难和不经济的。因此，实际往往采用涂层和阴极保护相结合的做法，99%的防腐任务由防腐层承担，阴极保护对防腐层缺陷处进行保护。这样才是最经济、有效的防腐措施。

8.3.3.1 阴极保护的原理和分类

阴极保护是电化学技术的一种，其原理是向被腐蚀金属结构物表面施加一个外加电流，从而使得金属腐蚀发生的电子迁移得到抑制，有效地避免或减弱腐蚀的发生。在油库一般用在埋地管道和油罐底部防腐。

阴极保护技术有两种：牺牲阳极阴极保护和强制电流（外加电流）阴极保护。牺牲阳极法是采用一种电位比被保护金属更负的金属与被保护金属结构物电性连接，从而向被保护金属提供保护电流。外加电流法是将外加直流电源的负极接于被保护金属结构物，向被保护金属提供保护电流。

8.3.3.2 阴极保护的两种方法

1. 牺牲阳极的阴极保护

在待保护的金属管道上连接一种电位更负的金属或合金（如铝合金，镁合金），如图 1-8-1 所示，使形成一个新的腐蚀电池。由于管道上原来的腐蚀电池阳极的电位比外加的牺牲阳极的电位要正，整个管道就成为阴极。

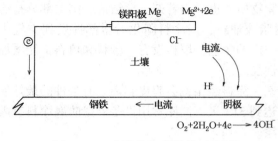

图 1-8-1　牺牲阳极保护法示意图

作为牺牲阳极材料，必须满足以下的要求：有足够负的稳定电位；自腐蚀速率小且腐蚀均匀，有高而稳定的电流效率；电化学当量高，即单位重量产生的电流量大；工作中阳极极化要小，溶解均匀，产物容易脱落；腐蚀产物不污染环境，无公害；材料来源广，加工容易，价格低廉。常见的牺牲阳极有镁基、锌基和铝基合金三类。

由于牺牲阳极保护不需要外电源，管理简单，对邻近的金属结构干扰较小，适于站场内设施及管道的区域性保护，也适用于难以管理的海上、沼泽地区的阴极保护。

2. 外加电流的阴极保护

将被保护金属与外加的直流电源的负极相连，把另一辅助阳极接到电源的正极，使被保护金属全成为阴极。

外加电流在管道和辅助阳极间所建立的电位差，显然可比牺牲阳极与管道间的电位差大得多，因此，它的优点是可供给较大的保护电流，保护距离长；便于调节电流和电压，适用范围广；辅助阳极的材料只要求有良好的导电性和抗腐蚀性，不消耗有色金属。其缺点是需要外电源和经常的维护管理，对邻近的金属结构有干扰。长距离的油气管道最常用的是外加电流的阴极保护。

8.3.3.3　外加电流阴极保护的主要参数和条件

为使某一腐蚀过程得到抑制，外加的保护电流必须达到一定的数值，或使经外电流极化后的阴极电位降到一定的数值。故在阴极保护中常采用最小保护电流密度、最小保护电位和最大保护电位三个参数作为衡量是否达到完全保护的指标。

1. 最小保护电流密度

最小保护电流密度是指为使金属得到完全保护时所需要的最小电流密度。最小保护电流密度的数值与金属和腐蚀介质的性质、组成和绝缘层质量等许多因素有关，在不同条件下最小保护电流密度的数值变化很大。钢在不同介质中的最小保护电流密度见表 1-8-2。

表 1-8-2　钢在不同介质中的最小保护电流密度

管道表面状况	土壤电阻率/Ω·m	电流密度/（mA/m²）
石油沥青、玻璃布防腐层	130～35	0.01～0.1
	0～1.4	0.16
裸　　管	<3	30～50
	3～10	20～30
	10～50	10～20
	>50	5～10

从表中可以看出，裸管比有绝缘层的管道需要的保护电流密度大得多；土壤电阻率愈小，需要的保护电流密度愈大。类似的试验数据对于较小的金属构筑物，如油罐的罐底、平台的桩等是适用的；对于沿途土壤电阻率和防腐绝缘层质量变化较大的长距离管道，则往往偏差较大。故对于管道的阴极保护，常以最小保护电位和最大保护电位作为衡量标准。

2. 最小保护电位

为使腐蚀过程停止，金属经阴极极化后所必须达到的电位称为最小保护电位，也就是腐蚀电池阳极的起始电位。其数值与金属的种类、腐蚀介质的组成、浓度及温度等有关。根据实验测定，碳钢在土壤及海水中的最小保护电位为-0.85V 左右(相对饱和硫酸铜电极)。

在细菌繁殖很激烈的地区，需要比此值负移 100mV，即-0.95V。按此数据保护的管道，保护度一般都达到 90%以上。

3. 最大保护电位

管道通入外加电流后，其负电位提高到一定程度时，由于 H^+ 在阴极上的还原，管道表面会析出氢气，产生析氢现象会减弱甚至破坏绝缘层的黏结力，加速绝缘层的老化。不同绝缘层的析氢电位不同，沥青绝缘层在外加电位低于-1.20V 时开始有氢气析出，当电位达到-1.50V时将有大量氢析出。因此，对于沥青绝缘层取最大保护电位为-1.20V(相对于硫酸铜电极)。若采用其他防腐绝缘层，最大保护电位值也应经过实验确定。聚乙烯涂层的最大保护电位可取-1.50V。

4. 绝缘层电阻

除了上述几个主要指标，绝缘层电阻对阴极保护有着明显的制约作用，绝缘层电阻越大，所需要电流和功率越小，阴极保护所起的作用起大，即保护的距离越长。因此为工艺计算中的关键数据。管道绝缘层电阻经验值(沥青涂层)见表 1-8-3。

表 1-8-3　管道绝缘层电阻经验值(沥青涂层)

评价	表面状况	单位面积电阻/Ω	评价	表面状况	单位面积电阻/Ω
极好	无损伤	10000~15000	劣	有显著损伤	50~500
良好	个别地方有极小损伤	5000~10000	极劣	严重损伤	50 以下
好	个别地方有小损伤	500~5000			

5. 外加电流阴极保护的条件

从技术可行性上讲，阴极保护必须具备三个使用条件：

(1) 管道纵向连续导电，确保阴极保护电流畅通，是阴极保护的必要条件之一。法兰、丝扣部位需要电缆跨接。

(2) 具有足够电阻的管道覆盖层。覆盖层的主要作用是隔离土壤介质，阻止形成腐蚀电池。覆盖层的电阻愈大，需要的保护电流愈小。

(3) 管道与其他非保护构筑物之间电绝缘。电绝缘可以防止阴极电流流失，还可减轻电偶腐蚀，减轻杂散电流干扰等。

8.3.3.4　外加电流阴极保护的主要设施

外加电流阴极保护系统的主要组成部分有辅助阳极、直流电源、管道电绝缘接头以及用于测量保护电位的附件、参比电极等。

1. 辅助阳极

辅助阳极材料种类很多，一般可选碳钢、石墨、高硅铸铁等。按照阳极的溶解性能，辅助阳极可分为：可溶性阳极(如钢、铝)、微溶性阳极(如高硅铸铁、石墨)、不溶性阳极(如铂、镀铂、金属氧化物)三大类。

辅助阳极埋设的位置会影响管道沿线保护电流的分布，阳极距管道越远，保护电流分布越均匀，但这将加大阳极引压线路的电压降并加大投资。长输管道的辅助阳极一般埋在距管道 300~500m 处。若条件有限时，可采用深阳极，即把它埋在地下几十米至一二百米深处。

辅助阳极安装时要求与导线接触良好、牢固、与被保护设备有良好的绝缘、更换方便。

辅助阳极安装完成后要严格检查与被保护设备的绝缘情况。并要检查辅助阳极与电源的连接方向是否正确。如果它与电源的负极相连，则使管道成为系统的阳极，会大大加速管道的腐蚀。

2. 直流电源

直流电源是强制电流的动力源，要求稳定可靠，能够长期连续运行，适应各种环境条件。选择直流电源的主要依据是阴极保护所需要的电流强度和电压。外加电流阴极保护系统，需要低电压大电流输出可调的直流电源，电压一般不超过 24V（土壤中阴极保护除外）。电源的种类形式很多，常见的直流电源有：整流器、恒电位仪、恒电流仪、热电发生器（TEG）、密闭循环蒸汽发电机（CCVT）、太阳能电池、风力发电机、大容量蓄电池等。

3. 管道电绝缘及纵向电连续的设施

为了保证管道阴极保护系统的有效性并提高保护效率，要做好管道电绝缘。在站场的进、出口管道上、支线与干线连接处、大型穿跨越段两端、杂散电流干扰段及使用不同的阴极保护方法的交界处等，要设置绝缘连接。它使两边的管段电绝缘，保护电流不能从管道的这一端流到另一端；当管道穿越河流或沼泽地区敷设时，常采用固定锚、加重块等稳管措施，管道必须与这些混凝土块的钢筋绝缘。应在这些处加绝缘支撑或在管道与管架之间加绝缘垫；若保护的管道中间有非焊接的接头，应焊上跨接的导线，以保证阴极保护电流在管道上纵向导通。对于预应力混凝土管道，每节管子的纵向钢筋须跨接。

4. 测试桩及检查片

（1）测试桩　可以用来测试管道的保护电位、保护电流、电绝缘性能等参数。测试桩是为了检查管道阴极保护情况而在沿线设置的久性设施。在管道上焊接导线，引到地面的测试桩上。测试桩按功能分为：电位测试桩、电流测试桩、套管测试桩、绝缘接头测试桩、牺牲阳极测试桩等。

（2）检查片　检查片是为了定量地测试阴极保护效果，使用时应选择典型的地段埋设的钢试片。检查片埋设前分组编号，每组试片中，一半与被保护管道相连，即通电保护；另一半不通电，受土壤环境的腐蚀。经过一定时间后挖出来，称各片的腐蚀失重，用来计算保护度，以比较阴极保护的效果。

（3）参比电极　测量金属的电极电位时要用参比电极。选择参比电极的原则是：电位稳定，耐蚀，价格便宜，容易制作，安装和使用方便。对于土壤和埋地管道，特别是用于现场测试时，多采用铜/饱和硫酸铜电极。

8.3.3.5　外加电流阴极保护系统故障的原因与管理维护

埋地的油气管道都采用防腐层与外电流阴极保护的防腐技术，但由腐蚀引起的穿孔泄漏及开裂仍是管道事故的主要原因之一。

1. 外加电流阴极保护系统故障的原因

（1）设备故障。恒电位仪、参比电极、引压电缆、辅助阳极等设施的故障引起阴极保护系统运行故障，其中恒电位仪故障占了很大比例。

（2）防腐层失效。由于老化或严重破损等原因使防腐层绝缘性能大幅度下降，使阴极保护站输出最大电流时，管道保护电位仍然达不到最小保护电位。

（3）外部施工引起的故障。由于站场或管道的技术改造项目施工中，破坏了阴极保护设施或使未加保护的金属结构与受到阴极保护的管道接触等，会使原有的阴极保护系统运行失常。

（4）外部交流、直流杂散电流的干扰。当管道所在地区出现较强的杂散电流，特别是直流杂散电流时，会强烈干扰阴极保护系统的运行，恒电位仪几乎不能自控运行。

2. 外加电流阴极保护系统的管理

为了使管道得到有效的保护，除了要使阴极保护系统的设备完好，运转正常以外，还要经常检测系统运行参数及阴极保护参数，如检查并记录输出电压、电流，汇流点电压等，分析其变化原因，及时调整。检测沿线管地电位，分析保护效果等。

（1）保护电位的测量与控制。保护电位是阴极保护中最重要的的参数。如果采用恒电位仪控制电位，只需定时检查各部位电位是否分布均匀即可，如果采用手调控制或恒电流控制时，则需经常测量阴极的电位值和电位分布情况。

（2）保护效果的测量。现场测量保护效果主要采用挂片法（失重法）。将试片成对地安置在被保护管段附近土壤中，特别是应放置在保护程度可能是最低的地方。每对试片中的一片用螺钉或导线与被保护管道相连，使其同样受到保护；另一片与管段绝缘，使其自然腐蚀。定期用称重法检查试片的腐蚀情况，计算出保护度，了解管道的保护效果。

（3）另外，在开挖检修期间，也可从管道金属表面的外观来考察保护效果的好坏。例如观察金属表面是否有锈层、蚀坑，防腐层是否完整、是否有泡或脱落等。

3. 阴极保护装置的维护

阴极保护装置的经常维护与阴极保护效果及延长设备使用寿命有密切的关系。有些阴极保护措施不能坚持正常运转，往往是由于没有专人负责维护和定期检修所造成的。除了应经常性的定期检测管道保护电位是否在规定值，以及各部位的保护电位是否均匀外，还需注意以下情况：

（1）如果发现输出电流值增大很多，电源输出电压反而下降（用整流器控制时），或者恒电位仪输出电流很快上升时，说明有局部短路的情况。要检查辅助阳极是否与阴极（被保护设备）间接触，或者有别的金属物件使阴、阳极短路。

（2）如果发现电压上升而输出电流下降较大，此时要检查导线与阴极或辅助阳极的接头处是否接触不良或辅助阳极与导线接头处被腐蚀断开以及辅助阳极是否被损坏。

（3）如果发现恒电位仪控制失灵，可首先检查参比电极是否损坏。特别是当采用铜/饱和硫酸铜参比电极时，要查看硫酸铜溶液是否已漏完或水已挥发掉。如果参比电极没有问题，则要检查恒电位仪是否发生故障。

（4）安放电源设备的场所，应保持干燥、清洁。

第2篇　储运设备及仪表

　　本篇介绍的是油库、炼化储运车间、油品调和的通用设备和仪表，主要包括油罐及其附件、管道及其附件、泵与压缩机、阀门、储运仪表和油气回收装置等6章内容，是油品储运调和操作工日常作业所面对的通用设备和仪表，也是技能操作所必需掌握的内容。在章节的编写中都是从结构、原理、操作使用、故障分析和处理展开。操作工应在了解结构和工作原理的基础上，重点掌握设备的操作和使用，才能在实际操作中分析问题、处理问题。

第1章　油罐及其附件

　　石油储罐(简称油罐或储罐)在国民经济发展中具有重要作用。特别是石油、石化企业，没有储罐，就无法组织生产。储罐是储运单元储备原料、油品调和和成品油输转的重要设备。无论是陆地或海洋原油开采，还是炼油厂油品的存储；也无论是长输管线的泵站、销售油库和军用油料库，还是国家物质储备与战略储备，均离不开各种容量和类型的储罐。

1.1　油罐的分类

　　油罐的分类方法具有多样性，但最具有代表性的分类方法是按油罐相对标高分类、按罐体材质分类和按油罐形状和结构特征分类。

1.1.1　按油罐相对标高分类

　　按油罐相对标高区分油罐类型，油罐可分为：地上油罐、地下油罐(覆土油罐)、半地下油罐和高架油罐4种。

　　地上油罐是指罐内最低液面略高于附近地坪的油罐，包括某些架设于矮支墩上的卧式油罐。

　　地下油罐是指罐内最高液面低于油罐附近(油罐基础外周围4m范围内)地坪最低标高0.2m的油罐。覆土油罐是置于被土覆盖的罐室中的油罐，且罐室顶部和周围的覆土厚度不小于0.5m。

　　半地下油罐是指罐底埋入地下深度不小于油罐高度的一半，且罐内最高液面不高于油罐附近(油罐基础外周围4m范围内)地坪最低标高0.2m的油罐。

　　高架油罐系指罐内最低液面高于油罐附近地坪3~8m的油罐。这类油罐一般作为自流灌装的工艺罐。

1.1.2　按罐体材质分类

　　油罐按罐体材质分类可分为金属油罐和非金属油罐两大类。

　　金属油罐是用钢板焊接的薄壳容器，具有造价低、不渗漏、施工方便、易于清洗和检修、安全可靠、耐用、适宜储存各类油品等优点。

非金属油罐包括砖砌油罐、石砌油罐、钢筋混凝土油罐，以及耐油橡胶制成的软体油罐、玻璃钢油罐、塑料油罐等。由于非金属材料砌体的抗拉强度低，油罐不宜太高，只能靠增加截面积扩充容量，因而占地面积大，造价高，导电性能差，灭火困难，而且不易清罐和检修。

1.1.3　按油罐形状和结构特征分类

油罐按其形状和结构特征分类可分为立式圆柱形油罐、卧式圆柱形油罐和特殊形状油罐三大类。

立式圆柱形钢制油罐(储存非制冷液体)是一种应用范围最广的油罐，它的承压能力有限，在 0.1MPa(表压)以下，大多属于常压油罐。一般拱顶罐和带有气封系统的内浮顶罐的设计内压，(表压)为 1.96kPa 和-0.49kPa，浮顶罐、内浮顶罐(不带有气封系统)均不承受内压。部分用于储存 C_5 等轻组分的立式圆柱形锚固定油罐设计内压稍高，但也在 0.1MPa(表压)以下。

1.1.4　油罐的其他分类

按油罐罐容的大小分类，可将立式圆柱形油罐分为二类：一般油罐和大型油罐。通常将罐容小于 $1 \times 10^4 m^3$ 的油罐称为一般油罐，而将罐容等于或大于 $1 \times 10^4 m^3$ 的油罐称为大型油罐。

此外，还可根据油罐内储存的油品种类或它的工艺功能进行分类，例如原油罐、汽油罐、润滑油罐；调和油罐、扫线油罐、沉降油罐等。

1.2　立式圆筒(柱)形油罐

1.2.1　油罐结构

立式圆筒(柱)形油罐普遍建造在地面油罐基础之上，由底板、壁板、顶板(浮顶罐除外)及一些油罐附件组成。

1. 油罐底板

油罐底由多块薄钢板拼装焊接而成。油罐底一般由中幅板和边缘板两部分组成。有的油罐底不设边缘板。油罐底中部钢板称为中幅板，周边的钢板称为边缘板(边板)。

油罐底板本身通常不受力，油品和油罐的重量直接作用于基础之上。油罐底板内表面常受到油中水杂浸蚀，易腐蚀，且不便检查和维修，因此油罐底板在铺设前其下表面应涂刷防腐蚀涂料，罐内底板在油罐投用前也要涂刷防腐蚀涂料，在油罐使用过程中也应结合油罐的清扫，加强检查，必要时进行重新防腐处理。

2. 油罐壁板

罐壁是油罐的主要受力构件。在罐内液体作用下，它承受环向拉应力。液体压力随液面升高而增大，壁板下部的环向拉应力大于上部，所以罐壁从上至下逐渐加厚。壁板由多圈钢板组对焊接而成，圈板的上下之间排列有对接式、交互式、套筒式和混合式四种，见图 2-1-1 立式圆柱形油罐圈板配置图。

套筒式罐壁板环向焊缝采用搭接焊，纵向焊缝为对接焊。其优点是便于各圈壁板的对口，特别是采用气吹顶升倒装法施工时十分方便安全。对接式罐壁板环向焊缝和纵向焊缝均为对接焊，优点是罐壁整体自上而下直径相同，特别适用于内浮顶油罐。罐壁承受的压力随

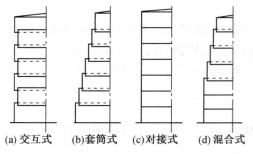

图 2-1-1 立式圆柱形油罐圈板配置图

(a) 交互式　(b) 套筒式　(c) 对接式　(d) 混合式

液面高度增加而增大,因此罐壁各层厚度上下不一,上圈罐壁板厚度不得大于下圈罐壁板厚度,一般上部厚度小(罐壁的最小厚度为4~6mm),越往下越大。

3. 油罐基础

油罐基础不但要承受油罐自重,还要承受油罐所储存介质的荷载,因此要求油罐基础的沉降不得造成连接管道的显著变形及影响油罐的安全使用和计量。为便于油罐脱水,基础一般应高出地面 200~500mm;大型油罐、罐壁高度较大的油罐和浮顶油罐不宜采用无环梁砂石垫层基础,而大多采用钢筋混凝土环梁基础。油罐基础由下至上分别为素土、灰土、砂垫、沥青砂防腐层。

1.2.2 拱顶油罐

拱顶油罐的结构见图 2-1-2。拱顶形油罐的罐顶为球缺形,一般由多块厚度为4~6mm的扇形薄钢板和加强筋(通常用扁钢或型钢)构成,其半径一般为油罐直径的0.8~1.2倍。当油罐直径大于15m时,拱顶应加设肋板以增强拱顶稳定性。由于拱顶罐罐内液体上部存在油气空间,一旦发生火灾,极易引起爆炸。爆炸如果使罐体撕裂,灾害将扩大。罐顶板与包边角钢之间的连接应采用薄弱连接,外侧采用连续焊,焊脚高度不应大于顶板厚度3/4,且不得大于4mm,内侧不得焊接。这样,一旦发生爆炸,罐顶将首先崩开,使

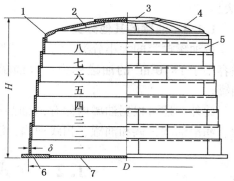

图 2-1-2　立式拱顶油罐结构图

1—包边角钢;2—加强筋;3—中心顶板;
4—扇形顶板;5—壁板;6—边板;7—底板

压力得以释放,避免罐底或罐壁被撕开,尤其是避免将罐底与罐壁相连的大角焊缝撕裂,使油品四溢,灾害扩大。拱顶与罐壁联接处有加强环(包边角钢),以承受拱脚处的水平推力。

拱顶油罐的设计压力一般为:正压 1.96kPa(200mmH$_2$O),负压 0.49kPa(50mmH$_2$O)。试验压力为:正压 2.16kPa(220mmH$_2$O),负压1.77kPa(180mmH$_2$O)。

1.2.3 浮顶油罐

浮顶油罐的结构见图 2-1-3。是将浮顶装在上部开口的立式金属圆筒形油罐的液面之上的油罐。浮顶油罐的圆形浮盘直接浮于油面之上,并随油罐内储油量的增加或减少而上升或下降。在浮顶外缘与罐内壁的环形空间还安装有随浮顶一起升降的密封装置,该装置与浮顶一起把液面和大气空间隔开,因而大大减少了油品蒸发损耗,降低了油气对大气环境的污染,减少了火灾危险性。由于该类罐易受尘埃、雨水积聚,甚至污染油品,故常用以储存

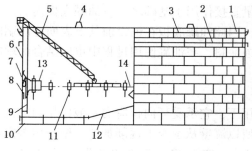

图 2-1-3　外浮顶油罐结构图

1—抗风圈;2—加强圈;3—包边角钢;4—泡沫消防挡板;5—转动扶梯;6—罐壁;7—密封装置;8—刮蜡板;9—量油管;10—底板;11—浮顶立柱;12—排水折管;13—浮船;14—单盘板

原油。

　　建造浮顶油罐消耗钢材多，一次性投资大，但可从降低油品损耗中得到补偿；浮顶油罐比拱顶油罐可减少油品损耗80%~90%，投用1~2年即可收回建造浮顶所多消耗钢材的投资。

　　浮顶的结构有单盘式、双盘式和浮子式等。常用的单盘式浮顶周边是用双层薄钢板焊接而成的环形浮船，并用隔板将浮船分隔成若干个独立密封的舱室。浮顶中心部分则是单层钢板。所有浮舱不论是单盘或双盘都要用径向隔板分成若干个互不连通的隔舱，以防因舱室渗漏而导致浮顶沉没。

　　浮盘底部有支柱支撑，使浮盘落不到罐底上，以利对浮顶和罐底进行检修；浮盘与油罐上壁的顶端有供操作人员走向罐顶的滑梯；浮梯两侧装有两根紫铜导线，将浮盘积聚的静电通过罐壁导入大地；浮盘与罐壁间的间隙保证浮顶随液面升降而上下移动，间隙间有密封装置密封，以防止油品蒸气从间隙中逸出；浮盘中部有集水坑，汇集雨水，并通过中央排水管排出浮顶。当中央排水管发生堵塞等故障，不能排水时，浮顶上还有紧急排水口将浮顶积水排入罐内，避免发生浮盘沉没事故。

1.2.4　内浮顶油罐

　　内浮顶油罐的结构如图2-1-4所示。内浮顶油罐是将浮顶装在拱顶油罐内液面之上的油罐，其储存轻质油品比拱顶可减少损耗95%~97%。由于内浮顶油罐有固定顶盖的遮挡，浮盘上不会积聚雨水，而且可以避免尘埃、风沙对油品的污染，即兼有拱顶油罐和浮顶油罐的优点，因而广泛用来储存汽油、煤油、溶剂汽油、航空汽油和航空煤油。为减少油品的蒸发损耗，节约能源，部分罐区也将内浮顶油罐用于储存柴油。

　　为导走浮顶上积聚的静电，在浮顶与罐顶之间连接有静电引出装置；为防止油气在内浮顶与罐顶之间积聚达到爆炸极限，在拱顶上特别是罐壁上层圈板四周都开有足够数量的溢油口，一是起溢流作用，防止沉盘。二是起到通气作用，充分排除罐内积存的油气，从而保障油罐安全。

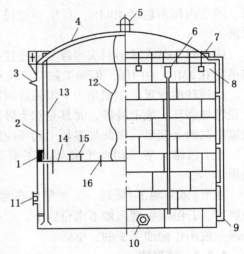

图2-1-4　内浮顶油罐结构图

1—软密封；2—罐壁；3—高液位报警装置；4—固定罐顶；5—罐顶通气孔；6—泡沫消防装置；7—罐顶人孔；8—罐壁溢油口；9—液面计；10—罐壁人孔；11—带芯人孔；12—静电导出线；13—量油管；14—内浮盘；15—浮盘人孔；16—浮盘立柱

　　内浮顶罐的浮顶可用焊制钢盘，也可用组合式铝合金或不锈钢等其他材料做成的浮盘。但铝制内浮顶不适宜于作为中间罐或碱性大的汽油半成品。

1.3　卧式圆筒(柱)形金属油罐及其他

1.3.1　卧式圆筒(柱)形金属油罐

　　卧式圆筒(柱)形金属油罐简称卧罐，是一个两端带封盖的大致水平放置(倾斜比不大于0.08)的圆筒。卧罐由罐身(筒体)、罐身两端的罐盖(封头)和加强构件等三部分组成，如图2-1-5和图2-1-6所示。卧罐是应用比较广泛的油罐。在加油站常用作地下罐使用，还用于运送石油液化气的汽车罐车和铁路油罐车。

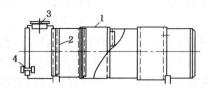
图 2-1-5　平头盖卧式圆柱形钢油罐
1—油罐圈板；2—加强环；3—人孔；4—进出油短管

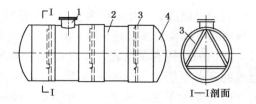
图 2-1-6　碟形头盖卧式圆柱形钢油罐
1—人孔；2—身板；3—三角支撑；4—碟形头盖

卧罐的罐身为圆筒形，其圈板配置形式分为对接式和搭接式。小型卧罐一般采用对接形式，较大的卧罐环向焊缝一般采用搭接式。卧罐的纵向焊缝均为对接式。

卧罐的封头形式有平封头、圆锥形封头、碟形（准球形）封头和椭圆形封头等，目前较常见的是平封头卧罐和碟形封头卧罐。

平封头是用钢板直接焊接在罐身的两端，见图 2-1-5。其结构简单，施工方便，但承压低，承受内压不超过 40kPa，负压不超过 1kPa，在油库常用来盛装容量较小的润滑油或泡沫液。

碟形封头是在球形封头与罐身的连接处以较大曲率半径的圆弧过渡，见图 2-1-6。它可以承受 0.2MPa 的内压。但加工制造比较复杂，目前均有定型产品和标准系列。

加强环的设置，主要是为了增强卧罐罐壁的承压能力。地下卧罐不论工作压力多大，均应设置加强环；地上卧罐，尤其是双支卧罐，在支座处产生较大的剪应力，在该力作用下，油罐圆截面会变形，因此加强环中间还应做三角架支撑。

地上卧罐一般常用两个高架支座平支撑，支座用钢筋混凝土或砖石做成，上部呈鞍马形。

地下（或半地下）卧罐，应尽量放在地下水位以上，油罐应有防腐措施，通常是涂沥青防腐层。若卧罐要埋入地下水位以下，应有抗浮措施，以防止空罐时浮起。在油库安装地下卧罐一般用作输油系统的放空罐。

1.3.2　球形罐

球形罐是一种压力容器，罐体就为球体，主要建在炼油厂、液化气站，用于储存液氨、液化石油气、液化天然气及各种压缩气体等。

1.4　油　罐　附　件

1.4.1　油罐一般附件

在各种油罐上，通常都装有下列一般油罐附件。

1. 盘梯、栏杆及平台

盘梯是专供操作人员上罐检尺计量、测温、取样、检查而设置，见图 2-1-7。

目前油罐大多采用罐壁盘梯形式，且按工作人员下梯时能右手扶梯的形式设置。盘梯外安装有护栏作扶手直至罐顶，并和罐顶周围护栏相连，以利人员安全。为消除人体静电，扶梯始端扶手 1m 处一般不涂油漆，或安装有专门的人体静电消除装置，如搭接一钢条或焊接一不锈钢球。盘梯上平台供上罐作业人员作业或短暂歇息，起缓冲作用，避免盘梯过陡。盘梯的最小宽度为 600mm，其最大升角为 50°，一般宜取 45°；同一罐区内盘梯升角宜相同。

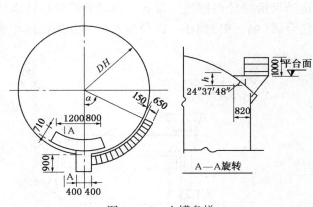

图 2-1-7 上罐盘梯

盘梯踏步的最小宽度为 200mm，且相邻两踏步的水平距离与两踏步之间高度的 2 倍之和不应小于 600mm，并不应大于 660mm。

平台和走道的最小宽度为 600mm；铺板应至栏杆顶部的高度不应小于 1050mm。栏杆护腰应位于栏杆的 1/2 高度处，且栏杆立柱间距不得大于 2400mm。当需要到固定顶上操作时，应在固定顶周边设置栏杆，通道上设置防滑条或踏步板。

以前的油罐盘梯、平台和罐顶走道多用花纹钢板制成，以防止人员滑倒。但花纹钢板上易积水而受到腐蚀破坏。因此，新建造的油罐或油罐大修时，多用热浸镀锌钢格板代替花纹钢板。

2. 人孔

人孔是供清洗和维修油罐时，操作人员进出油罐而设的，同时兼有通风、采光的作用，见图 2-1-8。人孔一般设置在罐体下部第一圈壁板上，其公称压力按储液的高度和密度来选择，而其公称直径一般有 DN500、DN600 两种，最常用的一种是公称直径为 DN600 的人孔。

人孔位置与透光孔、清扫孔相对应，以便于采光通气，应避开罐内附件，并设在操作方便的方位。当储罐只有一个透光孔时，人孔应设在透光孔之 180° 位置上。人孔盖安装时应注意两点，一是要选择合适的垫片，二是螺栓的松紧程度要恰当，最好用双头螺栓。安装或拆卸人孔盖均应对角上紧或松开螺栓。安装时先穿好人孔底部螺栓，以防垫片掉出，上紧螺母时必须注意用力均匀，使人孔盖均匀压在垫片上，避免因垫片受力不均而泄漏。

3. 透光孔

透光孔又称采光孔，主要用于储罐放空后通风和检修时采光，它安装于固定顶储罐的顶盖上，一般设于进出油管上方的位置，与人孔对称布置（方位 180° 处），其中心距离罐壁 800~1000mm。透光孔的结构见图 2-1-9。

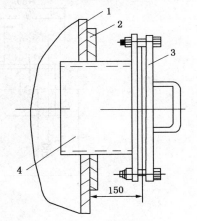

图 2-1-8　人孔
1—罐壁；2—人孔加强板；
3—人孔盖；4—人孔接合管

透光孔的公称直径一般为 DN500，其安装数量因储罐容量而异。如果储罐安装有两个以上的透光孔时，则透光孔与人孔、清扫孔（或排污孔）的位置应尽可能沿圆周均匀布置，便于通风、采光。

4. 量油孔

量油孔是为检尺、测温、取样所设，绝大多数为脚踏式，垂直安装在油罐顶平台附近。量油孔结构见图 2-1-10。

量油孔的正下方应避开加热器或其他设备，其法兰要水平安装。量油孔孔口设有可供掀起的孔盖和紧固栓。为了使量油孔严密，孔盖内侧刻有一圈特制的凹槽，凹槽中填入聚氯乙烯填料或橡胶垫圈，起密封油罐的作用。为了测量准确，量油口上必须有固定的测深点，因

179

此有的量油孔内设有导向槽。测量时，量油尺沿着导向槽放入罐底。导向槽或量油孔本体（一般法兰与本体铸造成一体）必须用有色金属（铜、铝）制成，以免量油尺与其磨擦而产生火花。

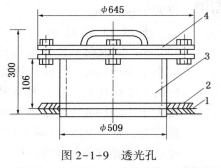

图 2-1-9　透光孔
1—油罐顶板；2—加强板；3—接合管；4—透光孔盖

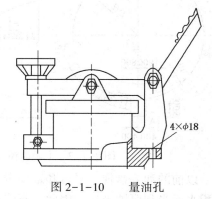

图 2-1-10　量油孔

在量油孔附近护栏或罐顶上应按规定焊接上静电接地端子，以便量油尺、取样器等通过与之相连后与油罐相跨接并接地。

5. 进出油短管

进出油短管在罐底圈板上，其外侧与进油管道上的罐根阀相连，见图 2-1-11。

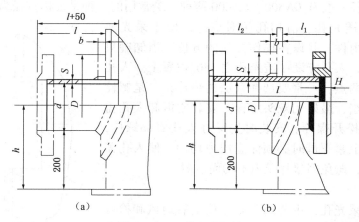

（a）　　　　　　　　　　　（b）

图 2-1-11　进出油短管
1—进出油管；2—加强板；3—罐壁

6. 排（集）水槽和放水管

排（集）水槽和放水管是专门为了排除罐内水杂和清除罐底污油残渣以保证原料油加工要求或产品质量而设的。排（集）水槽可用钢板组对焊接而成，也可用钢板冲压而成。一般情况下，排（集）水槽和放水管结合使用，完成排放油罐底部污水功能。许多油罐不设排（集）水槽，而仅设放水管，见图 2-1-12。放水管的直径从 50mm、80mm 到 100mm 不等，其出口中心一般距油罐底板 300mm，进口中心与油罐底板的垂直距离为 20~50mm。放水时，打开放水管上的阀门，油罐底水在罐内油品压力作用下从放水管排出。放水管内经常有底水，所以冬天需做好保温工作，且冬季脱水要待看见有油出为止。

此外，部分轻质油罐的放水管附设于排污孔的封堵盖板上。这时排污孔兼有排（集）水槽的作用。

7. 排污孔、清扫孔和脱(切)水器

排污孔和清扫孔都是为清扫油罐时便于清除沉积于罐底的淤渣、铁锈、油泥等而设的。

见图2-1-13，排污孔主要用于轻质油品储罐，其顶面置于油罐底板下面，伸出罐外一端装有可以拆卸的排污孔盖，平时用螺栓拧紧封堵。排污孔上一般安装有放水管及控制阀门，用于日常排放罐底水。

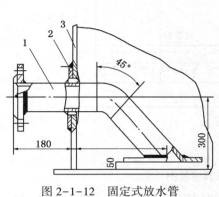

图2-1-12　固定式放水管
1—放水管；2—加强板；3—罐壁

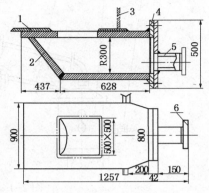

图2-1-13　排污孔
1—油罐底板；2—集污槽；3—罐壁；
4—集污槽盖板；5—放水管；6—法兰

见图2-1-14，清扫孔主要用于原油罐或重油罐，其底缘与罐底持平，其截面有圆形和矩形两种，盖板上也可附设放水管。

脱(切)水器是炼油厂储油罐的重要附件之一，不管是刚进厂的原料油还是经过一次加工的中间组分油，或者调和组分油，甚至是待出厂的成品油罐都安装有脱水器。脱水器的主要作用是脱除沉降于罐底的油品中的水杂(明水)。脱水器一般安装在油罐底排污孔的引出管上；也有的安装在由罐壁底圈板的虹吸引出管上(见图2-1-15)。

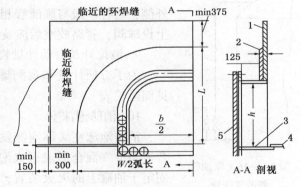

图2-1-14　齐平型清扫孔
1—罐壁板；2—加强板；3—清扫孔；4—底板；5—清扫孔盖板

常用脱水器的工作原理是以重力为动力源的，应用液体在容器内部的压力和油水之间的密度差，从而产生较高的浮力。采用液体和高灵敏度的杠杆原理，通过放大机构控制无背压阀门开启和关闭。利用旋流导板加速油水分离时间，并将分离的油品自动快速地返回储罐内，以达到自动排水截油的目的。

脱水器必须加强日常的检查和维护保养，保证脱水器处于良好工作状态。如发现异常现象应立即关闭脱水器与油罐间的阀门，并联系有关人员进行处理。

8. 胀油管及进气支管

胀油管起泄压作用，用于收发油作业后不放空的管路。由于管道内油品受热膨胀后会产生很高的压力而有可能造成管路泄漏，特别是法兰连接处和阀门盘根处。在没有专门的管线

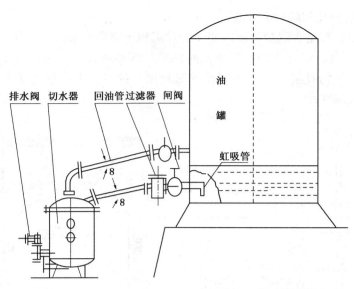

图 2-1-15 脱水器安装图

消压系统的油罐区，胀油管就是为了保证管路和阀门安全而设置的。见图 2-1-16，胀油管的直径一般为 20~40mm，一端与油罐附近的管路相连，另一端与罐顶相连，管上设有一只截止阀和一只安全阀；也有设成一只截止阀和一只单向阀的形式，平时截止阀常开、收油作业时关闭。安全阀或单向阀的压力一般控制在 1MPa 左右。

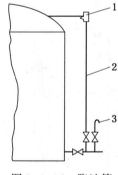

图 2-1-16 胀油管
和进气支管
1—安全阀；2—胀油管；
3—进气支管

进气支管专门用于管路放空时进气，一般设在进出油管线阀门外侧，直径一般与胀油管相同，亦可设在泵前过滤器上。进气支管上设球阀，管路放空后应及时关闭。

9. 液位计及自动计量装置

为了方便计量和观测罐内液位，油罐通常设有液位计。具体参见储运仪表。

10. 消防泡沫室

消防泡沫室又称泡沫发生器或泡沫产生器，其作用是将泡沫混合液与空气混合形成灭火泡沫，喷射发送至燃烧表面上。泡沫室是固定于油罐上的灭火装置，一般安装在油罐上部圈板壁上，也可安装在油罐顶板边缘处，但不能安装在顶板上。泡沫室内装有一块刻有十字型且厚度不大于 2mm 的玻璃板，平时防止油气与大气相通，以减少损耗和发生危险。当泡沫液流经泡沫室时，在冲破隔离玻璃进入罐内前由于吸入大量空气而形成泡沫，泡沫进入罐内后覆盖于油面之上，从而达到灭火目的。

目前，国内使用的泡沫产生器主要有 PS 型立式泡沫产生器、PC 型横式泡沫产生器和高背压泡沫产生器等三种。

PS 型立式泡沫产生器由产生器、泡沫室和导板等组成，见图 2-1-17 所示。由于该泡沫产生器在油罐着火变形或爆炸揭顶时，有可能使沿罐壁布置的输液支管扭曲或断裂，影响或中断泡沫进入油罐。

PC 型泡沫产生器的工作原理与立式的基本相同，具有结构简单、体积小、重量轻、安装方便等特点，见图 2-1-18 所示。该型泡沫产生器的输液支管与固定在罐壁上的产生器间有三个 90°弯曲，以增加支管伸缩性，防止输液管扭曲或断裂。故目前大多油罐都采用 PC 型泡沫器。

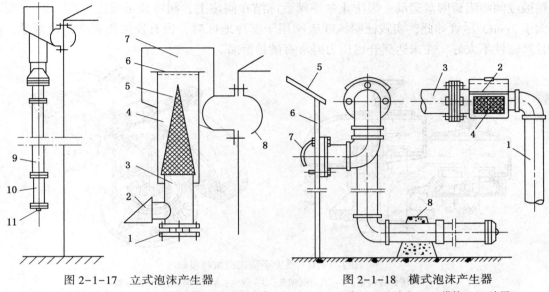

图 2-1-17　立式泡沫产生器

1—孔板；2—空气吸入口；3—产生器本体；4—泡沫室本
体；5—滤网；6—玻璃盖；7—泡沫室盖；8—导板；
9—混合液输入管；10—短管；11—闷盖

图 2-1-18　横式泡沫产生器

1—立管；2—泡沫室；3—横管；4—滤网；
5—油罐；6—罐壁；7—导板；8—防火堤

高背压泡沫产生器是液下泡沫喷射灭火系统的关键设备，见图 2-1-19 所示。由于采用液下喷射需要克服管道阻力和油罐内油层的静压，普通液上泡沫产生器不能满足这一要求，无法将泡沫从罐底压入；而高背压泡沫产生器则可以使产生的泡沫具有较高压力，能够压入罐内并上升到油面覆盖灭火。它有固定式和移动式两种。

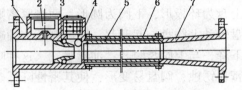

图 2-1-19　高背压泡沫产生器

1—本体；2—压力表；3—喷嘴；4—止回阀；
5—混合管；6—罩管；7—扩散管

1.4.2　轻油和原油罐专用附件

轻质油（包括汽油、煤油、柴油、苯类等）和原油都属黏度小、质量轻、易挥发的油品，盛装这类油品的油罐，都有装有符合它们特性并满足生产和安全需要的各种油罐专用附件。

1. 油罐呼吸阀

油罐呼吸阀是油罐呼吸系统的核心部件。安装呼吸阀的作用主要有两方面，一是适当提高油罐空间的气体压力，以减少油品由于大小呼吸带来的损耗，减少经济损失，同时可相对减少油品蒸气对环境的污染。二是可确保油罐的使用安全，既不使油罐内正内压超标面破裂，也不致于因负压超限而吸瘪。

机械呼吸阀按其适用条件可分为普通型和全天候型，全天候型操作温度为 −30~60℃，普通型操作温度为 0~60℃；按控制方法可分为重力式、弹簧复合式；按阀座的相互位置可分为分列式和重叠式。

（1）重力式机械呼吸阀的结构原理

重力式机械呼吸阀是靠阀盘本身的重量与罐内外压差产生的上举力相平衡而工作的，见

183

图2-1-20。当上举力大于阀盘的重量时，阀盘沿导杆升起，油罐排出（或吸入）气体，泄压后，阀盘靠自重落到阀座上，当罐内压力变化比较缓慢时，阀盘靠在阀座上连续跳动。阀盘用铜合金或铝合金制造，阀盘导杆一般采用不锈钢制造，而且必须垂直安装，以免由于导杆锈蚀或倾斜阻碍阀盘运动。为防止冬季阀盘冻结在阀座上，阀座顶部宽度（密封面）一般不大于2mm，尽管如此，实践证明该呼吸阀用于寒冷地区时，仍有发生阀盘冻结的现象，而且严密性不太好，在未达到开启压力时常有微量泄漏。

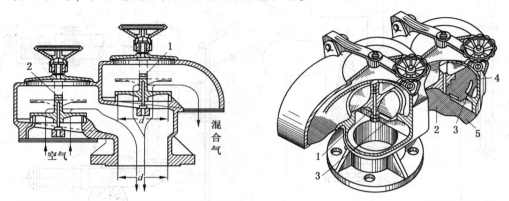

图2-1-20 重力平衡式机械呼吸阀
1—压力阀阀盘；2—真空阀阀盘；3—阀座；4—导向杆；5—波纹板

（2）弹簧式机械呼吸阀的结构原理

弹簧式机械呼吸阀是靠弹簧的张力与罐内外压差产生的推力相平衡而工作的。见图2-1-21弹簧式机械呼吸阀盘重量无严格要求，因而可以采用非金属材料（例如聚四氟乙烯）制造，以减小阀盘冻结的危险。呼吸阀的控制压力可通过改变弹簧的压缩长度来调节。上盘为环板形，下阀为圆形，两者紧密贴合在一起。当罐内压力达到阀的控制正压时，下阀盘带动上阀盘一起升起，脱离阀座，油罐呼气；当罐内负气压达到阀的控制负压时，下阀盘下降，与上阀盘脱开，油罐吸气。这种呼吸阀结构紧凑、体积小、重量轻，但长期使用后弹簧易锈蚀，阀盘易变形，使其密性降低。用于寒冷地区时，弹簧上易结霜影呼弹簧的活动，而使阀盘不能按预定的控制压力开启。

（3）重力弹簧复合式机械呼吸阀的结构原理

重力弹簧复合式机械呼吸阀通常是用阀盘（及重块）的重量控制油罐的吸气正压，用弹簧的张力控制油罐的吸气负压。罐区用的管道式呼吸阀基本是这种复合式的。

（4）全天候型机械呼吸阀的阀座为相互重叠的重力式结构（见图2-1-22），其特点是阀盘与阀座之间采用带空气垫的软接触，因而气密性好，不容易结霜冻结，特别适宜于我国寒冷地区使用。全天候呼吸阀耐低温性能要求是：在空气相对湿度大于70%、最低温度为-30℃±1℃，经过24h的冷冻，其阀盘的试验开启压力应符合规定要求，其允许偏差为±20Pa。

阀盘由刚性阀盘骨架和氟膜片组成，阀盘骨架由于1Cr18Ni9Ti合金钢板冲压而成，呈微拱形，沿周边有一环状凹槽。以便被膜片封隔为空气垫。阀盘骨架的重量可根据油罐的设计允许压力和阀盘直径确定，必要时可利用重块调节阀盘的控制压力。氟膜片用金属卡箍紧绷在阀盘骨架的凹面，形成与阀座的接触面。阀座用聚四氟乙烯制造，直径与阀盘骨架凹槽的直径相当，阀口具有较大的倒角。当阀盘自由放在阀座上时，在阀盘重力的作用下，氟膜片微微凹向空气垫的凹槽。罐内外压差增大时，阀盘微微升起，膜片靠自身的弹性同阀座保持良好的密封，直至整个阀盘跳离阀座，膜片才经反弹逐渐恢复其原来状态。这种呼吸阀具有密封性好、防冻结的突出优点。但是，这种软接触密封形式长期使用后膜片会产生永久变形，进而影响其使用性能。

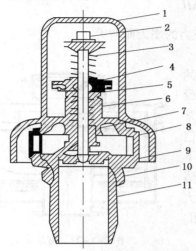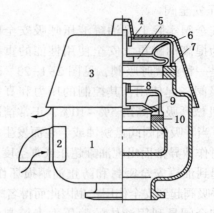

图 2-1-21　弹簧式机械呼吸阀　　　　图 2-1-22　全天候机械呼吸阀
1—阀盖；2—真空阀；3—真空弹簧；　　　1—阀体；2—空气吸入口；3—阀罩；
4—阀身；5—压板；6—压力弹簧；　　　4—压力阀导架；5—压力阀阀盘；6—接
7—压力阀；8—保护阀；9—压力阀座；　　地导线；7—压力阀阀座；8—真空阀导架；
10—阀底；11—接管头　　　　　　　9—真空阀阀盘；10—真空阀阀座

（5）重力式呼吸阀阀盘质量的确定

重力式呼吸阀的阀盘质量与控制正、负压力之间的关系为：

$$m = \frac{\pi d^2}{4g} P \tag{2-1-1}$$

式中　m——阀盘质量，包括阀盘自重、加重块质量和其他附加物质量。当 P 为控制正压时，m 为正压阀盘的质量；当 P 为控制负压时，m 为负压阀盘的质量，kg；

　　　d——阀座同径，m；

　　　P——呼吸阀控制压力，Pa。

又因　　　　　　　　$P = \frac{H_\text{水}}{1000} \rho_\text{水}$　　$g = H_\text{水} g$

式中　P——油罐允许压力，Pa；

　　　$H_\text{水}$——用液柱高度（mmH_2O）表示的油罐允许压力，mmH_2O；

　　　$\rho_\text{水}$——水的密度，$\rho = 1000kg/m^3$。

所以　　　　　　　　$m = \frac{\pi d^2}{4g} H_\text{水} \tag{2-1-2}$

式中　m——阀盘质量，包括阀盘自重、加重块重量和其他附加物质量。

当 $H_\text{水}$ 为控制正压时，m 为正压阀盘的质量；当 $H_\text{水}$ 为控制负压时，m 为负压阀盘的质量，kg；

　　　d——阀座内径，m；

　　　$H_\text{水}$——用液柱高度表示的呼吸阀控制压力，mmH_2O。

为安全起见，实际选用呼吸阀盘质量时，通常需引入常数 n，即选用呼吸阀盘重量计算公式为：

$$m = \frac{\pi d^2}{4g} n H_{水}$$ (2-1-3)

式中 n—— 一般取 0.75，实际 n 随阀盘控制压力的增大而增大。

2. 液压安全阀

液压安全阀实际上是油罐液压呼吸安全阀的简称，是为提高油罐更大安全使用性能的重要设备，它也是一种油罐呼吸阀，见图 2-1-23。通常与机械呼吸阀一起使用，其控制的压力和真空值一般都比机械呼吸阀高出 5%~10%，正常情况下它不动作，当呼吸阀因阀盘锈蚀或卡住而发生故障或油罐收付作业异常而出现油罐超压或真空度过大时，它将起到油罐安全密封和防止油罐损坏作用。所以液压呼吸阀起到安全作用，也因此而得名。

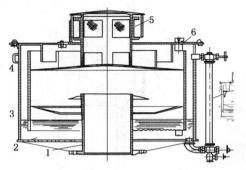

图 2-1-23　液压安全阀图
1—连接短管；2—盛液槽；3—悬式隔板；4—罩盖；
5—带铜网的通风短管；6—装油管；7—液面指示器

液压安全阀是利用液体的静压力来控制油罐的呼气压力和吸气真空度的。为了保证在较高和较低的气温下液压安全阀都能正常工作，阀内应装入沸点高、不易挥发、凝固点低的液体作为密封液，如轻柴油、煤油、变压器油等。

液压安全阀的工作原理见图 2-1-24。当罐内压力与当地大气压相等时，内外环密封液面相平；当罐内气体空间处于正压状态时，气体由内环空间把密封液挤入外环空间中，压力不断上升时，液位也不断变化。当内环空间的液位与隔板的下缘相平时，罐内气体将通过隔板的下缘和外环液封逸入大气，使罐内正压不再增大。相反，当罐内出现负压时，外环空间的密封液将进入内环空间。当外环中的液位与隔板的下缘相平时，大气将进入罐内，使罐内负压不再增大。隔板的下缘做成锯齿形，使密封液流动时比较稳定。

3. 阻火器

阻火器是油罐的防火安全设施，主要由壳体和阻火芯两部分组成，如图 2-1-25。壳体应有足够的强度，以承受爆炸时产生的冲击压力。阻火芯是阻止火焰传播的主要构件，多用铜、铝或其他高热熔金属制成，主要应用的为皱纹板型。当外来火焰或火星万一通过呼吸阀进入阻火器时，皱纹板能迅速吸收燃烧物质的热量，使火焰或火星熄灭，从而防止油罐着火。阻火器装在机械呼吸阀或液压安全阀的下面，易被阀体产生的铁锈、尘土堵塞。在寒冷地区阻火芯上易凝结水（冰）堵塞呼吸通道。

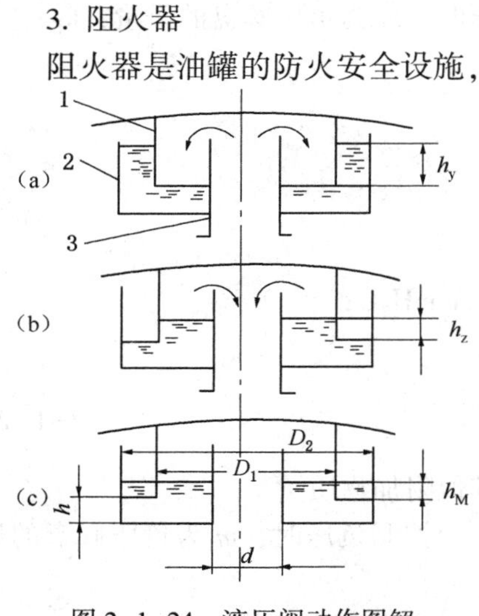

阻火器是利用阻火芯吸收热量和产生器壁效应来阻止外界火焰向罐内传播的。火焰进入阻火芯的狭小通道后被分割成许多小股火焰一方面散热面积增加，火焰温度降低；另一方面，在阻火芯通道内，活化分子自由基碰撞器壁的机率增加而碰撞气体分子的机率

图 2-1-24　液压阀动作图解
1—悬式隔板；2—盛液槽；3—连接管

186

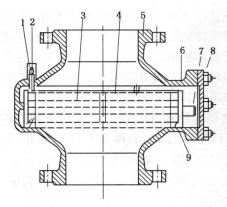

图 2-1-25 阻火器结构

1—密封螺帽；2—小方头紧固帽；3—铜丝网；
4—铸铝压板；5—壳体；6—铸铝防火匣；
7—手柄；8—盖板；9—软垫

减小，由于器壁效应而使火焰前锋的推进速度降低，使其不能向罐内传播。

4. 喷淋冷却装置

喷淋冷却装置是由钢管、胶管、喷头组成的，用于夏季或罐组中有油罐着火时作为相邻油罐的喷水降温设施。因此，喷淋冷却装置不但可以作为在气温高时减少油罐大小呼吸损失的节能设施，还可作为在相邻油罐发生火灾时防止热辐射的重要安全设施。

喷淋冷却装置安装在油罐顶部，一般用直径100mm 钢管制成环状，可在其上安装定型喷头，也可在其边上均匀钻上众多直径为 2～4mm 的小孔而成。

5. 调和喷嘴

调和喷嘴是装在罐内专门的进出油接合管上用于油品调和的工艺设施。此部分内容见石油燃料的调和。

1.4.3 重质油罐专用附件

1. 通气短管

通气短管是重质油罐收发作业时进行呼吸的通道。它装于罐顶，直径有 100mm、150mm、200mm、250mm、300mm 等五种，选择时一般和进出油管相同。通气短管截面上应装有铜丝或其他金属丝网封口。

2. 升降管

升降管也称起落管，是保证油罐发油质量的一种工艺设施，见图 2-1-26。升降管安装于油罐内部，并通过回转接头与油罐出油结合管相连接的管段。升降管的另一端管口削成30°斜口，以增大油品进管面积。升降管一般以卷扬机带动而升降，以选择抽取油罐内某一部位的油品。升降管的提升角度一般不超过70°，下落一般靠其自重。油罐安装提升管后，罐底水杂就不会随油料带走，从而保证了发油质量。另外，若油罐外总阀突然破裂时，还可将升降管提到油面之上，从而起到防止油罐跑油作用。

目前，升降管大多只安装在润滑油或特种油品的油罐上。

3. 加热器

加热器是用于高黏度、高凝点油料加热、提高其流动性以利油品输送或脱水的设备。油罐中常用的加热器多为管式加热器；按加热管的布置形式又可分为局部加热器（见图 2-1-27）和全面加热器（见图 2-1-28）两种。

加热器采用的热源，普遍采用蒸汽，蒸汽压力为0.3～1.0MPa；也可用热水或收热油的方式对罐内油品进行加热。

（1）局部加热器

局部加热器安装在进出油接合管附近，适用于油品凝点低、作业不频繁的小型油罐。

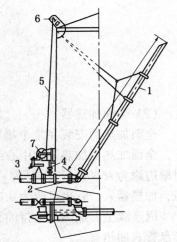

图 2-1-26 升降管安装示意图

1—升降管；2—转动接头；3—进出油短管；4—旁通管；5—钢丝绳；6—滑轮；7—卷扬器

187

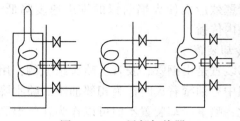

图 2-1-27　局部加热器

局部加热器也可和全面加热器配合使用。平时用全面加热器保持油品不凝固，发油时，只在进出油管附近进行局部加热，升高部分油品的温度达到操作温度，以满足发油要求即可，这种加热方式，适用于凝点虽高，但每次发油量不大的油罐。

局部加热器应使加热管在伸出最高油面后再进行盘绕，以保持局部与油面上气体空间相当，避免收发油作业时，由于收油而增压，由于发油而形成中心真空，致使油罐破坏。

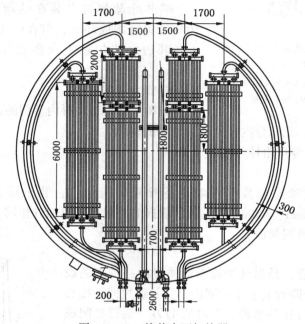

图 2-1-28　梳状全面加热器

（2）全面加热器

全面加热器安装在整个罐底，适用于凝点较高，作业量大而且频繁的油罐。一般情况下，全面加热器加热管的中心线距进出油接合管沿弧长的距离为 1700mm。进口安装高度相对罐边缘为 +600mm，出口为 +170mm。在寒冷地区，油罐贮存易凝油品时，为防止油面结盖，加热器入口管也可改为从罐顶进入。

因连续全面加热或维持油品操作温度需要，全面加热器多采用盘状管形式，故亦称为蛇形盘管式加热器。

（3）加热器的使用与维护

加热器操作时，应先将直接排水阀打开，放出管内凝结水，然后徐徐打开蒸汽阀，引蒸汽对加热器进行预热，待管内冷凝水放净后，再将排水阀关小或完全关闭，改由与直接排水阀并联安装的疏水器排水。

储罐加热器泄漏不但影响油品质量，还会造成跑油事故，威胁油罐区安全和污染环境，因此，在日常巡回检查中应加强检查。储罐加热器检修时必须进行清罐，工作强度大，检修周期长，不利于储罐利用率的提高，因此在日常使用中，应结合油罐的清扫周期对其进行定期专项检查。

188

1.4.4 浮顶、内浮顶油罐专用附件

1. 罐顶通气孔和罐壁溢油口

内浮顶油罐基本消除了油气空间，所以在罐顶不再安装呼吸阀。但在实际使用时，还会有油气逸出；在浮盘下降时，黏附在罐壁上的油膜也要蒸发，故在浮盘与拱顶的空间，仍会有油蒸气积聚。为及时稀释并驱散这些油气，防止积聚而达到危险程度，在油罐顶设有通气孔。罐顶通气孔如图 2-1-29 所示，安装在拱顶中间，孔径不小于 250mm，周围及顶部以金属丝网和防雨罩覆盖。

罐壁溢油口安装在最上一层罐壁周围。每个孔口的环向间距应不大于 10m，每个油罐至少应设 4 个；总的开孔面积要求按油罐直径每一米不少于 0.06m²。溢油口入口安装有金属丝网，如图 2-1-30 所示。溢油口主要是在收油过程中，储油液位超高后，油品从溢油口流出，防止浮盘产生沉盘事故，起到了安全保护作用。同时还起到通风作用。

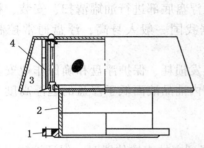 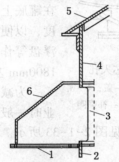

图 2-1-29 罐顶通气孔　　　　　图 2-1-30 罐壁溢油口
1—平焊法兰；2—接管；3—接管；4—罩壳　　1—不锈钢丝网及压条；2、4—罐壁；
　　　　　　　　　　　　　　　　　　　　3—罐壁开孔；5—罐顶；6—罩板

2. 量油导向管、导向管

由于浮盘的缘故，罐顶量油孔下连接一根钢管穿过浮盘直插罐底部，浮顶油罐内油品计量、取样等都通过该导管进行。该管还兼有防止浮盘水平漂移和限制浮盘只能沿管道上下浮动的导向作用，故称量油导向管。量油导向管是供操作人员检尺、测温、取样而设的，同时也对浮顶起定位导向作用。量油导向管的结构见图2-1-31。在浮顶直径与量油导向管对称位置处也有一条导向管。该导向管上也可安装量油孔，可作为油罐的第二计量口，当无此需要时，仅起浮盘导向作用。为避免浮盘升降时与导向管摩擦产生火花，在浮盘上安装有导向轮座和铜制导向轮；为防止油品泄漏，导向轮座与浮盘连接处以及导向管与罐顶连接处都安装有密封填料盒或密封垫圈。

量油导向管上端应设通气孔，避免管内气体压缩造成增压或在液位下降时形成负压。

3. 防转钢绳

采用铝合金作为内浮盘材料时，由于内浮盘较轻，产生的冲击力也较小，一般不安装导向管。为防止油罐壁变形，浮盘转动影响平稳升降，在内浮顶罐的罐顶和罐底之间垂直地张紧两条不锈钢或钢制缆绳。两根缆绳在浮顶直径两端对称布置，使浮盘只能垂直升

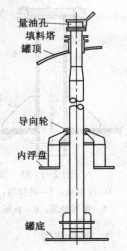

图 2-1-31 量油导向管

降，防止了浮盘转动。

4. 带芯人孔

带芯人孔是在人孔盖内加设一层与罐壁弧度相等的芯板，并与罐壁持平，其结构如图 2-1-32 所示。带芯人孔一般安装在罐底上第二圈壁板中部，高度约为 2.5m 左右，为操作人员进入内浮盘上部时使用。带芯人孔有利于内浮盘和密封的升降，特别是采用软密封时，可避免软密封进入孔内卡住或割坏。为便于启闭，在人孔口结合筒体上还装有转臂和吊耳，操作时可将盖板(带芯)像门一样打开。

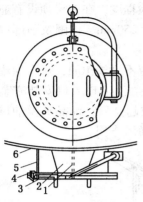

图 2-1-32 带芯人孔
1—立板；2—筋板；3—盖；4—密封垫圈；5—筒体；6—补强圈

5. 浮盘支柱和支柱套管

浮顶油罐浮盘上设有若干个支柱支撑着浮盘。正常情况下，浮盘支柱随着浮盘的升降而升降。当油罐放空时，支柱落在罐底上，并支撑起整个浮盘，使浮盘底部与罐底保持一定高度，以便人员进入浮盘底部进行油罐清扫、安装、检查或检修浮盘等作业。根据我国一般人身高，浮盘通常控制在距罐底 1800mm 左右高度。

为减少油品蒸发损耗、保护浮盘和确保作业安全，油罐作业时一般不允许罐内油品液面低于浮盘的起浮高度。浮顶支柱套管和支柱的结构见图 2-1-33 所示。

6. 自动通气阀

自动通气阀设在浮盘中部位置，当浮盘下降到立柱支撑位置时，保证油罐进出油料时能正常呼吸，防止浮盘以下部分出现抽空或憋压。自动通气阀由阀体、阀盖和阀杆组成，其结构见图 2-1-34。正常情况下，自动呼吸阀随浮盘升降而升降。由于自动通气阀的阀杆较浮盘支柱长，当浮盘支柱降落在罐底前，自动通气阀就已经自动打开，使浮盘以下空间与浮盘顶部空间连通，避免了浮盘以下部分的抽空或憋压。

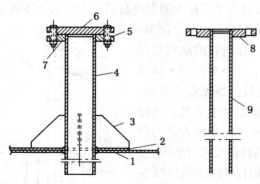

图 2-1-33 支柱套管和支柱
1—浮盘板；2—补强圈；3—筋板；4—支柱套管；5—密封垫圈；6—盲板；7、8—法兰；9—支柱

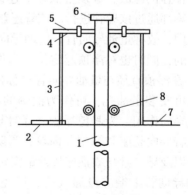

图 2-1-34 浮盘自动通气阀
1—阀杆；2—浮盘板；3—阀体；4—密封圈和压紧圈；5—阀盖；6—定位管销；7—补强圈；8—滑轮

7. 密封装置

浮盘边缘板外侧与罐壁内侧留有 150~200mm 的间隙，以利于浮顶的自由升降。因此，为使罐内液面与外部空间隔绝，防止油气外泄，减少油品损耗，必须安装密封装置。常见的

浮顶密封装置有机械密封和软密封两类。

（1）机械密封

机械密封装置的结构有重锤式、弹簧式有炮架式三种，见图2-1-35(a)、(b)、(c)所示。

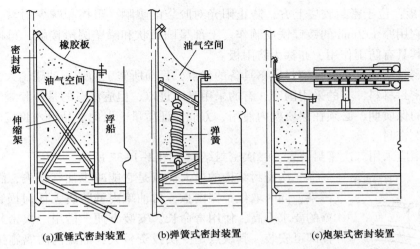

图2-1-35　机械密封装置示意图

机械密封装置的结构由密封板、压紧部分及氯丁橡胶所构成。密封板由厚度1.5~2mm的钢板压制而成，板与板采用螺栓联结。重锤式的压紧部分由伸缩吊架的重锤来压紧，弹簧式的压紧部分用弹簧及连杆使密封板紧贴在罐壁上，炮架式的压紧部分由炮架式弹簧来压紧密封板上边缘部分。在机械密封中，共同的部分是密封板，密封板的制作工序多，要求严格，制作困难。密封板均由工厂制造，现场安装。

机械密封的缺点是，在其下方都存在一个油气空间，密封效果差，浮船上下浮动经常发生密封失灵或卡在半空中，容易发生碰撞而引起火灾事故，造成油品的损失和污染空气。因此，机械密封在目前已较少使用。

（2）软密封

软密封结构是由密封胶袋、软泡沫塑料块、固定带及防护板构成，见图2-1-36所示。

该结构具有压缩强化泡沫塑料块并用耐油橡胶布包裹起来，填塞在浮顶和罐壁之间的环形间隙内，消除了蒸发空间。

① 密封胶带：位于浮船和罐壁之间的环形密封间隙内，将软泡沫塑料包成塑料块，同时不使塑料块直接浸入油品中。用耐油橡胶布制成厚度为2mm的胶袋，胶袋制成整体。由于胶袋直接浸入油品中，所以要求胶袋耐油性能要好，并有一定的耐磨强度，以维持较长的使用寿命。

② 软泡沫塑料块：用泡沫塑料块来填充密封胶袋，置于浮船外边缘与罐壁之间的环形空间，利用它具有的

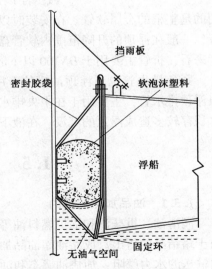

图2-1-36　软密封装置示意图

弹性来保证浮船升降过程中的密封作用。为增加塑料块的弹性在塑料块上做出不同形状的孔，增加它的压缩量，塑料泡沫块做成 2m 长逐块地填充在整个圆周上。

③ 固定带：由橡胶皮做成的带子，位于胶袋的下方，它将胶袋固定在浮船的外边缘上，用固定带可以调整胶袋的松紧程度。

④ 防护板：位于密封胶袋上方，防止阳光对胶袋的曝晒，阻挡和减少雨雪、灰尘落到密封袋上，它用厚 1.2mm 的镀锌铁皮制作。上部呈圆弧状和罐壁圆滑接触，可以随浮船升降滑动。因其具有防雨作用，亦称为防雨板。

由于软密封结构具有机械密封所不具备的优点，目前所施工的浮顶油罐，大多采用软密封结构。软密封材料，有的采用国产，有的采用日本进口，但应注意的是，胶袋之间的粘结胶具有一定的保质期，必须在保质期内使用，方能保证质量，以免油品浸入胶袋内。

（3）二次密封

浮顶油罐应采用二次密封装置，二次密封结构见图 2-1-37 所示。

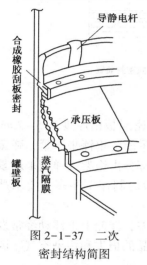

图 2-1-37　二次密封结构简图

二次密封结构的最大优点是它能减少油气损失，降低大气的污染；同时取代了挡雨板，对油罐内壁防腐无任何损害；对罐内壁的要求不高，使用寿命长，安装方便，借用一次密封的紧固螺栓即可安装。其缺点是一次投资较大；油罐内防腐施工时需要拆除，稍有麻烦。尽管如此，为保护环境，减少油品损耗，提高效益，应按照《石油库设计规范》（GB 50074—2002）的要求，对现有浮顶油罐增设二次密封。

8. 中央排水系统与紧急排水管

中央排水系统由设于浮顶单盘上的中央集水坑、常开单向排水阀、中央排水管组成，是浮顶油罐的专用附件。中央排水系统用于将浮顶上积水排出浮盘顶部，可分为折管和弯管两种。根据折管所使用接头的形式又可分为金属软管式和旋转弯头式两种。其中使用金属软管的中央排水系统的结构形式较多，主要是为了减少浮顶升降过程中对软管的弯曲程度，增加使用寿命。弯管采用的是整根的金属软管。在安装时以保证浮顶在下落时弯管按照预定的方向落在固定的位置，一般在浮顶的升降范围内软管盘一圈就可以满足要求。从目前国内外产品的技术成熟程度来看，折管主要用于 DN100 以下的中央排水管，弯管主要用于 DN150 以下的中央排水管。

紧急排水管也是浮顶油罐的专用附件，安装在浮顶单盘上。浮顶单盘上一般设有 2~4 根浮顶排水管，主要用于在中央排水管堵塞或浮顶积水较多时将雨水排到罐内，防止由于雨水积存较多造成浮顶的沉没。在液下一般都通过安装弯管来增加水封，防止油气的挥发。

1.5　油罐的加热和保温

1.5.1　油品加热的目的

润滑油、重柴油和锅炉燃料油等在低温时具有很大的黏度，而且某些含蜡油品在低温时由于蜡结晶的析出。成品油库油品加热主要为了以下目的：防止油品凝固，降低油品在管道内输送的水力摩阻，加快油罐车和油船装卸速度，使油品脱水和沉降杂质，加速油品调和，进行润滑油再生。

1.5.2　油品加热的方法

在罐区中对油罐、油罐车和其他容器中的油品进行加热所采用的加热方法有：蒸汽直接加热法、蒸汽间接加热法、热水间接加热法、热水垫层热法、热油循环法、电加热法和太阳能加热法等。

1. 蒸汽直接加热法

蒸汽直接加热法是将饱和水蒸气直接通入被加热的油品中。这种方法操作方便，热效率高，但由于冷凝水留存在油品中而影响油品质量，因此一般不允许采用，只有燃料油和农用柴油等对含水量要求不严格的油品，在缺乏其他加热方法时采用。

2. 蒸汽或热水间接加热法

蒸汽或热水间接加热法是将水蒸气或热水通入油罐中的管式加热器或罐车的加热套，使加热器或加热套升温并加热油品，蒸汽或热水与油品不直接接触，目前该加热方法应用很广。

3. 热油循环法

热油循环法是从储油容器中不断抽出一部分油品，在容器外加热到闪点温度 15~20℃，再用泵打回到容器中去与冷油混合，由于热油循环过程中存在着机械搅拌作用，因此返回容器的热油很快地把热量传递给冷油，在容器中油温逐步升高。这种方法虽然要增设循环泵、换热器等设备，但罐内不再需要装设加热器，因而就避免了加热器锈蚀和随之而来的检修工作，而且完全杜绝了因加热器漏水而影响油品质量的问题。

4. 电加热法

电加热法有电阻加热，感应加热和红外线加热三种方式，其中红外线加热设备简单，热效率高，使用方便，适用于容器和油罐车加热。

1.5.3　油品加热温度的确定

油品加热温度包括起始温度和终了温度。起始温度按操作温度确定，没有规定操作温度的油品可按其凝点加 5~10℃确定。终了温度又是维持温度，原则上要保证不凝固，最好不使其石蜡析出，因为一旦形成石蜡晶体结构后，若不升温，会越聚越大形成石蜡团，石蜡团一旦形成很难融化。

1.5.4　油罐保温

1. 保温作用

在罐区中，为了减少油罐、蒸汽管路、热油管路的热损失，有时加保温层是必要的。虽然做保温层增加了投资，但能起到节省热能、减少加热设备容量的作用。因此要综合考虑加热和保温的方案，不应该片面的只从加热一个方面去处理高黏和易凝油品的储存和输转问题。

2. 保温材料

保温材料的好坏直接关系到保温效果，因此对保温材料的选择是由若干条件制约的。在这些条件下才能对保温材料做出好坏的评论。这些条件是：使用温度范围、导热系数、抗压强度、可燃性、密度、透湿度、吸水率、使用寿命、价格、货源、对施工现场的适应性等，上述条件有的是相互制约的。目前我国还缺乏全面分析、评价保温材料的方法，仅能以经验数据作为对保温材料的要求。

保温材料制品应具有较低的吸水率和阻燃性。罐区目前常用的保温材料有玻璃棉毡、矿渣棉毡、石棉硅藻土、泡沫混凝土等。

1.6 油罐的使用与检查

1.6.1 金属油罐使用的基本条件

新建或经过大修后的油罐，必须具有以下条件，才能投产使用。

（1）符合原设计和安装技术要求，经过外观检查，压力、真空试验合格，沉降不超标，并经验收合格。

（2）附件质量合格，安装正确、齐备，阀门启闭操纵灵活，管道及其与罐体连结处焊接严密无渗漏。

（3）连通管线、油泵和输转设备、消防、加热、保温等配套设备，经过试运转成功。

（4）防火堤以及罐区内环境整洁、无杂草物，排水渠道畅通，排水阀门启闭灵活，消防道路通畅。

（5）经过测量检定编制了容积表，有完备合格的计量工具和经考试合格的计量人员。

1.6.2 立式钢油罐的正确使用

为了保证收发作业安全和油品储存质量，延长油罐使用寿命，必须正确使用油罐，加强油罐的管理维护，一般说来，应做到以下几点：

1. 建立油罐技术档案

无论是新罐，还是使用多年的旧罐，都应该建立技术档案。新罐从验收到第一次收油时起，就应该按照油罐编号着手建立资料，以后每次技术鉴定或修理，都应认真记载，以便掌握油罐的技术状况。

油罐技术档案主要包括以下内容：

（1）油罐图纸、说明书、编号。

（2）油罐施工情况记载。

（3）油罐竣工后的实际尺寸。

（4）油罐试压、试漏情况记载。

（5）附属设备性能一览表及其技术状况。

（6）每次技术鉴定和修理情况记载。

2. 油罐的充水试验

（1）油罐充水试验目的

油罐罐体建成后，应对油罐进行充水试验，以检查油罐底的严密性、罐壁强度、固定顶强度、稳定性及严密性，浮顶及内浮顶升降的灵活性和严密性，浮顶排水装置的严密性，及进行基础的沉降观测。

（2）油罐充水试验方法

油罐的充水试验应采用淡水，当罐壁采用普通碳素钢或16MnR钢板时，水温不应低于5℃；罐壁采用其他低合金钢时，水温不应低于15℃。充水试验前，所有附件及其他与罐体焊接的构件应全部完工，且所有与严密性试验有关的焊缝，均不得涂刷油漆；充水试验过程中，应加强基础沉降观测，如基础发生不允许的沉降，应立即停止充水，待处理后，方可继续进行试验。进行油罐充水试验过程中，应打开透光孔，充水和放水过程均要控制好速度，不得使油罐基础浸水。

（3）油罐充水试验检查

油罐底的严密性应以充水试验过程中罐底无渗漏为合格；罐壁的强度及严密性试验，则

194

以充水到设计最高液位并保持 48h 后，罐壁无渗漏、无异常变形为合格；固定顶的强度及严密性试验，罐内水位应在最高设计液位下 1m 进行缓慢充水升压，避免进水过快导致罐内气体压力上升过快、过高而胀破油罐，当升至试验压力时，以罐顶无异常变形、焊缝无渗漏为合格；固定顶的稳定试验应充水到最高设计液位用放水方法进行。试验时应缓慢降压，避免放水过快导致罐内气体空间压力下降过快而吸瘪油罐，达到设计负压时，以罐顶无异常变形为合格；浮顶的升降试验，以升降平稳、导向机构及密封装置无卡涩现象、转动扶梯运动灵活、浮顶与液面接触部分无渗漏为合格；内浮顶的升降试验，以升降平稳、导向机构及密封装置、自动通气阀支柱等无卡涩现象，内浮顶及其附件与罐体上的其他附件无干扰，内浮顶与液面接触部分无渗漏为合格。

对于承受微内压的锚固油罐，其充水试验应在流水到最高设计液位时检查罐壁、罐底的严密性以及锚栓的松紧程度，并在罐内液面上用空气加压到试验压力（1.25 倍的设计压力），稳压 15min，然后降至设计压力，检查罐体的严密性。罐内的水放空后，在常压下检查锚栓的紧固性及用空气充压至设计压力，检查锚固栓情况。

浮顶油罐浮顶排水装置的严密性试验应按照设计要求对浮顶排水装置进行严密性试验，无渗漏为合格。在浮顶的升降过程中，浮顶排水装置的出口应保持开启状态，不得有水自其内流出。

对油罐基础进行沉降观测，应在罐壁下部每隔 10m 左右设一个观测点，点数宜为 4 的整数倍，且不得少于 4 点，充水试验时，按照设计文件的要求进行沉降观测。沉降数据不超过许可值为合格。

3. 储存

油罐储存油品，从表面上看处于相对静止状态，但随着气温、温度等条件的变化和油罐使用年限的增大，可能会出现一些异常情况，应定期检查并着重注意以下几点：

（1）平时调度应使油罐尽可能满装（但不超过安全高度），以减少油品蒸发空间；每次来油尽可能进一个油罐，便于计量与操作管理。

（2）开启油罐进出口旁通管上的截止阀或闸阀，以保证油品正常泄压；定期检查泄压管。

（3）注意对机械呼吸阀或液压安全阀的日常维护，保证启闭灵活。夏天应特别注意机械呼吸阀因筑有鸟巢而堵塞呼吸通道；冬天应注意因冰冻而影响阀盘的启闭；雷雨季节更应防止因呼吸阀的失灵而造成油罐吸瘪事故。

（4）冬天还应该做好放水管和入水阀的保温工作。一般可采用阀件外包扎稻草或石棉绳和尼龙纸的简易做法。

（5）做好计量工作。以油罐作为贸易交接的动转罐，作业前后及时计量；以流量作贸易交接的罐和为营业输转的罐均应于每日营业前、后计量；非动转罐每 3 天计量一次。每次计量都要做出完整记录，并在罐区控制室和揭示板上及时、准确地提供油罐存油动态。

（6）观察油罐的基础沉降情况，新投产的油罐第 1 个月内应检查 3 次，然后半年内每月观察一次，直至沉降稳定为止。

油罐均匀沉降超过 50mm，或者不均匀沉降倾斜度达到下列数值时，要及时把存油腾空，对罐基进行相应的技术处理。

① 在罐壁圆周任意 10m 周长的范围内，沉降差超过 25mm；

② 任意直径方向上的沉降差超过下列数值：

油罐直径 $D \leqslant 22\text{m}$，沉降值 $\geqslant 0.007D$；

22m<油罐直径 $D < 30\text{m}$，沉降值 $\geqslant 0.006D$；

③ 罐体的倾斜度超过设计高度 1%（最大不超过 90mm）；

④ 内浮顶油罐倾斜度虽未达到上列数值，但已影响浮盘的正常升降。

（7）查漏。观察罐壁与顶、底板的结合焊缝；罐体与附件的接合处有无渗漏或油气泄出。观察加热器排水阀和防火堤排出阀排出的冷却水和雨水的水面上有无油花。

直接埋入地下的油罐，每年要开挖 3~5 处，检查有无防腐层破损或渗漏。金属油罐壁板的凹陷、折皱、鼓泡及顶用板表面麻点超过规定值，应及时维修。金属油罐罐壁和罐顶如有轻微针眼渗油，在不影响结构强度和伸缩性较小的部位，可用补漏剂修补。

（8）油罐的防腐油漆要求覆盖完整，无起皮或大面积脱落。一般情况下油罐防腐涂料的周期因油罐的使用情况而异。对油罐的外壁（顶）的防腐周期一般为：淋水罐 6~8 年一次，非淋水罐 8~10 年一次；山洞罐和地下、半地下罐应视具体情况缩短刷涂料周期。

有保温设施的油罐，每年入冬使用前要对油罐内蒸汽管和罐外的保温层作一次检查，发现泄气或保温层损坏要及时修补。

（9）一般情况下，投产 4 年以上的油罐，或投产 5 年以上的普通油罐要结合油罐的清洗，对油罐的底板锈蚀程度进行重点检查，必要时还应作真空试漏。对储存腐蚀性较强油品的油罐或重要油罐，在投产 2~3 年后即应进行油罐底板腐蚀程度的检查。

1.6.3 内浮顶油罐的正确使用

由于内浮顶油罐比普通固定顶油罐多了一个内浮盘和一些专用附件，少了呼吸阀，使用中除了应注意固定顶油罐所须注意的一些问题外，还应注意以下几点：

1. 防止油品溢到内浮盘上

油品溢到内浮盘上是一种较严重的事故，它不仅会造成大量的损耗，而且对油罐安全不利，并且也很难处理，一般只有让油品自然蒸发完后才能进入罐内浮盘上进行检修。

油品的溢出一般从密封圈处或从自动通气阀处溢出，原因是浮盘下油压过大，浮盘被卡位或浮盘起浮前进油太快。为防止溢油，必须在以下三方面引起重视：

（1）严格把好浮盘建造和验收关，严格检验浮盘的起浮性能。

（2）精确测量浮盘在不同部位浮动过程中压力，然后用人工监测或自动监测方法控制进油。

（3）严格控制浮盘起浮前进油流量。

2. 定期检修内浮盘的密封

内浮盘与罐壁间的密封，现大多为弹性密封，弹性密封主要有两个缺点，一是材料易老化，二是由于罐体或内浮盘过大的椭圆度，内浮盘的不平度或罐壁局部过大的粗糙度等原因，会使密封圈与罐壁间摩擦力过大而影响内浮盘的正常浮起动作，所有这些原因都有可能导致罐壁与密封圈的间隙扩大而增加蒸发损耗。平常使用时，应定期进罐检查。

3. 自动通气阀不能常开

自动通气阀的打开应具有下述条件中的一个：一是在浮盘正常下降到接近浮盘立柱（支撑）高度时，阀杆较立柱先触及罐底而自动打开；二是油压过大，通常发生在所收油品含有大量气体时。自动通气阀不能常开是指在日常使用中规定油罐最低油位不得低于浮盘的起浮高度，并应略高于阀杆长度，以免自动通气阀打开，造成损耗量增大，失去了建造浮顶罐的意义。

4. 罐底水垫层不宜过高

罐底水垫层不能高于量油导向管入口，否则将影响油品的计量和取样。油品水垫层通常以 8~12cm 为宜。

5. 防止静电导出装置松动和缠绕

应注意保持静电导出装置处于良好的技术状态。静电导出装置的局部松动反而会形成尖端放电的条件，增加危险性。防静电导出装置一头接在浮盘上，浮盘是要经常上下或水平浮动的，这都有可能造成静电导出装置局部松动。在浮盘上下浮动时，导线与其他部件也可能产生缠绕现象而被拉断，平时也应定期检查。另外也应注意导线的使用期限，使用到一定年限时，应及时更换。

6. 要定期检查清罐

内浮盘上部实际上是长期处在一定浓度的油蒸气中，各种部件很容易受到腐蚀，其中特别是浮盘立柱套管插销或法兰螺栓等，如长期不检修，很可能会完全锈蚀，无法打开和插入支柱。内浮顶油罐由于比拱顶油罐多一个内浮盘，因此其检修周期和清罐周期也应短些。

需要特别强调的是，进罐检修前应先用清水反复清洗。同时，进罐前还应检查罐内油气浓度。

结合内浮顶油罐清洗，应注意油罐底板的腐蚀情况，尤其是在人孔附近和浮盘立柱附近，腐蚀特别严重。人孔附近腐蚀严重的主要原因是由于施工过程中清罐结束后人进出频繁，致使防腐蚀料脱落，并加剧腐蚀速度。

1.6.4 油罐装油高度的控制

油罐储油应尽量装满，这样不仅有利于增加油罐储量，从而充分发挥油罐的效能，提高利用率，而且还能减少油罐内的气体空间，减少油品蒸发损失，同时对保证油料质量有利。但是，油罐也不可装油过满，以防冒罐或损坏设备。这里所说的油罐装油高度的控制，最重要的一条就是油罐既要装满，充分利用，又不要超过安全高度。

油罐安全高度的确定要考虑三条原则：

（1）油品受热，温度升高体积膨胀时，油品不能从消防泡沫管线或内浮顶溢油口溢出跑油。

（2）油罐一旦发生火灾，油面上的空间高度应能保证预留有一定泡沫层厚度，有利灭火。

（3）为便于记忆，安全高度只取到 cm 数。

立式油罐安全高度如图 2-1-38 所示，计算公式为：

$$H = \frac{\rho_t}{\rho}(H_1 - H_2)$$

式中　H——立式罐安全装油高度，cm；

H_1——油罐总高，cm；

H_2——消防泡沫需要高度，查表 2-1-1，当 H_2 小于消防泡沫口下沿 A 至顶板下沿距离时，用 A 点至顶板下沿距离代替 H_2；

ρ_t——储油期间最高油温时的油品密度；

ρ——罐内收油时的油品平均密度。

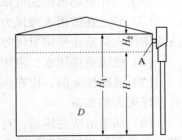

图 2-1-38　油罐安全高度示意图

表 2-1-1　　消防泡沫室厚度

存油闪点	泡沫厚度/cm	
	化学泡沫	空气泡沫
<28℃	45	30
28~45℃	30	30
>45℃	18	30

油罐安全容量可用体积容量或质量容量表示。当用体积容量表示时即为油罐安全高度对应下的容积；当用质量容量表示时，其计算公式为：

$$W = \rho_t V_H$$

式中　W——油罐安全容量，t；

　　　V_H——油罐安全高度所对应的油罐容积，可以从油罐容积表查出；

　　　ρ_t——油品某一温度时的密度。

在油罐使用中，尤其在收油作业时，应特别注意油罐装油高度的控制。在每次接收油料时，必须将其装油高度控制在安全装油高度以内。

1.6.5　油罐清洗作业

1.6.5.1　清洗原则

在下列情况油罐进行清洗：

（1）油罐清洗周期一般为 3~5 年。

（2）改装另一种油品，需要按照"油罐、油轮、油驳、油罐汽车重复使用洗刷要求"进行洗刷的。

（3）油罐发生渗漏或损坏需要进行检查或动火修理的。

1.6.5.2　安全保障的基本要求

清洗油罐，要本着安全第一、预防为主的方针，并要采取有效而可靠的防中毒、防静电、防火、防爆、防工伤事故的措施，保证清罐工作人员安全。

1. 防火、防爆

（1）油罐及其方圆 35m 范围内为爆炸危险场所。

（2）严防铁器等相撞击，产生火花。清洗油罐所使用的工具，必须是在使用中碰撞不产生火花的金属或木材制品。

（3）引入油罐内或距油罐 35m 内的照明和通讯器材等电器设备应为防爆型，且未进行明火试爆前的照明电压应≤12V，并做好保护接地。检查、试验电器设备，应在距被清洗油罐 35m 以外进行。

（4）当作业场所的油气浓度不合格时，禁止入罐进行清洗作业。

（5）禁止在雷雨天或风力在 5 级以上的大风天进行油罐的通风或清洗作业。油气测试及清洗作业人员禁止使用氧气呼吸器。

（6）油罐清洗用水，应用专用水管接引，不准使用输油管道接引水源。

（7）清罐作业前，应在作业场所的上风向处配置好适量的消防器材，现场消防人员应充分做好灭火的准备。

（8）油罐清洗完毕后，对于油罐的渗漏处，应尽可能采用堵漏剂或玻璃钢粘补。如需补焊，必须确保油气浓度测试合格，并应采取安全可靠的防护措施，办理相关作业许可证。否则，不能用火。

2. 防静电

（1）进罐工作人员严禁穿着化纤服装，不得使用化纤绳索及化纤抹布。

（2）引入油罐的空气、水及蒸汽管线的喷嘴等的金属部分以及用于排除油品的胶管都应与油罐作电气连接，并做好可靠的接地。

（3）当油气浓度测试不合格时，清罐作业严禁使用压缩空气，禁止使用喷射蒸汽及使用高压水枪冲刷罐壁或从油罐顶部进行喷溅式注水。

3. 防中毒

（1）进罐工作人员应穿戴防护衣服、靴子和手套，并戴能全面保护面部的呼吸器具。该呼吸器为供气式的，而且是采取罐外空气的。

（2）呼吸器具在每次使用前应详细检查、试验、清洗和清毒。器具的规格，应达到配戴适合，并保证性能良好。

（3）参加清洗油罐人员在下班和吃饭前，应在指定地点清洗更衣。

（4）凡患有高血压、心脏病、气管炎及其他较严重和身体衰弱、抵抗力很差的人员不适应清罐作业。

4. 防止工伤事故

（1）清罐工作人员必须配戴安全帽；高空作业人还应带有保险绳、带。

（2）清除罐底污杂的人员，应穿着适当型式的工作鞋，防止落物或搬运过程中砸伤或污染皮肤。

（3）应防止从脚手架、斜梯上摔下或滑倒。

（4）做好必要的拦网设施，防止攀高操作脚手架发生闪失而跌落致伤。

（5）当使用供氧型隔离式呼吸器具时，其软管末端应置放在新鲜空气的上风处，并应注意供气。

1.6.5.3 排出底油

排出底油方法有采用垫水排出和机械抽吸排出两种。具体采用哪种方法，要看油库的条件。

（1）垫水排出底油

① 油罐倒空后计量底部存油量，确定垫水高度；

② 选择适宜的开孔处（如量油孔），将带有静电导出线的胶管伸至罐底。开始注水，使其界面处位于出油管线上沿 0.5~1cm 为宜；

③ 通过输油管线或临时敷设的胶管将垫起的底油放至回空罐或油水分离罐（池）或油桶内，严禁直接排入下水道。

（2）机械抽吸排出底油

① 通过排污阀自流排油，直至油不再流出为止；

② 卸下进出油罐管线阀门，将与油罐脱离开的管线用盲板封住；

③ 将胶管由进出油罐管线一端伸入罐底，用手摇泵或真空泵抽吸底油，放至回空罐或油水分离罐（池）或油桶内，严禁直接排入下水道。

1.6.5.4 气体检测

（1）必须采用在有效期内的两台以上相同型号规格的防爆型可燃气体测试仪。

（2）气体检测应沿油罐圆周方向进行。对于浮顶油罐还应测试浮盘上方的油气浓度。每次通风前及作业人员入罐前都应进行油气测试，并做好记录。

（3）作业期间，应定时进行油气浓度的测试。至少每隔 4h 取样复查一次。当可燃气体爆炸下限大于 4% 时，其被测浓度不大于 0.5% 为合格；爆炸下限小于 4% 时，其被测浓度不大于 0.2% 为合格；氧含量 19.5% ~ 23.5% 为合格。确保油气浓度在规定范围内。

（4）对于用火分析的油气浓度测试，应采用两台同型号的可燃气体测爆仪同时测定，并于动火前 30min 之内进行。如果采样分析合格后超过 1h 的，须重新检测分析合格后方可用火。

1.6.5.5 排除油气

（1）排除油气前确认

① 是否按要求排出底油（水）；

② 是否断开（拆断或加盲板）油罐的所有管路系统；

③ 是否拆断油罐的阴极保护系统等。

（2）通风驱除油气

① 打开罐顶上部光孔、量油孔，卸下呼吸阀等；打开油罐下部人孔，以风筒连接风机与人孔，经检查无误后，启动风机，进行强制通风。

② 进行间歇式通风。即通风机运转 4h，停运 1h，连续通风 24h 以上，直到油气浓度和氧含量合格为止。

③ 对于空气流通良好的油罐，可采用自然通风，通风时间 10 天以上，经测试合格后，方可进罐作业。

（3）蒸汽驱除油气

有条件的油库，可采用低压蒸汽驱除油气。蒸汽压力一般控制在 0.25MPa 左右。用蒸汽吹扫油清洗润滑油罐和重柴油罐、农用柴油罐，可向罐内先注入少量的水，蒸汽管一般做成十字形，管上钻若干孔，用竹杆或木杆自人孔导入罐内 1/4 处，罐外蒸汽管应做良好接地。敞开人孔、采光孔、呼吸阀等，使注入的蒸汽能有足够的排放通道。在罐外固定好蒸汽管道，然后缓慢通入蒸汽。容量小于 1000m³ 油罐，管径为 50mm，蒸刷时间为 15h 以上；容量在 1000 ~ 3000m³ 油罐，管径为 75mm，蒸刷时间为 20h 以上；容量大于 3000m³ 油罐，管径为 75mm，蒸刷时间为 24h 以上。用蒸汽吹扫过的油罐，要注意防止油罐冷却时产生真空，损坏设备。

（4）有条件罐区可采用充水驱除油气。但要将污水排至排污池，并经过处理符合排放标准后方可排放。严禁直接排入下水道。

1.6.5.6 清洗作业

1. 准备工作

复核清洗方案是否可行、人员器材是否齐备、可靠；复核"作业许可证"和审批手续是否完备。

2. 入罐作业要求

（1）安全监督人员到位后方可进罐作业。

（2）作业人员在佩戴隔离式呼吸器具进罐作业时，一般以 30min 左右轮换一次。作业人员腰部宜系有救生信号绳索，绳的末端留在罐外，以便随时抢救。

3. 清除污杂的通常做法

人工用特制铜铲或者钉有硬橡胶的木耙子，清除罐底和罐壁的污杂及铁锈。用特制加盖铝桶盛装污杂，并用适宜的方法人工挑运或以手推车搬运出罐外。以白灰或锯末撒入罐底后，用铜铲或竹扫帚进行清扫。对于罐壁严重锈蚀的油罐，可用高压水进行冲洗。如油罐需进行无损探伤或做内防腐时，应用铜刷进一步清除铁锈，再用金属洗涤剂清洗，并用棉质拖布擦拭干净。清罐污杂应运往指定地点进行处理，防止污染环境。

1.6.5.7 验收

油罐清洗完毕后，应由清罐工作小组会同有关设备等人员进行验收，并应将验收报告存于设备档案。验收合格后的油罐在有监督的条件下，立即封闭人孔、光孔等处，连接好有关管线，恢复油罐原来的系统。一般应采用谁拆谁装，谁装谁拆的做法以防止遗漏。

1.6.6 油罐的检查

1.6.6.1 立式钢油罐每日检查时的检查内容

（1）油罐的温、湿度及罐内油温的变化情况；呼吸阀的压力是否适宜。

（2）新建及大修后油罐的焊缝、附属设备的连接是否渗漏。

（3）油气压力计的正压力是否超出规定；呼吸阀、阻火器、放水阀、油气管等是否堵塞或冻结。

（4）油罐、管线、阀门接头是否严密，有无渗漏。

（5）罐基有无下沉，掩体有无损坏，排水沟是否畅通。

（6）清除罐区周围5m以内杂草及易燃物。

（7）检查消防器材是否齐全好用；配备的备用工具是否齐全，有无挪用。

（8）检查后，应将检查情况认真如实地填写日检查登记表。

1.6.6.2 立式钢油罐月检查时的检查内容

《石油库设备检修规程》中规定，每两个月对油罐至少进行一次专门性检查，严寒地区在冬季应不少于2次，主要检查内容如下：

（1）各密封点、焊缝及罐体有无渗漏；油罐基础以及外形有无异常变形。

（2）检查焊缝情况：罐体纵向、横向焊缝；进出油结合管、人孔等附件与罐壁的结合焊缝；顶板和包边角钢的结合焊缝；应特别注意下层圈板的纵、横焊缝及与底板结合的角焊缝有无渗漏和腐蚀裂纹等。如有渗漏，应用铜刷擦光，涂以10%的硝酸溶液，用8~10倍的放大镜观察，如发现有裂缝（发黑处）或针眼，应及时修理。

（3）罐壁凹陷、折皱、鼓泡等现象一经发现，应立即加以检查测量，超过规定标准应作大修理。

（4）无力矩油罐应首先检查罐顶是否起呼吸作用，然后再检查罐体其他情况。

（5）检查油罐进出油阀门及连接部位是否完好，当发现罐体有缺陷时，应作鲜明的油漆标志，以便处理。

1.6.6.3 立式钢油罐大修检查

立式油罐每3~5年，应结合清洗油罐进行一次罐内部全面检查。主要内容有：

（1）对底板底圈逐块检查，发现腐蚀处可用铜质尖头小锤敲去腐蚀层。用深度游标卡尺或超声波测厚仪测量，每块钢板一般用测厚仪各测3个点。

（2）罐顶桁架的各个构件位置是否正确，有无扭曲的挠底。各交接处的焊缝有无裂纹和咬边。

（3）无力矩油罐中心柱的垂直度、柱的位置有无移动，支柱下部有无局部下沉。各部件的连接情况。

（4）检查罐底的凹陷和倾斜，可用注水法或使用水平仪测量。用小锤敲击检查局部凹陷的空穴范围。

（5）每年雨季前检查一次油罐护坡有无裂缝、破裂或严重下沉。

1.6.6.4 立式钢油罐变形检查

油罐顶、壁凹陷、鼓包、折皱等变形检查除用目测外，尚应用重锤与线挂好，用钢直尺测量拉线尺寸进行测定。测完一个位置后，将滑轮沿罐圈移动 20～30cm 再测另一个位置。这样重锤线沿罐移动且上下升降，测量出顶、壁有代表性点的变形，将测量结果做好记录，为油罐维修提供依据，并存档备案。

1.6.6.5 立式钢油罐基础沉降观察

观察油罐基础沉降应参照油罐水压试验和基础沉降检测的有关规定进行。其沉降量应符合《立式圆筒型钢制焊接储罐设计规范》和《立式圆筒型钢制焊接油罐施工及验收规范》的规定。

（1）地面油罐基础沉降稳定后，基础边缘上表面应高出周围地坪 300mm 以上。

（2）油罐任意直径方向上的沉降差不应超过规定的沉降差许可值。沿罐壁圆周方向任意 10m 周长内的沉降差不应大于 25mm。支承罐壁的基础部分与其内侧的基础之间，不应发生沉降突变。

1.6.6.6 油罐主要附件的检查内容及周期。

（1）人孔。一般每月检查一次（不必打开，检查是否漏气）。

（2）量油孔。每月至少检查一次。查盖与座间密封垫是否严密、牢固。导尺槽磨损情况，螺帽活动情况。

（3）进出油阀门。每年至少检查一次。检查填料密封有无渗漏，检查阀门内部情况。

（4）呼吸阀、阻火器。呼吸阀每月至少检查两次，冰冻季节每次作业前应检查一次。每季度检查一次阻火器，冰冻季节每月检查一次。

（5）通气管。每月检查一次。查看金属网是否完好，防雨罩是否漏水。

（6）接地装置。每季检测一次，测试接地极电阻值是否符合规定，检查接地线路是否符合要求。

（7）梳状管加热器。每年冰冻前检查一次，冬季每月进行一次检查。检查管线是否畅通，附件工作是否正常。

（8）放水设备。每季度检查一次。检查阀门是否转动灵活，是否有渗漏。

第 2 章 管道及其管件

2.1 管　道

管道是油品储运系统的重要组成部分。管道由管子、阀门、管架及其各种连接附件组成。各种介质不论是原油、成品油、石油气体、液体化工原料，还是水、蒸汽、风和氮气等都要经过管道进行输送，各设备之间也都要由管道来连通才能进行生产。管道及其附件的正确设计、选择、安装与验收、合理使用、及时检查、维护和维修直接关系到生产的正常进行。

2.1.1　管道的分类

1. 按管道设计压力分类

（1）真空管道　一般指最高工作压力小于标准大气压的管道。

（2）低压管道　一般指最高工作压力大于 0，低于或等于 1.6MPa（表压）的管道。油库目前大多为此类管道。

（3）中压管道　一般指最高工作压力大于 1.6MPa（表压），低于或等于 4.0MPa 的管道。

（4）高压管道　一般指最高工作压力大于 4.0MPa（表压），低于或等于 10MPa 的管道。

2. 按管道材质分类

（1）金属管道

金属管道种类很多，主要有碳素钢管道、低合金钢管道、铸铁管道等，其特点是规格多，强度高。油库管道主要是碳素钢管道和铸铁管道（主要用于给排水、消防和冷却水系统中）。

油库中的金属管道多为钢管道，也有部分铸铁管道。钢管道可分为无缝钢管和有缝钢管两大类。

① 无缝钢管。无缝钢管以钢管没有接缝而得名。无缝钢管具有强度高，规格多等特点而得到广泛应用。当输送腐蚀性强的介质或高温介质时，可采用不锈钢、耐酸钢或耐热钢制成的无缝钢管。钢管的规格一般用 ϕ 外径×壁厚表示。如外径为 108mm，壁厚为 5mm 的无缝钢管规格表示为：$\phi108×5$。

② 有缝钢管。焊接钢管又可分为对缝焊接钢管和螺旋焊接钢管两种。对缝焊接钢管一般用在小直径低压管道上；螺旋焊接钢管则通常用于低压大直径管道。

③ 铸铁管分为普通铸铁管和硅铁管两类。普通铸铁管一般用灰口铸铁铸造，耐腐蚀性好，但质脆，不抗冲击。普通铸铁管可按承压情况分为低压（$p=0.45MPa$）、普压（$p=0.75MPa$）和高压（$p=1.0MPa$）三种，直径 50~1500mm，壁厚 7.5~30mm，管长有 3m、4m、6m 三种。管端形状分承插式和法兰式。法兰式又分单盘式和双盘式两种。硅铁管常用于酸管道中。

（2）非金属管道

油库常用的非金属管道主要有耐油橡胶管道，它耐腐蚀性强，通常用在半成品罐区加添加剂、卸油码头、铁路卸油系统及汽车收发油等场所。

油库中常用的胶管有耐油夹布胶管(耐油平滑胶管)、耐油螺旋胶管和耐油钢丝胶管三种。它们均由丁腈橡胶制成。从其功能的不同可分为承压胶管、吸引胶管和排吸胶管等。

① 耐油夹布胶管。耐油夹布胶管由内外和中间胶布组成,工作压力一般为1MPa,用于低压输油。

② 耐油螺旋胶管。耐油螺旋胶管由胶管和内外层或中间螺旋钢丝组成,工作压力一般为0.5MPa,可作为较轻压力输送和吸入管用。

③ 输油钢丝纺织胶管。输油钢丝纺织胶管的钢丝较细,外表面螺纹痕迹明显,它与平滑胶管相似。这种胶管比螺旋胶管轻一倍,工作压力却高一倍,真空度为80kPa,胶管变形直径椭圆度不大于20%。

3. 按输送介质分类

按管道输送介质不同,又可分为原油管道、成品油管道、水管道、消防水管道、蒸汽管道、消防泡沫管道等。

2.1.2 管道的技术参数

1. 管道的公称直径

在生产中,一般用 D 来表示管道的外直径即外径和用 d 来表示管道的内直径即内径。在制造和使用过程中,由于用途不一样,要制造出各种不同的管子。即使同一外径,由于壁厚不一样,其内径也不同。再加上管道系统还需要各种与管子直径相适应的管路附件,包括管件、法兰、阀门等。这样,管材和附件的直径尺寸就相当多,给设计、制造、施工都造成了困难。为了能大批量生产、降低成本,使管子和管路附件具有互换性,就必须对管子和管路附件实行标准化。

为了设计、制造、安装和维修方便而人为地规定的管子和管路附件的一种标准直径叫公称直径或公称通径,通常用符号 DN 表示,其后附加公称直径的数值。如公称直径为250mm的普通钢管,其公称直径用 $DN250$ 表示。另外,由于水、煤气管常用英制管螺纹连接,所以管径也常用 in 或(″)即英寸的形式表示。正是由于规定了这种标准直径,这样就大大简化了管子和管路附件的规格。

一般而言,钢管的公称直径既不等于其实际外径也不等于其实际内径,而是接近于其内径的整数。阀门和铸铁管的公称直径则一般与其内径相等。

无缝钢管由于生产工艺不同,又分为热轧和冷拔,且每一种外径的管子又有多种不同的壁厚,所以无缝钢管规格是用外径乘以壁厚来表示的。

电焊钢管可分为螺旋管和直缝管,规格也是用外径乘以壁厚来表示。

在中、低压管道设计和施工中,为了方便起见,常常选用比较接近公称直径的无缝钢管和电焊钢管。这样就极大地提高了管子及其附件的互换性。

2. 管道的公称压力、试验压力和工作压力

(1) 公称压力

管道及其附件是用来输送介质的。在生产中,被输送的介质往往是有压力的,不同压力的介质,需要用不同强度标准的管道及附件来输送。为了制造出适应不同要求的管材,便于设计和选用,国家有关部门规定了一系列的压力等级,这些压力称为公称压力,常用 PN 表示,其后附加压力数值。如公称压力为1.6MPa用 $PN1.6$ 表示。

通常可用来表示公称压力的单位有:MPa(兆帕)kPa(千帕)或 Pa(帕),它们之间的关系是:$1MPa = 10^3 kPa = 10^6 Pa = 10^6 N/m^2$。过去,公称压力的单位还习惯用工程大气压(atm)

表示，即 1atm=1kgf/cm²=9.8N/cm²≈0.1MPa，现在该单位已被淘汰。

按现行规定，管道的公称压力分为以下几种：

低压管道：公称压力分为 0.1MPa、0.25MPa、0.6MPa、1.0MPa、1.6MPa 五个压力级。

中压管道：公称压力分为 2.5MPa、4.0MPa、6.4MPa、10MPa 四个压力级。

高压管道：凡公称压力大于 10MPa 的为高压管道。

（2）试验压力

试验压力是为了检查管道及管道附件的机械强度而对管子及管道附件进行强度试验和严密性试验规定的一种压力，一般以低于 100℃ 的水进行水压试验，这就是管件和管道的试验压力，用 PG 表示。一般试验压力为工作压力的 1.25~1.5 倍。公称压力越大，倍数值越小。

（3）工作压力

工作压力是指管道在正常运行情况下，所输送的工作介质的压力。管道要正常运行，介质流量必须在设计流量范围之内。当介质在管道中的实际流量不在设计流量范围之内时，管道的工作压力就需要根据流体的能量方程来求得。当工作介质具有很高的温度时，而温度升高会降低材料的机械强度。因此，管道及其附件的最高工作压力是随着介质温度的不断升高而降低的，在管道的设计和施工中必须予以注意。在实际应用中，管道的工作压力一般取管道出厂时试验压力的 70%。

2.1.3　水力计算

水力计算是油库管道敷设或改造、工艺调度以及有关设备故障分析的主要依据。正确的水力计算是保证油品顺利装卸和输转的重要保证，并可提高生产效率，节省设备、材料、动力和资金。

1. 水力计算基本知识

（1）流量。单位时间内流过管道或设备某横截面处的数量称为流量，通常用 Q 表示。该数量可以用体积或质量来表示。流过的数量用体积计算的称为体积流量，单位为立方米/时（m³/h）或升/分（L/min）。流过的数量用质量计算的称为质量流量，单位为吨/小时（t/h）或公斤/时（kg/h）。

（2）流速。单位时间内流过管道或设备某横截面处的流量。管道流速常用平均流速 v 表示，其单位为 m/s，它可以通过流体的连续性方程来求得，即 $v=Q/S$，其中 Q 表示流量，单位为 m³/s；S 表示管道或设备的截面积，单位为 m²。罐区中常用管道多为圆管，就圆形直管道而言，管道的截面积 $S=1/4d²$，故流速也可表示为 $v=/4Q/\pi d²$，也就是固定管道中的流速，与管道的横截面积成反比，或说与其管径的平方成反比。

（3）管径。这里所说的管径是指管道的内直径，也就是油品在管道中流过的直径。在确定油品在管道中的理论流速后，通过换算便可得出管道的管径，通常用 d 表示，即

$$d=\sqrt{\frac{4Q}{\pi v}}$$

(2-2-1)

在根据上式算出 d 后，再选出合适的管道公称直径标准系列值。

2.1.4　流体在管道系统中的阻力损失

由于流体都具有一定的黏性，流体受到管壁界面的限制，使流体与管壁接触而发生摩擦和撞击，以及管道内壁都具有一定的粗糙度，因此，流体在管道内的流动必然受到一定的阻力。

在管道输送系统中，机泵提供的扬程主要就是为了克服管路系统中各类阻力而造成的损失。

流体流过直管段所产生的阻力称为沿程阻力，所引起的水头损失称为沿程阻力损失，通常用 h_f 表示。流体流过管件如阀门、弯头等所产生的阻力称为局部阻力，所引起的水头损失称为局部水头损失，通常用 h_r 表示。流体在管道中的局部阻力损失也可以换算为流体在该管道中当量长度的沿程阻力损失。阻力损失的单位通常用 m 液柱(米液柱)表示。

流体在管道全流程中总的水头损失(用 h_w 来表示)主要取决于流体自身和管壁粗糙度、管路的长短和管路中各类附件的情况，但总的水头损失应是所有沿程阻力损失 h_f 和所有局部水头损失 h_r 之和，即：

$$h_w = \sum h_f + \sum h_r \tag{2-2-2}$$

对长距离流体输送管道，流体总的摩擦阻力以沿程阻力损失为主，局部摩擦阻力损失占很小的比例。而对短距离输送的管道，如油库内部的输油管道，其局部阻力损失所占比例比较大，某些管道的当量长度甚至超过该管道干管的长度。

1. 沿程阻力损失的水力计算

沿程摩擦阻力损失的计算公式(达西公式)为：

$$h_r = \lambda \frac{L}{d} \frac{v^2}{2g} \tag{2-2-3}$$

式中　L——管道长度，m；

　　　d——管道内径，m；

　　　v——油品平均流速，m/s；

　　　g——重力加速度，一般取 $g = 9.81\text{m/s}^2$

　　　λ——沿程摩擦阻力系数。一般地 λ 与液体的流态系数 Re(雷诺数)有关，其数值可参照水力学有关知识，进行查表计算。输油用耐油橡胶软管的沿程摩擦阻力系数为 $\lambda_{胶} = (2 \sim 3)\lambda_{钢}$，这里的 $\lambda_{钢}$ 为与胶管同值下的沿程摩擦阻力系数。

2. 局部阻力损失

局部阻力损失的计算公式为：

$$h_r = \xi \frac{v^2}{2g} \tag{2-2-4}$$

式中　ξ——局部摩擦阻力系数。

为了便于把局部阻力损失和沿程阻力损失合并计算，有时把局部水力损失换算为相当于某段同一直径、管长为 L_d 的管子的沿程损失，写成：

$$h_r = \lambda \frac{L_d}{d} \frac{v^2}{2g} \tag{2-2-5}$$

式中　L_d——管子的当量长度，m。

3. 总摩擦阻力损失的计算

流体在管道中总的摩擦阻力为流体在管道中的沿程阻力损失与局部阻力损失之和。通常计算总摩擦阻力损失有以下几种方法。

(1)理论计算法

理论计算法按式(2-2-2)、式(2-2-3)、式(2-2-5)进行计算可得，即：

$$h_w = h_f + h_r = \lambda \frac{L}{d} \frac{v^2}{2g} + \lambda \frac{L_d}{d} \frac{v^2}{2g} = \lambda \frac{L + L_d}{d} \frac{v^2}{2g} \tag{2-2-6}$$

（2）实用计算法

实用计算法就是利用水力坡降求摩擦阻力的方法。因简便实用，故应用较为广泛。流体在输送过程中，受黏度的影响较大，由于摩擦阻力损失的存在，其总水头不断减小，总水头减小的程度与流体的流动状态、管道的粗糙度和管径等因素有关。我们把在单位长度上沿程阻力损失称为水力坡降，其表达式为：

$$i = \frac{h_f}{L} \tag{2-2-7}$$

式中　h_f——长为 L 的管道上的沿程损失，m；

　　　　L——管长，m；

　　　　i——水力坡降。

如果以管长 L 为底边，以沿程磨擦阻力损失 h_f 为高，画一直角三角形 ABC，如图 2-2-1 所示，那么斜边 AC 的斜率（$tg\alpha = \frac{h_f}{L}$），即是长为 L 的管道上的水力坡降。如果用流量来表示的沿程摩擦阻力损失，并将经推导可得的关系式：

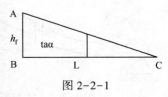

图 2-2-1

$h_f = 0.0827\lambda \frac{L}{d^5} Q^2$ 代入式（2-2-7），得：

$$i = 0.0827 \frac{\lambda}{d^5} Q^2 \tag{2-2-8}$$

由式（2-2-8）可以看出，管道的水力坡降与管道直径 d，流量 Q 及沿程摩擦阻力系数 λ 有关，而沿程摩擦阻力系数 λ 又与管径、流量及油品的黏度有关，因此，只要给出一组管径 d、流量 Q 和黏度 v，就可算出对应的水力坡降值。该值 i 可通过查阅有关参考书籍，如《油库设计手册》或《水力学知识》的附录中的水力坡降表得到。

同理，总摩擦阻力为：
$$h = i(L + L_d) \tag{2-2-9}$$

4. 流体的伯努利方程式

（1）理想流体流束的伯努利方程式

在稳定流条件下，在管道中流体流束的流速、压力与时间无关，即单位质量不可压缩理想流体流束在稳定流条件下，沿管道的伯努利议程式为：

$$z + \frac{p}{\rho g} + \frac{v^2}{2g} = C \tag{2-2-10}$$

式中　z、$\frac{p}{\rho g}$ 两项为单位质量液体所具有的能量。z 称为流体流束的位能或势能，$\frac{p}{\rho g}$ 称为流体流束的压力能（或称为比压能）；$\frac{v^2}{2g}$ 表示单位质量流体流束所具有的动能，或称为比动能。

故理想流体在同一管道系统中任意两点流体流束的伯努利方程式可写成：

$$z_1 + \frac{p_1}{\rho g} + \frac{v_1^2}{2g} = z_2 + \frac{p_2}{\rho g} + \frac{v_2^2}{2g} \tag{2-2-11}$$

（2）实际流体总流的伯努利方程式

公式（2-2-10）和式（2-2-11）只适用于理想流体而不适用于实际流体，只适用于流束而不适用于总流。它实际说明流束上单位重量流体的总比能（机械能）到处相等。这是与事实不相符的，实际流体有黏性，当它流动时，由于流体与边界的摩擦，流体与流体之间的摩擦产生阻力，同时，由于一些局部装置引起了流体的干扰而产生附加阻力，使流体能量在局部装置处突然降低。这些克服阻力而损失的机械能变成热能而散失。因此，实际流体沿流束流动时，沿流动方向总能比总是逐渐减少。据此，实际流体的伯努利方程式为：

$$z_1+\frac{p_1}{\rho g}+\frac{v_1^2}{2g}=z_2+\frac{p_2}{\rho g}+\frac{v_2^2}{2g}+h'_{w1-2} \tag{2-2-12}$$

式中 h'_{w1-2} 表示流束上 1、2 两点间单位重量流体的能量损失。

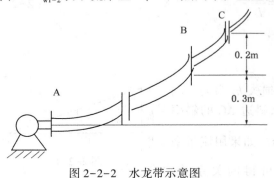

图 2-2-2　水龙带示意图

例 2-2-1　图 2-2-2 为一条水龙带，喷嘴和泵的相对位置如图。泵出口压力（A 点压力）为 2 大气压（表压），泵排出管断面直径为 50mm；喷嘴出口 C 的直径为 20mm，水龙带的水头损失设为 0.5m；喷嘴水头损失为 0.1m。试求喷嘴出口流速、泵的排量及 B 点压力。

解：取 A、C 两断面写出能量方程（即伯努利方程）：

$$z_A+\frac{p_A}{\rho g}+\frac{v_A^2}{2g}=z_C+\frac{p_C}{\rho g}+\frac{v_C^2}{2g}+h_{wA-C}$$

通过 A 点的水平面为基准面，即 $z_A=0$，$z_C=3.2m$；$p_A=2kg/cm^2=1.96\times10^8Pa$。$p_c=0$（在大气中）；水的重度 $\rho=9800N/m^2$；重力加速度 $g=9.8m/s^2$；$h_{wA-C}=0.5+0.1=0.6m$ 水柱。剩下的未知数是 v_A 和 v_C，按连续性方程将 v_A 用 v_C 表示，即：

$$v_A=v_C\frac{A_C}{A_A}=v_C\left(\frac{d_C}{d_A}\right)=v_C\left(\frac{20}{50}\right)^2=0.16v_C$$

可解出 $v_C=326$，于是喷嘴出口流速为：

$$v_C=\sqrt{326}=18.06m/s$$

而泵的排量，即管内流量为：

$$Q=v_CA_C=18.06\times\pi\times(0.02)^2/4=0.00568m^3/s=5.68L/s$$

为了计算 B 点压力，需要取 A、B 或 B、C 列能量方程式。现取 B、C 两断面计算，即：

$$z_B+\frac{p_B}{\rho g}+\frac{v_B^2}{2g}=z_C+\frac{p_C}{\rho g}+\frac{v_C^2}{2g}+h_{wB-C}$$

这时，可通过 B 点作水平基准面，则 $z_B=0$，$z_C=0.2m$；$v_B=v_A=0.16v_C=0.16\times18.06=2.89m/s$；$h_{wB-C}=0.1m$；其余数值同前，代入方程式得：

$$0+\frac{p_B}{9800}+\frac{(0.289)^2}{2\times9.8}=0.2+0+\frac{(18.06)^2}{2\times9.8}+0.1$$

解出 $\dfrac{p_B}{9800}=\dfrac{(18.06)^2-(2.89)^2}{2\times9.8}+0.3=16.2+0.3=16.5m$ 水柱，于是压力为：

$$p_B=16.5\times9800=161700Pa\approx1.62MPa$$

2.1.5　管路特性曲线

当管道长度、直径、输送介质一定的情况下，随着通过管道流量的增大，摩擦阻力也应相应增大。把管道阻力 h_f 和流量 Q 的对应关系绘成曲线，即为管道特性曲线。

根据式（2-2-6）当管路有局部水头损失时可折算为当量长度并入沿程水头损失中，则有：

$$h_w = \lambda \frac{L}{d} \frac{v^2}{2g} = \lambda \frac{L}{d} \frac{Q^2}{\left(\frac{\pi}{4}d^2\right)^2 2g} = \frac{8\lambda}{\pi^2 g} \frac{L}{d^5} Q^2 = \alpha Q^2 \qquad (2-2-13)$$

对一定管长和管径的管路，系数 α 将随 λ 值而变化，给不同流量，将可算出不同的水头损失 h_w 绘成曲线，如图 2-2-3 所示，称为管路特性曲线。

理论上由层流到紊流应有折点，实用上不予考虑，而绘成光滑曲线。

当泵输送时，因泵给出的扬程 H 要克服位差和水头损失，绘制管路特性曲线时，纵坐标以泵的扬程为准，故管路特性相应地要平移一个位差高度，如图 2-2-4 所示。

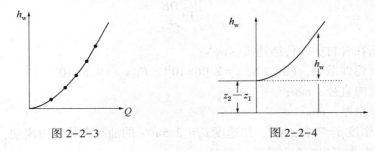

图 2-2-3   图 2-2-4

管路特性曲线对于确定泵的工况有重要作用，在工程设计中经常用到。

2.1.6 管道水击现象

1. 水击现象

水击是指压力瞬变过程，是管路中不稳定流动所引起的一种特殊重要现象。当由于某种原因引起管路中流速突然变化时，如开关阀门过快，突然断电停泵，都会引起管内压力突然变化，造成水击。

2. 水击的危害

水击的危害是直接造成设备或管线的变形，甚至开裂破坏等。此外，水击还会对管道系统的各类附件特别是仪器、仪表造成损害，如影响流量计的精确度，缩短其使用寿命，重则会使流量计立即损坏或造成溢油事故。水击现象还会引发跑冒油等安全事故。

3. 水击计算

如阀门至上游的管线长度为 L，水击的传播速度为 c，启（闭）阀门所产生的增（减）压波自阀门到达上游后又返回阀门所需的时间则为 $\frac{2L}{c}$。此时间称为水击的相或相长，用 τ_0 表示。水击的相经常作为分析水击现象和计算水击压力的单位时间。

即：

$$\tau_0 = \frac{2L}{c}$$

直接（最大）水击压力的计算公式：

$$\Delta p = \rho c v_0 \qquad (2-2-14)$$

式中　Δp——直接水击压力值，Pa；

　　　ρ——液体介质的密度，kg/m³；

　　　c——水击在管材中的传播速度，m/s；

　　　v_0——液体在管内流速，m/s。

水击在液体介质中的传播速度 c_0：

$$c_0 = \sqrt{\frac{E}{\rho}} \quad\quad\quad (2-2-15)$$

式中 c_0——水击在液体介质中的传播速率，m/s；

   E——液体弹性系数，Pa；（$E_水 = 2.06 \times 10^9$、$E_{石油} = 1.32 \times 10^9$）

   ρ——液体介质的密度；kg/m^3。

水击在管材中的传播速度 c：

$$c = \frac{c_0}{\sqrt{1 + \frac{DE}{eE_0}}} \quad\quad\quad (2-2-16)$$

式中 c——水击在管材中的传播速度，m/s；

   E_0——管材弹性系数，Pa；（$E_{钢管} = 2.06 \times 10^{11}$、$E_{铸铁管} = 9.8 \times 10^{10}$）

   D——管道内直径，mm；

   e——管道壁厚，mm。

例 2-2-2 密度 $\rho = 720 kg/m^3$，初速度 $v_0 = 2.5 m/s$ 的油品在管道内流动，突然关闭阀门所产生的水击压力为多少？（已知 $C = 1100$）

解：所产生的水击压力为：

$$\Delta p = \rho \cdot C \cdot v_0 = 720 \times 1100 \times 2.5 = 198 \times 10^4 Pa = 19.8 （MPa）$$

答：突然关闭阀门所产生的水击压力为 19.8MPa。

例 2-2-3 用 $\phi 108 \times 4$ 的钢管输水时，水击压力传播速度将为多少？若管内流速 $v_0 = 1 m/s$，可能产生的最大水击压力？若输水管总长为 2km，则避免直接水击的关阀时间以多大为宜？

解：先计算水击在介质（水）中的传播速度，根据 $E_水 = 2.06 \times 10^9$、$E_{钢管} = 2.06 \times 10^{11}$，又知 $D = 100 mm$，$c = 4 mm$，$\rho_水 = 1000 kg/m^3$，则：$c_0 = \sqrt{\frac{E}{\rho}} = \sqrt{\frac{2.06 \times 10^9}{1000}} = 1435 m/s$

水击传播速度：$c = \frac{c_0}{\sqrt{1 + \frac{DE}{eE_0}}} = \frac{1435}{\sqrt{1 + \frac{100 \times 2.06 \times 10^9}{4 \times 2.06 \times 10^{11}}}} = 1283 m/s$

若流速 $v_0 = 1 m/s$，则最大水击压力为 $\Delta p = \rho \cdot C \cdot v_0 = 1000 \times 1283 \times 1 = 1283000 Pa = 12.83 MPa$

管长 $L = 2000 m$，则相长 $\tau_0 = \frac{2L}{c} = 4000/1283 = 3.118 s$

故欲避免产生直接水击的关闭时间必须大于 3.118s。

4. 控制或消除水击的方法

控制或消除水击的方法主要有：

（1）延长阀门的关闭和开启时间；

（2）控制油品在管道中的流速；

（3）油品输转流速应严格控制在《石油库设计规范》规定的 4.5m/s 之内；

（4）在管道中加一段软管以改变管道刚性；

（5）采用泄压设备控制水击的产生，如气压罐、双功泄压阀、二段控制阀等。

2.1.7 管道的热应力及其补偿

1. 管道热应力的产生

管路安装或检修完毕后投入运行时，常因管内介质的温度与安装时环境温度的差异而产生伸缩。温度变化有两方面因素，一是由于气温变化，有的地方冬季和夏季温差可达 50~60℃；另一方面是由于管路本身工作温度较高。实践证明，温度变化会引起管道长度成比例的变化。管道温度升高，由于膨胀，长度增加；温度下降，则由于收缩，管道长度缩短。把温度变化 1℃ 相应的长度成比例变化量称为管材的线膨胀系数。不同材质的材料线膨胀系数也不同。例如，碳素钢的线膨胀系数为 $1.2×10^{-6}$ m/(m·℃)；而硬质聚氯乙烯管的线膨胀系数为 $80×10^{-6}$ m/(m·℃)，约为碳素钢的 7 倍。

2. 管道的热膨胀伸长量计算

管材受热后的线膨胀量，可按下式进行计算：

$$\Delta L = \alpha(t_2 - t_1)L \qquad (2-2-17)$$

式中　ΔL——管道热膨胀伸长量，m；

　　　α——管材的线膨胀系数，m/(m·℃)；

　　　t_1——管道安装时的温度，℃，管道安装在地下室或室内时取 $t_1 = -5℃$，当管道室外架空敷设时，t_1 应取冬季室外计算温度，℃；

　　　t_2——管道运行时的介质温度，℃。

在管道工程中，碳素钢管应用最广，其伸长量的计算公式为：

$$\Delta L = 1.2×10^{-6}(t_2 - t_1)L \qquad (2-2-18)$$

式中　$1.2×10^{-6}$——常用钢管的线膨胀系数，m/(m·℃)。

3. 管道的补偿及补偿器

地上管道热应力消除的唯一方法是消除约束。因为温差不可避免地存在于实际管路中，因此要完全消除约束是不现实的，也就是说对管道因热胀冷缩而引起的伸长或缩短必须进行补偿。只有当钢管的温度变化(Δt)小于 32℃ 时，管道的热应力不超过钢材的许用应力，才能不考虑补偿问题。

在管道的检修、安装中应尽量利用其本身弯曲部件的补偿能力。当受热管段本身弯曲部件的补偿能力不能满足要求时，在管道中必须设置补偿装置，即补偿器。

（1）自然补偿法和自然补偿

为了防止管道受热后上下左右移动，在管道系统中普遍设置固定支架。固定支架间的管道因受热膨胀所产生的伸长量由管道本身的弯曲部件或管道中设置的伸缩器进行补偿。对有弯曲部分的管道，温度变化时自身会产生一定的弹性变形，而不会产生较大的温度应力和管道轴向推力，从而有效地防止了管道及支架因受热而发生破坏，这种借助管道自身的弹性变形来吸收管道热膨胀(或冷收缩)量的补偿方法叫自然补偿法(见图 2-2-5)。也是油库管道中通最常采用的补偿方法。

（2）人工补偿法与人工补偿器

当管道的热膨胀量较大，利用管道中的弯曲部件不能吸收管道因热膨胀所产生的变形时，常常采用人工补偿法来补偿，即在直管段上每隔一定距离设置伸缩器。补偿方法是：固定支架将直管路按所选伸缩器的补偿动

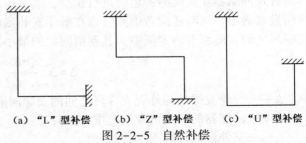

(a)"L"型补偿　　(b)"Z"型补偿　　(c)"U"型补偿

图 2-2-5　自然补偿

力分成若干段，每段管道中设置一伸缩器，吸收热伸缩，减少热应力。常用的伸缩器有方形、套管式及波形等几种。

① 方形伸缩器

方形伸缩器亦称 Ⅱ 形补偿器，是管路中最常用的一种伸缩器，广泛用于各种碳钢、低合金钢、不锈耐酸钢管路及有色金属管路中，见图 2-2-6。

选择方形补偿器前，首先要计算管路的热膨胀长度(即补偿量 ΔL)，根据热膨胀长度和管径确定补偿器的形式。

② 套管式伸缩器

套管式伸缩器也称填料式伸缩器，有铸铁制和钢制两种，主要用于低压的铸铁和钢管路上，也可用于非金属管路。

套管式伸缩器分单向和双向伸缩两种(见图 2-2-7)。单向伸缩应安装在固定支架旁边的平直管道上；双向伸缩器应安装在两固定支架中间。套管式伸缩器安装前应将伸缩器拆开，检查内部零件及填料是否齐备，质量是否符合要求。铸铁制的套管式伸缩器用法兰与管路连接，用于公称压力

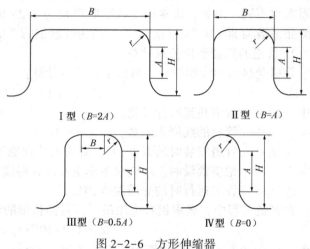

Ⅰ型（B=2A）　　　Ⅱ型（B=A）

Ⅲ型（B=0.5A）　　　Ⅳ型（B=0）

图 2-2-6　方形伸缩器

不超过 1.3MPa、公称直径不超过 300mm 的管路上。钢制套管式伸缩器可用于工作压力不超过 1.6MPa 的蒸汽管路和其他管路上。

单向伸缩器的补偿动力通常在 200~400mm 范围内，而一个双向伸缩器相当于两个单向伸缩器的补偿能力。

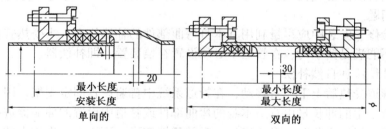

最小长度　安装长度　单向的

最大长度　最小长度　双向的

图 2-2-7　套管式伸缩器

套管式伸缩器在安装时，还要求伸缩器中心线和直管段中心线一致，不得偏斜，并在靠近伸缩器的两侧各设置一个导向支架，以免管道运行时偏离中心位置。

套管式伸缩器在安装时，也应进行预拉，其预拉后的安装长度，应根据管段受热后的最大伸缩量来确定。同时还应考虑到管道在低于安装温度下运行的可能性，其导管支撑环和外壳支撑环之间，应留有一定间隙。其预留间隙的最小尺寸可按下列公式进行计算：

$$\Delta = \Delta_0 \frac{t_1 - t_0}{t_2 - t_0} \qquad\qquad (2-2-19)$$

式中　Δ——导管支撑环与外壳支撑环之间的安装间隔，mm；

　　　Δ_0——伸缩器的最大可伸缩范围，mm；

　　　t_0——室外最低计算温度，℃；

212

t_1——伸缩器安装时的气温,℃;

t_2——管内输送介质的最高温度,℃。

c. 波形伸缩器

波形伸缩器也是管路上常用的一种补偿器,见图 2-2-8。它一般用 3~4mm 厚的钢板制成,因其强度较低,通常只用于工作压力不大于 0.7MPa 的设备和列管式换热器、蒸发器等上面。伸缩器和管路的连接可用法兰连接,也可以和管路、设备直接焊接。

波形伸缩器在长期使用后,伸缩器的波纹部分会发生金属疲劳,造成破坏,固定支架要承受较大的轴向推力,补偿能力也较小,其补偿能力为:

$$\Delta L = n\Delta l \qquad (2\text{-}2\text{-}20)$$

式中　ΔL——伸缩器的全部补偿能力,mm;

　　　Δl——一个波节的补偿能力,可从波形补偿器的补偿能力表查得,mm;

　　　n——波节的个数。

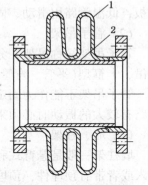

图 2-2-8　波形伸缩器
1—波节；2—内衬套管

波形伸缩器安装时,应根据补偿零点温度来确定需要进行预拉或者预压。其拉伸和压缩的数值可从安装波形补偿器时的拉伸或压缩量值表查得。

波形伸缩器的预拉或预压应在平地进行,作用力分 2~3 次逐渐增加,尽量保证各波节的圆周受力均匀。拉伸或压缩量的偏差不能大于 5mm。当拉伸或压缩达到要求数值时,应立即安装固定。

不能将支撑件焊接在波节上,吊装时不能将绳索绑扎在波节上。

装有波形伸缩器的管路在作水压试验时,决不允许超过规定试验压力,以免伸缩器的伸缩节被过分拉长而失去弹性。

安装时要注意使管道内输送介质的流动方向为从焊接端流向自由端,并与管道的坡向一致,防止凹槽内大量积水；同时还需在波峰的下端设置放水装置。波形伸缩器的中心线不得偏离管道中心线。

2.2　管　道　附　件

2.2.1　管道敷设及安装的一般要求

油罐区管路多而复杂,输送介质、操作条件也各不相同。因此管路的敷设和安装要求也很复杂,必须根据管路的特点选择适当的敷设和安装方式。

管路的敷设分为明装和暗装两种方式。其中明装包括以下几种方式：沿墙敷设、沿楼板敷设、靠柱敷设、沿设备敷设、沿操作台敷设、沿楼面或地面敷设等。而暗设包括埋地敷设和在管沟中敷设。

在化工管道工程中,多采用沿专用管架或管廊敷设。因为一般管路直径较大并且同一走向的管路数量较多,需要采用专用管架或管廊来敷设管路。它适合于输送任何介质的管路,且便于在工厂总体设计时一并考虑管路的布置。这种集中敷设方式还便于管路的安装和检修,便于安装仪表、阀门及管件以及充分利用空间。

化工管路除了维护检查正在使用的管路之外,还必须随着工艺条件的变化对管路进行改装和更换。

2.2.2 常用管架

1. 管架的型式

支承管路的管架，按其用途可以分为活动管架、固定管架和导向管架；按其结构可分为托架、吊架、墙柱架、平管支架、立管支架、弯管支架及弹簧托等。

（1）管子托架及管卡

管子托架简称管托，常用的有焊接型滑动、固定、导向管托；高压管托；固定挡板及导向板；低温管路用滑动、固定管托。

（2）管子吊架

管子吊架简称吊架，分为单管吊和多管吊两种。单管吊有焊接型（平管、立管、弯管）管吊、卡箍型（平管、弯管）管吊和吊于管子上的管吊三种。

管子吊架不能作为固定管架使用，如果在管路上设置固定管架必须采用其他管架。同时管路有较大的振动时必须采用防振措施。

（3）墙、柱架

墙柱架一般是悬臂式和三角支架两种型式，用型钢制成。它们和墙及柱的连接采用直接插入或者带有预埋件，预埋件必须由土建预埋。和管吊一样，它也只适用于公称直径较小的管路，而且不能有较大的振动。

（4）平管管架

适用于室外水平敷设较大直径的管路或者同时敷设较多数量的管路。这一类型管架应用广泛，型式较多，结构复杂。一般化工厂大多采用独立管架和桁架式管架。

所有平管管架在设计时都应考虑风载荷的影响，在寒冷地区还应考虑雪载荷影响。由于平管管架结构复杂，其受载情况也比较复杂，因此，应由专门设计人员进行设计。

（5）弯管和立管支架

直立管路中当管路重加较大时，必须在管路最低点的弯头处设置弯管支架，当管路较长时应同时设置立管支架。立管支架有单肢和双肢两种。

（6）弹簧托、吊架

管路中可能产生垂直位移时，必须采用弹簧托、吊架。在热力管路中，因输送的蒸汽一般温度都比较高，管的热膨胀量较大，所以在热加管路中得到广泛的采用。

2. 管架安装的一般要求

（1）管架的设置和选型应能正确地支托管道，符合管道补偿热位移和设备推力的要求，防止管道振动。

（2）确定管架间距时，不得超过最大允许间距，并应考虑管道载荷合理分布，管架位置应靠近三通、阀门等集中载荷处。管架设置还应能满足疏放水要求。

（3）管架应支承在可靠的建筑物上，并具有足够的强度。管架固定在建筑物上时，不得影响结构安全。

（4）安装管架时，位置应正确，符合设计的标高和坡度，不应影响设备检修及其他管道的安装和扩建。

（5）活动管架不应妨碍管路热膨胀所引起的移动。活动管架之间的距离应保证管路在热胀冷缩时不致于从支墩或管架横梁上滑下，因此，活动管架的距离应由其安装时温度和运行时的温度差值所决定。当采用两个以上的活动管架时必须考虑到这一点。

（6）导向管架一般安装在补偿器和铸铁阀门两侧，安装时应特别注意保证管路中心和补

214

偿器及阀门的路线相重合，否则会使补偿器或阀门受到不应有的附加力矩，造成补偿器失效或铸铁阀门的过早损坏。

上述管架安装的一般要求对各种不同的管路均是适用的。但由于化工厂里的管道是复杂的，涉及到的专业也多。所以，在管道工程中，必须根据管路的特点并结合各专业的要求进行管架的安装。

2.2.3 过滤器

1. 过滤器

过滤器的作用是滤净输送介质中的机械杂质，如铁屑、泥渣等。设置过滤器，可以有效地阻止管道中杂质进入管道最低处和阀体内，特别是管道中的排凝（放空）管，防止阀体关不严，甚至损坏阀体或堵塞管道，使介质不能顺利通过。

2. 过滤器的分类及选用

用于储运系统中的过滤器，一般可分为管式过滤器（图2-2-9）和燃油过滤分离器（图2-2-10）。其中燃油过滤器主要指喷气燃料过滤用的特殊过滤器。喷气燃料用过滤器不但可以过滤机械杂质，还可以过滤水分。

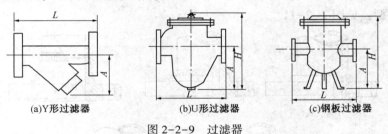

(a)Y形过滤器　　(b)U形过滤器　　(c)钢板过滤器

图2-2-9　过滤器

过滤器的结构一般由滤网（滤芯）、网架和过滤器壳体组成。过滤器的滤网一般为金属丝网，丝网网眼的大小可根据设备或介质的质量要求而定。特殊过滤器也有用绸布或腾纸作为滤芯。由于金属丝网的阻挡作用，增加了介质的流动阻力，因此，滤芯的面积应大于管道的截面积，通常大于5~6倍，以减少阻力。

管道系统中常用的过滤器有Y形过滤器、U形过滤器、钢板过滤器和锥型过滤器等4种。各种类型的管道过滤器虽然结构有所不同，但其工作原理和用途基本相同。前面Y形过滤器和钢板过滤多用于较黏稠、机械杂质较多或允许较小固体颗粒通过的管道，该过滤器较方便清洗或更换滤芯。U形过滤器和锥形过滤器一般用于较清洁的输送介质管道上，如成品油泵的入口管道等处。

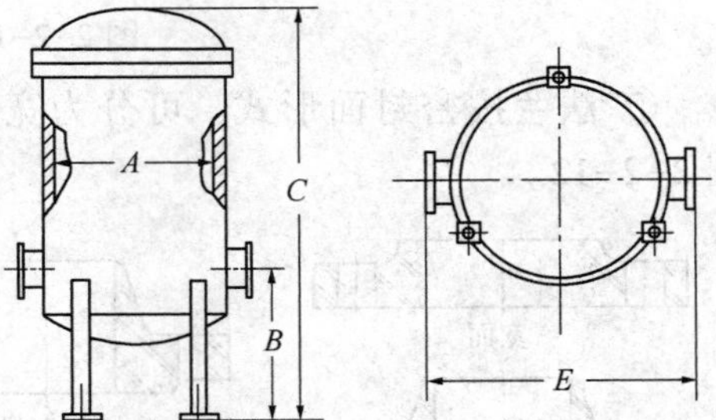

3. 过滤器的使用与检修

图2-2-10　立式过滤分离器

过滤器的壳体底部一般设有排污口，经过滤网过滤下来的杂质可以从排污口放出，使用中应经常排除过滤器中的杂质。特别是新安装或大修后的泵入管线在试压后，一定要先清洗滤芯后方可正式投用。

喷气燃料用过滤器是一种特殊的过滤器，也有多种形式，主要区别也都是采用的滤芯不同。有的滤芯用不锈钢筒套（网筛）做成、有的用绸布做成，也有的用腾纸做成。喷气燃料用过滤器的底部一般还有排水管，用于排净不能通过滤芯的大分子，如水分。故喷气燃料用过滤器不但可以过滤较微小的固体颗粒，甚至可以过滤水分。

过滤器应定期清洗，否则容易堵塞或积聚更多的静电。对于泵前过滤器，平时可通过观察真空压力表数值的变化来确定是否需要清洗；对于流量计前的过滤器，应经常观察流量的变化，以确定是否需要清洗；有的过滤器前、后安装有压力表，可通过比较过滤器前后的压差来确定过滤器是否需要清洗。

2.2.4 法兰及其组件

1. 法兰

管道法兰是管道可拆连接中的重要部件，它的作用是通过螺栓和垫片的连接，保证连接处不会发生泄漏，起连接和密封作用。

（1）法兰的分类

① 法兰按用途，可分为管道法兰和压力法兰。

② 法兰按形状，可分为圆形、方形、椭圆形和特殊形状法兰。

③ 法兰按公称压力等级，可分为低压、中压和高压法兰。

④ 法兰按管道法兰与管子的连接方式，可分为平焊、对焊、螺纹、承插焊和松套法兰等五种基本类型，见图 2-2-11。

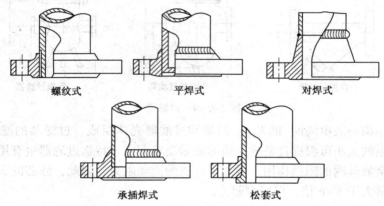

图 2-2-11　法兰与管子连接方式

⑤ 法兰按密封面形式，可分为宽面、光面、凹凸面、榫槽面和梯形槽面等几种，见图 2-2-12。

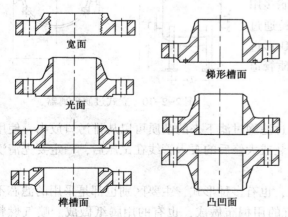

图 2-2-12　法兰密封面形式

（2）法兰的使用标识

法兰的使用标识打在法兰的侧面，一般内容有：法兰采用的标准、法兰的材质、法兰公称压力、法兰公称通径。标记示例：公称通径 100mm、公称压力 1.0MPa（10bar）的凸面对焊钢制管法兰：法兰 100-10 GB 9115.8—88。

（3）法兰的使用

螺纹法兰是利用法兰内孔加工的螺纹与带螺纹的管子旋合连接的，不必要焊接。因而具有方便安装、方便检修的特点。不适用于温度反复波动或高温、低温场合。

平焊法兰是将管子插入法兰内孔中进行焊接，具有容易对中、价格便宜等特点。一般用于压力、温度低，不太重要的管道上。

对焊法兰是将法兰焊颈端与管子焊端加工成一定型的焊接坡口直接焊接。这种法兰施工方便，强度高，适用于法兰处应力较大、压力温度波动较大和高温及低温管道。

承插焊法兰与平焊法兰相似，将管子插入法兰的承插孔中进行焊接，一般用于小口径管道。

松套法兰是将法兰松套在已与管子焊好的翻边短接上，法兰密封面加工在翻边短接上。其特点是法兰本体不与介质相接触，易于安装。这种法兰适用于腐蚀性介质上，更换时只需换腐蚀的部位，节省贵重金属材料。

法兰密封面有多种，光面密封面应用最广泛，在一般操作条件下均能适用，高温、高压不适用。凹凸面密封减少了垫片被吹出的可能性，但不能避免垫片被吹入管道内的可能。榫槽面和梯形槽面比凹凸面更优越，适用于高温高压工况。

2. 螺栓

（1）螺栓的分类

螺栓连接的结构特点是被连接件上不必切制螺纹，装拆方便，成本低，所以它是管道连接中应用最多的一种。螺栓的主要类型有：单头、双头和特殊用途的非标螺栓三种。

螺栓的头部形状很多，但主要应用的是六角头和小六角头两种，见图 2-2-13。六角头螺栓的一端为六角头，可用扳手固定；另一端为螺纹端，常用六角形螺母进行紧固，也可不用螺母而作螺钉使用。这类螺栓适用于承受横向载荷(垂直于螺栓轴线方向)。

双头螺栓亦称为双头螺柱，即螺栓的两端均有螺纹，两端均需用螺母进行紧固，见图 2-2-14。双头螺栓多用于较厚的被连接件，允许多次装拆而不损坏被连接件。

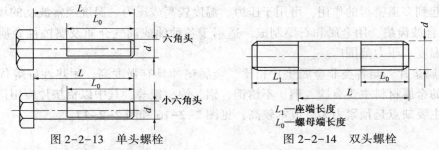

L_1—座端长度
L_0—螺母端长度

图 2-2-13　单头螺栓　　　　　图 2-2-14　双头螺栓

螺栓的螺纹分粗牙和细牙两种，粗牙螺纹用 M 及公称直径表示；细牙螺纹用 M 及公称直径×螺距，一般小于 M36 的螺栓用粗牙螺纹，M36 及以上直径采用细牙螺纹，螺距为 3mm。

（2）螺栓及螺母常用材料

法兰用螺栓的类型和材质，取决于法兰的公称压力和工作温度。

螺母的形状有六角的、圆角的等，六角螺母还有厚薄的不同，见图 2-2-15。选用螺栓和螺母的材料牌号时，应注意螺母材料的硬度不要高于螺栓的硬度，避免杆上的螺纹被破坏。

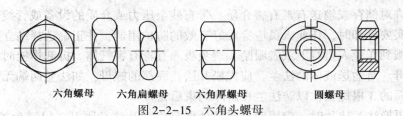

六角螺母　　　　六角扁螺母　　　　六角厚螺母　　　　圆螺母

图 2-2-15　六角头螺母

3. 垫片

（1）垫片的作用

垫片的作用就是把能产生塑性变形并具有一定强度的材料置于上、下法兰之间，当螺栓预紧后，垫片受力产生塑性变形（即垫片表面的塑性流动），填充了由于法兰面凹凸不平而在它们之间存在的间隙，堵塞了介质泄漏的通道，从而达到了密封的目的。

（2）垫片的选择

垫片的选择，包括垫片材料与结构的选择和垫片尺寸的选择这两个方面的内容，垫片选择的恰当与否，不仅直接关系到密封性能的优劣，而且影响到法兰和螺栓的尺寸规格。

（3）垫片的材料与结构

常用的垫片材料可分为非金属、金属以及半金属等三大类。垫片的形状主要有平垫、波纹状垫片、槽形垫片、三角形垫片、八角形垫片、透镜形垫片、实心圆形垫片等。

（4）常用的垫片性能

① 板材裁制式垫片　用于加工这类垫片的板材主要有以下三种：

a. 各类橡胶板　用这种材质做成的垫片，密封性能好，但只适用于压力，温度较低的工况；

b. 橡胶石棉板　按使用性能可分为高压、中压、低压、耐油、耐酸、耐碱等六种；

c. 石棉纸板　由耐酸石棉纸板制成的垫片，对浓的无机酸和强氧化性盐溶液有较好的密封效果。

② 包合式垫片　石棉耐高温，防腐能力强，但强度较低，因此在石棉的外面根据介质的不同可分别合上铁、铜、铝、不锈钢、聚四氟乙烯等材料，以适用多种不同的工况。

③ 缠绕式垫片　用钢带和石棉板、柔性石墨或橡胶石棉板相间缠绕而成，其特点是弹性好，能起到多道密封的作用，可用于压力、温度较高或压力、温度经常波动的场合。

④ 复合波齿垫　用金属和石墨制成，适用于各种油或油气介质及腐蚀性介质，密封性能好使用温度、压力范围广。

⑤ 金属垫片　与各类非金属垫片相比，金属垫片具有强度高，耐热性好等优点。用于制造垫片的金属材料主要有铁、钢、不锈钢、铝、镍、银等，其中以铝垫片应用得最广。金属垫片的主要缺点是预紧力大，成本较高，见图2-2-16和图2-2-17。

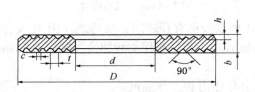

图2-2-16　凹凸式法兰用的金属齿形垫片

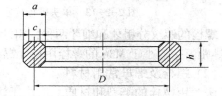

图2-2-17　梯形槽式法兰用的金属垫

（5）法兰、垫片的拆、装方法

原则不许对储存或输送有毒有害介质、带有残余压力或介质的设备或管线的法兰垫片进行拆卸，确实要拆卸时，作业人员应穿戴好有效的防护用器，并正确选择站立位置，避免喷出的介质喷溅到作业人员身上或者眼睛，避免吸入有毒有害气体。拆卸螺栓时，应先逐圈逐颗地拧松螺母。对输送液体的法兰，应先松开法兰底部的螺母，如法兰两端无支承，应至少保留法兰上面的3根螺栓，以防法兰在解除约束后错位。

拆卸或更换法兰垫片时，应用螺母或其他器具将两片法兰隔开，以避免被法兰夹住手。

218

取出垫片后，应用扁铲将粘附在法兰面上、法兰水线槽的垫片残渣清理干净，保证法兰重装时的密封效果。

安装垫片时，应使垫片的中心线与法兰的中心线重合，最好先在垫片的端面上涂一层黄油，垫片粘贴在法兰面上，确保上紧法兰时，垫片受力均匀。更换完垫片后，上紧法兰时，也应逐圈逐颗地拧紧螺母。

4. 弯头

弯头是重要管件之一，一般材质有不锈钢、合金钢、碳钢弯头。

按制造方法可分为：无缝弯头、冲压焊接弯头、焊制弯头。

按形状可分为：长半径90°弯头、短半径90°弯头、长半径45°弯头、短半径45°弯头，见图2-2-18。

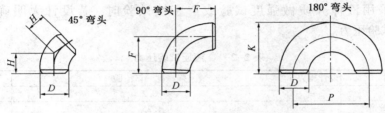

图2-2-18   45°、90°、180°弯头尺寸图

5. 三通

三通又叫丁字管，主要用于从主管上接出支管，可用不锈钢、合金钢、碳钢等材料在专业工厂通过铸、锻等方法制造。但在检修管道工程中，大量的三通是在施工过程中是边制作边安装焊接的。按三通的制造方法可分为：整体冲压成型、焊制成型两种；而按三通的形状可分为：异径三通或斜三通（图2-2-19）、等径三通或正三通（见图2-2-20）。

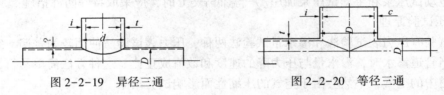

图2-2-19   异径三通   图2-2-20   等径三通

6. 大小头

大小头又称为变径管或异径接头，主要用于连接不同管径或设备用，可用铸造、车削、模板、冲击等方法制成，大小头有同心和偏心两种型式，见图2-2-21。其规格通常用大头和小头的公称直径的乘积表示。如

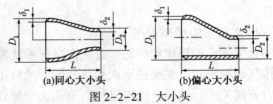

(a)同心大小头   (b)偏心大小头

图2-2-21   大小头

DN200×150的大小头表示的是大头的公称直径为200mm，小头的公称直径为150mm。

2.3   管道的试压与清洗

2.3.1   管道的试压常识

在管道安装和检修结束后，必须检查检修和安装的工程质量，对管道进行试压。

管道试压的目的是检查管道系统的强度和严密性是否达到设计要求；也是对管道支架及基础的考验。它是检查管道系统质量的一项重要措施。

1. 管道试压分类

按试验目的可分为检查管道机械性能即承压能力的强度试验，检查管道连接情况的严密性试验。按实验介质所采用的不同，可分为水压试验、真空试验、气压试验及渗透试验。使用哪种介质作试验，可根据管道输送介质的要求来决定。

2. 试验介质选择

无论采用哪种试验方法，都需要使用试验介质。试验介质主要应根据管道输送的介质来确定。各种化工工艺管道，工作压力较高时用水作试验介质，而工作压力较低时可采用气体作试验介质。在渗透试验中，经常用煤油来作试验介质。

3. 试验压力的确定

管道系统的试验压力，决定于管道的工作压力、管道材质、输送介质和试验方法等条件。管道系统采用液体介质做强度试验或严密性试验时，若设计无明确规定，可按表 2-2-2 选择试验压力。

表 2-2-1　液压试验压力

管道级别			设计压力 p	强度试验		严密性试验压力
真空			—	0.2		0.1
中低压	地上管道		—	1.25p		p
	埋地管道	钢	—	1.25p≥0.4	不大于系统内阀门的单体试验压力	p
		铸铁	≤0.5	2p		p
			>0.5	p+0.5		
高压			—	1.5p		p

2.3.2　压力管道的水压试验

一般管道系统的强度试验和严密性试验常采用水压试验。试压介质水应该是洁净的，采用专用的电动试压泵和手动试压泵加压。气温低于 5℃ 时，应采取特殊防冻措施。

1. 水压试验原理

水压试验有压力表试验法和渗水量试验法两种，压力表试验法使用较为普遍。它的试压原理是：当管道渗水时，渗水量与压力降的速度和数值成正比。这种方法简单易行，但必须先排净管道中的空气，不然会由于空气的压缩性而影响试验结果。

渗水量试验法的原理相同的压力降有相同的渗水量。通过试验即可计算出管道系统的渗水量。

2. 水压试验操作程序

水压试验的操作程序是：首先向试压系统灌水，同时打开系统各高处的排气阀，当最高处排气阀溢水时，关闭进水阀和排气阀。然后用电动试压泵或手动试压泵加压，开泵前应把压力表阀关闭。加压分阶段进行，第一次先加到试验压力的一半，对管道进行一次检查，确认无异常后再继续升压。一般分 2~3 次升到试验压力。

当升至试验压力时，应停止加压，保持试验压力 10 分钟，如无破裂变形等现象，且压降不大于 0.05MPa，即认为强度试验合格。然后把压力降至工作压力进行严密性试验，在工作压力下对管道进行全面检查，未发现渗漏等异常现象就认为严密性试验合格。

2.3.3　压力管道的气压试验

1. 气压试验

根据输送介质的要求选用气体进行试验。常用的是压缩空气、氮气或其输送气体本身。加压设备是空气压缩机或所需气体的高压储瓶、储罐。对接口及附件检查可用刷子把肥皂水涂在接口上,如发现气泡的地方立即用色笔圈起来,以便修补。在验收交工中,以接口不渗漏及降压率不超过规定的数值为合格。

采用气压进行强度试验有一定的危险性,因此,一般应尽量避免采用气压做强度试验。

2. 真空试验

属于严密性试验的一种。即将管道用真空泵抽成真空状态,用真空表进行一定时间的观察,计算出压力变化状况,其回升的数值也以规定的允许值为标准。在制冷管道上就有这种试验。

3. 渗透试验

也是一种严密性试验,经常用于对阀件或焊缝的检查。常用的渗透剂是煤油,其办法是将煤油刷在关闭阀门的一侧或刷在焊缝的外表面,用其渗透力强的特性,对另一侧进行观察,以不渗油为合格,如果发现渗油,说明该阀件接口不严密,需要采取措施进行处理。

2.3.4 管道的清洗

管道在安装、检修过程中,易使一部分焊渣、铁屑、木块、石子等杂物进入管内。如不进行及时清理,轻者堵塞管道,严重时可能损坏阀门和仪表。因此,管道在投入运行前,必须进行彻底清洗。

1. 管道清洗的一般要求

根据管道输送的介质不同,一般管道只需要一定流速的水进行清洗,或用一定流速的气体或蒸汽进行吹扫,有些工业管道还需用化学药品清洗。

吹出口应选在设备的入口前管段的较低处,并用临时管接至室外安全处,排出管的截面不应小于被吹扫管截面的60%。

吹扫压力应按设计规定。若无设计规定时,吹扫压力一般不得超过工作压力,且不得低于工作压力的25%,流速不低于工作流速。

对于某些有特殊要求的管道,还要进行酸洗钝化和脱脂处理。

在吹扫过程中,如发现管道由于压力突然升高达到或超过吹扫压力时,应马上停止吹洗并检查原因,待排除故障后继续进行。

吹扫清洗一般在强度试验后,严密性试验之前进行。不允许吹洗的管道附件应暂时拆下,待吹洗合格后再重新装上。

2. 蒸汽和燃油管道的吹扫

蒸汽管道和燃油管道一般用蒸汽吹扫。其他管道如用空气吹扫不能满足清洁要求时,也可用蒸汽吹扫。

蒸汽吹扫应从总气阀开始,沿蒸汽流向沿途打开一个或两个排汽口,先吹主干管,然后吹支管及冷凝水管。排气管的断面积不应小于被冲洗管道断面积的75%,并应将排气管引至室外,加以明显标志,以保障安全。

蒸汽吹扫时,应先向管内缓慢地输入少量蒸汽,对管道进行预热,待吹扫管段首尾温度接近时,再逐渐加大蒸汽量。

吹扫压力应为工作压力的75%左右,最低不应低于工作压力的25%。吹扫流量为管道设计流量的40%~60%,吹到排出清洁蒸汽时为合格。

2.4 管道的防腐与绝热

储运系统管道工程中,大多数采用金属管材。由于大多油品都具有一定的腐蚀性,金属管材在使用过程中易发生腐蚀，同时由于金属热传导性好，在输送介质过程中会损失大量的热量，所以管道的防腐和绝热工作十分重要，必须给予高度重视。

2.4.1 管材的腐蚀性及其选用

管材的腐蚀与其本身的材质，输送介质的性质、温度、压力、敷设条件等因素有关。为了减少腐蚀，延长管道寿命，应该了解管材的腐蚀特性，以便正确选用管材。

1. 碳素钢管

碳素钢管在水中的腐蚀主要同水中的溶解氧有关，含氧量越高则腐蚀越快。酸、碱、盐对钢管都有一定腐蚀作用。因此，碳素钢管可以输送水、蒸汽、压缩空气、天然气、氧气、氢气、煤气、乙炔气、氨、油类、浓硫酸、常温下的碱液。

2. 铸铁管

铸铁管的耐腐蚀性能优于碳素钢。铸铁管大多用于埋地管线，用来供水和输送具有一定腐蚀性的工业废水、煤气和油类及城市污水等。特别是球墨铸铁管，是一种很有发展的耐腐蚀管材。

3. 不锈钢管

在钢中添加少量铬、镍等合金元素后，可大大提高钢的腐蚀性能，因此称为不锈钢。不锈钢管可用于输送腐蚀性较强的介质，如硝酸、浓硝酸等。

4. 有色金属管

有色金属管主要有铜、铝、铅及其合金管。

铝在空气中会很快氧化，在表面生成三氧化二铝保护膜，能抵抗酸性介质腐蚀，故常用于输送化工原料。

铜与铅及其合金的化学稳定性好，它们的合金管耐腐蚀性能较强。铜和铜合金管常用于输送化工液体、气体原料；而铅管常用于输送硫酸、硫化物、硫酸盐类物质。

5. 塑料管

塑料管有硬质聚氯乙烯和软聚氯乙烯管，具有良好的耐腐蚀性能，适用于输送酸、碱、盐及石油化工产品。

6. 玻璃钢管与胶管

玻璃钢管抗酸、碱、盐及各种腐蚀气体性能强，常用于输送腐蚀性气体。橡胶管耐腐蚀性能也较好，适用于输送低浓度酸碱及石油产品。

2.4.2 管道的防腐蚀措施

1. 涂料防腐

涂料防腐是管道防腐的主要措施之一。随着各种有机合成树脂原料的广泛利用，已生产出多种多样的防锈、防腐材料。涂料种类很多，适用条件也各不相同。一般应选用具备下述性能的防腐涂料：在所接触介质中保持稳定，与管子表面金属结合牢固，不皱皮老化，不怕日晒雨淋；能形成连续无孔的膜，不透气，不透水，容易干燥和凝固；具有一定的弹性和机械强度。

2. 表面镀层或衬里防腐

在金属管道外表面镀锌、镀铬，不仅可以防止腐蚀，而且使外表清洁美观。许多塑料已用于管道衬里和作外保护层防腐。

3. 埋地管道的绝缘防腐

地下管道因受地下水和各种盐类、酸和碱的电化学腐蚀严重，所以要做特殊的防腐处理。常用冷底子油、石油沥青、玻璃布等组成。输油和输气埋地管线采用加强级防腐绝缘。

2.4.3 管道防腐施工的表面处理

通常金属管道表面上总是含有各种杂物，如金属氧化物、油脂、灰尘、浮锈等杂质污物，影响防腐层同金属表面的结合，因此在金属管道防腐前必须清除掉这些杂物。

金属表面油污较多时，可用汽油或5%热苛性钠溶液进行清洗，待干燥后再除锈。

1. 除锈

要清除金属表面的铁锈，可用人工除锈或机械除锈的方法。采用人工除锈时，若金属表面浮锈较厚，可先用手锤轻轻敲掉厚锈。锈蚀不厚，可用钢丝刷、钢丝布擦拭表面，直至露出金属本色，再用棉纱擦净。清除管内壁铁锈时，常用圆钢丝刷。采用机械除锈时，需要把除锈的管子放在专用的架子上，用外圆除锈机及软轴内圆除锈机清除管道内外壁铁锈。

2. 喷砂

喷砂就是用压缩空气把石英砂通过喷嘴喷射到预先经过干燥的工件表面上，靠砂子有力地撞击金属表面去掉锈、氧化皮、旧的漆层等杂物。金属表面经过喷砂处理后变得粗糙又均匀，能增强油漆层对金属表面的附着力，所以喷砂在实际施工中应用广泛。

3. 酸洗

酸洗是一种化学除锈法，即用酸溶液浸蚀溶解金属氧化物。钢管的酸洗一般用硫酸或盐酸。为了减轻酸洗液对金属的溶解，可加入约2%的缓蚀剂，如乌洛托品或若丁。

2.4.4 管道的绝热

1. 绝热的目的

在储运系统中，都有要求输送的热介质或冷介质保持一定温度，尽量减少热量或冷量损失。因为热量和冷量的损失都是对能源的浪费，所以，必须对管道进行绝热处理。

绝热处理包括保温和保冷。管道通过绝热处理，可以使热量或冷量的损失减少70%～90%。另外，还可以防止高温管道烫伤操作人员，确保安全生产。由于管道外有了保温(保冷)层，保持了管外壁的干燥，可以减少腐蚀。

2. 常用绝热材料

一般管道保温工程，常采用各种膨胀珍珠岩制品、超细玻璃棉制品、矿石棉制品等。近年来，岩棉制品发展较快，它具有取代其他保温材料的趋势。

在保冷工程中，多采用可发性自熄聚苯乙烯泡沫塑料制品，自熄聚氨酯硬质泡沫塑料、软木制品等。

在管道的保温施工中，对保温材料的选用，设计图纸上一般已作出了规定。如无明确要求时，可按上述材料的特性和当地材料的来源等情况，自行选择。

3. 绝热施工的辅助材料

绝热结构一般由三部分组成：保温层、防潮层和保护层。绝热材料为保温层主体材料，辅助材料主要用于防潮层和保护层。常用的辅助材料有以下几种：

(1) 玻璃布

玻璃布一般采用碱平纹玻璃布，常用厚度为0.1mm。作保温层时采用细格布，作防潮层时采用粗格布。

(2) 铁皮或铝皮

铁皮或铝皮主要用于绝热工程中的保护层。一般选用镀锌铁皮，厚度为0.25～0.5mm；若选用铝皮，其厚度一般为0.5～1mm。

（3）包扎铁丝网

在绝热工程中，一般采用热镀锌六角铁丝网进行包扎。

（4）绑扎铁丝

通常采用镀锌铁丝，$DN \leqslant 100mm$ 的管道用 20 号铁丝，DN 为 $125 \sim 600mm$ 的管道采用 18 号铁丝，$DN > 600mm$ 的管道选用 14 号铁丝。

（5）玻璃钢壳

目前，聚脂玻璃钢、环氧玻璃钢管壳已普遍用作绝热工程中的保护层。这种玻璃钢薄片厚度在 $0.2 \sim 0.5mm$，能现场粘结，施工方便，具有很多优点。有的厂家还研制出了阻火型玻璃钢管壳。

4. 绝热工程施工要求

绝热施工的一般要求：一般情况下，应在绝热施工前对管道进行强度试验和严密性试验，试压合格后才能进行绝热施工。施工顺序为：首先做好管道外的表面防腐处理，然后再依次做绝热层、防潮层、保护层。各层应按设计规定的形式、材质、厚度和要求进行。

绝热层施工，除伴热管道外，一般应单根包扎。保温层厚度大于 100mm 和保冷层厚度大于 75mm 时，应分层施工。所有要进行绝热施工的管道及附件的外表面，应进行除锈、清理和干燥，对保温管道要刷一层防底漆。

需要绝热施工的管道配件，不应和管道的管子包扎在一起，应在管子绝热施工完毕后，再对其进行单独包扎，以便于检修和更换配件。

2.5　管道的使用与维护

2.5.1　管道的使用

管线的使用应符合下列要求：

（1）按规定使用管道，定时检查管道有无超温、超压、超负荷和过冷，管道有无异常振动，内部有无异常响声。

（2）管道安全保护装置运行是否正常。

（3）绝热层有无破损。

（4）支架有无异常。

2.5.2　输油管道的检查维护

输油管道的维护应建立管道维修技术档案。根据工艺流程、途经区域，使用部门等原则应对系统管网进行明确分工。岗位操作人员或管网巡检专职人员应定时、定管、定点巡回检查。

管道的检查分外部检查、重点检查和全面检查。检查周期应根据管道技术状况和使用条件而定。日常所做检查与维护主要内容有以下几点：

（1）管道及其附件检查应做为岗位操作人员巡回检查的一项重要内容。储运系统的管网应配备专职巡检员负责定时巡回检查。巡检中发现问题，应及时汇报并做好记录。

（2）管道输油开始时和作业过程中，应沿流程仔细检查各阀门开关是否正确，各法兰、接头、焊缝、低点放空及其他附件是否完好，各处有无渗漏或跑油。

（3）检查管道保温是否完好，涂料是否脱落，管道支撑有无掉支座或扭曲变形。

（4）新更换的阀门或装油鹤管、胶管必须试压合格，更换的填料、垫片其材质应符合要求，螺栓要上紧，露出的丝扣应不大于2~3扣。

（5）法兰严禁埋在地下，对废弃不用的又与在用管线相连的管道，应及时拆除或断开，防止发生串油或跑油。

（6）含有油品或油气的管道或容器，在经吹扫或氮气置换后，经化验含氧量符合要求，并按相关规定办理作业许可证后方可用火施工或进入容器作业。

（7）管道、容器、设备检修动火时，与其相连部位应加上板材质和厚度均符合要求的盲板，检修结束及时拆除。

2.5.2 日常故障处理

使用中的管道应建立检查制度，加强日常检查，对管道的日常故障和处理见表2-2-2。

表 2-2-2 管道日常故障及处理

序号	故障现象	故障原因	处理方法
1	法兰泄漏	螺栓上紧力不够；法兰密封面损坏；法兰密封垫失效	上紧螺栓；修复密封面或更换法兰；更换密封垫或带压堵漏
2	焊缝泄漏	焊缝有沙眼、裂纹、腐蚀减薄	补焊修复或带压密封堵漏
3	管子泄漏	管子腐蚀穿孔	补焊修复、带压堵漏、更换管段

（1）对剧毒介质管道、均匀腐蚀的管道不宜采用带压堵漏。

（2）当管道发生以下情况之一时，应采取紧急措施并向有关部门报告：

① 管道超温、超压、过冷，经处理仍无效；

② 管道发生泄漏或破裂，介质泄出危及生产和人身安全时；

③ 发生火灾、爆炸或相邻设备和管道发生事故时。

2.5.4 输油管道防漏

管道由于腐蚀穿孔、焊缝缺陷、冬季冻裂、高温胀裂以及密封圈损坏等原因，将造成泄漏。对于地面管道的渗漏容易发现，埋地管道的泄漏就不易发现，只能通过间接的方法加以判断。

1. 地下管道的渗漏判断

在巡检过程中，通常可以借助以下几种情况来分析判断地下管道的渗漏：

（1）收发油时，泵出口压力表读数突然下降或比读数小，进口真空表读数亦相应增加。

（2）一次作业后，收油量和发油量存在较大差额。

（3）不输油时，管道内有类似流水般的响声。

2. 防漏措施

管道一旦发生泄漏就会造成损失，为了防止管道渗漏，通常有以下几条防漏措施：

（1）管道的法兰、焊缝、补偿器填料处，加强检查和维护，适时更换垫片和填料。

（2）地下管道敷设时切实做好防腐措施，并定期检查防腐层是否完好。

（3）为保证工作安全可靠，使用中每隔1~2年应对管道进行一次强度和严密性复检。

2.5.5 输油管道应急抢修措施

应急抢修对减少管道泄漏的损失很重要。下面介绍几种应急抢修的方法：

1. 木塞堵漏

木塞的形状、规格可根据需要预先制作。一旦管道出现穿孔泄漏，用预制好的木塞打紧即可。此方法简单、效果好、操作迅速。

2. 堵漏栓堵漏

堵漏栓是用于抢修管道穿孔时的一种简便方法。堵漏栓制作简单，携带方便，堵漏效果好。

当管道出现穿孔泄漏时，可根据孔洞的大小，选择合适的堵漏栓。使用时先使活动杆和螺杆平行，穿入孔洞内，然后慢慢拉动螺杆，使活动杆和螺杆垂直并紧帖在管子内壁，接着拧动元宝螺母，将密封胶垫压紧即可。

3. 环箍堵漏

当管道受腐蚀穿孔泄漏，孔洞周围的管壁亦已很薄，强度也较低，这时采用环箍堵漏比较理想。环箍既可作管道单面穿孔堵漏，也可用作双面穿孔堵漏。使用时用适当大小的橡胶垫片贴在漏处，也可用环氧树脂粘贴住漏处，套上弧形铁板制成的环箍并拧紧即可。

4. 应急堵漏器

应急堵漏器是根据管径大小在工厂预制的应急堵漏器材，类似于环箍堵漏，也称管箍。当管道发生穿孔、裂纹渗漏时，根据渗漏管径选择应急堵漏器。

第3章　泵与压缩机

泵是用来提升液体压力并输送流体的通用水力机械。泵的类型很多，分类的方法也很多，按其工作原理可分为叶轮式泵、容积式泵和其他类型三类。

压缩机是一种压缩气体提高气体压力或输送气体的机器，又叫压气机和压风机。各种都属于动力机械，能将气体体积缩小，压力增高，具有一定的动能，可作为机械动力或其他用途。

3.1　离　心　泵

3.1.1　离心泵的结构和性能

3.1.1.1　离心泵的工作原理

离心泵的工作过程实际是就是量能转化的过程。图 2-3-1 为简化了的离心泵工艺系统，它由离心泵、吸入和排出管、底阀、扩散管等组成。

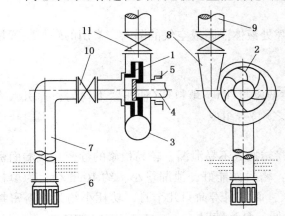

图 2-3-1　离心泵工作原理示意图

1—叶轮；2—叶片；3—泵壳；4—泵轴；5—填料筒；
6—底阀；7—吸入管；8—扩散管；9—排出管；
10—吸入阀；11—排出阀

离心泵在启动前，泵内和吸入管段充满液体，这一过程即是灌泵过程。随着泵轴传递给叶轮的动能，液体在叶轮驱使下高速旋转，产生离心力，泵内流体在离心力的作用下，沿叶轮流道向叶轮出口甩出。从叶轮出口流出的高速流体，在蜗壳流道内速度逐渐变慢，压力逐渐升高，并能沿排出口排出。与此同时，叶轮入口处的液体减少，压力降低，在吸液管与叶轮中心的液体之间形成压差。在此压差作用下，能源源不断地将吸液罐的液体补充到叶轮入口。从而在叶轮旋转过程中，一面不断地吸入液体，一面又不断地给液体能量，并将液体从泵内排出。

从泵的工作过程可以看出，离心泵是靠离心力工作的，故泵内不能有气体，因气体密度小，旋转时产生的离心力小，叶轮入口无法形成真空，也就无法将液体吸入泵内。故离心泵使用前灌泵就是一项必备工作。

3.1.1.2　离心泵的结构

离心泵的基本结构包括叶轮、吸入室、压出室(蜗壳)、泵轴等，此外还有密封环、轴封装置和轴向力平衡装置等。见图 2-3-2。

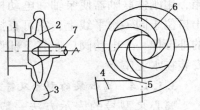

图 2-3-2　离心泵基本构件

1—吸入室；2—叶轮；3—压出室；
4—扩散管；5—叶片；6—叶轮；7—泵轴

1. 吸入室

吸入室位于叶轮进口前，其作用是把液体从吸入室引入叶轮。

吸入室有 3 种形式：锥形管吸入室、圆环形吸入室及螺旋形吸入室。悬臂式离心泵一般采用锥形管吸入室，多级泵则常用圆环形吸入室，而我国中开式离心泵和部分悬臂式离心泵采用螺旋形吸入室。

2. 叶轮

叶轮是离心泵的重要部件，它起着传递流体能量的作用。

叶轮形式有开式、半开式及闭式 3 种。油库常用离心泵为闭式叶轮离心泵。

3. 蜗壳

又叫压出室，位于叶轮出口之后。其作用是汇集叶轮甩出的流体，并按一定要求将流体送入压出管道或下级叶轮。

4. 密封环

密封环又叫口环，可装在叶轮进口处相对的泵体上，亦可分别装在叶轮和泵体上，其作用是防止压出室内的高压液体倒流到叶轮的进口，从而提高泵的效率。其密封机理是依靠密封环和叶轮间隙流体阻力效应来实现密封的。当密封间隙加大后，只需要换口环，不需换泵壳或叶轮。

5. 轴封装置

轴封装置是为防止泵轴与泵体之间的间隙处液体泄漏或空气的漏入。常用的轴封装置是填料密封和机械密封。

1) 填料密封

填料密封又称盘根箱密封，它由填料(主要密封件)、填料环(使压紧力均匀，并引入冷却液和引走漏损液)、填料压盖(起压紧填料之用)等组成。

2) 机械密封

机械密封是将易泄漏、不易检修的动密封转换成不易泄漏、较易检修的静密封或端面密封。机械密封同填料密封相比具有下述特点：密封性能好，泄漏量小，约 10mL/h，为填料密封的 1%；使用寿命长，约 2 年才调换一次，而填料寿命只几个月，功耗小约为填料密封的 1%～15%；轴不易磨损，故加工精度要求低，泵运转时轴的震动对机械密封影响小；但成本较高，安装要求很高。

3.1.1.3　YG 型离心管道油泵的结构

YG 型离心管道油泵的结构如图 2-3-3 所示。

离心式管道油泵是泵体、泵底座合为一体，无轴承箱，用刚性联轴器使泵轴和电动机联结起来。吸入口和排出口位于同一水平线上，它可直接安装在管线上，整个泵的外形像一个电动阀门。其下部设有方形底座，也可直接安装在水泥座上。

3.1.1.4　离心泵的型号及符号代表意义

离心泵型号的表示方法一般由首、中、尾三部分组成，首部为数字，表示泵的主要尺寸、规格，一般为泵的吸入口直径(毫米或英寸)；中部用汉语拼音表示泵的型式、特征或用途，如 D 表示多级分段式，Sh 表示单级双

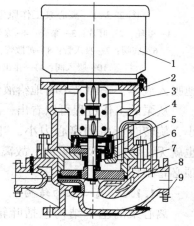

图 2-3-3　管道油泵的结构

1—电动机；2—电机座；3—联轴器；
4—密封座；5—轴承；6—机械密封；
7—泵盖；8—叶轮；9—泵体

228

吸，F 表示耐腐蚀泵，Y 表示离心式油泵；尾部一般用数字表示泵的主要性能参数，如单级额定扬程、多级泵的级数等。如果泵内安装的是经过切削过的叶轮，则在尾部后面加上 A、B、C 字样。

例 2-3-1 50AYⅡ 60×2B，250AYSⅢ150C 表示：

50，250——吸入口直径(mm)；

A——第一次改造；

Y——离心油泵；

S——第一叶轮为双吸；

Ⅱ、Ⅲ——过程部位零件材料代号：Ⅰ类为 HT25-47，Ⅱ类为 ZG25Ⅱ、Ⅲ类为 ZGⅠCr13Ni；

60，150——单级扬程 m；

2——级数；

B，C——叶轮切割次数，顺序以 A、B…表示。

例 2-3-2 80CYZ-A-32 表示：

80——吸入口径 mm；

C——能满足船用要求；

Y——输送介质为油；

Z——自吸泵；

A——改进型；

32——扬程 m；

3.1.1.5 离心泵的性能参数

泵的类型不同其工作性能也不同，泵的性能参数主要有流量、扬程、功率等，一般都标明在泵的铭牌上。铭牌上的性能参数是指泵在一定转速下，工作效率最高时的性能指标。

1. 流量(Q)

泵的流量是指在单位时间流经泵进出口的液体质量数或体积数。有体积流量和质量流量两种表示方法，一般采用体积流量。

体积流量用 Q 表示，单位 m^3/h 或 L/s。

质量流量用 G 表示，单位 t/h 或 kg/s。

质量流量与体积流量的关系为：

$$G = \rho Q \tag{2-3-1}$$

式中　G——质量流量，kg/s 或 t/h；

　　　ρ——液体密度，kg/m^3；

　　　Q——体积流量，L/s 或 m^3/h。

泵的铭牌上标明的流量是指效率最高时的流量。

2. 扬程(H)

泵的扬程是指单位质量流体通过泵后其能量的增值，常用 H 表示，单位：m 液柱。离心泵扬程的大小与泵的转速，叶轮的结构与直径，以及管路情况等因素有关。

3. 转速(n)

泵的转速是指泵轴在单位时间内转过的圈数，用 n 表示，单位常用转/分或 r/min 表示。转速是影响泵性能的一个重要因素，它一般都决定于原动机转速。电动离心泵的转速一般有

2900r/min、1450r/min 和 960r/min 等 3 种。

泵铭牌上的转速是指额定转速，它是根据该泵的机械强度和其他条件确定的。泵在额定转速下工作是最合理的。如果提高泵的转速，长时间超速运转，不仅泵容易损坏，而且转速增加后，原动机的负荷也随之增加，原动机会由于超过允许负荷而烧坏。

4. 功率(N)

泵的功率有轴功率和有效功率之分。功率的单位常用 N·m/s 或 kW。lkW = 102 kg·m/s。

轴功率是指在一流量下动力机给泵轴上的功率，也称输入功率，常用 Na 表示。

有效功率是指单位时间内，液体通过泵后所获得的能量，也称为输出功率，常用 Ne 表示。泵从动力机所获得的功率不能全部用来输送液体，其中有部分损失在机械摩擦、液体的回流，以及液体与叶轮、泵壳的摩擦和撞击上。泵的有效功率可用下式计算：

$$Ne = HG = \frac{\rho g Q H}{1000} \qquad (2-3-2)$$

泵传给液体的功率 Ne，必须从原动机那里取得一定的输入功率，把原动机传给泵轴的功率，叫做轴功率，用 Na 表示。即：

$$Na = \frac{Ne}{\eta} = \frac{\rho g O H}{1000 \eta} \qquad (2-3-3)$$

式中　Q——流量，m^3/s；

　　　H——扬程，m；

　　　g——重力加速度，m/s^2；

　　　ρ——密度，kg/m^3；

　　　η——效率。

泵的铭牌上标明的"功率"一般不是泵的功率，而是所配动力机应有的功率。若铭牌上标明"轴功率"时，选配动力机的功率时，一般应比轴功率大 0.1~0.15 倍。

5. 效率(η)

泵从原动机那里得到的轴功率 N，不可能全部传送给被输送的液体，其中有一部分能量损失。这样，被输送的液体实际所获得的有效功率 N 比原动机传至泵轴的功率 N 要小，泵的有效功率占泵的轴功率的百分数叫做泵的效率，以符号 η 表示。其表达式为：

$$\eta = \frac{Ne}{Na} \times 100\% = \frac{\rho g O H}{1000 Na} \times 100\% \qquad (2-3-4)$$

效率是判断泵的构造在机械和水力方面完善程度的重要标志，是泵的一项重要的技术经济指标。泵的类型不同，它的效率范围也不一样。离心泵效率大致在 60%~90% 的范围。

6. 最大允许真空度(允许吸入真空高度)(Hs)

泵在工作时，真空表读数允许达到的最大值，称为泵的最大允许真空度，它是表示泵的吸入能力好坏的指标，单位是 mHg 柱。泵铭牌上一般使用允许吸上真空高度表示，单位是 mH_2O 柱，两者的物理意义是一样的。泵的真空度愈大，泵的吸入能力愈好。

泵的允许吸入真空高度受大气压、所输液体的饱和蒸气压、液体进入叶轮的阻力损失等因素的影响，即受到海拔高度、所输液体的温度、所输液体的流量等条件的影响；泵铭牌上标明的允许吸入真空高度是指在额定流量下，液面大气压等于 $10mH_2O$ 柱，抽注 20℃ 清水时的数值。

7. 比转数(n_s)

比转数也称比速，是影响离心泵叶轮结构和性能的一个参数。低比转数的离心泵产生小的流量、高的扬程。高比转数离心泵的流量大而扬程低，泵的尺寸一般比较小，具有轻便灵活之优点，适用与农田灌溉及其他需要大流量、低扬程使用，在油库中较少使用。

3.1.2 离心泵的汽蚀现象

离心泵是靠叶轮高速旋转，在叶轮入口处与吸入液面之间形成压差，将液体不断吸入叶轮而工作的。因此，叶轮入口处压力越低，泵的吸入能力应该说越强。但是当入口压力低于输送液体在工作温度下的汽化压力 p_t 时，液体开始汽化，汽化气泡进入叶轮将影响泵的正常工作，轻则产生振动和噪声，重则发生断流甚至损坏叶轮，这就是泵的汽蚀现象。在拆卸泵叶轮时，可以发现凹点和麻点，就是泵发生汽蚀的最好证明。

为避免发生汽蚀，必须对泵入口压力有一定的限制，也就是说离心泵入口处的压力 p 始终要高于液体的汽化压力 p_t。所谓液体的汽化压力是指在一定的温度下，某种液体开始沸腾形成蒸汽时的表面压力，它在数值上等于饱和蒸气压。温度不同，液体的饱和蒸气压不同，表 2-3-1 是不同温度下常用油品和水的汽化压力。

表 2-3-1　常用油品和水在不同温度下的汽化压力 kPa

液体种类	-10℃	0℃	10℃	20℃	30℃	40℃	50℃	65℃
车用汽油	13.72	19.60	27.46	37.27	50.00	68.65	90.22	
煤油					0.54	0.88	1.37	2.75
柴油								0.54
水		0.59	1.18	2.35	4.22	7.36	12.75	

从上述分析可知，泵发生汽蚀的主要原因如下。

（1）泵的安装位置距吸入液面高差过大。即泵的几何安装高度 H_g 过大；或是吸入管太长，摩擦阻力很大，使得进入叶轮的液体压力低于该温度下的饱和蒸气压。

（2）泵安装所在地区的大气压较低，如安装在云南、甘孜等高海拔地区。

（3）泵所输进液体的温度较高。

3.1.3 离心泵的吸入特性和安装高度

1. 允许吸入真空高度

离心泵的允许吸入真空高度是指泵在正常工作时，吸入口所允许的最大真空度。用符号 $[H_s]$ 表示。它表示泵与外部吸入条件的关系。

2. 允许吸入真空高度与安装高度的关系

如图 2-3-4 所示，以 A-A 液面为基准，列出液体从 A-A 液面到 s-s 面的伯努利方程

$$\frac{p_A}{\rho g} + \frac{u_A^2}{2g} = H_g + \frac{u_s^2}{2g} + \frac{p_s}{\rho g} + h_1 \qquad (2-3-5)$$

式中　p_A——吸入液面的大气压，Pa；

　　　u_A——吸入液面下降速度，m/s；

　　　H_g——泵的实际安装高度，m；

　　　u_s——泵吸入口平均流速，m/s；

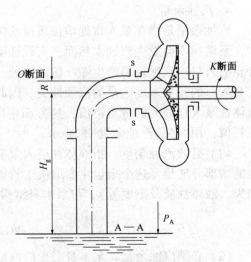

图 2-3-4　离心泵的几何安装高度

p_s——泵吸入口绝对压力，Pa；

h_1——吸入管阻力损失，m。

因为吸液面较大，可以认为 $u_A \approx 0$，如果吸入液面为当地大气压，即 $p_A = p_a$，则将式(2-3-5)移项后得

$$Hg = \frac{p_a}{\rho g} - \frac{p_s}{\rho g} - \frac{u_s^2}{2g} - h_1$$

当泵吸入的真空度 $\frac{p_a}{\rho g} - \frac{p_s}{\rho g}$ 为离心泵允许的最大吸入高度，用 $[H_s]$ 表示，则离心泵最大允许安装高度 $[H_g]$ 为

$$[H_g] = [H_s] - \frac{u_s^2}{2g} - h_1 \qquad (2-3-6)$$

为了保证离心泵工作时不发生汽蚀，泵的实际安装高度 H_g 应小于 $[H_g]$ 的数值。

3. 允许吸入真空高度的换算

实际计算中必须注意如下事项：

(1) 在离心泵的工作范围内，允许吸入真空高度 $[H_s]$ 是变化的，一般随流量的增加，$[H_s]$ 是下降的，所以在决定离心泵的允许安装高度时，应按离心泵工作时可能出现在最大流量来计算。

(2) $[H_s]$ 值是由泵制造厂在 1 个标准大气压下用 20℃ 的清水试验得出的，当泵的实际使用条件与上述情况不相符时，应采用修正后的实际允许吸入真空高度 $[H_s]'$ 作为计算的依据，其修正关系式如下

$$[H_s]' = [H_s] - 10 + \frac{p_a}{\rho g} + \frac{p_t}{\rho g} \qquad (2-3-7)$$

式中　$[H_s]'$——修正后的实际允许吸入真空高度，m；

　　　$[H_s]$——样本或铭牌上给出的允许吸入真空高度，m；

　　　p_a——使用地区大气压力，Pa；

　　　p_t——输送温度下的液体饱和蒸气压，Pa。

4. 汽蚀余量

汽蚀余量是指在泵入口处单位重量液体所具有的超过汽化压力的富裕能量。汽蚀余量越大，泵就越不会发生汽蚀。然而，实践证明，泵内压力最低点并不是在泵的吸入口，而是在叶轮吸入口。汽蚀最易产生在叶轮入口处，但是叶轮入口的压力很难直接测定，一般通过测定泵入口的参数来确定泵的汽蚀性能。因此，离心泵的汽蚀余量涉及两个方面的问题：一是液体在泵入口处的能量富裕值，这方面用"有效汽蚀余量"来表示；二是液体在泵内的能量损耗值，用"必须汽蚀余量"来表示。

(1) 有效汽蚀余量。指液体在进入泵前所剩余的并能够有效加以利用的用来防止汽蚀发生的这部分能量，这个余量主要取决于管道装置的操作条件(如吸入罐压力、吸入管道阻力损失、液体性质及温度等)，与泵本身结构尺寸无关，用符号 Δh_a 表示。

$$[\Delta h_a] = \frac{p_s}{\rho g} + \frac{u_s^2}{2g} - \frac{p_t}{\rho g} \qquad (2-3-8)$$

(2) 必须汽蚀余量。泵本身必须的汽蚀余量是泵入口到叶轮内最低压力点处的全部能量损失，借助它可揭示泵产生汽蚀的内部条件，用 Δh_r 表示。这个能量损失越小，说明这台泵

越不易发生汽蚀，它要求泵入口外液体的富裕能量 Δh_a 也可小些。因为要泵入口外的富裕能量在克服了这个损失后还有剩余，压力仍高于液体的汽化压力，液体还不会汽化。

根据 Δh_a 和 Δh_r 可以判断会不会发生汽蚀，关系如下：当 $\Delta h_a > \Delta h_r$ 时，泵不产生汽蚀；当 $\Delta h_a = \Delta h_r$ 时，泵开始产生汽蚀；当 $\Delta h_a < \Delta h_r$ 时，泵已产生汽蚀。

为了保证正常运转，不发生汽蚀，对于泵所需的汽蚀余量还需要考虑一个安全用量，作为泵的允许汽蚀余量，这个安全量一般取 0.3m 液柱。用 Δh_r 表示允汽蚀余量，则

$$[\Delta h_r] = \Delta h_t + 0.3\text{m 液柱} \tag{2-3-9}$$

式中　$[\Delta h_r]$——泵的允许汽蚀余量；

　　　　Δh_r——泵的必须汽蚀余量。

5.$[H_g]$ 与 $[H_s]$ 或 $[\Delta h_r]$ 的关系

(1)$[H_g]$ 与 $[H_s]$ 的关系

$$[H_g] = \frac{p_A - p_a}{\rho g} + [H_s] - \frac{u_s^2}{2g} - h_1 \tag{2-3-10}$$

式中，各项意义同前，p_A 为吸液面实际压力。上式是 $[H_g]$ 与 $[H_s]$ 在一般情况下的关系。注意，若 $[H_s]$ 要进行换算，则先用式(2-3-7)求得实际允许吸入高度 $[H_s]'$，然后再用式(2-3-11)来求得：

$$H = \frac{p_m + p_s}{\rho g} + \frac{u_4^2 - u_3^2}{2g} + \Delta z \tag{2-3-11}$$

当液面通大气时，即 $p_A = p_a$，便得式(2-3-8)。

(2)$[H_g]$ 与 $[\Delta h_r]$ 的关系

$$[H_s] = \frac{p_a}{\rho g} + \frac{u_s^2}{2g} - [\Delta h_r] - \frac{p_t}{\rho g} \tag{2-3-12}$$

把式(2-3-12)代入式(2-3-10)得

$$[H_g] = \frac{p_A}{\rho g} - \frac{p_t}{\rho g} - h_1 - [\Delta h_r] \tag{2-3-13}$$

这便是普遍情况下的 $[H_g]$ 与 Δh_r 的关系式，当作用在液面上的压力为大气压力时

$$[H_g] = \frac{p_a}{\rho g} - \frac{p_t}{\rho g} - h_1 - [\Delta h_r] \tag{2-3-14}$$

(3)影响 $[H_g]$ 的因素

与使用地的大气压有关。泵使用地的大气压低时，泵的允许安装高度 $[H_g]$ 也下降。

与温度有关。当温度 t 上升时，液体的饱和蒸气压 p_t 也要增大，这样泵的安装高度便要减少。

与输送液体的密度有关。当液体密度增大时，泵的 $[H_g]$ 在减小。

泵的安装高度还与液体在吸入管道内的阻力损失有关。随着阻力损失的增加，$[H_g]$ 也要下降。

(4)应用举例。

例 2-3-3　某台离心泵用来卸铁路槽车汽油($\rho = 730\text{kg/m}^3$)，泵的最大工作流量为 $180\text{m}^3/\text{h}$，吸入管段管径为 200mm，其阻力损失为：$h_{鹤管} = 1.13\text{m}$，$h_{集油管} = 1.05\text{m}$，$h_{输油管} = 1.47\text{m}$，泵的铭牌上标注输送清水的允许吸入真空高度 $[H_s] = 7\text{m}$。若该泵安装在北京，年最高气温为 38℃，试求该泵的安装高度。

解 查表 2-3-1 得：$p_a = 100.94 \text{kPa}$，$p_t = 64.92 \text{kPa}$

按式

$$[H_s]' = [H_s] - 10 + \frac{p_a}{\rho g} - \frac{p_t}{\rho g} = 7 - 10 + \frac{(100.94 - 64.92) \times 10^3}{730 \times 9.81} \approx 2.03 (\text{m})$$

吸入管段的流速为

$$Us = \frac{4Q}{\pi d^2} = \frac{4 \times 180}{\pi \times 0.2^2 \times 3600} = 1.59 (\text{m/s})，则 \frac{Us^2}{2g} \approx 0.13 (\text{m})$$

吸入管段的总摩擦阻力为

$$h_1 = h_{鹤管} + h_{集油管} + h_{输油管} = 1.13 + 1.05 + 1.47 = 3.65 (\text{m})$$

则泵的安装高度为

$$[H_g] = [H_s]' - \frac{Us^2}{2g} - h_1 = 2.03 - 0.13 - 3.65 = -1.75 (\text{m})$$

计算结果表明，为了保证泵不产生汽蚀，泵的吸入口应在离油槽车最低液位下 1.75m 以上，轨顶至油槽车最低液面高差为 1.1m，则泵入口应在轨顶下 0.65m 以上。

答：泵的吸入口应安装在离油槽车最低液位下 1.75m 以上。

例 2-3-4 用 100Y-120A 型油泵装在兰州和上海两地输送汽油，已知：

兰州：当地大气压力 $p_a = 85.06 \text{kPa}$，$t_{max} = 39 ℃$，$p_t = 66.79 \text{kPa}$。

上海：当地大气压力 $p_a = 101.43 \text{kPa}$，$t_{max} = 40 ℃$，$p_t = 68.65 \text{kPa}$。

该泵的额定工作点参数为：$Q = 54 \text{m}^3/\text{h}$，$H = 115 \text{m}$，$[\Delta h_r] = 2.4 \text{m}$，吸入管段损失 $h_1 = 0.4 \text{m}$。问该泵在上述两地的最大安装高度为何值？

解：根据 $[H_g] = \frac{p_a}{\rho g} - \frac{p_t}{\rho g} - h_1 - [\Delta h_r]$

将有关数据代入上式，得该泵在两地的安装高度分别为：

兰州

$$[H_g] = \frac{p_a}{\rho g} - \frac{p_t}{\rho g} - h_1 - [\Delta h_r] = \frac{(85.06 - 66.79) \times 10^3}{730 \times 9.81} - 0.4 - 2.4 \approx -0.25 (\text{m})$$

上海

$$[H_g] = \frac{p_a}{\rho g} - \frac{p_t}{\rho g} - h_1 - [\Delta h_r] = \frac{(101.43 - 68.65) \times 10^3}{730 \times 9.81} - 0.4 - 2.4 \approx 1.78 (\text{m})$$

答：该泵安装在兰州，其吸入液面必须比泵入口中心线高出 0.25m 以上；而安装在上海时，泵入口中心线可在吸入液面 1.78m 以上。

3.1.4 离心泵的特性

3.1.4.1 离心泵的管路特性

为了计算阻力损失方便，必须了解吸入管段和排出管段的定义。

离心泵吸入管段是从底阀(用于泵启动前灌液时防止回流)开始经输油管到泵吸入口法兰为止；排出管段是从泵出口法兰到排出容器的入口为止。

1. 泵扬程与真空表和压力表读数之间的关系

泵扬程与真空表和压力表读数之间的关系在油库中可以帮助我们简单地估算出泵的实际工作扬程，并判断泵的工作状态是否正常。

如图 2-3-5 所示，设：p_s 为真空表读数，p_m 为压力表读数，单位均为 $\text{Pa}(\text{N}/\text{m}^2)$；$\Delta Z$

为两表位差，单位为 m。

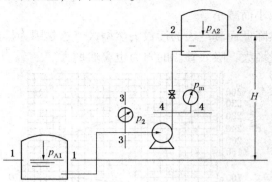

图 2-3-5　泵扬程与两表读数之间的关系

以吸入容器液面为基准面，列出 3-3 与 4-4 断面的能量方程，可得泵的工作扬程为

$$H = \frac{p_4 - p_3}{\rho g} + \frac{u_4^2 - u_3^2}{2g} + \Delta z \quad (2-3-15)$$

上式中 p_3、p_4 分别为真空表和压力表处流体的绝对压力，且分别为

$$\frac{p_4}{\rho g} = \frac{p_a + p_m}{\rho g}; \quad \frac{p_3}{\rho g} = \frac{p_a - p_s}{\rho g} \quad (2-3-16)$$

将式(1-6-18)代入式(1-6-17)后得

$$H = \frac{p_m + p_s}{\rho g} + \frac{u_4^2 - u_3^2}{2g} + \Delta z \quad (2-3-17)$$

当吸入口与排出口流速不大时，速度可忽略不计，且两表间没有位差时，则有

$$H = \frac{p_m + p_s}{\rho g} \quad (2-3-18)$$

通过式(2-3-18)可以很方便地估算离心泵工作时的实际扬程。

例 2-3-5　如图 2-3-6 所示的泵装置从低位油池抽送 $\rho = 830\text{kg/m}^3$ 的柴油，已知条件如下：$x = 0.1\text{m}$，$y = 0.35\text{m}$，$z = 0.1\text{m}$ 真空表的读数为 224kPa，压力表的读数为 251.3kPa，$Q = 0.025\text{m}^3/\text{s}$，$\eta = 0.76$ 试求此泵所需的轴功率为多少？

解　先可据式求得离心泵的扬程。其中，

$\Delta z = y + z - x = 0.35\text{m}$；$u_3 = u_4$；

$p_s = 224\text{kPa} = 22.4 \times 10^3 \text{N/m}^2$，

$p_m = 251.3\text{kPa} = 251.3 \times 10^3 \text{N/m}^2$；

$\rho g = 830 \times 9.81 \text{N/m}^2$

则有

$$H = \frac{p_m + p_s}{\rho g} + \Delta z = \frac{22.4 \times 10^3 + 251.3 \times 10^3}{890 \times 9.81} + 0.35 \approx 33.96(\text{m 柴油柱})$$

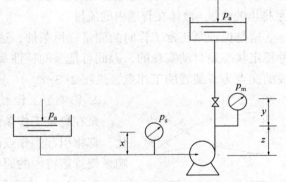

图 2-3-6　离心泵抽送柴油

将已知的 Q、ρ 和算得的 H 代入下式得轴功率为

$$N_a = \frac{N_e}{\eta} = \frac{\rho g Q h}{1000\eta} = \frac{830 \times 9.81 \times 0.025 \times 33.96}{1000 \times 0.76} \approx 9.1(\text{kW})$$

答：此泵所需的轴功率约为 9.1kW。

2. 利用两表读数变化判断管道故障

(1) 吸入管段堵塞时，真空表的读数比正常大，压力表的读数比正常小。因为这时吸入管段的阻力增大，而排出管段的阻力流量减小而减小。吸入管段中，过滤器是最易发生堵塞的部位。

（2）排出管段堵塞时，真空表的读数比正常小，压力表的读数比正常大。这是因为排出管段的阻力增大，而吸入管段的阻力因流量减小而减小。

（3）排出管段破裂时，压力表的读数突然降低而真空表的读数突然增大。这是因为排出管段破裂时，排出管段的阻力突然降低，流量增大，吸入管段的阻力也突然增大。

3.1.4.3　离心泵的特性曲线

离心泵的实际特性曲线是扣除了各种泵内损失而得到的。它是描述其性能的主要依据之一，包括流量扬程、流量效率、流量功率特性曲线。离心泵的实际特性曲线一般在泵出厂时的产品说明书上注明，它可通过试验得到。图 2-3-7 为某台离心泵的实际物性曲线图。

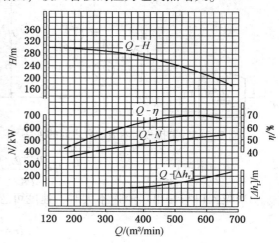

图 2-3-7　离心泵的实际特性曲线

3.1.4.4　离心泵的装置特性

1. 离心泵的装置工作点

在实际生产中泵和管道系统是一个不可分割的整体，在泵稳定工作时，必有：

泵提供的扬程 ＝ 液体沿管道输送时所消耗的扬程

泵排出的流量 ＝ 液体在管道内的流量

这是保证泵正常工作时的能量守恒条件，达到这些条件时，装置就实现了稳定状态。这种稳定状态是自动实现的，因此可把泵的特性及管道特性绘在同一图上，叫装置特性，两曲线的交点为该装置的工作点，见图 2-3-8。

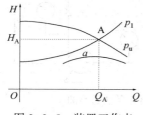

图 2-3-8　装置工作点

2. 影响泵工作点的因素

泵在稳定工作条件时，一旦泵和管道的特性任何一方发生变化，都将引起工作点改变，以满足新的能量平衡。因此，任何影响泵或管道特性的因素的变化，都会改变泵的工作点。

3.1.4.5　离心泵的并联

两台性能相同的泵并联工作时，在同一工作点，每台泵的扬程相同，各泵流量等于并联后总流量一半。

图 2-3-9 是两台性能相同的离心泵并联工作的特性曲线图。曲线 I（II）是泵的性能曲线（两台泵性能相同），III 是管道特性曲线，η 是单泵的效率曲线。为了求并联后泵的性能曲线，将同一扬程（纵坐标）下的流量（横坐标）相加绘制出的曲线（I＋II）并即是两泵并联后的性能曲线，（I＋II）并曲线与 III 曲线的交点就是并联后的工作点。

从图 2-3-9 中可以看出，单泵工作时的工作点为 1，这时的流量 Q_1，扬程 H_1，效率 η_1。那么并联工作后各泵的工作点又在哪儿呢？从并联工作点 2 作水平横线（扬程相同）与单泵性能曲线的交点 3 就是每台泵并联后各自的工作点。此时每台泵的流量为 Q_3，扬程即关联后的扬程为 $H_{(1+2)}$，效率 $\eta_{(1+2)}$。从图上可清楚地看出，并联工作后各泵的流量比单泵工作时的流量要小，效率 η 也有所降低，扬程增加。这是因为两泵并联后，管道内流量增加，阻力也随之增大，要求泵提供的扬程也增加，每台泵的流量必然有所下降。因此两台泵

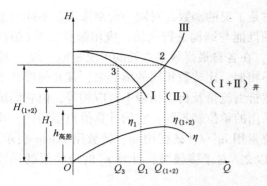

图 2-3-9 两台性能相同的泵并联工作

并联后流量不能成倍增长。

3.1.4.6 离心泵的串联

当一台泵的扬程不能满足要求时，可以用串联的方法来提高扬程。两泵串联时，要求两台泵的性能尽可能相同，至少流量相同。

离心泵串联的特点是：每台泵的流量相等，串联后总扬程等于各台泵扬程之和。

如图 2-3-10 所示是两台性能相同的泵串联工作的特性曲线图。曲线 Ⅰ 是每台泵单独工作时的性能曲线，η 是效率曲线，Ⅲ 是管道特性曲线。每台泵单独工作时的工作点为 1 点，流量 Q_1、扬程 H_1、效率 η_1。

因为串联工作时，流过各泵的流量相等。因此，将单泵性曲线在同一流量（横坐标）下的扬程（纵坐标）叠加，所得的曲线（Ⅰ+Ⅱ）$_{\text{串}}$ 就是串联后的 $Q—H$ 曲线。曲线（Ⅰ+Ⅱ）$_{\text{串}}$ 与曲线Ⅲ的交点 2 即为串联后的工作点。此时的流量 Q_2、扬程 H_2、效率 η_2。显然，串联工作时的流量和总扬程都大于单泵工作时的流量和扬程，即 $Q_2>Q_1$，$H_2>H_1$。

从串联工作点 2 引垂线与单泵的性能曲线的交点 3，就是两泵串联工作后每台泵的实际工作点。此时，各泵的流量 Q_2、扬程 H_3、效率 η_2。从图上可以看出，串联后每台泵的流量比单泵工作时大，扬程比单泵时小。这是因为串联后泵提供的能量增加，提高了管道的输送能力，即增加了流量，使单泵的扬程有所下降。所以，两泵串联工作时总扬程小于两泵单独工作时的扬程之和，不可能成倍增加。

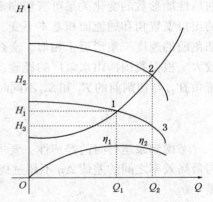

图 2-3-10 两台性能相同的泵串联工作

3.1.5 泵性能参数与转速、叶轮直径之间的关系

泵在不同转速下，其相似工况点的性能参数的变化规律是由比例定律来决定的。

1. 比例定律

一台泵，当转速由 n_1 改变为 n_2 时，若输送的液体不变，则在不同转速下对应参数与转速之间有下列关系：

$$\frac{Q_1}{Q_2}=\frac{n_1}{n_2} \tag{2-3-19}$$

$$\frac{H_1}{H_2}=\left(\frac{n_1}{n_2}\right)^2 \tag{2-3-20}$$

$$\frac{N_1}{N_2}=\left(\frac{n_1}{n_2}\right)^3 \tag{2-3-21}$$

2. 离心泵的比转数

离心泵比转数为：

$$n_{\text{s}}=\frac{3.65n\sqrt{Q}}{H^{3/4}} \tag{2-3-22}$$

比转数是由相似定律导出的综合性参数，它是工况的函数，对同一台泵来说，不同的工况就有不同的比转数，为了便于对不同类型泵的性能与结构进行比较，应用最佳工况（最高效率点）的比转数来代表这台泵。几何相似的泵，在各自最高效率点处的工况相似，故 n_s 应相等。比转数不同的离心泵，其几何形状一定不相似。比转数相同的离心泵，其几何形状不一定完全相似。因为当两泵几何不相似时，虽然折引流量及折引扬程不对应相等，但它们组成的比转数可能会相等。比转数是有因次的。采用的单位制不同，它的计算值也不相同。我国习惯用公式（2-3-22）计算比转数的数值，流量用 m^3/s、扬程用 m、转数用 r/min 表示。对于双吸泵的叶轮，计算 n_s 时应将泵的流量除以 2。对于多级泵，计算 n_s 时应将泵的扬程除以级数。

3. 切割定律与切割抛物线

一台泵，在转速一定情况下其性能特性曲线是固定不变的。为了满足泵的实际工作状态，经常采用切割叶轮外径减小 D_2 的方法，使一台工作泵的工作范围发生变化。叶轮切割前后性能参数的变化关系可有切割定律来反应。当叶轮切割量较小时，可认为切割前后叶片的出口安置角和通流面积基本不变，泵效率近似相等。这样，切割后叶轮出口速度三角形与切割前的速度三角形近于相似。实践证明，切割定律的计算结果与试验结果对比，误差还比较大。根据我国博山水泵厂的经验，当叶轮外径切削后，叶轮出口的通流面积 F'_2 和出口安置角 β'_{2A} 与切割前的 F_2 和 β_{2A} 不同时，按下式进行计算，可得到比较准确的结果。

$$\frac{Q'}{Q} = \frac{D'_2}{D_2} \frac{F'_2}{F_2}; \quad \frac{H'}{H} = \left(\frac{D'_2}{D_2}\right) \frac{tg\beta'_{2A}}{tg\beta_{2A}} \tag{2-3-23}$$

考虑到泵运行时的经济性，要求泵在较高的效率范围内工作，一般规定泵工作时的效率与最高效率之间的差值 $\Delta\eta$ 不超过规定值，我国规定 $\Delta\eta$ 在 5%~8% 之间，有的国家规定 $\Delta\eta$ 是 7%。

3.2 离心泵的安装与使用

3.2.1 离心泵的安装

离心泵的性能除与设计制造质量有关外，还与其安装情况也有很大影响。

1. 安装位置

如前所述，吸入性能是离心泵的重要性能指标之一。为满足泵的良好吸入条件，避免泵工作时发生汽蚀，在条件允许时，应尽量将泵房设在靠近卸油栈桥和吸液罐附近。如果离心泵承担几个油罐的输油任务，则安装位置应按最不利吸液条件考虑。另外，排出管道也应尽量短，弯头、阀门等附件在保证工艺要求前提下，应减小排出阻力，提高泵的运行效益。

2. 泵基础

离心泵安装基础要求牢固，并应有一定吸振能力。对大型离心泵更应如此。泵和电机应装于同一基础上，以保证直联机组的中心不因地基下沉而产生偏差。

3. 安装

油库用得较多的是卧式离心泵，这种泵一般泵和电机均装在同一底座上。通常泵出厂前要进行找正。但因底座的变形，或者在运输过程中连接螺钉产生松动等，当泵在工作现场最后安装时，还须对泵和驱动机中心再次找正，以免因泵轴和驱动机轴不同心而产生振动，对泵的运行造成影响。

4. 管件和阀件的配置

在配置吸入、排出管道时，不应因拧紧法兰联接螺栓而使泵产生任何歪斜。另外还应考虑环境或操作温度变化时，管道热胀冷缩对泵带来的影响。通常按铸铁管每米膨胀 1mm，低碳钢管每米膨胀 1~2mm 来考虑管道伸缩量。

输油管道中，吸入管段对泵性能影响甚大。除要求吸入管段的流动阻力应小外，还必须使吸入管道不漏气，没有积存空气的容积。吸入管道上的闸阀应水平安装，以免阀体中集气对泵吸入性能带来不利影响。

3.2.2 离心泵的流量调节

在实际生产中，为满足工艺要求，有时需要对泵的流量进行调节。离心泵的流量调节一般有以下几种方法：

（1）节流调节。节流调节的原理，就是改变管道特性，从而改变离心泵的工作点，如图 2-3-11 所示。

节流调节的方法是改变排出调节阀开度大小，改变阀门的阻力系数，从而改变管道的特性，使管道的特性曲线发生变化，离心泵的工作点也产生了移动，实现了流量的改变。

如图 2-3-11 所示。曲线 I 及与泵性能曲线的交点 A 为调节前的管道特性曲线和泵的工作点。如果关小调节阀门，则液体流过阀门时阻力损失增大，管道特性曲线的斜率也增大，曲线 II 是关小出口调节阀后的管道特性曲线。当管道特性曲线从 I 变到 II 时，泵的工作点即从 A 移动了 B。显然 B 点的流量小于 A 点的流量。

节流调节简便可靠，是常用的一种流量调节方法。但节流调节的能量损失较大，因而经济性较差。

（2）变速调节。变速调节是通过改变泵原动机的转速，来改变泵性能的曲线的位置，从而变更泵的工作点，实现流量调节。

我们平常说的泵性能曲线，是指某特定转速下的曲线。同一台泵，不同的转速下，有不同的性能曲线。如图 2-3-12 所示，在管道特性曲线不变的情况下，增大或减小泵的转速，泵的性能曲线就从 η 移动 η_1 或 η_2，泵的工作点相应从 0 变为 1 或 2，流量从 Q_2 变化 Q_1 或 Q_0，实现了流量调节。

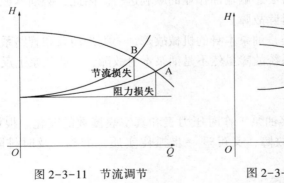

图 2-3-11　节流调节

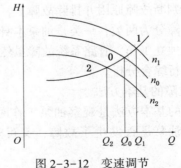

图 2-3-12　变速调节

离心泵的变速调节，因为没有附加的能量损失，是比较经济的方法。但这种方法只能适用于可变的原动机，如汽、柴油机和可变速直流电动机等。

（3）采用旁通管路：它能达到改变流量的目的，但不经济，因液体回窜有能量损失。

（4）改变泵之间的联接方法来调节流量。

3.2.3　离心泵的操作

1. 开泵前检查准备

（1）检查机泵、阀门及过滤器各部位连接螺丝是否紧固，地脚螺丝有无松动，电机接地是否连接牢靠。

（2）检查轴节螺栓有无松动，用手(或专用工具)盘车3~5圈，检查转动是否灵活。

（3）检查润滑部位是否有油，有无进水或乳化变质，缺油时应加油到规定位置。

（4）打开压力表和冷却水阀，打开泵房内与作业有关的流程阀门。

（5）做好与泵房作业相关岗位(如栈桥、油码头、油罐区等)的联系工作，确定工艺流程。

2. 开泵

（1）打开泵进口阀门灌泵引油。当不能靠罐自压灌泵时，可用真空引油或人工方法灌泵。灌泵时，先打开离心泵上放空阀，直到排净泵内空气至泵内充满油品为止，然后关闭放空阀。

（2）按下启动按钮开泵，待泵压升启压力达到额定数值并稳定后，再缓慢打开泵出口阀门，直到调整泵压到规定数值。泵启动后，泵出口阀关闭状态下，不能连续运转时间太长，一般不超过1~2min。

3. 运转中检查

（1）泵运转中应观察压力和电流波动情况，不得超过规定值。

（2）泵运转中，应采取"听、摸、查、看、比"方法定巡检。即：听机泵运转声音是否正常；摸或检测各部位温度是否过高，以不烫手为宜；检查机泵填料函或机械密封漏油情况；看冷却水量大小是否合适，泵房内有无异常气味存在。

4. 停泵

先关闭出口阀，然后停泵，再关闭进口阀门。

5. 收尾

做好运转记录。

3.2.4　离心泵故障分析和处理

离心泵工作时发生故障。势必影响输油作业的顺利进行。因此，必须掌握分析故障的基本方法，迅速判断故障原因并排除故障。

离心泵故障分为两类，一类是油泵本身的机械故障，一类是油泵和管路系统故障。油泵不能离开管路独立工作，管路系统故障虽然不是油泵本身故障，但能从泵上反映出来，这方面的故障应进行综合分析。

1. 判断故障的基本方法

判断故障的基本方法是观察油泵工作时压力表和真空表读数的变化。根据两表读数变化，既能了解油泵是否发生了故障，又可进一步抓住实质，准确、及时排除故障。这是因为：

$$P_{表} \approx \rho g (h_{排高} + h_{排损})$$

$$P_{真} \approx \rho g (h_{吸高} + h_{吸损})$$

在工作中，如果排出高度不变，但压力表读数发生了变化，说明管路阻力($h_{排高}$)发生了变化。阻力($h_{吸高}$)的变化说明了管路是否堵塞，流量是否变化。如果工作中吸入高度未变，但真空度却发生了较大的变化，同样也可以了解油泵工作是否正常。由此可见，要想用仪表来判断油泵的故障，首先要了解油泵正常工作时压力表和真空表的读数。只有知道正常，才能区别不正常，除此之外，从声音、看电流表读数的变化等方法帮助判断故障。造成油泵故障的原因很多，归纳起来有油泵内有气、吸入管路堵塞、排出管路堵塞、排出管破裂等四个方面。也可归纳为"气、堵、裂"三个字。

2. 油泵和管路系统故障的分析与排除

离心泵工作发生故障时的特点是压力表和真空表读数同时变化，这是因为离心泵流量和压力是相互影响的，即使吸入系统发生故障，也要影响排出过程；同样，排出系统发生故障，也会影响吸入过程。所以，在判断离心泵故障时不能只看一个表的读数就下结论。

（1）油泵内有气。真空表和压力表的现象是读数都比正常值小，真空度不稳定，甚至降到零。这是因为油泵进入空气以后，压头显著降低，流量也急剧下降造成的。

吸入系统不严密。油泵内有气是由吸入系统不严密引起。容易发生漏气的部位是吸入管路系统连接处不严，填料筒不严，真空表接头松动等。这些都会引起油泵内有气。离心泵转数降低或反转，也有类似现象，两表读数偏小，但比较稳定。

安装不符合技术要求。油泵和吸入管路安装不符合技术要求，油泵内和吸入管内不能完全充满所输液体。这时即使操作完全符合规程，油泵也不能正常工作。

（2）吸入管路堵塞。压力表和真空表的表现是真空表读数比正常大，压力表读数比正常小。

吸入管路堵塞时，吸入管路阻力增大，即加大了吸入压头，所以真空表读数比正常大。同时由于流量减小，排出阻力减小，因此压力表读数比正常小。

吸入管路堵塞容易发生部位是吸入管路插入容器太深，接触了罐底；吸入管路使用太久；吸入滤网被污物堵塞；吸入阀门未完全打开等。这些都容易造成吸入管路堵塞。

（3）排出管路堵塞。压力表和真空表的表现是压力表读数比正常大，真空表读数比较小。

排出管路堵塞时，排出管路的阻力（$h_{吸高}$）增大，压力表读数会上升；排出管路的阻力（$h_{吸高}$）增大，流量减少，真空度下降。

排出管路系统堵塞容易发生部位是排出阀门未打开或开错阀门，过滤器被污物污染，都会造成排出管路堵塞。

（4）排出管路破裂。压力表和真空表的表现是压力表读数突然下降。真空表读数突然上升。

这是因为排出管破裂后，排出管路阻力减少，流量增大，造成真空度上升。

从两表读数来看，同吸入管路堵塞真空度增大，压力下降一样。但排出管路破裂突然，应立即关闭停泵，查明原因，以避免事故扩大。

排出管路破裂的原因，主要是焊接质量不高，管路腐蚀、开关阀门过快引起水击。但其根本原因是重视不够，执行操作规程不严，管路没有定期试压。

（5）油泵产生汽蚀。油泵产生汽蚀时，会发出不正常的振动和声音，流量和压头都出现减少，甚至失去吸入能力。发生汽蚀时，压力表读数不稳，甚至下降为零。

3. 离心泵的机械故障

离心泵常见故障与处理见表2-3-2。

241

表 2-3-2 离心泵常见故障与处理

故障现象	故障原因	处理方法
流量、扬程降低	泵内、吸入管内存有气体	重新灌泵,排除气体
	泵内、吸入管内有杂物堵塞	检查消除
电流升高	转子与定子碰擦	解体修理
振动值增大	泵轴与原动机轴心对中不良	重新较正
	轴承磨损严重	更换
	传动部分平衡破坏	重新检查并消除
	地脚螺栓松动	紧固螺栓
	泵抽空	调整工艺
密封处泄漏严重	泵轴与原动机轴对中不良或轴弯曲	重新校正
	轴承或密封环磨损严重,形成转子偏心	更换并校正轴线
	机械密封损坏或安装不当	检查更换
	密封液压力不当	比密封腔前压力大 0.05~0.15MPa
	填料过松	重新调整
	操作波动大	稳定操作
轴承温度过高	转动部分平衡破坏	检查消除
	轴承箱内油过少或太脏	按规定添加油或更换油
	轴承和密封环磨损严重,形成转子偏心	更换并重新校正轴线
	润滑油变质	更换润滑油
	轴承冷却效果不好	检查调整

3.2.5 管道泵的使用与故障分析

1. 管道泵的操作使用

(1)灌泵和排气。其操作程序与普通离心泵相同。

(2)泵的启动、运转和停车。其要求及运转中注意事项与离心泵相同。

(3)管道泵作为热油泵运转。用管道泵输送热油时,要注意泵的预热,使泵的温升速度小于 50℃/h,以保证泵的各部分受热均匀。泵的入口压力,一般不应超过 2MPa,以控制泵叶轮所受的向上的轴向推力。

(4)密封的维护。管道泵正常运转时,端面的渗漏不应超过 3 滴/min,如发现泄漏严重,应及时检修。更换机械密封的动环或静环时,可拆下夹壳式联轴器,从两轴间取出动环或静环。

2. 管道泵的故障及其原因分析

YG 型管道泵的故障及其可能的原因见表 2-3-3

表 2-3-3 管道泵的故障及其原因分析

故障现象	故障原因	故障现象	故障原因
泵不出油	(1)泵轴旋转方向不对	泵流量不足	(1)转数太低
	(2)叶轮流道堵塞		(2)叶轮流道部分堵塞
	(3)吸入高度太高或灌注头太低(不能有效吸入)		(3)叶轮损坏
	(4)出口压头大于泵的扬程		(4)吸入管阻力大或排出管水头大于泵的扬程
	(5)泵吸入管漏气		

3.2.6 离心泵的拆卸

离心泵的拆装方法和程序正确与否,对于检修工作的顺利进行、提高劳动效率、缩短工期、保证检修质量有着重要的作用。而离心泵由于形式不同,结构也不完全相同。因此在拆卸之前,应熟悉泵的构造,了解各部件的装配关系,掌握拆卸程序,放尽泵内残油,用润滑油润滑的轴承将润滑油放出,然后按步骤拆卸。下面以 GY 型管道泵介绍拆卸程序:

(1)拆卸内六角螺栓,取下联轴器及键;

（2）拧下电机与泵架连接螺栓，取下电机；

（3）拧下六角螺母，用顶丝顶出压盖，取出骨架油封、密封座、机械油封；

（4）拧下泵盖六角螺母，取下泵盖，取出泵轴及叶轮；

（5）如需要拆卸叶轮，需要用专用拔轮器进行拆卸。

3.2.7 离心泵部件的清洗与检测

1. 部件的清洗与质量类型

离心泵拆卸后，零件应进行清洗。清洗的重点是清除叶轮内外表面、口环、轴承等处积存的油垢和铁锈；清除泵壳、中段各结合面上的油垢和铁锈，疏通填料筒的油（液）封管；用煤油清洗零件（滚动轴承应用汽油清洗）后，不能立即进行装配，应对零件的结合面涂上防护油。

零件清洗后，应进行检查和测量，按检查质量可分为成三大类。

（1）合格零件。这类零件的磨损程度是在允许的范围以内，可以不用修理继续使用。

（2）需要修理的零件。这类零件的磨损比规定的磨损程度要大，但只要经过修理，仍可继续使用。

（3）不合格的零件。这些零件磨损是不能消除的，或者修复的费用过大，不经济。

2. 部件的检测

检测常用的方法有三种，即目察、敲击和用量具进行测量。

（1）目察检查。零件的一些显著缺陷，如裂纹、刻痕、擦伤、毛刺、秃扣、崩落、断裂及残存变形等，用眼睛观察即可检查出来。

（2）敲击检查。细小的裂纹用手锤轻轻敲打，如声音不清脆，就是有裂纹的迹象，可在有裂纹处涂上煤油，将表面煤油擦干后，抹上一层白粉，如有裂纹存在，渗入裂纹中的煤油会透到白粉上，即可显出裂纹。

（3）量具检测。至于零件的几何精度，如公差尺寸的变化、轻微的弯曲等，要求精确和可靠的检查时，应利用各种量具和专门的装置来进行检查。

3. 缺陷原因分析

发现了裂纹，就要研究裂纹是振动撞击压力引起的，还是热胀冷缩造成的。确定了损坏原因，才能正确修复，并能避免今后发生类似的问题。有时可以从一个零件的磨损情况，判断另一个有关零件的缺陷。

4. 检查各部件的注意事项

（1）参看有关的资料，如事故和故障记录、运转记录等，或向司泵人员了解使用中的情况，对检查修理工作会有很多帮助。

（2）根据过去修理中更换零件的情形，了解到哪些零件需要经常更换，以便设法提高零件的质量或研究改进。

（3）有些零件不能只根据单独零件的检查结果来判断它是否需要修理，而要把有关零件组合起来检查。

（4）在检查时要注意零件的一些不正常损坏情况，并进行分析。这样可以帮助了解上一次检修的缺点，改进检修工作。

3.2.8 离心泵的装配

1. 装配前的准备工作

离心泵在装配前，必须做好准备工作。准备工作主要有以下几项：

（1）装配人员必须熟悉泵的结构、了解装配程序和装配方法。

（2）准备好装配所需要的工具、量具等。

（3）各部分零件要清洗干净，磨损件按要求修理好。

（4）对零件进行预装配检查。对多极泵，转子部分(包括叶轮、叶轮档套，或者叶轮轮毂、平衡盘等)，应预先进行组装，也成为转子的部件组装或试装。以检查转子的同心度、偏斜度和叶轮出口之间的距离。

2. 装配程序

离心泵的装配程序与拆卸程序相反，按照"先拆后装"的原则进行装配。下面以 GY 型管道泵为例介绍装配程序。

（1）安装叶轮及泵轴，上泵盖及固定；

（2）安装机械油封、骨架油封、动静环与轴接触面涂润滑脂，骨架油封部位加注润滑油，均匀、对称拧紧螺母；

（3）安装电机，固定电机螺栓，调节叶轮轴螺栓；

(4）泵装配完毕后，应该用手转动泵轴。转配良好时，泵轴转动灵活，泵内无碰、卡现象。

3.3　卸槽潜油泵

卸槽潜油泵从驱动方式上有电动、液动和气动三类。目前，我们国家主要使用液动潜油泵，气动潜油泵使用较少、电动潜油泵是发展方向。

3.3.1　液动卸槽潜油泵

3.3.1.1　液动卸槽潜油泵的基本结构与工作原理

液动卸槽潜油泵由液压马达和离心泵两大部分组成。见图2-3-13。

工作原理：把电能转化成液压能驱动液压马达，使叶轮转动。具体流程如下：电机驱动液压泵，液压泵输出的压力油经溢流阀、控制阀，驱动马达带动叶轮旋转；从而使潜油泵正常工作。液动卸槽潜油泵装在鹤管头部；潜没在油液下工作，由于潜油泵的增压作用，使进油管路在正压下输油，消除了鹤管的气阻现象和离心泵的气蚀现象，液压卸槽装置详见图2-3-14。

3.3.1.2　液动卸槽潜油泵的操作与维护

1. 液动卸槽潜油泵的操作

（1）将装有该潜油泵的鹤管放入油槽车内，尽量放到底部，以免开机后冲击损坏潜油泵。

（2）检查操纵手柄位置处于关闭状态，启动液压站电动机，并调节操纵阀，慢慢启动液压马达，开始卸槽作业。

（3）当油品快卸完时，慢慢移动潜油泵把吸入口对准槽车底部凹坑。降低泵吸入口能多抽掉油液，减少扫舱余油。

（4）当槽车内油液较少潜油泵已吸入空气，无法吸油时，关闭潜油泵(关闭马达)打开鹤管放气阀，泄放鹤管内存油，提起鹤管，再关闭电动机。

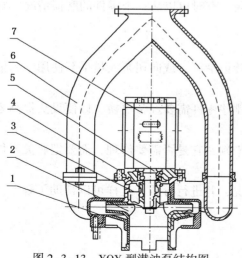

图 2-3-13　YQY 型潜油泵结构图

1—泵盖；2—叶轮；3—轴套；4—机械密封；
5—泵体；6—输油管；7—液压马达

244

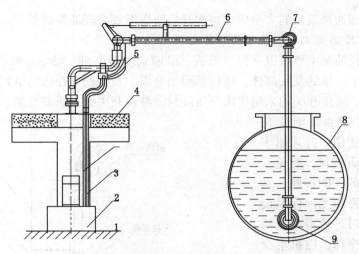

图 2-3-14 液动卸槽潜油泵装置图
1—液压站；2—压油管；3—回油管；4—栈桥；5—操纵元件；
6—鹤管；7—液压胶管；8—槽车；9—潜油泵

2. 液动卸槽潜油泵维护与保养

（1）潜油泵如不及时使用或较长时间停用，应在马达内部灌入防锈油，外露部分涂防锈油脂，并妥善保存。

（2）油箱内的液压油，应根据使用的频率，定期检查，若油液不足应及时补充。

（3）定期清洗油箱内的过滤器，如发现过滤器有破损现象，应及时更换。

（4）定期检查液压油是否清洁，如发现有杂质、水分等污染应立即处理或更换。

3.3.1.3 潜油泵的故障分析和处理

潜油泵常见故障原因和排除方法见表 2-3-4。

表 2-3-4 潜油泵故障原因和排除方法

原　　因	故障分析	排除方式
卸槽泵不出油	装置扬程太高	降低装置
	压油管、溢流阀等液压元件泄漏	堵漏、换新
	溢流阀控制系统失效，油压无法上升	清洗溢流阀或换新
	叶轮反转或停转	改变电机转向或查明停转原因
卸槽泵出油量少	装置扬程太高	降低装置
	泵流道堵塞	清除堵塞物
	液压元件泄漏，工作油压下降	堵漏或更换元件
	滤油器堵塞	清洗或更换
	卸槽泵密封泄漏	更换密封
	液压油泵、液压马达磨损	更换油泵及马达
扫舱潜油泵扫舱时不出油	叶轮停转或卡住	查明原因清除卡住物
	扫舱泵进油口堵塞	清除堵塞物
	扫舱泵吸入大量空气	关掉扫舱泵后，再启动
	卸油泵大叶轮吸到液面	关机后向上提高一点在开机
扫舱潜油泵扫舱后存油多	漩涡泵端面间隙太大	调整
	漩涡泵体与叶轮磨损	调整或更换
	漩涡泵端盖处密封不好	检修密封

3.3.2 电动卸槽潜油泵

电动卸槽潜油泵安装于鹤管头部，作为前置泵与主卸油泵串联，为防爆潜液式轻油泵，使用时可根据主卸油泵流量的大小确定每次开启防爆潜液式轻油泵的数量。

3.3.2.1 防爆潜液式轻油泵结构和特点

防爆潜液式轻油泵主要由以下部分组成：潜液式防爆电机、轴承、叶轮、导叶、泵壳、接头、液位开关于一体的泵头部件，还包括耐油电缆、安全栅等在内的电控箱部件。其中泵头部件中的接头、液位开关均采用绝缘介质浇封，液位开关为本质安全型。见图2-3-15。

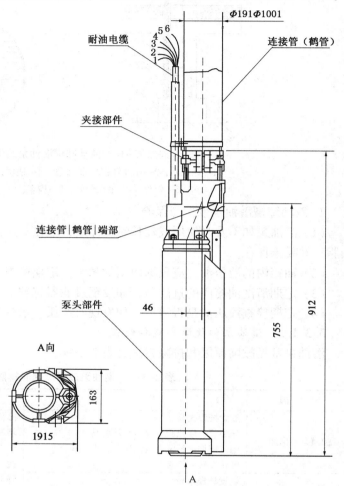

防爆潜液式轻油泵能在易燃、易爆的场所使用，并采用多道密封及绝缘介质浇封，避免了输送介质与电气部件的接触；采用了液位不足报警和无液停泵设计；泵正常工作时，流道中流动的介质为电机的冷却，电机本身具有过热保护功能。电控箱装有热过载继电器，万一线圈温度超过设定值或工作电流过大时，热保护器及热过载继电器可起到双重断流保护作用，确保电机运行的安全可靠。

3.3.2.2 电动卸槽潜油泵的使用

1. 开机前准备　检查阀门是否开启，各控制电路和电控箱开关等电气元件是否正常。

2. 启动　先启动潜液式轻油泵，再开启主卸油泵。如果管路憋气致使输送介质无法到达主卸油泵(离心泵)时，应设法在离心泵的排出管路上排气。

3. 运行　检查泵运行情况，不得有转动件的摩擦声和剧烈的振动。观察电流表，电流过大时应停机查找原因。

图2-3-15　电动卸槽潜油泵示意图

4. 鹤位操作　泵随鹤管进出槽车时，应尽可能避免撞击。拔出鹤管前必须停泵。

3.4　水环式真空泵

3.4.1　水环式真空泵结构

1. SZ型真空泵的结构

SZ型泵可作真空泵，也可作压缩机，可供抽吸或压缩空气及其他无腐蚀性、不溶于水、不含有固体颗粒的气体。气体温度在$-20 \sim +40℃$时使用为宜。在油库中，SZ型真空泵可以兼作真空泵和压缩机使用。主要是为离心泵及吸入系统抽真空引油灌泵,并用它来抽吸油槽车底部余油。

SZ 型真空泵作为真空泵使用时,最大真空度为 84%～93%;作为压缩机使用时,SZ-1 和 SZ-2 型真空泵所能达到的最高压力为 98100～137340Pa。

SZ 型泵共有 4 种型号,SZ-1 和 SZ-2 型真空泵的结构如图 2-3-16。

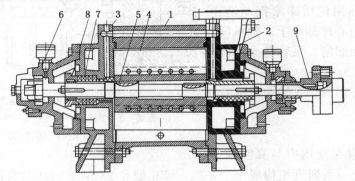

图 2-3-16　SZ 真空泵结构

1—泵体;2—吸入盖;3—排出盖;4—叶轮;5—泵轴;6—球轴承;7—轴套;9—弹性联轴器

(1)泵体　泵体、吸入盖和排出盖用铸铁制造。它们之间用螺栓紧固后构成了泵的工作室。在吸入盖的内侧壁开有吸气口,与吸气管连通。在排出盖的内侧壁开有排气口,与排气管连通。真空泵工作时,由吸入盖单向吸气,由排出盖单向排气。

(2)叶轮　叶轮用键与泵轴相联接,偏心安装于泵体内。叶轮的两端用轴套锁紧。工作时,叶轮与泵轴不能有任何相对滑动。叶轮由轮毂和叶片组成,叶片与轮毂间一般用紧配合。

(3)轴承　轴承架用螺钉固定于泵盖上。泵轴支撑在二个单列同心球轴承上。轴承内座圈的一边靠轴肩,另一边用锁紧螺帽锁紧(排出端);吸入端的轴套、联轴器用联轴器锁紧螺帽锁紧,排出端轴承的外座圈用轴承盖压紧,从而保证泵轴在工作时不产生轴向移动。轴承用润滑脂润滑。

(4)轴　泵轴穿过泵盖处用填料密封,防止外界空气进入泵内和泵内气体漏出。为了提高密封效果,从泵盖上部通道引入水进行水封,并对填料与泵轴的摩擦面起冷却和润滑作用。

(5)SZ-3 和 SZ-4 型真空泵的结构。SZ-3 和 SZ-4 型真空泵的结构与 SZ-1 和 SZ-2 型真空泵基本相同。其不同之处是 SZ-3 和 SZ-4 型泵的前盖、后盖上均开有吸气和排气口,分别与吸气管和排气管相连。工作时,从叶轮两侧同时吸气和排气。它是属于轴向双吸式、而 SZ-1 和 SZ-2 型真空泵属轴向单吸式的。

2. SZB 型真空泵的结构

SZB 型泵是悬臂式水环真空泵,可供抽吸空气或其他无腐蚀性、不溶于水的、不含固体颗粒的气体。最高真空度可达 85%,适合作离心泵吸入系统抽真空引油使用。SZB 型真空泵有 SZB-4 和 SZB-8 两种,其结构如图 2-3-17 所示。

(1)泵体。泵盖由铸铁制造,它们配合在一起构成了工作室。泵盖上铸有箭头,指明泵叶轮的旋转方向。泵盖下方有一个四万螺塞是停泵时放水用的。泵体由螺栓紧固在托架上。

（2）叶轮。叶轮用铸铁制造。叶轮上有呈放射状均匀分布的 12 个叶片。轮毂上的小孔是用来平衡轴向力的。叶轮与轴用键连接，工作时叶轮可以沿轴向滑动，自动调整间隙。

（3）轴。泵轴用优质碳素钢制造，支撑在两个单列向心球轴承上。轴承间有空腔，可存机油润滑。泵轴与泵体间用填料装置密封。

（4）从传动方向看，泵轴为反时针方向转动。

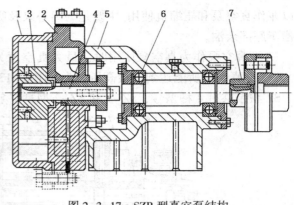

图 2-3-17　SZB 型真空泵结构
1—泵盖；2—泵体；3—叶轮；4—轴；5—托架；
6—球轴承；7—弹性联轴

3. 辅助装置

水环式真空泵在使用中与真空罐、水箱等辅助装置及一系列管组构成一个系统。SZB 型和 SZ 型泵的辅助装置基本相同，如图 2-3-18 为 SZB 型真空泵的辅助装置。

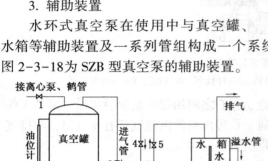

图 2-3-18　SZB 型真空泵的辅助装置

（1）真空罐　油库中，水环式真空泵一般用来为离心泵及其吸入系统抽真空引油、及抽吸油罐车、油船或油驳中的底油。真空泵在抽气或抽底油时不是直接进行的，而是经过真空罐，其目的：一是防止油进入到真空泵中，二是因为真空泵不适宜抽液体。

真空罐容积的选择应当考虑底油的数量和真空泵的抽油速度。如果真空罐的容积大而真空泵的排气量小，将真空罐内抽至所需真空度的时间过长，影响收油速度。

真空罐抽吸底油时，当油面高度达到 2/3 左右时，必须将真空罐内的油品放空，然后再重新抽真空。

（2）水箱　水箱实际上是汽水分离器，其作用：一是在开泵前，通过供水管向泵内灌泵；二是在运转时通过供水管向泵内补充液体，并起冷却作用；三是泵排气管排出的带有水分的气体，在水箱上部分离，气体从排气口排出，水回收至水箱中，以减少水的消耗量。

水箱通常由自来水或水池供水，为控制水箱液保持一定高度，水箱上装有溢水管。溢水管的位置应保证泵在运转中、水箱中液面高度(位能)足以向泵内补充液体。

水箱上部排气管的出口不宜设在泵房窗户附近，一般应高于泵房顶部 1.5m 以上，因为排出的气体中含有油气。当用真空罐抽吸汽油时，真空罐的空间充满浓度很大的油气。油气被吸入泵后排到水箱中，然后从排气管排出。

3.4.2　水环式真空泵工作原理

水环式真空泵是用来给离心泵及其吸入系统抽真空引油、抽吸油罐车底油的。在油库中，常用的水环式真空泵主要有 SZ 型和 SZB 型。虽然它们的结构型式有所不同，但工作原理是相同的。现以图 2-3-19，分析水环式真空泵的工作原理。

在水环泵中，液体随着叶轮而旋转，相对于叶轮轮毂作径向往复运动。在由 A→B→C

顺序的运转过程中，叶轮把能量传递给水，使其动能增加。当水从叶片端甩出时，达到叶轮切线速度的水就在泵腔内凹转；在由 C→D→A 的运转过程中，空腔容积逐渐变小，甩出的水重新进入叶轮内，其速度开始下降，被吸进的气体受压缩，液体的动能逐渐转化为压力能，转化后的压力能又传递给气体，使气体获得能量，这就是在水环泵内能量转换的过程。由于水环式真空泵是利用空腔的容积变化而达到吸气、排气的，因此它属于容积泵的类型。在工作中为了保证容积的不断变化，各个叶片间必须互不连通，要求叶轮两端面与泵盖、泵壳之间的间隙要适宜。若间隙太大，抽真空的能力大大降低，，严重时不能抽气；若间隙太小，叶轮加速磨损，容易发热。

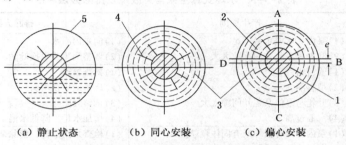

（a）静止状态　　（b）同心安装　　（c）偏心安装

图 2-3-19　水环式真空泵的工作原理

1—吸入孔；2—排气孔；3—水环；4—叶轮；5—泵体

3.4.3　水环式真空泵的操作

真空泵的操作使用借助图 2-3-18 来说明。

1. 灌泵

打开供水管阀 7 和自来水供水阀 6，向水箱灌装水，溢水出水时关闭阀 6。

2. 开泵和运转

（1）关闭阀 1、2、3，打开阀 4、5 后即可开泵。

（2）开泵后，真空泵将真空管的空气抽走。待真空罐内达达一定真空度后，打开阀 1 与离心泵连通的真空管线上有关阀门，即可对离心泵及其吸入系统抽真空引油，离心泵灌泵完毕后，关闭阀 1 和有关阀门。

（3）用来抽油罐车底油时，在真空罐内达到一定真空度后，打开阀 1 与真空罐抽底油系统之间的阀门，将油罐车中的底油抽入真空罐内；当真空罐中油面到达一定高度后，打开空气阀 2 和放油阀 3，将真空罐中油品放入放空罐。

3. 运转中的维护

（1）经常观察电压表和电流表读数是否正常，泵机组运转是否稳定。

（2）循环水量要适当，注意调节供水阀和回水阀的开启度，使泵在满足要求的前提下，功率消耗和自来水用量最少。从泵内流出的水的温度不应超过 40℃

（3）调节水封管阀门的开启度，在保证填料函密封的条件下，使水量消耗最小。按要求，供水量应充分，供水压力一般为 $(0.5 \sim 1.0) \times 10^5 \mathrm{Pa}$。

（4）轴承温度不宜过高，一般不能比周围温度高出 35℃，温度绝对值不能高于 70℃。

3.4.4　水环式真空泵操作注意事项

（1）真空泵在操作前应检查泵、电机、管路系统和各部件连接是否良好。

（2）循环水量要适当，水温不能过高，在南方 SZ 型水环泵有时不设水箱，直接由自来水供水，这时要根据电动机负荷情况，调节供水量，若供水量小，电流表读数下降，抽气能力降低；供水量大，电流表读数上升，抽气能力较高，使用时应兼顾既使抽气量大又不使电机超载。

（3）用真空泵抽吸油罐车底油，若气温太低，而真空罐底有水时，应防止真空泵放油管冻结。

（4）严寒季节，停泵后，应把泵和水箱内的水放尽，以防冻结。

3.4.5　水环式真空泵的故障和处理

水环式真空泵常见故障及排除方法见表 2-3-5。

表 2-3-5　水环式真空泵常见故障及排除方法

故障现象	产生原因	排除方法
泵不抽气	（1）泵内无水或水量不足 （2）叶轮和泵壳之间间隙太大	（1）向泵内灌水 （2）调整间隙或更换叶轮
真空度不够	（1）管道密封不严 （2）填料漏气 （3）叶轮与泵体泵盖间间隙太大 （4）水温过高	（1）检查管道 （2）压紧或更换填料 （3）调整间隙 （4）增加水量，降低水温
泵在工作中有噪声和振动	（1）泵内部件有损坏或有固体颗粒进入 （2）电机或轴承磨损 （3）泵与电动机轴心中心没校正好	（1）检查泵内部件，消除杂物 （2）检修机轴或油泵 （3）重新校正轴心线
轴功率过大	（1）泵内水过多 （2）叶轮泵体或泵盖子间间隙太小发生磨擦	（1）调整水位 （2）调整间隙
泵发热	（1）泵内供水量不足或水温过高 （2）填料过紧 （3）叶轮与泵体或泵盖之间间隙太大 （4）零件装配不正确 （5）轴弯曲	（1）增加水量 （2）调整 （3）调整间隙 （4）重新装配 （5）检查校正或更换

3.5　齿　轮　泵

齿轮泵属于容积式回转泵的一种，它一般用于输送具有润滑性能的液体。在油库中，齿轮泵用于输送润滑油和燃料油等。

齿轮泵主要由主动齿轮、从动齿轮、泵体、泵盖等组成。齿轮靠两端面密封，主动齿轮和从动齿轮均由两端轴承支承。泵体、泵盖和齿轮的各个齿间的空隙形成密封的工作空间。

3.5.1　齿轮泵的工作原理

齿轮泵的工作原理如图 2-3-20 所示。它的一对啮合齿轮，其中一个主动齿轮由原动机带动旋转，另一个从动齿轮与主动齿轮相啮合而转动。由于齿轮与泵盖之间的间隙很小（大约为 0.1~0.12mm），因此吸入口和排出口是隔开的。当主动齿轮转动时，带动从动齿轮以相反方向旋转。在吸入口处，齿轮逐渐分开，齿穴空了出来，使容积增大，压力降低，将油料吸入。吸入的油料在齿穴内被齿轮沿着泵壳带到排出口，在排出门处齿轮重新啮合，使容积缩小，压强增高，将齿穴中的油料挤

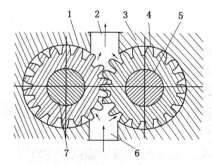

图 2-3-20　齿轮泵的工作原理
1—主动齿轮；2—排出口；3—泵壳轮；
4—从动齿轮；5—从动轴；6—吸入口；
7—主动轴

入排出管中。

3.5.2 齿轮泵分类和结构

齿轮泵的形式很多，按齿轮啮合方式一般可分为外啮合齿轮泵和内啮合齿轮泵。按齿轮形状可分为正齿轮泵、斜齿轮泵和人字齿轮泵等。这里以外啮合齿轮泵为例介绍齿轮泵结构。齿轮泵由泵体、齿轮组、泵盖、安全阀和机械密封装置等组成，如图2-3-21所示。

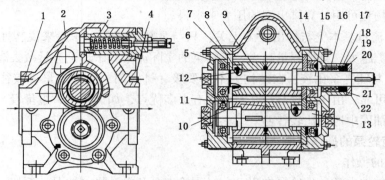

图2-3-21 齿轮泵结构

1—吸入口；2—泵体；3—安全阀；4—排出口；5—球轴承；6—制动螺丝；7—后盖；8—螺母；
9、11—左旋齿轮；10、12—右旋齿轮；13—从动轴；14—后盖；15—主动轴；16—弹簧；
17—衬圈；18—橡胶密封；19—动环；20—静环；21—石棉垫圈；22—压盖

1. 泵体

齿轮泵工作时，各回转部分在泵体内部的工作空间中旋转，内壳把工作空间分为吸入空间和排出空间。泵体的上部空间装有安全阀。

2. 回转部分

齿轮泵具有两个回转部分，一个是主动的，一个是被动的。主动轴的一端靠弹性联轴器和电动机轴相连。从传动方向看，泵的主动轮为顺时针方向旋转。主动回转部分上有主动轴，轴上有长键，装着两个齿轮，其中一个是左旋齿轮，另一个是右旋齿轮，两个齿轮配成一组人字齿轮。被动回转部分上有被动轴，轴上有短键，也装着二个旋转方向相反的齿轮相配成一组人字齿轮。

3. 差动式安全阀

差动式安全阀的结构如图2-3-22所示。差动式安全阀的安装方向与普通安全阀相反。

安全阀由弹簧顶紧在泵体内吸入腔与排出腔隔板的圆孔（阀座）上。拧动调节杆，可以改变弹簧的松紧度，从而改变安全阀的控制压力。齿轮泵工作时，阀体在轴向受到两个方向相反的力作用。弹簧的作用力方向向左；排出腔体内液体作用在两个环形斜面上，其轴向分力方向向右。在正常情况下，弹簧的作用力大于排出液体引起的轴向分力。阀体处于关闭状态。当排出腔体内液体压力（由于管路堵塞或油料黏度过大等原因）超过允许范围时，由液体压力作用在阀体两个环状斜面上引起的轴向分力大于弹簧的作用力时，阀体被顶开，排出腔内的部分液体经圆孔回流到吸入腔内，从而起安全保护作用。

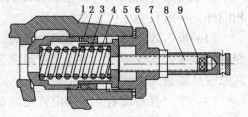

图2-3-22 差动式安全阀的结构
1—泵体；2—安全阀；3—弹簧；4—弹簧座；
5—垫圈；6—阀盖；7—锁紧螺母；8—调节杆；
9—调节杆套

3.5.3　齿轮泵性能特点

齿轮泵属容积泵，靠泵吸入和排出容积来抽送液体的，所以其特性也与一般容积泵相差无几，其主要工作性能和使用特点如下：

1. 齿轮泵的扬程大小取决于输送高度和管路损失。理论上分析齿轮泵的扬程可以无限大，但实际上泵扬程要受到电动机功率、泵体、管道机械强度等的限制，只能限定在某一数值，齿轮泵的扬程可用计算排出端的压力来求得。

2. 齿轮泵流量基本上与排出压力无关，只与泵转速有关。一般来说转速越大、齿轮与泵壳之间的间隙越大，则泄漏量越大。齿轮泵的实际流量等于理论流量减去漏失流量。

3. 齿轮泵与往复泵比较，在结构上不需要吸、排阀门，而且流量也较往复泵均匀，结构简单，运转可靠，由于齿轮泵与往复泵比有更多优点，如体积小、重量轻，可直接与原动机带动，故在油库中应用比较普遍。

3.5.4　齿轮泵的操作使用

1. 齿轮泵的操作

（1）使用前的准备。齿轮泵在启动前必须检查泵和电动机的情况。例如，有无卡住和不灵活；填料是否严密；各部件连接是否牢固可靠；润滑油（脂）是否适量等。尤其十分重要的是，启动前必须打开排出阀和排出管路上的有关阀门。

（2）运转中的维护。齿轮泵在运转中禁止关闭排出阀。其原因是液体几乎是不可压缩的。启动和运转中关闭排出阀，会使泵或管路憋坏，还可能烧坏电动机。在运转中应当用"听声音、看仪表、摸温度"的办法随时掌握工作情况，同时要保证各部润滑良好。

（3）流量调节。齿轮泵的流量调节主要是采用旁通阀门开启度进行调节。

（4）禁止关闭排出阀门。齿轮泵在启动和停泵时，关闭阀门会憋坏或烧坏电动机。为了安全，除了泵装有安全阀门外，在泵管路上还安装有回流管，启动时可打开回流管上的阀门，以减少电动机的负荷。

2. 齿轮泵的润滑

齿轮泵的各部件都有靠吸入的油品润滑。所以齿轮泵不能长期空转和用来输送汽油、煤油等黏度小的油品。使用前（特别是长期停用的泵）应向泵内灌入一些要输送的油品，使齿轮得到润滑并密封间隙。用齿轮泵输送润滑油时，温度不能太低，否则黏度大的油品不容易进入泵内，泵润滑不良而发出嘈杂的声音。并加速泵的磨损。

3.5.5　齿轮泵的故障和处理

1. 齿轮发生故障时，真空表和压力表的变化情况除了转速降低及泵内有气时与离心泵相同外，一般只一个仪表发生变化。

（1）吸入管路堵塞。当堵塞严重时，真空表读数增加，压力不变。其原因是泵的流量不变，所以压力读数不变。当吸入管路完全堵塞时，真空表读数增加，压力表读数下降到零。其原因是流量大大减少，甚至断流。

（2）排出管路堵塞。当排出管路堵塞时，压力表读数上升，真空表读数不变；当堵塞严重而超过安全阀控制压力时，安全阀打开，压力表和真空表读数下降。

（3）排出管路破裂。排出管路破裂时，压力表突然下降，真空表一般不变。其原因是管路破裂后并不改变流量。

2. 齿轮泵常见故障及排除方法见表 2-3-6。

表 2-3-6　齿轮泵常见故障及排除方法

故障现象	故障原因	处理方法
泵不吸油	泵内未灌油	开动前必须灌油
	吸入管堵塞	清除吸入管杂物
	吸入管或轴封机构漏气	检修
	泵反转	改变电动机的旋转方向
	间隙过大	调整
	油温过低	加热
	安全阀卡住	检修
流量不足或输出压力不足	吸入高度不够	增高液面
	泵体或吸入口管线漏气	更换垫片，紧固螺栓，修复管路
	入口管线或过滤器堵塞	清理管线或过滤器
	介质黏度大	降低介质黏度
	齿轮轴向间隙过大	调整间隙
	齿轮径向间隙或齿侧间隙过大	更换泵壳或齿轮
密封渗漏	中心线偏斜	校正
	轴弯曲	校正或更换
	轴承间隙过大，泵振动超标	更换轴承
	填料材质不合格	重新选材料
	填料压盖松动	紧固压盖
	填料安装不当	重新安装
	填料或密封圈失效	更换填料或密封圈
	机械密封件损坏	更换密封件
泵体过热	吸入介质温度过高	冷却介质
	轴承间隙过大或过小	调整间隙
	齿轮径向、轴向、齿侧间隙过小	调整间隙或更换齿轮
	填料过紧	调整紧力
	出口阀门开启度过小造成压力过高	开大出口阀门，降低压力
	润滑不良	更换润滑脂
电动机超负荷	吸入介质密度或黏度过大	调整介质密度或黏度
	泵内进杂物	检查过滤器，清除杂物
	轴弯曲	校直或更换轴
	填料过紧	调整紧力
	电动机出现故障	修理或更换
	联轴器同心度超标	重新校正
	排出压力过高或排出管路阻力过大	调整溢流阀，降低排出压力，疏通或放大排出管路
振动或发出噪声	吸入高度太大，介质吸不上	增高液位
	轴承磨损，间隙过大	更换轴承
	主动与从动齿轮平等度超标，主动齿轮轴和电动机轴同心度超标	校正
	轴弯曲	校直或更换轴
	泵内进杂物	清理杂物，检查过滤器
	齿轮磨损	修理或更换齿轮
	键槽损坏或配合松动	修理或更换
	地脚螺栓松动	紧固螺栓
	吸入空气	排除空气

3.6　螺　杆　泵

螺杆泵也是一种容积式泵，是油库中应用较多的一种泵。它是依靠几根相互啮合的螺杆间容积变化来输送液体的。它具有流量大、排出压力高、效率高和工作平稳等特点，一般用于输送各种润滑油、燃料油和柴油。

3.6.1 螺杆泵工作原理

螺杆泵是利用泵体和互相啮合的螺杆，将螺杆齿穴分隔成一个个彼此相隔离的空腔，使泵的吸入口和排出口隔开。螺杆泵工作时，主动螺杆按一定方向旋转，从动螺杆也随之旋转，在吸入口处齿穴所形成的空腔由小变大，吸进油品。当空腔体增至最大值时，即被啮合的齿和齿穴所封闭，封闭空腔体中的油品沿轴向排出端移动，在排出口处空腔体积逐渐变小，将油品排出。如图 2-3-23 所示。

图 2-3-23　螺杆泵工作原理

3.6.2 螺杆泵的分类和结构

螺杆泵按照螺杆数分为单螺杆泵、双螺杆泵和三螺杆泵等，按照吸入方式分为单吸螺杆泵和双吸螺杆泵。

螺杆泵主要由泵体、泵套、吸入盖、主动螺杆、从动螺杆、安全阀等组成，如图 2-3-24 所示，为三螺杆泵结构图。

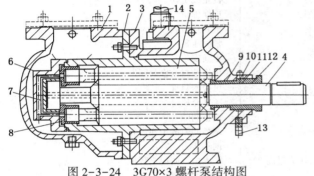

图 2-3-24　3G70×3 螺杆泵结构图

1—吸入盖；2—泵套；3—泵体；4—主动螺杆；5—从动螺杆；6—泵套盖；7—主动推力轴承；8—从动推力轴承；9—轴承；10—填料环；11—填料；12—填料盖座；13—溢油管；14—安全阀组件

（1）螺杆。主动螺杆与从动螺杆的螺纹方向相反，它们之间互相啮合，共同装在泵体内。为防止液体从高压腔流向低压腔，螺杆外圆表面和泵体套内表面间隙很小，螺杆相互啮合处的间隙也很小。

（2）泵的安全阀结构如图 2-3-25 所示。

安全阀下部与排出腔体连通，上部与吸入腔体连通。转动调整螺杆。可以改变弹簧的压紧程度。正常工作时，弹簧对安全阀的作用力大于排出腔体内液体对安全阀的作用力。安全阀贴紧在泵体上的阀座上，将排出腔与吸入腔隔开。当排出腔内液体压力超过允许范围时，排出腔内液体对安全阀的作用力大于弹簧的作用力。安全阀被顶开，排出腔体和吸入腔体连通，排出腔内液体回流至吸入腔。安全阀下部的叶片，在安全阀的开闭过程中起导向和定位作用。

（3）吸入口和排出口。泵的排出口向上，使泵停后泵内保存一定量的液体。当再次启动泵时，泵内各间隙得到密封和润滑。泵的吸入口可以根据需要指向上下左右四个方向。

3.6.3 螺杆泵性能特点

（1）结构简单，具备离心泵的特点。

（2）流量大，流量范围广，最大流量可达 2000m³/h，

（3）扬程高，排出压力可达 40MPa，常用在无缝钢管耐压强度内，具备往复泵优点。

（4）转速高，一般转速为 1450r/min，最高可达 10000r/min 以上，为其他容积式泵所不及。

（5）效率高，一般为 80%~90%。

（6）工作平稳，流量均匀。震动小，无噪音。主杆对杆以液压传动，螺杆之间保持油膜，无扭矩，又具备离心泵的优点。

（7）有自吸能力高，略低于往复泵。

(8) 流量随压力变化很小，在输送高度有变化时，能保持一定流量，具备容积式泵的优点。

(9) 能输送黏油和柴油，几乎兼备离心泵和容积泵的用途。

3.6.4 螺杆泵的操作

螺杆泵操作使用基本与齿轮泵相同。但使用中必须注意以下几点。

(1) 首次启动前需从泵上的注油孔向泵内注入少量油品，起密封和润滑作用；还应当检查泵的转动方向及各部连接，并打开排出管路上的所有阀门。若有回流阀，启动时最好打开回流阀。

(2) 运转中应注意看压力表和电流表的读数是否正常，并注意听泵运转的声音是否正常，螺杆泵是否发热等。遇有不正常现象应立即停泵查明原因，予以排除。运转中不允许关闭排出管路阀门。

(3) 工作完毕需停泵时，可全开排出阀门或保持工作时阀门的开启度停泵，绝不允许关闭排出阀门停泵。

(4) 螺杆泵的流量一般采用回流管调节，也可改变泵的转速调节，但泵的转速只能低于正常工作时的转速，而不能任意提高。

(5) 泵的工作压力可以通过调整安全阀弹簧的松紧程度来调节。

3.6.5 螺杆泵故障和处理

螺杆泵的常见故障及排除方法见表2-3-7。

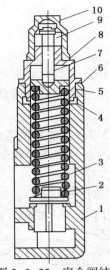

图2-3-25 安全阀结构
1—阀体；2—安全阀；
3—安全阀弹簧；4—弹
簧座；5—阀盖；6—垫圈；
7—调整螺栓；8—垫圈；9—锁
紧螺帽；10—护盖

表 2-3-7 螺杆泵的常见故障及排除

故障现象	故障原因	排除方法
泵不排油	吸入管路堵塞或漏气 吸入高度超过允许吸入真空高度 电动机反转 油品黏度过大	检修吸入管路 降低吸入高度 改变电机转向 将油品加温
流量不足或 输出压力太低	吸入压力不够 泵体或入口管线漏气 入口管线或过滤器堵塞 螺杆间隙过大	增高液面 进行堵漏 进行清理 更换螺杆
运转不平稳 出口压力太低	联轴器校正不好 轴承磨损或损坏 泵壳内进入杂物 同步齿轮磨损或错位 地脚螺栓松动	重新校正 更换轴承 清除杂物 调整、修理或更换 紧固地脚螺栓
压力表指针波动大	吸入管路漏气 安全阀没有调好或工作压力过大，使安全阀时开时闭	检修吸入管路 调整安全阀或降低工作压力
流量下降	吸入管路堵塞或漏气 螺杆与泵套磨损 安全阀弹簧太松或阀辩与阀座不严 电动机转速不够	检修吸入管路 磨损严重时应更换零件 调整弹簧，研磨阀瓣与阀座 修理或更换电动机
轴功率急剧增大	出口压力过高 排出管路堵塞 泵壳体进入杂物 螺杆与泵套摩擦严重 油品黏度太大 电动机故障 电流表失灵	调整溢流阀，检查出口管线 停泵清洗管路 检查清除杂物 检修或更换有关零件 将油品加温 检查、修理或更换 修理或更换

3.7 往 复 泵

往复泵具有效率高，输送介质黏度高时对泵效率影响不大等优点。油库一般常采用双缸电动活塞往复泵输送高黏度油品或用来抽吸车(船)底油。常见有单作用泵、双作用泵和差动泵等。

3.7.1 往复泵工作原理

往复泵属于容积泵，它利用活塞在泵缸内的往复运动，改变泵缸的工作容积吸入和排出油品。如图2-3-26当活塞在外力作用下由左端向右端移动时，缸内工作室的容积逐渐增大，压力降低（产生真空），排出阀门在自重、压差等因素作用下关闭；吸入罐中液体在压差作用下，克服吸入管内的摩擦损失及吸入阀门的阻力而进入泵缸。当曲柄转过半周，活塞到达右死点后便开始向左运动，这时泵工作容积减少，液体受到挤压，缸内压力很快升高至排出压力，吸入阀门被压力封住而排出阀门被顶开，液体从排出口流回到泵缸。活塞到达左死点时，泵缸内液体排尽，完成一个往复过程。随曲轴的旋转，活塞

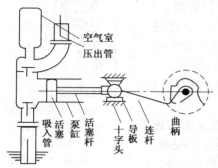

图2-3-26 往复泵工作示意图

周而复始地运动，不断地抽吸液体。

3.7.2 往复泵主要性能参数

1. 流量

往复泵的流量常用理论平均流量来表示，单位为 m³/h。

（1）单缸单作用泵

$$Q_\mathrm{T}=60FSn \qquad (2-3-26)$$

式中　F——活塞面积，m²；

　　　S——活塞行程，m；

　　　n——转速，r/min。

（2）单缸双作用泵

$$Q_\mathrm{T}=60(2F-f)Sn \qquad (2-3-27)$$

式中　f——活塞杆断面积，m²。

（3）多缸双作用泵

$$Q_\mathrm{T}=60i(2F-f)Sn \qquad (2-3-28)$$

式中　i——缸数。

2. 扬程

在往复泵中把扬程和排出压力视为同一概念。往复泵中的排出压力取决于液体输送高度和排出管道阻力损失。如管道具有足够的强度，电动机也具有足够的功率，那么，在排出管道堵塞时泵的排出压力将无限上升。实际上管道的强度有限，泵的强度也有限，所以不能任意提高泵的排出压力，更不允许在启动和运转过程中关闭泵的排出阀。为防止事故，在往复泵的排出口往往装有安全阀，以控制排出压力。

3.7.3 往复泵操作

1. 开泵前，检查泵的传动机构有无卡位或不灵活的现象；检查润滑油是否符合要求，

填料是否严密，各部件连接是否牢靠。开泵前应首先打开排出管道上的所有阀门，这是由于容积泵启动后压力剧升，会造成设备破坏。为减少启动电流还将回流阀打开，待电机启动正常后，再缓慢关闭回流阀。

2. 往复泵正常运转中，禁止关闭出口阀门，否则可能挤破管道和附件，憋坏泵或超载烧坏电机，造成严重事故，为防止因误动作发生这类事故，装在出口管线上的安全阀应定期检修，保持灵敏度完好。

3. 往复泵切不能用排出阀来调节流量，如工艺需要，可用旁通管路上的阀门进行调节。如需减少流量，可打开旁通管路上的回流阀，从而控制了流量。若以转速来调节，应注意切不能任意提高转速加大流量，而只能在低于正常转速范围内调节。

泵的工作压力可通过调整安全阀弹簧的松紧程度来实现。

4. 停泵时应先打开回流阀，再关泵，最后关闭出口阀门。

3.7.4 往复泵的故障和处理

往复泵常见故障原因分析和排除方法见表 2-3-8。

表 2-3-8　往复泵常见故障原因和排除

故障现象	产生原因	排除方法
泵不吸油	吸入管堵塞 吸入管或填料筒漏气 安装高度太大 吸入或排出活门卡住 旁路阀未关	清理吸入管 检修 校正 拆开检修 关小或关闭旁路阀
泵流量不足	吸入管或填料筒漏气 活门不严 活塞与泵缸间隙过大，活塞环卡住磨损 旁路阀未关严 吸入管部分堵塞	检修 检修 检修，更换皮碗或活塞 关严旁阀 清洗
泵在运转中有噪声和震动	油中有空气 空气室内没有空气 活塞螺帽松脱或活塞环损坏 泵内吸入固体物质 连接件松动	排出空气 检查调整 检查活塞组件 检查泵缸、排除杂质 拧紧
负载过大	排出管有堵塞现象 填料太紧 活塞与泵缸间隙太小 油品黏度过大 润滑不良 泵与电动机不同心	清理排出管道 适当放松 检查调整 将油品加温 检查润滑部位，加油或脂 校正偏心线

3.8　摆动转子泵

摆动转子泵是一种容积泵，自吸能力较强，适用于油品和化工介质的装卸车及输送，对气液两相可以混合输送，抗气蚀性能强。目前，在油库主要用于扫舱抽底油等作业。

3.8.1 摆动转子泵结构

摆动转子泵，其由外定子、内定子、隔板、转子、加强板、端盖、偏心轴、主轴和位于隔板两侧的流体进口和流体出口构成，转子与内定子构成的内腔高于转子与外定子构成的外腔，两者之比等于转子外径与转子内径之比，设有间隙密封阻止由于内、外腔高度不同导致的流体进口和流体出口的连通。

3.8.2 摆动转子泵工作原理

摆动转子气液混输泵工作时，偏心曲轴旋转使转子沿缸体外定子与内定子之间的环形空间做摆转运动，转子外壁与缸体外定子、转子内孔与内定子外径分别同隔板一起形成两个吸入腔和两个排出腔，吸入腔与排出腔的容积随转子摆动不断发生周期性变化，完成介质的吸入和排出。内、外定子与转子在工作时互不接触，保持一定的间隙，泵采用专门的润滑系统，润滑轴承及机械密封。

BZYB 系列摆动转子泵结构上采用曲柄活块机构（如图 2-3-27a 所示），经演化变为图 2-3-27b 所示。图 b 中的转子相当于图 a 中的连杆、曲轴相当于图 a 的曲柄，而活块对应于图 a 的活块，然后在以曲轴的旋转下转子产生的外轨迹圆为缸体，构成了完整的泵的结构原理图。

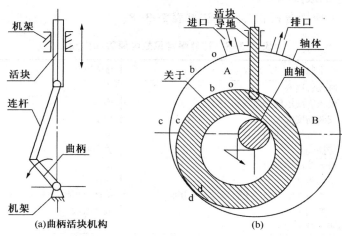

(a)曲柄活块机构　　(b)

图 2-3-27　摆动转子泵结构原理图

由图 b 可以看出，缸体与转子形成的间隙密封点 d(d′)和活块将缸体分成了工作容腔 A 和工作容腔 B(d 和 d′的距离在 0.02~0.04mm 之间)。当曲轴作逆时针转动时，套在曲轴上的转子也跟着旋转，但由于转子同时受到活块的牵制，致使转子在缸体内作滚动加微量滑移的方式进行容积变换(如图 2 所示，转子上点 a′对应于缸体上小微段 a，当曲轴转了一个角度后转子上的 b′对应于缸体上小微段 b，同样的 c′对应于 c、d′对应于 d……)。随着曲轴旋转角度的加大，A 腔体积也逐渐增大则形成真空，吸入介质；B 腔体积则逐渐减少，强迫介质从排口排出。随着曲轴的不断旋转，A 腔和 B 腔的体积就不断地发生周期性的变化，达到泵送的目的。

3.8.3 摆动转子泵主要参数及技术性能

摆动转子泵主要技术参数及技术性能见表 2-3-9。

表 2-3-9　摆动转子泵主要技术参数

技 术 项 目	参 数 值	技 术 项 目	参 数 值
额定排量	60m³/h	安全阀工作压力	额定出口压力+0.2MPa
出口压力	0.4MPa	配用电动机	dⅡBT4 11kW 730r/min
介质输送温度	-40~80℃	密封	采用机械密封，可靠、寿命长
介质输送黏度	0~500cst	过滤	对含颗粒性的液体需配过滤器 20~40 目/in
吸上真空度	-730mmHg	介质气液比	0~100%
效率	72%以上	最大干运转时间	10min(有回流系统时，时间可以延长)

3.8.4 摆动转子泵操作注意事项

（1）安装完成后，应再次检查进出口管路已经清洗，如尚未清洗的立即拆管路清洗。泵对杂质颗粒异常敏感，易造成卡死事故。

（2）手盘泵，以无卡滞点为好。

（3）启泵前，应检查电动机接线是否符合防爆要求，如配有减速器则应检查减速器齿轮箱内油面是否符合要求。管道上法兰联接螺栓是否紧固，止回阀流向是否正确。

（4）打开泵的进、出口管路上阀门，点动泵，检查泵的转向，确认正确后，开泵试运转。

（5）启泵后，检查泵的进出口压力表读数是否正常，泵的振动和噪音有无异常，如发现异常情况，应立即停机分析原因。

（6）停泵，关闭泵的进、出口管路阀门，关闭管路阀门，结束操作。

（7）摆动转子泵属于容积泵，故在开泵之前必须开启进、出口管路上所有阀门，以防止泵超压运行，另外，不可以采用调整阀门开度的方法改变泵的排量，因容积式泵其排量与出口压力无关，在所有压力条件下均为额定排量。

3.8.5 摆动转子泵的故障与处理

摆动转子泵常见故障原因分析与处理见表2-3-10。

表 2-3-10　摆动转子泵常见故障与排除

故障现象	原　因	排除方法
密封泄漏	密封元件材料老化失效	问明介质情况，配用适当密封件
	O型圈损坏	更换O型圈
	机封动环或静密封圈损坏	更换密封圈
	机封动静环密封面磨损	更换机械密封
	油封失效	更换油封
泵不吸油	吸入管路堵塞或漏气	检修吸入管路
	吸入高度超过允许吸入真空高度	降低吸入高度
	电动机反转	改变电机转向
	介质黏度过大	将介质加温
	过滤器堵塞	清洗过滤器
泵振动和噪声增大	泵轴与电机轴不同心	调整同心
	吸入管路堵塞，真空太高	检修吸入管路
	出口管路堵塞、关闭或管径太小	检查出口管路，开启阀门
泵发热	泵长时间干运转	回油冷却

3.9　滑　片　泵

滑片泵的应用范围广，不仅适用于输送介质温度-20~80℃的汽油、煤油、柴油等轻质油品，还适用于输送润滑油、高黏性液体和芳香剂、制冷剂、氨水及溶剂类（如丙酮、酒精等）介质；不仅可应用于固定设备中（如用于卸油，替代真空系统引油、抽底油、扫仓等固定机组中），还广泛适用于机动加油车、油罐车。

3.9.1　滑片泵结构

滑片泵为容积式泵的一种，SUB 型滑片泵的结构见图 2-3-28。它主要由转子、泵体、叶片(滑片)、端盖、轴、轴承和机械密封、安全阀等组成。

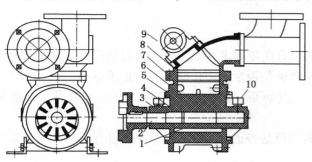

图 2-3-28　滑片泵的结构
1—转子；2—轴；3—轴承；4—密封；5—端盖；6—滑片；
7—泵体；8—泵上盖；9—安全阀

3.9.2　滑片泵工作原理

滑片泵转子开有若干轴向对称滑片槽，定子内壁为一数学螺线。滑片可在槽内径向滑动，同时随转子作圆周运动。转子旋转时，滑片受离心力作用从槽内甩出并紧贴定子内壁，这样相邻两滑片间形成一扇形空间，随着转子的旋转，扇形空间容积由逐渐增大→最大→逐渐减小→最小→逐渐增大循环变化。当容积逐渐增大时空腔内形成真空，在吸入区将介质吸入；当容积逐渐减小时，对空腔内介质产生挤压，在压出区将介质压出。这样，转子旋转一周，就完成一次介质的吸排过程。

3.9.3　滑片泵操作与维护

1. 开机前的准备工作

(1) 新机组开机前泵体内应充适量的介质油(所输送的介质，可从安全阀尾部螺孔加入)，泵体内油量超过泵的轴心线，否则会损坏泵内的机械密封，正常使用的泵开启前不必加油。

(2) 检查转向，是否符合规定要求。

(3) 检查润滑油，特别是长期停用的泵，再次运动时，必须加注润滑油脂(钙基润滑脂)，用手转动旋转部分，转动是否灵活，有无卡壳或其他异常情况。正常使用的泵，每隔30 天检查一次油杯中的油量，不够时加满，并压入轴承中。

(4) 检查泵进出口阀门开闭状况。

对滑片泵来说，最好是出口阀全开情况下启动，如果工艺流程不允全开，则可慢慢调整至流程所规定的要求，然后将阀门的开启度锁住，下次启动时就不必再调整。

2. 开机

开机前各项准备工作完成后，即可开机。

3. 运行

(1) 启动后应查看进出口压力表所指示的表压，出口表压应在性能指标范围内，以达到高效运行之目的。

(2) 通过听、看、闻的方法检查泵机组运行状况，不得有刺耳噪声和剧烈振动。

(3) 连续运行时，要查看安装轴承的泵端盖温度是否正常。不得高于环境温度40℃。用手触摸不得烫手，否则为异常情况，应停机查找原因。

(4) 注意观察电流表，电流过大应停机，查找原因。

3.9.4　滑片泵的故障与处理

滑片泵常见故障、原因及其排除方法见表 2-3-11。

表 2-3-11　滑片泵常见故障、原因及其排除方法

故　障	原因分析	排除方法
油泵不出油	吸入管路漏气 吸入管路过长或吸程太高 机械密封泄漏严重 出口管路处于闭死状态	查出漏气部位予以消除 降低吸程，缩短吸入管路 更换机械密封 打开出口管路阀门、排气
油泵出油量不足	转速太低 安全阀松动，偏离原调定位置 转子两端面磨损严重 负载过大（压力超过额定压差）	调整转速 重新调整，并锁紧 修理或更换转子 减少负载
油泵轴功率过大	压力过高 转速过高 装配太紧，摩擦损耗功率太大	降低压力 调整转速 重新调整、保证端面径向间隙
泵发热	负载压力过高 安全阀起作用压力过低 轴承磨损严重 二相输送时，气相比例太高	减低负载压力 重新调整起作用压力 修理、更换轴承 调整两相比例
振动噪声过大	底座不稳 发生气蚀 轴承磨损 泵和电动机不同轴 工况点不合适	加固 改变工况 更换轴承 调整同轴度 重新调整工况点

3.10　压　缩　机

压缩机是一种压缩气体提高气体压力或输送气体的机器，又叫压气机和压风机。各种压缩机都属于动力机械，能将气体体积缩小，压力增高，具有一定的动能，可作为机械动力或其他用途。根据所压缩的气体不同，称空气压缩机，氧气压缩机、氨压缩机、天然气压缩机等等。

压缩机按其原理可分为：往复式（活塞式）压缩机、回转式（旋转式）压缩机（涡轮式、水环式、透平）压缩机，轴流式压缩机，喷射式压缩机及螺杆压缩机等各种型式，其中应用最为广泛的是往复式（活塞式）压缩机。

3.10.1　压缩机的工作原理

气体在压缩过程中的能量变化与气体状态（即温度、压力、体积等）有关。在压缩气体时产生大量的热，导致压缩后气体温度升高。气体受压缩的程度愈大，其受热的程度也愈大，温度也就升得愈高。压缩气体时所产生的热量，除了大部分留在气体中使气体温度升高外，还有一部分传给气缸使气缸温度升高，并有少部分热量通过缸壁散失于空气中。压缩气体所需的压缩功，决定于气体状态的改变。

往复式压缩机有气缸、活塞和气阀。压缩气体的工作过程可分成膨胀、吸入、压缩和排出四个阶段。

离心式压缩机是一种叶片旋转式压缩机（即透平式压缩机）。在离心式压缩机中，高速旋转的叶轮给予气体的离心力作用，以及在扩压通道中给予气体的扩压作用，使气体压力得到提高。离心式压缩机与活塞式压缩机相比有以下一些优点。

（1）离心式压缩机的气量大，结构简单紧凑，重量轻，机组尺寸小，占地面积小。

（2）运转平衡，操作可靠，运转率高，摩擦件少，加之备件需用量少，维护费用及人员少。

（3）在化工流程中，离心式压缩机对化工介质可以做到绝对无油的压缩过程。

（4）离心式压缩机为一种回转运动的机器，它适宜于工业汽轮机或燃汽轮机直接拖动。

3.10.2 压缩机的操作

1. 压缩机操作中的危险因素

（1）机械伤害　压缩机的轴、联轴器、飞轮、活塞杆、皮带轮等裸露运动部件可造成对人的伤害。零部件的磨蚀、腐蚀或冷却、润滑不良及操作失误，超温、超压、超负荷运转，均有可能引起断轴、烧瓦、烧缸、烧填料、零部件损害等重大机械事故。这不仅造成机械设备损坏，对操作者和附近的人也会构成威胁。

（2）爆炸和着火　输送易燃、易爆介质的压缩机，在运转或开停车的过程中极易发生爆炸和着火事故。这是因为气体在压缩过程中温度和压力升高，使其爆炸下限降低，爆炸危险性增大；同时，温度和压力的变化，易发生泄漏。

（3）中毒　输送有毒介质的压缩机，由于泄漏、操作失误、防护不当等，易发生中毒事故。另外，在生产过程中对废气、废液的排放管理不善或违反操作规程进行不合理排放；操作现场通风、排气不好等，也易发生中毒。

（4）噪声危害　压缩机在运转时会产生很强的噪声。如空气鼓风机、煤气鼓风机、空气透平机等的工业噪声级常可达到92~110dB，大大超过国家规定的噪声级标准，对操作者有很大危害。

（5）高温与中暑　压缩机操作岗位环境温度一般比较高，特别是夏季，受太阳辐射热的影响，常产生高温、高湿度、强热辐射的特殊气候条件，影响人体的正常散热功能，引起体温调节障碍而引起中暑。

2. 压缩机操作安全

压缩机操作应遵守下列原则：

（1）时刻注意压缩机的压力、温度等各项工艺指标是否符合要求。如有超标现象应及时查找原因，及时处理。

（2）经常检查润滑系统，使之通畅、良好。所用润滑油的牌号必须符合设计要求。润滑油必须严格实行三级过滤制度，充分保证润滑油的质量。属于循环使用的润滑油，必须定期分析化验，并定期补加新油或全部更换再生，使润滑油的闪点、黏度、水分、杂质、灰分等各项指标保持在设计要求范围之内。采用循环油泵供油的，应注意油箱的油压和油位；采用注油泵自动注油的，则应注意各注油点的注油量。

（3）气体在压缩过程中会产生热量，这些热量是靠冷却器和气缸夹套中的冷却水带走的。必须保证冷却器和水夹套的水畅通，不得有堵塞现象。冷却器和水夹套必须定期清洗，冷却水温度不应超过40℃。如果压缩机运转时，冷却水突然中断，应立即关闭冷却水入口阀，而后停机令其自然冷却，以防设备很热时，放进冷却水使设备骤冷发生炸裂。

（4）应随时注意压缩机各级出入口的温度。如果压缩机某段温度升高，则有可能是压缩比过大、活门坏、活塞环坏、活塞托瓦磨损、冷却或润滑不良等原因造成的。应立即查明原因，作相应的处理。如不能立即确定原因，则应停机全面检查。

（5）应定时(每30min)把分离器、冷却器、缓冲器分离下来的油水排掉。如果油水积蓄太多，就会带入下一级气缸。少量带入会污染气缸、破坏润滑，加速活塞托瓦、活塞环、气缸的磨损；大量带入则会造成液击，毁坏设备。

（6）应经常注意压缩机的各运动部件的工作状况。如有不正常的声音、局部过热、异常气味等，应立即查明原因，作相应的处理。如不能准确判断原因，应紧急停车处理。待查明原因，处理好后方可开车。

（7）压缩机运转时，如果气缸盖、活门盖、管道连接法兰、阀门法兰等部位漏气，需停机卸掉压力后再行处理。严禁带压松紧螺栓，以防受力不均、负荷较大导致螺栓断裂。

（8）在寒冷季节，压缩机停车后，必须把气缸水夹套和冷却器中的水排净或使水在系统中强制循环，以防气缸、设备和管线冻裂。

（9）压缩机开车前必须盘车。压缩可燃气体的压缩机开车前必须进行置换，分析合格后方可开车。

3.10.3　压缩机的维护

压缩机的日常维护应注意以下内容：

1. 离心式压缩机

（1）定时巡检，并做好记录，机组严禁在喘振工况下运行；定期监测机组声响和振动情况，如发现不正常声响或振动值明显增大时，应及时采取措施或停机检查，排除故障；定时检查润滑油温度和压力，油过滤器前后压差超过规定值时，要及时切换和清扫过滤器芯子；定时检查轴承、电机转子、冷却水温度及各级出入口风温。

（2）定期分析化验润滑油质量。检查润滑油油箱液位，液位下降时，应及时补充新油。

（3）检查气体冷却器冷却水压力、流量、排凝，保持各级入口风温。检查除尘器进出口压差情况，并定期清扫或更换。检查各动静密封部位，及时处理泄漏。

（4）要定期分析机组运行情况，做好事前维修工作，备用机组要定期盘车。

2. 活塞式压缩机

（1）定时巡检，并做好记录，定时检查各部轴承及摩擦副温度，定时检查油温、油压、油位、油过滤器压差，并对润滑油化验分析。定时检查气缸、填料等部位冷却水出口温度。

（2）定时检查压缩机各段进口压力、温度、流量及各气阀温度。定时检查各级密封的泄漏及活塞杆位移。定时检查各运动件有无异常响声，各部件紧固螺栓是否松动或断裂。

（3）定期监测机组的振动。定期对润滑油系统备用泵进行自启动试验。定期检查更换指示失灵或附件损坏的各种指示仪表。

（4）定期清理机组卫生，清除机体表面、油系统基础面及周围地面的油污或积水。

3.11　泵的检查维护

3.11.1　检查工作的分类

按检查周期可分为：日检查、月检查、季检查和年检查。日检查和月检查由操作人员结合保养工作进行，目的是通过检查及时发现不正常的工作状况，进行必要的维护保养。季检查和年检查是在操作者的参加下，由专职维修工进行，目的在于掌握零件磨损情况，以确定是否要停泵维修。

此外，按性能可把检查分为功能检查、精度检查和技术检测三类。

3.11.2　检查的内容

（1）日检查的内容包括：轴承温度(用手触摸感受)；吸入、排出压力；密封处的渗漏；

电动机输入功率(电压、流值)；轴承的润滑；甩油的动作；振动与噪声。

（2）月检查的内容包括：用温度计测定轴承温度；检查泵与电动机的联接情况。

（3）季检查的内容包括：轴承盒里的润滑油质量如变质应全部更换；检查润滑脂质量，如变质更换；检查滑动轴承的径向间隙；进行压盖填料的检查。

（4）年检查的内容包括：检查泵与电机的直联情况；检查转动部分的间隙和磨损情况；检查校验真空表和压力表；检查泵壳内的腐蚀情况；检查出口阀门及止回阀的工作情况；检查压盖、填料及轴套情况。

3.11.3 油泵的维护

为了使泵处于良好的工作状态，在使用中要注意对泵的养护。按照泵的养护内容分为四类：

（1）日常养护 其保养项目主要是泵的外部，如清洁、润滑、固定等。

（2）一级保养 对泵全面地进行清洁、润滑、固定和部分调整。

（3）二级保养 除上述项目外，还包括局部调整和解体检查。

（4）三级保养 对设备整体进行解体检查和调整，更换部分磨损超限的零件，恢复泵的性能。

第4章　阀　门

阀门是流体管路的控制装置。其基本功能是接通或切断管路介质的流通，改变介质的流动方向，调节介质的压力和流量，保护管路和设备的正常运行。

4.1　阀门的分类和型号

4.1.1　阀门的分类

阀门的分类方法有多种，通常有以下几种：

1. 按用途和作用分类

（1）截断阀　用来截断或接通管道介质。如闸阀、截止阀、球阀、隔膜阀、旋塞阀等。

（2）止回阀　用来防止管道中的介质倒流。如止回阀(底阀)等。

（3）分配阀　用来改变介质的流向，起分配、分离或混合介质的作用。如三通球阀、三通旋塞阀、分配阀、疏水阀等。

（4）调节阀　用来调节介质的压力和流量。如减压阀、调节阀、节流阀等。

（5）安全阀　防止装置中介质压力超过规定值，从而对管道或设备提供超压安全保护，如安全阀等。

2. 按连接方法分类

（1）螺纹连接阀门　阀体带有内螺纹或外螺纹与管道螺纹连接。

（2）法兰连接阀门　阀体带有法兰，与管道法兰连接。

（3）焊接连接阀门　阀体带有焊接坡口，与管道焊接连接。

（4）夹箍连接阀门　阀体带有夹口，与管道夹箍连接。

（5）对夹连接阀门　用螺栓直接将阀门及两头管道穿夹在一起的连接形式。

3. 按驱动方式分类

（1）动力驱动阀门，又可根据动力源的不同，分为：

① 电动阀门　借助电力驱动的阀门。

② 气动阀门　借助压缩气体驱动的阀门。

③ 液动阀门　借助液体压力驱动的阀门。

（2）手动阀门　借助手轮、手柄、杠杆、链轮等，由人力来操纵阀门启闭的阀门。当阀门启闭的力矩较大时，可在手轮和阀杆之间设置齿轮或蜗轮减速器。

（3）组合驱动阀门　以组合方式驱动的阀门，如电-气、电-液驱动阀门。

4. 按公称压力系列分类

（1）真空阀门　工作压力低于标准大气压的阀门。

（2）低压阀门　公称压力等于或低于1.6MPa的阀门。

（3）中压阀门　公称压力介于2.5MPa与6.4MPa之间的阀门。

（4）高压阀门　公称压力介于10MPa与80MPa之间的阀门。

（5）超高压阀门　公称压力等于或高于100MPa的阀门。

5. 按公称直径分类

（1）小直径阀门　公称直径等于或小于 40mm 的阀门。

（2）中直径阀门　公称直径介于 50mm 与 300mm 之间的阀门。

（3）大直径阀门　公称直径介于 350mm 与 1200mm 之间的阀门。

（4）特大直径阀门　公称直径等于或大于 1400mm 的阀门。

6. 按结构特征分类

（1）截门形阀门　启闭件(阀瓣)由阀杆带动沿着阀座中心线作升降运动的阀门。

（2）闸门形阀门　启闭件(闸板)由阀杆带动沿着垂直于阀座中心线作升降运动的阀门。

（3）旋塞形阀门　启闭件(链塞或球)围绕自身中心线旋转的阀门。

（4）旋启形阀门　启闭件(阀瓣)围绕阀座外的轴旋转的阀门。

（5）蝶形阀门　启闭件(圆盘)围绕阀座内的固定轴旋转的阀门。

（6）滑阀形阀门　启闭件在垂直于通道的方向滑动的阀门。

4.1.2　阀门的基本参数

1. 公称通径

公称通径是指阀门与管道连接处的名义直径，通常用 DN 表示。阀门的公称通径表明了阀门规格的大小，它是阀门最主要的结构参数。如 $DN50$ 的阀门、$DN200$ 的阀门分别表示阀门的公称通径为 50mm 和 200mm。

2. 公称压力

公称压力是指阀门在规定的基准温度下的允许最大压力，通常用 PN 表示。阀门的公称压力表明了阀门承压能力的大小，也是阀门最主要的参数之一。如 $PN1.6$、$PN2.5$ 的阀门分别表示阀门的公称压力或允许的最大压力分别为：1.6MPa 和 2.5 MPa。

3. 适用介质

不同材料制成的阀门适用于不同的介质。种类阀门都有一定的适用范围，在选用时应加以注意。

4.1.3　阀门选用

阀门选用应在掌握介质性能、流量特性，以及温度、压力、流量等的基础上，结合工艺、操作、安全等要求，选用相应类型、结构形式、型号规格的阀门。

（1）介质性能　许多介质都有一定的腐蚀性。同一介质随着温度、压力、浓度的变化，其腐蚀性也不一样。因此，选用阀门时应考虑材料的耐腐蚀性能。输送油品的阀门通常为碳素钢阀门。

（2）流量特性　阀门启闭件、通道形状使阀门具有一定的流量特性，选用阀门时必须予以考虑。

① 截断和接通介质用阀门　这类阀门主要有闸阀、截止阀、柱塞阀等，适用于流阻小的情况。

② 控制流量用阀门　这类阀门主要有调节阀、节流阀、旋塞阀、球阀、蝶阀等。适用于调节控制流量。

这里应注意的是：用闸阀、截止阀的开启度来实现节流是不合理的，其原因是管道中介质在节流的状态下，流速很高，会使密封面因受冲刷磨损而失去密封作用。同样，用节流阀作为切断装置也是不合理的。

（3）压力和温度　压力和温度是选用阀门的因素之一。不同材料的阀门使用压力和温度见表 2-4-1。

表 2-4-1　不同材料的阀门使用的压力和温度

阀门名称	使用温度/℃	使用温度压力/MPa
灰铸铁阀门	-15~250	1.0
可锻铸铁阀门	-15~250	2.5
球墨铸铁阀门	-30~350	4.0
碳素钢阀门	-29~450	32.0

（4）流量和流速　阀门的流量和流速主要取决于阀门的直径，也与阀门结构型式对介质的阻力有关，与介质的压力、温度、浓度等因素有着一定的内在联系。在流量一定的条件下，流速决定着效率的高低。

（5）阀门连接形式　阀门与管道连接主要有螺纹、法兰、焊接三种形式。在油库中多采用螺纹连接和法兰连接。

① 螺纹连接　螺纹连接的阀主要是 DN50 及其以下的阀门，如果直径较大，连接安装和密封十分困难。在油库、炼油厂罐区通常 DN25、32、40mm 的阀门多采用螺纹连接。这里应注意的是：重要部位应选法兰连接阀门，如与油罐相连的小口径阀门。

② 法兰连接　法兰连接阀门安装、拆卸都比较方便，适用于各种直径和压力的管道使用。但当温度超过350℃时，螺栓、垫片和法兰会发生蠕变松弛，降低螺栓的负荷，对受力很大的法兰连接可能产生泄漏。

③ 焊接连接　这种连接适用于各种压力和温度重要条件下使用，在苛刻条件下使用时，比法兰连接更为可靠，但拆卸和重新安装比较困难。在油库和炼油厂罐区较少使用这种连接。

4.1.4　阀门型号的表示方法

阀门生产厂家众多，其产品也多种多样，但阀门型号的表示方法基本相同。通用的阀门型号由下列 7 个单元组成。见图 2-4-1 阀门型号的表示方法

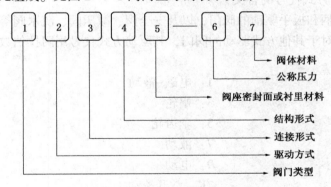

图 2-4-1　阀门型号的表示方法

上述阀门型号表示式各代号中，"1"表示阀门类型代号；"2"表示阀门的驱动方式，非动力驱动时一般可以省略；"3"表示阀门的连接形式；"4"表示阀门的结构形式；"5"表示阀门阀座密封面或衬里的材料；"6"表示阀门的公称压力；"7"表示阀门的阀体材料。如某阀门的铭牌上标明阀门的型号为：Z941H—1.6C，则表明该阀门的公称压力为 1.6MPa，阀体材料为碳钢，密封面材料为合金钢的法兰连接单闸板电动闸阀。

4.1.5 通用阀门的标志

通用阀门的标识项目如表2-4-2所示，在表中1~4项是必须使用的标志，5~19是按需选择的标志。

表2-4-2 通用阀门的标志项目

项　目	标　志	项　目	标　志
1	公称通径 DN	11	标准号
2	公称压力 PN	12	熔炼炉号
3	受压部件材料代号	13	内件材料代号
4	制造厂名称或商标	14	工位号
5	介质流向的箭头	15	衬里材料代号
6	密封环(垫)代号	16	质量和试验标记
7	极限温度(℃)	17	检验人员印记
8	螺纹代号	18	制造年、月
9	极限压力	19	流动特性
10	生产厂编号		

4.1.6 阀门标识中代号的含义

1. 阀门类型代号的含义

阀门类型代号用汉语拼音(大写)表示，具体含义如下：

A：安全阀　　　　　　　　D：蝶阀

H：旋启式止回阀　　　　　J：截止阀

L：节流阀　　　　　　　　P：升降式止回阀

Q：全通道球阀　　　　　　S：疏水阀

VQ：缩颈球阀　　　　　　Z：闸阀

2. 阀门的驱动方式代号的含义

对于手轮、手柄和扳手驱动的阀门，以及安全阀、减压阀、疏水阀等自动阀门一般可以省略其驱动代号；对于其他方式驱动的阀门，其驱动方式代号用阿拉伯数字表示，其具体含义如下：

0：电磁驱动　　　　　　　1：电磁-液动

2：电-液动　　　　　　　 3：蜗轮

4：正齿轮　　　　　　　　5：伞齿轮

6：气动　　　　　　　　　7：液动

8：气-液动　　　　　　　 9：电动

6K：常开气动　　　　　　7K：常开液动

6B：常闭气动　　　　　　7B：常闭液动

6S：气动带手动　　　　　9B：防爆电动

3. 阀门连接型式代号的含义

阀门连接型式代号也是用阿拉伯数字表示，其具体含义如下：

1：内螺纹　　　　　　　　2：外螺纹

4：法兰　　　　　　　　　6：焊接

7：对夹　　　　　　　　　　　　8：卡箍

9：卡套

4. 阀门结构型式代号的含义

阀门结构型式代号按阀门类型分别用阿拉伯数字表示，其具体含义如下：

（1）对截止阀和调节阀，其结构型式代号的含义为：

1：直通式　　　　　　　　　　　4：角式

5：直流式　　　　　　　　　　　6：平衡直通式

7：平衡角式

（2）闸阀结构型式代号的含义为：

a. 对明杆闸阀

0：楔式弹性闸板　　　　　　　　1：楔式单闸板

2：楔式双闸板　　　　　　　　　3：平行式单闸板

4：平行式双闸板

b. 对暗杆闸阀

5：楔式单闸板　　　　　　　　　6：楔式双闸板

（3）球阀结构型式代号的含义为：

1：浮动直通式　　　　　　　　　4：浮动 L 形三通式

5：浮动 T 形三通式　　　　　　　7：固定直通式

5. 阀门阀座密封或衬里材料代号的含义

对在阀体上直接加工的阀座密封面，其阀座密封面材料代号为"W"；当阀座与启闭密封面材料不同的阀门，其阀座密封面材料的代号用较低硬度的材料的代号作为密封面材料代号，其中阀门座密封或衬里材料代号一般用汉语拼音（大写）字母表示，其具体含义如下：

B：巴氏合金　　　　　　　　　　C：搪瓷

D：渗氮钢　　　　　　　　　　　F：氟塑料

H：合金钢　　　　　　　　　　　J：衬胶

N：尼龙塑料　　　　　　　　　　P：渗硼钢

Q：衬铅　　　　　　　　　　　　T：铜合金

X：橡胶　　　　　　　　　　　　Y：硬质合金

6. 公称压力代号的含义

阀门的公称压力代号为阀门公称压力的数值，一般按阀门公称压力系列给出，其具体含义为：

1：150Lb（$PN2.0$）　　　　　　3：300Lb（$PN5.0$）

6：600Lb（$PN10.0$）　　　　　　9：900Lb（$PN15.0$）

15：1500Lb（$PN25.0$）　　　　　25：2500Lb（$PN42.0$）

7. 阀体材料代号的含义

对公称压力 $PN \leq 1.6MPa$ 的灰铸铁阀和公称压力 $PN \geq 2.5MPa$ 的碳素钢阀及工作温度>530℃的电站阀，可以省略其阀体材料代号，而对其他阀门，其阀体材料代号用汉语拼音（大写）字母表示，其具体含义为：

C：ZG25Ⅱ　　　　　　　　　　　I：Cr5Mo

K：KT30—6   P：1Cr18Ni9Ti

Q：QT40—15   R：Cr18Ni12Mo2Ti

T：H62   V：12Cr1MoV

Z：HT25—47

4.2 油库常用阀门

油库常用阀门主要有闸阀、截止阀、旋塞阀、球阀、蝶阀、止回阀、安全阀、减压阀、节流阀等。此外，还有储油罐专用的呼吸阀和液压安全阀。

4.2.1 闸阀

闸板在阀杆的带动下，沿阀座密封面作升降运动而达到启闭目的的阀门，叫做闸阀。

4.2.1.1 闸阀的用途

闸阀是截断类阀门的一种，用来接通或截断管路中的介质。

4.2.1.2 闸阀的结构

闸阀主要由阀门体、阀门盖、支架、阀杆、阀杆螺母、闸板、阀座、填料函、密封填料、填料压盖及传动装置等组成，如图2-4-2所示。

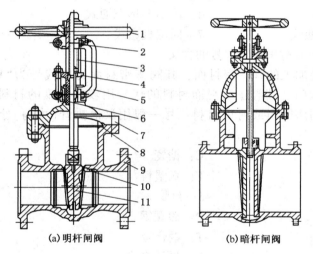

(a)明杆闸阀   (b)暗杆闸阀

图 2-4-2 闸阀结构示意图

1—手轮；2—阀杆螺母；3、4—压盖；5—支架；6—填料；

7—阀门盖；8—垫片；9—阀体；10—阀座；11—闸板

（1）阀门体 它是闸阀门的主体，是安装阀门盖、安放阀座、连接管道的重要零件。阀门体的结构决定于阀门体与管道、阀门体与阀门盖的连接。阀门体毛坯可采用铸造、锻造、锻焊、铸焊，以及管板焊接等。铸造阀门体一般用于 $DN \geq 50$mm，锻造阀门体一般都用于 $DN < 50$mm，锻焊阀门体用于对整体锻造工艺上有困难，且用于重要场合的阀门，铸焊阀门体用于对整体铸造无法满足要求的结构。

（2）阀门盖和支架 它们与阀门体形成耐压空腔上面的填料函，支承阀杆与传动装置等零件。

（3）阀杆 它与阀杆螺母或传动装置直接相接，光杆部分与填料形成密封面，能传递力矩起着启闭阀门板的作用。根据阀杆上螺纹的位置分为明杆、暗杆闸阀两种。

① 明杆闸阀　阀杆升降是通过在阀门盖和支架上的阀杆螺母旋转来实现的，阀杆螺母只传递转动，没有上下位移。这种结构对阀杆润滑有利，闸板的开启度清楚，阀杆螺纹及阀杆螺母不与介质接触，不受介质温度和腐蚀性的影响，因而使用较广泛。

② 暗杆闸阀　阀杆升降是靠旋转阀杆来带动闸板上的阀杆螺母升降来实现在的，阀杆只传递转动，没有上下传动位移。这种结构，阀门的高度尺寸小，它的启闭过程难以控制，需要增加指示器，阀杆螺纹及阀杆螺母与介质接触，受介质温度和腐蚀性的影响，因而适用于非腐蚀性介质以及外界环境条件较差的场合。

（4）阀杆螺母　它与阀杆形成螺纹副，与传动装置直接相接，传递力矩。

（5）传动装置　它直接把电力、气力、液力和人力传递给阀杆或阀杆螺母。

（6）阀座　它用压、焊、螺纹等方法连接，阀座是固定在阀门体上与闸板构成密封面的零件。阀座密封圈可在阀门体上直接堆焊金属形成密封面，也可在阀门体上直接加工出密封面。

（7）密封填料　填料是在填料函内通过压盖压紧，能够在阀门盖和阀杆间起密封作用的材料。

（8）填料压盖　它通过压盖螺栓和螺母，能够将填料压紧。

（9）闸板　它是闸阀的启闭件，闸阀启闭、密封性能和寿命都主要取决于闸板，它是闸阀的关键零件。根据闸板的结构形式分为两大类。

① 平行式闸板　阀板上的两个密封面相互平行，且与阀门体通道中心线垂直。它又分为平行单闸板、平行双闸板两种。

② 楔式阀板　密封面与闸板垂直中心线对称成一定倾角，称为楔半角。楔半角的大小主要取决于介质的温度和直径的大小，一般介质温度越高，直径越大，所取楔半角越大，常见的有楔形闸板和楔式双闸板。

4.2.1.3　闸阀的特点

（1）流体阻力小。因为闸阀体内部介质通道是直通的，介质流经闸阀时不改变其流动方向，所以流体阻力小。

（2）启闭力矩小。因为闸阀启闭时闸板运动方向与介质流动方向相垂直，与截止阀相比，闸阀启闭较省力。

（3）介质流动方向不受限制。介质可以从阀门两侧任意方向流过，均能达到使用的目的，特别适用于介质的流动方向可能改变的管路。

（4）结构长度较短。因为闸阀的闸板是垂直于阀门体内的，而截止阀阀瓣水平置于阀门体内，因而结构长度比截止阀短。

（5）密封性能好。阀门全开时，介质对密封面的冲蚀较小。

（6）容易损伤密封面。阀门启闭时。闸板与阀座相接触的两密封面之间有相对摩擦，易损伤，影响密封性能与使用寿命。

（7）启闭时间长。由于高度大，闸阀启闭时须全开或全关，闸板行程大，开启需要一定的空间，外形尺寸高。

（8）结构复杂。这种阀门零件较多，制造与维修较困难，成本比截止阀高。

4.2.1.4　闸阀常见故障及排除方法

闸阀常见故障及排除方法见表2-4-3。

表 2-4-3　闸阀常见故障及排除方法

常见故障	产生原因	预防和排除方法
开不启	T形槽断裂	T形槽应有圆弧过滤，提高铸造和热处理质量，开启时不要超过上死点
	单闸板卡死	关闭力适当，操作时不要使用过长杠杆
	内阀杆螺母失效	内阀杆螺母不适宜腐蚀性大的介质
	阀杆关闭后受热顶死	阀杆在关闭后，应间歇一定时间，阀杆进行一次卸载，将手轮倒转少许
关不严	阀杆的顶心磨损或悬空，使闸板密封时好时坏	阀杆顶丝磨损后应修复，顶心应顶住关闭件，并有一定的活动间隙
	密封面掉线	楔式双闸板阀间顶心调整垫更换厚垫、平行双闸板加厚或更换顶锥（楔块）、单闸板结构应更换或重新堆焊密封面
	楔式双闸板脱落	正确选用楔式双闸板闸阀。保持架注意定期检查和修理
	阀杆与闸板脱落	正确选用闸阀、操作用力适当
	导轨扭曲、偏斜	注意检查，进行修整
	闸板拆卸后装反	拆卸时应作好标记
	密封面擦伤	不宜在含磨粒介质中使用闸阀；关闭过程中，密封面间反复留有细缝，利用介质冲走磨粒和异物

4.2.2　蝶阀

蝶板在阀门体内绕着固定轴旋转的阀门，叫做蝶阀。

4.2.2.1　蝶阀的用途

蝶阀可用于截断介质，也可用于调节流量。多用于低压和中、大口径的阀门。国外蝶阀公称直径已达 5m 以上。密封圈材料一般采用橡胶、塑料，但使用工作温度较低；如采用金属或其他耐高温材料作密封圈，则可用于高温。

4.2.2.2　蝶阀的结构

蝶阀主要由阀门体、阀杆、蝶板、密封圈和传动装置等组成。如图 2-4-3 所示。

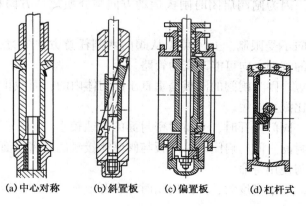

(a)中心对称　　(b)斜置板　　(c)偏置板　　(d)杠杆式

图 2-4-3　蝶阀结构示意图

（1）阀门体　阀门体呈圆筒状，上下部位各有一个圆柱形凸台，用以安装阀杆。蝶阀与管道多采用法兰连接；如采用对夹连接，其结构长度最小。

272

（2）阀杆　阀杆是蝶板的转轴，轴端有用填料函密封结构，防止介质外漏。阀杆上端与传动装置直接相接，用以传递力矩。

（3）蝶板　蝶板是蝶阀的启闭件。根据蝶板在阀门体中的安装方式，蝶阀分为四种形式。

① 中心对称板　阀杆是固定于蝶板的径向面容易擦伤，易泄漏，一般适用于流量调节。

② 斜置板式　阀杆垂直安置，蝶板倾斜安置。它密封性好，但阀门体密封面的倾角加工和维修较困难。

③ 偏置板式　阀杆和蝶板都垂直安置，蝶板与阀座密封圈、阀杆偏心，流体阻力较大。国内广泛采用这种形式的蝶阀。

④ 杠杆式　阀杆水平安置，偏离阀座和通道中心线，采用杠杆械带动蝶板启闭。它的密封性好，密封面不易擦伤，密封面加工和维修方便，但结构较复杂。

4.2.2.3　蝶阀的特点

（1）结构简单，外形尺寸小。由于结构紧凑，结构长度短，体积小，重量轻，适用于大口径阀门。

（2）流体阻力较小。全开时，通道有效流体通过面积较大，因而流体阻力较小。

（3）启闭方便迅速，调节性能好。蝶板旋转90°即可完成启闭。通过改变蝶板的旋转角度可以分级控制流量。

（4）启闭力矩小。由于转轴两侧蝶板受介质的作用力基本相等，旋转时，产生力矩的方向相反，因而启闭较省力。

（5）低压密封性能好。密封材料一般采用橡胶、塑料，所以密封性能好。受密封圈材料的限制，蝶阀的使用压力和工作温度范围较小。

4.2.2.4　蝶阀常见故障及排除方法

蝶阀常见故障及排除方法见表2-4-4。

表2-4-4　蝶阀常见故障及排除方法

常见故障	产生原因	预防和排除方法
密封面泄漏	橡胶密封圈老化、磨损	定期更换
	密封面压圈松动、破损	重新拧紧压圈、破损和腐蚀严重的更换
	介质流向不对	应按介质流向箭头安装
	阀杆与蝶板连接处松脱，使阀门关不严	拆卸蝶阀，修理阀杆与蝶板连接处
	传动装置和阀杆损坏，使密封面关不严	进行修理，损坏严重的应予更换

4.2.3　球阀

球体绕垂直于通道的轴线旋转而启闭通道的阀门，叫做球阀。

4.2.3.1　球阀的用途

球阀适用于截断，改变介质流向，分配介质的管道。

直通球阀用于截断介质，应用最为广泛。多通球阀可改变介质流动方向或进行分配，球阀已广泛应用于长输管线。球阀的性能参数范围是：

公称直径 $DN10 \sim 700mm$；

公称压力 $PN1.6 \sim 32MPa$；

工作温度 $t \leqslant 150℃$。

4.2.3.2 球阀的结构

球阀主要由阀门体、球体、阀座、阀杆及传动装置等组成,如图 2-4-4 所示。

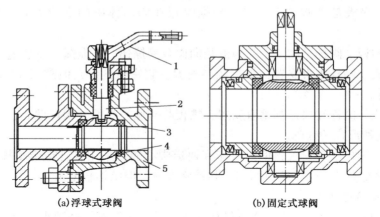

(a)浮球式球阀　　　　　　(b)固定式球阀

图 2-4-4　球阀结构示意图

1—扳手;2—阀杆;3—阀座;4—球体;5—阀体

(1)阀门体　根据阀门体通道形式,分为直通球阀、三通球阀及四通球阀。阀门体结构有整体式、双开式、三开式三种,整体式阀门体一般用于较小口径的球阀;双开式、三开式阀门体适用于中、大口径球阀。

(2)球体　球体是球阀的启闭件,其密封面是球体表面。球体表面精度要求较高,粗糙要求较低。直通球阀,球体上的通道是直通的;三通球阀的球体通道有 Y 形、L 形、T 形三种。其分配形式与旋塞阀相同。根据球体在阀门体内的固定方式,球阀可分为浮动式球阀和固定式球阀两种。

(3)浮动式球阀　它的球体是可以浮动的。在介质压力作用下球体被压紧到出口侧的密封圈上,使其密封。这种结构简单,单侧密封,密封性能好,但密封面承受力很大,启闭力矩也大。一般适用于中、低压,中、小口径(公称直径 $DN \leqslant 200mm$)的球阀。

(4)固定式球阀　它的球体是由轴承支承固定的,只能转动,不能产生水平移动。为了保证密封性,它必须有能够产生推力的浮动阀座,使密封圈压紧在球体上。这种结构较复杂,外形尺寸大,启闭力矩小。适用于高压、大口径(公称直径 $DN \geqslant 200mm$)球阀。

(5)阀杆　阀杆下端与球体活动连接,可带动球体转动。球体的启闭动作根据压力、口径的大小选用扳手,或采用气动、液动、电动或各种联动实施。

4.2.3.3 球阀的特点

球阀是在旋塞阀的基础上发展起来的一种阀门。它的特点是:

(1)中、小口径球阀结构较简单,体积较小,质量较轻。

(2)流体阻力小,各类阀门中球阀的流体阻力最小。这是因为全开时阀门体通道、球体通道和连接管道的截面积相等,并成直线相通。

(3)启闭迅速、方便,介质流动方向不受限制。

(4)启闭力矩比旋塞阀小。这是因为球阀密封面接触面积较小,启闭比旋塞阀省力。

(5)密封性能较好,这是因为球阀密封圈材料多采用塑料,摩擦系数较小,球阀全开时,密封面不会受到介质的冲蚀。

(6)球阀的介质流动方向不受限制。球阀压力、直径使用范围较宽,但使用温度受密封圈材料的限制，不能用于较高温的场合。

（7）球阀的缺点是球体加工和研磨均较困难。

4.2.3.4 球阀常见故障及排除方法

球阀常见故障及排除方法见表 2-4-5。

表 2-4-5　球阀常见故障及排除方法

常见故障	产 生 原 因	预防和排除方法
关 不 严	球体冲翻	装配要正确，操作要平衡，不允许作节流阀使用，球体冲翻后应及时修理，更换密封座
	密封面无预紧压力	阀座密封面应定期检查预紧力，发现密封面有泄漏或接触过松时，应少许压紧阀密封面，预压弹簧失效应更换
	扳手、阀杆和球体三者连接处间隙大，扳手已关到位，球体转角不足 90° 而产生泄漏	有限位机构的扳手、阀杆和球体三者连接处松动和间隙过大时，紧固要牢，调整好限位块，消除扳手提前角，使球体正确启闭
	当节流阀使用，或者损坏密封面，密封面被压坏	不允许作节流用；拧紧阀座处螺栓应均匀、力度要小，不要一次拧得太多太紧，损坏的密封面可进行研刮修复
	阀座与本体接触面不光洁、磨损、O 形圈损坏，使阀座泄漏	提高阀座与本体接触面光洁度，定期更换 O 形圈

4.2.4　截止阀

阀瓣在阀杆的带动下，沿阀座密封面的轴线作升降运动而达到启闭目的的阀门，叫做截止阀。

4.2.4.1 截止阀的用途与性能参数

截止阀是截断阀门的一种，用来截断或接通管路中的介质。小直径的截止阀，多采用外螺纹连接、卡套连接或焊接，较大口径的截止阀采用法兰连接或焊接。

截止阀多采用手轮或手柄传动，在需要自动操作的场合，也可采用电动传动。

截止阀的流体阻力很大，启闭力矩也大，因而影响了它在大口径场合的应用。为了扩大截止阀的应用范围，可安装一个旁通阀，使主阀门启闭件两侧管道的压力平衡。

4.2.4.2 截止阀的结构

截止阀主要由阀门体、阀门盖、阀杆、阀杆螺母、阀瓣、阀座、填料函、密封填料、填料压盖及传动装置等组成，如图 2-4-5 所示。

（1）阀门体和阀门盖　截止阀阀门体、阀门盖可以铸造，也可以锻造。按截止阀阀门体的流道，截止阀分为直通式、直角式和直流式。

① 直通式截止阀　铸造的直通式阀门体进出口通道之间有隔板，流体阻力很大。

② 直角式截止阀　直角式截止阀体的进出口通道的中心线成直角，介质流动方向为 90°。直角式阀门体多采用锻造，适用于压力高、小直径截止阀。

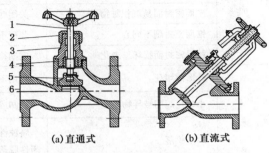

(a) 直通式　　　(b) 直流式

图 2-4-5　截止阀结构示意图

1—阀杆；2—压盖；3—阀盖；

4—阀杆螺母；5—阀瓣；6—阀体

③ 直流式截止阀　直流式阀门体是用于斜杆式截止阀，其阀杆轴线与阀门体通出口端轴线成一定锐角，通常为 45°~60°。其介质基本上成直线流动，称为直流式截止阀，它的阻力损失比前两者均小。

（2）阀杆　截止阀阀杆一般只作旋转升降运动，手轮固定在阀杆的止端部；也有通过传动阀瓣作升降运动达到启闭目的。阀杆分为上螺纹阀杆和下螺纹阀杆两种。

① 上螺纹阀杆　螺纹位于阀杆上半部，它不与介质接触，因而不受介质腐蚀，也便于润滑。适用于较大口径、高温、高压或腐蚀性介质。

② 下螺纹阀杆　螺纹位于阀杆下半部，螺纹处于阀门体内腔，与介质接触，易受介质腐蚀，无法润滑。它适用于小口径，较低温度和非腐蚀性介质。

（3）阀瓣　它是截止阀的启闭件，是阀门的关键零件。阀瓣、阀座共同形成密封结构，接通或截断介质。阀瓣通常是圆盘形的，有平面和锥面等密封形式。

4.2.4.3　截止阀的特点

（1）截止阀结构比闸阀简单，制造与维修较为方便。

（2）密封面不易磨损及擦伤，密封性好。启闭时，阀瓣和阀门体密封面之间无相对滑动，因而磨损与擦伤均不严重，密封性能好，使用寿命长。

（3）启闭时，阀瓣行程式小，因而截止阀高度比闸阀小，但结构长度比闸阀长。

（4）启闭力矩大，启闭较费力，启闭时间较长。

（5）介质流动方向。公称压力 $PN \leqslant 16MPa$ 时，一般采用顺流，介质从阀瓣下方向上流；公称压力 $PN \geqslant 20MPa$ 时，一般采用逆流，介质从阀瓣上方向下流，这样可增强密封性。

（6）流体阻力大。因当阀门体内介质通道曲折，流体阻力大。

（7）截止阀介质只能单方向流动，不能改变流动方向。

（8）全开时，阀瓣经常受冲蚀。

4.2.4.4　截止阀常见故障及排除方法

截止阀常见故障及排除方法见表 2-4-6。

表 2-4-6　截止阀常见故障及排除方法

常见故障	产生原因	预防和排除方法
密封面泄漏	介质流向不对，冲蚀密封面	按流向箭头或按结构形式安装，即介质从阀座下引进（除个别设计介质从密封面上引进，阀座下流出外）
	平面密封面易沉积脏物	关闭时留细缝冲刷几次再关闭
	锥面密封副不同心	装配不正确，阀杆、阀瓣、阀座三者同一轴线上，阀杆弯曲要矫直
	衬里密封面损坏、老化	定期检查和更换衬里，关闭力适当，以免压坏密封面
失效	针形阀堵死	选用不对，秒适于黏度大的介质
	小口径阀门被异物堵住	拆卸或解体清除
	阀瓣脱落	腐蚀性大的介质腐蚀应避免选用辗压，钢丝连接关闭件的阀门，关闭件脱落后应修复，钢丝应改为不锈钢钢丝
	内阀杆螺母或阀杆梯形螺纹损坏	选用不当，被介质腐蚀，应正确选用阀门结构型式，操作力要小，特别是小口径的截止阀。梯形螺纹损坏后应及时更换

4.2.5 止回阀

止回阀又称逆止阀或单向阀，它是依靠液体的压力和阀盘的自重达到自动开闭通道，并能阻止液体倒流的一种自动阀。

4.2.5.1 止回阀的用途

管路中，凡是不允许介质逆流的场合均需安装止回阀。

4.2.5.2 止回阀的结构

止回阀的结构一般由阀门体，阀座、阀盖、阀盘、密封圈等组成。按其阀盘的动作情况分为升降式(如图 2-4-6 所示)和旋启式(如图 2-4-7 所示)两种。

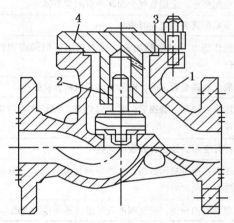

图 2-4-6　升降式止回阀
1—阀体；2—阀芯；3—垫圈；4—阀盖

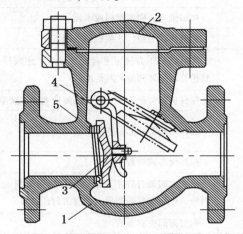

图 2-4-7　旋启式止回阀
1—阀体；2—阀盖；3—阀芯；4—摇杆；5—密封圈

（1）升降止回阀　阀瓣沿着阀座中心线作升降运动，其阀门体与截止阀阀门体结构一样。在阀瓣导向筒下部或阀门盖导向筒上加工出一个泄压孔。当阀瓣组件上升时，通过泄压孔排出筒内介质，以减少阀瓣开启的阻力。它的液体阻力较大，只能装在水平管上。如在阀瓣上部设置辅助弹簧，阀瓣组件在弹簧张力的作用下关闭，则可装在任何位置。高温、高压可采用自紧式密封结构，密封圈采用石棉填料或用不锈钢车成，借助介质压力压紧密封圈来达到密封，介质压力越高，密封性能越好。

（2）旋启式止回阀　阀瓣是椭圆形的。阀瓣组件绕阀门座通道外固定轮作旋转运动。旋启式止回阀由阀门体、阀门盖、阀瓣、摇杆等组成；阀门通道呈流线形，流体阻力较小。根据阀瓣的数目，可分为单瓣、双瓣、多瓣三种，其工作原理相同，多瓣止回阀适用的公称直径为 $DN \geqslant 600$ mm。

4.2.5.3 止回阀的特点

（1）止回阀具有结构简单，体积小，维护方便，故障率低的特点。

（2）安装具有方向性。安装止回阀时，应注意其阀体上的介质流向箭头一定要与所输送的介质流动方向一致。一般情况下，止回阀的流向遵循"低进高出"的原则。

（3）止回阀一般适用于清净介质，对有固体颗粒和黏度较大的介质不适用。

4.2.5.4 止回阀常见故障及排除方法

止回阀常见故障及排除方法见表 2-4-7。

表 2-4-7　止回阀常见故障及排除方法

常见故障	产生原因	预防和排除方法
升降式阀瓣升降不灵活	阀瓣轴和导向套上的排泄孔堵死，产生阻尼现象	不宜使用于黏度大和含磨粒多的介质，定期修理、清洗
	安装和装配不正，使阀瓣歪斜	阀门安装和装配要正确，阀盖螺栓应均匀拧紧，零件加工质量不高，应进行修理纠正
	阀瓣轴与导向套间隙过小	阀瓣轴与导向套间隙适当，应考虑温度变化和磨粒侵入的影响
	阀瓣轴与导向套磨损或卡死	装配要正，定期修理，损坏严重的应更换
	预紧弹簧失效，产生松弛、断裂	预紧弹簧失效应及时更换
旋启式摇杆机构损坏	阀前阀后压力接近平衡或波动大，使阀瓣反复拍打而损坏阀瓣和其他配件	操作压力不稳定的场合，适于选用铸钢阀瓣和钢摇杆
	摇杆机构装配不正，产生阀瓣掉上掉下缺陷	装配和调整要正确，阀瓣关闭后应密合良好
	摇杆与阀瓣和芯轴连接处松动或磨损	连接处松动、磨损后，要及时修理，损坏严重的应更换
	摇杆变形或断裂	摇杆变形要校正，断裂应更换
介质倒流	除产生阀瓣升降不灵活或摇杆机构磨损的原因外，还有密封面磨损，橡胶密封在老化	正确选用密封面材料，定期更换橡胶密封面，密封面磨损后及时研磨
	密封面间夹有杂质	含杂质的介质，应在阀前设置过滤器或排污管道

4.2.6　疏水阀

疏水阀也称阻汽排水阀，安装在饱和蒸汽系统的末端，蒸汽加热设备的下部，蒸汽伴热管的最低处，蒸汽管路系统的减压阀、调节阀前等部位。

4.2.6.1　疏水阀的用途

疏水阀的作用是自动排泄出管路中或设备内的凝结水，而又阻止蒸汽泄漏，避免水击现象的发生和蒸汽的损失。

不同类型疏水阀性能的比较见表 2-4-8。

表 2-4-8　疏水阀性能比较

项　目	型　号		
	热动力式	脉冲式	浮子式
能否在蒸汽温度下排水	要过冷 7~9℃	要过冷 6℃	能
使用条件变动时	不要调整	不要调整	不能自动调整
蒸汽泄漏	<3%	1%~2%	2%~3%
要充水否	不要	不要	要
允许背压为进口压力的	不大于 50%	不大于 25%	不大于 95%
动作性能	较可靠	阀心易卡或堵塞	不易堵塞，稳定可靠
耐久性	较好	较差	阀的销钉尖部的磨损较快
结构大小	小	最小	大
安装方向	各种方向	水平	水平

4.2.6.2 疏水阀的结构及分类

疏水阀的结构大体相同，一般由阀体、阀座、阀片、阀盖、阀帽及过滤网等组成。

根据蒸汽疏水阀工作原理的不同，蒸汽疏水阀可分为以下三种：

（1）机械型 机械型疏水阀依靠阀内凝结水液位高度的变化而动作，包括：

① 浮球式：浮子为封闭的空心球。

② 敞口向上浮子式：浮子为开口向上的桶型。

③ 敞口向下浮子式：浮子为开口向下的桶型。

（2）热静力型 热静力型疏水阀依靠液体温度的变化而动作，包括：

① 双金属片式：敏感元件为双金属片。

② 蒸汽压力式：敏感元件为波纹管或膜盒，内部充入挥发性液体。

（3）热动力型 依靠液体的热力学性质的变化而动作，包括：

① 圆盘式：由于在相同的压力下，液体与气体的流速不同，所产生的不同的动力和静力驱动圆盘阀片动作。

② 脉冲式：由于不同温度的凝结水通过两极串连的节流孔板，在两极节流孔板之间形成的不同压力驱动阀瓣动作。

4.2.6.3 疏水阀的特点

由于疏水阀型式多样，工作原理也各不相同，因此疏水阀的特点也各异。但作为运行有效的疏水阀必须具有以下特点：

（1）蒸汽损失少；

（2）使用寿命长，性能可靠；

（3）耐磨耐腐蚀；

（4）能够及时排放空气；

（5）能够及时排放二氧化碳；

（6）能够在背压下工作；

（7）防污垢。

4.2.6.4 疏水阀常见故障及排除方法

疏水阀常见故障及排除方法见表2-4-9。

表 2-4-9 疏水阀常见故障及排除方法

形式	常见故障	产生原因	预防和排除方法
热动力式	不排凝结水	阀前蒸汽管道上的阀门损坏或未打开	阀门损坏要修理，阀门未打开应注意打开
		阀前蒸汽管道弯头处堵塞	清理管道内污物，管道弯曲应符合要求
		过滤器被污物堵塞	定期清理过滤器
		疏水器内充满污物	修理示波器，清扫阀内污物
		控制室内充满空气和非凝结性气体，使阀片不能开启	打开阀盖，排除非凝结性气体
		旁通管道和阀前排污管上阀门泄漏	修理或更换阀门
	排出蒸汽	阀盖不严，不能建立控制室内压力，阀片无法关闭	拧紧阀盖或更换垫片
		阀座密封面与阀片磨损	重新研磨，修理不好时应更换
		阀座与阀片间夹有杂物	打开阀盖清除杂物
	排水不停	蒸汽管道中排水量剧烈增加	锅炉有时起泡而将大量水送出，应装汽水分离器解决
		选用的疏水阀排水量太小	应调换排水量大的疏水阀或用并联形式解决

形式	常见故障	产生原因	预防和排除方法
脉冲式	脉冲机构开闭不灵活	阀座孔和控制盘上的排泄孔堵塞以及控制缸间隙中被水垢、污物堵塞	解体清除阀内污物和水垢，应制订定期修理制度
		控制缸安装位置过高或过低	应正确调整控制缸位置
		控制盘因杂质等原因卡死在控制缸某位置	应解体查出原因，排除杂质及其他故障，使控制盘在控制缸内自由活动
	密封面泄漏	控制缸、阀瓣与阀座不同心，致使密封面密合不严	应重新调整三者之间的同轴度
		阀瓣与阀座间夹有杂物	解体清除杂物
		阀瓣与阀座密封面磨损	应研磨密封面，对修复不好的应更换
		阀座螺纹松动，产生蒸汽泄漏	重新拧紧阀座，对阀座螺纹损坏修复后，固定牢。无法固定牢的应更换

4.2.7 安全阀

安全阀是当管道或设备内介质超过规定压力值时，启闭件(阀瓣)自动开启排放，低于规定值时自动关闭，对管道或设备起保护作用的阀门。

4.2.7.1 安全阀的用途

安全阀能防止管道、容器等承压设备的介质压力超过允许值，以确保设备及人身安全。根据使用条件不同选择不同类型安全阀。

4.2.7.2 安全阀的结构及分类

安全阀按结构形式可分为四大类。

(1) 重锤式安全阀　它以重锤为载荷，直接施加在阀瓣上。这种结构形式缺点很多，目前很少采用。

(2) 杠杆重锤安全阀　它由阀门体、阀门盖、阀杆、导向叉(限制杠杆上下运动)、杠杆与重锤(起调节对阀瓣压力的作用)、棱形支座和力座(起提高动作灵敏的作用)、顶尖座(起阀杆定位作用)、节流环(与反冲盘一样的作用)、支头螺钉与固定螺钉(起固定重锤位置的作用)等零件组成，如图2-4-8所示。杠杆重锤式安全阀通常用于较低压力的系统。重锤通过杠杆加载于阀瓣上，载荷不随开启高度而变化，但对振动较敏感，回座性能较差。

(3) 弹簧式安全阀　它由阀门体、阀门盖、阀瓣、阀座弹簧和上下弹簧座、调节圈、反冲盘等组成，如图2-4-9所示。弹簧式安全阀是通过作用在阀瓣上的弹簧力来控制阀瓣的启闭，具有结构紧凑、体积小、重量轻、启闭动作可靠，对振动不敏感优点。其缺点是作用在阀瓣上的载荷随开启高度而变化，对弹簧的性能要求很严，制造困难。

① 阀门体和阀门盖　阀门体的进口通道与排放口通道成90°。弹簧安全阀有封闭式和开放式两种。封闭式安全阀的出口通道与排放管道相连，将容器

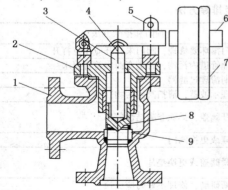

图 2-4-8　杠杆重锤式安全阀结构
1—阀门体；2—阀门盖；3—阀杆；4—顶尖座；
5—导向叉；6—杠杆；7—重锤；8—阀瓣；9—阀座

设备中的介质排放到预定地方。开放式安全阀设有排放管道,直接将介质排放到周围大气中,适用无污染的介质。阀门盖是筒状、内装阀杆、弹簧等零件,用法兰螺栓连接在阀门体上。

② 阀瓣和阀座 按阀瓣的开启高度,安全阀分为全开启式(如图2-4-9所示)和微开启式(如图2-4-10所示)两种。

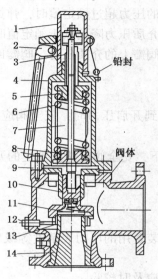

图 2-4-9 弹簧全开启式安全阀
1—保护罩;2—扳手;3—调节螺套;4—阀门盖;
5—上弹簧座;6—弹簧;7—阀杆;8—下弹簧座;9—导向座;
10—反冲盘;11—阀瓣;12—定位螺杆;13—调节阀;14—阀座

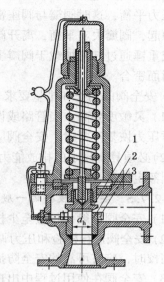

图 2-4-10 弹簧微开启式安全阀
1—阀瓣;2—阀座;3—调节圈

③ 弹簧与上下弹簧座 弹簧固定于上下弹簧座之间。弹簧的作用力通过下弹簧座和阀杆作用在阀瓣上。上弹簧座靠调节螺栓定位,拧动调节螺栓可以调节弹簧作用力,从而控制安全阀的开启压力。

④ 调节圈 它是调节启闭压差的零件。

⑤ 反冲盘 反冲盘和阀瓣连接在一起,它起着改变介质流向,增加开启高度的作用,用于全开启安全阀上。

(4) 先导式安全阀 它由主阀和副阀组成,下半部叫主阀,上半部叫副阀,是供副阀的作用带动主阀动作的安全阀,如图2-4-11所示。当介质压力超过额定值时,压缩副阀弹簧,副阀瓣上升开启,介质进入活塞缸的上方。由于活塞缸的面积大于上阀瓣的面积,压力推动活塞下移,驱动上阀瓣向下移动开启,介质向外排出。当介质压力降到低于额定值时,在介质的压力作用下使上阀瓣关闭。先导式安全阀主要用于大口径和高压场合。

4.2.7.3 安全阀连接法兰的特点

安全阀的进口和出口分别处于高压和低压,故其连接法兰也相应采用不同的压力级别。

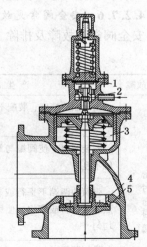

图 2-4-11 先导式安全阀
1—隔膜;2—副阀瓣;
3—活塞缸;4—主阀座;5—主阀瓣

当介质经安全阀排放时，其压力降低，体积膨胀，流速增大。因此，通常要求安全阀的出口直径大于进口直径，以保证排放通畅。

4.2.7.4 安全阀的工作原理和要求

1. 工作原理

安全阀阀瓣上方弹簧的压紧或重锤通过杠杆加载于阀瓣上，其压力与介质作用在阀瓣的正常压力平衡，这时阀瓣与阀座密封面密合，当介质的压力超过额定值时，弹簧被压缩或重锤被顶起，阀瓣失支平衡，离开阀座，介质排出；当介质压力降到低于额定值时，弹簧的压紧力或重锤通过杠杆加载于阀瓣上的压力大于作用在阀瓣上的介质压力，阀瓣回落在阀座上与密封面密合。

2. 安全阀的动作和排量要求

（1）灵敏度要高。当管路或设备中的介质压力达到开启压力时，安全阀应能及时开启；当介质压力恢复正常时，安全阀应及时关闭。

（2）必须具有规定的排放能力。在额定排放压力下，安全阀应达到规定的开启高度，同时达到额定排量。

4.2.7.5 安全阀校验的一般要求

（1）安全阀一般每年应至少校验一次。

（2）安全阀进行校验和压力调整时，调整及校验装置用的压力表精度等级应不低于I级。在线调校时，应有可靠的安全防护措施。

（3）安全阀在使用过程中出现下列情况之一时，应及时校验：

① 超出开启压力才开启；

② 低于开启压力却开启；

③ 低于回座压力阀瓣才能回座；

④ 发生频跳、颤振、卡阻时。

（4）安全阀校验可采用在线校验或离线校验的方式。

（5）在装置大修时安全阀应进行离线校验。

4.2.7.6 安全阀常见故障及排除方法

安全阀常见故障及排除方法见表2-4-10。

表2-4-10 安全阀常见故障及排除方法

常见故障	产 生 原 因	预防和排除方法
密封面泄漏	由于制造精度、装配不当、管道载荷等原因，使零件不同心	修理或更换不合格的零件，重新装配，使阀门处于良好状态
	安装倾斜，使阀瓣与阀座产生位移，以至接触不良	应直立安装，不可倾斜
	弹簧的两端不平行或装配时倾斜；杠杆与支点发生偏斜或磨损，使阀瓣与阀座接触压力不均匀	修理或更换弹簧，重新装配；修理或更换支点磨损件，消除支点的偏移，使阀瓣与阀座接触压力均匀
	弹簧断裂	更换质量符合要求的弹簧
	由于制造质量、高温和腐蚀等因素使弹簧松弛	根据产生原因有针对性地更换弹簧，如果是选型不当应调换安全阀

常见故障	产 生 原 因	预防和排除方法
密封面泄漏	阀瓣与阀座密封面损坏；密封面上夹有杂质，使密封面不密合	研磨密封面，其粗糙度 $Ra \geqslant 0.100mm$ 开启(带扳手)安全阀吹扫杂质或卸下安全阀清洗。对含杂质多的介质，选用橡胶、塑料类的密封面或带板手的安全阀
	阀座连接螺纹损坏或密合不严	修理更换阀座，保持螺纹连接处严密不漏
	阀门开启压力与设备正常工作压力太接近，密封比压降低，当阀门振动或压力波动时，容易产生泄漏	根据设备强度，对开启压力作适当调整
	阀内运动零件有卡阻现象	查明阀内运动零件卡阻原因后，对症修理
启闭不灵活	调整不当，使阀瓣开启时间过长或回座迟缓	应重新加以调整
	排放管口径小，排放时背压较大，使阀门开度不足	应更换排放管，减小排放管阻力
未到规定压力就开启	开启压力低于规定值；弹簧调节螺钉、螺套松动或重锤向支点窜动	重新调整开启压力至规定值；固定紧调节螺钉、螺套和重锤
	调整后的开启压力接近、等于或低于安全阀工作压力，安全阀提前动作、频繁动作	重新调整安全阀开启压力至规定值
	常温下调整的开启压力而用于高温后，开启压力降低	适当拧紧弹簧调节螺钉、螺套，使开启压力至规定值。如果属于选型不当，应调换安全阀
	弹簧腐蚀引起开启压力下降	强腐蚀性的介质，应选用包氟塑料的弹簧或选用波纹管隔离的安全阀
到规定开启压力仍不动作	开启压力高于规定值	重新调整开启压力
	阀瓣与阀座被污物粘住或阀座被介质凝结或结晶堵塞	开启安全阀吹扫或卸下清洗，对因温度变冷容易凝结的介质，应对安全阀伴热
	寒冷季节室外安全阀冻结	应进行保温或伴热
	阀门运动零件有卡阻现象，增加了开启压力	检查后，排除卡阻现象
	背压增大，使工作压力到规定值后，安全阀不起跳	消除背压，或选用背压平衡式波纹管安全阀
安全阀的振动	阀门排放能力过大	选用阀门的额定排放量尽可能接近设备的必需排放量
	进口管口径太小或阻力太大	进口管内径不小于安全阀进口通径或减少进口管的阻力
	排放管阻力过大，造成排放时背压过大，使阀瓣落向阀座后又被介质冲起，以很大频率产生振动	应降低排放管的阻力
	弹簧刚度太大	应选用刚度小的弹簧
	高速圈的调整不当，回座压力过高	重新调整调节圈位置

4.2.8 电液阀

在库区监控和计量仪表的控制过程中，往往需要执行器将接受到的控制信号转换为直线位移和角位移，操纵控制机构，自动改变操作变量，从而实现对过程变量的自动控制。因此，现代库区监控与计量仪表中，执行器是不可缺少的。

执行器由执行机构和控制机构(又称控制阀)两部分组成。执行机构按动力源的不同又分为电动执行机构、气动执行机构和液动执行机构三大类。

目前，我国实际应用的各类电磁控制阀，均采用一段或二段开、闭，会产生水击现象，影响阀门本身及管道上相关设备的正常工作和使用寿命，并且功能单一，可靠性差。电液阀是由电磁先导阀控制膜片运动的液动阀。电液阀能手动控制和自动控制，由控制器控制，能进行自动调节，实现恒流功能；能多段开、闭阀门，消除水击现象，特别适用于石油化工等行业，以实现对输送介质流量的自动控制。

4.2.8.1 多功能电液阀的结构原理

图 2-4-12 所示为由一个常开电磁阀和一个常闭电磁阀组成的 DYF 型多功能电液阀结构原理图。常开电磁阀装在控制回路的上游管路上，常闭电磁阀装在控制回路下游管路上，当两电磁阀线圈通电后，常开电磁阀关闭，常闭电磁阀打开，上游的高压管路被挡住，膜片下部压力高于上部压力，主阀套中的介质通过常闭电磁阀排到下游管路，主阀被打开。相反，当两电磁阀线圈断电后，常开和常闭的电磁阀分别处于打开和关闭状态，上游的高压引入主阀套中，使膜片通过上、下压力相等，在弹簧力作用下，高压端介质通过常开电磁阀注入主膜中，主阀被关闭。

在主阀打开和关闭过程中，常开电磁阀通电，常闭电磁阀断电。这时，两电磁阀均处于关闭状态，压力被藏聚在主阀套中，使得主阀由于液压差而被锁在固定的打开位置，

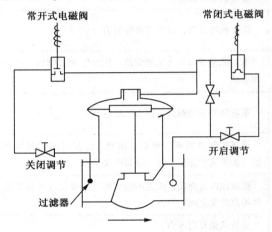

图 2-4-12 DYF 型多功能电液阀结构原理图

保持了一个恒定的流量。当工作条件变化引起流量变化时，控制器给相应电磁阀线圈通电，就能重新调到设定的流量值。

电液阀在控制回路中装有两个球阀作为主阀的响应阀，其中一个是开启调节阀，另一个是关闭调节阀。使用过程中，可根据介质黏度和压力，调整两球阀的开启度就能微调主阀的启闭时间，以达到消除水击的目的。

4.2.8.2 多功能电液阀的功能特点

(1) 可多段开、闭，消除水击。对于一个一般的发油系统，水击的冲击压力往往超过管路上相关设备的最高限压，有时甚至达 3 倍以上。这就足以使管路上的泵、阀、流量计、压力计、过滤器等设备遭到不同程度的破坏，导致寿命缩短，动作出错，严重时使作业瘫痪。DYF 型多功能电液阀是消除水击的理想阀门，它的启、闭时间连续可调(从 2s 到无限长)。根据实际使用得知：一般情况下，开阀时间调到 2s 左右，关阀时间调到 4~5s 即可基本消除水击现象。

(2) 可控调节，实现恒流。由控制器控制常开和常闭两个电磁阀通、断电，可以使电液阀的开度任意调节，从而使其输出的流量按需变化。如果需恒定流量，只要流量信号反馈给控制器，控制器就能通过调节两电磁阀，使输出流量保持恒定。

(3) 利用介质压力，开启压力小。

284

（4）使用寿命长。

（5）控制回路简单，维修方便。

（6）无填料密封，密封可靠。

（7）可水平、垂直安装，适用范围广。

4.3 阀门的使用与维护

设备操作人员对自己使用和操作的设备应做到"四懂三会"，即懂设备结构、懂设备原理、懂设备性能、懂设备用途；会操作使用设备、会维护保养设备和会排除设备出现的故障。作为阀门操作人员也应熟悉和掌握阀门的结构和性能，并能正确识别阀门的方向、启闭状态和指示信号，还应能熟练和准确地操作阀门，及时处理各种故障。阀门操作方法的正确与否，将会直接影响阀门的使用效果和使用寿命，甚至影响安全生产。

4.3.1 手动阀门的使用

（1）手动阀门是通过手柄、手轮操作的阀门。对阀门进行操作时应注意检查阀门的开闭标志与阀门的实际开闭情况是否一致。一般阀门手柄、手轮顺时针方向转动时，将关闭阀门；逆时针方向转动时，将打开阀门。

（2）手动阀门的操作力度应适中，避免用力过大过猛，不允许随意借助杠杆、长扳手等操作阀门。一般手轮、手柄的直径（长度）小于320mm时，只允许一个人操作；等于或超过320mm时，允许两人共同操作，或者允许一人借助适当的杠杆（一般不超过0.5m长）进行操作；但严禁使用杠杆或长扳手操作隔膜阀、非金属阀门，且不许用过大过猛的力度关闭阀门。

（3）闸阀、截止阀在全关或全开（即螺纹到达下死点或上死点）时，要回转1/4~1/2圈，以使螺纹更好密合，并有利于检查，还可以避免拧得过紧，损坏阀件及误操作。

（4）不允许用活动扳手代替手轮或手柄操作。

（5）为平衡进出口压差，减小开启力度，对设有旁通阀的较大口径的蝶阀、闸阀和止回阀在开启时，应先打开旁通阀，待阀门两边压差减小后，再开启大阀门；在关闭时，则应首先关闭旁通阀，然后再关闭大阀门。

（6）开启蒸汽阀门前，必须先将管道和阀门预热，并排净管道中的冷凝水，然后再慢慢开启蒸汽阀门，以免因产生水击而损坏阀门和设备。

（7）开闭球阀、蝶阀、旋塞阀应特别注意手轮、手柄的转动方向。操作完三通、四通阀门后应及时取下活动手柄。

（8）为防止密封面受到冲蚀而损坏，应尽量避免把闸阀、截止阀等阀门作为节流阀使用。

（9）借助标尺和记号可以及时发现阀门关闭件是否脱落或被异物顶住，便于排除故障。对有标尺的阀门，应调试好其全开启或全关闭的指示位置，避免操作时撞击死点。

（10）新安装的管路和设备内部污物比较多时，或常开阀门密封面上粘有污物时，可通过多次微开、微闭阀门的办法，让高速介质将污物冲刷干净。

（11）温度变化较大的阀门应逐次关闭或开启。

4.3.2 它动阀门的操作

随着科学技术的发展和自动化水平的提高，越来越多的阀门不是靠手动而是靠电动、电磁动、气（液）动等能源来操作阀门。阀门操作人员对这类阀门的操作使用要求也越来越高。

1. 电动阀门操作使用

（1）按电气盘上的启动按钮启动电动装置，从而带动阀门开启，完毕后电动机停止运转，电气盘上的"已开启"信号灯亮；

（2）按电气盘上的关闭按钮关闭电动装置，从而带动阀门开关闭，完毕后电动机停止运转，电气盘上的"已关闭"信号灯亮；

（3）阀门应关得严、打得开，并且阀门指示信号与实际动作应相符，在阀门运转中，正在开启、正在关闭及牌中间状态的信号灯也应正确指示。

（4）如果阀门在运转中、全开、全关时信号灯不亮，而事故灯亮，则说明阀门传动装置不正常，应及时查明原因，进行修理或重新调试。

（5）电动阀门操作结束后，应将其动作把柄拨至手动位置。

（6）电动装置有故障、关闭不严，需要处理时，应先将动作把柄拨至手动位置再进行处理，必要时切断电动装置电源。

（7）电动装置在运转中不能按反向按钮，如果由于误动作需要纠正时，应先按停止按钮，然后再启动。

2. 电磁动阀门的操作

按电磁动阀门的启动电钮，阀门开启。在切断电源情况下，阀瓣借助流体自身压力或加上弹簧压力，把阀门关闭。

3. 气（液）动阀门的操作

（1）气（液）动阀门在气缸体上方和下方各有一个气（液）管，关闭阀门时，应打开上方管道的控制阀让压缩空气（或带压液体）进入缸体上部，使活塞向下运动，带动阀杆关闭阀门；反之，关闭气缸上部管道上的进气（液）阀，打开它的回路阀，使介质回流，同时打开气缸下部管道控制阀，使压缩空气（或带压液体）进入罐体下部，使活塞向上运动，带动阀杆打开阀门。

（2）气动阀门有常开式和常闭式两种形式。常开式是活塞上部有气管，下部是弹簧，需要关闭时，打开气管控制阀，使压缩空气进入气缸上部，压缩弹簧，关闭阀门；当要开启时，打开回路阀，气体排出，弹簧复位，使阀门开启。常闭式阀门与常开式阀门相反，弹簧在活塞上部，气管在气缸下部，打开控制阀后，压缩空气进入气缸，打开阀门。

（3）气（液）动装置运转是否正常，可从阀杆上下位置，反馈在控制盘上的信号反映出。如果关闭不严，可调整气缸底部的调节螺母，将调节螺母调下一点，即可消除。

（4）如果气（液）动装置出现故障，需要及时开启或关闭时，应采用手动操作。有一种气动装置，在气缸上部有一个圆环杆与阀杆连接，阀门气动不能动作时，需要用一杠杆套在圆环中，抬起圆环为开启，压紧圆环为关闭。这种手动机械很吃力，只能解决暂时困难。现有一种气动带手动闸阀，阀门在正常情况下，手动机构上手柄处于气动位置。当气源发生故障或者气流中断后，首先切断气源通路，并打开气缸回路上回路阀，并将手动机构上手柄气动位置扳至手动位置，这时开合螺母与传动丝杆啮合，转动手轮即可开启或关闭阀门。

4.3.3 自动阀门的使用

自动阀门的操作不多，主要是操作人员在启用时调整和运行中的检查。

1. 安全阀门的使用

（1）安全阀在安装前就应经过了试压、定压，为了安全起见，有的安全阀需要现场校验。

（2）安全阀运行时间较长，操作人员应注意检查。检查安全阀时，人应避开安全阀出口处，检查安全阀的铅封；间隔一段时间应将安全阀开启一次，用手扳起有扳手的安全阀，以排泄污物，并校验安全阀的灵活性。

2. 疏水阀的使用

（1）疏水阀是容易被水中污物堵塞的阀门。开启时，首先打开冲洗阀，冲洗管道。

（2）有旁通管的，可打开旁通阀门作短暂冲洗。没有冲洗管和旁通阀门的疏水阀，可拆下疏水阀，打开切断阀门冲洗，再关好切断阀，安装好疏水阀，然后再打开切断阀，启用疏水阀。

（3）并联疏水阀，如果排放凝结水不影响正常工作，可采用轮流冲洗。

3. 减压阀的使用

（1）减压阀启用前，应打开旁通阀（冲洗阀），清扫管道污物，管道冲洗干净后，关闭旁通阀和冲洗阀，然后启用减压阀。

（2）有的蒸汽减压阀前有疏水阀，需要先开启，再微开减压阀后的切断阀，最后把减压阀前的切断阀打开，观看减压阀前后的压力，调整减压阀调节螺钉，使阀后压力达到预定值，随即慢慢地开启减压阀后的切断阀，校正阀门出口压力，直到满意为止。固定好调节螺钉，盖好防护帽。

4.3.4　通用阀门的使用与维护

4.3.4.1　通用阀门的使用

要做好阀门的使用，就要从以下几方面着手：

（1）选用正确的阀门。选用阀门必须综合考虑介质的腐蚀性能、温度、压力、流速、流量，结合工艺、操作、安全等因素选用正确的阀门形式。

（2）阀门的安装。阀门安装质量的好坏直接影响今后的使用，阀门的安装应有利于操作、维修和拆装。

（3）阀门的操作。阀门操作正确与否，直接影响使用寿命，应从以下几方面加以注意：

① 阀门在日常操作中一定按规定使用，不能超温、超压运行，操作要注意方法，特别是不能用板卡过力操作，防止把阀门传动机构损坏，关紧后最好往回松一下，防止咬死。对一些特殊阀门有特殊要求的操作时一定要按规定操作。

② 高温阀门，当温度升高到200℃以上时，螺栓受热伸长，容易使阀门密封关不严，这时要对螺栓进行热紧，在热紧时不宜在阀门全关时进行，以免阀杆顶死。

③ 气温在0℃以下时，对停汽、停水的阀门要注意排凝，以免冻裂。不能排凝的要注意保温。

④ 填料压盖不宜压过紧，应以不泄漏和阀杆操作灵活为准。

⑤ 在操作中通过听、闻、看、摸及时发现异常现象，及时处理或联系处理。

4.3.4.2　通用阀门运行中的检修与维护

1. 阀门的检修周期与内容

（1）阀门的检修周期

对用于石油化工最高工作压力在42MPa（表压力）以下，工作温度在-196～+850℃的闸阀、截止阀、球阀、蝶阀、止回阀和安全阀等，其检修周期根据生产装置的特点、介质性质、腐蚀速度和运行周期由各企业自行确定。

（2）阀门的检修内容

阀门的检修一般包括阀体和全部阀件的清洗、检查；损坏阀件的更换、修复；密封面的研磨；法兰、端法兰密封件的修复；更换或添加填料及更换垫片等。

2. 阀门的检修与质量标准

（1）检修前准备

检修阀门前应备齐待检修阀门的有关技术资料；备齐检修阀门用的机具、量具和检修中需使用到的材料；检修阀门前还应将阀内介质清理干净，确保符合安全检修的规定。

（2）阀门检修管理的一般规定

阀门应挂牌，标明检修编号、工作压力、工作温度及介质；检修中对有方向和位置要求的阀件拆卸后应核对或打上标记；检修过程中应把全部阀件清洗干净，并清除净阀件上的铁锈和结垢；非金属材料的密封面损坏后应予以更换；密封面研磨的研具材料及磨料的选用应符合相关规定；工作温度高于250℃的螺栓及垫片应涂上防咬合剂；检修中使用铜垫片时，应对其进行退火处理；螺栓应安装整齐，拧紧闸阀、截止阀的法兰螺栓时，应确保该阀处于开启状态；阀门每经过一次修理，均应在阀体上做出明显的标记。

（3）阀门检修的质量标准

① 经检修完成的阀门，其铭牌应完整，安全阀铅封应完好；阀门的铸件不得有裂纹、缩孔和夹渣等缺陷；阀门的锻件加工面应无夹层、重皮、裂纹、斑疤等缺陷；阀门的焊接件焊缝应无裂纹、夹渣、气孔、咬肉和成形不良等缺陷；阀门螺栓应满扣，无松动，且阀门的传动系统零部件需齐全好用。

② 阀座与阀体连接应牢固，严密无渗漏；阀板与导轨配合适度，在任意位置均无卡阻。

③ 法兰密封面洁净无划伤；有拧紧力矩要求的螺栓，应按规定的力矩拧紧，拧紧力矩误差不应大于±5%；填料压盖无损坏、变形。

④ 阀杆与启闭件的连接牢靠、不脱落；阀杆端部与阀板的连接在阀门关闭时，阀板与阀体应对中；阀杆表面应无凹坑、刮痕和轴向沟纹。

⑤ 手轮、轴承压盖均不得松动。填料对口要切成30°或45°斜角，且相邻两圈填料的对口需错开120°，并应逐道压紧；填料压好后，填料压盖压入填料箱不小于2mm，外漏部分不小于填料压盖可压入高度的2/3；填料装好后，阀杆的转动和升降应灵活、无卡阻、无泄漏。

⑥ 指示机构和限位机构应定位准确；驱动机械的安装应灵活好用，并符合有关技术要求。

3. 阀门的维护和保养

（1）运行中的阀门，主要是要求岗位操作人员在日常的工作中做到如下要求：

① 阀门要定期清扫。阀门各部件容易积灰、油污等，不清扫对阀门产生磨损和腐蚀。

② 阀门要定期润滑。阀门的传动部位必须保持润滑良好，减少磨擦，避免磨损。润滑部位要按具体情况定期加油，经常开启。

③ 阀门各部件保持完好。阀件应齐全、完好，法兰和支架的螺栓应齐全、满扣，不允许敲打，不允许支承重物或站人。有驱动装置的要保证驱动装置清洁、润滑完好。

④ 阀门的保温。阀门的保温是节约能源，提高热效率和保证设备正常运行的一项重要措施。它包括阀门的保温、保冷、加热保护等。常用的材料有：玻璃纤维类、硅藻类、蛭石类等。

（2）阀门的日常保养要求

① 阀门投用前其内部应清理干净，阀门两端应加防护盖。

② 除塑料和橡胶密封面不允许涂防锈剂外，闸阀、截止阀、节流阀、蝶阀、底阀等阀门应处于全关闭位置；旋塞阀、球阀应处于全开启位置；隔膜阀应处于关闭位置，但不可关得过紧，以防损坏隔膜；止回阀的阀瓣应关闭并予以固定。启闭件和阀座密封面应涂工业用防锈油脂。

③ 定时检查阀门的油杯、油嘴、阀杆螺纹和阀杆螺母的润滑。外露阀杆的部位，应涂润滑脂或加保护套进行保护。

④ 定时检查阀门的密封和紧固件，发现泄漏和松动及时处理。

⑤ 定期清洗阀门的气动和液动装置。

⑥ 定期检查阀门防腐层和保温保冷层，发现损坏及时修理。

⑦ 法兰螺栓螺纹应涂防锈剂进行保护。

⑧ 阀门零件，如手轮、手柄等损坏或丢失，应尽快配齐，不可用活扳手代替，以免损坏阀杆方头部的四方。

⑨ 长期停用的水阀、汽阀，应注意排除积水，阀底如有丝堵，可打开排水。

4.3.4.3　阀门填料的拆卸

从阀门填料函中取出的旧填料原则上不能再使用，这给拆卸带来了方便，但填料函窄而深，不便于操作，容易划伤阀杆。因此填料拆卸比安装更为困难。

1. 阀门填料拆卸

拆卸时，首先拆除阀门填料压盖螺栓或压套螺母，用手转动一下压盖，然后将压盖或压套提起，并用绳索或卡子把它们固定在阀杆上面，以方便操作。

在拆卸过程中，要尽量避免拆卸工具与阀杆碰撞，以防擦伤阀杆。

2. "O"形圈拆卸

拆卸下来的"O"形圈，有时还能继续使用。因此，拆卸时要特别小心。孔内的 O 形圈拆卸可用"勺具、铲具、翘具、推具"等将"O"形圈拔出。拆卸时，工具斜立，另一工具斜插入"O"形圈内，并沿轴转动，将"O"形圈拔出。操作时，不应使"O"形圈拉伸太长，以免产生变形。拆卸"O"形圈时注意将"O"形圈涂上一层石墨等润滑剂，以减少拆卸中的磨擦。

4.3.4.4　阀门填料的安装

阀门填料的安装，应在填料装置各部件完好，阀杆无缺陷并处于开启位置（现场维修除外），填料预制成形，安装工具准备就绪的条件下方可进行。

1. 搭接盘根安装方法

先将搭口上下错开，斜着把盘根套在阀杆上，然后上下复原，使切口吻合，轻轻地嵌入填料函中。

2. 压好关键的第一圈

仔细地检查填料函底部是否平整，填料是否装上，确认底面平整无歪斜时，先将第一圈填料用压具轻轻地压到底面，然后抽出压具，检查填料无歪斜，搭接吻合无误，用压具把第一圈填料压紧，但不要用力过大。

3. 安装一圈压紧一圈

向填料函内安放填料时，应安放一圈，压紧一圈。不允许采用连续缠绕的方法安装填料。填料安装过程中，填装 1~2 圈应旋转一下阀杆，以免阀杆与填料咬死，影响阀门的开关。

4. 填料函基本上满后，应用压盖压紧填料

使用压盖时，用力要均匀，两边螺栓应对称地拧紧，不得把压盖压歪，以免填料受力不均匀与阀杆产生摩擦。压盖的压套在填料函内的深度为其高度的 1/4~1/3，也可用填料一圈高度作为压盖压入填料函的尺度，一般不得小于 5mm 预紧间隙。最后检查阀杆与压盖、压盖与填料函三者的间隙一致；旋转阀杆，阀杆应操作灵活，用力正常，无卡阻现象为好。如果用力过大，应适当将压盖放松一点，减少填料对阀杆的抱紧力。

5. 填料严禁以小代大

填料宽度没有合适的情况下，允许用比填料函槽宽大 1~2mm 的填料代替，不允许用锤子打扁，应用平板或辊子均匀地压扁。在压扁过程中发现质量问题应停止使用。

第5章 储运仪表

5.1 流 量 计

5.1.1 流量计分类及主要技术指标

5.1.1.1 流量计分类

在石油及产品的计量中，所采用的流量计是封闭管道式（即充满管式）的流量计，常用的有容积式流量计、速度式流量计、质量流量计等。

1. 容积式流量计

容积式流量计又称定排量流量计简称 PD 流量计或 PDF 流量计，如刮板流量计、腰轮流量计、椭圆齿轮流量计等。容积式流量计测量准确度高，结构简单，安装要求不高，适用性强，但体积较大，对介质的清净度要求高。

2. 速度式流量计

当被测流体以某一流速沿管道流动，通过置于管道中的测量系统输出一个与流速成正比的信号，通过计算机可以得出流过管道的流量，如涡轮流量计、涡街流量计、超声波流量计、电磁流量计等。速度式流量计显示的是体积流量。

3. 质量流量计

在质量流量计中，最具代表性的是科里奥利质量流量计，简称 CMF，是利用流体在直线运动的同时处于一个旋转系中，产生与质量流量成正比的科里奥利力原理制成的一种直接式的质量流量仪表。质量流量计显示的是液体在真空中的质量。同时，可以显示密度、体积流量等参数。

5.1.1.2 流量计的主要技术参数

（1）量程和量程比　流量范围的最大流量值和最小流量值之差称为流量计的量程。最大流量和最小流量的比值称为流量计的量程比，也叫流量计的范围度。

（2）测量范围　是指流量仪表在规定的基本误差内，最小流量至最大流量的范围。

（3）允许误差　流量计在规定的工作条件下允许的最大误差（误差的极限值）称为流量计的允许误差。流量计的允许误差多用相对误差表示。

$$相对误差 = \frac{示值绝对误差}{检定值} \times 100\% \qquad (2-5-1)$$

（4）准确度等级　流量计的示值接近被测流量值的能力，称为流量计的准确度。在符合一定的计量要求，使流量计的误差保持在规定的极限内的流量计的等别、级别称为流量计的准确度等级。流量计的准确度等级，用流量计的允许误差的大小表示，即用流量计的允许误差去掉"±"和"%"符号后的数字表示，如流量计的准确度等级为 0.2。

（5）重复性　流量计的重复性是指在相同的工作条件下，对同一被测量进行多次测量，其示值的变化。重复性表示的是流量计随机误差的大小，常用百分数表示。

（6）稳定性和零点漂移　稳定性是指在规定的条件下，流量计的计量特性随时间保持不变的能力。稳定性可进行定量表征。提出稳定性是对时间而言的，如果考虑其他参数的稳定性应予以说明。流量计在零输入时，输出的变化称为零点漂移。

（7）灵敏度　指流量计对被测量变化的反应能力。对于给定的被测流量，流量计的灵敏度 S 表示为

$$S=\frac{\Delta L}{\Delta Q} \tag{2-5-2}$$

式中　ΔL——流量计指示值增量；

　　　ΔQ——被测流量变化量。

（8）压力损失　指在最大流量工作条件下，流体流过流量计所引起的不可恢复的压力降。流量计的压力损失通常用流量计进口与出口之间静压差表示。

（9）公称工作压力　流量计在运行条件下长期工作所承受的最大压力。

（10）工作温度　流量计在运行条件下长期工作所承受的最高温度。

5.1.2　几种流量计的结构、工作原理及特性

5.1.2.1　腰轮流量计

1. 腰轮流量计的结构

腰轮流量计又称罗茨流量计，可以用来计量液体或气体的流量。从结构形式上看，腰轮流量计有立式和卧式两种，如图 2-5-1 所示。腰轮流量计由计量、密封连接和计数器三部分组成。

(a)卧式　　　　　　(b)立式

图 2-5-1　腰轮流量计

（1）计量部分　这部分由壳体、腰轮转子、腰轮轴、驱动齿轮、隔板、上下盖板和上下端盖组成。

（2）密封连接部分　要将腰轮轴的转数传送到计数器（或表头），必须有一个密封性能好，又能准确无误地将轴的传动送到计数器的连接部分。连接部分一般有两种结构形式：磁钢连接机构和出轴密封结构。

（3）积算部分　该部分是由精度修正器、计数器及电脉冲转换器组成。

2. 工作原理

腰轮流量计工作原理如图 2-5-2，被测量流体按箭头方向流入进口，经计量室后从出口流出。在流量计进、出口压力差的作用下，若腰轮转子处于2-5-2(a)所示位置，作用于 B 转子上的合成力矩不平衡，于是转子 B 按顺时针方向转动，把计量室内液体（图中阴影部分）推至出口排除。当转子处于图 2-5-2(b)所示位置时，作用于转子 B 上的合成力矩逐渐减小，作用于转子 A 上的力矩逐渐增大，直到达到图 2-5-2(c)的位置后，转子 A 和 B 所受力矩和转动过程变得与上述相反。这样通过主、从转子交替地不断转动，把被测流体以半月形容积为单位（图 2-5-2 中阴影部分）一次次地排出，每当两转子旋转一周，就有 4 个阴影部分容积被排出。通过一定的减速齿轮和积算指示机构，就可以显示被测介

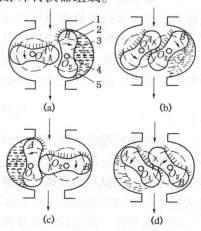

图 2-5-2　腰轮流量计工作原理图

1—外壳；2—驱动齿轮；

3—腰轮；4—轴；5—计量室

292

质的总量。

3. 特性

（1）计量准确度高，可作为贸易交接计量使用。

（2）黏度变化时，泄漏量也会变化。黏度降低，泄漏量会增大。

（3）腰轮靠转子外的齿轮相互驱动，所以噪声远比椭圆齿轮流量计小。

（4）对流体的清洁度要求较高，当被测介质内夹有固体异物时，会卡死而不工作，必须在流量计上游安装过滤器。

（5）流体内含有气体时会影响测量准确度，上游应安装消气器。

5.1.2.2　椭圆齿轮流量计

1. 椭圆齿轮流量计结构

椭圆齿轮流量计结构分为计量、密封连接和积算三个部分

（1）计量部分　由三大件组成，计量室、一对椭圆齿轮和计量室盖。一对椭圆齿轮要咬合良好转动灵活，各部间隙要符合技术要求。

（2）密封连接部分　其作用是既要将椭圆齿轮的转动传给表头，又要防止流体进入表头。常用的密封形式有出轴密封机构或磁钢连接机构两种。

（3）积算部分　其作用是显示瞬时流量和累计流量。

2. 工作原理

工作原理如图 2-5-3。与腰轮流量计相同。

3. 特性

（1）计量准确度高，作为贸易交接计量用。

（2）黏度变化时，泄漏量也会变化。黏度降

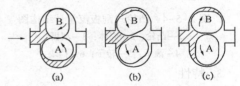

图 2-5-3　椭圆齿轮流量计工作原理图

低，泄漏量增大。

（3）对流体的清洁度要求比较高，如果被测介质过滤不清，齿轮很容易被固体异物卡死而不工作，在流量计上游应安装过滤器和消气器。

5.1.2.3　刮板流量计

1. 刮板流量计结构

刮板流量计是容积式流量计的一种，在原油的计量中应用较多。刮板流量计按结构不同可分为凸轮式和凹线式刮板流量计两种，一般都由流量计主体、连接部分和表头（显示器）组成。

2. 工作原理

凸轮式刮板流量计，见图 2-5-4，主体部分由转子、凸轮、凸轮轴、刮板、连杆、滚子及壳体组成。壳体内腔是一个圆形空筒。刮板有两对，也有三对。在刮板是两对的流量计中，转子的圆筒壁上沿径向开着互成 90°角的四个槽；在刮板为三对的流量计中，则开互成 60°角的六个槽。刮板可以在槽内滑动，时而伸出，时而缩回。伸出时两个刮板之间形成一个计量室。由于转子内有一个固定的凸轮，刮板与凸轮之间有一个滚子，四或六个滚子均在一个不动的、具有一定形状的凸轮上滚动，因而刮板有时从转子内伸出，有时又缩回。当被测液体进入流量计后，在流量计的进口与出口之间产生一个压差，推动刮板和转子转动。当刮板从 A 的位置转到 B 的位置时，壳体和刮板之间的密封腔（计量腔）已形成。当刮板从 B 的位置转到 C 的位置时，封闭腔体中的液体开始排出，以后重复进行，完成了液体的计量。

凹线式刮板流量计，见图 2-5-5，由转子、刮板、连杆和壳体组成。它的壳体内腔是曲

线形的，转子是一个纯转动的实心筒，圆筒沿径向开有互成90°角的四个槽，或互成60°角的六个槽，连杆带动刮板在槽内沿径向滑动。刮板和转子一起转到时，刮板在重力和离心力的作用下，在转子的槽内滑动，同时随着转子沿壳体的内腔转动，刮板的运动完全受凹线的形状来限制，运动的轨迹就是壳体内腔的形线——凹线。当被测液体经过流量计时，推动刮板的转子旋转，刮板沿着一特殊的轨迹成放射状的伸缩。因两个相对刮板端面之间的距离是一定值，所以在刮板连续转动时，在相邻的刮板、转子、壳体内腔，以及上下盖板之间就形成了一个容积固定的计量空间。转子每转一圈，就可以排出四个(六个)同样闭合的体积-精密的计量空间的液体量。

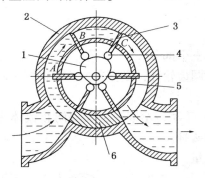

图 2-5-4　凸轮式刮板流量计结构图

1—凸轮；2—壳体；3—刮板；
4—滚子；5—转子；6—挡块

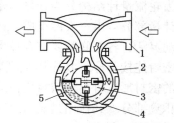

图 2-5-5　凹线型式刮板流量计原理图

1—导管；2—壳体；
3—转轮；4—刮板；5—计量室

3. 特性

（1）刮板的特殊运动轨迹，使被测液体在通过流量计时完全不受干扰，不产生涡流，不改变流态，为提高准确度，减少压力损失创造了良好的条件。

（2）适应性强。对于不同黏度以及带有颗粒杂质的液体均能进行准确计量，但当固体颗粒过大时，将影响使用寿命，特别是在较长的纤维状物质进入流量计后，将会缠绕在转子或转轴上，严重影响流量计的准确度，甚至损坏转子。故用于此类物质时，流体内含有气体会影响测量准确度，必须在流量计上游侧安装过滤器和消气器，并定期清洗。

（3）振动和噪声较小。

（4）流体的黏度变化，泄漏量也变化，会影响测量准确度。

5.1.2.4　螺旋转子流量计

1. 结构

螺旋转子流量计(又名：双转子流量计或螺杆流量计)是用于管道中液体流量的测量和控制的精密仪表。流量计由本体、一对螺旋转子、磁性联轴器、减速机构、调整齿轮、计数器及发讯装置组成其结构图见2-5-6。螺旋转子的转数，通过磁性联轴器和一系列齿轮组成的减速机构，传到表头计数器。

图 2-5-6　螺旋转子流量计结构

2. 工作原理

本流量计属容积式流量计，它是以螺旋转子(测量元件)的空槽部分和计量箱内壁组成一封闭空腔(见图2-5-7中阴影部分)作为测量室，转子每转一周可输出 8 倍空腔的容积，因此，流体的流量正比于螺旋转子的转速，将转子转数的累计转化为流体流量的计量。

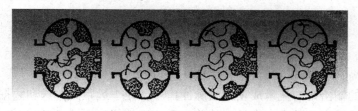

图 2-5-7　螺旋转子流量计工作原理

3. 特性

（1）测量准确度高、流量范围宽、重复性好；

（2）螺旋转子转动均匀、震动小、寿命长；

（3）对被测液体的黏度变化不敏感，尤其适合于黏度较高液体的测量；

（4）被固体杂质卡死的概率最低；

（5）结构简单、外形尺寸小、重量轻；

5.1.2.5　涡轮流量计

1. 涡轮流量计的结构

涡轮流量计由涡轮流量变送器（包括前置放大器）和流量计算仪组成，可实现瞬时流量和累积流量的计量。涡轮流量变送器由叶轮组件（涡轮）、带前置放大器的磁电感应转换器、壳体等元件组成，见图 2-5-8。

2. 工作原理

涡轮流量计是一种速度式流量计。当被测液体流经涡轮叶片时，涡轮受冲击便旋转，涡轮的旋转速度随流速而变化，叶轮的转速与流体量成正比。而当叶轮转动时，叶轮上由导磁不锈钢制成的螺旋形叶片，依次接近处于管壁上的检测线圈，周期性地改变检测线圈磁电回路的磁阻，使通过线圈的磁通量发生变化而产生与流量成正比例的脉冲电信号。这样，涡轮将流量 Q 转换成涡轮的转数 ω，磁电感应转换器又将此转数 ω 变成电脉冲数 f 送入流量计算仪进行计数和显示。

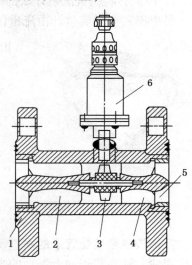

图 2-5-8　涡轮流量变送器
1—壳体组件；2—前导向架组件；
3—叶轮组件；4—后导向架组件；
5—压紧圈；
6—带前置放大器的磁电感应转换器

在测量范围内，变送器的输出脉冲数与流量成正比，其比值称为仪表常数，以 ξ 表示。每一台涡轮流量变送器的合格证上都标明经过实际校验测得的仪表常数值，因此当测得脉冲信号的频率 f 和某一时间内的脉冲总数 N 后，分别除以仪表常数 ξ，便求得瞬时流量 Q 和总量，即：

$$Q = f/\xi \qquad\qquad (2\text{-}5\text{-}3)$$

$$V = N/\xi \qquad\qquad (2\text{-}5\text{-}4)$$

式中　f——电脉冲信号频率，次/s；

　　　ξ——仪表常数，又称仪表常数，次/L，即单位流体流过流量计所发生的脉冲数，在实际使用时因工况有了改变，需做现场实液标定；

N——某一时间内的脉冲数，次；

Q——瞬时流量，L/s；

V——总流量，L。

3. 特性

（1）体积小、重量轻、耐高压、压力损失小。

（2）准确度高，量程宽，惯性小，反应快。

（3）变送器的输出是与流量成正比的脉冲信号，便于远距离传送和数据处理。

（4）安装要求较高，其进、出口处的前、后的直管段应不小于20D和15D(D为变送器的通径)。

（5）对被测介质的清洁度要求较高，液体中含有悬浮物或磨蚀性物质，会造成轴承磨损及卡住等问题，限制了其使用范围。

5.1.2.6 科里奥利质量流量计

1. 科里奥利质量流量计结构

科里奥利质量流量计由流量传感器和变送器两部分组成。图2-5-9为流量传感器，主

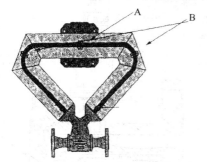

图2-5-9 流量传感器

要由测量管及其支承固定桥架、测量管振动激励系统中的驱动线圈A、检测测量管扭曲的光学检测探头或电磁检测探头B、修正测量管材料杨氏模量温度影响的测温元件等组成。变送器主要由振动激励系统的振动信号发生单元，信号检测和信号处理单元等组成；同时还有组态设定、工程单位换算、信号显示和与上位机通信等功能。

2. 工作原理

仪表的测量管在电磁驱动系统的驱动下，以它固有的频率振动，如图2-5-10(a)所示。液体流过测量系统时，流体被强制接受管子的垂直动量，与流体的加速度a产生一个复合向心力F，使振动管发生扭曲，即在管子向上振动的半周期，流入仪表的流体向下压，抵抗管子向上的力，如图2-5-10(b)所示，流出仪表的流体则向上推，两个反作用力引起测量管扭曲，如图2-5-10(c)所示，这就是科里奥利效应。测量管扭曲的程度与流体的质量流量成正比，位于测量管两侧的电磁感应器用于测量上、下两个力的作用点上管子的振动速度，管子扭曲引起两个速度信号之间出现时间差，感应器把这个信号传送到变送器，变送器对信号进行处理并直接将信号转换成与质量流量成正比的输出信号。

3. 特性

（1）直接测量真正的质量流量，测量准确度高；

（2）可测量流体范围广泛，包括高黏度的各种液体、浆液，含有一定量气体的气液双相流体，低密度气体；

（3）可作多参数测量，可同期测量密度，浓度，温

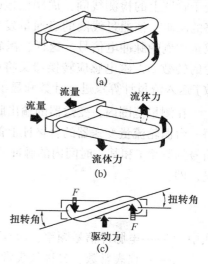

图2-5-10 质量流量计

度等；

（4）和其他流量计一样，液体中含气量超过某一限值会显著影响测量值；

（5）对外界振动干扰较为敏感，为防止管道振动影响，大部分型号的流量传感器安装要求较高。压力损失较大；

（6）测量管内壁磨损腐蚀或沉积结垢会影响测量准确度，尤其对薄壁管测量管（一般直管型管壁较薄）的质量流量计更显著；

（7）部分型号质量流量计重量和体积较大。

4. 值得注意的几个问题

（1）关于测量准确度 一般质量流量计的测量准确度较高。各制造厂通常以"基本误差加零点不稳定度"的方式表达，选用时应予注意；

（2）质量流量计压力损失较大，在选型时应注意工艺条件的要求；

（3）使用中应注意零点漂移和调零。

5.1.3 影响流量计准确度的因素

1. 黏度

黏度是影响流量计准确度的重要因素。对于容积式流量计，黏度变化，影响泄漏量的变化；对于速度式流量计，流态随黏度的变化而变化，这都直接影响了流量计的准确度。

2. 温度

①温度变化直接影响被测介质的黏度；②由于材料的热胀冷缩特性，温度的变化致使容积式流量计计量室的容积或速度式流量计的截面面积发生变化，直接影响了流量计的准确度。

3. 压力

对于容积式流量计，压力变化影响被测液体的体积和流量计的几何尺寸；对于质量流量计，压力变化直接影响流量计测量管的刚性。背压过低时会加速被测液体汽化，这将影响流量计的测量准确度。

4. 流态

流态对速度式流量计的测量准确度影响很大，在流速较高时，流体的流动呈紊流状态；在流速较低时，流体的流动呈层流状态。而流量计在紊流状态下，仪表常数只与仪表本身结构参数有关，会影响仪表常数。

5.1.4 流量计的使用及维护

（1）新安装的流量计或管路检修后运转的流量计，应先打开旁路阀，将管路内的杂质冲洗干净。在流量计投用前，先检查排污阀、放空阀、扫线阀等是否关闭，记录表头累积计数器底数。在流量计出口阀关闭状态下，缓慢打开入口阀，观察流量计及其附属设备等是否渗漏。情况正常后，缓慢的打开流量计放空阀，将流量计及系统内的空气慢慢排出，然后关闭放空阀。打开流量计下游阀，最后逐渐关闭旁路阀，并检查流量计的运转情况是否正常。调节流量计下游阀，使其达到预期的流量值。

（2）正常使用时，要先打开流量计的上游阀，再打开流量计的下游阀；停止运行时，要先关闭流量计的下游阀，再关闭流量计的上游阀。记录流量计表头累积计数器的读数。

（3）对于运行中的流量计，应定期检查转动部分声音是否正常、指针动作或计数器跳数是否正常、过滤器前后压力差是否小于 0.1MPa（接近 0.1MPa 时就要考虑清洗过滤器）。

（4）流量计在切换备用流量计时，应先投用备用流量计，待备用流量计运行正常后，再停运待停用流量计。

（5）当计量高凝点油品，环境温度很低时，流量计停运后对管线和流量计进行扫线，防止因油品凝结再启动流量计时产生困难。如发现这种情况应及时处理，但绝对禁止管路扫线的蒸汽通过流量计，否则会造成流量计损坏。蒸汽只能从旁路经过，流量计内残余凝结的介质，只能采用流量计外部加温的办法使之融化。

（6）流量计的转动部分和机械计数器要定期进行润滑，可延长使用寿命。

（7）过滤器必须定期清洗、检查。

5.2　油罐液位测量仪表

5.2.1　油罐液位测量系统类型

近年来，我国引进并研制了多种油罐静态自动计量系统，实现油罐液位、油品重量自动监测和自动计量。下面简略介绍常用的液位静压式测量仪表和混合式测量仪表。

5.2.1.1　静压式自动计量系统（简称 HTG 系统）

静压式自动计量是指以测量压力传感器上液体静压为基础的直接测量罐内液体质量的计量方法。

1. 系统结构

静压法自动计量系统是由安装在控制室内的计算机和通讯接口单元及安装在罐区的高精度差压变送器、油温传感器、罐前处理器等组成，如图 2-5-11。

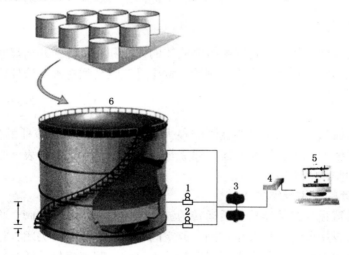

图 2-5-11　静压法自动计量系统构成图

1—上差压变送器；2—下差压变送器；3—罐前处理器；

4—接线盒；5—上位机；6—罐区被测油罐

静压法自动计量系统构成简单、实用，性价比较高。该系统主要适合于对油罐油品质量的直接测量，同时能提供油库管理所需的常用计量参数如：油品的液位和油品的温度、密度等。它是构成现场总线式计算机网络系统最基本的数字平台，易于挂接其他仪器仪表设备如伺服液位计或雷达液位计或磁致伸缩式液位计使系统升级为混合式油罐自动计量系统（简称HTMS 系统）。

2. 测量原理

静压法自动计量系统是通过压力或差压变送器测量油品介质作用在储罐底部静压力的方法来测量储罐内油品介质质量、油品体积、液位、平均密度和通过温度变送器测量油品的温度等计量参数的计量系统。罐内液体的质量只与液体的静压力和储罐的有效截面积有关，而与储罐内的密度和温度无关。从力的量值传递上分析，由于压力传感器是可以精确标定的，因此，通过 HTG 法对静压力 p 的测量所得到的。在采用商业质量交接的我国用 HTG 法进行油品质量计量比用体积法进行油品质量计量更具有优越性，这正是我们采用 HTG 法进行油品计量的理论基础。

3. 系统特点

（1）采用现场总线技术，升级能力强；

（2）安装方便，调试及维修简单；

（3）整个罐群电缆铺设只需一根四芯电缆采用串行并接方式连接，可节约电缆铺设费用及人工费用；

（4）读数直观，可直接读出油品的库存量，实现实时的罐前计量参数的显示。

5.2.1.2　混合式自动计量系统

混合式自动计量系统是静压式自动计量系统与液位计计量系统的有机整合，不但发挥了液位计计量系统高准确度液位测量和静压式自动计量系统的质量测量优势，而且可同时得到高准确度液位高度、质量、密度、温度和油水界面参数，是近几年发展起来比较理想的储罐液体自动计量系统。下面主要介绍几种混合式自动计量系统中常用的液位计：

1. 伺服式液位计

伺服液位计是 20 世纪 50 年代出现的液位测量仪表。随着电子技术的飞速发展，该产品更新换代，出现了满足计量级的产品。伺服液位计在轻质油、化工产品、液化石油气、天然气方面应用的比较广泛。下面简单介绍计量级伺服液位计。

（1）仪表结构

一般结构见图 2-5-12，主要有接线端室、鼓室和电气单元室。在电气单元室内可以根据要求，分别插入平均温度、压力、密度等测量卡件，实现罐内液位、油水界面、温度和密度的准确测量。

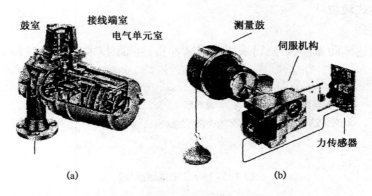

图 2-5-12　伺服式液位计

（2）工作原理

浮子由一根强度和柔性很高的钢丝悬挂于测量鼓上。浮子的密度大于被测液体的密度，浮子的一部分浸没于被测液体中，根据阿基米德原理，浮子受到一个向上正好等于浮子所排开液体重量的浮力。

浮子所受到向上的拉力，即钢丝上的张力等于浮子的重量减去它所受向上的浮力，根据杠杆滑轮原理，钢丝上的张力直接被传到高准确度的力传感器上。一般情况下，浮子平衡在液面上，其所受的拉力被设定于伺服结构的控制器中，力传感器不断的测量钢丝上的张力。当液位下降时浮子失去向上的浮力，则力传感器测到张力增加，然后力传感器和伺服控制器进行力的比较，使伺服马达带动测量鼓放下测量钢丝、浮子去追踪液位，直到浮子所受到的拉力，即钢丝上的张力等于力传感器设定的拉力。当液位上升时，这个过程相反。

测量油水界面时，只要将伺服结构控制器中拉力的设定值减小，浮子则会自动地从液位下降至油水界面。

测量密度时，伺服式液位计会自动地根据当前液位，命令浮子分10点浸入液下，测得各点的密度和平均密度。

（3）主要技术指标

量程	0～37m	环境温度	-40℃～+85℃
液位测量误差	<±1mm	分辨率	<±0.1mm
重复性	<±0.1mm	油水界面测量误差	<±2mm
伺服密度测量误差	<±5kg/m³	温度测量误差	<±0.1℃
防爆等级	d(ib)ⅡBT6	防雷击	

（4）安装

伺服液位计可以较容易地安装于拱顶罐，内、外浮顶罐及球罐，除球罐须在开罐检查时安装外，普通的常压罐则完全可以在不动火、不停运的情况下完成安装。任何罐型都无须安装专门的导向管。

2. 雷达式液位计

雷达液位计是近年来推出的一种新型的油罐液位测量仪表，其特点是采用了全固体状的雷达测距技术，整个仪表无移动部件，无任何零件与油罐内的介质接触，控制单元采用了数字处理技术，测量准确度高，容易扩展到油罐的监控系统，维护保养的工作量很少。下面简单介绍一下雷达式液位计。

（1）工作原理

合成脉冲雷达测距　荷兰某公司采用合成脉冲雷达测距技术，如图2-5-13。

图2-5-13　雷达测距原理

振荡器在 Δt 时间段内产生连续变化（固定频率段）的连续脉冲信号，由检测器在某一时间测出，发射出的频率和接收雷达波的频率差 Δf，然后求得 Δt，如图2-5-14所示，根据相似三角形的原理，即

$$\frac{\Delta t}{\Delta f}=\frac{\Delta t_0}{\Delta f_0} \qquad 设振荡器的系数\ s=\frac{\Delta t_0}{\Delta f_0}$$

则
$$\Delta t=\frac{\Delta t_0}{\Delta f_0}\Delta f=s\Delta f \qquad D=C\frac{\Delta t}{2}=\frac{1}{2}CS\Delta f \qquad\qquad (2-5-5)$$

由于可以制作出高准确度的频率检测器,所以可以准确地测出发射天线到液面的高度(空高)。

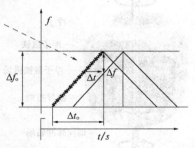

图 2-5-14　合成脉冲雷达测距原理

(2)雷达液位计测量系统的构成

雷达液位计分天线单元和控制单元两部分。

① 天线单元

天线单元采用的是多点发射源(平板天线技术),与单点发射源相比,其优点见图2-5-15。由于测量基于一个平面,而不再基于一个确定地点,使得雷达液位计的测量周期性在满量程时,仍可达到±1mm。

一般天线单元的罐顶封装,可根据油罐的类型和安装条件而专门设计平面天线。

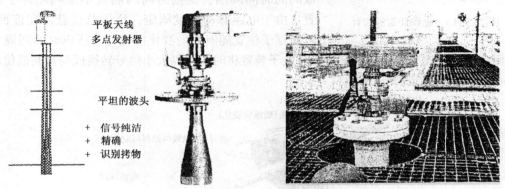

平板天线
多点发射器

平坦的波头

+ 信号纯洁
+ 精确
+ 识别拷物

图 2-5-15　天线单元

② 控制单元

控制单元安装在地面,它包括一个就地的液晶显示指示和一个手执通讯器接口使用的光连接器,这样操作人员无须上罐即可读数。控制单元采用了模块化设计,可以根据现场的工艺要求切入温度(点温或平均温度)、压力、密度及水位测量的卡件,这样可以在一台雷达液位计上完成罐内液位、水位、密度和温度的全面准确测量。

现场的液位、温度、密度等参数可通过现场总线,以数字信号送到控制室的采集通讯单元,并将数据送达上位机 DCS 和 PLC 系统。

(3)主要技术指标

测量范围　　　0.5~40m　　　　分辨率　　　　　< ±0.1mm

环境温度　　　-40℃~+85℃　　防爆等级　　　　d(ib)BT6

测量准确度　　< ±1mm 计量级(中国计量型式批准)

　　　　　　　< ±3mm 罐区管理级(API 要求)

　　　　　　　< ±5mm 和±10mm 一般控制级

3. 磁致伸缩液位计

磁致伸缩式液位计是一种可进行连续液位、界面测量,并提供用于监视和控制的模拟信号输出的极高精度的测量仪表。

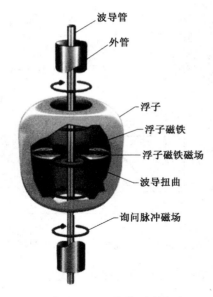

图 2-5-16　磁致伸缩液位计

（1）基本结构

磁致伸缩液位计主要由三部分组成：传感器（压磁传感器和磁致传感管），电路单元和内磁浮子组成，如图 2-5-16 所示：

（2）工作原理

如图 2-5-17 所示，在一非磁性传感管内装有一根磁致伸缩线，在磁致伸缩线一端装有一个具有专利的压磁传感器，该压磁传感器每秒发出 10 个电流脉冲信号给磁致伸缩线，并开始计时，该电流脉冲同磁性浮子的磁场产生相互作用，在磁致伸缩线上产生一个扭应力波，这个扭应力波以已知的速度从浮子的位置沿磁致伸缩线向两端传送。直到压磁传感器收到这个扭应力信号为止，然后由压磁传感器可测量出起始脉冲和返回扭应力波间的时间间隔，根据时间间隔大小来判断浮子的位置。由于电流脉冲速度固定，浮子总是悬浮在液面上，且磁浮子位置随液面的变化而变化，所以时间间隔大小

与液面高低成正比，然后通过全智能化电子装置将时间间隔大小信号转换成与被测液位成比例的 4~20mA 信号进行输出处理。

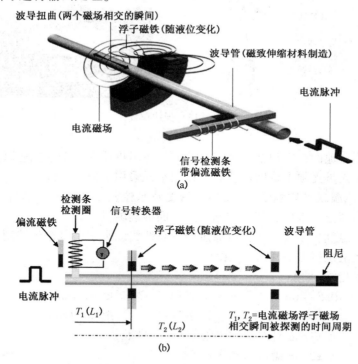

图 2-5-17　磁致伸缩液位计测量原理图

（3）特点

① 可靠性强。由于磁致伸缩液位计采用波导原理，无机械可动部分，故无摩擦，无磨损。整个变换器封闭在不锈钢管内，和测量介质非接触，传感器工作可靠，寿命长。

302

② 精度高。由于磁致伸缩液位计用波导脉冲工作，工作中通过测量起始脉冲和终止脉冲的时间来确定被测位移量，因此测量精度高。

③ 安全性好。磁致伸缩液位计的防爆性能高，特别适合对化工原料和易燃液体的测量。

④ 磁致伸缩液位计易于安装和维护简单。一般通过罐顶已有管口进行安装，特别适用于地下储罐和已投运储罐的安装，并可在安装过程中不影响正常生产。

⑤ 便于系统自动化工作。磁致伸缩液位计的二次仪表采用标准输出信号，便于微机对信号进行处理，容易实现联网工作，提高整个测量系统的自动化程度。

5.2.1.3 自动计量系统故障与判断

1. 伺服液位计

对于伺服液位计在使用过程中主要可能出现以下两种故障情况：

（1）稳液管在安装的时候不垂直和稳液管内壁不光滑、有毛刺会导致测量液位的仪表经常在某个同样高度的点卡住不能动弹。

（2）在冬季结冰或者测量温度比较高的油品时由于磁鼓的黏滞力可能会导致测量值不跟随液位的变化而变化，或者有时液位没变化指示值却忽然变化的现象。

2. 雷达液位计

雷达液位计主要由电子元件和天线构成，无可动部件，在使用中的故障极少。使用中偶尔遇到的问题是，储槽中有些易挥发的有机物会在雷达液位计的喇叭口或天线上结晶，对它们只要定期检查和清理即可，维护量少。

在日常维护中，可以用 PC 机（装有 VEGA Visual Operating 软件）远程观察反射波曲线图，对于后来可能产生的干扰波，可以利用液位计有识别虚假波的功能，除去这些干扰反射波的影响，保证准确测量。

3. 磁致伸缩液位计

磁致伸缩液位计在使用过程中主要可能出现通讯方面的故障，包括以下三个方面：通讯超时、通讯错误和通讯正常，但数据错误。如出现故障及时通知厂家赴现场解决。

5.3 温度及压力仪表

温度和压力仪表为现场最常用仪表。

5.3.1 温度仪表及传感器

1. 温度计分类和测量原理

常用的温度仪表及温度传感器，见表 2-5-1，如图 2-5-18。接触式的温度计的原理有三种。

（1）双金属温度计 双金属温度计是由两片膨胀系数不同的金属牢固粘合在一起，其一端固定，另一端通过传动机构与指针相连。当温度变化时，由于膨胀系数不同，双金属产生角位移，带动指针指示相应温度。

（2）热电偶 不同的导体连接成闭合回路，其两个接点分别置于不同的温度中，则回路中就产生热电动势。

（3）热电阻 热电阻导体的电阻值随温度的变化而变化。常用的有铂电阻、铜电阻。

表 2-5-1 常用的温度仪表

测温方式	温度计类型		测温原理	常用测量范围/℃	主要特点
接触式	膨胀式温度计	固体膨胀式-双金属温度计	受热膨胀特性	-200~600	结构简单, 价格低廉, 用于就地测量
		液体膨胀式-水银(有机液)玻璃温度计			
	热电阻温度计	铂电阻 Pt100	导体或半导体的阻值随温度的变化而变化	-200~600	精确度高, 远距离传送信号, 适用于中、低温测量, 使用广泛, 稳定性好
		铜电阻 Cu50		-50~100	
	热电偶温度计	铂铑$_{10}$-铂 S	金属的热电效应	0~1600	测温范围广, 精确度高, 远距离传送, 适合于中高温测量。需要冷端温度补偿, 需要补偿导线
		铂铑$_{30}$-铂铑$_6$ B		600~1800	
		镍铬-镍硅 K		-200~1300	
		铜-铜镍 T		-200~400	
		镍铬-铜镍 E		-200~900	
		铁-铜镍 J		-40~750	
		铂铑$_{13}$-铂 R		0~1600	
非接触式	辐射式高温计	光学式	物体辐射能随温度变化的性质	700以上	适用于不宜接触测温的场合, 测量精度受周围环境条件的影响
		比色式			
		红外式			

(a)工业用热电阻　　(b)双金属温度计/电接点双金属温度计

图 2-5-18　各种温度计仪表

2. 温度控制仪表系统故障分析步骤

分析温度控制仪表系统故障时, 出现没有显示、示值偏高或偏低、显示没有变化或缓慢这些故障现象时, 首先要注意两点: 该系统仪表多采用电动仪表测量、指示、控制, 该系统仪表的测量往往滞后较大。

(1) 温度仪表系统的指示值突然变到最大或最小, 一般为仪表系统故障。因为温度仪表系统测量滞后较大, 不会发生突然变化。此时的故障原因多是热电偶、热电阻、补偿导线断线或变送器放大器失灵造成。

(2) 温度控制仪表系统指示出现快速振荡现象, 多为控制参数 PID 调整不当造成。

(3) 温度控制仪表系统指示出现大幅缓慢的波动, 很可能是由于工艺操作变化引起的, 如当时工艺操作没有变化, 则很可能是仪表控制系统本身的故障。

(4) 温度控制系统本身的故障分析步骤: 检查调节阀输入信号是否变化, 输入信号不变化, 调节阀动作, 则调节阀膜头膜片漏了; 检查调节阀定位器输入信号是否变化, 输入信号不变化, 输出信号变化, 定位器有故障; 检查定位器输入信号有变化, 再查调节器输出有无变化，如果调节器输入不变化，输出变化，此时是调节器本身的故障。

3. 温度计元件安装要求

为保证测温的准确性，测温元件安装要求有：一是测温元件在管道上安装，应保证与液体充分接触；二是如果安装管径过小，测温元件应安装在加装的扩大管上；三是测温元件的工作端应处于管道流速最大的之处；四是要有足够的插入深度；五是热电偶与热电阻的接线盒盖应朝上，热电偶处不得有强磁场；六是为减少测温的滞后，可在保护套管间填充传热良好的填充物。

5.3.2 压力仪表及变送器

1. 压力计分类和测量原理

常用的就地压力表类型见表 2-5-2，如图 2-5-19。压力变送器就是把压力信号变成标准电信号远传。

表 2-5-2 常用的就地压力表类型

测压方式	压力计类型	测压范围	用 途
弹性式	弹簧管式压力表	-0.1~60MPa	就地指示，（有些介质要用特殊压力表）
	隔膜式压力表		就地，用于腐蚀性、高黏度、易结晶、含固体颗粒的介质
	电接点压力表		就地，报警远传

普通压力表　　　　膜片式压力表　　　　电接点压力表

图 2-5-19 常见的各种压力表

储运系统中，常用的压力表有弹簧管压力表、弹簧管式真空压力表、双针压力表等。其中以弹簧管压力运用最为广泛。

（1）弹簧管压力表的工作原理

弹簧管压力表主要由表盘、弹簧管、拉杆、扇形齿轮、轴心架和指针等机件组成，如图 2-5-20。弹簧管压力表的工作原理是通过弹性元件的受压而产生的扭矩，经过表内放大机构带动转轴的转动，通过指针自由端的位移放大来显示压力的大小。

（2）压力表量程的选择

压力表的量程是根据被测压力的大小来确定的，对于弹性式压力表，为保证弹性元件能在弹性变形的安全范围内可靠地工作，在选择压力表的量程时，必须根据被测压力的性质留有足够的余地。选择压力表应使被测量压力在压力表量程的 1/3~2/3 之间，以确保压力测量的精度。

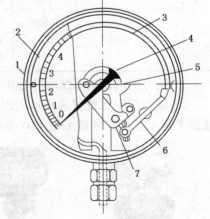

图 2-5-20 弹簧压力表

1—壳体；2—表盘；3—弹簧管；4—指针；
5—扇形齿轮；6—拉杆；7—轴心架

压力表量程系列一般为：1.0、1.6、2.5、4.0、10MPa。储运系统常用的是1.6MPa、2.5MPa、4.0MPa。

（3）压力表精度的确定

压力表精度的确定是通过其最大引用误差来确定的。压力表的引用误差为压力表的最大绝对误差除以压力表的量程再乘以100%，去掉最大引用误差的正负号（±）和百分号（%）后的值称为压力表的准确度等级。对测量仪表，准确度等级分别规定为0.1、0.2、0.5、1.5、2.5和5.0级共7个级别，它表示仪表的引用误差不能超过的界限。若实际最大引用误差在两级之间时，则仪表归属到最相近的较低的那一级，如最大引用误差为0.3%的仪表应属0.5级。储运系统用的压力表一般为1.5级或2.5级。

2. 压力变送器

压力变送器是把压力信号变成标准电信号（4~20mA）远传，见表2-5-3。按测量原理分类，如图2-5-21所示。

表2-5-3 压力变送器分类

压力变送器类型		精 度	输 出 信 号	原 理 及 特 点
DDZ-Ⅱ		0.5 1.0 2.0	0~10mA	力平衡式，力→位移 四线制，电源220VAC 抗振及稳定性差
DDZ-Ⅲ		0.5 1.0	4~20mA	矢量机构力平衡式，力→位移 两线制，电源24VDC 稳定性相对比Ⅱ型好
全电子式	1151系列 （CECY，CECC）	0.2 0.25 0.5	4~20mA HART数字信号	电容传感器，力→电容 两线制，电源12~45VDC 小型、抗振、稳定
	固态压阻硅系列	0.15 0.25 0.5 1.0	4~20mA 数字信号	硅应变电阻传感器，力→电阻， 两线制，电源10~55VDC 小型、稳定性较好
	EJA系列	0.075 0.1 0.2	4~20mA BRAIN或HART 数字信号	单晶硅谐振式传感器，力→频率， 两线制，电源16.4~42VDC 稳定，连续四年不需校验

3. 压力控制仪表系统故障分析步骤

① 压力控制系统仪表指示出现快速振荡波动时，首先检查工艺操作有无变化，这种变化多半是工艺操作和调节器PID参数整定不好造成。

② 压力控制系统仪表指示出现死线，若工艺操作变化压力指示还是不变化，一般故障出现在压力测量系统中，首先检查测量引压导管系统是否堵塞，如果正常，检查压力变送器输出系统有无变化，若有变化，则故障出在控制器测量指示系统。

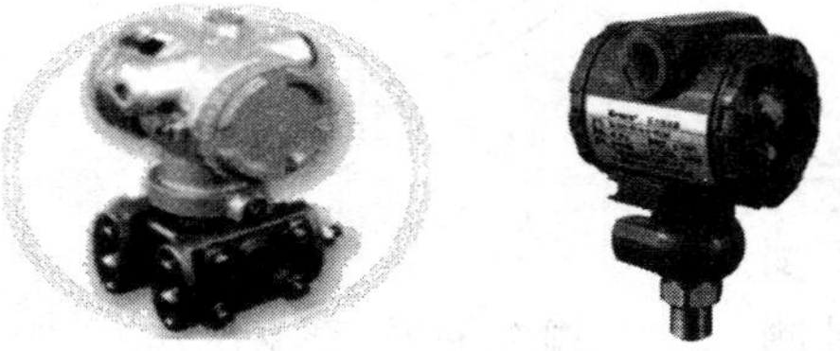

典型的压力/差压　　　森纳士工业型压

图2-5-21　各种压力变送器

5.3.3 物位仪表及变送器

1. 物位表分类和测量原理

包括液体液位和固体料位，根据测量原理的不同，仪表的类型繁多。表 2-5-4 中所列为常用的连续测量型的物位仪表，如图 2-5-22 所示。

表 2-5-4　常用的连续测量型的物位仪表

类　型	基　本　原　理	代　表　产　品	特　点
浮力式液位计	应用浮力原理测量液位	浮球式液位计 浮筒式液位计	以机械结构为主，体积笨重，但维护简单 测量的量程有限，适合于黏度小、无结晶、无腐蚀的介质
静压式液位计	液柱的高度与液柱产生的静压成正比	差压变送器 单/双法兰式差压变送器 投入式液位变送器	使用最广泛 安装方便 适合于腐蚀性介质 价格适中
超声波式	用压电晶体作探头发射声波，声波遇到两相界面被反射回来又被探头所吸收，根据声波来回时间而测出物体高度	超声波物位计	非接触式测量 测量范围宽，液体、粉末、块体的物位均可 受被测介质温度、压力、密度变化的影响 价格较高
微波式物位计	天线发射微波，微波遇到物料界面被反射，雷达系统接收反射信号，根据微波的行程时间而测出物位高度	雷达物位计	非接触式测量 测量范围宽，液体、粉末、块体的物位均可 不受被测介质温度、压力、密度变化的影响 测量精度高，价格高昂

浮筒式液位计

浮球式液位计

双法兰差压变送器

E+H超声波物位计

图 2-5-22　各类液位计和变送器

2. 液位控制仪表系统故障分析步骤

（1）液位控制仪表系统指示值变化到最大或最小时，可以先检查检测仪表看是否正常，

307

如指示正常，将液位控制改为手动遥控液位，检查液位变化情况。若液位可以稳定在一定的范围，则故障在液位控制系统，相反一般为工艺系统造成的故障，要从工艺方面查找原因。

（2）差压式液位控制仪表指示和现场直读式指示仪表指示对不上时，首先检查现场直读式指示仪表是否正常，如指示正常，检查差压式液位仪表的负压导压管封液是否有渗漏。若有渗漏，重新灌好封液，调零点。无渗漏，可能是仪表的负迁移量错误，重新调整迁移量使仪表指示正常。

（3）液位控制仪表系统指示值变化波动频繁时，首先要分析液面控制对象的容量大小，来查找故障的原因，容量大一般是仪表故障造成，容量小的首先要分析工艺操作情况有无变化，如有变化很可能是工艺造成的波动频繁，如无变化可能是仪表故障造成。

5.4 安全检测与安全监控仪器

5.4.1 测厚仪

钢板测厚仪和涂层测厚仪是不破坏油罐钢板、管线管壁及其涂层而检测其厚度的仪器。

5.4.1.1 钢板测厚仪

电脑超声波测厚仪（HCC-16P 型）外形如图 2-5-23 所示，它采用了单片微处理器等高科技成果。

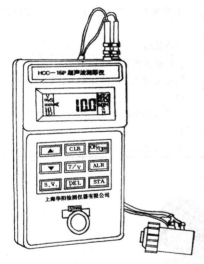

图 2-5-23 电脑超声波测厚仪

1. 测量原理

本仪器应用超声波反射原理进行厚度或声音测量，具有独特的非线性校准功能和自动零位校准功能，使操作者无需对仪器进行调整即可得到精确测定结果。

2. 主要性能及技术参数

（1）主要性能

对于能传播超声波的材料均可以用它测厚，适用于石油化工中的压力容器，如锅炉、储油罐、管道等厚度测量和腐蚀测量。对于表面腐蚀粗糙的被测件，也具有较强的探测能力。

（2）技术参数

① 测量范围（mm）：1.2～250

② 分辨率（mm）：0.1

③ 示值误差（mm）：±（0.5%H+0.1）

④ 显示方式：4 位 LCD

⑤ 声速设置范围（m/s）：1000～8000

⑥ 使用环境温度：0℃～40℃

3. 使用方法

（1）厚度测量

被侧件表面涂耦合剂后，当探头与被测件表面耦合良好时，厚度值即显示出来并伴有一"嘟"声，同时该厚度值已被存入机内。

（2）声速测量

① 按 T/V 键，仪器转入声速测量状态，显示 10.0，此为被测件厚度值，如被侧件厚度

不是 10mm，用▽，△键将显示值修正到被测件的实际厚度值。

② 将探头按到被测件上，当耦合良好时，被测件的材料声速值即显示出来。为保证声速测量精度，应使材料厚度大于 4mm。

③ 再次按 T/V 键，仪器从声速测量状态回到厚度测量状态。

（3）统计

按 STA 键，测量的平均值、最大值、最小值、标准偏差、测量次数等五项数理统计值则依次调出。

4. 注意事项

（1）当显示器上出现"LOBAT"信号，揭示电池电压较低时，虽仍可使用数小时，但应及时更换电池，以免电池漏液等原因损坏仪器。

（2）当测量值有较大误差时，应首先检查：①正确设置声速；②校准；③检查被测材料内部是否有砂眼、气孔等缺陷。

（3）不要擅自拆卸仪器。

5.4.1.2 涂层测厚仪

1. 仪器特点与技术参数

（1）特点

HCC-24 型电脑涂层测厚仪其外形见图 2-5-24 所示，它是一种用电池供电的便携式测量仪器，可直接测量导磁材料表面上非导磁覆盖层厚度。

（2）技术参数

① 测量范围：0~1200μm

② 示值误差：±（3%H+μm）

③ 使用环境温度：0℃~40℃

④ 电源：一节 9V 叠层电池（型号 6F22）

⑤ 附件：标准基板　　1 板

　　　　校准箔　　　3 块

图 2-5-24　电脑涂层测厚仪

2. 测量原理

本仪器采用磁感应原理进行测量，当探头与覆盖层接触时，探头和磁性基体构成一闭合磁回路，由于非磁性覆盖层存在，使磁路磁阻增加，磁阻的大小正比于覆盖层的厚度。通过对磁阻的测量，经电脑进行分析处理，由液晶直接显示出测量值。

弹簧导套式探头，能保证测量头具有不变的压紧力和稳定的输出。

3. 使用方法

① 接通仪器电源，接通电源后试验程序开始运行，同时显示器显示数字，紧接着显示出"0"，表明仪器一切正常，即可开始测量。

② 将测量头平稳地放在测量物上，（测量位置上的被测物必须清洁、干燥并且防止接触脏物或油脂），涂层厚度值则在显示器上显示出来，将测量头从测量物上提高（至少离被测面 5mm），仪器即可重新测量。新的测量值将在 1s 内显示，这样通过一系列的测量（3~10 次），即可判断涂层是否均匀，并可通过按 RES 键，显示出 MEA 值，MAX 值，S 值，N 值等统计参数。

309

③ 如果在测量中因探头放置不稳，显示出一个明显错误的测量值，可按 DEL 键清除该测量值，以免影响统计值的准确性。

④ 使用完毕关闭电源。如不进行任何操作，大约 5mm 后即自动关机。

⑤ 仪器有电源报警功能，当电池电压偏低时，显示器会显示"LOBAT"。此后，虽仍能继续测量数小时，但应及时更换电池。当电池电压过低时，仪器会自动关闭电源。

4. 常见事故处理

（1）电源开关打开后没有显示

需从电源方面进行检查。若仪器没有接通电源或仪器自动地断开电源、仪器内没有电池或电池电压过低、电池接触不良都会出现上述现象，应予以排除。

（2）测量头未进行测量

可能由下列情况引起：

① 基体材料是非磁性的，因此没有测量效应。

② 涂层太厚，难以进行测量。

（3）显示出错误的测量值

① 基体材料改变了，它已不再是校准时所作用的基体材料。

② 测量物不能用储存特征曲线进行测量。

（4）校正时数据出错（显示值大于 5000）

由于错误的输入导致数据混乱需立即关机，然户按住 DEL 键同时按 on/off 键开机，可使数据回复正常。然后按仪器规定的方法进行校准。

5.4.2 可燃气体检测

油气浓度的检测，通常采用可燃气体检测仪表。可燃气体浓度测定仪表品种较多，工作原理也不尽相同，现以 XP-311A 型便携式可燃气体检测仪为例，简介其工作原理。

XP-311A 型便携式可燃气体检测仪用机内的微气泵将气体自动吸入后，以接触燃烧式原理进行检测，可检测 0~10%LEL，0~100%LEL 的可燃气体浓度。仪器外形如图 2-5-25。

1. 使用方法

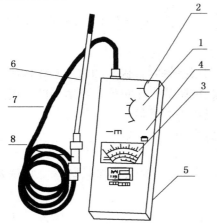

图 2-5-25 XP-311A 型可燃气体监测仪外形图
1—电源/测定转换开关；2—调零旋钮；3—表盘；
4—照明按钮；5—电池腔；6—吸引管；
7—气体导入胶管；8—过滤/除潮器

（1）安装电池。电池必须在无气体泄漏的安全地方，按电池室内标的极性（+）和（-），正确装入。即先拉开电池室盖子约 10mm，然后压住电池头而将盖子往前推关闭。

（2）检验电池电压。将转换开关由 OFF 转至 BATT 位置检查电池电压，判断能否使用。

（3）零调节。先将转换开关由 BATT 转至 L 档位置，待指针稳定，确认"0"。如指针偏差于"0"时，将零（ZERO）调节旋钮缓转，进行调节。调至"0"为止。

注意：零调节必须在 L 档进行，必须在干净的空气中进行。

（4）测量。在检测气体时，先将转换开

关转至 H 档，若指针指在 10%LEL 以下时，即转换到 L 档，以便读到更精确的数值。

将吸引管靠近检测地点测量。感受到要测气体时，指针就会摆动，当指针稳定下来后，所指示的刻度便是气体的浓度。

检测完后，必须使检测器吸入干净空气而使指针回到"0"位置后方可关闭电源。

刻度以三层计数形式表示 LEL、LPG、汽油的区别。LPG 及汽油的指示是以体积浓度作为气体浓度直接读出，但因汽油的组成成分不定，故此标度作为参考。

2. 注意事项

（1）避免强烈的机械性冲击。

（2）不可长久地放在高温多湿的地方。

（3）如长时间不使用，应将电池取出。更换电池时，须在无气体泄漏的安全地方装入，应同时换上 4 只新电池。

（4）切勿随便拆卸机器。检测器气体传感器部分采用了耐压防爆结构，其他部分是本质防爆结构。故不许改变一切结构和电路。

（5）切勿着水。保养机器时，须用柔软布料擦拭。

（6）长久使用，过滤/除潮器的过滤纸会变脏，对水的遮断能力下降，应注意使用情况，必要时更换新过滤纸。

3. 常见故障的处理

将新电池装入后，若电源开关转至 BATT，指针无摆动，可能是电池接触不良或电池极性（+、−极方向）有误，须正确装入；若指针虽摆动，但尚无摆至 BATT 标记范围，需检查 4 只电池中有无极性装反的。

若仪器反应速度慢，灵敏度差，需检查过滤器纸有无堵塞。必要时更换新过滤器纸。

5.4.3 可燃气体报警系统

可燃气体浓度检测报警系统用于测定空气中可燃气体的含量，当超过浓度设定值时，发出报警。油库设置固定式可燃气体浓度测定仪，可连续地监视这些地点的可燃气体浓度。可燃气体报警系统的设置应符合以下要求：

（1）油库设置可燃气体检测报警系统，该系统应能检测到超量泄漏的油蒸汽并能发出报警信号。

（2）油库储罐区、泵房（棚）、装车点、卸车点等有油气泄漏的场所，应设置可燃气体浓度自动报警系统装置。

（3）可燃气体浓度自动检测装置，当可燃气体浓度达到气体爆炸极限下限的 20% 时，应设置自动报警装置。

（4）报警装置集中设置在控制室或值班室内，并应与油泵和压缩机的供电电源联锁，并配置不间断供电电源。

（5）可燃气体安装高度；检测比空气重的可燃气体或有毒气体（油品蒸汽、液化石油等），其安装高度应距地坪（或楼地板）0.3~0.6m；检测比空气轻的可燃气体或有毒气体（天然气等），其安装高度宜高出释放源 0.5~2m。

（6）可燃气体检测器和指示报警仪的技术性能，应符合现行国家标准《作业环境气体检测报警仪通用技术要求》的有关规定。

5.4.4 硫化氢报警仪

在油品和天然气中，常会有少量硫、硫化氢和二氧化碳气体。硫、硫化氢和二氧化碳又称为酸性组分(或酸性气体)，它的存在会造成金属材料腐蚀。硫化氢又是剧毒气体，极易造成人体伤害和环境污染。所以必须进行脱硫处理，并对处理情况随时检测。目前测定 H_2S 含量的仪器有含硫浓度测定仪或简单的醋酸铅试纸比色法。

1. 比色法(工作原理)

比色法具有方法简单和操作方便的优点。利用吸气设备吸入已知体积的气体，通过已准备好的醋酸铅过滤纸试验，判断气体在试纸上的颜色变化，与相应的已知气体浓度标准颜色比较，就可以对气体存在的数量作出评价，这种方法可检测到 1×10^{-6} 的 H_2S 浓度。硫化氢浓度测定也可以利用抽吸设备，通过装有气体专用化学试剂的检测器管，准确地抽入规定体积的要进行试验的气体，当被检测气体通过管道并使管道中的专用化学试剂褪色，根据变色的长度来指示出浓度值。

2. 专用硫化氢浓度测定仪(工作原理)

该测定仪可用于测量浓度低于 1×10^{-6} 的 H_2S 气体，也可进行报警。它由反应电极，对极和作为电解质的凝胶组成固体原电池，在其表面有一层半渗透薄膜，待测气体透过半渗透薄膜与反应电极接触，发生化学反应而产生电流，此电流的大小与待测气体进入原电池的浓度成正比。在外电路上将有与 H_2S 气体浓度相对应的反应电流通过。此电流经放大器后，可显示出 H_2S 气体的浓度。如果控制 H_2S 气体的极限浓度，则可进行报警。如图 2-5-26。

3. 硫化氢在线检测仪使用及技术参数

LH-BS03 型毒性气体探测器是新型气体检测仪器，采用高性能电化学传感器和微控制器技术，具有良好的重复性和温湿度特性。适用存在毒性气体的工业现场，进行气体安全检测报警。

(1) 主要技术指标

检测原理：电化学式

检测气体：H_2S

采样方式：自然扩散

测试范围：H_2S 0~100ppm

分辨率：1ppm

测量误差：满量程±5ppm

响应时间：<30s；

恢复时间：<30s；

环境温度：-30℃~70℃

相对湿度：<93%；

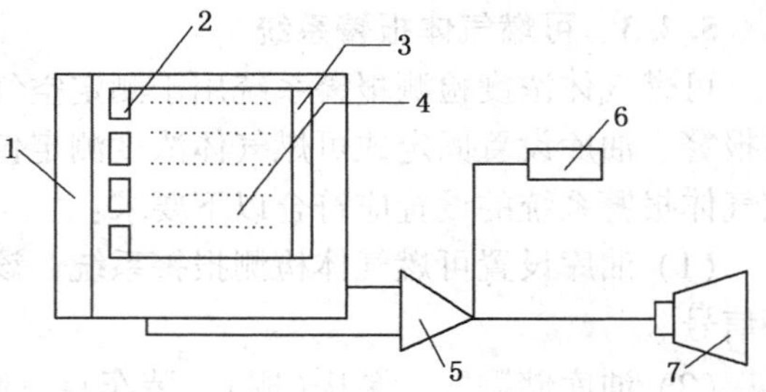

图 2-5-26 固体原电池式 H_2S 气体报警仪原理图

1—渗透薄膜；2—反应极；3—对极；4—凝胶电解质；
5—放大器；6—数字显示仪；7—报警装置

(2) 操作说明

遥控器按键由"设置"键，"确认"键，"取消"键，"+"键，"-"键共五个按键组成。

注意："设置"键，"确认"键，"取消"键，都是单次触发按键，即使一直按键也只能触发一次，两次按键之间要有 1 秒以上间隔；"+"键，"-"键为连续触发键，一直按键可重复触发，功能设置必须按"确认"键以后才会生效，设置完毕后需按"取消"键退出设置才能回到正常状态。有效设置内容可断电保持，直到下次更改生效为止。

(3) 注意事项

① 本机需在无腐蚀性气体、油烟、尘埃并防雨的场所使用，防止人高处跌落或受剧烈震动。

② 探头处不得有快速流动气体直接吹过，否则会影响测试结果。

③ 勿使本机经常接触浓度高于检测范围以上的高浓度气样，否则会损失传感器工作寿命。

④ 对于混合性毒性气体或液体蒸气等监测气样与标定气样不同的环境，本机检测结果会与实际气体浓度有一定误差。

⑤ 设备出厂前均经严密检查测试，为保证测量精度，应定期进行校准标定，一般半年校准一次，也可根据现场有关规定进行。

⑥ 推荐催化燃烧式传感器使用寿命为三年，电化学传感器使用寿命为二年。

⑦ 红外遥控不使用时请将电池取出，增长使用寿命和避免电池泄漏。

5.4.5　接地电阻测量

接地电阻测定仪有手动式和自动式。手动接地电阻测定仪即接地摇表，主要用于直接测量各种接地装置的接地电阻和土壤电阻率。手动接地电阻测定仪本身能产生交变的接地电流，不需要外加电源，而且使用简单，携带方便，抗干扰性能较好。常用的手动接地电阻测定仪有国产 ZC-8 型和 ZC-29 型。自动接地电阻检测仪主要有 ETCR 系列、CR 系列钳形接地电阻仪，其工作原理是利用欧姆定律 $R = U/I$，通过电压钳口在接地引线上产生一特定频率电势差 U，并通过电流钳口感应接地引线上与电压钳口同频率的电流，自动计算该接地网电阻值。

1. ZC-8 型接地电阻测定仪

ZC-8 型接地电阻测定仪是由一只高灵敏度的检流计、手摇发电机，电流互感器及调节电位器等组成。其工作原理是：当手摇发电机的摇把按 120r/min 的速度转动时，便发生 $90 \sim 98 n/s$ 的交流电流，电流经电流互感器一次绕组、接地极、大地和探测针后，回到发电机，电流互感器便感应产生二次电流表，检流指针偏转，借助调节电位器使检流针达到平衡，如图 2-5-27 所示。

ZC-8 型接地电阻测定仪有两种量程，范围为 $0 \sim 100\Omega$ 和 $100 \sim 1000\Omega$。它们都带有两根探测针，其中一根为电位探测针，另一根为电流探测针。测量前，先把被检测的接地极引线与保护体脱开，将两根探针分别插入地中，如图 2-5-27所示。其距离沿被测接地极 E'，使电位探测针 P' 和电流表探测针 C'，依直线相距 20m，P'插于 E' 和 C'之间。然后用专用导线分别将 E'、P'和 C'接到仪表的相应接

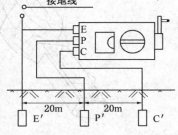

图 2-5-27　ZC-8 型接地电阻测定仪工作示意图

线柱上。测量时，先将仪表放在水平位置，检查检流计的指针是否在红线上，若未在红线上，则可用"调零螺丝"把指针调整指于红线。然后将仪表的"二倍率标度"置于最大倍数，慢慢转动发电机摇把，同时旋动"测量标度盘"，使检流计指针平衡。当指针接近红线时，加快发电机摇把的转速，达到 120r/min 以上，再调整"测量标度盘"，使指针指于红线上。如果"测量标度盘"的读数小于 1 时，应将"二倍率标度"置于较小的倍数，再重新调整"测量标度盘"，以得到正确的读数。当指针完全平衡在红线上以后，用"测量标度盘"的读数乘以倍率标度，即为所测的电阻值。

使用接地电阻测定仪时，当检流计的灵敏度过高，可将电位探针 P'插入土中浅一些；当检流计灵敏度不够时，可沿电位计指针 P'和电流计指针 C'注水使其潮湿。测量时，均应将被测接地体同其他接地体或保护体分开，以保证测量的正确性，也有利于测量工作的安

全，并且能防止测量电压反馈到与被测接地体相连的其他导体上所引起的事故，还能消除离散电流引起的误差。

2. CR86系列钳形接地电阻仪

CR86系列钳形接地电阻仪有长钳口及圆钳口之分。长钳口特别适宜于扁钢接地的场合，在测量有回路的接地系统时，不需断开接地引下线，不需辅助电极，安全快速、使用简便。广泛应用于电力、电信、气象、油田、建筑及工业电气设备的接地电阻测量。

（1）测量原理

① 电阻测量原理　CR86系列钳形接地电阻仪测量接地电阻的基本原理是测量回路电阻，如图2-5-28。钳表的钳口部分由电压线圈及电流线圈组成。电压线圈提供激励信号，并在被测回路上感应一个电势 E。在电势 E 的作用下将在被测回路产生电流 I。钳表对 E 及 I 进行测量，并通过下面的公式即可得到被测电阻 R。

$$R = \frac{E}{I} \qquad (2-5-6)$$

② 电流测量原理　CR86钳形接地电阻仪测量电流的基本原理与电流互感器的测量原理相同，如图2-5-29。被测量导线的交流电流 I，通过钳口的电流磁环及电流线圈产生一个感应电流 I_1，钳表对 I_1 进行测量，通过下面的公式即可得到被测电流 I。

$$I = n \cdot I_1 \qquad (2-5-7)$$

其中：n 为副边与原边线圈的匝数比。

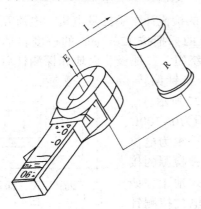

图2-5-28　钳形接地电阻仪
接地电阻测量原理图

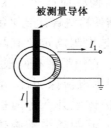

图2-5-29　钳形接地
电阻仪电流测量原理图

5.4.6　油库电视监控系统

5.4.6.1　电视监控系统组成

电视监控系统由现场系统(前端部分)和中央控制系统(后台监控系统)两大部分构成，现场系统包括云台、摄机、护罩、支架、解码器、报警器和喇叭；中央控制系统包括监视器、录像机、扩音器和摄像机控制器组成。近年来随着计算机技术的发展，中央控制系统已经可以由一台或者多台计算机完成所有操作。

5.4.6.2　工作原理

前端部分是整个电视监控系统的"眼睛"。它布置在被监视场所的某一位置上，使其视场角能覆盖整个被监视的各个部位。有时，根据监视场所面积大小及重要程度，安装带云台摄像机，通过控制器的控制，可以使云台带动摄像机进行水平和垂直方向的旋转，从而使摄像机能覆盖到的角度、面积更大。摄像机把它监视的内容变为图像信号，传送给中心控制设备，中心控制设备进行录像、备份。如有特殊需求，前端的视频采集摄像机可采用高清晰、低照度摄像机，对于特殊区域采用红外辅助光源的摄像机，发现不明事物的入侵，以确保系统安全运行。视频采集设备及探测设备接入到网络传输系统，与所属的总部监控中心相接，形成网络通路，可进行数字信息的传输。

传输部分就是系统图像信号、控制信号等的通道。目前电视监控系统多半采用视频基带传输方式。如果在摄像机距离控制中心较远的情况下，也有采用射频传输方式或光纤传输方式。一般传输的距离都比较近，用基带传输方式，也就是75欧姆的视频同轴电缆。要求图像信号经过传输系统后，不产生明显的噪声、失真(色度信号与亮度信号均不产生明显的失真)，保证原始图像信号(从摄像机输出的图像信号)的清晰度和灰度等级没有明显下降等。

控制部分是整个系统的核心，是实现整个系统功能的指挥中心。图像信号的记录等；对摄像机、电动变焦镜头、云台等进行遥控，以完成对被监视场所全面、详细的监视或跟踪监视；对系统防区进行布防、撤防等功能。

5.4.6.3 摄像头选用

油库的储油区、装卸区、配电室出入口、监控中心、财务室、油库出入口、其他重要场所应设置监控点，有条件的最好设一个油库全景监视头。

(1)适用于一级监控的目标包括但不限于储油区、装卸区、配电室出入口、泵房、监控中心。

摄像机要求彩色转黑白低照度摄像机(最低照度彩色不高于0.1LUX 黑白不高于0.003LUX)。应能清晰辨别人员面部特征。应能清晰辨别操作员的操作过程。

(2)适用于二级监控的目标包括但不限于油库锅炉房、财务室、营业大厅等。

摄像机要求彩色或黑白低照度摄像机(最低照度彩色不高于0.1LUX，黑白不高于0.01LUX)。应能清晰的分辨操作员及其操作过程。出入口车道所用摄像机要求为道路专用摄像机，具有强光抑制功能。

(3)适用于三级监控的目标包括但不限于油库出入口、储油区出入口、油库重要仓库。

(4)在易燃易爆环境使用的摄像头和敷设的配电线路，应符合防爆要求。在危险环境中的前端设备要进行防雷处理。

第 6 章　油气回收装置

6.1　油气的危害

石油及其产品是多种碳氢化合物的混合物，其中的轻质组分具有很强的挥发性。在石油的开采、炼制、储运、销售及应用过程中，不可避免地会有一部分较轻的液态组分汽化，排入大气，造成油品的损耗和大气环境的污染，具有较大的危害性。

油气是指从油品中分离出来以气态形式存在的烃类与空气混合形成的气体。油气并不是一种纯物质，而是多种物质的混合气体。研究分析结果显示，油气之主要组成物质超过二十种以上，有氧、氮、二氧化碳、丙烷、丙烯、丁烷、正丁烷、1-丁烯、丁烯、反式丁烯、丁二烯、乙烯、乙烷、甲烷、MTBE 及其他 C_6、C_7、C_8 以上分子。

油品中较轻的组分会在储运过程中会产生油气挥发进入大气，造成油气的损耗。资料表明，汽油每经过一次装卸过程，挥发量大约是装卸量的 2‰~3‰。储运过程的油气损耗本质上与轻质油品的饱和蒸汽压及气液相体积变化有关。

油气对炼制、储存、运输、使用等各个环节都有不良影响，主要如下：

6.1.1　污染环境，对环境产生不同程度的破坏

油气是气相烃类有毒物质，密度大于空气而飘浮于地面上，从而加剧了对人及周围环境的影响。如汽油中含不饱和烃、芳香烃等，对大气的污染就更为严重。另外油气还会对涂料等有机化工材料起剥蚀作用，从而加速设备的腐蚀速度。油气不仅作为一次污染而对环境产生直接危害，还是产生光化学烟雾的主要反应物。在强烈的光照下，油气中的烯烃类炭氢化合物和氮氧化物之间发生光化反应而产生光化学烟雾，它是以臭氧为主体的多种氧化性化合物，是现代工业化社会得主要污染物之一。近年来，大气对流层及近地面臭氧对农作物、森林的严重破坏作用，已日益引起广泛的关注。

6.1.2　危及石油生产和储运的各个环节的安全

由于轻质油品大部分属挥发性易燃易爆物质，易聚积，与空气形成爆炸性混合物后沉积于洼地或管沟之中，遇火极易发生爆炸或火灾事故，造成生命和财产的重大损失。

6.1.3　对人的身体造成不同程度的伤害

由于油气具有一定的毒性，人吸入不同浓度的油气，会引起慢性中毒或急性中毒，其呼吸系统、神经中枢系统会受到较大破坏，如芳香烃含量大还会影响造血系统。油气直接进入呼吸道后，会引起剧烈的呼吸道刺激症状，重患者可出现呼吸困难、支气管炎等。油气对神经中枢系统的破坏，轻度中毒症状有头晕、乏力、恶心、呕吐等。汽油还具有去脂作用，使皮肤等细胞内类脂质平衡发生障碍，出现干燥、皲裂、角化，个别有急性皮炎。

6.1.4　降低油品质量，影响油品正常使用

由于损耗的物质主要是油品中较轻的组分，因此油品蒸发损耗不仅造成数量的较少，还将造成质量下降。如汽油随着轻质馏分的蒸发损耗，汽油的初馏点和10%馏出温度升高，蒸汽压下降，启动性能变差，辛烷值降低，汽油在发动机内燃烧时抗爆性变差。据有关资料介绍，汽油在其蒸发损耗率达到1.2%时，其初馏点升高3℃，蒸汽压下降20%，辛烷值降低5个单位。

6.1.5 浪费能源，造成经济损失

储运系统油品损耗量大，根据调查，损耗总量达到原油加工量的 0.3% ~ 0.45%，造成巨大的经济损失。

6.2 油气的产生

在石油化工企业中，油气主要产生于炼制、储存、运输、消费等各个环节。

6.2.1 炼油厂炼制

原油装卸、炼油上下工序之间原料及半成品传输的泄漏、中间罐周转原料或半成品罐的大呼吸排放。

6.2.2 炼油厂、油库发油灌装

主要是指给铁路槽车、油驳(油船)、汽车油罐车发油。顶部装车油品扰动严重，产生油气浓度较大，密闭有一定难度；底部装车油气浓度较小，密闭容易。

6.2.3 加油站卸油

指油罐车或油驳(油船)给地下油罐或水上加油站储油罐卸油卸油过程中，呼吸管向外排放油蒸汽，流量一般 30m³/h，压力 0.01 ~ 0.03MPa。

6.2.4 用加油枪给汽车加油

是指在加油站给汽车油箱加油过程中，油蒸汽向外界排放，油气排放发生频繁、分散、流量小。

储运过程损失的油气主要是轻质组分，由于油品的高价值和稀缺性，使油气回收具有较高的经济效益和社会效益。但是并非每个环节都能够回收。从可回收的角度讲主要是轻质油装卸油的四个环节，即炼油厂灌装、油库汽车罐车灌装、汽车罐车在加油站卸油、加油站给汽车油箱加油。这四个过程按平均油气损耗 0.15% 计，总损耗可达 0.6%。

从技术角度考虑，一般将油气回收划分为两大环节：第一环节主要是采用专门设计的油气回收装置对炼油厂、油库、码头等储运环节产生的油气进行回收；第二大环节主要是指将加油站汽车加油时产生的油气回收至地下储罐，阻止油气外泄，即密闭卸油和密闭加油。如图 2-6-1 为油库油气回收流程示意图。

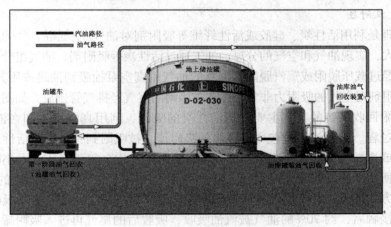

图 2-6-1 油气回收流程示意图

6.3 油气回收技术

6.3.1 油气回收技术的产生和发展

为了解决油气对环境安全产生的不利影响，减少油品损失，油气回收技术应运而生。运用该技术可将挥发的汽油油气收集起来，并使油气从气态转变为液态，以达到回收利用、消除安全隐患和提高经济效益的目的。

油气回收技术最早产生于美国。在1970年颁布新的环境法规，其中一部分是"洁净空气法"。环保署（EPA）强制执行法规。在这种环境下，有三种油气回收技术应运而生，即吸收法、机械冷却和碳吸附法。

从美国、德国等油气回收技术发展较完善的国家可以看出，20世纪80年代以前都是冷凝法技术，但是九十年代以后，炭吸附法已经逐渐取代冷凝法占主导地位。最近十年新安装的油气回收系统，数量上炭吸附法占绝对优势。

6.3.2 油气回收解决方案。

对于炼油厂等独立而规模大的单位，宜采用独立的油气回收装置，对于油库和加油站要根据实际情况而定。

（1）库站联网式。以一个地区的若干家石油销售企业或独家有规模的石油销售企业为基本单位建设油气回收系统，以油库为中心，做到一个油库和若干个加油站的油气回收设施配套，油库安装油气回收装置，加油站安装一次收集设施，加油站卸油时将卸油的油气密闭收集进油罐车内带回油库，再次灌装汽油同时将油气回收处理。加油站二次收集采用气液平衡式收集加油枪，将油气收集送回地下油罐储存。

（2）库站独立式。油库、加油站各为基本单位，各自安装油气回收系统设备，油库设油气回收装置，加油站安装站级油气回收设备，加油站二次收集采用气液平衡式收集，加油枪将油气收集送回地下油罐。

对第一大环节产生的油气较大的场合，目前最常用的有方法有吸附法、吸收法、冷凝法、膜分离法和组合工艺法。对第二大环节可以平衡式二级油气回收技术和真空辅助式二级油气回收技术。

6.3.3 油气回收技术

6.3.3.1 吸附法

吸附法原理是利用活性炭、硅胶或活性纤维等吸附剂对油气/空气混合气的中油分子和空气吸附力差异大，实现油气和空气的分离。油气通过活性炭等吸附剂，油气组分吸附在吸附剂表面，然后再经过减压脱附或蒸汽脱附，富集的油气用真空泵抽吸到油罐或用其他方法液化；而活性炭等吸附剂对空气的吸附力非常小，未被吸附的尾气经排气管排放。如图2-6-2。

活性炭吸附回收系统的工艺主要包括活性炭的吸附、利用真空再生和在液体（汽油）中的再吸附三个过程。油蒸汽通过包含活性炭的吸附罐，被吸附到一种特殊活性炭的表面，而已净化的空气或惰性气体则通过吸附器的顶端排放到空气中。每张炭床按大小吸附规定数量的油蒸汽，在所用的活性炭床完全饱和之前，将油气转换到另一个吸附塔内的活性炭床上。通过高真空的方式使近饱和的活性炭床重新利用。分离后的高浓度油气进入吸收塔与从上喷淋的成品汽油接触后，约70%的油气被汽油吸收，吸收后的尾气再进入吸附罐。

吸附剂的选取是非常重要的，它直接影响着吸附操作是否可行和有效。一般应具备吸附率高、比热容及传热系数大、压降小、使用寿命长、机械强度高等特点。目前常用的是活性炭。

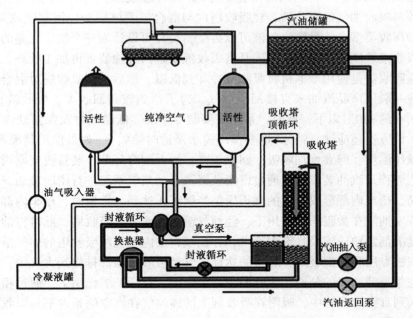

图 2-6-2　活性炭油气回收工艺流程示意图

　　活性炭油气回收法的优点是可以达到较高的处理效率，排放浓度可达到很低的值。缺点是工艺复杂，需要二次处理；吸附床容易产生高温热点，存在安全隐患；三苯易使活性炭失活，活性炭失活后存在二次污染问题；活性炭寿命有限，一般两年左右要换一次，成本较高。

6.3.3.2　吸收法

（1）溶剂吸收法原理是利用油气中的空气和纯油气在常温、常压下在专用吸收剂中溶解度不同的特性，用吸收剂吸收油气中的纯油气，实现油气中纯油气与空气的分离，然后将吸收纯油气的专用吸收剂输送到真空环境下，把纯油气从吸收剂中解析出来，实现纯油气与吸收剂的分离及吸收剂的再生。再通过成品油将解吸的纯油气吸收，达到油气转化为成品油的目的，见图 2-6-3。

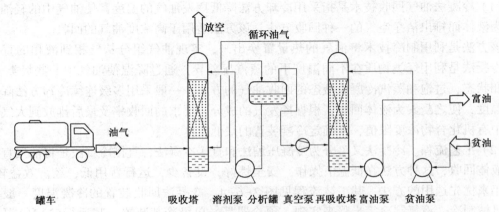

图 2-6-3　吸收法油气回收工艺流程示意图

（2）回收方法。本方法包括两种典型的方法，常压常温吸收法与常压低温吸收法。常压常温吸收法是在常压常温下，利用馏出轻组分的汽油（或废油）、煤油系溶剂、轻柴油、特制有机溶剂等易吸收油气的吸收液，在吸收塔内与混合气喷淋接触以溶解吸收其中的油气。该方法有两种回收类型，一是富吸收液可以再生，装置可设计为一个独立完整的系统，适用范围广，但吸收液性能要求严格，另一是富吸收液要送回炼油装置再加工处理。

常压低温吸收法是使用冷冻机将吸收液冷却到低温，然后送到吸收塔对混合气进行喷淋吸收。吸收液一般用产品汽油来直接回收油气。为了达到较高回收率，吸收液（汽油）的冷却温度要控制在约-30℃以下，此时，系统需要制冷系统、低温钢材及保温处理，投资及运行费用较高。该方法还应注意结冰（即要预冷脱水及适时除霜）。如果使用其他高效吸收剂，可适当提高操作温度，但要增加解吸、回收工艺，加上制冷环节，装置投资剧增。

（3）工艺流程。汽油装车时，通过密闭装置及自动集气系统进行密闭装油，随着槽车内部液位的升高，槽车内部形成一定的微正压。当微正压达到一定值时，槽车内部原有油气和装油产生的挥发油气在微正压的作用下，经油气输送管线进入吸收塔，此时将油气回收专用吸收剂，通过溶剂泵输送到吸收塔中喷淋，并在填料层内与流经吸收塔的油气逆向接触，油气中的纯油气被专用吸收剂吸附，剩余的达标尾气经吸收塔顶部排放到大气中，此过程实现了油气中的空气与纯油气的分离。吸收塔内的吸收剂，在压差的作用下，通过相应管线由吸收塔底部进入到真空解吸罐中，吸附在吸收剂上的纯油气在真空的条件下与吸收剂分离，生成为气态的纯油气。

常温吸收法在常温下吸收，减压解吸；变温吸收法在低温下吸收，加热解吸。此过程实现了纯油气与吸收剂的解吸分离及吸收剂的再生。真空解吸罐中解吸出的纯油气，经真空机组输送到再吸收塔，通过贫油泵将贫油输送到吸收塔中喷淋，与流经塔内填料层的油气逆向接触，油气被贫油吸收变成富油，富油经富油泵输送至成品油储罐中，实现了将纯油气转化为成品汽油的过程。

（4）吸收法的优点是工艺简单，操作简单，能耗小，投资成本及运行费用低。缺点是回收率较低，一般只能达到80%左右，排放的净化气体中烃含量比较高，无法达到现行国家标准；由于吸收过程是对全部油气的吸收，因此吸收塔的规格很大，设备占地空间大。从工艺的过程来看，根据气液平衡的原理，吸收剂将不断消耗，需要不断补充；能耗高；压力降太大。

6.3.3.3　冷凝法

（1）冷凝法油气回收技术是指采用冷却方法降低挥发油气的温度，使油气中的轻油成分凝聚为液体而排出洁净空气的一种回收方法。该方法适用于高浓度油气的回收。

该方法是利用制冷技术将油气的热量置换出来，实现油气组分从气相到液相的直接转换。冷凝法是利用烃类物质在不同温度下的蒸汽压差异，通过降温使油气中一些烃类达到过饱和状态，过饱和蒸汽冷凝成液态的回收油气的方法。一般采用多级连续冷却方法降低油气的温度，使之凝聚为液体回收，根据挥发气的成分、要求的回收率及最后排放到大气中的尾气中有机化合物浓度限值，来确定冷凝装置的最低温度。

（2）工艺流程。冷凝法又可分为冷凝压缩法和直接冷凝法，直接冷凝法是将油气直接冷凝成液体回收，这种方法在低温下操作，安全性好，设备少，运行费用低，经济效益较好，是近年来优先选用的方法，其工艺流程见图2-6-4。冷凝法回收装置的冷凝温度一般按预冷、机械制冷、液氮制冷等步骤来实现。预冷器是一单级冷却装置，其运行（冷凝）温度在油气各成分的凝固温度以上，使进入回收装置的油气温度从环境温度下降到4℃左右，使油气中的大部分水汽凝结为水，油气离开预冷器后，进入机械制冷级，可将气体温度冷却至-30~-50℃，根据需要设定，可回收油气中近一半的烃类物质。油气进入深冷级，可冷却至-73℃，根据不同的要求设定温度和进行压缩机的配置。若需要更低的冷却温度，则机械制冷级之后，连接液氮制冷，这样可使油气回收率达到99%。单级机械制冷装置的工作温度范围为-35~10℃，串级机械制冷装置压缩由浅冷(高温)级和深冷(低温)级组成，其工作温度为-73~-40℃，有液氮制冷的深冷装置工作温度可达到-184℃。

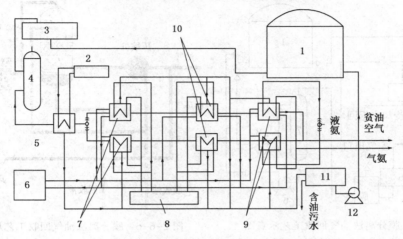

图 2-6-4 直接冷凝法工艺流程示意图

1—汽油罐；2—预冷制冷系统；3—装车外运；4—缓冲罐；
5—预冷器；6—除霜系统；7—一级冷却器；8—低温制冷系统；
9—三级冷却器；10—二级冷却器；11—分离罐；12—凝护油输运泵

在常压、常温条件下，冷凝温度为-45℃回收率80%左右，当冷凝温度达到-65℃时，摩尔浓度削减率可达85%以上。冷凝温度为-70℃回收率大于90%。采用机械制冷至-73℃，典型的油气回收率在90%~95%。冷凝至-95℃，出口气体的烃浓度≤35g/m³。

油气在冷凝器金属翅面上被带走热量而冷凝成液体回收，由于油气中难免带入水汽，在冷热交换的翅面上会有凝霜，凝霜过多会影响热交换效率，因而冷凝器需要定期除霜。一般以 24 小时为一个周期的时间内，需停止运行 2 个小时作为除霜时间。有的回收装置采用两套冷凝系统交替工作，则不需专门安排停机时间来给冷凝器除霜。除霜系统所需热量来自压缩机的气体-液体热交换器，通过冷凝器中的第二套管道传送热暖流使冷凝器上的结霜融化。油气回收装置的控制是按已设定的程序自动进行的，并安装有流量仪表计量所回收油品的数量。

（3）冷凝法的优点是工艺原理简单，可直观地看到液态的回收油品，安全性高，水平高。缺点是单一冷凝法要达标需要降到很低的温度，制冷设备及装置选用的制造材料要求比较严格，操作要求、能耗及投资都比较高。

6.3.3.4 膜分离法

这一技术的基本原理是利用了高分子膜对油气的优先透过性的特点，让油气与空气的混合气在一定的压差推动下，经过膜的过滤作用使混合气中的油气优先过膜得以脱除回收，而空气则被选择性截留。膜分离油气回收装置是专门为加油站及油库的油气排放量身定制，该装置通过检测油罐的压力来控制回收系统的间歇式工作。当油罐压力升高到一定值时，膜分离装置自动启动。罐内油蒸汽排入膜分离装置，油气优先透过膜，在膜的渗透侧富集，再经真空泵返回油罐。脱除油气后的净化空气则直接排入大气。随着油罐上部混在油气中的空气排放，油罐压力不断下降。当油罐的压力降到正常水平，装置将自动停止运行，如此往复，完成油气回收过程。

薄膜分离法是传统的压缩、冷凝法与选择性渗透薄膜技术的结合，其工艺流程示意见图2-6-5和图2-6-6。

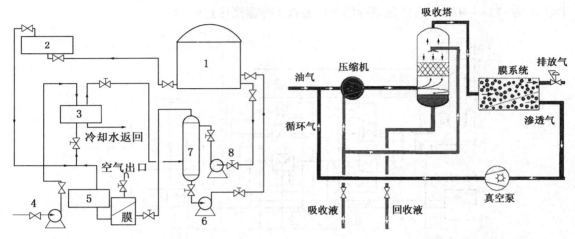

图 2-6-5　膜分离法油气回收工艺示意图
1—油罐；2—装车外运；3—压缩机；4—冷却水泵；
5—真空泵；6—汽油返回泵；7—吸收塔；8—吸收泵

图 2-6-6　膜分离法油气回收工艺局部示意图

由于油气与空气混合物中烃分子与空气分子的大小不同，在某些薄膜中的渗透速率差异极大，膜分离法就是利用薄膜这一物理特性来实现烃蒸气与空气的分离。生产操作中产生的油气与空气混合气体经过压缩机压缩至0.390～0.686MPa，同时经过换热，然后混合油气进入吸收塔，进入吸收塔的油气温度在5～20℃之间，油气在吸收塔内与成品汽油传质，约70%的烃蒸气在这一过程中被回收。吸收塔的尾气再经过薄膜将烃蒸气与空气分离，分离后的油气返回压缩机入口与装卸产生的油气一起重复上述工艺过程，空气排入大气。膜分离法回收率可以达到95%。

目前使用的技术中比较成熟的分离薄膜大多数是固相膜，从薄膜分离材料看，可分为高分子有机材料、无机材料和有机-无机杂化材料等三大类。理想的气体薄膜分离材料应该同时具有高的渗透性和良好的透气选择性，高的机械强度，优良的热和化学稳定性以及良好的成膜加工性能。

有机蒸气膜分离过程主要依靠不同气体分子在膜中的溶解扩散性能的差异，可凝性有机蒸气(如烷烃、芳香烃、卤代烃等)与惰性气体(如氢气、氮气、甲烷等)相比，被优先吸附渗透，从而达到分离的目的。目前常见的烃类VOCs分离用复合膜由3层结构组成，如图2-6-7所示。

图 2-6-7　固相膜片结构示意图

底层为无纺布材料，如聚酯等起支撑作用；中间为耐溶剂的多孔膜来增强分离层强度，由聚砜(PSF)、聚醚亚酰胺(PEI)、聚丙烯腈(PAN)树脂或聚偏氟乙烯制成；表皮涂覆一层橡胶高分子无孔材料作为分离层。常用的分离涂层材料是聚二甲基硅氧烷(PDMS，国内通常简称为硅橡胶），它对很多有机蒸气具有独特的选择透过性（高选择性）和较高的通量（高渗透性）。对于一些特殊的分离任务，也可以使用聚辛基甲基硅氧烷（POMS），POMS有很高的选择性，但渗透通量较低。

从薄膜的组件形式看，有板框式和螺旋卷式两种。板框式薄膜组件优点是操作方便，平板膜片容易更换而且无需粘合即可使用，其缺点是装填密度较低。螺旋卷膜组件的主要优点比板框式组件装填密度高，由于隔网作用，气体分布和交换效果良好，其缺点是渗透气流程较长，膜必须粘接而且难以清洗等。

膜分离法优点是技术先进，工艺相对简单；回收率高，排放浓度低。缺点是投资大，膜尚未能实现国产化，价格昂贵，而且膜寿命短；膜分离装置要求稳流、稳压气体，操作要求高；膜在油气浓度低、空气量大的情况下，易产生放电层，有安全隐患。

6.3.3.5 组合工艺法

目前的几种油气回收工艺都有着各自的优缺点，单一的方法，不管是冷凝法还是吸附法都很难称的上完美，只有几种工艺相结合，各取优势互补，才能更好的发挥各种工艺的优势。

1. 冷凝法和吸附法组合方法

冷凝法和吸附法相组合是目前比较流行的方法，也能得到大多数人的认可。一般，先采用二级冷凝将油气冷凝到-40℃至-50℃，通过二级冷凝后85%以上的油气都液化了，未冷凝为液态的浓度较低的油气再通过一个吸附系统，对油气进行富集，使油气浓度大大提高，同时体积大大减小了，这时富集的油气再进入三级冷凝系统深度冷凝，此时三级冷凝器的功率就大大的减小了。

此工艺的优点：(1)有效的结合了冷凝法和吸附法的优点；(2)由于用吸附系统对油气进行了富集，三级冷凝要处理的油气就大大的降低了，能耗也降低了；(3)经过二级冷凝的油气是中低温油气，活性炭床不会产生高温热点，吸附系统也克服了安全隐患。

2. 吸收法和吸附法组合方法

吸收法和吸附法联合运用时，工艺上可以采取两种方式，一是先进行吸收然后再吸附，这种方式有利于提高活性炭寿命和安全生产，二是先进行吸附然后再吸收，这种方式有利于降低吸收的负荷。现在，一般加油站的油气排放装置都采用"冷凝+吸附"的方法。先将油气冷凝，使大部分油气液化，剩余油气经过吸附罐进行吸附，由于吸附可以达到很高的回收率，排放浓度也低，可以达到国家标准。另外，经过冷凝的低温油气也有效的防止了活性炭吸附床容易产生高温热点的问题。同时避免了深冷能耗太大的问题。吸收法与吸附法两种油气回收技术联合应用工艺示意图见图2-6-8。

油气进入活性炭吸附罐A（或活性炭吸附罐B），油气中的烃类组分被活性炭吸附在孔隙中，空气透过炭层，达到排放要求的尾气由吸附罐顶部排放口通过阻火器或排放筒排至大气。

当炭吸附罐烃类吸附量达到接近饱和值时，通过集成控制系统自动切换至炭吸附罐B（或炭吸附罐A）进行吸附工作，而炭吸附罐A（或炭吸附罐B）转入再生阶段，由解吸真空泵对其抽真空至绝对压力20kPa以下，吸附在活性炭孔隙中的烃类脱离出来进入真空泵。在解吸的最后阶段，也就是深度真空再生时，从炭床顶部引入少量的空气（或氮气）反向吹扫床层，有利于脱附更多的烃类。吹扫空气量可由与程控阀串联的手动阀门控制。

活性炭床层设置有上、中、下三个测温点。当活性炭吸附油气时，因为吸附热的作用会使床层温度升高，当床层温度升至一定值时报警，必要时提前切换至另一炭罐工作或关闭油气进口阀门。进活性炭罐油气管线及尾气排放管线均设有阻火器，以有效防止床层的安全隐患对其他系统的影响。

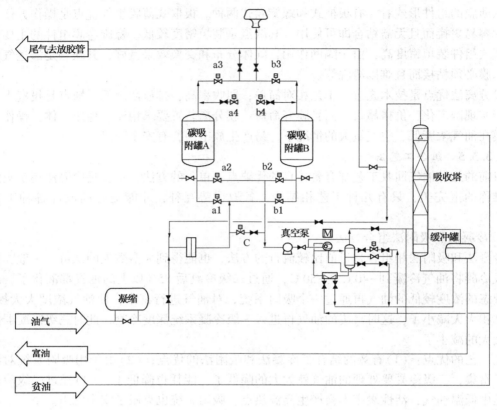

图 2-6-8　吸收法和吸附法组合方法油气回收工艺示意图

解吸出来的油气(富气)进入液环式真空泵后，与工作液及部分凝结的液态汽油在真空泵出口分离器中分离。分离器设置有液位高低报警联锁，当液位超过高限时，排液油泵启动。液位过低时，补液电磁阀自动打开。真空泵产生的热量由工作液循环管线中的冷却器被冷却介质带走。分离器的排液及冷却器的回油被送入富油缓冲罐。

自真空泵出口分离器分离出来的油气(富气)送至原有的柴油填料吸收塔用贫油吸收。在柴油吸收塔未被吸收的低油气浓度尾气，再引至活性炭罐前油气总管，送入炭吸附罐循环吸附。

3. 吸收-膜分离-变压吸附(PSA)组合方法

膜分离技术需要与其他的技术相结合才能实现油气的回收，目前应用最广的工艺是吸收-膜分离-变压吸附(PSA)，如图 2-6-9 所示。

油气首先经过液环式压缩机升压到 2~6atm，压缩后的油气进入到吸收塔，与罐区来的汽油逆向接触，塔底吸收了油气的富油返回罐区，塔顶的油气再进入膜分离单元，进一步分离油气。膜的渗透侧采用真空操作，这样在膜两侧分压差的推动下，汽油组分优先渗透通过高分子膜，在膜的渗透侧富集，经过真空泵返回到压缩机的入口，进一步回收。而空气则被选择性的截留在尾气侧。经过一级回收排放的油气浓度一般为 $5\sim10g/m^3$。如果要求油气的

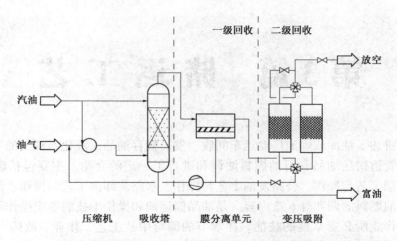

图 2-6-9　吸收-膜分离-变压吸附(PSA)组合方法油气回收工艺图

浓度更低，则需要加入二级回收变压吸附(PSA)单元，利用变压吸附(PSA)单元吸附回收残留的油气，可以使排放油气的浓度小于 $150mg/m^3$，满足最严格的环保要求。

工艺特点：同溶剂吸收法和活性炭吸附法相比，膜分离法优点是流程简单，油气回收率高，操作弹性大，自动化程度高；无需专人维护保养，无二次污染，环保节能，安全可靠。其主要缺点是由于增加了压缩机能耗高于上述两种方法。

第3篇 储运工艺

本篇主要讲述了油库或炼油厂储运车间收、发、储存油品、液化石油气的工艺和操作流程，另外还对管道输送油品和石油燃料油调和进行了一定的介绍。主要包括罐区工艺与操作、铁路装卸油工艺与操作、公路发油工艺与操作、水路装卸油工艺与操作、液化石油气工艺与操作和石油燃料的调和等6章内容。是油品储运调和操作工技能鉴定操作部分的重点内容，也是日常作业所必需掌握的技能。在章节的编写中从工艺、作业、故障分析和处理展开。作为一名操作工应在掌握工艺流程的基础上，重点牢记操作步骤，才能在实际作业中应用自如。

第1章 油罐区工艺与操作

1.1 油罐区工艺流程

1.1.1 单管系统

单管系统的特征是同一油罐组的两个(或两个以上)油罐共用一根管道，见图3-1-1。其优点是所需管道少，建设费用省，但它只以一根管道作为一组油罐进出油罐的进出油管。缺点是这种工艺流程不能同时收发，罐组油罐之间也不能互相输转，必需输转时需另设临时管线。若该组油罐有几种油品，为了防止混油，输送不同油品时管道必需排空。

这种工艺一般应用在品种单一、收发业务量较少、通常不需输转作业的罐区。

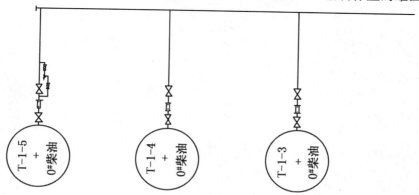

图3-1-1　单管系统工艺流程示意图

1.1.2 独立管道系统

独立管道系统的特征是任一罐区的每个油罐单独设置一根管道。见图3-1-2。它的优点是布置清晰，专管专用，使用完毕不需排空，检修时也不影响其他油罐的作业。但缺点是材料消耗大，泵房管组也相应增多。

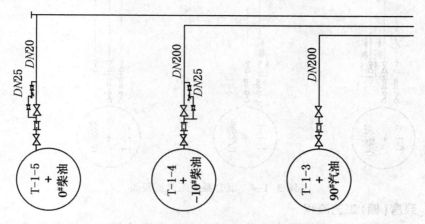

图 3-1-2　独立管道系统工艺流程示意图

这种工艺在罐区应用也较多，一般用于润滑油管道，它们品种数量较多，但不能混入其他油品，业务量相对轻油要少，不需要经常倒罐。

1.1.3　双（多）管系统

双管系统是一个或同一油罐组共用两根管道，多管系统是两个或两个以上油罐共用两根以上管道。

双管系统的特征是对大宗散装油品的每种油品都设两根主干道，分别用于收油作业和发油作业。同时每个油罐也设两根进出油管，规定它们做进油和付油专用，并与相应进出油干道相连，实际中常用箭头或不同颜色，对进出油管道或阀门分别做出记号，便于安全操作。

如图 3-1-3 是典型的双管系统工艺流程图。这种工艺最大特点是同组油罐间可以互相输转，也可同时进行收发作业，故现罐区工艺流程一般多以双管系统为主，辅以单管系统或独立管道系统。双管系统在输转作业时，由于同时占用两根管道，不能再进行收发作业，对作业量较大、同组油罐大于两个的罐区常采用三管系统或混合系统，如图 3-1-4。这样既可以保证库内油品的输转，又可以同时进行收油（或发油）作业。

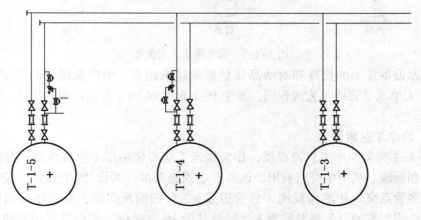

图 3-1-3　双管系统工艺流程示意图

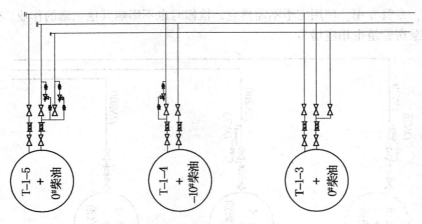

图 3-1-4　混合系统工艺流程图

1.1.4　泵房(棚)工艺流程

如图 3-1-5 是较为常见的泵房工艺流程。它具有设计简单、操作方便，不管油品输向什么地方，都可以与泵前的两条集油管按同一方式连接。相邻泵可互为备用。这种工艺的集油管之间的闸阀为常闭阀，要求具有良好的密封性能，以防止混油或串油，且应按时检查其灵活性，以便在切换时使用。一些罐区为了防止混油，将泵间集油管上的阀门用盲板隔开。

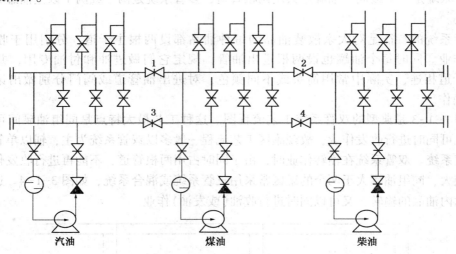

图 3-1-5　常见泵房工艺流程

随着油库设备技术的提高和对油品质量要求越来越高，油库泵房(棚)工艺也在变化。如图 3-1-6 为单泵单管线工艺流程图，其中 P-1 至 P-4 为 4 台主卸泵，P-5、P-6 为 2 台扫舱泵。

1.1.5　油库工艺流程

如图 3-1-7 为某油库工艺流程图，作为储运工应看懂油库工艺流程图，并能熟练地进行收发作业和倒罐。从图中可以看出，该油库靠铁路来油，共设 26 个鹤管，轻油罐区管道采用双管或多管系统。卸油靠泵棚 4 台管道泵，2 台扫舱泵实现，泵棚还起到库内油品中转、倒罐的作用。发油以公路发放为主，轻油共设 16 个鹤位，采用泵直接发油形式，以便实现自动控制。

328

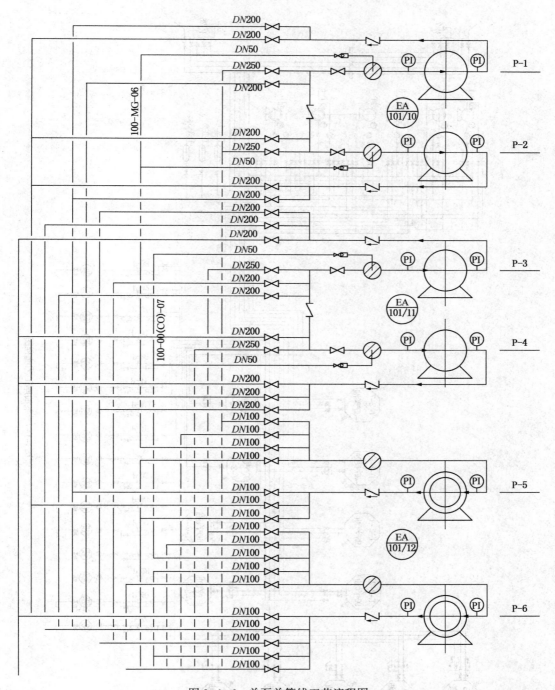

图 3-1-6　单泵单管线工艺流程图

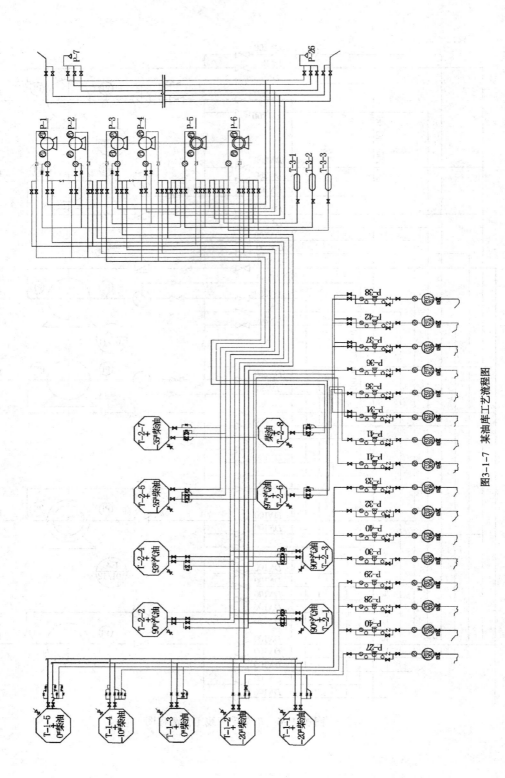

图3-1-7 某油库工艺流程图

1.2　油库作业调度

油库调度是作业中重要的一环，不同油库作业调度的形式和任务不尽相同。下面以销售油库的陆运和水运为例介绍油库的作业调度。

1.2.1　陆运调度

陆运收发主要是公路和铁路。公路收发过程相对简单，铁路相对复杂。以下着重介绍铁路收发的调度方法和操作步骤。

1. 铁路调度基础

铁路调度除应具有水路调度的基础外，还要掌握：

（1）铁路装卸线的长度、货位，每个货位的装卸油品种。

（2）铁路线上待装车、待卸车的货位和品名，待发车的品名和去向。

（3）业务部门的请车计划、增补计划和铁路运向等。

2. 铁路调度工作顺序

（1）做好交接班工作。调度接班后，要根据上班调度交接班记录，到铁路线上逐一核对，保证交接记录与生产现场情况一致。

（2）联系本班预计划执行的装车任务。油库业务部门根据市场需要，向铁路部门提出装车计划。这计划能否实现，要靠铁路部门大力支持，调度要主动联系。

（3）联系调整计划。得知铁路去向后，如果业务部门没有请与铁路去向一致的列车，调度就应与业务部门联系，要求调整计划。

（4）安排调车时间和提出调车要求。调车就是铁路把空车和到达的重车送上库内专用线货位，把已装重车拉走。调度把铁路上的作业情况，通知铁路并提出调车要求，铁路根据机车运行情况确定具体调车时间和调车调度顺序。

（5）通知门卫开门。

（6）抄车号。调车完毕后，调度必须到现场抄录车号、车型、容积表号。铁路油罐车由于长期野外运行，车号不太清楚，如果远距离作业，容易读错或抄错。更不能趁槽车溜放间隙窜来窜去抄车号，这样做容易发生危险。

（7）安排装油品种、车数和去向。安排装油品种、车数时，应根据业务部门的请车计划和装卸能力，平衡、合理地安排。在保证安全生产的前提下，提高生产效率。调度安排去向时，应把相同去向的车排在一起。如果去向安排不当，势必增加调车工作量，延长调车时间。

（8）计算装油质量、填写发货单。

（9）与铁路交接。交接时要对单子认真复核。数量、品名、规格以及要求加盖的章等，不能遗漏。

3. 铁路槽车调度作业操作步骤

铁路槽车调度作业操作主要由：槽车入库前准备、槽车入库、检查复核、接卸单传递、槽车出库和帐务结算等五个步骤组成。

（1）槽车入库前准备

① 接到业务电报后，跑站员抄电报并与电报传真件核对，确认后通知库领导做好接卸准备；

② 联系车站，确认槽车到站情况，并与铁路货物运单核对油品品名、车号、数量、收货人等项目；

③ 检查接卸设施设备的技术状况，栈桥翻梯无脱落，鹤管在固定位置，专用线上无检修作业、接卸作业，周围无动火施工作业，道叉内无积雪和杂物，专用线无损坏及障碍；

④ 确认后联系调车作业。

（2）槽车入库

① 接到铁路通知后，及时放好道口栏杆，开启铁路大门，跑站员通知输油员作好对货位准备；

② 检查调车情况；机车要加挂隔离车、不得在库内进行检修作业；货位不能超出安全警戒线；铁路调车人员不准乱动库内设备，不准到处乱窜，严禁携带火种；机车送车不得超速行驶，到位时要及时制动，不得顶车溜放作业；

③ 货位对好、机车出库后，跑站员要及时放置安全铁鞋、警示防护牌，提起铁路道口栏杆、锁好大门。

（3）检查复核

① 认真抄写进车车号，检查槽车铅封、车体状况良好，如有异常会同铁路货运员共同查看签字确认；

② 与电报核对车号、品种、发地、收货人、油品数量，自备车要核对回空地点、收货人等；

③ 用电话与货运员核对车号、品种、发地、数量、对妥时间等，并到车站查看货物运单和电报一致；

④ 查看油槽车随货同行质量检验报告或合格证，归档管理；

⑤ 填写油品进货记录，并通知计量化验到位作业。

（4）接卸单传递

① 经化验、计量确认签字复核后，填好油品接卸通知单，送交领导签字；

② 通知消防、电工、输油及有关岗位人员到岗接卸；

③ 跑站员跟踪复核卸车情况，直至卸完。做好槽车接卸记录与电报核对后盖"油品已卸"章；

④ 将接卸单送交有关班组，填写接卸油品复核记录和值班记录。

（5）槽车出库

① 跑站员检查复核油品卸净，槽车盖盖好，鹤管、翻梯归位，确认无误后，通知车站调车作业；

② 接到车站调度拉车通知后，放好铁路栏杆、开启铁路大门，取走安全铁鞋、警示防护牌；

③ 现场监督车辆调运情况，发现问题及时处理和上报；

④ 槽车出库后，及时提起铁路栏杆，锁好大门。

（6）帐务结算

① 根据费用情况，制定支票领取计划报办公室，支票要妥善保管，做好登记；

② 认真登记各项费用的支付情况，不准迟交费用或出现滞纳金；

③ 与铁路部门核对槽车运输费，与货运员核对调送单，确认卸车时间后方可签字，自备车及时填好槽车回空单；

④ 若卸车超时，认真填写油品卸车延时记录，准确记载卸车时间，并计算压车时间和延时费用，及时去车站复核确认；

⑤ 认真填写交接班记录。

1.2.2　水运调度

水运调度的任务是安排油轮、油驳收发。作为罐区调度人员，掌握必要的资料是做好调度工作的基础。

（1）库存和空容量。所谓库存是指可以发给用户的数量；空容量是指目前可以接收油品的数量。获得这一信息的方法是做好"动态"记录。每次收发油作业结束后，要把每个油罐的存油量记录下来，并经常与油库主任室或计量室核对，确保记录数字的准确性。当库内油罐较多时，可采用揭示板的形式列出。目前有的油库已采用了计算机联网，效果则更好。

（2）可用泊位。调度员应对油库各泊位的结构、水深、可收发的油品、允许靠泊的吨位，船长以及泊位之间的关系等了如指掌。一般在调度室内应挂有示意图。

（3）工艺流程。调度室应备有工艺流程图，调度员必须熟记。罐区中的管道一般比较稳定，但有时为了生产需要会作适当调整。调度员要及时地了解工艺管道的变化，并更正有关记录。对几种油品的共用管道，要做好管道中所存油品名称的记录。在条件许可时，应优先安排收发同一品种的油，否则应按规定冲洗管道。

（4）油品储运中的特殊要求。有些油品为了保证其质量，在储运过程中有些特殊要求。如变压器油，雨天不能收发。

（5）进货油轮到达的时间和进货数量。进货油轮的到达时间主要依据船方预报，数量依据发货方的预报。

（6）要做好调度工作，还必须掌握影响收发作业的其他因素，如管道漏油、油罐修理，码头挖泥等情况。

1.3　油罐作业

1.3.1　收油作业

收油作业是罐区的大型作业。每个罐区一般都有严格的管理制度，如必须要有一名主任或副主任到现场指挥，收油前要有计划，各岗位人员要落实到位，并有详细记录；收油作业过程中必须及时巡检等。为保证收油作业的顺利进行，必须注意以下几点：

（1）认真校对随货同行的单、车、船号，经计量和化验来油确认无误后方可入库。

（2）同时做好接卸准备工作，一方面及时计量油罐存油，确认可收油量的多少，另一方面，及时正确调度，选择好最佳工艺。进哪（几）个油罐，过哪（几）条管线，要打开（关闭）哪些阀门，均要落实到人，有关人员应在操作前做到心中有数，并有明显标志（一般采用挂牌的方法）和严格的安检员复核制度，确保油品准确无误地进入相应的油罐，避免混油事故的发生；该关闭的阀门应该关紧，以避免串油事故的发生。

（3）进油前，应关闭收油罐和相关油罐的胀油管或旁通管上的截止阀，以免收油时因压力过大而有部分油品通过胀油管进入油罐，引起大量油品蒸发损耗和大量静电的产生以及串油事故。

（4）注意控制进油初速，避免静电事故发生，一般油品的初速在 1m/s 以下，待压力稳定后可逐步提高到正常流速。

（5）及时巡检，随时观测储油罐液位变化，以掌握进油情况和设备运作情况；收油进程中不能脱岗。经调查表明大多数跑油事故的发生是因操作人员离岗而造成的。

（6）收油完毕稳定后，对油品必须进行计量。计量前按照计量要求必须有一定的静置时间。

（7）收油完毕，及时关闭有关管线上的阀门，收回号牌并上锁，打开胀油管或旁通阀上的截止阀。

（8）做好台帐记录。

1.3.2　发油作业

发油作业的涉及范围较广，除了严格管理和具有良好的职业道德外，还应注意以下几个方面：

（1）严格核对提货单或发油凭证，发放相应油罐油品及数量。

（2）大批量发油一般通过手工计量实现，在发放前后严格计量。中、小批量油品发油一般通过流量计计量，每次应作必要记录。一般流量计为体积数．当提取质量数时应作相应的换算。

（3）选择最佳工艺，以最方便的工艺正确操作。发油工需按流程要求对号挂牌，核对罐号、阀门号，确认无误后方可开启发油罐及流程上的有关阀门，司泵员方可开泵。

（4）轻油发油前，应着重检查机械呼吸阀是否灵活，防止油罐吸瘪。

（5）及时巡检，随时观测液位变化，以掌握发油情况和设备运作情况。同收油一样，司泵员也不能随意离岗。

（6）发油接近结束时，罐区各岗位之间要密切配合，防止泵抽空。油罐应保留一定余量，一般距罐底 1m 左右的高度。

（7）发油完毕，关闭发油罐和流程上有关的阀门，然后收回现场和流程图上的号牌。放回指定地点。计量员做好发油后的计量工作，填写记录和台帐。

1.3.3　输转作业

油品输转作业又叫"倒罐"作业，属于库内作业。一般油罐腾空清洗、检修，或装其他油品等需要输转。

（1）准备检查　根据倒油任务确定倒油流程，检油罐前尺。

（2）作业　按顺序开启阀门，改通工艺流程，确认阀门开启是否正确。检查泵、盘车。通知相关装置开始倒油，按规定开泵。

（3）监控　倒油过程监控相关油罐的液位变化，检查相关管线的阀门是否关闭，避免串油。

（4）收尾　通知相关装置倒油结束，停泵，关闭所有阀门。检后尺，计算油量，做好记录。

油品输转需要注意以下几点：

（1）输转前，一要和有关部门取得联系，落实到人。数量大的必须有 1 名主任或 1 名副主任到场指挥；二要掌握存油量、油温、含水及质量情况，经化验、计量，计算可倒入其他罐油品数量；三要核实罐号、阀门号，确认无误后再开阀。

（2）输转时应有两人操作，互相监护、协调行动，应防止输转过程中因误操作而导致串油或混油事故。司泵员应在泵房注意油泵出口压力变化，防止抽空。

1.3.4 油罐作业操作注意事项

1.3.4.1 轻油罐人工脱水操作

（1）准备工作 安全检查。检查油罐的运行情况；了解油罐介质情况，油罐内的油水高度，进油后需沉降再脱水；检查罐区防火堤内闸阀的开启；核对油罐液位。

（2）作业 站在上风操作。脱水阀的开启操作：阀门不能开度太大，以免脱水带油。排水过程中时常取样观察，有乳化油品排出时，关闭脱水阀门；脱水时严禁离人。

（3）收尾 计量油罐液位，计算脱水量，做好记录。

1.3.4.2 收发油过程换罐操作的注意事项

（1）作业前准备 收重油，要提前检查、开通管线伴热；切换前要根据工艺图核对工艺流程；测量切换罐的前尺、改通待切换罐工艺流程；确认工艺流程。

（2）操作 付油切换罐时，应两人操作，先开满罐，待付出正常后，再关空罐；收油切换罐时，先开待切换罐阀，进油正常后，再关闭被切换罐阀门，确保流程畅通。

（3）监控 作业过程中，应检查油罐呼吸阀是否正常；阀门是否渗漏；监控液位，及时换罐，避免冒罐、浮盘损坏等事故。

（4）计量 换罐后根据油罐的前后尺计算油品数量。

（5）安全 遵守进入罐区的安全管理规定。

1.3.4.3 油罐收油结束后的注意事项

油罐收油结束后，应检查以下几个方面。检查储罐是否跑、冒、滴、漏；检查管线、油罐附件和阀门是否正常；检查油品质量情况；检查设备的安全运行、维护情况；冬季检查设备冻凝情况；重油罐检查加温、伴热系统。

1.3.4.4 油罐内油品加热操作事项

（1）检查油温情况，排净蒸汽管线冷凝水。加热器排凝阀如有副线，先打开副线阀排出加热器内冷凝水，再开少量蒸汽把加热管的冷凝水排净，排净冷凝水后打开疏水器前控制阀，逐渐关闭副线阀。如无副线阀，直接打开疏水器前控制阀，先排出加热器内冷凝水，再开少量蒸汽把罐内加热管的冷凝水排出。

（2）根据需要逐渐开大蒸汽。调节疏水器，使排出的冷凝水无汽，或少量汽为宜。达到要求温度时，把蒸汽关小保持恒温。

（3）油罐停止加热应先关加热器入口阀，待排净冷凝水再关排凝阀。

1.3.5 管线蒸汽吹扫操作

罐区管线在作业中免不了要进行吹扫操作，管线的吹扫操作要遵守以下步骤。

（1）吹扫前准备 要明确管线介质是否可以用蒸汽吹扫。吹扫前应排净蒸汽管线冷凝水。管线吹扫蒸汽尽量往较低液位罐吹。

（2）操作 先打开吹扫管线阀门，再缓慢打开蒸汽线阀门；吹扫时应根据管线大小确定蒸汽阀的开度。管线吹扫蒸汽吹往油罐，罐根阀门开几扣即可。

（3）监视 管线吹扫时，要沿线加强检查。如管线吹扫过程震动太大时，要适当关小蒸汽阀。如管线吹扫单单是吹空管线存油，管线吹扫通即可；如管线需动火，则管线吹扫通后，应再吹 10~30min。

（4）收尾 吹扫完毕，先关好吹扫管线阀门，再关蒸汽阀。做好管线吹扫记录。

1.3.6 罐区巡检的基本要求

遵守进入油罐区的各项安全规定，明确巡检人和巡检职责。具体检查内容包括：检查储罐液位、温度、压力的变化情况；核对工艺流程及各油罐动态，避免漏油、冒油、串油；检查储罐放空系统呼吸阀是否畅通；检查储罐的跑、冒、滴、漏情况；检查管线、油罐附件和阀门是否正常；检查油品介质，带水憋压及设备的安全运行、维护情况；冬季检查冻凝情况及加温、伴热系统，确保油罐加温不得超过规定时间；做好巡检记录。

1.4　油罐事故的判断及处理

1.4.1　油罐吸瘪原因分析与处理

罐区的立式钢油罐在使用中，吸瘪事故屡有发生。发生事故不仅在经济上造成损失，而且给管理人员的心理上造成很大压力。为了避免此类事故再次发生，应认真分析其吸瘪原因，做好预防措施。

1. 事故原因的分析

立式拱顶罐在使用时允许承受的正压力为 $2 \sim 2.2kPa$，负压为 $0.5\ kPa$。在储油过程中，罐内的正负压由呼吸阀进行调节。在收发油过程中，为保证罐内的正负压不超过允许值，收油时必须排出油气混合气；发油时必须吸进新鲜空气，这个过程称为大呼吸。

油罐被吸瘪是由于罐内真空度过大所引起，这类事故只发生在发油过程中（包括装水试压后经进出油管向外放水时）。如果单位时间内发出的油料体积大于经透气阀或透气管补充的空气体积，罐内真空度就会增大。上述差值越大，罐内真空度也随之增大。由于种种原因造成在发油过程中不能及时向罐内补充足够的空气，则就可能发生吸瘪事故。因此油罐吸瘪事故的主要原因有以下几点：

（1）呼吸阀的原因

① 呼吸阀、阻火器堵塞，导致油罐被抽瘪。2006 年 4 月 10 日，某罐区 G501 油罐在装车付油过程中被抽瘪，经检查发现，呼吸阀、阻火器内存有大量锈渣等杂物，呼吸阀、阻火器几乎被堵死，呼吸阀堵塞是此次事故发生的主要原因。另外，在检查其他呼吸阀时发现，鸟类在呼吸阀内筑巢也会造成呼吸阀被堵塞。

② 呼吸阀冻结导致油罐被抽瘪。1999 年 1 月 5 日，某罐区 G203 罐被抽瘪。在此次事故中，呼吸阀冻结是导致事故发生的直接原因。由于天气寒冷，罐内的水汽在呼吸阀的阀盘和阀座间凝聚结冰，导致呼吸阀被冻结堵死，呼吸阀功能失效，在装车付油过程中，罐内负压超标，罐体被严重抽瘪。

（2）设计原因

当油罐的参数发生变化时，未及时对呼吸阀进行校核、更换，也会造成油罐被抽瘪。当储罐严重受损、罐壁腐蚀减薄或超期服役时，储罐的性能、压力等级等发生了变化，储罐所能承受的最大正、负压值也发生了变化，如果不及时对呼吸阀进行校核、更换，储罐就可能被抽瘪。

另外，对罐区进行工艺改造时，如管道加粗、更换新泵等，应同时对相关罐的呼吸阀进行校核、更换，否则也可能会造成油罐被抽瘪。

（3）操作原因

违章操作是油罐抽瘪事故中不可忽视的原因。如油罐向外输油流量突然增加，会使其罐内负压瞬时超压。此外，多台泵装车或装车的同时又向外倒油等误操作；在严寒季节，蒸汽蒸罐或大量蒸汽扫线进罐时，停注太急都会导致油罐被抽瘪。同时油罐进油时由于油品温差同样可能造成瘪罐。

洞库油罐在向外发油时，如出现下列情况时，可能发生吸瘪事故：未打开透气管闸阀；透气管中有较多冷凝水（油）；收油时油料溢进透气管而被堵塞；透气管或附件严重锈蚀造成管路阻力急剧增大等。

（4）自然失稳的原因

自然失稳系指油罐由于腐蚀使钢板变薄，承载能力下降，在罐内真空度未超过充许值的情况下，发生塌陷凹瘪事故。塌陷严重的部位多发生在罐身上部，腰身下部一般不会被吸瘪，因为该处钢板较厚，且经常有油料，其所产生的静压可以抵消负压产生的部分影响。

2. 油罐瘪凹事故的预防措施

针对以上油罐吸瘪事故发生的原因，应采取以下措施：

（1）油罐的呼吸阀、阻火器应每年至少清洗1次，每月至少检查1次。在气温低于0℃时，每周至少检查1次。

（2）对于罐体受损，腐蚀严重，罐顶或罐壁减薄的油罐，应及时大修，或根据计算结果调整呼吸控制压力，增加呼吸阀，加大通气量。

（3）罐区工艺条件发生变化后，要及时对与之相关的油罐的呼吸阀进行校核和更换。

（4）加强对操作人员的培训，使其了解油罐呼吸系统的重要性，提高分析、判断、应变能力。在收发油作业中，严格按操作规程操作，并认真巡查。

（5）在收发油作业或气温骤变时，及时打开通气管道旁通阀，作业结束后及时关闭。

（6）天气骤变，剧烈降温后，应立即检查呼吸阀防止呼吸阀和阀座冻结在一起。为了避免呼吸阀冻结，可以考虑更换呼吸阀。有条件的可在罐内增设真空报警装置。

（7）对现有在用油罐能否继续使用，应定期逐一对其进行承载能力评估。

首先，从钢板锈蚀情况看，罐区钢罐内外壁均涂有防锈漆，防锈效果较好。对使用多年的油罐内外壁锈蚀情况的检查表明，罐壁的锈蚀多为局部出现麻点，并未发现大面积成片锈蚀的现象，这种局部锈蚀对油罐的稳定性影响不大。但油罐因保养不当而造成罐壁严重锈蚀并明显减薄时，应重新进行鉴定。

1.4.2 油罐浮盘塌陷和沉没

目前，由于油罐浮盘具备隔离油气、抑制油气挥发、火灾危险性小、维修方便等优点而得到普遍使用，但是常常由于在浮盘和油罐的设计施工、生产操作过程中出现各种问题造成浮盘塌陷和沉没事故，给企业的正常生产运行造成极大影响和损失。

1.4.2.1 内浮顶油罐

1. 内浮顶油罐浮盘塌陷和沉没的主要原因

（1）内浮盘结构设计不合理，浮盘为敞开式，上面无遮盖，容易造成油料进入浮盘内；浮盘上中能积存油液，而不能排掉油液；浮盘上无隔舱，抗沉性差，只要有一处漏，就容易造成浮盘沉没。

（2）油罐和浮盘施工质量差，如罐体的直径、椭圆度、垂直度、表面凹凸不合要求、浮盘变形与歪斜、导向柱倾斜、导向柱有间歇、油罐的一、二次密封安装不好等，也易导致沉盘事故。

（3）浮盘导向柱发生倾斜，或油罐的椭圆度发生较大变化，造成卡盘现象，油面上升至浮盘上面，造成浮盘塌陷。

（4）浮盘变形，浮盘在长期频繁运行过程中，要受到油品腐蚀、油品温度变化、气候变化、储罐基础沉降、罐体的变形、浮盘附件是否完好等因素的影响，浮盘几何形状和尺寸发生变化，浮盘逐渐变形，出现表面凹凸不平。变形后浮盘在运行中，由于各处受到浮力不同，以致浮盘倾斜，浮盘量油导向管卡住，导致油品从密封圈及自动呼吸阀孔跑漏到浮盘上而沉盘。

（5）浮盘在落底情况下，罐进油速度过快，造成对浮盘冲击后，造成浮盘升起速度不均，导致倾斜，油会从密封处升到浮盘上面，在由于对浮盘检查不到位，造成浮盘落底运行，使浮盘塌陷。

（6）工艺条件不佳、操作不当，如收油时，来油串入大量的气体或进油速度过快，油品中含气量较多，使浮盘在罐内产生"漂移"，发生"气举"现象，导致浮盘受力不均匀，处于摇晃失稳状态，将易造成沉盘事故。

2. 防止浮盘沉没的主要措施

（1）改进内浮顶的结构，如采用浮舱式内浮顶和环舱式内浮顶，这两种浮顶能保证在相邻两个舱漏损时内浮顶不会沉没。

（2）对炼油厂油库，增设油料稳定和脱气设施。

（3）提高施工质量，认真检查验收。

（4）加强操作责任心，严格控制进油速度，严格按章操作，杜绝违章作业。
增设高液位报警器。

（5）加强对内浮顶的检查维护。经常检查浮盘有无渗漏点，浮盘的变形程度和受力情况、密封胶带的老化程度和密封状况、报警装置是否可靠运行，导向管和导向轮的间距是否均衡、有无硬磨擦痕迹等。

1.4.2.2 *浮顶油罐*

浮顶油罐

1. 浮顶油罐沉盘主要原因

浮顶油罐沉盘除内浮顶油罐浮盘沉没的原因外，由于其结构的特点，还有以下原因。

（1）浮顶中央排水系统不畅通，当遇到暴雨时，导致大量雨水不能及时排空，易发生沉盘事故。

（2）浮盘顶滑梯上下端轮轴存在隐患，不能及时发现和消除，易引发事故。

2. 预防浮顶油罐沉盘主要措施

防止浮顶油罐沉盘措施除内浮顶油罐浮盘沉没的措施外，还应对浮盘顶滑梯上下端轮轴要定期检查和加注润滑油，定期检查中央排水系统设施完好情况，使排水畅通。按要求定期进行检查和维护。

2002 年 9 月 5 日 9 时 20 分，某公司油品车间柴油岗位操作工在巡检过程中，发现正在收装置来油的 G106#罐，罐顶检尺平台栏杆变形，浮盘顶滑梯倾斜，一侧滑轮从导轨脱落，浮盘被滑梯顶穿，穿孔处有柴油溢上浮顶，浮盘开始下沉。

事故发生后，调查事故发现，事故的直接原因是由于滑梯下端滑轮轴没有按要求安装防护铜套，导致滑轮轴长期磨损断开，扶梯下端侧倾下落，造成浮盘表面变形，浮盘上浮时被顶穿漏油。事故的间接原因是由于对油罐检修方案制订不完善。在 2001 年大修时车间对 G106#罐没有安排滑梯检修内容，以致一直没有发现滑梯滑轮轴未装轴套，使隐患不能得到消除；对油罐附件的检查不细致，未能及时发现隐患。

2005 年 4 月 30 日 16 时 26 分，某公司油品车间 8#汽油罐区浮顶 5000m³ 油罐 G802#罐顶可燃气报警仪发生报警，当时 G802# 正在收焦化汽油，液位高 9.645m，汽油岗位操作人员发现可燃气报警仪报警后，立即赶赴现场，发现 G802# 罐周围油气味较大，油罐中央排水管有少量汽油流出来，爬上罐顶，发现 G802# 罐顶浮盘向北侧倾斜，浮盘上集有汽油，浮盘开始下沉。

事故发生后，调查事故发现，事故的直接原因是浮顶罐 G802# 在收油的过程中，浮盘浮舱底板发生腐蚀穿孔漏油，由于浮舱进油导致浮舱失稳，发生倾斜卡住导向柱，导致沉盘。间接原因是油罐浮盘导向柱局部变形、强度不足，U 形螺栓强度不足，在浮盘失稳发生倾斜后被卡折弯，使得浮盘不能正常上浮，同时在罐内收入油品的顶托下，导致浮盘倾斜加剧，最后下沉；同时也暴露出车间设备管理工作不到位。

1.4.3 油罐跑、冒油事故

油罐发生跑、冒油事故是罐区安全、质量事故的常见事故类型。跑油、冒油不但使油品数量减少，还会造成环境污染，易引发火灾爆炸事故；油品的跑冒有时还会污染农田、河流和大气，甚至造成不良社会影响。

1.4.3.1 跑、冒油事故原因分析

跑、冒油事故的发生就其根本原因来看，主要是责任心不强，纪律松懈，思想麻痹，技术素质低，有章不循，违章作业，管理不善以及设计或设备缺陷所致。

1. 脱水跑油常见原因

（1）油水乳化，油水分界面难以分清。

（2）脱水时，违章擅离现场。

（3）操作马虎，脱水后忘记关阀或没关严。

（4）脱水阀冻凝，壳体冻裂或被异物卡住而关不严。

（5）清罐时脱水阀用完未关，进油前又未仔细检查。

（6）脱水中途换人，情况不明，交接班不细，又不去现场检查。

2. 油罐常见突沸原因

油罐突沸不仅造成油品大量损失，同时常使罐顶炸裂，着火烫人。油罐突沸多发生在渣油、蜡油、油浆和重污油等罐，常见原因有以下几点：

（1）进罐油温过高，超过工艺指标，遇罐底有水而突沸。

（2）渣油带水或管道扫线存水进入油罐，遇高温热油而突沸。

（3）油罐加温时不检测，不控制，不检查，加温超标引起突沸。

（4）冷油罐底，进高温渣油而突沸。

（5）调和燃料油时，调和组分油（如重污油等），含水多，遇高温热渣油而突沸。

（6）油罐汽阀不严或加热盘管破裂，引起油罐加热超温，冷凝水汽化，油罐突沸。

3. 溢流冒罐跑油常见原因

溢流冒罐跑油绝大多数原因是工作粗心大意，思想麻痹，违章违纪所致，主要原因有以下几点：

（1）忘关阀，开（关）错阀门或少开阀门。

（2）思想不集中，换错进油罐，满罐又进油。

（3）不按时检尺计量，错误估量。

（4）油罐进油中违纪脱岗、睡岗、串岗。

（5）错量油罐或检尺及计量错误。

（6）报表记录写错，交接班检查不细，没有去现场检查。

1.4.3.2 防止跑、冒油的措施

要避免发生跑、冒油事故，必须做到以下几点：

（1）提高工作责任心，事业心，克服思想麻痹，工作马虎，粗枝大叶作风。

（2）严格遵守劳动纪律，上班不脱岗，不睡岗，不串岗、不干私活。

（3）一切生产操作，严格按规程、制度办事，做到有章必依，一丝不苟。

（4）油罐操作改流程实行"对号挂牌"，重点部位应双人去现场，一人操作，一人监护。

（5）按时检尺、巡检。

（6）不断提高职工技术素质，使人人具有分析、判断和处理事故能力。

（7）检尺、记录、报表实行"三级检查"，现场交接，认真复查，严细认真。

（8）罐区实行现代科学管理，不断提高检测、控制、操作的自动化水平。

（9）实行罐区作业计划管理，对开停泵和换罐时间，调度和班长应相互审核确认。

1.4.3.3 跑、冒油事故的处理

罐区发生跑、冒油事故时切忌惊慌失措，或置之不理。发现事故后应立即向班长、车间、调度报告，并根据自己掌握的情况和自身的能力有条不紊地进行处理。如发生跑冒油事故时，在报告后，应根据同品种、同性质的原则将油罐切换到液位较低的油罐；同时注意检查关闭罐区排水阀，避免油品外泄；检查和制止事故现场周边的施工作业动火；对易挥发油品，应在安全范围外设置警戒线，禁止机动车或无关人员进入现场；在处理事故时应注意个人安全。

1.4.4 油罐串油的判断、原因及处理

串油事故将会使油品变质，降低油品质量，严重时还致使油品失去使用价值。

1. 串油判断

（1）根据作业巡视中检查中间阀门、油罐阀门漏关或开关错误进行判断；

（2）根据作业中收、发油量的变化来判断；

（3）根据油罐液位的变化来判断；

（4）根据油罐油品质量的变化来判断。

2. 串油原因分析

造成串油的主要原因：一是责任心不强，不执行流程图挂牌制。切罐时开错阀门，中间阀门漏关、开关错误，或没有关严造成；二是阀门质量出现问题或者是维护保养不良，阀门内漏。

3. 串油处理

发现油罐串油，当班应立即报告车间及调度。发现油罐串油应立即把油品改往应进的油罐，关闭被串罐的阀门。属罐阀门内漏串油应及时安排处理管线及送空该罐油品，更换或维修阀门处理。油罐串油，要对该罐进行取样分析，合格后才能出库。

1.5 成品油管道输油

1.5.1 成品油管道概况

工业管道始建于 19 世纪 60~80 年代，当时管道输送主要是原油。到 20 世纪初，成品油管道输油开始兴起，其技术水平提高也非常迅速。纵观管道输送的历史和现状，以长距离

成品油输送管道替代铁路成品油运输这一发展趋势不可逆转。

1.5.2 成品油管道的基本构成及特点

1. 成品油管道的基本构成

成品油管道由站场、线路和辅助系统构成。

成品油管道的站场分为首站、中间分输泵站、中间泵站、中间分输站、末站、集输站等。

成品油管道首站的任务是收集石油产品，经计量后向下站输送。首站的主要组成部分是油罐区、输油泵房和油品计量装置等。输油泵从油罐汲取油品经加压、计量后输入管道。成品油管道的首站大都与炼油厂、油库、码头相连。

油品沿管道向前流动，压力不断下降，需要在沿途设置中间泵站继续加压，直至将油品送到目的地。

末站的任务是接收来油并处理沿线产生的混油。

成品油管道的线路部分包括管道本身、管线阀室、阴极保护设施，通讯控制系统。

调度控制中心及 SCADA 系统是输油管道的神经中枢，通常由全线中心控制（远控）、站场控制和就地控制三级组成。它对全线各个站场、关键设备进行远距离数据采集、传输和记录、处理，对管道进行监控、统一调度和控制。具有报警、联锁保护、紧急关断等安全保护功能。

2. 成品油管道的特点

（1）输送介质压力高。

（2）需采用密闭顺序输送，防止混油事故发生。顺序输送中是按同类油品和密度相近的顺序排列。

（3）输送的油品安全、便捷。

（4）生产调度责任大。成品油管道的调度是双重制，即调控中心与站场共同操作。

（5）跟踪液体界面进行监测。

1.5.3 SCADA 系统的基本概念

SCADA 系统是英文 Supervisory Control and Data Acquisition 的缩写，即数据采集与监视控制系统。它是以计算机为基础的生产过程控制与调度自动化系统，建立在 3C+S（Computer、Control、Communication、Sense。计算机、控制、通信及传感器）技术上的一门科学。SCADA 系统广泛应用于电网、水网、输油气管网、智能建筑等领域。它能收集远处现场的操作信息，并通过通信线路将远方信息传送到调控中心进行显示和报告。控制中心的操作员监视这些信息，并能向远方的设备发布命令，以实现数据采集、设备控制、测量、参数调节以及各类信号报警等各项功能。

SCADA 系统其网络结构主要由调度控制中心网络（DCC），站控系统（SCS），以及连接中心和站场的通信系统（COM）三部分构成，主要的配置包括远程终端装置，控制中心计算机系统，数据传输及网络系统、应用软件等组成。

1.5.4 成品油管道操作控制原则

（1）成品油管道全线的操作控制按照中心控制、站控和就地控制三级管理原则。

（2）流程的操作与切换，必须实行集中调度、统一指挥。任何人未经授权的值班调度人员同意，不得擅自改变操作。

（3）流程操作遵循"先开后关"的原则，即确认新流程已经导通后，方可切断原流程。

（4）分输下载时，应先导通减压阀后流程，再导通减压阀前流程。

（5）流程切换时应缓开缓关，防止管道系统压力突然升高或降低。

（6）输油泵机组的启停，直接影响管道系统压力的变化。切换时，应提前与上下站和本站其他岗位做好联系。输油泵切换遵循"先启后停"的原则。

（7）站场主输泵启动采用关小泵出口阀启动的方式，机泵启动稳定后全开出口阀。

（8）主输泵启动时，应按照泵的序号，遵循从前向后依次启动的原则，主输泵停运时，应遵循从后向前依次停运的原则。

（9）具有给油泵的泵站应遵循先启给油泵再启主输泵原则，停泵时应遵循先停主输泵再停给油泵的原则。

（10）站场进行流程切换时，应执行操作票制度，实际操作时应有人监护。

（11）在通讯中断时，本站不允许启停设备或倒换流程，应及时设法与上下站及调度中心取得联系。

（12）在执行操作时只能选择一种操作方式。

第2章 铁路装卸油工艺与操作

对炼油厂或石油库来说，石油及产品的运输一般有四种形式，即铁路运输、水路运输、公路运输和管道运输。采取何种形式取决于炼油厂或石油库的生产规模，产品发运流向和发运方式以及当地交通条件和自然条件等。在我国越来越多的石油及其产品采用了管道输送方式，但铁路运输仍然是我国当前石油及其产品的主要运输方式之一。

2.1 铁路装卸油工艺

铁路装卸油工艺按油品装卸作业方式，可分为上装、上卸和下卸三种工艺。

2.1.1 原油或黏油卸车工艺

该工艺系统主要包括：卸油栈台、集油总管、导油管、地下罐(零位罐)及输油泵房等。

原油或黏油卸车工艺过去有上卸工艺，现在普遍改为下卸工艺，如图3-2-1和图3-2-2。

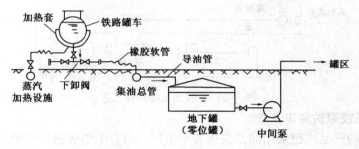

图 3-2-1 下部卸油工艺

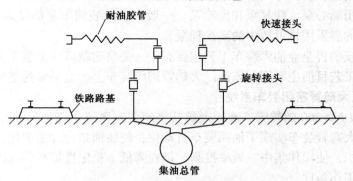

图 3-2-2 下部卸油鹤管安装示意图

自流卸车工艺流程：油罐车→卸车卸管(或软管)→集油总管→导油管→零位罐→转油泵→原油罐区。原油卸车时，加热蒸汽压力一般为0.3MPa，蒸汽耗量与原油性质、地区、气候和蒸汽压力有关。原油卸车时间取决于原油性质，辅助作业快慢(包括：对位、接管、开阀加温等)，并受地区和气候等诸多因素影响，一般来说，夏天2h/列车，冬天4~6h/列车。

343

2.1.2 轻油卸车工艺

轻油一般采用上部卸油工艺，该工艺系统一般有两种形式。

（1）卸油工艺采用潜油泵配合离心泵卸车，用容积泵扫舱。主要包括卸油鹤管、潜油泵、集油管、输油管、输油泵、扫舱泵、扫舱管线、扫舱缓冲罐等。典型流程如下：

① 卸车流程：

铁路槽车→潜油泵→集油管→输油泵→油罐

② 扫舱流程

铁路槽车底油→扫舱泵→扫舱缓冲罐→扫舱泵→油罐

（2）卸油工艺采用真空泵灌泵、离心泵卸车、真空泵扫舱工艺。主要包括卸油鹤管、集油管、输油管、输油泵、真空泵、真空管和零位罐等。上部卸油时，将鹤管顶部的橡胶软管或可拆卸的铝管从油罐车口插入车内，先利用真空泵抽取管线内空气，然后利用虹吸或油泵将车内油品卸入缓冲罐或中间罐，罐满后用中间泵送往罐区，如图3-2-3。

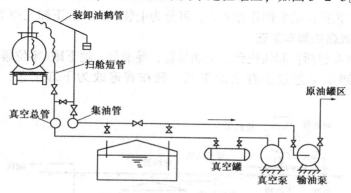

图 3-2-3 轻油上部卸油工艺

2.1.3 自压或泵送装车工艺

炼油厂出厂的产品广泛采用的是泵送装车出厂，只有个别炼油厂或罐区地势大大高于装油区时，才能采用自压（流）装车工艺。装油采用的机泵根据油品性质、作业方式、装油速度而定，普遍采用离心泵、往复泵和齿轮泵。一般来说，装油用泵都是大排量，低扬程泵；用中间泵作输转的多采用排量适中的高扬程泵。

目前炼油厂或销售企业油库装车工艺主要有：一是泵送敞口式上装工艺，二是泵送密闭上装工艺，这种工艺目前主要用在炼油厂大鹤管密闭装车上。三是泵送下装密闭装车工艺。

2.1.4 液压大鹤管密闭装车系统

大鹤管是指 $DN \geqslant 200$ 的鹤管，液压大鹤管密闭装车系统是炼油厂油品铁路装车系统的专用设备。使用大鹤管装车实现了油品装车自动化，使装油站台大大缩短，减少管架及许多附属设施占地面积，使操作集中，效率提高，损耗降低，稳定性提高，维护管理方便，大大地改善了工人的工作条件。

1. 液压密闭装车大鹤管装车系统的特点

液压密闭装车大鹤管装车系统具有全液压驱动、鹤管上下左右运行平稳、安全可靠。浸没、密闭式装车减少了静电的产生，改善操作环境，降低油品损耗。设置的高液位报警有效地防止冒车事故发生，并设有质量流量计可实现精确定量装车。

2. 液压密闭装车大鹤管装车系统组成

主要有六个分系统组成：

（1）机械系统实现大鹤管装车功能；

（2）液压系统驱动大鹤管；

（3）小爬车牵引系统实现槽车的粗对位；

（4）液位报警系统实现装车过程中液位的超高报警；

（5）油气回收密闭系统实现装车中油气的密闭收集；

（6）程序控制系统实现对大鹤管和装油系统的集中控制。

3. 液压密闭装车大鹤管装车系统流程

大鹤管系统装车流程见图 3-2-4。

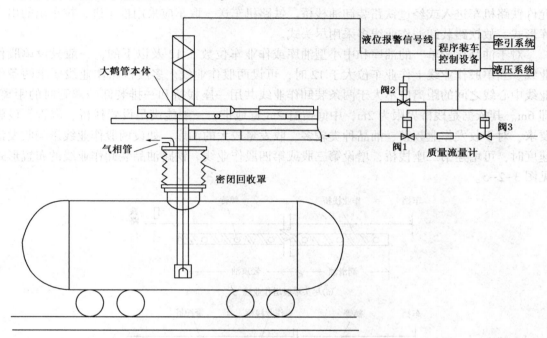

图 3-2-4　密闭大鹤管装车系统流程示意图

牵引设备将油槽车牵引到位（进入大鹤管的水平对位范围以内）→ 大鹤管水平方向精确对位→ 下降升降管到最低位置→ 密闭盖压紧槽车口→ 将阀 3 打开→ 限流线；阀 2 打开→油流经限流线、伸缩套、三通至升降管，进行小流量装车，等油品液面淹没升降管出油口→主流线阀 1 打开，油流经主流线及限流线的并联管路、伸缩套至升降管，进行大流量装车；质量流量计计量到初始设定值→ 切断主流线阀 1 → 以小流量装车，待计量到最终值→ 限流线阀 2 切断→ 完成一次装车。

2.2　铁路装卸油设施与设备

铁路车辆装运油品是通过铁路装卸油栈台上的大、小装卸油鹤管或输油臂等来实现装卸油作业的。为此配套的主要设备设施有铁路专用线、装卸油栈桥、装卸油鹤管、集油管、油泵站、放空罐等。当采用自流（下卸）接收油品时，还有零位油罐等设施。这些设备设施应符合《石油库设计规范》的要求。

2.2.1　铁路装卸油作业专用线

油库内铁路装卸油专用线可分为库内线和库外线，是油库沟通国家铁路网的重要设施。

1. 油库内铁路装卸油专用线的技术要求

铁路专用线外部的长度取决于接轨站与库区的距离和地形，一般不应超过 3~5km。若采用自流装卸油品，铁路专用线的装卸作业应当敷设在油库的最低或最高处，装卸作业线应当是平坡直线，以使散装油品能精确计量和防止事故发生。

2. 油库内铁路装卸油作业线路的数量和布置

铁路装卸油作业线附近，特别是装卸油栈桥属于爆炸危险场所。为了安全防火，一般不允许铁路机车进入或经过铁路装卸油栈桥。铁路机车送、取车应采用推车进、拉车出的出入库形式，故铁路装卸油作业线多采用尽头式。

对于油品比较单一的油库和中小型油库或作业车位数在 12 及以下的，一般只设单股作业线。当单股作业线上作业车位大于 12 时，可设两股作业线。多股铁路作业线要求两条作业线中心线之间的距离应不大于两条装卸作业线共用一座栈桥和一排装卸油鹤管时的距离，即 6m。其依据是栈桥界限为 2m，中间留有 2m 宽地带，一般能满足设置栈桥、鹤管等设施要求。对于收发作业频繁、油品种类较多、收发量较大的油库，如设两股作业线影响收发油速度时，可增建第二座栈桥，增设第三股或第四股作业线。铁路油品装卸作业线的布置形式见图 3-2-5。

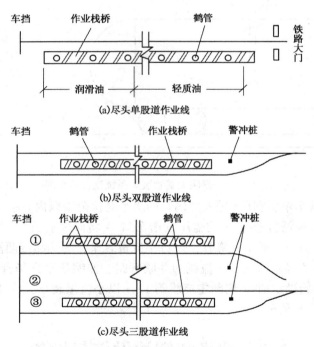

图 3-2-5　铁路油品装卸作业线

2.2.2　铁路装卸油作业栈桥

铁路装卸油作业栈桥是为方便装卸油品所设的装卸台，通常与装卸油鹤管一起建造。栈桥桥面宜高于轨面 3.5m。栈桥边缘距作业线中心线的距离自铁轨顶部起算高度为 3m 以下者不应小于 2m；高为 3m 以上者不应小于 1.75m。装卸作业栈桥建造与鹤管安装位置必须符合有关规定。

铁路装卸油栈桥分为钢筋混凝土式和组装式栈桥两种形式。

1. 钢筋混凝土栈桥

钢筋混凝土栈桥是最常见的一种铁路装卸油作业栈桥。该栈桥由立柱、作业平台、活动过桥、斜梯、保护拦杆等组成，见图3-2-6铁路栈桥示意图。

2. 组装式铁路装卸油栈桥

组装式铁路栈桥的特点是全钢结构，强度高，寿命长；构件之间采用螺栓连接，装配时间短，不需要动火作业；斜梯踏步和栈桥平台采用钢板制造，防滑性好，栈桥长度可任意组合；活动过桥操作灵活，不会发生碰撞，安全可靠。从栈桥到油罐车上的活动过桥采用了阻尼平衡器，过桥起落缓慢无冲击，轻松省力；工作角度大，可低于水平面25°，能适应不同类型的油罐车与栈桥间搭设的过桥；平行活动的杆状扶手使行人有可靠保护；转动铰接点采用不锈钢销和尼龙套，不生锈，无需润滑；安装简单，只需用M16螺栓连接。组装式铁路装卸油栈桥的结构见图3-2-7。

图3-2-6　铁路栈桥示意图
1—立柱；2—活动过桥；3—保护栏杆；
4—作业平台；5—斜梯

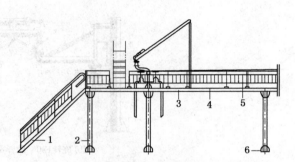

图3-2-7　组装式铁路装卸油栈桥
1—扶梯；2—立柱；3—主梁；
4—台面板；5—栅栏；6—安装底板

2.2.3　常用铁路装卸油鹤管

1. 鹤管的技术要求

鹤管是铁路油罐车上部装卸油料的专用设备，卸油臂则是下部卸油的专用设备。鹤管或卸油臂的主要技术要求如下：

（1）流动阻力损失小，结构合理，不易产生气阻；

（2）密封性能好，不容易出现漏气漏油等现象；

（3）操作轻便，安全可靠，维护维修方便；

（4）适应性强，调节距离大，便于对鹤位；

（5）造价低；

（6）固定部分应当符合"标准轨距铁路接近限界"的有关规定，并能适应不同类型罐车混合编组，做到不脱钩装卸。

油库用装卸油鹤管的种类较多，但其公称直径大多为$DN80$或$DN100$。在这里仅介绍油库中常用的几种装卸油鹤管。

2. 上部装卸油鹤管

（1）弹簧力矩平衡鹤管

弹簧力矩平衡鹤管由立柱、平衡器、回转器、内外臂及其锁紧装置、垂直和（铝管制）

等组成,见图 3-2-8 所示。它的工作原理是压缩弹簧平衡器与鹤管自重力矩平衡。平衡器力矩与鹤管自重力矩在各个角度及部位均能达到平衡,故能上下自如,操作轻便灵活。这种鹤管配有回转器,能水平旋转 360° 或 180°,俯仰角范围为 0~80°,工作距离一般为 3.4~4.4m,也有的工作距离为 3.3~5.6m。其特点是对位方便,转动力矩小、操作方便,减轻了劳动强度,可以避免鹤管与油罐车碰撞时产生火花。

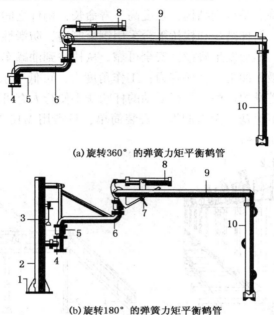

(a) 旋转360°的弹簧力矩平衡鹤管

(b) 旋转180°的弹簧力矩平衡鹤管

图 3-2-8 弹簧力矩平衡鹤管

1—安装底板;2—立柱;3—内臂锁紧机构;4—法兰接口;5—回转器;
6—内臂;7—外臂锁紧装置;8—平衡器;9—外臂;10—垂直管

(2) 铁路油罐车密闭装油鹤管

铁路油罐车密闭装油鹤管由立柱、外臂、内臂组合、垂直管、回转器内臂紧锁机构、气相管、气缸、密闭盖等组成,见图3-2-9所示。这种鹤管的最大优点是能够实现油气回收,

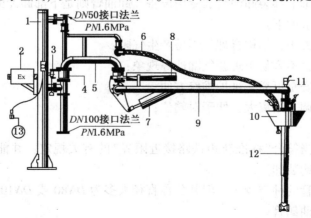

图 3-2-9 铁路油罐车密闭装油鹤管

1—立柱;2—液位控制箱;3—内臂锁紧机构;4—回转器;5—内臂组合;6—气相管;
7—气缸;8—平衡器;9—外臂;10—密封盖;11—滑管卷扬机构;12—垂直管;13—带内螺纹气源总阀

节约能源，减少环境污染，有利于作业人员的健康，是发展的方向。

（3）铁路油罐车防溢装油鹤管

铁路油罐车防溢装油鹤管组成与弹簧力矩平衡鹤管基本相同，不同的是增加了液位探险头、液位控制箱、防误码操作探头、气缸或液压缸等，见图3-2-10所示。它分为一级防溢和二级防溢两种，其最大特点是可防止误操作和油罐车冒油。

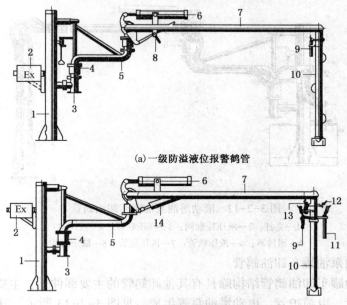

(a) 一级防溢液位报警鹤管

(b) 二级防溢液位报警鹤管

图 3-2-10　铁路油罐车防溢油装油鹤管

1—立柱；2—液位控制箱；3—法兰接口；4—回转器；5—内臂；

6—平衡器；7—外臂；8—外臂锁紧机构；9—高位液面探头；10—垂直管；

11—低位液位探头；12—操纵阀；13—防误操作探头；14—气缸或液压缸

（4）气动潜油泵油罐车卸油鹤管

气动潜油泵油罐车卸油鹤管由压缩空气接头、气动三联体、气压管、回转、气动潜油泵等组成，见图3-2-11所示。其最大特点是能较好地解决夏季卸油的问题，相对于液压潜油

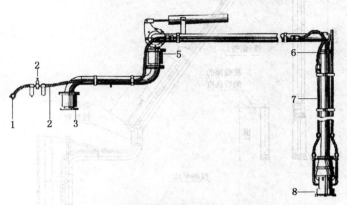

图 3-2-11　气动潜油泵油罐车卸油鹤管

1—压缩空气接头；2—气动三联体；3—气压软管；4—鹤管法兰接口；

5—回转器；6—气压软管；7—气压硬管；8—气动潜油泵

泵安全性较差。

（5）液动潜油泵油罐车卸油鹤管

液动潜油泵油罐车卸油鹤管由立柱、液压控制阀、高压软管、液压站、回转器、液压软管、液动潜油泵等组成，见图3-2-12所示。其最大特点是能较好地解决夏季卸油易产生气阻的问题，相对于气动潜油泵安全性较好。

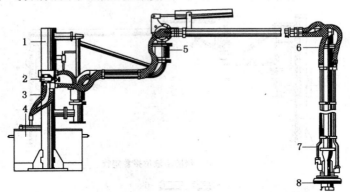

图3-2-12　液动潜油泵油罐车卸油鹤管

1—立柱；2—液压控制阀；3—高压软管；4—液压站；
5—回转器；6—液压软管；7—液压硬管；8—液压潜油

（6）电动潜油泵油罐车卸油鹤管

电动潜油泵油罐车卸油鹤管结构除具有其他卸鹤管的主要部件外，主要增加了隔爆电控箱、防爆挠性软管、电缆护管、电动潜油泵等组成。见图3-2-13所示。其最大特点是工艺

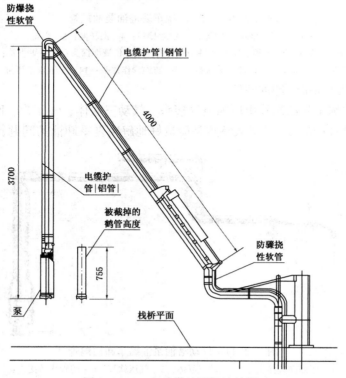

图3-2-13　电动潜油泵卸油鹤管

350

简单、操作简便，占地面积小，不需要液压站和气柜等。电动潜油泵卸油工艺是今后的发展方向。

　　3. 下部装卸油鹤管(卸油臂)

　　(1) 卸油臂

　　卸油臂由接口法兰、回转器、内外臂、支承弹簧、快速接头等组成，见图 3-2-14 所示。它是一种用于下部卸油的设备，与上部装卸油的作用相同。一端带旋转器与集油管连接；一端带快速接头与油罐车下卸油器侧放油阀连接。这种卸油臂的最大工作长度为3.4m，能适应各种不同类型油罐车编组的需要。

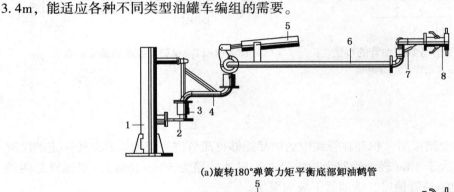

图 3-2-14　卸油臂
1—卡口快速接头；2—托架；3—耐油胶管；
4—胶管接头；5、7—回转接头；6—钢管

　　(2) 铁路油罐车下部卸油鹤管

　　铁路油罐车下部卸油鹤管由法兰接口、回转器、内臂、平衡器、外臂、支承弹簧、快速接头等组成，见图 3-2-15 所示。最大工作长度为3.4m，能适应各种不同类型油罐车编组的需要。

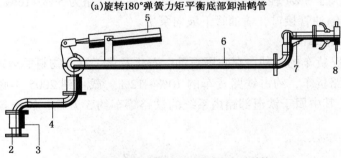

(a)旋转180°弹簧力矩平衡底部卸油鹤管

(b)旋转360°弹簧力矩平衡底部卸油鹤管

图 3-2-15　铁路油罐车下部卸油鹤管(卸油臂)
1—立柱；2—法兰接口；3—回转器；4—内臂；
5—平衡器；6—外臂；7—支承弹簧；8—快速接头

　　(3) 输油胶管

　　油品装卸作业中采用橡胶软管劳动强度低、使用方便、无渗漏的优点。但用胶管输送油品也存在许多缺点，如承受压力低，输送距离受限制等。特别是胶管的导静电性能差，不利于安全作业，现已逐渐淘汰。

　　由于条件限制而不得不采用胶管装卸油品时，必须注意胶管的长度是否满足使用要求。同时，胶管必须安装超压保护装置，而且胶管的材质必须满足输送介质的理化性质要求。

2.2.4　集油管

集油管是一条平行于铁路作业线的油品汇集总管，装卸油时都通过集油管汇集或分流。在集油管的中部引出一条输油管与油泵连接，故输油管的直径一般比泵的吸入管口径大一些，以减少吸入阻力。

集油管的长度和位置，应根据油罐车的位数和装卸区的平面布置确定。其直径应根据装卸油品的数量、允许装卸油时间、油品性质、泵的吸入能力，以及泵站地坪与铁轨的标高差等通过工艺设计确定。

集油管的平面布置，一般是与铁路作业线相平行。不同油品应有各自的集油管。对单股作业线，集油管布置在靠泵房一侧，见图3-2-16所示。

对双股作业线，集油管应布置在两股作业线中间，见图3-2-17所示。此时集油管供两条作业线共用，泵的吸入管需要穿过铁路，施工较麻烦。

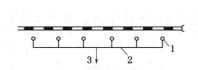

图 3-2-16　单股作业线集油管的布置

1—鹤管；2—集油管；3—至泵房

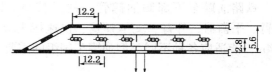

图 3-2-17　双股作业线集油管的布置

为保证装卸作业结束后，积存在管路中的油品能够自流放空，集油管必须按一定的坡度敷设，且其坡度应大于3‰(轻油管路为3‰~5‰，黏油管路为5‰~10‰)。集油管自两端(或一端)起下坡向输油管接口，输油管下坡向泵房。

2.2.5　铁路油罐车

铁路罐车是铁路货车的一种，在我国石油、石化及化工行业物料的运输中占有很重要的地位，属于专用铁路货车，约占铁路货车的10%~12%。截止到2005年底，全国的铁路罐车已有约10万辆，其中属于铁道部路内系统的铁路罐车约5万辆，属于各企业自备铁路罐车约有5万辆。

1. 铁路罐车的基本组成

铁路罐车基本组成，见图3-2-18所示。

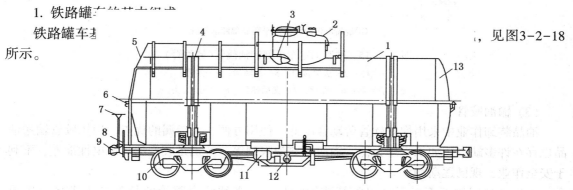

图 3-2-18　黏油罐车的一般结构

1—罐体；2—空气包；3—内梯；4—卡带；5—外梯；6—加温套；7—手制动；
8—底架；9—车钩缓冲装置；10—转向架；11—制动装置；12—排卸装置；13—端板

（1）走行部

走行部的作用包括两个方面。一方面是承受车辆自重和载重，另一方面是在钢轨上行驶，完成铁路运输位移的功能。按照车辆上安装轮对的多少，可以分为无转向架（如二轴车）、有转向架（如四轴车、六轴车、交轴车等）、无转向架和有转向架混合行走三类。目前我国的铁路罐车的走行部是由两台二轴转向架组成，即转向架由一个摇枕、两个侧架、两组轮对、4个轴箱油润装置、两大组枕簧等组成，分为铸钢式、拱板式。

（2）制动装置

制动装置的作用是保证高速运行中的铁路罐车能在规定的距离内停车，在运行中减速或使用调车作业的罐车停车的装置。制动装置是保证铁路罐车安全运行最重要的部分。制动装置一般由手动制动机、自动空气制动机组成。

（3）车钩缓冲装置

车钩缓冲装置的作用一是将机车与车辆、车辆与车辆之间相互联挂，联挂成一组列车或车列；二是能传递纵向作用力，包括机车传动的牵引力和制动时产生的冲击力；三是缓和机车与罐车间的动力作用。

（4）车体

车体由底架和罐体等部分组成，底架是车体的基础，主要承受作用于车辆上的牵引力、冲击力和载重、罐体承受载重和其他力。

罐体上板一般厚度为 8～10mm，底板为 10～12mm，端板为 10～12mm，空气包为圆形、椭圆形、无空气包三种，人孔内径为 560mm。另外，车体还包括聚油窝、筋板、内梯、外半加温套、内火管（部分车有）、内加温管（Gc—J—60 罐车有）、内衬（橡胶镀铝、镀塑）等。铁路罐车车体的材质通常为碳钢、不锈钢、合金钢、合金铝，或玻璃钢等。

（5）车辆附件

铁路罐车上的附件主要有呼吸阀、泄油阀、外梯、走板、吸油口、进气口、遮阳罩等。当罐车内压力大于 0.15MPa 时，铁路罐车呼吸阀的呼气阀打开，排除高压；当罐车内产生负压时，压力小于 -0.02MPa 时吸气阀打开，增高罐内压力。

2. 铁路罐车的分类

世界各国的铁路罐车形状、型号、规格多种多样。在我国现在使用的铁路罐车已有几十种，炼化、油品销售企业常见以下四类。

（1）轻油罐车

凡充装的液体货物黏度较小、密度 $\leq 0.9\text{g/cm}^3$ 的罐车称为轻油罐车，如充装汽油、煤油、柴油的铁路罐车都是轻油罐车。

由于轻油类液体货物的渗透能力很强，极易渗漏，所以采用上装上卸式。轻油体积在环境中易膨胀，为了减少外界辐射热源的影响，减少轻油类货物的挥发损失和体积膨胀，罐体外部涂刷成银白色，轻油罐车内容积较大，内径有 2.6m、2.8m、3m 等。

我国目前采用的轻油罐车有 G_6、G_9、G_{13}、G_{15}、G_{16}、G_{18}、G_{19}、G_{50}、G_{60}、G_{60A}、G_{17G}、G_{70}、G_{70A}、G_{70B}、G_{H70} 等。

（2）黏油罐车

凡充装的液体货物黏度较大、密度约在 $0.9\text{g/cm}^3 \sim 1\text{ g/cm}^3$ 的罐车称为黏油罐车，如充装原油、润滑油、食用油脂的铁路罐车都为黏油罐车。由于充装介质黏度、密度较大，不易渗漏，所以采用下卸式（食用油除外）。因在低温时易凝，外设半加热套给罐体加温。黏油罐车中心排油阀的阀体由铸钢制造，夹层为中心排油阀的加热套，设有进气和排水孔。运送原油的铁路罐车外表涂成黑色；运送成品黏油的铁路罐车，罐体外表面涂成黄色。

我国目前常采用的黏油罐车有 G_3、G_{12}、G_{14}、G_{17}、G_{17A}、G_{17B}、G_S、GL、GL_A、GL_B、G_{12S}、G_{17S}、G_{L60K} 等。

（3）酸碱罐车

充装的液体货物是具有较强腐蚀作用的酸碱类化工产品的罐车，其密度>1kg/m³。由于酸碱类化工产品腐蚀作用较强，相对密度较大，所以这类铁路罐车的容积较小，内径分别为 1880mm、1890mm、2200mm、2300mm 不等。由于酸碱易结晶，所以罐体设有加温保温设施，罐体内壁用橡胶、铅、铝、塑料等制成衬里，使罐体具备耐腐蚀能力。

我国目前酸碱罐车主要有 G_{10}、G_{11}、G_{11S}、G_{11J}、GAL、GC-L-60、GC-J-60、G_{FA}、G_{60LB}、G_{60XA}、G_{11B} 等。

（4）液化气体罐车

用来运送液化气体的铁路罐车为液化气体罐车。罐体内压力较高，为 2~3MPa，罐体壁比较厚，约为 16~25mm，该类罐车顶部装有遮阳罩，用来减少外部辐射热能的影响。目前常用的液化气罐车有 GY_{60}、GY_{40}、GY_{95S}、GY_{95A}、GY_{80S}、GY_{80} 等。

3. 铁路油罐车的清洗

承担液体石油产品运输的包装容器是铁路油罐车、汽车油罐车、油船、油驳和油桶。由于长期使用，再加上运输、保管等诸多原因，容器内难免积存有水、锈渣、砂粒和罐底残油。有时装过某种油品的容器需换装另一种性质差异较大，质量要求更高的产品时，如果容器未做处理继续使用，就会造成敞口污染，质量破坏。即使用从未装过油的包装新容器，其内部也会有铁锈、焊渣、灰尘。因此，为了保证石油产品质量，首要一点是装油前，必须对装油罐车、船舶、油桶等容器先进行检查，并按规定标准进行清洗(亦称洗刷)。

（1）铁路罐车刷洗操作方法

① 掀起车盖并将车口处螺栓翻上一个，防止车盖落下将人闷在车内。

② 先判明车底残油品种、数量，根据欲装油品品种，确定刷洗方法。

③ 进入车内作业前，必须穿戴好规定劳保护具，尤其是防毒面具和导气管，必须严密不漏。

④ 特洗车要抽净残油，用拖布擦拭干净。汽油车底进行吹风处理，柴油车底要用蒸汽加热。吹风时间：夏季 20~30min、冬季 40~50min；加热时间：夏季 40min，冬季 60min。

⑤ 罐车吹风或加热后，进行药剂刷洗、水洗、擦干和热风干燥，最后人工清扫。

⑥ 使用洗罐器时，先将洗罐器用电葫芦吊到车内 1/2 高度处，将其安装牢固，并使洗罐器定位，标向罐车的轴向方向。

⑦ 放入抽水软管，打开抽水阀门、洗罐器进水阀门，启动动力水泵的抽水泵，使洗罐器喷水旋转。水泵工作压力不小于 1.66MPa(17kg/cm²)，水温不小于 75℃。洗罐器采取轮换作业，每车 1~2 次，每次 10min。

⑧ 罐车洗刷完，应将洗刷器、风筒、蒸汽管、水管、真空管取出，梯子复位，经质量检查验收合格后，盖好车盖。

（2）铁路罐车刷洗质量与检查验收

油品装车对铁路罐车刷洗有三种情况，即特洗、普洗和不需刷洗。特洗是指盛装航空汽油、航空煤油、军用柴油、芳烃或一类润滑油的容器。普洗是指盛装一般油料的容器。不需刷洗是指容器内无明显积水和杂质，允许保留残存底油或只需抽净残油即可装油的容器。

容器刷洗质量要求应符合 SH 0164—92 有关规定。

各炼油厂参照有关规定，结合本厂产品质量要求，对罐车刷洗都有具体规定，如某炼油厂对铁路罐车的刷洗就分普洗和特洗二种情况，现分述如下供参考。

普洗刷车要求：

① 车底原残存油种类、牌号与要装的油品相同，又无水杂，可不刷洗直接装油。

② 装汽油时，遇车底残存油是煤油或柴油必须抽净，是苯类油底，残油宽度不超过 1mm，无水杂可以装车。

③ 装煤油，遇车底残油是汽油或柴油必须抽净，是航空煤油车底，残油宽度不超过 300mm，无水杂可以装车。

④ 装 0 号、−10 号柴油，遇车底残存油是煤油或航空煤油，残存油宽度不超过 300mm，无水杂可以装车，但残存汽油必须抽净。

特洗刷车要求：

① 装航空煤油，罐车刷洗质量标准是"四无一试"。"四无"：无油垢、无纤维、无铁锈、无水杂。"一试"：目试或用白布擦拭，不呈现锈皮、锈渣及黑色，可呈淡黄色。

② 装苯类，罐车刷洗质量标准：普洗时与装 10 号军用柴油刷洗标准相同，特洗时与装航空煤油刷洗标准相同。

③ 特洗后，经检查合格的罐车，要盖好车盖，上紧螺栓并加铅封。遇雨天，拉出洗槽站的车应加盖塑料布。

④ 航空煤油槽车，循环使用不超过 5 次，每循环 5 次刷洗一遍。回空车应有回空车单，铅封完好，来源明确，车号无误。回空车只做一般清理车底，即可装油。

罐车涮洗前，必须先弄清楚装油品种，一般要经过"三级检查"，即自检、班长检查和专职质检员检查。普洗车大多由兼职质量检查员检查合格即可；特洗车还要经厂质检部门派人专门验收，合格后开具容器合格证，随车带往装油台。为了保证罐车刷洗质量，出站罐车执行"三不出站"规定，即未检查的车不出站，刷洗不合格的不出站，特洗车未开合格证，车盖不加铅封不出站。

2.3 铁路装卸油作业

2.3.1 铁路油罐车轻质油品装车作业

1. 准备阶段

接到来车装油预告后，应做如下准备：

（1）明确装油品种和装油数量；

（2）明确进车线路和计划装车鹤位；

（3）检查装油台情况，包括进车线路是否影响进车；装车鹤管是否影响进车；装车台渡梯是否全部收起，并扣牢；

（4）指挥罐车对好装车鹤位，开启禁止进车信号灯；

（5）抄好进站油罐车的车号、表号；

（6）放下栈桥渡梯，打开车盖；

（7）检查油罐车车况及罐车内情况是否符合可装车及装油品种要求；

（8）核对待装油油罐车的车号、表号，对不符合要求的罐车应将渡梯收起，并将不装油罐车车号从油罐车合格证中划掉；

（9）对同一条装车线上装不同油品的罐车，相邻两种油品的鹤位应挂油品品种牌；

（10）装好鹤管，夹好油罐车静电接地装置，关闭鹤管回流阀门，准备装车。

2. 实施阶段

装油实施阶段按照下列程序和要求进行。

（1）自流装油。准备工作就绪经检查无误后，对照待装油品的品种，开好相关流程的阀门，并通知相关岗位开阀装油。开始装油后要检查鹤管装油情况。

（2）油泵装油。准备工作就绪经检查无误后，对照待装油品的品种，开好相关流程的阀门，通知司泵开泵装油。开始装油后要检查鹤管装油情况。

3. 装油中检查及情况处理

（1）随时巡查管线、阀门、鹤管等设备有无异常，发现问题立即处理并及时汇报。

（2）注意监察罐车内油面上升情况，如发现油面不上升或有异常现象时，立即查找原因，及时处理。

（3）装油作业中遇雷雨、风暴天气，必须停止作业，并盖严油罐车车盖，必要时断开卸车流程。

4. 收尾阶段

（1）当油罐车内油面接近装油安全高度时，应关小进油鹤管阀门，到达安全高度后，及时关闭阀门，停止装油。

（2）停止装油的鹤管，应打开鹤管回流阀，避免闭压跑油。

（3）所有罐车装油结束并待罐内油面静止2分钟后，拆开(或移开)鹤管。

（4）待计量人员检尺、测温、取样后封好罐车盖，并上好铅封，卸下静电接地装置，收好栈桥渡梯。

（5）待计好罐车装油量，并经检查盈亏盘点正常后，关闭禁止进车信号灯。

2.3.2 铁路油罐车轻质油品卸车作业

1. 准备阶段

接到来车卸油预告后，应做如下准备：

（1）明确卸油品种和卸油车数；

（2）明确进车线路和计划卸车鹤位；

（3）检查装油台情况，包括进车线路是否影响进车；装车鹤管是否影响进车；装车台渡梯是否全部收起，并扣牢；

（4）指挥罐车对好卸车鹤位，开启禁止进车信号灯；

（5）抄好进站油罐车的车号；核对货运号、车号、车数；

（6）放下栈桥渡梯，检查铅封完好情况；

（7）检查油品有无被盗迹象；

（8）确认能否可以开始卸油；

（9）打开车盖，接好静电接地装置，接好卸油臂(卸油管)；

（10）改好卸油流程上的相关阀门。

2. 实施阶段

根据作业工艺主要分为：真空泵—离心泵—真空泵作业工艺；潜油泵—离心泵(管道

泵)—滑片泵(摆动转子泵、柱塞泵等)作业工艺两种,潜油泵作业工艺按照潜油泵不同可分为气动潜油泵、液动潜油泵和电动潜油泵卸油工艺。不同工艺的作业要求不同,但是基本作业流程不外乎灌泵—卸油—扫舱。泵的作业见第2篇第3章泵与压缩机。

(1)准备就绪经检查无误后,发出开泵卸油信号。

引油灌泵:司泵员通知卸油员启动潜油泵开始吸油,并将油液充满管道泵。

启动离心泵卸油:司泵员确定管道泵内充满油液后,启动离心泵,观察压力表、真空表示值达到规定要求,缓缓打开管道泵前出口阀门。油泵和电机在运转中,司泵员应检查填料函处和电机温度是否正常。如温度过高,立即停泵检查。

(2)开始卸油后,检查罐车内油下降情况。

(3)扫舱作业:卸油员将清槽软管插入槽车底部,打开扫舱阀门并通知司泵员。司泵员打开卸槽泵出口阀门,启动卸槽泵,缓缓打开滑片泵进口阀门,开始扫舱。在卸槽过程中,卸油员观察到流量减少时,应适当关小扫舱阀门开度。扫舱作业可在作业过程中分别进行或最后集中进行。

3. 卸油中检查及情况处理

(1)应随时检查鹤管(卸油臂)、阀门、及罐车内液面下降情况,出现异常情况应立即查明原因并及时处理和汇报。

(2)当油罐车换罐操作时,应待油罐车快卸完时适当关小鹤管(卸油臂)阀门、同时打开下一组待卸油罐车鹤管阀门,听到前组油罐车鹤管口发出进入空气的响声后,迅速关闭该鹤管阀门,全部打开下组油罐车鹤管阀门。

(3)卸油作业中遇雷雨、风暴天气,必须停止作业,并盖严油罐车车盖,必要时断开卸车流程。

(4)严格检查,严防跑、冒、滴、漏油品和其他事故发生。

4. 收尾阶段

(1)在最后一辆油罐车油品即将抽完时,发出停泵信号。

(2)确认停泵后,关闭流程上的阀门,卸开卸油鹤管(卸油臂)、拆除静电接地装置。

(3)清理好卸油现场,擦拭保养好各种设备。

(4)在相关岗位核算好收油量并接到可发车通知后,打上发车信号灯。

2.3.3 铁路油罐车润滑油装卸车作业

铁路油罐车润滑油(含锅炉燃料油)装卸车作业与轻质油品装卸车作业方法和要求基本相同。接卸来油时,加热罐车内油品,也分准备阶段、实施阶段、收尾阶段三步进行。但铁路油罐车润滑油(含锅炉燃料油)装卸车作业也有其不一样的地方。

(1)润滑油(含锅炉燃料油)装卸一般情况下需要加热,特别是寒冷地区在冬天须在加热后才能完成装卸作业。接卸来油时,先加热油罐车内油品,发出油品时先加热储罐内油品。润滑油(含锅炉燃料油)加热温度一般不应超过65℃。

(2)在严寒地区除了需加热外,还设有"暖库",进车时应把"暖库"大门打开,检查库内铁路线是否畅通。

(3)润滑油(含锅炉燃料油)装卸作业工艺流程分两部分,一是装卸油作业工艺流程,二是加热作业工艺流程。准备阶段和实施阶段应检查核对两部分工艺流程的阀门情况。

(4)加热实施阶段应注意检查漏气、漏水情况,严防蒸汽和水进入油品中。

(5)加热作业后,应排放干净系统中的水,特别是严寒地区,避免将加热工艺设置或管路冻坏。

2.3.4 铁路接卸油品过程中气阻的产生与消除

1. 铁路卸油管系气阻的产生

液体在一定温度和压力条件下会变成气体，并在液体内部形成气泡。气泡在不断吸收热量的过程中不断长大和破裂，产生了沸腾现象。铁路卸油系统在卸油作业过程中，当管路中某一点(特别是管路中的最高点)的剩余压力低于所卸油品的饱和蒸气压时，就会产生大量的气泡。当大量气泡积聚于管路中某处时，会阻碍甚至完全阻塞油品在管道内的流动，这就是气阻现象。气阻的存在，严重影响了卸油作业的正常进行。因此，在卸油作业中应想方设法避免产生或消除气阻。

在泵的吸入管路中，当管内某点的绝对压力低于该点液体在当时温度下的饱和蒸气压时，所输送液体会发生气化，从而形成"气袋"，造成断流，这种现象称为气阻。在夏季，从铁路油罐车卸汽油，常常发生这种现象。这种现象直接影响到卸油作业正常进行，因此，在油库设计、设备选型中应努力避免气阻，在日常作业中应设法克服气阻。

2. 气阻校核

离心泵吸入管路不产生气阻的条件，是在吸入管路任何位置的绝对压力均大于被输送液体的饱和蒸气压，即：

$$\frac{P_{sh}}{\rho g} > \frac{P_v}{\rho g} \tag{3-2-1}$$

式中　P_{sh}——某点的绝对压力，Pa；

　　　P_v——油品的饱和蒸气压，Pa；

　　　ρ——密度，kg/m³；

　　　g——重力加速度，m/s²。

在泵的吸入管路中，任意一点的绝对压力可以用下式计算：

$$\frac{P_{sh}}{\rho g} = \frac{P_a}{\rho g} - \frac{v^2}{2g} - \Delta z - h_w \tag{3-2-2}$$

式中　P_{sh}——油库所在地区的大气压力，Pa；

　　　ρ——所输送油品的密度，kg/m³；

　　　Δz——计算点与油罐车液面的标高差，计算点高于罐车液面时，Δz 为正值，反之为负值，m；

　　　v——计算点处管中油品流速，m/s；

　　　h_w——由鹤管进油口至计算点的阻力损失，m 液柱。

由上式看出，泵吸入管路中某点的绝对压力是大气压力减去高差、阻力损失和速度水头后的剩余能量，又称为剩余压力。

吸入管路中任一点的真空度 H_s 按下式计算：

$$H_s = \frac{P_a}{\rho g} - \frac{P_{sh}}{\rho g} = \Delta z + \frac{v^2}{2g} + h_w \tag{3-2-3}$$

为保证泵吸入管路正常工作，要求：

$$H_{sw} \leqslant H_{s允} \tag{3-2-4}$$

3. 消除气阻的方法

铁路接卸油品过程中产生的气阻通常可采取以下几种方法予以消除。

358

（1）低气压辅助卸油法

如果管道中油品的压力始终高于其饱和蒸汽压，且能满足卸油泵吸入系统的压力要求，则卸油时不会产生气阻。正常卸车时。油罐车液面与大气连通时，该压力为大气压。在夏季气温较高时，特别是在接卸温度较高的汽油等饱和蒸汽压较高的液体时就常常会发生气蚀现象。如果将油罐车口密封，往油罐车内通入压缩空气，则可提高油罐车液面上的压力。这种通过增大油罐车液面上的压力进行卸油的方法称为低气压辅助卸油法。

（2）冷却降温法

同种油品温度越低，则其饱和蒸汽压越小，因而可通过降低油品温度的办法来降低饱和蒸汽压值，也就降低或消除了产生气阻的可能性。如果现场水源充足，通过向油罐车喷淋水的方法来降低罐车内油品温度进行卸油的方法，这就是冷却降温卸油法。

（3）倒序分层卸油法

正常卸油时，是从下层油品开始，后卸上层油品的。然而，油罐车内油品的温度分布是上高下低。倒序卸油法就是反常规卸油，首先卸油罐车上层的较高温油品，而后卸油罐车下部的较低温度油品，这也可有效地避免卸油中后期出现的气阻现象。

（4）潜油泵辅助卸油法

潜油泵辅助卸油法的原理是利用潜油泵使吸入系统由负压变为正压，从而消除或减少卸油过程中发生气阻的条件。潜油泵可以是液动潜油泵、气动潜油泵和电动潜油泵，其工作原理相同，只是驱动的动力源不同。

（5）其他方法

一是自然降温法。通常白天气温较高，夜间气温较低，改白天卸油为夜间卸油也可有效地避免卸油时出现气阻现象。但这种卸油方法会延误卸油时间，耽搁油罐车的周转。二是减小鹤管中油品的流速，用以减小吸入系统的阻力损失。采用这种方法时，可通过关小泵的排出阀门，减小泵的流量来实现。三是减小鹤管进油口至产生气阻危险点管段阻力损失的办法，也可用减小鹤管流量来实现。

2.3.5 铁路油罐车装卸中的注意事项

为了防止发生差错或引发事故，在铁路油罐车装卸中必须注意以下事项：

（1）凡经检查合格的车辆（即油罐车），应详细登记车号、车型、容量计量表号，并经核对，防止记错。凡检查不合格的车辆，要做明显标记，并通知作业人员，以防装错。

（2）装卸前必须明确待作业油品的品种、牌号、质量和数量，正确选择输油流程。

（3）卸油时，必须根据发货通知，铁路货票，发贷文件及有关资料，认真核对车号、油品名称、规格、车数、发站、到站，确认无误码后，方可启封计量。

（4）启封开盖，待液面平稳后，进行逐车计量，核算数量，一切正确无误，并在接到油品质量合格后，方可开始卸车作业。

（5）当发生下列情况之一时，应立即停止装卸作业，同时要及时报告主管部门，采取措施，积极解决发生或正在发生的问题，不得无故积压油罐车，影响正常生产作业。

① 无到货通知或通知的车号、油品名称不符，或有车无票及有票无车等。

② 发现罐车内油品变色、变味、变质、有异状或对油品的品种有怀疑时。

③ 车体不完好，铅封不完整，或虽然完整，但非原发货单位所施铅封。

④ 送进空车的车体不完整，内部不洁净，有其他杂油、水杂等，不适合装载所装油品要求的。

⑤ 油罐车排油阀失灵，损坏或无帽口的，应拒绝装油。

⑥ 灌装汽油、煤油和轻柴油等易挥发油品时，灌油管应尽量插到油罐车底部。

⑦ 灌装汽油煤油和轻柴油等易挥发油品时，应控制油品装车速度不大于 4.5m/s。

2.3.6 铁路油罐车装卸中发生事故的原因及处理

成品油经泵在向铁路油罐车装油时，会产生静电。静电大小和装油流速、鹤管口位置高低、鹤管形状、鹤管材质等有关。喷溅装车，因喷溅，摩擦也会产生很高的静电电位，而浸没装车则产生较小静电。当静电电位足够高时，或静电电荷积聚到一定程度时就会发生放电，容易引起油气闪爆，造成事故。

1. 铁路油罐车的罐口火灾的扑救

铁路油罐车罐口火灾，一般形成稳定性燃烧，火焰呈火炬形，温度较高，对装卸油栈桥，鹤管及油罐车本身有威胁。

通常罐体无损坏，火焰仅在罐口部位，可采用石棉被覆盖住罐口，或利用油罐车盖使其关闭严密，空气和油蒸汽隔绝熄灭火焰。也可采用干粉灭火器向罐口射击，扑灭火焰。如果火焰较大，可采用数支直流水枪，从不同方向交叉射击组成水幕，将油气和空气隔开扑灭火灾。油罐车发生火灾后，应尽早对附近罐车及建筑物进行冷却保护，防止火灾扩大。

2. 铁路油罐车油品溢流火灾的扑救

油罐车冒车或脱轨倾倒发生火灾，由于随着油品流散，形成较大面积的复杂火灾。此时火焰辐射热较大，人很难接近火源，油品不断流散，对灭火人员也有一定威胁。因此应先将未燃烧有机车、油罐车与着火油罐车脱钩，离开安全地点，防止火势扩大。然后用砂土筑堤拦油，缩小燃烧范围，将流散液体火灾控制在一定范围内。同时冷却燃烧罐车和其邻近油罐车，防止油罐车进一步破坏。冷却同时组织泡沫或喷雾水流，先扑灭流散油品的火灾，再采用泡沫管枪，泡沫炮和喷雾水枪扑救油罐车火灾。

也可用喷雾水流、砂土等扑救地面火灾，但应有防止复燃措施。

第 3 章　公路发油工艺与操作

3.1　公路发油工艺流程

公路发油是油库发油的主要形式，特别是在内陆省市的大部分油库，公路发油往往是最主要的发油形式，是油库主要的业务作业场所之一，是油库与外界发生业务往来的主要地点。公路发油的特点是外来人员和车辆多，品种多，操作频繁，容易发生事故。为方便顾客，确保油库总体安全，公路发油区一般布置在油库出入口处。

3.1.1　公路发油工艺流程

公路发油工艺可分为泵发油和自流发油两类。泵发油工艺是从油罐到泵再到汽车油罐车或桶。自流发油工艺是从油罐到高架罐再到汽车油罐车或桶，也有的直接从油罐到油罐车或桶。

自流发油是利用高架罐或油罐与油罐车之间的高差来发油，是油品依靠自身势能从高处流到低处。它适用于山区或有适合高差的地方。优点是设备少，工艺简单，操作简单，能耗小，短时间内不受停电影响，油品流态稳定；缺点是发油速度慢，增设高架罐增加了油品输转，从而增加了油品损耗。目前，这种工艺由于自身的缺陷已逐步淘汰。

泵发油与自流发油的根本区别是动力源不同。泵发油是靠泵给油品提供能量，输送到油罐车或油桶内。它的优点是适应范围广，可实现密闭发油，减少油品损耗，实现油品专泵专用、专管专用，保证油品质量。缺点是设备多，耗能大，直接受电力供应情况影响，介质压力一定情况下不平稳，致使流量计工况发生一定变化。对于轻质油品，公路发油的泵发油工艺有可分为上装发油和下装发油两种。这一章重点介绍泵发油工艺与操作。

3.1.2　上装工艺流程

上装工艺流程是用上装鹤管给有上装口的油罐车加油工艺，见图 3-3-1。发油系统一般是由阀门、过滤器、泵、单向阀、消气器、球阀、流量计、电液阀、上装鹤管或加油枪、静电接地和防溢油系统组成。流量计常用的有容积式腰轮流量计和椭圆齿轮流量计，也有速度式流量计。目前油库中用得最多的是腰轮流量计，这种计量精度较高，可直接显示，也可通过发讯头向控制机传输数据。涡轮流量计由于对液体流态要求较高，安装工艺要求苛刻，使用环境受到一定限制。

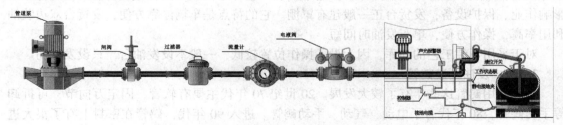

图 3-3-1　轻油上装工艺流程图

3.1.3　下装工艺流程

下装工艺基本与上装工艺相同，由进口阀、过滤器、泵、单向阀、出口阀、消气器、球阀、流量计、电液阀、下装鹤管、静电接地和防溢油系统组成。与上装的主要差别是上装鹤管改为下装快速接头。下装快速接头一般安装在车辆前进方向的右侧底部,发油时与下装鹤管接口联接并打开油罐车阀门后即可发油,见如 3-3-2。与下装发油配套的发油台只能单侧使用。下装发油可一泵一管,也可一泵多管。目前的下装改造有一泵三管工艺,即一台泵对应三个下装鹤管,可以同时给三辆车加油。由于一泵三管的形式发货流量存在变数,考虑到节能降耗,一般都在电机控制部分加装变频器。

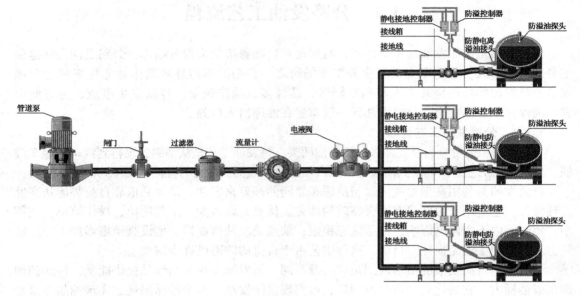

图 3-3-2 轻油下装工艺流程图

3.2 公路发油的设备设施

3.2.1 发油台

发油台是采用上装工艺的情况下,为了改善操作人员的工作条件,提高工作效率,加快发油速度而设的一种建构筑形式。发油台按通过形式可分为通过式和倒车式。通过式方便且安全,是目前最主要和首选的形式。通过式发油台按建筑形式可分为:亭式、站台式(侧停)式、栈桥式。目前栈桥式是采用比较多的一种形式,一般为两层,输油管道、阀门与机泵等安装在下层,上层为发油操作台,通常安装一些计量仪表和鹤管等设备。为了防止风雨影响作业、保护设备,发货台正一般建有罩棚。它的特点是车辆停靠方便,发货台双边装油利用率高,操作方便,单车发油时间短。

对于采用下装工艺的油库,因为设备操作位置较低,一般不设发油台,只设发油岛。

3.2.2 发油上装鹤管

装卸油用鹤管这些年有了较大发展。20 世纪 70 年代主要有软管、固定万向节、可拆卸等手动鹤管,80 年代有了电动、气动、手动鹤管。进入 90 年代,鹤管在密封上有了很大进步。对于公路发油鹤管,目前常用的是手动、气动和液动装油鹤管。气动和液动一般仍采用半自动,即只能上下升降,水平方向移动仍需人工,见图 3-3-3。由于这几年环境保护要求越来越高,在气动和液动升降的基础上又出现了一种用于油气回收的同心套管式上装鹤管。这种鹤管与普通鹤管最主要区别是在鹤管垂管部分增加了一层套管,即由内层管向车内灌装油品,从套管中回气,送到油气回收装置。这种鹤管使用还必须有与油罐车罐口密封的装置，目前主要使用的是锥形橡胶塞和橡胶充气囊式密封，见图3-3-4。最近又有一种垂直伸缩平衡气囊式的密封装置，对于油罐车罐口不同规格的适应能力要有所提高。

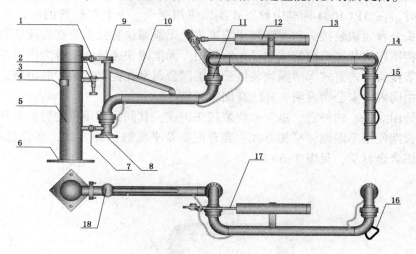

图 3-3-3 轻油付油上装鹤管

1—紧固螺栓；2—立柱；3—内臂锁定板；4—内臂锁定装置；5—铭牌；6—机座；7—紧固螺栓；
8—气相出口法兰：HG20592 PL80-1.6；9—液相入口法兰：HG20592 PL100-1.6；10—内臂；11—角度调整架；
12—弹簧缸；13—外臂；14—密封帽；15—垂管；16—操作手柄；17—汽缸 QGB Ⅱ 80×400；18—复位挂钩；

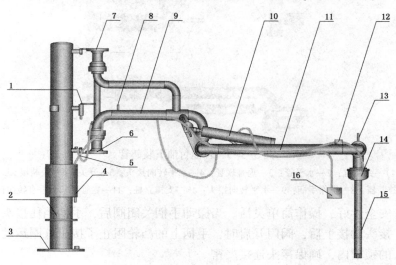

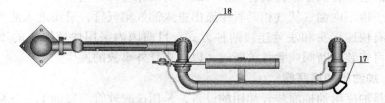

图 3-3-4 轻油付油油气回收上装鹤管

1—内臂锁定装置；2—立柱；3—机座；4—气源控制箱；5—静电导线；6—液相入口法兰；
7—气相出口法兰：HG20592 PL80-1.6；8—排空阀门；9—内臂；10—弹簧缸；11—外臂；12—密封帽气源开关；
13—液位报警装置；14—密封帽；15—垂管；16—气动操作盒；17—操作手柄；18—垂直转向接头

3.2.3 发油下装鹤管(输油臂)

下装车鹤管或输油臂技术是20世纪60年代美国率先提出的,70年代美国开始实施油气回收治理时,在API 1004标准中被正式实施应用至今。下装车鹤管的关键技术是快装接头,快装接头分普通快装接头和无泄漏快装接头。无泄漏快装接头是在普通快装接头上设置一个油泵,将留在快装接头内的残油泵入鹤管内。无泄漏快速接头又分为内置泵式和外置泵式无泄漏快装接头,内置式无泄漏快装接头由美国公司率先提出发明专利申请,外置式无泄漏快装接头由国内一家公司发明,并已获国家专利。

下装鹤管由立柱、内外臂、垂管和快装接头组成,其间采用承重旋转接头和金属转管连接,可保证长期使用不泄漏,平衡方式主要有配重及平衡缸两种方式。垂管是不锈钢软管,快装接头是铝合金材质,见图3-3-5。

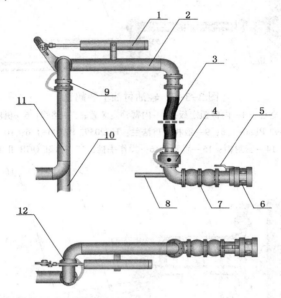

图 3-3-5 轻油付油下装鹤管

1—弹簧缸;2—水平管;3—垂直软管;4—水平转向接头;5—开关;6—快装接头;

7—拉断器;8—操作手柄;9—水平转向接头;10—支撑立柱;11—立管;12—垂直转向接头;

下装鹤管安全性好,操作简单灵活。当搬动手柄关闭阀后,手柄挡住接头外圈,阀被自锁。装车时,接头对接上后,阀门开启时,手柄上的凸轮阻止了接头外圈运动,从而使锁块牢牢卡在接头的锁槽内,确保接头连接严密。

下装车鹤管是将两个单管鹤管分别与罐车的液相管口和气相管口相连接,油品从液相鹤管进入罐车,罐车内油气从气相鹤管中流出进入油气集气管,进而进入油气回收装置。鹤管与罐车接口有快速接头和法兰连接两种方式,目前国内采用快速接头的较多。为了保证安全,鹤管上可安装拉断阀或紧急关断阀,以防止意外事故的发生。

3.2.4 加油枪和旋塞阀

加油枪是油库给油桶灌装轻油用的设备,是用橡胶软管与发油工艺管系相连与油桶进行灌装。一般用铝合金材料制作,装有自封装置。

旋塞阀也叫夸克,它是塞子绕其轴线旋转从而达到开闭通道的目的。旋塞阀种类很多,其构造简单。主要由阀体、塞子、填料、压盖和阀杆组成。油库中一般应用在收发油比较频繁，且管径不大的场合，如发油台的发油枪前。

3.2.5 上装鹤管的使用和维护保养

（1）牵引鹤管时要用力均匀，避免撞击，动作不要超过鹤管的水平及垂直限位；

（2）鹤管不要强行用力下拉或上推，防止弹簧、气、液动部件及连接部件受损；

（3）用完鹤管要及时复位；

（4）鹤管表面要保持清洁，发现碰撞产生的毛刺时要及时打磨毛刺，以免发生尖端放电或人体受伤；

（5）回转器要定期(3个月)加注黄油；

（6）检查回转器密封圈状态，发现渗漏及时更换；

3.2.6 下装鹤管的使用和维护保养

（1）下装接口连接和分离操作要均匀用力，旋转接口时要到位，插接不可用力过猛，以免损伤接口；

（2）牵引鹤管时要用力均匀，避免撞击，动作不要超过鹤管的水平及垂直限位；

（3）鹤管不要强行用力下拉或上推，防止弹簧、气、液动部件及连接部件受损；

（4）用完鹤管要及时复位；

（5）保持密封面清洁，发现脏物要及时清理；

（6）回转器要定期(3个月)加注黄油。

3.2.7 电子签封

1. 电子签封概念

签封又称之为封签，是一种防伪和防止作弊的传统装置，通常用纸质、塑料、金属等材料制作。一种用金属铅制作的签封通常称之为铅封，其历史悠久、应用广泛、使用简便。其缺点是结构及施封简单，容易复制，防伪性能很差，无法从根本上解决被仿冒或被同样品种签封替换的问题，同样品种的封签易从内部管理人员、生产厂家或市场上获得，也比较容易采用一般工艺手段仿制，管理起来十分困难。

电子签封是一种专用集成电路，它采用专利封装结构、内含数码IC芯片，是目前广为应用的IC卡芯片中的一种，它的每个IC芯片的数字编码(ID)均不相同。当封口线穿过电子签封异形的外引脚施封后，能与之紧密结合为一体，除非破坏外引脚或切断封口线才能启封。电子签封以读取ID码方式分为两大类型，一类为接触式，一类为非接触式(RFID)，前者采用电接触方式读取ID码，后者为非接触感应方式读取ID码，各具特色，可根据应用领域及要求的不同选用。

2. 电子签封技术特点

数字化：全球唯一的电子序列号（ID），不可更改，只能通过专用电脑装置自动读取。

智能化：结合电脑系统可建立和自动查询与ID码相对应的用户记录(档案)，也可将必要的用户信息保存在电子签封中，可通过有线或无线网络传输核对信息。

复用化：可多次回收，无需再加工即可重复使用，每施封一次仅消耗掉电子签封上的1~2个压接端子，大大地降低了应用成本。

适应性：小、薄、轻、全密封、防尘、防水、耐气候性良好、抗震动、人为破坏易鉴别、施封方便。

3. 电子签封在石油化工物流领域的应用

电子签封在石油化工物流领域中主要应用油罐汽车运输。在油罐车运输过程中，管理者需要监控的重点是油罐车的卸油口。通过用电子签封监控卸油口阀门，即可实现危险品运输的实时监控，预防人为事故的发生，防止偷盗事件的发生，并提高车辆调配的合理性，提高管理水平和车辆使用效率。

用射频识别技术的电子签封，分别固定在油罐车的油帽和油口上，通过这两者间的通讯来对油口情况的监控；在操作流程上：它与传统的机械签封操作完全相同，只需一张小小的IC卡就能完成施封和复位的操作；在工作监管上：利用电子签封实时发射的签封的状态信息来对油罐车油口的监控，在车头配制接收设备（可以与GPS联动），油口的一举一动，都在电子签封的监管之下，并可通过后台显示出来。

4. 石化物流企业电子签封系统构架

油罐汽车GPS与电子铅封监管系统，主要由全球卫星定位系统和电子铅封系统构成，通过公众网以GPRS或CDMA方式实时传递油罐汽车运行状况和进/出油口开关状态信息。全球卫星定位系统以互联网为骨架，将监控中心、远程监控终端、数据服务器、无线移动通讯网、GPS车载终端有机地结合在一起，以互联网服务器为核心实现分布式多级监控。如图3-3-6所示。

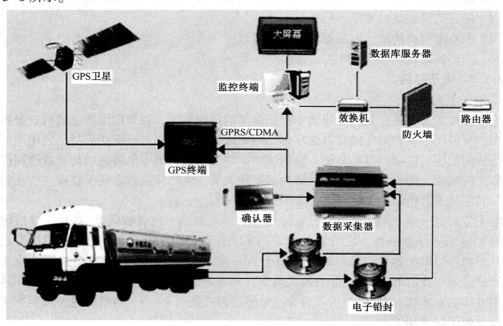

图3-3-6 成品油运输电子签封使用示意图

3.2.8 汽车油罐车的种类

油罐车是石油化工企业公路运输的主要工具，由车体、罐体和附属设备组成。油罐车的分类方法较多。按车体结构分为单体和挂车油罐车；按装油口位置可分为上装和下装油罐车；按有无油泵分为带泵和无泵油罐车；按有无计量表分为无计量表、单计数、双计数和税控加油机油罐车；按罐体结构可分为单舱、双舱和多舱油罐车；按罐体容积大小分为大容量和小容量油罐车。

3.2.9 防溢油防静电装置的使用方法

防溢油控头的作用是在油罐车在灌装油品时超过一定量后自动停泵，以防止油品跑冒。在与上装鹤管配套使用时要注意把探头放到适当的高度，如果离液面高，起不到安全作用，如太低又会提前停止发货，影响正常作业。如图 3-3-7 所示。

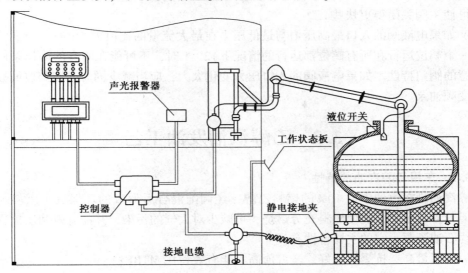

图 3-3-7　上装防溢油探头使用示意图

下装防溢油与防静电连接点安装在同一个接头上，一次连接，两个功能同时工作，如图3-3-8 所示。

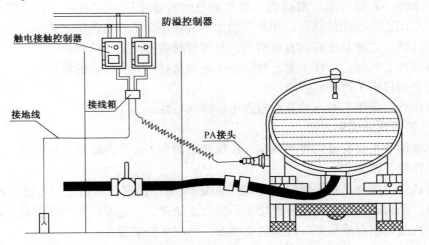

图 3-3-8　下装防溢油探头使用示意图

3.2.10　电液阀的使用

使用电液阀，系统进行最初调试时，要按下列步骤进行，以确保电液阀稳定正常工作。

（1）首先主阀活塞上腔内的空气必须泄放掉，否则，阀门可能会工作不稳定或灵敏度降低。阀门安装在水平管线上，通常完成几个全过程的开关，空气便可自动地从活塞上腔中排出。

（2）确认控制仪中的流量上限是否合适，以保护流量计流量不过速及避免电液阀不间断的调节动作(调节流量)。

（3）在给电磁阀供电，使主阀打开之前，检查手动截至阀是否关严，以防止阀门失控。

（4）做一个正常的暂停关断，观察阀门在多级关断过程中的关闭速度和流量稳定性。

（5）如果主阀多级关断的速度和流量稳定性可以接受，进行下一步。如果不可接受，调节上游液压回路中的柱塞阀(减小开度可使主阀慢慢关闭并获得更好的流量稳定性，或增加开度，可使主阀关闭得更快些)。

（6）如果电液阀的入口最高压力与最低压力在最大流量的比值大于(如一个泵供几个鹤位，在一个鹤位运行和所有鹤位都运行的情况下)2：1时，不可能在所有的操作条件下，都获得满意的阀门特性。如果电液阀的入口压力变化太大，应当减少同时灌装鹤位的数量，或者使用变频油泵。

3.3　乙醇汽油发油工艺

3.3.1　车用乙醇汽油的特性

乙醇汽油是在汽油中加 10%的燃料乙醇，经调配混合后形成的环保汽车燃料。乙醇热量低，但其含氧量高，能使燃料充分燃烧，可减少对大气的污染，并能有效利用植物燃料资源和节约石油资源。它的主要特性有：

（1）含氧量高、抗爆性能好、辛烷值高，能有效替代 MTBE；

（2）降低有害气体的排放；

（3）燃烧充分、减少积碳；

（4）优良的有机溶剂；

（5）亲水性。乙醇与水互溶且当乙醇汽油总水含量超过一定值时，会导致乙醇汽油分层。所以对车用乙醇汽油的储存、卸车、加油等过程规定了严格的防水措施；

（6）溶涨性。乙醇是很好的有机溶剂，对橡胶材料有一定的溶涨性；

（7）腐蚀性。乙醇总存在少量乙酸，对一些金属材料具有一定的腐蚀性，对乙醇汽油环境下的材料选用提出了严格的要求；

（8）清洗性。车用乙醇汽油具有较强溶解清洗特性。

3.3.2　乙醇汽油调和方案

乙醇汽油调和主要有罐式管道调和、在线管道调和、罐车调配等三种方案，目前主要推广使用的是在线管道调和。

（1）罐式管道调和是指将燃料乙醇和汽油按 1：9 比例混合后输送到乙醇汽油罐中，然后对外发付。采用罐式管道调和需要建立乙醇汽油储罐，占地面积大，投资大，设备利用率低，且乙醇汽油长期存放与空气接触机会增多，易产生分层现象。

（2）在线管道调和是指将燃料乙醇和汽油按 1：9 比例分别通过各自的管线汇集到汇管后进行管道混合，再经鹤管发油至油罐汽车，送到加油站。其特点是边调和边装车、流程简单，不需要乙醇汽油储罐，减少了乙醇汽油与空气接触的机会，并节省占地，所以一般选择在线管道调和方式。

（3）罐车调配是将二者分别灌入罐车。罐车调配投资省，可充分利用原有设施，但有可能混合不均匀，影响油品质量。

由于乙醇汽油在线管道调和兼顾了投资和调和品质，具有明显优势，所以目前所建成的乙醇汽油调和系统一般采用这种方式。

3.3.3　在线管道调和

1. 调和工艺

把燃料乙醇通过火车罐车运至各调配中心，卸入燃料乙醇储罐，再经调配付油装置分别与相应标号组分汽油按 1∶9(V/V)比例混合后，制成 E10 乙醇汽油 90 号、E10 乙醇汽油 93 号、E10 乙醇汽油 97 号，直接计量装入汽车罐车，送往各加油站。调配付油装置通过对泵阀的控制，即可付乙醇汽油。如图 3-3-9 所示。

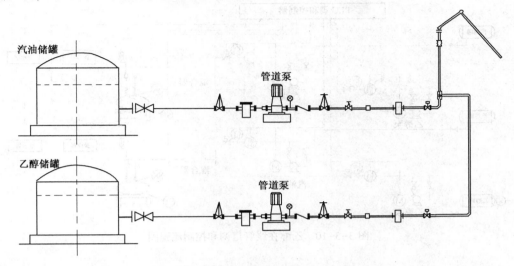

图 3-3-9　乙醇在线管道调和工艺流程图

2. 乙醇混合汽油设备

管道离心泵：要求运行平稳，噪音较小，效率高，输出流量、压力可调。

阀门：闸阀、硬密封蝶阀、将军阀、无导流、孔闸阀和其他阀门。

过滤器：滤网的孔径(目)的大小要求，离心泵前的要 20~30 目，流量计前的一般选用 40~60 目。

电液阀：起自动控制作用。

流量计：计量乙醇和汽油流量，使两者流量匹配。

混合器：与发油鹤管连接。

3. 在线管道调和控制流程

乙醇混合汽油是由乙醇和汽油在油库发油时通过混合器按设定的比例调和混合以后产生的燃料，在混合过程中按要求的比例控制两种燃料的动态混合比例。理想情况下，在发油过程中任何时候都应按设定的比例进行混合直至发油结束，但往往由于一次仪表流量计和阀及控制机之间的控制配合问题，在开始发油和快结束发油时有所偏差，因此要求通过调整控制流程，达到精确配合的目的。如图 3-3-10 所示。

4. 在线控制系统的组成

通常系统由乙醇汽油定量付油控制机和 IC 卡操作编码器作为系统的主要控制机，定量付油控制机内部有两套控制主机，分别独立控制乙醇和汽油的仪表，IC 卡操作器统一控制两套控制主机按设定的应发量进行发油，货位上的流量计、温度变送器、电液阀分别安装在乙醇和汽油的工艺管道上，独立对乙醇和汽油进行计量和控制。

由于乙醇和汽油的混合比例为 1∶9，所以发油时如果要保持混合比例的动态平衡，就必须随时按设定的比例进行发料，也就是发 9 份汽油的同时应发 1 份乙醇。发油控制机必须按照混合油的应发量自动对每一段发料过程中应发的汽油和乙醇量进行控制。

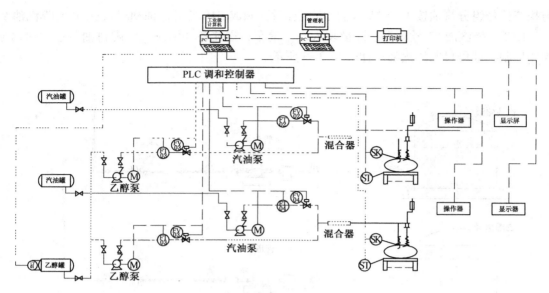

图 3-3-10　乙醇在线管道调和控制流程图

3.4　公路自动发油系统

公路自动发油系统一般由验卡开票微机、控制微机或 PLC、数据远传设备、数据（信号）线、发油台操作面板或其他形式的控制设备组成。微机控制发油系统应具有溢油及静电接地联锁及报警、现场急停以及灌装流速的调节和温度补偿、故障自诊断功能。整个系统可同时控制 10 路以上同时发油。协同控制的现场设备主要包括油泵、流量计、温度计、分段式电液阀、防静电与防溢油联锁装置、现场外部显示器等构成。另外系统中还需要发油控制软件和验卡开票软件。

3.4.1　自动发油系统原理和要求

1. 发油系统原理

公路发油普遍采用了自动控制技术。目前公路发油自动控制系统种类很多，厂家众多，但其主要构成、原理及功能大同小异。

基本原理是通过发油现场的仪表把实时油品体积流量、油罐车接地电阻（防静电联锁装置）、液位报警状态（防溢油探头）等参数传送到控制机，控制机根据采集到的信息，综合预置的油品密度、应发油品体积总量对灌装执行设备进行控制。

2. 系统功能要求

微机控制发油系统采用集中式（PLC）微机发油系统或集散式微机发油系统，系统功能应满足以下要求：

（1）符合防爆要求。

（2）可设定付油量、显示设定量、显示装车量。

（3）在线计算油品流速，可以两段或多段方式关阀，并具有自动修正关阀时刻功能。

（4）具有泵与阀门的时序控制功能。

（5）具有静电接地、溢油检测的联锁控制功能。

（6）具有急停和自动手动转换功能。

（7）具有温度补偿功能。

（8）具有联网通讯功能。

（9）系统具有自诊断功能。

（10）自动生成符合"ERP"要求的业务数据和报表。

（11）具有（或预留）IC卡发油功能。

（12）系统的准确度应符合国家及行业标准。

（13）系统应设置密码和操作员口令。

3. 发油控制机功能技术实现的方法

发油控制现一般采用集散式方法实现。集散式通常在每个发油货位采用独立的控制机和操作器，通过总线把各个货位的控制机和操作器连接到上位计算机上，上位计算机通常采用PC机，完成发油交易的认证，参数的设置，各货位工作状态的巡检，发货数据的统计管理等发货管理工作。发货量的控制主要由操作器和控制机完成，所以，每个货位采用独立的控制机。

采用集散式发油，由于每个货位的控制机用总线方式连接，所以从货位到上位计算机的连线少，布线和维护工作量小，采用集中式方法，通常控制机由PLC组成并且安置在换票机房等安全区域，从仪表到控制机要布大量的仪表线路，布线和维护都较复杂。

3.4.2 自动发油系统维护

自动发油系统涉及的设备多，一点发生故障可能导致整个系统无法运行，所以系统维护非常重要。

（1）对微机和常用外设的保养。主要包括主机、打印机、显示器、UPS、线路等。要注意检查电源电压是否在允许范围，一般在210~230V之间，保证设备运转。

加强安全管理。做好数据备份，防止因系统故障丢失信息。加强验卡室进出管理和进入系统的密码管理，防止信息被窃。做好防计算机病毒工作，及时更新防病毒程序。

（2）及时保养过滤器。过滤器要定期清洗，更换滤网疏密适度。滤网特殊情况要提高更换频率，在有施工或其他可能带入异物的情况，应立即清洗，避免击穿滤网，影响流量计和电液阀的工作。

（3）操作面板和电液阀。操作面板因操作频繁容易出问题，电液阀也因密封件老化容易造成关不严等问题，所以要备好备件，以备需要。

（4）信息传递设备检查。信息传递中最容易出问题的是流量计发讯头，所以要经常观察系统工作状况。经常检查信号线路接头是否连接牢固。

（5）强制检定设备的检定。流量计做为数量交接的惟一合法计量器具，要按照规定定期检定，以保证系统的准确性。

3.4.3 自动发油系统故障判断

（1）验卡开票故障。常见的是软件系统工作不稳定，解决的办法是重新开机。如果重新开机进入不了操作系统，应检查计算机软驱、光驱、USB是否有存储设备，如果有取出即可。重新开机仍不能工作的，要考虑计算机病毒，用适当的软件查杀。如果查杀仍不起作用，应在备份好数据的情况下重新安装验卡开票软件或操作系统。

（2）打印机不工作。连线不牢：一般开票用针式打印机，先看电源，再看打印机数据线，插牢即可。卡纸：打工机盖，用手直接拿出纸张或旋转进纸手轮即可。打印机设置不对：其他方法试过后仍不工作，要考虑是打印机设置问题，有时病毒或一些植入计算机的程序能改变打印设置。

（3）发油量不准。要先考虑流量计准不准，先比对流量计直接显示量和验卡开票量是否一致，两者都一致，应该是控制部分，需要过冲量调节，或检查电液阀是否正常，排除后要考虑调整仪表系数。如果流量计显示与验卡开票量不一致，一般是流量计发讯头故障，需要紧固或更换。系统其他部分检查没有问题，要考虑油罐液位是否太低，管线中是否有气体，如果是需要排气解除故障。

（4）控制机与发油台通讯受阻。控制机(下位机)长时间工作有时不稳定，重新开机可解决问题。操作后仍不正常，检查控制线与控制机连接部位是否松动，发货台数据线连接状况。

这些只是常见故障的判断和排除，具体故障判定还要综合设备本身、使用情况、影响作用的情况综合考虑，如雷击对系统的影响等。

3.5 公路发油作业

公路发油的特点是外来人员和车辆多，品种多，单车发油数量差异大，操作频繁，容易出错，容易发生事故。所以公路发油操作是非常重要的。

3.5.1 公路发油操作

1. 发油操作程序

（1）汽车罐车入库检查。检查包括证件、防火罩、静电端子、灭火器、着装、通讯工具等是否符合规定。

（2）装车前的核对。票据字迹清楚、数量准确、印章清晰；核对提货单上的油品规格、数量；核对提油容器是否足够；输入密码，检验车号、票号、吨数；填写发货登记。严禁无票和过期票付油，对不合格票据或假票要及时汇报。

（3）装车前的准备。车辆停稳后，检查罐车是否合格；接好静电接地线，并检查接触是否良好；打开装车鹤管排气阀，放下鹤管插入距罐车底部不大于200mm，非内置溢油探头要放在罐口规定高度。关闭排气阀，打开装车闸阀，包括回流阀、密闭装车系统中的排空阀或油气回收装置中的阀门等。

（4）发油及监控。

① 手动发油(管道泵发油)：联系泵房开泵或按发油台防爆启动按钮；缓慢打开球阀装车；发油流速的控制：发油的初速、最高流速和即将结束时流速控制。发油的初速不超过1m/s、最高流速不超过4.5m/s、即将结束时缓慢关小球阀。

② 自动发油(管道泵发油)：自动系统可直接按启动按钮。

（5）监控。检查鹤管、阀门、管线连接等是否泄漏；检查车体及底阀是否泄漏；检查管线的压力是否正常；检查罐车的装料量；按额定装量和提货量控制充装量；检查作业现场安全；出现异常情况及时处理。

（6）收尾工作。关阀停泵或联系泵房停泵；打开排气阀，缓慢抽取鹤管。封好罐车口盖，静置2min后，撤除静电线，收整设备；检查设备有无泄漏，罐车、地面有无余油。量油高复核油品数量、打铅封填写数质量交接单，与司机双方确认，验收签字；通知司机将罐车驶出；做好装车记录。

2. 发油注意事项

（1）严禁没有有效连接静电接地线和防溢油装置的情况下，进行装车作业。

（2）严禁不按规定对装完油品后油罐车加设铅封；

（3）严禁验卡或发货人员等擅自更改控制机设置的参数；

（4）遇有高强闪电、雷击频繁及其他意外情况时，应停止发油作业；

（5）严禁手续不全进行发油作业；

（6）严禁在发油作业现场维修车辆。

3.5.2 事故的原因及处理

3.5.2.1 汽车罐车底阀跑油的原因及处理

原因：(1)灌装前未关闭底阀；(2)底阀未关严；(3)底阀关不严；(4)底阀破损；(5)人为破坏。

处理方法：(1)停止作业，关闭阀门、切断电源并上报；(2)如果是底阀未关或未关严，立即关闭底阀；(3)如果是底阀关不严泄漏，处理后再进行充装作业；(4)如底阀处理不好，需封堵阀门，不能再进行充装作业；(5)检测作业现场的油气浓度；(6)回收、封堵现场油品；(7)跑油较多时，立即启动应急预案。

3.5.2.2 汽车装车管线跑油的原因及处理

原因：(1)误操作造成憋压；(2)管线腐蚀严重；(3)管线压力超过使用规定；(4)装油管线连接不牢；(5)管线法兰损坏或阀门损坏；(6)装车时监护人离开现场；(7)装车时未压紧鹤管。

处理：(1)停止作业，关闭阀门、切断电源并上报；(2)属管线法兰损坏或阀门损坏，停止发油，扫线合格后进行更换；(3)如条件不允许，联系专业检修人员带压堵漏；(4)属管线腐蚀穿孔或破裂，应吹扫净管线存油，加好开口盲板，再用蒸汽吹扫，补焊或更换管线；装车时未压紧鹤管跑油，应压紧鹤管，检测作业现场的油气浓度；(5)回收、封堵现场油品；(6)跑油较多时，立即启动应急预案。

3.5.2.3 汽车装车管线串油的原因及处理

原因：(1)操作人员责任心不强，改错流程，开错阀门；(2)流程改动，漏关变通阀；(3)漏关膨胀阀(消压阀)；(4)装车管线阀门内漏。

处理：(1)汽车装车串油，应立即查明原因，关闭串油阀；(2)将串油情况报告车间及上级部门；(3)停止装车，待罐车、管线取样，分析化验结果出来后，再进行处理；(4)罐车、管线取样，分析合格可继续装车；(5)罐车、管线取样，分析不合格，已装罐车油料报上级部门处理，管线需用合格成品油置换干净管线，才能装车。

3.5.2.4 汽车罐车装车冒顶的原因及处理

原因：(1)装车过程中，装车监护人离开现场；(2)装车监护人责任心不强，不注意检查；(3)装车油量掌握不准；装车速度过快；(4)定量自动装汽车罐车仪表失灵。

处理：(1)应立即关闭鹤管阀门，停泵关阀，切断总电源，停止所有作业；(2)向主管部门汇报；(3)及时组织人员进行现场警戒，疏散现场人员，推出发油台区域车辆，制止其他车辆和人员进入发油台；在溢油处的上风向，布置消防器材；对现场已跑冒油品用土等围住，并进行必要的回收，禁止用铁制品等易产生火花的器具作回收操作；回收后用沙土覆盖残留油品，待充分吸收残油后将沙土清除干净；将该罐车内的超装油品用胶管引流到低位卧罐或装桶；计算跑冒油损失，做好记录台帐；检查确认无其他隐患后，继续作业。

3.5.2.5 汽车装卸系统管线法兰垫片损坏原因及处理

原因：(1)垫片老化或断裂；(2)装卸系统管线憋压；(3)垫片选用不当；(4)垫片装配不当，受力不匀；(5)使用压力超过设计压力。

处理：(1)停止装卸作业；(2)将装卸系统管线法兰垫片损坏情况报告相关管理人员；(3)吹扫净管线存油；(4)更换垫片。

3.5.2.6 装车超量的原因及处理

原因：(1)责任心不强，不注意检查；(2)装车时人离开岗位；(3)装车油量掌握不准；(4)定量自动装罐车仪表失灵。

处理：(1)若发现装车超量，立即关闭鹤管阀门，停泵关阀；(2)将该车内的超装油品用胶管引流到回收油罐或装桶。如果无法准确计量多余油品量，可完全回罐，在发油控制系统做付油取消，重新发油；(3)处理事故时，按规定戴好防护面具和服装。

第4章 水路装卸油工艺与操作

油品进出油库的方式有四种方式，即公路、铁路、水路和管输。本章主要介绍码头的基础知识以及油码头装卸油的主要设备、工艺流程及其操作。

4.1 码头基础知识

4.1.1 码头的分类

石油码头是装卸原油及成品油的专业性码头。它距普通货(客)码头和其他固定建筑物要有一定的防火安全距离。这类码头的一般特点是货物载荷小，装卸设备比较简单，在油船不大时(如内河系统)，一般轻便型式的码头都可适应。

由于近代海上油轮巨型化，根据油轮抗御风浪能力大、吃水深的特点，对码头泊稳条件要求不高。目前有四种装卸原油的深水码头(或设施)，即：单点系泊、多点系泊、岛式码头和栈桥式码头。前三种一般没有防风浪建筑物，最后一种是否设防风浪建筑物，要视布置形式和当地条件而定。

4.1.2 码头的分级

码头按设计船型的载重吨分级，并应按表3-4-1确定。

表3-4-1 码头分级

等级	海港(船舶吨级)(DWT)	河港(船舶吨级)(DWT)
一级	$DWT \geqslant 20000$	$DWT \geqslant 5000$
二级	$5000 \leqslant DWT < 20000$	$1000 \leqslant DWT < 5000$
三级	$DWT < 5000$	$DWT < 1000$

4.1.3 常见的油码头

油码头是供水运油船装卸油品及停泊用的油库专用码头。根据油库所在的地理环境及船舶的性能不同，有以下几种类型。

4.1.3.1 近岸式固定码头

图3-4-1为沿海装卸油码头的一种。这种码头一般是利用自然地形顺海岸建筑。它的特点是整体性好，结构坚固耐用，施工作业较简单。其缺点是港区内风浪较大时，不利于油船停靠作业，也不适合水位落差较大的内河修建。但在内陆中小型河流及湖泊中，因泥沙淤

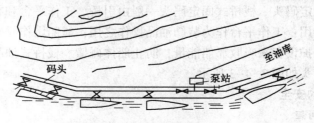

图3-4-1 近岸式固定码头

积少，又便于疏浚；水位落差小，河面较窄，河水流量小，又无大的风潮，再加上运输船只也较小等原因，码头均以沿岸式码头为主，装卸油码头也不例外。这种码头较为简单，只要用石块砌筑或水泥浇注一段防护堤，防堤堤面与地面相平，即可用作卸油码头。

4.1.3.2 近岸式浮码头

近岸式浮码头，见图3-4-2所示，它是靠近海岸或河岸修建的码头，由趸船、趸船锚系和支撑设施、引桥、护岸设施、浮动泵站及输油管等组成。浮码头的特点是趸船能随水位涨落升降，船舶可任何水位停靠，这种形式在沿海及内陆大江河中得到了广泛的应用。

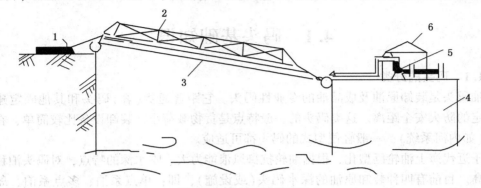

图 3-4-2　近岸式浮码头

1—胶管；2—引桥；3—规定钢管；4—趸船；5—泵；6—泵房

趸船是无动力装置的平底匣形的非自航船，通常固定在岸边、码头，作为船泊停靠的"浮码头"，供装卸货物及旅客上下船用。趸船有钢质、钢筋混凝土、钢丝网水泥趸船和木质趸船等结构的趸船。用于装卸油品的趸船一般使用钢质结构的趸船。趸船的长度是根据停靠船只的长度以及水域条件的好坏来定的，一般情况下，趸船长度与油船长度之比为0.7～0.8。如果水域条件好，趸船可小些；如果水域条件差，趸船则可大些。

锚系亦称锚设备，是船舶在抛锚停泊时所用的装置和机械的总称。它是由锚、锚索、掣动和固定装置、锚链筒、锚机、锚唇等组成的一个系统。其性能和特性是由其在船上的布置，锚的数量和重量及锚索的长度和直径，以及锚机的型式，锚链筒的结构所决定的。

引桥可分为单跨引桥、多跨引桥和活动引桥。引桥一般采用钢结构，用作行人时宽度不应小于2m。单跨引桥，适用于水位差不大，岸坡较陡的港区，若岸坡平缓，则需加筑固定引桥。多跨引桥浮码头，引桥由几个可升降的活动桥段组成，提升或下降通过升降装置进行，适用于岸坡平缓，水位差较大的区域。活动引桥，有专用的连接和锚系设备，增加机动性能。

4.1.3.3 栈桥式固定码头

由于近岸式固定码头和浮码头供停泊的油船吨位不大，随着船舶的大型化，万吨以上的油轮多采用栈桥式固定码头。栈桥式固定码头一般由引桥、工作平台和靠墩等部分组成。引桥作人行和敷设管道用；工作平台作为装卸油品操作之用；靠船墩作靠船系船用。在靠船墩上使用护木或橡胶防护设备来吸收靠船能量，防止船体碰撞。栈桥式油品码头的栈桥宜独立设置。栈桥式固定码头如图3-4-3所示。

4.1.4 油码头的安全

4.1.4.1 安全间距

石油码头距普通货（客）码头和其他固定建筑物要有一定的防火安全距离。

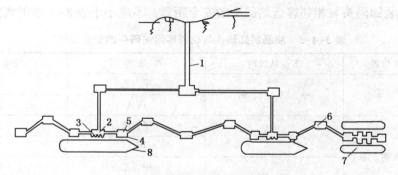

图 3-4-3　栈桥式固定码头示意图

1—栈桥；2—工作平台；3—卸油架；4—护木；

5—靠船墩；6—系船墩；7—工作船；8—油船

（1）油品的装卸油码头和作业区宜独立设置，且宜布置在港口的边缘地区和下游，与公路桥梁、铁路桥梁等建筑物、构筑物的安全距离，不应小于表 3-4-2 的规定。

表 3-4-2　油品装卸码头与公路桥梁、铁路桥梁等建筑物、构筑物的安全距离

油品装卸码头位置	油品类别	安全距离/m
公路桥梁、铁路桥梁的下游	甲、乙	150
	丙 A	100
公路桥梁、铁路桥梁的上游	甲、乙	300
	丙 A	200
内河大型船队锚地、固定停泊所、城市水源取水口的上游	甲、乙、丙 A	1000

注：停靠小于 500t 油船的码头，安全距离可减少 50%。

（2）油品装卸码头之间或码头相邻两泊位的船舶安全距离不应小于表 3-4-3 的规定。

表 3-4-3　油品装卸码头之间或码头相邻两泊位的船舶安全距离　　　　（m）

船　　长	< 110	110~150	151~182	183~235	236~279
安全距离	25	35	40	50	55

注：1. 船舶安全距离系指相邻油品泊位设计船型首位间的净距。

2. 当相邻泊位设计船型不同时，其间距应按吨级较大者计算。

3. 当突堤或栈桥码头两侧靠船时，可不受上述船舶间距的限制，但对于装卸甲类油品泊位，船舷之间的安全距离不应小于 25m。

4. 1000t 级及以下油船之间的防火距离可取船长的 0.3 倍。

（3）油品装卸码头与相邻货运码头的安全距离，不应小于表 3-4-4 的规定。

表 3-4-4　油品装卸码头与相邻货运码头的安全距离

油品装卸码头位置	油品类别	安全距离/m
内河货运码头下游	甲、乙	75
	丙 A	50
沿海、河口内河货运码头上游	甲、乙	150
	丙 A	100

注：表中安全距离系指相邻两码头所停靠设计船型首尾间的净距。

（4）油品装卸码头与相邻客运站码头的安全距离，不应小于表3-4-5的规定。

表3-4-5　油品装卸码头与相邻客运站码头的安全距离

油品装卸码头位置	客运站级别	油品类别	安全距离/m
沿海	一、二、三、四	甲、乙	300
		丙 A	200
内河客运站码头的下游	一、二	甲、乙	300
		丙 A	200
	三、四	甲、乙	150
		丙 A	100
内河客运站码头的上游	一	甲、乙	3000
		丙 A	2000
	二	甲、乙	2000
		丙 A	1500
	三、四	甲、乙	1000
		丙 A	700

注：1. 油品装卸码头与相邻客运站码头的安全距离，系指相邻两码头所停靠设计船型首尾间的净距。

2. 停靠小于500t油船的码头，安全距离可减少50%。

3. 客运站级别划分应符合现行国家标准《河港工程设计规范》GB50192的规定。

（5）海港或河港中位于锚地上游的装卸甲、乙类油品泊位与锚地的距离不应小于1000m，装卸丙类油品泊位与锚地的距离不应小于150m；河港中位于铺地下游的油品泊位与铺地的间距不应小于150m。

（6）海港甲、乙类油品泊位的船舶与航道边线的净距不宜小于100m；河口港及河港，可根据实际情况适当缩小，但不宜小于50m。

（7）装卸甲、乙类油品的泊位与明火或散发火花场所的防火间距不应小于40m。

（8）甲、乙类油品码头前沿线与陆上储油罐的防火间距不应小于50m。

（9）陆上与装卸作业无关的其他设施与油品码头的间距不应小于40m。

4.1.4.2　电气

（1）油品码头和引桥的供配电电缆宜采用带盖板的桥架或保护钢管架空敷设，电缆可与地上输油管道同架敷设。电缆与输油管道的净距，当输油管道的介质设计输送温度高于或等于40℃时，不应小于1m；当温度低于40℃时，不应小于0.2m。当码头装卸区供配电电缆采用电缆沟敷设时，应用砂子充填电缆沟，电缆不得与输油管道、热力管道敷设在同一管沟内。

（2）油品码头的变配电间应在距码头前沿线12m外设置。

（3）油品码头的装卸区平均照度不应低于15 lx，其照度均匀度不应低于0.2。有条件的油品码头可同时设置消防照明。

（4）油品码头的输油管道、装载臂和钢引桥等装卸设备及金属构件进行电气连接并应设置防静电、防雷接地装置。

（5）当油品码头采用装载臂装卸油品时，应在装载臂安装绝缘法兰；采用软管装卸油品时，应在每条软管管线上安装一根不导电短管，绝缘片和不导电短管的电阻值均应大于

$1M\Omega$。油品码头亦可采用其他有效的防静电和防杂散电流的装置。

（6）当油品码头采用船、岸间跨接电缆防止静电及杂散电流时，码头应设置为油船跨接的防静电接地装置，并应在码头设置与地连通的防爆开关。此接地装置应与码头上装卸油品设备的静电接地装置相连接。

（7）油品码头的入口处及有爆炸危险场所的入口处应设置消除人体静电的装置。

（8）油品装卸码头处的局部空间为爆炸危险区域，该区域内的用电设备应根据爆炸危险环境的等级、爆炸性气体混合物的级别和组别，选择相应的防爆电气设备，且选用的防爆电气设备的级别和组别，应不低于ⅡBT4。

（9）趸船上用电设备配电应采用 IT 系统保护型式。该系统不宜引出零（N）线，接地故障采用漏电电流动作保护，爆炸危险区域内的配线要求同铁路卸油系统电气部分。

（10）油品装卸码头应设置与油船连接的防静电接地装置，接地装置应与码头上的油品装卸设备的防静电接地装置共用。跨接油船用的接地线应通过防爆开关与接地装置相连。

4.1.4.3 消防

为了扑灭码头和油船火灾，码头应设有消防通道、消防管线、消防栓和消防炮，并根据装卸油品的品种配备相应的消防设施和灭火器材及用品。应设置固定式或半固定式泡沫灭火装置，配备拖船兼消防两用船，以及小型灭火设备。在码头和趸船容易发生火灾的地带设有干粉或泡沫灭火器，配备一定数量的石棉毯、帆布垫以及灭火用砂等。

4.1.4.4 应急物资

在油船装卸油品时，为了防止溢油扩散，污染水面和火灾的蔓延，应备有一定数量的围油栏、消油剂、吸附材料和吸油、捞油工具。

围油栏的选用应能经受 6 级以上风浪冲击或 5t 以上海水冲击，应耐老化、耐油、耐海水腐蚀。设置围油栏时，应在海水或河流的定点位置连接围油栏组，围油栏端点应用锚链固定，锚链长度应是水深的 5 倍以上。

4.1.4.5 船舶停靠

机动船靠、离泊位前，应当注意航道情况和周围环境，在无碍他船行驶时，按规定鸣放声号后，方可以行动。正在上述水域附近行驶的船舶，听到声号后，应当绕开行驶或者减速等候，不得抢挡。船舶在锚地锚泊不得超出锚地范围。系靠不得超出规定的尺度。停泊不得遮蔽助航标志、信号。除因工作需要外，过往船舶不得在锚地穿行。

4.1.4.6 其他

（1）油品泊位的码头结构应采用不燃性材料。

（2）油品码头上应设置必要的人行通道和检修通道并应采用不燃性或阻燃性材料。

（3）开敞式装卸油品一级码头宜设置靠岸测速仪。

（4）装卸甲、乙类油品一级码头宜设置快速脱缆装置。

（5）在平台、通道和趸船上可能发生落水、滑跌的地方设置安全栏杆和防滑设施。在趸船、油船等作业场所按作业人数配备一定数量的救生衣等救生器材。

（6）在趸船和码头上必须制定严格的明火和用电等安全管理制度。趸船上的机动舱、工作舱、办公室、生活间等都必须符合安全防火要求。

4.2 码头装卸油设备设施

4.2.1 油船

油船是海运或河运散装原油、成品油、石油化工产品(如醇、酮等)的船舶。因为运载的是易燃易爆的危险品,所以在结构上要比其他货船复杂。油船上各系统都是为确保安全,适应油品运输的需要而设计的。

油船有油轮和油驳之分。油轮带有各种动力设备,可以自航。油驳不带动力设备,它必须依靠拖船牵引并利用码头油库的油泵和加热设备完成油品的装卸作业。下面主要介绍一下油轮。

4.2.1.1 油轮的特点

油轮很容易与其他轮船区别开来,油轮的甲板非常平,除驾驶舱外几乎没有其他耸立在甲板上的东西。油轮不需要甲板上的吊车来装卸它的货物,只有在油轮的中部有一个小吊车,这个吊车的用途在于将码头上的输油软管吊到油轮上来与油轮上的管道系统接到一起。

4.2.1.2 油轮的结构

油轮一般由油舱、机舱(蒸汽机、发电机、螺旋桨等)、输油(泵、管道等)、扫舱、加热和消防等设备设施组成。油轮卸货时所使用的泵直接放在船上。考虑到结构的适应性,防止烟囱火星对油船安全的影响,机舱一般都设在艉部。为防止液体在航行中形成自由液面,保持油船的稳定性,将船体装油部分分隔成若干个单独的油舱。

装载易燃液体的油轮都使用不燃气体充入油轮中的空的油舱或油舱空间来防止燃烧或爆炸的危险。这些不燃气体排挤掉含氧的空气,使得油轮内空油箱里几乎没有氧气。有些船使用其本身的动力机构排出废气来提炼上述的不燃气体,有些船则在卸货时从码头上充入不燃气体。

双壳油轮是拥有两层外壳的油轮。双壳油轮可提高其安全性,防止油外泄,两层船壳之间的空间也可用来做压载舱,按照船载货的情况来平衡船身。1989 年埃克森·瓦尔迪兹号油轮事故后,国际海事组织规定所有 1996 年后建造的 5000 吨以上的油轮必须拥有双壳结构。2001 年又一次油轮事故后国际海事组织决定从 2015 年开始只有双壳油轮可以在海洋上运行。

4.2.1.3 油轮的分类

国内沿海和内河使用的油轮,可分万吨以上、三千吨以上和三千吨以下几种。万吨以上的油轮主要用于沿海原油运输。沿海和内河的成品油运输船,多以三千吨以下的油轮为主。

国外油轮吨位大,从几万吨到几十万吨,并仍有增大的趋势。油轮按载重吨位分为:超级油轮(VLCC,20 万~30 万吨载重吨);苏伊士型油轮(Suezmax,12 万~20 万载重吨);阿芙拉型油轮(Aframax,8 万~12 万载重吨);巴拿马型油轮(6 万~8 万载重吨);灵便型油轮(1 万~5 万载重吨);通用型油轮(1 万吨以下)。

4.2.2 装卸油设备设施

码头的油品装卸设施,应与设计船型的装卸能力相适应。油船及海运和河运的设施配置各地各不相同,但主要都是由油泵、管组、阀门、电气设备、输油臂、测量仪器仪表、吊升装置、金属或橡胶软管及其接口等组成。

4.2.2.1 泵房及输油泵

海运码头的油品运输以油轮为主。油轮都配有装卸油设备，故海运装卸油码头一般都不设泵房，即使因油罐区较远，需设中转泵房，也都将中转泵房设在岸上，以节省投资。

河运码头的油品运输一般有油轮和油驳两种。因油驳无自卸能力，需设置装卸油泵房，泵房宜采用地上式，有条件时，可采用露天或半露天布置方式。封闭式泵房应采取强制通风措施，通风能力在工作期间不宜小于 10 次/h，非工作期间不宜小于 3 次/h。为保证卸油泵的吸入能力，卸油泵房大多设在码头的趸船上。

用码头或趸船的卸油泵接卸轻质油品，可采用离心泵或双螺杆泵；接卸黏度较高的油品，宜采用容积式泵；灌泵、清底收舱等作业应采用容积式泵。应根据航运部门对装卸油时间的要求、油轮(驳)载货量、输油距离、液位差等数据，合理选择装卸泵的流量、扬程以及输油管道的管径，正常作业状态时，管道安全流速不应大于 4.5m/s。码头装船系统与装船泵房之间应有可靠的通信联络或设置启停联锁装置。

4.2.2.2 管组

1. 输油管道

每种油品单独设置一组装卸油管路，在集油管线上设置若干分支管路，分支管路的数量和直径、集油管、泵吸入管的直径等，是根据油船或油驳的尺寸、容量和装卸油的速度等具体条件确定的。输送原油或成品油的管道，宜采用钢质管道；输送液化石油气，宜采用无缝钢管。管道保温层、保护层应采用不燃性材料或难燃性材料；管道支架、支墩等附属构筑物，应采用不燃性材料。

码头区域内原油及成品油管道宜采用地上架空明敷方式，局部受地形限制可直埋或管沟敷设，管沟敷设时，应有防止可燃气体在管沟内积聚的措施。

输油臂和装卸软管应设置排空系统。暴露于大气中的不保温、不放空的油品管道，以及设有伴热的保温管道，在其封闭管段上应设置相应的泄压装置。

工艺管道除根据工艺需要设置切断阀外，在通向水域引桥、引堤的根部和装卸油平台靠近装卸设备的管道上，尚应设置便于操作的切断阀，一般为钢阀。当采用电动、液动或气动控制方式时，应有手动操作功能。

活动引桥管道接头部分及与油轮管系相连接部分管道，均需采用耐油橡胶软管。采用金属软管装卸时，应采取措施避免和防止软管与码头面之间的摩擦碰撞产生火花。

每种油品单独设置一组装卸油管路，在集油管线上设置若干分支管路。分支管路的数量和直径、集油管、泵吸入管的直径等是根据油船或油驳的尺寸、容量和装卸油速度等具体条件确定的。

2. 辅助管道

辅助管道一般有自来水管、船用燃料油管、压舱水管、消防管系等。自来水管提供油轮生活用水及其他用途的淡水补给水。船用燃料油管用作输送供油轮动力及生活用燃料油。

停靠需要排放压舱水或洗舱水油船的码头，应设置接受压舱水或洗舱水的设施。压舱水管将压舱水或污水导向油库污水处理系统，经净化处理合格后，再导向专用水池或排入海、河。

消防管系主要由供水导管和消防泡沫管系组成。直接利用港区给水管网的水作为消防水源时，港区给水管网的进水管不应少于两条，当其中一条发生故障时，另一条应能通过100%的消防用水和70%的生活、生产用水的总量。泡沫混合液管道应采取排空和冲洗的措施。

3. 油轮管系

油轮管系包括：输油管系、专用压载水管系、洗舱管系、惰性气体管系、油舱透气管系、测量管系、加热管系、蝶阀液压控制管系、甲板消防水管系、泡沫灭火管系。

4.2.2.3 输油臂

装有液化气、油品、带有危险性的化工介质的货轮在装卸时通常是通过船用输油臂来完成的。船用输油臂是固定在码头岸边的，通过其前端的三维接头与货轮上的法兰相连接，通过其底部法兰与码头上的储液设备的输送管网法兰相连接，从而实现液体装卸工艺流程。油库通常用输油臂来连接油船与陆上管道至储罐系统，进行油品的传输作业。它也可用来装卸油品或接泄压舱水。其优点是克服了橡胶软管存在的装卸效率低、寿命短，易泄漏、接管时劳动强度大等，其缺点是密封圈易老化导致转向节渗漏。

1. 型号

输油臂常见类型有液压式和重力平衡式。输油臂配重方式有重锤平衡式、位移配重式和压缩弹簧式；驱动方式有手动式和电动式。图3-4-4为输油臂主要型号及其结构简图。

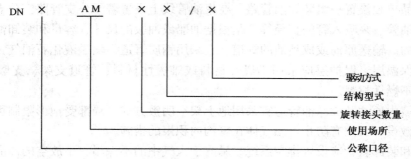

公称口径：输油臂液相管口径，用 DN 表示。

使用场所代码：用 AM 字母表示，用于海岸码头或内河码头。

旋转接头数量代码：计算液相管旋转接头。

结构型式代码：1- 自支承单管；2- 混支承单管；3- 分支承单管；4- 分支承双管。

驱动方式代码：M- 手动 H- 液压驱动。

示例：公称口径为250，分支承单管液压驱动船用输油臂，表示为 *DN*250 AM63/H 。

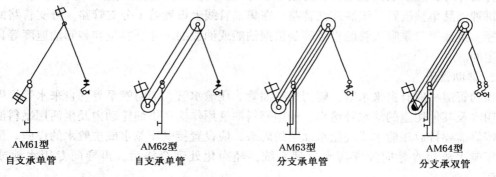

图 3-4-4 主要型号及其结构简图

2. 结构组成

输油臂的结构主要由立柱、内臂、外臂、旋转接头、平衡系统、锁紧装置、与油船接油口连接的接管器(快速接头)、液压驱动系统等组成。如图3-4-5和图3-4-6所示。

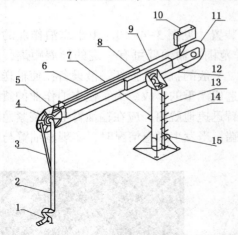

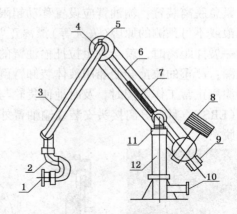

图3-4-5　手动式输油臂
1—三维接头；2—外臂；3—外臂支撑；4—上绳轮；
5—内臂；6—支撑机构；7—锁紧装置；8—外臂；
9—转轴箱；10—副配重；11—下绳轮；12—钢丝绳；
13—立柱；14—爬梯组件；15—入口法兰

图3-4-6　RC型单管电液驱动输油臂
1—快速连接器；2—三向回转接头；3—外伸臂；
4—上部回转接头；5—真空破坏器；6—内伸臂；
7—油缸；8—主平衡重；9—副平衡重；
10—法兰；11—中间回转接头；12—立柱

立柱：起支承作用，承受臂总自重、最大风载荷等的负荷以及臂中货物的重量，同时作为流体从臂至码头侧管道(或相反)的通道。

内臂：内臂连接到立柱顶部，上部连接回转平衡的上绳轮，包括主平衡重横梁伸出部分。

外臂：外臂连接内臂和船舶。单管输油臂的管线是连接码头上管线接口到船舶法兰接口，作输送液态介质用。双管输油臂中液相管线是连接码头上管线接口到船舶法兰接口，作输送液态介质用；气相管线是连接码头上气相法兰接口至船舶法兰接口，作输送气相介质，以平衡船仓压力，便于液相介质装卸。

三维接头：见图3-4-7。由三个旋转接头及管件等组成，设计成自平衡式的，使得快速接头法兰始终为水平方向，以便轻松地与船上法兰相接。

旋转接头：见图3-4-8。旋转接头由多个旋转部件构成，用以联接内外臂部件进行有关动作。旋转接头的密封圈采用经特别设计的、独特的结构形式，保证密封性。不同部位采用不同的旋转接头。

快速接头：与油船连接口处，宜配置快速联接器。如图3-4-9。快速接头根据所需装卸船法兰的标准进行设计，并对厚度在一定范围内变化的法兰应可以很好地配合，快速接头密封面上配有O型密封圈，应满足装卸介质要求。配四个卡爪，可轻松、方便地对中、"抓住"船法兰，并且每个卡爪对法兰的压力都基本相等。

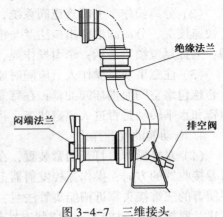

绝缘法兰

闷端法兰

排空阀

图3-4-7　三维接头

平衡系统：副平衡配重固定在下绳轮，用于平衡外臂；主平衡配重包括下绳轮、副平衡配重以及固定在内臂下部的配重梁，用于装卸臂总成的平衡。

锁紧装置：输油臂利用简单的机械装置锁紧在静止（收容）位置，防止水平方向上的移动。

紧急脱离装置：输油臂应设置移动超限报警装置。见图3-4-10。由于靠泊作业的货轮因风浪或不可预测的原因（失火等）漂离正常工作范围，输油臂可有一定的伸展距离，当超过这一展伸距离时，就会发生拉扯输油臂的现象。一般的拉扯会损坏输液设备，使输送的液体泄漏；严重的拉扯会使船用液体装卸臂倒塌，造成严重的事故。为了使靠泊作业的货轮在遇到漂离正常工作范围时，及时地使货轮与输油臂迅速地脱离，应在输油臂上安装紧急脱离系统（ERS）。紧急分离接头安装在输油臂外臂末端，当发生紧急情况时，实现输油臂与船舶快速脱离。

  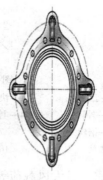 

图3-4-8　旋转接头　　　　　图3-4-9　快速接头　　　　　图3-4-10　紧急脱离装置

液压驱动系统：主要由液压缸驱动机构、液压总站、液压分站、控制柜、按钮箱、液压管线、电气控制线等组成。

电气控制装置：电气控制装置应为隔爆型，符合GB 3836.2—83《爆炸性环境用防爆电气设备隔爆型电气设备"d"》的有关规定。在紧急停电情况下可采用手动泵实现臂的操作。

3. 手动输油臂的操作

（1）对接操作　拉下锁紧装置手柄，使臂处于自由状态；牵引操作软绳，使三维接头靠近槽船集管法兰；开快速接头夹爪，取下盲法兰；使三维接头法兰与集管终端法兰处于对接位置；将快速接头夹爪转向法兰方向；旋紧快速接头可调螺母，使法兰夹紧。

（2）分离操作　关闭管道阀系统，停止物料传输；开启排空阀，排空臂内剩余物料；松开快速接头，分离卸油臂出口法兰与槽船集管法兰；回装盲法兰，旋紧快速接头；关闭排空阀；上提复位锁紧手柄；牵引操作绳，使臂返回复位状态。

（3）注意事项　操作人员应随时监视槽船的漂移情况，及时采取措施，防止槽船集管法兰超越包络空间而损坏卸油臂；在臂复位前，必须排空臂内剩余物料；在臂复位后，应检查内臂和水平转动是否进入锁定状态；将外臂牵引绳固定于立柱上。

4. 电动输油臂的操作

（1）对接操作　打开锁紧装置；在遥控发射器与接收器的有效工作距离内，将发射器正对着接收器的方向，操作遥控发射器上的按钮，使电磁阀工作，油缸动作，驱动臂运动，最终使臂的三维接头靠近槽船集管法兰；拆除三维接头前端盲法兰，使三维接头法兰与槽船集管法兰联接牢固；按动"自由"状态按钮，使臂处于自由状态；关闭排空阀。对接操作完成后立即使卸油臂处于"自由"状态。

（2）分离操作　确认控制箱显示的臂号与待分离的臂相同，开启排空阀，及时排空直管中的余油，并确认卸油臂已排空；操作手动快速接头，将臂与槽船集管法兰松开；操作遥控发射器按钮，使油缸动作，进而使三维接头法兰与槽船集管法兰脱离，回装盲法兰；抬起臂锁紧装置的手柄使其处于待锁位置；操作遥控发射器按钮，使卸油臂运动，并进入复位状态；关闭电源开关。

（3）注意事项　在卸油臂接近复位位置时，应点动操作以减慢复位速度，防止锁定部位损坏或三维接头与其他部件碰撞；操作人员应随时监视槽船的位移情况，一旦报警系统动作，应及时采取措施，使槽船返回包络线所限定的对接空间内，或将臂与槽船脱离；装卸过程中槽船漂移出给定的包络空间或在包络空间以外进行对接操作都将可能造成卸油臂的损坏。

5. 输油臂的维护

（1）手动输油臂的维护　检查回转接头油杯、液压站油箱油位；对螺纹和轴承部分涂敷润滑脂；排除臂中液体；调整动力装置的溢流阀为适当的压力；调整节流阀，以获得适当的流速；检查调整螺母；检查外臂和内臂平衡重横梁的平行性。

（2）旋转接头换油的操作　拆下旋转接头装配螺栓，卸下连接法兰，取出主密封圈，取出挡圈即可进行副密封圈的换油操作。副密封圈的换油完毕装回挡圈即可进行旋转接头主密封圈的换油操作。主密封圈的换油操作完毕，装上连接法兰，再拧上旋转接头装配螺栓。

（3）输油臂旋转接头密封圈的更换　拆下旋转接头装配螺栓，然后卸下连接法兰，取出主密封圈，即可进行副密封圈的更换。副密封圈的更换完毕，再将主密封圈的更换后，装回连接法兰，拧紧旋转接头装配螺栓。在置入密封圈前，必须将密封面以柔软的干布拭净，并涂上一层润滑脂。

（4）常见故障及处理

输油臂常见故障和处理见表3-4-6。

表 3-4-6　输油臂常见故障和处理

故障特征	原　因	处 理 措 施
接口泄漏	装船泵出口压力过高	调整泵出口压力
	管线瘪压	检查管道阀门开启状况
	快速接管器未上紧	用扳手拧紧接头
	橡胶密封圈损坏	更换密封圈
动作过快或失灵	臂失去平衡或平行性不好	检查调整螺母，检查外臂和内臂平衡重横梁的平行形
	初始系统压力过高	调整动力装置的流量控制阀；调整节流阀，以获得适当的流速；调整动力装置的溢流阀为适当的压力
	动力装置中的入口滤油器堵塞	更换滤油器和清理油箱并更换油
	臂中有液体	排除臂中液体
动作缓慢	动力装置中的入口滤油器堵塞	清洗滤油器
	液压系统进气或泄漏	检查出进气或泄漏部位并拧紧
	初始系统压力过低	调整动力装置的流量控制阀；调整节流阀，以获得适当的流速；调整动力装置的溢流阀为适当的压力
	油箱中的油位低	添加液压油
	转子之间间隙调节不当	调节转子之间间隙
	臂失去平衡或平行性	检查调整螺母，检查外臂和内臂平衡重横梁的平行形

故障特征	原因	处理措施
液压输油臂不动作	滤油器被堵塞	检查、清理滤油器
	油缸活塞杆不动	释放液压缸中的液压油，如发现活塞杆弯曲，则应更换
	阀漏油或所选择的阀不能操作	检查、清理或更换泄漏的阀；应检查动力装置的滤油器芯子和电磁换向阀的管线中滤油器，如污脏需清理或更换
	臂选择开关有故障	电压过低检查电压；检查电磁阀中的线圈如烧坏要更换；通过开关检查连续性，如有故障则更换
	液压站中油箱油位过低	添加液压油
	臂选择开关有故障	电压过低检查电压；检查电磁阀中的线圈如烧坏要更换；通过开关检查连续性，如有故障则更换

4.3 码头装卸油作业

码头的装卸油作业大致分为油船的停靠、装卸油、离泊等几个阶段。装卸油码头易发生事故的部位是船只壳体、输油臂、缆绳、输油管。在作业的过程中，我们应遵守各项操作规程和安全管理制度，下面主要介绍收发油工艺流程、油船的停靠、装卸油的操作、离泊及作业时常见的故障等。

4.3.1 码头收发油工艺流程

4.3.1.1 装船流程

储罐→输油管→库区装船泵→计量仪表→输油臂（软管）→油轮（油驳）油舱

甲、乙类油品以及介质设计输送温度在其闪点以下10℃范围内的丙类油品，不得采用从顶部向油舱口灌装工艺，采用软管时应伸入舱底。

4.3.1.2 卸船流程

油轮→油轮（趸船）输油泵→计量仪表→输油臂→输油管（软管）→储罐（罐车）

卸船作业是利用油轮（或趸船）上的油泵进行的，油船上的接卸口与码头的输油臂相连，使油轮的舱与岸上油罐之间形成连通密闭系统。

4.3.1.3 扫线流程

目前，水路油品的交割以罐容标尺计量为准。为了减少货损货差率，防止油品在管线内凝结，避免与下次来油混淆以及便于检修，原油及成品油装卸作业结束后，油库应对输油管线（包括码头公用管线）进行扫线，将管线内的剩油扫回油罐，或将输油导管内残油扫回油船。

扫线的方式主要有气体介质扫线、顶水扫线和清管器清扫。当采用顶水方式扫线时，库内应设零位罐或接收油罐应设脱水装置。当采用气体介质吹扫放空工艺时，应使用含氧量不大于5%的惰性气体或高压氮气。

4.3.1.4 装卸油工艺方案

码头的装卸油工艺作业方案是基于上述工艺流程编制的，装卸工艺分为以下4种：

1. 码头管线、库区管线并用

各库区自有管线汇集到码头，与码头管线相接。当油品收卸时，油品通过的线路是：

码头管线↔库区管线↔各库区管线。

2. 库区设专线

库区管线直接通向码头泊位，实现从库区到船舶唯一通道。

3. 车船直取

通过码头管线，不经库区，利用船泵或码头泵，实现船卸车、车装船的作业方式。

4. 船舶倒驳

大载重吨船舶借用码头泊位，向小载重吨船舶分拨货物的作业方式，此过程码头与库区不参与作业。

4.3.2 码头装卸前的准备

4.3.2.1 码头靠船操作

（1）作业时要戴好安全帽、穿好救生衣等安全劳保用品。

（2）做好核实油轮的吨位、装卸油品品种、待靠泊位等准备工作。

（3）做好检查有关管线、阀门、仪表、静电接地线及输油设备是否完好等准备工作。

（4）插好靠船指示标志，使油轮对准输油臂装卸油位置。

（5）油轮靠船速度不得超过 0.25m/s。

（6）让出船方抛绳位置，待绳头抛至码头后，根据船方和系缆绳的要求系缆。

（7）配合船方搭好登船梯，将静电线接在船舶的有效位置。

4.3.2.2 系缆绳的要求

油码头离靠装卸船作业，所用防火防静电缆绳必须是棕麻缆绳（目前船上使用的三股纤维绳都是右搓拧纹绳）。同一缆桩需系两条或两条以上缆绳时，应按穿插要求系缆。为避免船舶发生移动，系缆不得少于 6 根，所有缆绳都应随时调节松紧。船用带缆都比较粗重，不能直接送上码头，所以都要采用缆牵引带缆到码头。

4.3.2.3 油船在码头停靠的要求

（1）危险品码头检修作业时，禁止船舶进泊停靠。

（2）油轮严禁在码头内进行除锈等维修作业。

（3）油品装卸码头，禁止两船并靠同时进行装卸作业。

（4）一级危险品在码头停留时间不得超过 24h；二级危险品在码头停留时间不得超过 48h。

（5）禁止任何船只在危险品码头排放油类、油性混合物和其他有毒物质。

4.3.2.4 油船装卸前的准备

（1）作业前，船方应同供油或受油单位共同研究有关作业程序、联系信号和安全措施等。

（2）旋转机、炉舱风斗背向油舱。

（3）停止通烟管（包括厨房烟囱）和锅炉管吹灰。

（4）关闭朝向油舱甲板的水密门、窗和油舱甲板上舱室的左右舷门、窗，严防油气进入机、炉舱和生活区。

（5）关闭靠近装油口及透气口的马达、开关、继电器，严防油气进入。

（6）在油舱附近必须备好灭火器、黄沙、水带等消防和防油污器材，并保持良好状态，以防万一。

（7）首尾外挡，备妥应急拖缆。

（8）当船过船、船过驳或驳过驳装卸作业时，还要加垫足够的软靠把，使用尼龙缆系带将两船紧固，对缆绳、油管等设施，要有专人看管。作业后或遇有大风浪时，应立即离开。

4.3.2.5 油库装卸前的准备

（1）油库接到主管业务部门的油船到达预报后，根据油船泊位、油品品种、数量，制定作业流程，确定进油罐、输油管道，备齐作业工具、消防器材、通讯联络设备等。

（2）油库负责人组织作业人员，交代任务，严密分工，提出要求，明确责任。

（3）按作业分工，对油罐及附件、油泵、管道、阀门、电气、通讯、消防、静电接地装置等技术设备进行周密的检查，确保良好的技术状态。

（4）由计量员对待作业油罐进行计量，计算储油数量，确定各油罐进油数量，并填写进油作业联系单。

4.3.3 油船装卸油作业

4.3.3.1 油船装卸前的注意事项

（1）油轮（油驳）到码头后，必须有一名主任或副主任在场指挥，作业人员按事先分工进入操作现场。

（4）参加装卸人员作业前应消除人体静电，严禁在作业时穿着及更换尼龙、化纤服装或穿钉子鞋。

（5）要检查船体技术状况及铅封完好情况，发现问题，会同承运部门作好货运记录。

（6）核对运单、油品名称、牌号和数量。化验人员按规定取样化验，在2小时内将化验报告通知带班领导。

（7）接好静电接地线。连接安装软管时，应先接静电接地，后接输油软管。

（8）当油轮在码头停靠并系好缆绳后，连接卸油臂或软管，最少应有2个人同时操作手动输油臂与油轮对接。当风速大于48m/s时，应用螺栓固定输油臂。

（9）设置围油栏。

（10）检查卸油臂（软管）、静电接地线连接是否完好，复核油罐容量、油品名称、牌号、管道、阀门、动用油泵是否正确。

4.3.3.2 输油臂与油船对接

（1）手动输油臂的操作　一人站在船的甲板上，另一人站在码头上。解开系在内、外臂上的操作绳；拉下锁紧装置手柄，打开内、外臂锁紧结构，使臂处于自由状态；利用操纵绳操纵内、外臂，将输油臂上三维接头拽到船上，使靠近槽船集管法兰；开快速接头夹爪，取下盲法兰；使三维接头法兰与集管终端法兰处于对接位置；将快速接头夹爪转向法兰方向；旋紧快速接头可调螺母或利用扳手，使法兰夹紧。

（2）电动输油臂的操作　先将臂上的操作绳解开，再打开输油臂的锁紧装置手柄；在遥控发射器与接收器的有效工作距离内，将发射器正对着接收器的方向，操作遥控发射器上的按钮，使电磁阀工作，油缸动作，驱动臂运动，最终使臂的三维接头靠近油船集管法兰；拆除三维接头前端盲法兰，使三维接头法兰与槽船集管法兰联接牢固；法兰连接完毕，按动"自由"状态按钮，使臂处于"自由"状态；放下可调支腿调整至合适位置，关闭真空短路阀及排空阀。

（3）输油臂操作的注意事项　当油轮在码头停靠并系好缆绳后，最少应有2个人同时操作手动输油臂与油轮对接。操作人员应随时监视槽船的漂移情况，一旦报警系统动作，及时采取措施，使槽船返回包络线所限定的对接空间内，或将臂与槽船脱离，防止槽船集管法兰超越包络空间而损坏卸油臂；油轮与输油臂连接，在风力超过8级（风速17.2~20.7m/s）时，应停止使用并置于复位锁紧状态；在风力超过9级(风速20.8~24.4m/s)时，应用螺栓固定输油臂。输油臂对接操作中，操作者应始终拉紧操纵绳，防止内、外臂动作失控伤人；液压输油臂在装卸油时，控制盒上的按钮应处在自由状态。输油臂收回时，操作人员应避开内外臂垂直下落的位置，防止发生意外。

4.3.3.3　油船装油操作

(1) 严格执行"五不装船"的规定：质量品种、规格不符合标准要求，不允许装船；未经化验分析或项目不全，不允许装船；没有产品合格证，出口油品无主管领导签字，不允许装船；船舱不干净、不对号、无合格证，不允许装船；未按规定留样，不允许装船。

(2) 油品装船前，接到码头通知后，应立即与调度及巡检员联系。

(3) 油库及船方共同作好装油的准备。

(4) 按调度要求改好流程，确认无误后报告调度及通知船方，由调度下令给泵房，司泵工方可开泵发油。先开一台泵输油，待检查管线、阀门、输油臂后通知调度转入正常输油。

(5) 发油过程中，司泵员应严格遵守操作规程，随时观察并记录仪表读数变化情况。

(6) 发油过程中，总调度、船方、码头操作工、巡检员等作业人员必须履行职责，保持通讯联络，密切配合，不得脱岗。发现问题，立即处理并上报。交接班时要做好交接班记录。

(7) 需切换罐时，油库主任(或副主任)应到现场指挥，必须先打开切换罐阀门，经确认切换罐出油正常后，再关闭发油罐阀门。必要时停泵切换。

(8) 当发油将结束时，应通知相关人员做好结束准备。

(9) 发油完毕，先停输油泵，再关闭油罐、管道等相关阀门。

(10) 开通扫线流程，待确认无误后，进行扫线操作，将残油驱向油舱。停泵后关闭相关阀门。

(11) 设备复位。先卸输油臂(胶管)，后拆卸静电接地线。

(12) 会同船方验仓，共同确定油品的数质量，施封并填写《车船铅封验仓单》。

4.3.3.4　油船卸油操作

(1) 油船停泊后，油库及船方共同作好卸油前的准备。

(2) 按调度要求改好流程，确认无误后报告调度及通知船方，由调度下令给船方(或泵房)先开一台泵输油，待检查管线、阀门、输油臂后通知调度转入正常输油。

(3) 开始输油时，要求船方(或泵房)将流速控制在额定范围，同时观察管道压力变化。

(4) 卸油过程中，总调度、船方、码头操作工、巡检员等作业人员必须履行职责，保持通讯联络，密切配合，不得脱岗。发现问题，立即处理并上报。交接班时要做好交接班记录。

(5) 需切换罐时，油库主任(或副主任)应到现场指挥，必须先打开切换罐阀门，经确认切换罐进油正常后，再关闭满罐阀门。必要时停泵切换。

(6) 接卸作业结束，通知船方清舱扫线。处理管线存水，进行油水分离，油品输入油罐，污水达标后排放。

(7) 关闭油罐、管道阀门。设备复位后，拆静电接地线，清理作业现场，填写作业记录。

(8) 会同船方验仓，施封并填写《车船铅封验仓单》。

(9) 计量验收，计算货损率，填写油罐作业记录，办理交割手续。

4.3.3.5 码头的巡回检查

（1）作业前，应仔细检查作业流程上的阀门开关是否正确，挂牌是否与流程图相符；码头与船体接地线连接是否良好有效；船上、码头及周边安全距离内无任何火源、火花；船上的安全设施，是否齐全，静电接地、量具、照明、孔盖一定要符合安全防爆要求；围油栏、消防器材等各项安全措施是否到位等。

（2）装卸作业时，要检查阀门、管线法兰垫片、输油臂旋转接头等有无泄漏，注意船体接地线连接良好，注意管道油品温度、压力是否正常，注意潮汐、风力等天气变化情况；注意周边异常情况等。

（3）岗位操作人员巡回检查中发现问题应及时处理或联系处理，及时汇报相关部门和岗位，维护好现场，并做好记录。油轮发生跑冒油时，应先报警，后通知停泵，再采取相应措施处理海面油品。

4.3.3.6 油船装卸油时的注意事项

（1）油船进行装卸作业前，应堵好甲板排水孔，关好有关通海阀；检查油类作业的有关设备，使其处于良好状态；对可能发生溢漏的地方，要设置集油容器；接好静电接地线；会同油品质量管理人员验舱，不符合质量要求的不能装船；船、岸双方商定联系信号，双方切实执行。

（2）严禁蒸汽机船和与油船工作无关的船舶系靠；系靠船舶应遵守所在港口的规定，烟囱不得冒火星，也不准有任何明火。

（3）装卸甲、乙类油品时，必须通过密闭管道进行，严禁灌舱作业。灌装中应与司泵工保持联系，掌握流速。

（4）监视油船起伏情况。呼吸阀应处于良好工作状态。

（5）禁止在非量油孔使用金属或尼龙量油尺。打开观测孔观测后，必须装好铜丝罩。

（6）遇有雷雨大风或烟囱冒火时，要立即停止作业，关阀封舱。

（7）停止作业时，必须关好阀门；收解输油软管时，必须事先用盲板将软管封好，或采取其他有效措施，防止软管存油倒流入水域。

（8）装油结束后，会同船方检舱封舱，并应在每个出油口施加铅封。油船应将油类作业情况，按规定准确记入《油类记录簿》。

（9）码头作业时，必须与船方值班员会同作业，不得单独作业。

（10）油船要随时保持适航性，一旦发生意外，即离泊；遇有影响适航的检修而无法离泊的情况时，必须采取有效措施，确保安全。

4.3.3.7 油船装卸油结束阶段的注意事项

（1）密切注意油品进罐量不得超过罐的安全高度。

（2）密切注意罐内油品液位不得低于罐的装船下限。

（3）输油完毕，操作手动快速接头，将输油臂与油轮集管法兰松开。

（4）船舶收解输油软管时，必须事先用盲板将软管封好。

（5）货船卸完货后，应关闭阀门、油舱，封船，及时离开码头，不得在码头内进行敞开式洗舱作业。

（6）油轮装卸油结束阶段中需密切注意涨落潮时船舶的偏移情况、缆绳的松紧情况以及静电线是否脱落。

（7）油轮作业后，应先拆输油臂或软管，后拆静电接地线。

4.3.3.8　输油臂与油船分离的操作

（1）手动输油臂的操作　关闭管道阀系统，停止油品传输；开启排空阀，排空臂内剩余油品；松开快速接头，分离卸油臂出口法兰与槽船集管法兰；回装盲法兰，旋紧快速接头；关闭排空阀；上提复位锁紧手柄；牵引操作绳，使臂返回复位状态。

（2）电动输油臂的操作　确认控制箱显示的臂号与待分离的臂相同，开启排空阀，及时排空直管中的余油，并确认卸油臂已排空；操作手动快速接头，将臂与槽船集管法兰松开；操作遥控发射器按钮，使油缸动作，进而使三维接头法兰与槽船集管法兰脱离，回装盲法兰；抬起臂锁紧装置的手柄使其处于待锁位置；操作遥控发射器按钮，使卸油臂运动，并进入复位状态；关闭电源开关。

（3）输油臂操作的注意事项　装卸过程中槽船漂移出给定的包络空间或在包络空间以外进行对接操作都将可能造成卸油臂的损坏。在臂复位前，必须排空臂内剩余物料；在臂复位后，应检查内臂和水平转动是否进入锁定状态；将外臂牵引绳固定于立柱上。电动输油臂在卸油臂接近复位位置时，应点动操作以减慢复位速度，防止锁定部位损坏或三维接头与其他部件碰撞。

4.3.4　油船的离泊

4.3.4.1　油船离泊的解缆操作

（1）装卸船完毕后，码头操作工接到调度油轮可离泊指令后，才能进行解缆操作；

（2）解缆前需将输油臂和静电线按照操作规程收回放置妥当；

（3）解缆时，应先通知船方把缆绳松出一些，以便解脱套在码头绳桩上的琵琶头；

（4）解缆时要注意缆绳惯性，防止缆绳断脱伤人或碰触人员落水。

（5）根据船方要求，按次序解掉油轮各部缆绳。

4.3.4.2　油船离泊前的注意事项

（1）油轮装卸完油品后，离泊前操作工要将输油臂排空，防止其失重掉落伤人。

（2）油轮离泊前，按顺序解除各部缆绳，解缆时要注意缆绳惯性，防止碰触人员落水。

（3）吊装作业时，严格遵守起重作业规程。

4.3.5　故障和事故原因及处理

4.3.5.1　装油时油轮冒舱的原因及处理

原因：

（1）对船舱液位估算不准；

（2）码头、油轮操作工装船过程监护不到位；

（3）船舱快装满时装船泵流量控制不好；

（4）通讯不畅或岗位联系不到位；

（5）换舱不及时；

（6）设备设施损坏。

处理方法：

（1）油船一旦发生冒舱，码头值班人员应迅速电告泵房停泵，然后迅速关闭码头第一道作业阀门，同时通知船方。并将情况及时向公司领导汇报，做好处理事故的内外协调。冒舱严重时，应及时报告港监部门，要根据跑油情况、海面状况、油种流出量采取相应处理措施。

（2）油库主任接到事故通知后，应迅速赶赴现场了解事故情况，启动溢油应急预案。

4.3.5.2 码头溢油事故的处理方法

码头发生溢油事故，应立即启动码头溢油应急预案，按预案规定的程序和职责投入抢险救援工作。一般处理的方法和步骤如下：

(1)码头作业人员立即向油库调度及港口调度报告；停止码头装卸作业，关闭相关阀门，控制溢油源；

(2)应急指挥部发出指令，启动应急程序，下达应急任务，向上级主管部门报告；根据情况通报海事、消防等部门，与有关单位保持联系；根据事故现场情况，调整救援方案，指挥现场救援；

(3)利用围油栏、吸油毡、消油剂等控制油品的扩散；利用吸油毡、消油剂、吸油海绵、吸油泵、吸油船、集油桶等回收油品；

(4)妥善处理污油及沾油废弃物，防止二次污染；

(5)注意现场的警戒，保持交通及通讯畅通，禁止无关人员和机动(车)船进码头；报告港监控制周围水面船只进人事故现场；

(6)如发生大规模的溢油污染事故，应请求当地政府启动《海上突发公共事件应急预案》；启动《海上突发公共事件应急预案》后，企业应急指挥部应服从当地政府事故应急领导小组所指定的事故现场应急总指挥的指挥，协助现场应急总指挥带领企业应急人员继续进行应急工作；

(7)保护现场，控制着火源。一旦发生火灾，立即启动《火灾事故应急救援预案》；

(8)查明事故原因，按规定上报有关部门和对外发布信息。

第5章　液化石油气工艺与操作

5.1　液化石油气储罐设备

液化石油气是石油炼制的重要副产品，其主要成分是丙烷、丙烯、丁烷和丁烯等。在常压和常温条件下，它们都是气体，可供燃烧应用。但在降低温度或升高压力时，很容易从气态转变为液态，便于运输和储存。在运输方面，主要通过管道、铁路液化石油气罐车、公路液化石油气罐车及液化石油气钢瓶运输。在储存方面，广泛采用大型常温压力式储罐、低温常压式储罐和低温压力式储罐及地下储存的储存方式。

5.1.1　常温压力式储罐

常温压力式储罐是目前国内最普遍、最广泛采用的液化石油气储存设备。常用球形储罐和卧式圆筒形储罐两种形式。

球形储罐受力状况好，且表面积小，容量大，钢材耗量低，占地面积小，但制造安装难度大，一般在制造厂压制成若干块球壳板，在施工现场拼装焊接，焊接工作量大，焊接质量要求高，焊接技术水平要求高。安装后要进行整体热处理和压力试验。因此安装费用高，安装施工周期长，投资大，见效慢。适用于单罐容积 $50m^3$ 以上的储罐。

卧式圆筒形储罐为一圆柱形筒体，两端焊接两个冲压成形的椭球形封头。

卧式储罐的加工制造全部在制造厂完成，因此，制造质量容易保证，造价低，施工安装周期短，见效快。但储存容量小，金属耗量大。适用于单罐容积 $120m^3$ 以下的储罐。

5.1.2　低温常压式储罐

低温常压式储罐是指液化石油气在低温（丙烷在 -42.1℃，异丁烷在 -11.7℃）条件下，其饱和蒸气压为标准大气压时的储罐。

这种储罐由于不承受内压力，因此罐壁可以设计得很薄，只要能承受住介质自重产生的静压头和保证罐体在本身自重和介质静压头联合作用下不失稳即可。因此，设备容积可以做得很大、壁薄，加工制造容易，检测设备和检测手段要求不高，工程造价低。但由于储存设备在低温下工作，为了使储存介质始终保持低温状态，要设置可靠的制冷设备和系统，增加了电耗和日常运行费用；罐体必须采用耐低温金属材料，且需要采用隔热性能好的保温材料。

低温常压式储罐适用于单台储存量 2000t 以上的大容量储罐。

5.1.3　低温压力式储罐

低温压力式储罐是指根据当地气温情况将液化石油气降到某一适当温度来进行储存的一种储罐。其介质压力介于常温压力式储罐和低温常压式储罐之间，如丙烷在 +50℃时饱和蒸气压为 1.71MPa，而在 0℃饱和蒸气压只有 0.457MPa。如按储存介质为 0℃储存液化石油气，则属于低压压力容器，制造标准、技术要求、检测要求均较中压压力容器要求低。因此，制造容易、壁薄、钢材耗量低，且可以使用普通钢材，造价低。与低温常压式储罐相比，运行中所需制冷量和耗电量较少，运行可靠，如在北方寒冷地区使用，全年制冷运行时间较短，运行费用低，更为经济合理；与常温压力式储罐相比，需增设制冷设备和系统，运行技术水平和管理水平要求较高。

低温压力式储罐适用于单台储存容量在 1000~2000t 之间。如在液化石油气储配站的规划设计中，将低温压力式储罐与常温压力式储罐结合起来，前者作为储存罐，后者作为运行罐，且储存罐与运行罐的容量比例取 2：1，则其优越性就非常显著。

5.1.4 常温压力式储罐的构造

1. 卧式圆筒形储罐

卧式圆筒形储罐是常见的用于液化石油气储存的常温压力式储罐（见图 3-5-1 所示）。其形状特点是轴对称，圆筒体是一个平滑的曲面，应力分布比较均匀，承载能力较高，且易于制造，便于内件的设置和装卸，因而，在中小型液化石油气储配站、灌瓶站、气化混气站和汽车加气站获得广泛应用。

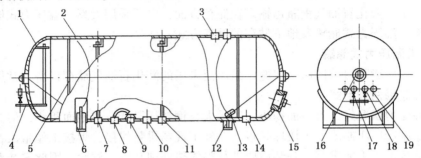

图 3-5-1　卧式圆筒形储罐

1—封头；2—筒体；3—安全阀接口；4—压力表连接管；5—液位计限位杆；6—固定鞍式支座；7—气相管；
8—进液管；9—出液管；10—回流管；11—放空管；12—活动鞍式支座；13—液位计浮球；
14—排污口；15—人孔；16—液位计；17—压力表截止阀；18—压力表；19—温度计

卧式圆筒形储罐由罐体筒体、封头、人孔、支座、接管、安全附件等主要部件组成。

（1）人孔和所有接管全部采用凸缘结构形式，人孔设在储罐的下半部，操作阀门几乎全部在下方；压力表、温度计、液位计等主要安全附件全部采用了双数，经常拆卸的螺栓全部采用不锈钢材质。

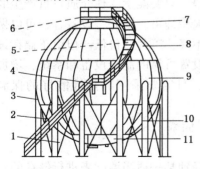

图 3-5-2　球形储罐

1—拉杆；2—下部斜梯；3—中间平台；
4—上部盘梯；5—上部平台；6—顶部平台；
7—上极带板（北极板）；
8—上温带板（北温带）；9—赤道带板；
10—下温带板（南温带）；
11—下极带板（南极板）

（2）便于操作，安全性好。由于主要安全附件和操作阀门的位置集中在封头及筒体下半部，便于观察和操作。主要安全附件都是双数设置，一旦有一个不准确或失灵，还有一个做保险，在运行过程中可以维修失灵的安全附件，使其恢复正常。

（3）便于安全检修。由于在两端封头中心处均设置了液位计，检修时将两端液位计拆掉后，筒体内可进行对流通风。又由于人孔设在封头的下半部，既方便检修工的出入，也便于搬运材料和工具，更便于用高压水枪对罐壁的冲刷和清洗以及通风置换。

2. 球形储罐

球形储罐也是常见的用于液化石油气储存的常温压力式储罐（见图 3-5-2 所示）。其形状特点是中心对称，因而受力均匀，在相同壁厚的条件下，球形壳体承载能力最大，即在同样压力下，球形壳体所需要的壁厚最薄；在相同容积条件下，球形壳体的表面积最小。因此，节省钢材，如制造相同容积的球形罐要比圆筒形罐节省约30%~40%的钢材。但制造工艺难度较大，成本高，工期长，对于大型球罐，由于运输等原因，要先在制造厂压好球瓣，然后运到安装现场组装，由于工地施工条件差，质量不易保证。

球形储罐主要由壳体、人孔、接管、支柱、拉杆、盘梯、操作平台组成。

（1）球罐壳体　球罐壳体由数个环带组对而成，按储罐公称容积及国产球壳板供应情况将球形罐分为三带（容积50m³）、五带（容积120~1000m³）和七带（2000~5000m³），各环带按地球纬度的气温分面情况相应取名，三带取名为北极、赤道带、南极；五带取名为北极、北温带、赤道带、南温带和南极；七带取名为北极、北寒带、北温带、赤道带、南温带、南寒带和南极。每一环带由一定数量的球壳板组对而成。

（2）接管与人孔　接管是指根据储气工艺的需要在球壳上开孔，从开孔处接出管子。例如，液化石油气球形储罐气相管、液相进口和出口管、回流管、排污管、放散管、各种仪表和阀件的接管等。除特殊情况外，所有接管应尽量设在北极板和南极板上。接管开孔是应力集中的部位，壳体上开孔后，在壳体与接管连接处周围应进行补强。

为便于球形储罐内部的检查与修理，在南极板、北极板中心线上，各设置一个人孔，人孔直径一般不小于500mm，开孔处采用整体锻件补强。

（3）支柱　球罐的支柱不但要支承球罐壳体、接管、梯子、平台和其他附件的重量，而且还需承受水压试验时罐内水的重量、风荷载、地震荷载，以及支柱间的拉杆荷载等。

（4）梯子与平台　为了便于生产过程中运行人员巡回检查、操作，以及检修人员定期检查、维护、检修，球罐外部要设梯子和平台，球罐内部要装设内梯。

常见的外梯结构形式有直梯、斜梯、圆形梯、螺旋梯和盘旋梯等。对于小型球罐一般只需设置由地面到达球罐顶部的直梯，或直梯由地面到达赤道圈，然后改圆形梯到达球罐顶部平台；对于小型球罐或单个中型球罐也可采用螺旋梯；对于中小型球罐群可采用各种结构的梯子到达顶部的联合平台；对于大中型球罐由地面到达赤道圈一般采用斜梯直达，赤道圈以上则多采用沿上半球球面盘旋而上到达球顶平台的盘旋梯，根据操作工艺需要，可在中间设置平台，使全部梯子形成阶梯式多段斜梯和盘旋梯的组合梯。

内梯多为沿内壁的旋转梯，见图3-5-3。这种旋转梯是由球顶到赤道圈，以及赤道圈至球底部沿球壁设置的圆弧形梯子，在球顶、赤道和球底部设置平台，梯子的导轨设在平台上，梯子可沿导轨绕球旋转，使检查人员可以到达球罐内壁的任何部位。

梯子、平台与球罐的连接均为可拆卸式，以便于检修球罐时搭脚手架。

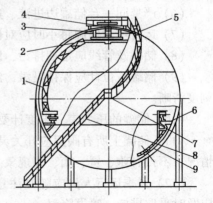

图 3-5-3　内旋梯与外梯

1—上部旋梯；2—上部平台；3—直爬梯；
4—顶部平台；5—外盘旋梯；
6—中间轨道平台；7—外直梯中间平台；
8—外斜梯；9—下旋梯

5.1.5　液化石油气储罐的安全附件

液化石油气储罐的安全附件是指在液化石油气储存和装卸过程中起安全保证作用的附件，是储罐得以安全、经济运行所必需的组成部分。

（1）液面指示计　液面指示计用以测定储罐内液相液化石油气液面的高低，由此计算出储罐内液化石油气的储存量。

（2）安全阀　当储罐附近发生火灾或因操作失误造成储罐压力升高超过设计压力达到安全阀开启压力时，安全阀自动开启将储罐内液化石油气放散，降低储罐压力。

（3）紧急切断阀　因故障发生跑气事故，又不能靠近阀门而关闭时，可通过远离罐区的控制室关闭紧急切断阀，防止跑气。

（4）防冻排污阀　排出储罐底部液化石油气内水分，具有防冻功能。

（5）压力表、温度计　及时、准确地就地或在集中控制室显示出储罐内介质的参数，便于操作人员及时掌握和调整运行工况。

（6）自动报警系统　设置自动报警系统的储罐，在不安全工况下或在不安全工况形成过程中便可以向在岗操作人员发出声、光等讯号，提醒或帮助操作人员及时排除故障。

（7）消防喷淋装置　在夏季太阳照射下，露天设置的储罐内介质温度升高、体积膨胀，可能会引发事故。设置消防喷淋装置可以降低储罐内介质温度，预防事故发生。

（8）防静电接地装置和防雷接地装置　防静电接地装置和防雷接地装置是预防静电和雷击危害的有效措施。

5.1.6　液化石油气储罐的安全使用要求

（1）为了确保罐区安全生产，运行人员必须严格遵守各项操作规程。

（2）对每台储罐的进液、出液都必须严格监测，发现异常情况，及时处理，并向主管领导汇报。

（3）新安装的储罐第一次充装或检修后第一次投产，必须进行置换，使罐内含氧量小于4%时方可进行充装。

（4）储罐必须严格控制充装量，根据实际容积和存入的介质标定最大允许充装量确定的最高警界液面高度，严禁超量充装。

（5）储罐进液时，必须一台进行，严禁两台储罐同时进液。

（6）严禁同一台储罐边进液、边出液。

（7）运行中的储罐每小时应对储存介质的压力、液位、温度检查一次，并抄表记录。

（8）储罐及管线应定期排污，以防管道和阀门冻堵。

（9）储罐液位计应保持灵敏，液位准确、可靠，玻璃板式液位计应经常排污保持透明，刻度清晰。

（10）储罐的压力表、温度计要经常检查，定期检验，如有失灵或损坏，应立即更换。

（11）储罐上所有阀门应开关灵活，严密不漏，运行人员应经常检查管线及阀门的运行情况，不得有跑、冒、滴、漏现象。

（12）夏季运行人员应随时注意储罐温度及压力变化，当温度和压力达到一定限度时，应及时采取措施，喷淋降温。

（13）寒带地区，在严寒的冬季，不宜运行室外露天储罐，以防储罐在真空下失稳。

（14）安全阀至少每年应检验一次。安全阀下与储罐连接的阀门运行中处于全开状态，应有明显的全开标志，并铅封。

5.2 常温压力式液化石油气储罐的运行与操作

5.2.1 液化石油气储罐的运行参数

1. 储罐设计温度为50℃。

2. 储罐的设计压力：

（1）丙烷储罐设计压力为：1.77MPa；

（2）对50℃时饱和蒸气压力低于或等于1.62MPa的混合液化石油气储罐，设计压力为1.77MPa；

（3）对50℃时饱和蒸气压力高于1.62MPa的混合液化石油气储罐及丙烯储罐，设计压力为2.16MPa；

（4）残液储罐（丁烷以上成分为主）设计压力为0.98MPa。

3. 储罐的充装量

对于液化石油气储罐，应严格控制充装量，以保证其在设计温度下，储罐内存在一定的气相空间，使液化石油气实现气液两相共存，并在一定温度下达到动态平衡。

为了防止充装过量，确保压力容器安全运行，充装量有两种计算方法。

（1）国家颁布的《压力容器安全技术监察规程》、《液化气体汽车罐车安全技术监察规程》中对液化气体充装系数 φ 作出了明确规定，见表3-5-1。

液化石油气储罐最大允许充装量按下式计算：

$$G = 0.425V \qquad (3-5-1)$$

式中　G——最大允许充装量，kg；

　　　V——储罐设计体积，L；

　0.425——液化气体质量充装系数，kg/L。

表 3-5-1　液化气体质量充装系数 φ 及饱和液体密度

充装介质		丙烯	丙烷	液化石油气	正丁烷	异丁烷	丁烯、异丁烯	丁二烯
充装系数 φ		0.43	0.42	0.425	0.51	0.49	0.5	0.55
饱和液体密度/(kg/L)	15℃	0.524	0.507	—	0.583	0.565	0.612	—
	50℃	—	0.446	—	0.542	0.520	—	—

（2）《城镇燃气设计规范》规定液化石油气储罐最大设计允许充装量按下式计算：

$$G = 0.9\rho_{40}V \qquad (3-5-2)$$

式中　G——最大允许充装量，kg；

　　　ρ_{40}——40℃时液化石油气的密度，kg/L；

　　　V——储罐的几何体积，L。

5.2.2 液化石油气储罐的进液操作

储罐进液方式有管道进液，铁路罐车和汽车罐车卸车进液。

1. 由输液管道直接向固定储罐进液

直接利用管道的压力将液态液化石油气压入储罐。

（1）落实输送液化石油气单位进液时间和进液数量，做好接收的准备工作，确定进液储罐，记录进液前储罐的液位、温度、压力值。

（2）接到进液通知后，先打开储罐进液阀门，再打开输送管道过滤器和流量计前后阀门。

（3）进液过程中要随时观察输送管道流量和压力的变化情况，当发现进液不正常时，应立即与输送单位联系，查明原因，及时处理。

（4）进液过程中应随时观察和严格控制进液储罐的压力、进液速度和液位的变化情况。

（5）当进液储罐压力过高时，应向其他压力较低的储罐串气，即先打开较低储罐的气相阀门，再打开进液储罐的气相阀门，以提高进液速度。

（6）当进液储罐的液位达到规定高度时，应立即更换储罐，即先打开待进液储罐的进液阀门，再关闭进液储罐的气相阀门，以提高进液储罐的进液阀门。

（7）结束进液时，应与输送液化石油气单位联系。接到停止进液通知后，先关闭输送管道过滤器和流量计前后的阀门，再关闭进液储罐的进液阀门。

（8）进液结束 10min 后，检查储罐液位和压力是否正常，若液位继续上升或下降，均需查明原因，进行处理，液位正常后方可离开现场。

2. 由铁路罐车向固定储罐进液

（1）铁路罐车装卸注意事项

① 液化石油气铁路罐车用 4 节隔离车厢顶入站内，或由专设的卷扬机拉入站内，铁路机车严禁入站。

② 当遇雷雨天气，或附近有明火，或易燃、有毒气体泄漏，或出现其他不安全因素时，严禁进行装卸作业。

③ 铁路罐车装卸作业时，应在铁路上设置明显标志或信号。

④ 铁路罐车进站后应按指定地点停车，拉紧制动器，使罐车停稳，不得滑动。

（2）用压缩机卸铁路罐车操作

装卸铁路罐车一般采用压缩机，如图 3-5-4 所示。

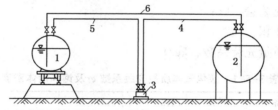

图 3-5-4

① 接好罐车和铁路装卸栈桥气、液相软管，并排放出软管内空气。

② 打开进液储罐的液相进口和气相阀门。

③ 打开液相过滤器和流量计前后阀门。

④ 打开压缩机吸气口阀门，与进液储罐气相管接通；打开气液分离器进、出口阀门；打开压缩机排气口阀门，与罐车气相管接通。

⑤ 启动压缩机，抽吸进液储罐上部气态液化石油气，压送到罐车气相空间，液化石油气则通过过滤器、流量计，沿液相管进入储罐。

⑥ 进液过程中，应随时观察罐车和进液储罐的液位、压力、温度变化情况。

⑦ 巡回检查压缩机及气相、液相管道系统、阀门有无泄漏现象。

⑧ 当罐车液位降到零位时，应立即停止压缩机运转，并按顺序分别将系统阀门关闭。

⑨ 将软管内液化石油气通过排空阀排净，确认软管内无压时再拆卸软管。

3. 汽车罐车向固定储罐进液

（1）汽车罐车装卸作业注意事项

① 外单位汽车罐车进入储配站生产区，首先应登记验证。司机、押运员出示合格证等

证件，易燃品和随车其他人员不准进站。凡不符合要求或遇雷雨天气、罐车漏气等影响装卸情况的，一律不准装卸。

② 验证合格后，认真填写装卸记录，指挥罐车司机驶入规定位置，拉上制动手闸，在车轮下放置龙挡，以防车辆意外滑动。并接好防静电，挂好装卸车标志。

③ 作业人员不准离开罐车，严禁吸烟和明火。

④ 作业人员要严守防火规定，严禁使用非防爆工具。

⑤ 罐车初次灌装和检修后灌装的罐车必须做抽样化验，罐内含氧量小于3%时，才能充装。

⑥ 罐车装卸完毕，认真对各部位进行检查，确认无误后，取下装卸车标志，会同司机签字，并监督罐车驶出生产区。

（2）用压缩机卸车操作

图3-5-5所示为用压缩机装卸、倒罐操作示意图。利用压缩机抽吸和加压气态液化石油气。将需要进液的储罐中的气态液化石油气通入压缩机入口，经过压缩机加压后输送到罐车中，从而使储罐中压力降低，罐车中压力升高。两者之间形成0.2～0.3MPa的压差，以实现向储罐进液的目的。

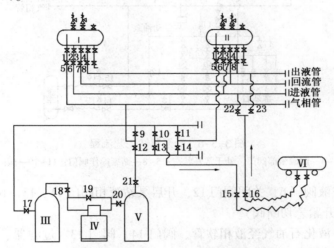

图3-5-5　用压缩机机装卸、倒罐操作工艺流程示意图

Ⅰ、Ⅱ—储罐；Ⅲ—气液分离器；Ⅳ—压缩机；Ⅴ—油气分离器；Ⅵ—罐车

① 装卸车台的气、液相软管分别与罐车的气、液相管接合牢固后，打开罐车气、液相紧急切断阀和球阀，开启阀15和16。

② 打开储罐Ⅰ的阀门5和6，关闭阀门23，开启阀门22。

③ 打开压缩机阀门组中的阀门9和13，关闭阀门10、11、12、14，接通进入压缩机的阀门17和出口阀门21。打开旁通阀19，关闭出口阀20。

④ 控制气液分离器的液位在规定的位置以下，启动压缩机，待压缩机运行正常后，缓慢开启出口阀门20，同时稍开入口阀18，阀20全开后，关闭旁通阀19，使压缩后的气体经油气分离器并通过阀门13、15进入罐车。

⑤ 待罐车气相压力高于储罐Ⅰ0.2～0.3MPa后，液体沿液相管流入储罐Ⅰ。在卸液过程中必须有专人观察罐车的液位，待罐车液位降到零位时，关闭罐车液相紧急切断阀和球阀，关闭阀门16和6，关闭阀门9和13。

⑥ 开启阀门组中12和10，对罐车进行抽气降压。当罐车内压力降至0.147～0.196MPa

时，开启旁通阀 19 和 10，按正常停车程序停止压缩机运行。

⑦ 关闭阀门 10 和 12，关闭气相软管阀 15 和储罐 I 的阀 5。

⑧ 开启罐车气、液相管放散阀，待软管泄压后，拆除软管和接地链，解离罐车。

（3）用烃泵卸车操作

利用烃泵将罐车中的液态液化石油气加压输送到固定储罐中。应特别注意，液相管道上任何一点的介质压力不得低于其操作温度下的饱和蒸气压力，以防液体气化，形成"气塞"。图 3-5-6 所示为烃泵装卸工艺流程图。

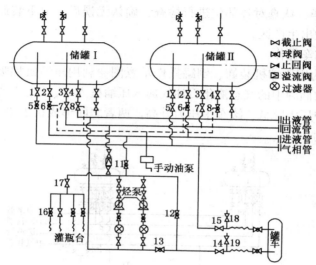

图 3-5-6　烃泵装卸工艺流程
1~4—储罐根部阀门，处于常开状态；5~8—储罐操作阀门；11~19—阀门

① 开启储罐进液阀门 6，关闭阀门 12，开启泵站液相阀门 11、13、14（装有紧急切断装置的系统，应先打开紧急切断阀）。

② 开启烃泵，液化石油气经液相软管、阀门 14、阀门 13、过滤器、烃泵和阀门 6、11进入储罐。

③ 当罐车液位达到零位时，立即停泵，关闭泵站阀门 14、15 和储罐进液阀门 6，关闭罐车紧急切断阀和气、液相球阀。

④ 开启排空阀 18、19 或罐车放散阀，排掉软管中剩余液化石油气，降压后拆除软管，解离罐车。

4. 充装汽车罐车操作

（1）用压缩机充装汽车罐车操作

用压缩机充装汽车罐车操作，见图 3-5-5。

① 将汽车罐车装卸台（柱）的气、液相软管分别与罐车的气、液相管接合牢固后，打开罐车气、液相紧急切断阀和球阀，打开阀 15、16。

② 打开储罐 I 的气相阀门 5、出液阀 8，关闭阀门 22，开启阀门 23。

③ 打开压缩机阀门组 10、12，按压缩机操作程序启动压缩机，全开排气阀 20，关闭旁通阀 19，使罐车中气态液化石油气经压缩机抽吸并压送至储罐 I 的气相空间，使其压力升高，储罐 I 内液态液化石油气经阀门 8、23、16 流入罐车。

④ 当罐车液位达到允许充装液位时，关闭罐车的气、液相紧急切断阀和球阀，打开旁通阀 19 后停止压缩机运转，关闭阀门 10、12、23、5、8。

⑤ 开启气、液相管排空阀，泄压后拆除软管和接地链，解离罐车。

⑥ 罐车充装完毕后，应进行充装量的复验，合格后方可出站。其充装量严禁超过罐车最大充装量。

⑦ 在用压缩机装卸液化气的过程中，被充装液相的罐车或储罐液位上升到该车或储罐的气相管口以上时，液相的液化石油气就会通过气相管被抽到压缩机内。由于压缩机的活塞行程较大，适用于气态工作介质。当汽缸内突然进入液态介质，突然气化后，活塞的剧烈运动突然受阻，就会顶坏压缩机的汽缸盖或其他部件，形成液化石油气的大量泄漏。因此，在装卸过程中一定要防止"冒顶"(液位超高)。一旦发生"冒顶"，应采取救急排险措施：

a. 立即停止压缩机运行，关闭压缩机的进出口阀门，同时将压缩机间阀门关闭，防止液化气向外扩散；

b. 立即报警，并熄灭周围一切火种；

c. 压缩机排险时，要做好身体防护，不要碰到任何金属物体，防止产生火花；

d. 将超量灌装的罐车或储罐内液化气倒入另一罐，直到符合安全规定，或将超量的液化气通过放散火炬烧掉；

(2) 用烃泵充装汽车罐车操作

由储罐 I 用烃泵充装汽车罐车操作，见图 3-5-6。

① 打开储罐 I 出液阀门 8、气相阀门 5 和泵站阀门 15，关闭泵站阀门 13、14，打开罐车灌装阀门 12，用手动油泵打开紧急切断阀。

② 罐车停放稳妥，拉上制动手闸，垫制动块，接好接地装置，接通软管并打开排空阀 18、19 将空气排净。

③ 启动烃泵，储罐 I 内的液化石油气经出液阀门 8、过滤器、烃泵、阀门 12、阀门 14、液相软管进入罐车。

④ 当罐车液位达到最大允许充装量时，立即停泵，关闭气、液相阀门 14、15 和 12，关闭储罐 I 出液阀门 8，关闭罐车紧急切断阀和气、液相球阀。

⑤ 打开气、液相排空阀 18、19，使软管泄压，确认无压力时，拆卸软管，拆除接地装置。

⑥ 罐车充装完毕，应进行充装量的复验，严禁超过罐车允许的最大充装量，合格后方可出站。

5.2.3　液化石油气的倒罐操作

倒罐就是将一个储罐内液化石油气倒入另一个储罐，一般采用压缩机运行方式进行倒罐作业。以罐 I 为出液罐，罐 II 为进液罐，见图 3-5-5。

(1) 先打开储罐 I 和储罐 II 的液相阀门 6，使两罐连通。

(2) 打开压缩机至出液罐 I 的排气阀门 20、21、12 和储罐 I 的阀门 5，打开进液储罐 II 至压缩机的吸气阀门 18、17、11 和储罐 II 的气相阀门 15。

(3) 启动压缩机，将进液储罐 II 内气态液化石油气压入出液罐 I，使储罐 I 的压力高于储罐 II，依靠压力差使储罐 I 内的液态液化石油气经液相管流入储罐 II。

(4) 倒罐中应随时观察和控制出液罐和进液罐液位、温度、压力变化情况。当进液储罐达到规定高度时，立即停止压缩机运行。

（5）按顺序关闭相关阀门。

（6）为了加快倒罐速度，可适当增加压缩机运行台数。也可用压力较高储罐给出液罐升压的方法进行倒罐。

（7）冬季可利用气化升压器给出液罐升压，进行倒罐作业。

（8）倒罐的目的是为了计划检修，此时应将出液储罐倒空，当液位为零位时即为倒空。也可根据压缩机排气温度变化情况来判断储罐是否已经倒空，若压缩机排气温度升高较快时，说明已经排空。再用压缩机从出液罐中抽出气态液化石油气压入其他储罐，或送火炬燃烧。气态液化石油气不得任意排放，以防发生事故。

5.2.4　液化石油气的排污操作

（1）排污时先打开排污管第1道阀门，待液体流入排污箱（位于两个排污阀门之间）时，立即关闭第1道阀门，然后打开第2道阀门，排出排污箱内的污物后立即关闭。

（2）排污管道两道阀门交替打开和关闭，直至排污作业完成。

（3）排污作业进行中，应随时观察排出物情况。当有气态液化石油气喷出时，立即关闭排污阀。

（4）排污操作应两人进行，一个排污，一人监护。

5.3　液化石油气储运的安全管理

5.3.1　常温压力式储罐泄漏事故的原因

储罐泄漏是非常严重的事故，因为一旦液化石油气泄漏，随时都有发生火灾和爆炸的危险。

储罐发生泄漏的原因不外乎两条。其一是由于操作人员失职或误操作，在储罐进液特别是由管道直接进液时，致使大量液化石油气泄漏。其二是由于储罐材质不符合要求，现场焊接质量差，法兰垫片质量不佳或老化；或由于储罐排污阀冻裂、仪表接管、阀门不严等诸多因素造成。

5.3.2　液化石油气储罐发生冒顶事故的处理

（1）立即停止罐区所有储罐生产运行，停止罐区内所有机动车辆行驶，消除着火源。

（2）立即关闭进液总阀门和储罐进液阀门。

（3）通知气源厂（或储存站）停止供液。

（4）在现场设置警戒线，禁止无关人员进入现场。

（5）无关人员撤到安全地带，做好消防、抢险、抢救各项准备工作。

（6）熟悉设备及工艺管路系统的抢险人员从上风侧或侧上风侧进入现场，关闭液相阀门，进行检查、堵漏作业。

（7）采用开花水枪分层驱散漏出的气雾，以降低液化石油气浓度，待罐区、车间空气中液化石油气浓度降至安全范围内时，全面检查冒顶情况及造成的缺陷和问题。

（8）情况稳定后，将冒顶储罐中的液化石油气倒入其他储罐。

（9）根据全面检查出的缺陷和问题，采取相应措施做好善后工作。

（10）认真做好事故及事故处理的详细记录。

5.3.3　液化石油气储罐破裂事故的处理

储罐破裂大多由于材质或现场拼装焊接时造成的缺陷而引起的，也有的是由于其他灾害的波及而引起的，如站内钢瓶爆炸撞击储罐、火灾蔓延使储罐升温，压力急剧上升超过储罐承受的压力；或急剧寒冷，形成储罐负压，使储罐失稳而破裂。

（1）立即停止液化石油气站内一切生产作业，切断总电源（消防电源除外）。

（2）将破裂储罐的液化石油气倒入其他储罐。

（3）应立即消除着火源，并设相当区域的警戒线，避免因大量液化石油气泄漏而引发火灾和爆炸事故。

（4）消防车应停放在上风侧的安全地带，用开花水枪分层驱散泄漏的气雾，以降低液化石油气浓度。

（5）液化石油气站外也要设置警戒线，消除一切着火源，直至完全泄漏完毕。

5.3.4　与罐体直接相连的阀门、法兰、密封管件泄漏时的处理

此类事故多是在冬季因阀体被冻裂所致，特别是储罐的排污阀，因其处于储罐的最底部，最容易被冻裂。由于这些管件与储罐直接相通，一旦出现险情，将会造成储罐内的液化石油气全部漏出，因此是非常危险的，应采取紧急抢救措施。

（1）立即切断可能产生火花的一切着火源。

（2）进行泄漏点的堵漏。

① 用湿棉被包住泄漏点，用水对其进行喷射冷却，使之冻成冰坨，以减少泄漏。

② 用预制好的卡箍将泄漏点堵住，卡箍与泄漏部件之间为柔性接触。操作时必须十分细心，防止产生火花引起着火和爆炸。

③ 用专用夹具固定在泄漏点处，用高压油泵通过注射嘴向夹具内注射专用密封剂，直至堵住泄漏。

带压堵漏应由经过训练的技术熟练的人员操作，并应符合《带压堵漏技术暂行规定》的要求。

（3）用压缩机倒罐，将泄漏储罐内的液体倒入其他储罐。待液体倒完后，再用压缩机将泄漏储罐内的气相压力抽降至 0.05MPa 以下。

（4）用开花水枪驱散积存的液化石油气雾，以降低液化石油气泄漏现场浓度。

（5）在确认安全的情况下，开启泄漏罐的放散阀门，将储罐内剩余气体排出。

（6）经检测符合安全标准后，对损坏的阀门、垫片用相同型号的产品更换，对损坏的管道予以修复。

（7）若泄漏量很大，抢修无法控制，应迅速疏散生产区内所有人员，扩大警戒线，向119 报警，并进行远距离监控。

5.3.5　液化石油气火灾的扑救

着火过程一般分为初起、发展、猛烈、减弱、熄灭五个阶段，液化石油气由于闪点低、易挥发、燃烧速度极快，发展的阶段性不明显，若对初起火灾不及时扑救，瞬间即成为恶性火灾、爆炸事故。因此及时扑救初起火灾极为重要，常采取的扑救措施如下。

1. 堵塞泄漏，杜绝火种

消除液化石油气泄漏，杜绝火种的产生，是扑灭火灾及防止火灾蔓延的最有效方法。无论火灾是否已经发生，当液化石油气继续从工艺装置中外泄时，都要立即采取措施将泄漏点控制住，同时切断电源和严禁一切明火的发生。

（1）关闭漏点管道上的阀门时，应站在上风向，并离开液化石油气雾区或火区，尽可能关闭距漏点最近的上游阀门。对无上游阀门控制的泄漏点，若条件允许，可采用内衬橡皮的

卡箍将漏点临时堵塞，或采取措施将来源处的液化石油气转移他处，以降低泄漏速度。

（2）若阀门无法关闭或漏点一时难以堵塞，或火势大，人员无法靠近时，要迅速将周围受到威胁的钢瓶、罐车及其他可燃物转移到安全地点，不能转移的用水进行冷却。

（3）对产生泄漏，但未着火的情况，堵漏时要严防着火，不得使用非防爆电器、禁止金属物品之间产生撞击和碰擦，并在事故现场四周设立警戒区，警戒区内不得有任何火源存在，严禁将任何火源带入警戒区。堵住漏点后，要及时用喷雾开花水枪或蒸汽由下往上驱散气雾。不论是否已发生火灾，扑救工作都应避免火种的产生，以防引发别处发生火灾。

2. 灭控制火区、扑灭火灾

在切断气源的同时，即应启用消防器材，向火区喷发灭火剂，以阻断空气与火苗及液化石油气的继续接触，即使气源未能彻底切断，此项工作也要进行。

（1）火灾若发生在储罐、钢瓶、管道裂口处且为稳定的火炬燃烧时，可用直流水枪和高压水枪，对准根部扑熄，或用干粉灭火器、二氧化碳灭火器、1211灭火器扑救，但应防止复燃和液化气气雾增大扩散。

（2）若火情发生在罐群之中，除集中对火源喷射灭火剂外，还要加大喷水冷却量，尽可能地降低储罐温度和压力。若条件允许，应及时将受到威胁的储罐内的液化气倒入安全的储罐之中。

（3）若钢瓶、罐车发生着火，除进行扑救外，还应设法将其挪出生产区，移到空旷地带，以免危及周围环境。

3. 冷却降温，减压放散

在对着火区进行扑灭的同时，现场指挥人员还要根据火势大小和周围易燃物的情况，及时组织人员向邻火容器表面喷水降温，以避免容器受火焰烘烤而导致物理爆炸事故。对来不及倒出液化气的储罐，在其受到火焰威胁时，要开启放散阀向空中排放泄压，以保护容器安全，即使在放散管端形成火焰，也不要紧，因为这不会将火喷向四周，也不会将火引入罐内，并且，储罐上的放散管在设计时就考虑到了方向、朝向和火灾条件下的保护作用。

4. 严密组织，指挥得当

发生了液化石油气火灾，现场领导、员工应保持冷静，理智处理，迅速采取相应对策，及时报警。对较大的火灾，现场最高领导应立即担负起组织扑救的责任，做到准确判断火情，合理高度指挥，正确采取对策，在专业消防人员未到达现场之前，尽可能地控制住火势，并做好无关人员的疏散和消防车辆进出回转道路的疏通工作。若火势过猛难以控制，火区的火焰发白发亮，有恶性爆炸事故发生的征兆，容器已有隐约响声或晃动，指挥人员应立即将人员和器材、车辆撤离危险区。

扑救初起火灾，主要依靠在场的全体人员，这就要求全站人员平时认真学习和掌握火灾的扑救方法，经常进行事故扑救演练，一旦发生火灾，才能做到不慌不乱，坚守岗位，听从指挥，措施得当，扑救准确，从而把火灾消灭在初发阶段。对一时不能扑救的火灾，也会得到及时有效的控制，为专业消防队员扑救赢得时间。

5.3.6 液化石油气的冻伤事故

液化石油气大多带压储存，在发生泄漏尤其是在液化石油气铁路槽车充装过程中易发生泄漏事故，大量液化石油气在高压下迅速喷出，会瞬间吸收周围大气环境和物质的热量而出面结冰现象，遇到人体特别是皮肤等也会使因瞬间失去大量的热量而使其受伤。因此，在液化石油气操作过程中，应注意劳保穿戴，充装过程应佩戴防冻手套。在发生人员冻伤后，要及时更换外层衣服，盖好棉衣或棉被，同时通知就近医院进行急救。

5.4 火炬—炼油厂气系统

5.4.1 概述

火炬—炼油厂气系统是炼油厂储运系统一个重要组成部分,它既是保证装置生产的安全措施,也是回收炼油厂气作燃料的节能措施,同时也是减少大气污染,改善周围环境的环保措施。

火炬—炼油厂气系统主要由炼油厂气系统管网、气液分离罐、集液罐、气柜系统、压缩机系统、水封罐、电点火系统、火炬系统、蒸汽助燃设施及凝缩油系统等设备组成。

火炬系统在正常生产情况下,火炬应该是不点燃的或只点常明灯。当装置开停工或装置出现事故状态,生产不稳定或者炼油厂气系统供需难平衡时,火炬才会被点燃并着火很大。火炬燃烧不仅浪费了大量炼油厂气燃料,而且还会污染大气,危害周围居民身体健康。当前,在我国各炼油厂均已基本"消灭"火炬,部分炼油厂切实做到了全部燃料气都回收和充分利用。尚有部分炼油厂还做不到"消灭"火炬。主要是因为:炼油厂气系统管理不善,存在乱排放现象;放空阀或调压阀等关不严,泄漏严重;回收炼油厂气措施不落实,炼油厂气系统综合平衡搞得不好,生产不稳定,操作调整不及时;炼油厂气系统自动监测、控制失灵以及炼油厂气回收系统设备因腐蚀经常出现故障等。

5.4.2 炼油厂气系统组成

由于炼油厂装车组成不同,炼油厂气来源和控制压力不同,根据生产需要,通常分为高压、中压、低压炼油厂气系统,另外还有酸性气也通向火炬系统。

高压炼油厂气系统是以催化、焦化等装置的石油气为主要来源,通过气压机增压后送至稳定吸收和气体脱硫装置,脱去 C_2、C_5、H_2S 和 SO_2 等,净化后的干气进入高压管网。另外,进入高压管网的气体还有重整、加氢和制氢装置的剩余 H_2 气以及其他装置排放的石油气体。高压管网压力一般控制在 0.35~0.7MPa,有时为保持压力稳定,时常还要补充液化气。高压管网炼油厂气作为燃料可供厂内装置加热炉或附近化工厂使用。在火炬系统,用它来点燃常明灯或供凝缩油罐、集液罐压油使用。

低压炼油厂气系统是生产装置开停工时,调整操作或事故状态下紧急放压排放的炼油厂气。进入低压管网的炼油厂气有催化、焦化、常压、气体分离、重整、加气和制氢等装置排放的气体。正常生产时,各装置不应有炼油厂气排放,但由于塔、容器、管线上的截止阀、控制阀、安全阀因腐蚀或杂质卡住关不严,常常造成炼油厂气大量泄漏,有时装置内系统压力过高调整操作不当,也常随意向低压管网排放,以至火炬时大时小,很不稳定。一般来说,炼油厂气量少的时候,只有 400~700m³ 左右,排放量大时可达千余立方米。因此,低压管网压力波动很大,通常在 0.294~0.680MPa 左右。为了回收这部分炼油厂气并加以充分利用,以利节省能源增加效益,各厂都建有气柜,用于回收和储存炼油厂气。

酸性气系统是各装置排放的含硫气体,包括气体脱硫、液态脱硫、汽油脱硫醇、双塔气提等装置,这些含有 H_2S 和 CO_2 的酸性气进入酸性气系统管网,供硫磺装置作原料生产硫磺。酸性气系统管网也直通火炬,当硫磺装置停产或生产不正常时,也可在火炬塔中烧掉。

由于低压炼油厂气常含有液滴,当管线中瓦斯流速降低时,液滴会积聚在管线低点,积少成多而堵塞管线,使系统压力升高。因此,汇集凝缩油的集液罐应定期压油至轻污油罐进行回收。

由于各炼油厂装置不同，生产工艺和操作条件不同，所以炼油厂气组成成分也不同。

5.4.3 火炬—炼油厂气系统原则流程

低压炼油厂气经若干气液分离罐，分离出炼油厂气和凝缩油，不带油的干净炼油厂气进入水封罐，当低压管网压力升高超过水封罐水封压力时，炼油厂气冲破水封经防火器进入火炬，火炬被点燃。各级气液分离罐分出的凝缩油汇集到凝油专线，经凝油泵打回轻污油罐返送装置回炼。经多级分液罐分离出的干净炼油厂气进入水封罐前，在未冲破水封点燃火炬前，先进气柜予以回收并储存，达到一定的储量时，炼油厂气经气柜水封出口可直接供生产或生活作燃料，也可由增压机加压打入高压炼油厂气管网或送气体装置回收。

5.4.4 炼油厂气储存设备

1. 低压湿式储气罐

湿式储气罐是在水槽内放置钟罩和塔节，钟罩和塔节随着燃气的进出而升降，并利用水封隔断内外气体来储存燃气的容器。罐的容积随燃气量而变化。湿式储气罐分直立低压湿式罐和螺旋低压湿式罐两种。

（1）螺旋低压湿式罐

螺旋低压湿式罐在我国应用广泛。螺旋低压湿式罐罐体靠安装在侧板上的导轨与安装在平台上的导轮相对滑动产生缓慢旋转而上升或下降。如图3-5-7。

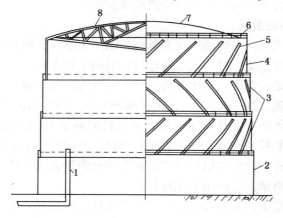

图3-5-7 三节螺旋低压湿式罐示意图

1—进气管；2—水槽；3—塔节；4—钟罩；5—导轨；6—平台；7—顶板；8—顶架

螺旋低压湿式罐的主要优点是比直立罐节省金属15%～30%，且外形美观。它的缺点是不能承受强烈的风压，故在风速太大的地区不宜设置。此外，施工允许的误差较小，基础允许的倾斜或沉陷值也较小；导轮与轮轴往往产生剧烈磨损。

（2）直立低压湿式储气罐存在的主要问题：

① 北方地区冬季要采取防冻措施，管理复杂，维护费用高。

② 由于塔节经常浸入、升出水槽水面，因此必须定期进行涂漆防腐。

③ 直立低压湿式罐耗用金属很多，尤其是在大容量时更为显著。螺旋低压湿式罐和低压干式罐金属用量比较相近。容积愈大，则低压干式罐愈经济。

2. 低压干式储气罐

低压干式储气罐由圆柱形外筒、沿外筒上下运动的活塞、低板及顶板组成。燃气储存在活塞以下部分，随活塞上下移动而增减储气量。它不像湿式储气罐那样设有水槽，故可以大大减少罐的基础荷载，这对于大容积储气罐的建造是非常有利的。干式储气罐的最大问题是密封问题，也就是如何防止在固定的外筒与上下活动的活塞之间产生漏气。根据密封方式不同，低压干式储气罐分为曼型、可隆型、维金斯型三种罐型。

图3-5-8所示为维金斯型低压干式储气罐的构造，它由底板、侧板、顶板、可动活塞、套筒式护栏、特制密封帘和平衡装置等组成。

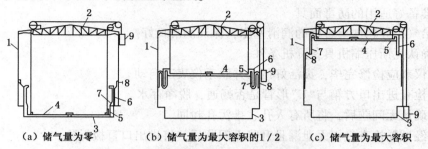

（a）储气量为零　　　（b）储气量为最大容积的1/2　　　（c）储气量为最大容积

图3-5-8　维金斯型低压干式储气罐的构造

1—侧板；2—罐顶；3—底板；4—活塞；5—活塞护栏；
6—套筒护栏；7—内层密封帘；8—外层密封帘；9—平衡装置

罐顶是中间拱起的，四周设有栏杆扶手。为了平衡活塞，滑轮是沿拱顶周围按一定的间距排列的，滑轮上设有一端连接活塞而另一端连接到外部平衡重块的缆绳。外部平衡重块是沿罐壳外壁上的导轨运行的，在一个平衡重块上装有指针，可以在垂直标尺上指示所储存气体的体积。

活塞上设置了一圈护栏称为活塞护栏，它的构造是由支承构件和特殊形状的围板所组成。围板的作用是使密封帘能够卷开到套筒护栏的内表面上。套筒护栏的构造与活塞护栏相似，同时也装有围板，在围板上的外层密封帘可以卷开到罐壳壁上。在活塞护栏与套筒护栏之间以及在套筒护栏与罐壳之间有足够的间隙，故在活动部分之间没有摩擦，活塞的升降运动非常灵活平衡，也很少倾斜。

密封帘的材料必须具有耐腐蚀性能，并且要有较好的机械性能（具有良好的弹性和韧性）。

为了获得较高的燃气压力，在活塞上需要加重块。在整个活塞行程中，燃气的压力基本上保持不变，可达6kPa。

维金斯型低压干式储气罐的各项参数见表3-5-2。

表3-5-2　维金斯型低压干式储气罐的各项参数

公称容积/m³	直径/mm	高/mm	钢材耗量/t
10000	28346	18898	220
50000	46573	38100	750
100000	59740	46939	1400
140000	65227	53340	1920

5.4.5　气柜的运行与管理

火炬-炼油厂气系统中的核心部分是气柜和火炬。操作好气柜是实现火炬系统平稳运行的关键。

1. 新建或大修气柜进气前的准备工作

（1）拆除检修用的脚手架，清除设备、管线上的杂物。

（2）检查所属设备、管线、阀门等是否完好。

（3）气柜及附属设备结构，重块、接地线符合要求。

（4）所属消防器材齐全好用，并按规定位置就位。

（6）照明器材齐全、好用。

（7）准备好适用的防毒面具。

（8）给气柜导轮加上合格的润滑基脂，保证润滑良好。

（9）确认瓦斯压缩机具备开机条件。

（10）仪表应检修完毕，灵活好用，并联系仪表工启动。

（11）检查进出口方箱与"U"形管是否畅通，脱净存水。

（12）确认无问题后，将所有人孔、排污孔封回。

（13）经试浮检查气柜无泄漏且升降无问题后，将进出口盲板拆除。

（14）打开水槽进水阀，加水至溢流管出水为止。

2. 引低压瓦斯进气柜

（1）气柜经大修后，有空气进入柜内，在引瓦斯前应联系调度用氮气置换空气。引氮气时，先让气柜升高至 1~3m，然后打开气柜顶部放空阀、出口分液罐底排污阀放空，使气柜降至最低位置。然后继续充氮，再排净。如此反复升降几次进行置换。

（2）联系分析站在柜顶放空口采样分析，含 $O_2 \not> 1\%$（V）为合格，若不合格要继续置换。

（3）合格后，联系调度，打开气柜入口阀，引低压瓦斯进气柜，置换氮气，在柜顶放空。当柜顶有瓦斯出来后，即关闭放空阀。

（4）待气柜升至一定高度后，打开气柜出口阀，改好流程开压缩机，即正常投用收气。

3. 气柜的正常操作

（1）严格按工艺卡片指标控制好气柜高度。

（2）正常收气时，气柜入口阀门应保持全开。

（3）操作中若发现气柜过高、气柜突然上升过快、无备用机时、压缩机总出口压力过高时，方可适当控制气柜入口阀：

（4）在关闭气柜入阀门前，应提前通知调度。关阀时应缓慢、平衡操作，不要一下子关得过大。

（5）气柜运行中应经常检查其进出口管线、方箱与"U"形管、出口分液罐等低点处是否积存有凝液。如有则要及时排净，避免堵塞，保持收送气畅通。

（6）及时把气柜工作情况汇报给调度。

4. 气柜的日常管理

（1）经常检查所属阀门、管线开关及使用情况。

（2）经常检查柜壁、各静密封点有无泄漏。

（3）经常检查水槽供、排水情况和水封情况。

（4）导轮应润滑良好，转动灵活。

（5）气柜应升降平稳、灵活，无卡轨、脱轨等现象。

（6）禁止气柜超过控制指标。

（7）当刮六级以上大风时，气柜不能升上第二塔。

（8）尽量避免酸性气窜进气柜。

5. 气柜的停用

气柜停收瓦斯后，先关闭入口阀门，并继续开压缩机将气柜抽低至 0.5m 左右后，关闭出口阀门。然后打开气柜顶部放空阀，将柜内残余瓦斯泄向大气，使气柜降至最低位置。

6. 气柜停用后的处理

气柜停用后，还必须经氮气置换瓦斯、水冲洗清扫等处理，清扫干净柜内的积存物，才能达到检修标准。

5.4.6　火炬的运行与管理

1. 火炬检修后点火前的准备工作

（1）联系调度，做好水、电、风、氮气、蒸汽安排。

（2）清除设备、管线上易燃物和杂物，拆除检修用的手脚架，搞好周围卫生，盖好下水井盖板。

（3）检查所属设备、管线、阀门是否检修完毕、好用，并改好有关流程。

（4）检修时所加盲板应拆除。必须保留的应挂好牌。

（5）设备接地线应完好。

（6）消防器材齐全、好用，并按规定位置就位。

（7）联系电工检查点火系统供电情况。并送上电，照明齐全。

（8）联系仪表工检查所属仪表齐全、好用。

（9）检查火炬点火系统是否完备、好用。

（10）各蒸汽管线脱净存水，以防给汽时水击损坏设备。

（11）火炬底、分子密封器、阻火器前管线低点等处检查脱净水。

2. 火炬点火与切换投用步骤

（1）投用前一定要先用蒸汽或氮气赶净待用火炬与相连管线内的空气，否则不能进行点火。具体做法是从火炬底给蒸汽，往顶部吹扫赶空气，火炬顶出蒸汽约半小时后停止。再开氮气置换，火炬顶出气半小时后，可认为已将空气赶完。

（2）打开待用火炬的各组阻火器上、下游阀，关闭付线阀。

（3）关小氮气阀，火炬头内加入适量的蒸汽，保持火炬内正压。

（4）改好待用火炬的长明灯与高空点火器流程，开通高压瓦斯。

（5）启动火炬点火系统，点燃长明灯，进而点燃火炬。

（6）依次打开或关闭各路放空瓦斯分别通往不同火炬的阀门，逐条管线进行切换。切换时，要注意尽量避免一路放空瓦斯或管线长时间同时串通不同的火炬。

（7）火炬点燃后，加入并调整火炬头内、外蒸汽量，使其尽量达到少烟或无烟。

（8）全部切换完毕后，将原用火炬熄灭。并检查所有与原用火炬连通阀门是否关严，确认无气体排放出来。最后关掉其长明灯阀，并通入少量蒸汽，熄灭原用火炬。

3. 火炬的正常操作与管理

（1）火炬操作人员要熟悉生产流程，掌握各阀门开关情况。经常检查所属阀门开关是否正确，且开度是否足够。在正常情况下，各组阻火器上、下游阀应全开，付线阀应全关。各路放空瓦斯通往火炬的阀门应打开，且开度要足够(至少 2/3 以上)。各水封罐前通往气柜的阀门应全部打开，以回收低压瓦斯。

（2）在没有低压瓦斯排放时，火炬一般可保留一条长明灯，火苗长短可根据风力大小决定。

（3）为保持火炬系统内正压，可给上适量的氮气，或在火炬头内给上适量的中压蒸汽。

（4）当放空瓦斯量比较大时，应及时给上火炬顶部的雾化消烟蒸汽，使瓦斯尽量充分完全燃烧。

（5）经常对分子密封器、火炬底、阻火器前管线低点检查脱净存水。

（6）经常检查点火瓦斯分液罐脱水情况，高压燃气压力应保持在 0.05～0.6MPa 之间。

（7）定时检查所属蒸汽管线疏水器的工作情况，保证脱净存水。

（8）检查各密封点有无泄漏。

（9）消防器材应齐全、好用。

5.4.7 火炬—炼油厂气辅助设备的管理

1. 低压瓦斯水封罐的正常操作与管理

低压瓦斯水封罐是收集和暂时储存低压瓦斯的储罐，是避免跑瓦斯，提高瓦斯压力，以利于瓦斯进入气柜储存的重要设备。低压瓦斯水封罐的管理好坏，直接影响瓦斯的收集，避免能源浪费。为保证低压瓦斯水封罐运行良好，必须做到以下几点：

（1）水封罐中部有一个进水阀、三个排水阀及"U"形排水管，可以用来控制水封水位高度。从下往上算起，三个排水阀距罐内进气口的高度分别为 0.8m、1.0m、1.2m。如要控制 1m 水封，则应关闭第一个阀门，第二个阀门则会有少量水排出，第三个阀门则应无水出。正常时，"U"形排水管应保持畅通，经常有少量水排出。进水量不能过大，以免水倒流入低压瓦斯管。

（2）经常检查各水封罐水位高度，水封水位一般控制在 1～1.2m。正常时，各水封应全部封住，低压瓦斯全部入气柜回收。若水封冲开，应及时补充液面，封住水封。

（3）每天白班从罐底排污一次，并及时补充液面。

（4）检查罐进口气体压力表是否好用，压力是否正常。

（5）定时检查排净低压瓦斯管存液。

（6）检查所属阀门开关情况。

（7）检查静密封点、各阀门的严密情况。

2. 低压瓦斯脱凝罐的正常操作与管理

低压瓦斯脱凝罐是脱掉瓦斯中的水分，提高瓦斯质量的储罐。为保证瓦斯质量，应做到如下几点：

（1）经常检查罐底及管线低点是否有凝液，若有应及时脱净，排入密闭排凝系统。

（2）检查液面计是否好用。

（3）检查压力表是否好用，操作压力是否正常。

（4）检查所属阀门开关是否正确。

（5）静密封点及各阀门的严密情况。

5.4.8 火炬燃烧酸性气注意事项

当有酸性气排放时，火炬绝不能熄火，必须保持有燃气长明灯。万一熄火须及时点燃，防止附近人畜中毒。

若酸性气排放量较大或燃烧不够完全时，应及时加大长明灯火苗，或者通入适量低压瓦斯加以助燃，此时火炬顶应给上适量消烟蒸汽，以保证酸性气完全燃烧，确保安全。

410

5.4.9 火炬—炼油厂气系统管线的管理

1. 系统管线的切换方法

（1）必须听从调度指挥，熟悉生产流程，做好瓦斯、液化气、酸性气系统的阀门开关与管线脱水工作。并配合做好系统管线检修、新管线投用等有关工作。

（2）开关每一个阀门后，都要在流程图上挂好牌，并作好记录。

（3）每班至少巡回检查两次系统管线、脱凝罐及阀门开关等情况。

（4）检查阀门开关是否正确。如发现有阀门开关不当，流程有误，或因调度指挥有误而错开阀门，要及时向调度汇报，及时改正。

（5）检查管线、阀门有无泄漏。若发现有漏，及时汇报处理。

（6）经常检查各低压瓦斯脱凝罐是否存有凝液。若有，则应及时开蒸汽往复泵送走，保持各条火炬管线畅通。

（7）抽送凝液前应先检查清楚油、水情况，方可将凝缩油抽送走，并把污水抽双塔汽提或排入含油污水井。开泵前，要先向调度汇报，改好有关流程。若抽送凝缩油，应先联系相关岗位打开污油罐入口阀门。若抽送污水，应先联系相关岗位打开污水罐入口阀门，或改通排入含油污水井阀。

（8）瓦斯管线每班检查脱水两次，水堵严重时，要经常排水，保持管线畅通。

（9）酸性气输送管线在正常情况下沿途不用排水。但当管线水堵或结盐严重时，需排水或吹扫处理，以保持管线畅通。排水前先征得调度和安全环保处同意。

（10）根据气量大小，接气柜和调度通知后，及时开关相应的阀门，回收瓦斯。开关阀门时应根据当前瓦斯的压力，灵活决定阀门开度。若压力低时，阀门可尽量开大，多回收瓦斯。压力高时，阀门开度不能太大，以免气柜受到冲击。

2. 切换系统管线时的注意事项

（1）操作人员熟悉流程，熟知各阀门去向与所在位置，掌握各阀门的开关情况。

（2）外出巡检时，要两人同行，并随身携带好安全帽与防毒面具。

（3）开关阀门时，要两人一起，开关脱水阀时要两人互相照应。

（4）系统管线脱水时，要严格遵守有关防毒规定：

① 对瓦斯、酸性气管线的低点积水进行敞开排凝时，必须戴好适用的防毒面具，人站在上风向，一人作业、一人监护。

② 不能单独作业，必须在有人监护下进行操作。

③ 因瓦斯、酸性气比重较空气大，故在低洼处脱水时，要特别小心，防止中毒。

④ 开脱水阀时，要及时关回。打开阀后不能离开现场，以免忘记关阀。

⑤ 开蒸汽往复泵抽送凝液时，要先联系改好泵出口流程。若因泵出口憋压，送不出量时，应及时停泵，汇报调度处理。

5.4.10 常见的火炬事故

1. 火炬"下火雨"

在生产实践中，炼油厂气—火炬系统常出现火炬冒黑烟或落火雨现象。火炬冒黑烟的主要原因是装置排放的炼油厂气量过大而空气供应不足导致不能完全燃烧所致。火炬冒黑烟会导致大量粉尘飘落，既污染环境又危害人体健康。因为未能完全燃烧，从火炬顶上喷射出来的凝缩油液滴像下雨一样，随风到处飘落，这种现象称为火炬"下火雨"。

火炬下火雨的主要原因是装置排放的炼油厂气带出液体成分太多，或炼油厂气系统沿线液分离罐内凝缩油没有及时压走，以致气液分离效果不好，液体随气体被带入火炬系统。

火炬下火雨易引起附件工艺设备、建筑物或地面干草着火，甚至造成到处都是黑色片状斑点。火炬"下火雨"严重影响了环境，污染了大气，损坏周边设备（设施），浪费了能源。因此，在日常工作的各环节中均应加强脱水处理，从而避免火炬"下火雨"的发生。

2. 火炬回火

在火炬系统中瓦斯管线内如果有空气，遇到长明灯时会发生在管线内着火甚至爆炸的危险的现象，这是因为火炬发生了回火。回火发生时，管线会发生剧烈震动，甚至火炬头在摇摆不定，管线温度显著上升，夜间还可观察到到管线被烧得发红。

（1）火炬回火原因

① 检修后，管线未赶净空气就点长明灯。由于管线内积存有大量空气，若放空瓦斯与空气在管内混合，遇上长明灯，不但可能发生回火，严重时（即管内瓦斯与空气混合比例达到爆炸极限时），还可能导致爆炸；

② 瓦斯内混有空气；

③ 与另一条火炬连通阀门未关或关不严，反从另一火炬抽空气进来；

④ 管线内压突然降低；

⑤ 燃烧速度快于放空瓦斯气流速度。

（2）处理

一旦发现回火现象，要立即向系统加入氮气，或加入蒸汽，至回火熄灭为止。

还应针对上述原因作如下处理：

① 检修后的管线、容器要用蒸汽赶净空气；

② 检查瓦斯内混有空气的原因，并及时处理；

③ 检查关严各连通阀门；

④ 适量蒸汽或氮气保持火炬头内正压；

⑤ 要保证火炬内正压。

第6章 石油燃料的调和

油品调和就是将性质相近的两种或两种以上的石油组分按规定的比例，通过一定的方法，达到混合均匀，有时还需加入某种添加剂以改善油品某种性能。这种将油品均匀混合而生成一种新产品的过程就叫做油品调和。目前调和的油品主要是石油燃料和润滑油两大类。本章重点介绍石油燃料的调和。

6.1 油品调和目的与机理

原油除经过蒸馏生产出小部分可直接作为商品的产品外，剩余部分需经过二次加工装置再次进行加工方能生产出各种石油组分、半成品或成品。其中，少数产品可直接作为商品出厂，但绝大多数产品需经调和后方可生产出各种牌号的合格产品。

6.1.1 油品调和目的

油品调和的目的有三点：

1. 使油品达到使用要求所应具有的性质并保证质量合格和稳定；
2. 改善油品性能，提高产品质量等级，增加企业和社会效益；
3. 充分利用原料，合理使用组分，增加产品品种和数量，满足市场需求。

6.1.2 油品调和机理

油品调和主要是使各液相组分之间相互溶解达到均质的目的。在油品中添加各种添加剂大部分也是与组分之间的溶解过程，仅少数添加剂例外。溶解过程的机理是扩散过程，扩散分为三种：分子扩散、涡流扩散、主体对流扩散。

1. 分子扩散

各组分（包括添加剂）分子之间相对运动引起物质传递和相互扩散，这各扩散在不同物质的分子之间进行。静止物质的分子扩散过程通常进行得极其缓慢。

2. 涡流扩散

当采用机械搅拌调和或泵循环调和等方式调和油品时，机械能传送给部分液体组分，使其形成高速流动，它和低速流动组分（或静止液体组分）的界面产生剪切作用，从而形成大量漩涡，漩涡促进局部范围内液体组分对流扩散。这种扩散仅限于在涡流的局部范围内进行。

3. 主体对流扩散

范围内即所需调和的全部组分通过自然对流或强制对流引起的物质传递。这种扩散在物料的整体范围内进行。

6.2 油品调和方法

当前油品调和的方法主要有罐式调和与管道调和。

6.2.1 罐式调和

罐式调和也叫批量调和或间歇调和。将各组分及添加剂分别用泵按比例送入油品调和

413

罐，在罐内调和为成品油，再经过分析化验，满足成品油质量指标后装车、装船或装桶出厂。

罐式调和又可根据不同条件采用不同的调和设备和方式。常用的罐式调和方式有压缩空气调和，泵循环(喷嘴)调和和机械搅拌调和3种。

1. 压缩空气调和

压缩空气调和一般用于润滑油品的调和，是将两种不同的组分油，按事先计算好的调和比例，先后送入罐内，然后用压缩空气搅拌使之混合均匀。通风搅拌时间大约 0.5~2.0h。经取样化验，基础油合格后再加入添加剂继续搅拌 0.5~2.0h，然后做全分析，合格后做为成品油出厂。

压缩空气调和法的特点是方法简单易行，混合比较均匀，适用于调和数量大，但质量要求一般的产品。如低标准号柴油或普通润滑油等。它不适用于闪点低、易氧化的油品，也不适用于易产生气泡的油品。因为用风搅拌，油气和空气混合极易达到爆炸极限，而且还会使油品产生大量静电，这对安全生产十分不利。有些油品经风搅拌也会产生泡沫或乳化，并使油中某些不饱和烃类加速氧化生成胶质，使油品变质下降。另外，风搅拌也会加大油品蒸发损失。基于上述缺点，这种方法应用有限，而且将会逐渐被淘汰。

2. 泵循环(喷嘴)调和

泵循环调和法是利用油罐与调和罐使油品在泵与罐之间循环调和，以达到油品各组分均匀混合的目的。其调和过程是先将各组分油按目标成品的质量要求事先测算好比例，再由组分罐依照先重(组分密度大)后轻(组分密度小)的顺序，分别打入调和罐，然后再用调和泵把调和罐内油品抽出，经安装在油罐内的喷嘴返回调和罐内。在这一循环过程中，调和罐内各种组分油品达到了混合均匀。对于没有组分罐的来自各装置的组分油，可分别直接进入调和罐，但也应遵守按一定比例先重后轻原则，最后的轻组分通过喷嘴进入调和罐。这种调和，一般比用泵循环时间可短些。

该法适用调和比例变化范围大，批量较大，质量要求较高的中低黏度的油品调和以及不宜用风搅拌的燃料油调和。

泵的循环系统大多由组分罐，调和罐和调和泵组成。有些炼油厂由于生产工艺系统特定，也可不设组分罐。

油品调和时间，各厂因油而异。一般说来，没有调和喷嘴时，循环时间较长，约4~12h，有调和喷嘴时，循环调和时间短些，一般为 2~4h。循环调和后，往往需再沉降脱水 2~3h，然后取样分析，合格后产品方可装运出厂或转入成品罐区储存。

泵循环调和按其循环量多少又可分为全量循环和半量循环两种。调和罐内的油品数量只有 1/2(或 1/3~1/4)经泵循环时叫半量循环。总量全部经泵循环的叫全量循环。一般来说，有调和喷嘴的多为半量循环，没有调和喷嘴的采用全量循环。喷嘴调和流程见图 3-6-1。

喷嘴有单喷嘴和多喷嘴两种。单喷嘴是一个流线形锥形体，安装在罐内靠近罐底的罐壁上，倾斜向中。见图 3-6-2 和图 3-6-3。

泵循环喷嘴调和方法，设备简单，效率提高，调和比例易于控制，油品混合均匀，质量有可靠保证。但随着循环时间拖长，能耗将增多。油品经搅动，呼吸损耗也会增大。

多喷嘴一般由 5~7 个喷嘴组合而成，每个喷嘴头的结构与单喷嘴结构相同。整套喷嘴安装在罐底中心，其中一个喷嘴位于中心，并垂直向上，四周喷嘴围绕中心均匀布置，略呈向外倾斜。见图 3-6-4 和图 3-6-5。

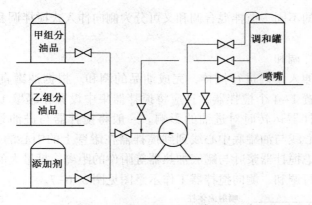

图 3-6-1　喷嘴调和示意流程图

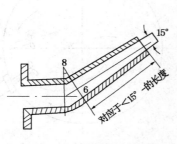

图 3-6-2　单喷嘴结构图

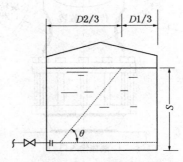

图 3-6-3　单喷嘴安装示意图

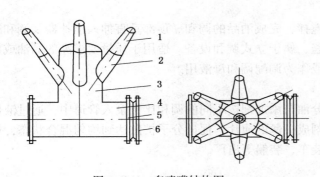

图 3-6-4　多喷嘴结构图

1—喷嘴头；2—导管；3—分配管；4—集油管；5—法兰；6—法兰盖

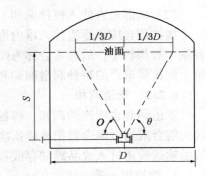

图 3-6-5　多喷嘴调和器安装图

近年还出现了一种射流式多喷嘴调和器。该多喷嘴调和器利用输送泵输送液体介质为动力，驱动喷嘴头进行立体全方位的转动，喷出高速流体对罐内的油品进行混合，具有很高的调和效率和混合效果，且无外动力、低能耗、适用范围广，已在许多炼油厂得到了推广。见图3-6-6。

3. 机械搅拌调和

在油罐内设置搅拌器，将油品及添加剂搅拌混合为成品油也是油品调和方法之一。用搅拌混合器进行油品调和能够使油品防止分层，混合更加均匀，有助于提高油品质量。与用风搅拌相比，它产生静电少，安全性好，经济效益提高。此法适用于某些质量要求高，调和量较少的成品油和润滑油。

根据搅拌器形式的不同，搅拌混合调和又可分为侧向伸入式搅拌调和、顶部垂直伸入式搅拌调和两种。

（1）侧向伸入搅拌调和

搅拌器自油罐壁伸入罐内进行搅拌，完成油品的调和。根据油罐直径的大小及油品黏度，每台调和罐可设置1~4个搅拌器，且应将搅拌器集中设置在罐壁1/4圆周范围内。设置搅拌器还应避免搅拌器运转时对进油的影响。一般将搅拌器与进油管设置成30°夹角布置，且宜将搅拌器轴心线与油罐底中心线到到搅拌器在罐壁上的中心的连线成7°~12°的夹角布置。同时还要考虑搅拌器浆叶与罐底加热器等附件的距离。批量大的成品油应选用带侧向搅拌器的拱顶罐进行调和。侧向搅拌器工作示意图见图3-6-7。

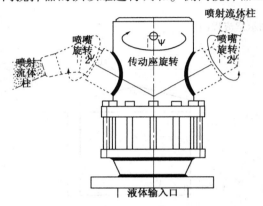

图3-6-6 射流式多喷嘴结构示意图

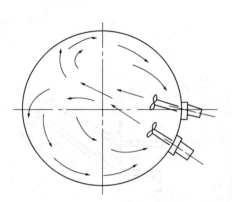

图3-6-7 侧向搅拌器工作示意图

（2）顶部垂直伸入搅拌调和

搅拌器自罐顶垂直伸入罐内进行搅拌，完成油品的调和。顶部垂直伸入搅拌器及调和罐容量一般都较小，故通常合称为搅拌釜，属于立式调和设备。适用于质量要求高的品油或质量、配比要求严的特种润滑油调和，或作为调配调和母液用。

6.2.2 管道调和

管道调和也叫连续调和，将各组分油与添加剂按不同的调和比例泵入管道中，通过液体湍流混合或通过混合器把流体依次切割成极薄的薄片，促进分子扩散达到均匀混合状态，然后沿输送管道进入成品罐储存或直接装车、装船等出厂。

1. 管道混合器

管道调和用的混合器主要有静态混合器和圆盘式混合器两种。每种混合器根据结构的不同又有许多类型。常见的混合器结构见图3-6-8。目前，我国常用的混合器多为静态混合器，在润滑油生产企业也有采用圆盘式混合器的。

2. 管道调和种类

管道调和方法又可分为手动调和、半自动调和和全自动调和三种。

在调和过程中，各组分的比例和质量标准完全由自动化仪表和计算机检测、控制和自动操作的称管道自动调和。用常规控制仪表，人工操作掌握调和比例的，直接经一条线混合均匀进入成品罐区的属半自动调和或称简易管道调和。

（1）手动调和

一般可选用常规仪表、人工给定调和比例，手动操作机泵及控制设备进行油品管道调和。

416

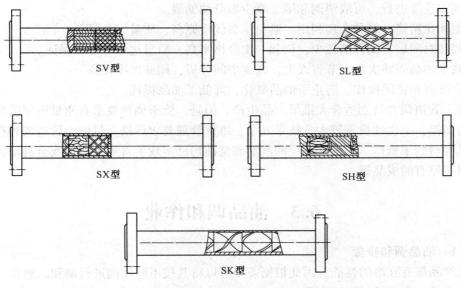

图 3-6-8　常见混合器结构图

（2）半自动调和

利用微机控制定量比例调和，在线质量仪表监测实行半自动油品管道调和。

（3）全自动调和

采用质量闭环控制多组分多管道进行全自动油品管道调和。

由于组分和各炼油厂实际情况的不同，管道自动调和流程多种多样，但典型的管道自动调和原则流程如图 3-6-9 所示。

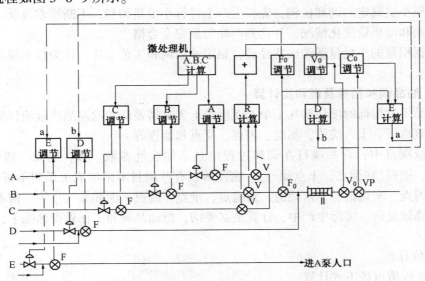

图 3-6-9　管道自动调和原则流程图

A、B、C、D、E—组分油或添加剂；F—支路流量计；F_0—总流量计；V—支路黏度计；

V_0—总黏度计；SP—凝点在线分析仪；H—静态混合器；R—目标调和比

管道调和（尤其是管道自动调和）是油品调和的发展方向。和罐式调和相比，管道调和有以下一些优点：

① 调和连续进行，可取消调和罐，减少组分油储罐。

② 调和比精确，组分合理利用，避免浪费优质原料，质量"过头"。

③ 调和时间短，动力消耗少，调和一次合格率高，质量达标有可靠保证。

④ 减少油品周转次数，节省人力，减少中间分析，调油速度提高。

⑤ 全部调和密闭操作，防止了油品氧化，降低了油品损耗。

因此，管道调和特别适合大批量产品生产。但是，管道调和要求有质量可靠的自动化控制仪表为前提，一次性投资较大，技术复杂，维修管理要求严格。目前，管道调和在我国各炼油厂已经得到了推广，大多炼油厂的汽油和柴油均已实现了管道半自动或全自动调和，但都还保留了原有的成品罐。

6.3 油品调和作业

6.3.1 油品调和步骤

石油产品都有互溶的性能，因此根据需要可以将其按不同比例进行调和。通常，要调和出一种新产品，大多经过以下步骤：

（1）根据欲调和出的油品性质，选取合适的油品组分油，并计算出调和组分油相互比例和质量。

（2）在化验室（或研究室）先进行调和小样试验，不断改变调和比和用量，直至产品的各项质量指标合格为止。

（3）根据质量和数量，选定调和方法，制定调和方案，准备调和组分油，掌握好组分油的质量和分析结果。

（4）按照小试确定的调和比例，先在生产上进行小批量调和，不断摸索经验，通过化验分析，掌握调和油质量变化情况，并达到产品质量完全合格。

（5）根据积累的小批量调和成功经验，制定油品调和工艺卡片，作为技术规范正式用于生产新产品。

6.3.2 油品调和指标及调和比计算

涉及油品质量指标的项目有几十个，而生产上实际需要调和的油品质量项目常见的主要是辛烷值、蒸汽压、十六烷值、黏度、闪点、凝点和馏程等。

这些质量项目中，有些项目在调和过程中是呈加成性参数。如：胶质、残炭、酸值、含硫、灰分、馏程（初馏点、干点除外）、密度等。有些项目不呈加成关系叫不可加性参数。如：黏度、闪点、辛烷值、十六烷值、初馏点、干点、凝点、饱和蒸气压等。前者计算较简单，后者计算较复杂。实际生产中，计算是必要的，但油品调和工作做得熟练了，往往经验就为主导。

1. 辛烷值计算

调和油辛烷值可按下式计算：

$$N = \frac{V_1 N_1 + V_2 N_2 + \cdots + V_n N_n}{100} \qquad (3-6-1)$$

式中　　　N——调和油的辛烷值；

N_1、$N_2 \cdots N_n$——第一、第二……第 n 种组分油的辛烷值；

V_1、$V_2 \cdots V_n$——第一、第二……第 n 种组分油的体积百分数。

例 3-6-1 某厂调和车间现有一罐（A 罐，5160m³）辛烷值为 91.6 的汽油组分油和另一罐（B 罐）辛烷值为 97.2 的汽油组分油，现欲将 A 罐组分油调和成 93# 合格成品汽油出厂，试问至少需调入 B 罐组分油多少 m³？

解： 欲将 A 罐组分油调和成 93# 合格成品汽油出厂，则其辛烷值必须 ≥93

即：

$$\frac{V_A}{V_A + V_B} N_A + \frac{V_B}{V_A + V_B} N_B \geq 93$$

故有：

$$\frac{5160}{5160 + V_B} \times 91.6 + \frac{V_B}{5160 + V_B} \times 97.2 \geq 93$$

解得：$V_B \geq 1720 \text{m}^3$

答： 欲将 A 罐组分油调和成 93# 合格成品汽油出厂，至少需调入 B 罐组分油 1720m³。

2. 黏度计算

调和油黏度计算公式较多，其精确度差别不大，较通用的黏度计算公式如下：

$$v^{1/3} = V_1 v_1^{1/3} + V_2 v_2^{1/3} \tag{3-6-2}$$

式中　　　v——调和油的黏度，mm^2/s；

v_1、v_2——第一、第二种组分油的黏度，mm^2/s；

V_1、V_2——第一、第二种组分油的体积百分数。

计算调和油黏度也可用下式：

$$\log v = V_1 \log v_1 + V_2 \log v_2 + \cdots\cdots + V_n \log v_n \tag{3-6-3}$$

式中　　　v——调和油的黏度，mm^2/s；

v_1、$v_2 \cdots v_n$——分别为第一、第二……第 n 种组分油的黏度，mm^2/s；

V_1、$V_2 \cdots V_n$——分别为第一、第二……第 n 种组分油的体积百分数。（当 V_n 以质量百分数代替体积百分数时，基误差在 0.1mm^2/s 范围以内。

此外，还可通过黏度系数法，先根据公式 $C_v = V_1 C_1 + V_2 C_2 + \cdots + V_n C_n$（式中：$C_v$ 为调和油的黏度系数；C_1、$C_2 \cdots C_n$ 分别为第一、第二……第 n 种组分油的黏度系数；V_1、$V_2 \cdots V_n$ 分别为第一、第二……第 n 种组分油的体积百分数。）计算出调和油的黏度系数，再根据黏度与黏度系数对应关系表查出调和油的黏度。

例 3-6-2 现有减三线组分油，50℃时的黏度为 56mm^2/s，减四线组分油，50℃时的黏度为 140mm^2/s，欲将该减三、减四线组分油调和成 50℃时的黏度为 100mm^2/s 的汽油机油，试求调和比？

解： 根据调和油黏度计算公式：$v^{1/3} = V_1 v_1^{1/3} + V_2 v_2^{1/3}$，设减三线组发油的体积百分数为 V_1，则减四线组分油的体积百分数 $V_2 = 1 - V_1$，代入上式有：

$$100^{1/3} = V_1 \times 56^{1/3} + (1 - V_1) \times 140^{1/3}$$

解得：$V_1 \approx 40\%$　　$V_2 \approx 60\%$

答： 欲将该减三、减四线组分油调和成 50℃时的黏度为 100mm^2/s 的汽油机油，则其调和比应为：4 6。

3. 闪点计算

调和不同性质的油品其闪点计算方法有所不同。常用的闪点计算方法有重量法、查图法和调和指数法 3 种。

对双组分调和油闪点的计算，当两组分的馏程接近时，其闪点可用重量法公式近似计算：

$$t_混 = \frac{At_a + Bt_b - f(t_a - t_b)}{100} \qquad (3-6-4)$$

式中　　$t_混$——调和油的闪点，℃；

A、B——混合油中 a、b 两组分的体积百分数；

t_a、t_b——混合油中 a、b 两组分油的闪点，且 $t_a > t_b$，℃；

f——系数，由表3-6-1查出。

表3-6-1　柴油闪点调和系数(f)表

A组分%(体)	B组分%(体)	f	A组分%(体)	B组分%(体)	f	A组分%(体)	B组分%(体)	f
5	95	3.3	40	60	21.7			
10	90	6.5	45	55	23.9	75	25	30.4
15	85	9.2	50	50	25.9	80	20	29.2
20	80	11.9	55	45	27.6	85	15	26.0
25	75	14.5	60	40	29.2	90	10	21.0
30	70	17.0	65	35	30.0	95	5	12.0
35	65	19.4	70	30	30.3			

对于多组分油的调和，其闪点可用下式计算：

$$0.929^t = 0.929^{t_1}V_1 + 0.929^{t_2}V_2 + \cdots + 0.929^{t_n}V_n \qquad (3-6-5)$$

式中　　t——调和油的闪点，℃；

t_1、t_2、$\cdots t_n$——分别为第一、第二……第 n 种组分油的闪点，℃；

V_1、V_2、$\cdots V_n$——分别为第一、第二……第 n 种组分油的体积百分数。

上述公式适用于闪点在 30~150℃ 范围的柴油和各种润滑油的开口闪点和闭口闪点计算。计算结果与实测值绝对误差不超过 2℃。

多组分油调和后闪点的计算也可用闪点指数计算法进行计算，先计算出混合油的闪点指数，然后通过查闪点指数表得出调和后油品的油闪点，计算公式为：

$$I_混 = I_1V_1 + I_2V_2 + \cdots\cdots + I_nV_n \qquad (3-6-6)$$

式中　　$I_混$——调和油的闪点指数；

I_1、I_2、$\cdots I_n$——分别为第一、第二……第 n 种组分油的闪点指数；

V_1、V_2、$\cdots V_n$——分别为第一、第二……第 n 种组分油的体积百分数。

例3-6-3　已知甲组分油闪点为 216℃，乙组分油闪点为 185℃，其调和比为甲∶乙 = 7∶3，求调和油闪点。

解：查闪点调和系数(f)表(表3-6-1)知，闪点调和系数 $f=30.3$，并代入调和油闪点计算公式：$t_混 = \dfrac{At_a + Bt_b - f(t_a - t_b)}{100}$ 得：

$$t_混 = \frac{216 \times 70 + \times 185 \times 30_b - 30.3(216 - 185)}{100}$$

解得 $t_混 \approx 197℃$

答：调和油闪点约为 197℃。

4. 凝固点计算

石油产品的凝固点、倾点与蜡含量有密切关系，调和油的凝点、倾点比按加成法计算结果高。调和油凝固点的计算公式如下；

$$C = C_1 W_1 + C_2 W_2 + \cdots\cdots + C_n W_n \qquad (3-6-7)$$

式中 C——调和油凝固点的调和指数；

C_1、C_2、$\cdots C_n$——分别为第一、第二……第 n 种组分油凝固点的调和指数；

W_1、W_2、$\cdots W_n$——分别为第一、第二……第 n 种组分油的质量百分数。

其中，C_1、C_2、$\cdots C_n$ 即第一、第二……第 n 种组分油凝固点的调和指数可通过查调和油凝固点计算图3-6-10得到。

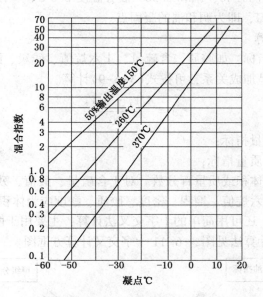

图 3-6-10　调和油凝固点计算图

调和油的恩氏蒸馏50%馏出温度 t' 可以通过下式计算出：

$$t' = t''_1 W_1 + t''_2 W_2 + \cdots + t''_n W_n \qquad (3-6-8)$$

由计算出的 C 和 t' 按图3-6-10即查出调和油的凝固点。

例3-6-4 已知：各组分油的调和比(质量)、凝点和50%馏出温度。欲求调和油凝点。

计算步骤：

① 根据各调和组分油的凝点和馏程的50%馏出温度，查图3-6-10求出各组分油的凝点调和指数。

② 将各组分油调和指数乘以各组分油调和百分比(质量)，然后将各乘积相加，即得到调和油的调和指数。

③ 将各组分油的调和百分比(质量)乘各组分油的50%馏出温度，然后将各乘积相加，即得调和油50%馏出温度。

④ 根据调和油的调和指数和50%馏出温度，查图3-6-10即可求得调和油凝点。

由于凝点和倾点相差不多，近似计算时，两者计算方法和图表可以互相通用。

例3-6-5 已知组分油：直馏轻柴油25%，凝固点5℃，50%馏出温度280℃；焦化轻柴油40%，凝固点-10℃，50%馏出温度270℃；催化轻柴油35%，凝固点-15℃，50%馏出温度290℃；求调和油的凝固点。

解：按上述步骤将计算结果列于表3-6-2。

表 3-6-2　油品凝固点调和指数

组 分 油	百分比凝固点/℃		50%馏出温度/℃	调和指数	百分比与调和指数之积	百分比与50%馏出温度之积/℃
直馏轻柴油	25	5	280	39	9.75	70
焦化轻柴油	40	-10	270	13	5.2	108.5
催化轻柴油	35	-15	290	7	2.45	101.5
调和油			280	17.40	(17.40)	(280℃)

调和油的调和指数为 17.40，调和油 50%馏分温度 280℃，查图 3-6-10 调和油凝固点计算图得到凝固点为-3℃，即为调和油的凝固点。

5. 其他质量指标计算

调和油的其他质量指标，如胶质、含硫量、十六烷值、残炭、酸度（值）、密度、灰分、馏程等质量指标的调和呈加成关系，可按式(3-6-9)计算。

$$A = \frac{A_1 V_1 + A_2 V_2}{100} \qquad (3-6-9)$$

式中　A——调和油的质量指标；

A_1、A_2——各组分油的质量指标；

V_1、V_2——各组分油的体积或质量百分数。对于含硫量、酸值、残炭、灰分应为质量百分数；对于十六烷值、馏程、密度、胶质、酸度应为体积百分数。

可加性指标的调和，还可用简单的十字交叉法计算，主要用于两组分调和，用于多组分调和时，可分步计算。计算法见图 3-6-11 十字交叉计算方框图。

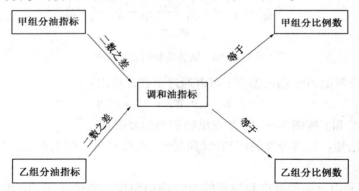

图 3-6-11　十字交叉计算方框图

例 3-6-6　甲组分油为直馏汽油，含胶质 3mg/100mL，乙组分油为催化汽油，含胶质 15mg/100mL，调和成胶质为 6mg/100mL 的车用汽油，求甲乙组分油的调和比？

解：将已知数写在如图 3-6-11 十字交叉计算方框图中的相应位置上，按图中要求加减，即得甲乙组分油的调和比为 9∶3。

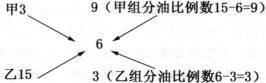

即甲组分油为 75%（体），乙组分油为 25%（体），便可调和出胶质为 6 毫克/100 毫升的车用汽油。

6.3.3 油品调和的一般原则

炼油厂油品调和主要包括：轻质油调和、重质油调和和润滑油调和。要想调和产品质量好、速度快、效益高，掌握正确操作十分重要。各炼油厂油品调和的方法和方式各不相同，但普遍遵守油品调和的一般原则。

（1）油品调和作业应严格执行厂定油品调和工艺卡片（或称调和方案）。因原料性质改变，生产方案变更，致使调和组分油控制指标与工艺卡片不相符时，如需改变调和方案，必须经厂质量管理机构和有关科室同意。必要时先做调和小试，产品合格后再进行正式调油生产。

（2）新产品试制，应由研究部门、质量管理部门和有关单位共同商定，制定调和工艺和调和方案，标明组分油质量、控制指标、调和比例、调和方法、产品标准和调和注意事项。

（3）油品调和指令（亦称调和作业计划），由调度指挥系统向油品罐区下达。罐区各岗位操作人员，包括油槽员、计量员、司泵员，应严格执行、分头准备、联合作业。调和各组分用油量、添加剂加入量，不准超过规定误差量，以保证调和质量和调和一次成功。

（4）油品调和时，原则先进重组分油，后进轻组分油，以利混合均匀。各组分油或添加剂质量必须符合控制指标要求。

（5）调油前，应按调和比例，事前计算好各组分进油量，检好油罐前尺，记好在线流量表累计数，以保证按调和比例控制进油量。

（6）油品调和后，经沉降脱水，取样化验，产品合格后转入成品罐或直接装车出厂。如调和主项质量不合格，应根据情况重新补量，直至调油合格。

（7）油品调和作业完应按岗位分别写好设备运转记录、计量检尺记录、调和记录以及产品质量分析记录。资料应齐全准确，保持完好整洁。

6.4　燃料油品的调和

燃料油品包括轻质油和重质油。轻质油如汽油、柴油和煤油等。重质油如一般燃料油、船舶燃料油和农用柴油等。

6.4.1　轻质燃料油调和

1. 汽油调和

汽油调和组分质量控制指标主要是是辛烷值（即抗爆指数）、10%馏出温度和诱导期。

（1）汽油调和组分的调和性能

直馏汽油的抗爆性较差，敏感度较小。催化裂化汽油的抗爆性较好，宽馏分重整汽油具有良好的抗爆性能。烷基化汽油具有较高的辛烷直，但敏感度小，挥发性和燃烧清洁性好。烷基化汽油国内产量较少，因此催化裂化和重整汽油是目前我国汽油的主要调和组分。MTBE（甲基叔丁基醚）的辛烷值很高，目前国内也有炼油厂将MTBE作为汽油的调和组分。但MTBE对水体污染的问题尚未解决，也将面临淘汰。

（2）汽油调和组分辛烷值

汽油调和组分的辛烷值与装置的切割馏分有关，催化裂化汽油组分随馏分加重而辛烷值降低，其中40%以前的各窄馏分辛烷值均高于全馏分辛烷值。宽馏分重整汽油随馏分加重而辛烷值升高。30%以前的各馏分中炮和烃含量高，辛烷值低；40%以后的各馏分中芳烃含量高，辛烷值高。故常将催化裂化的高辛烷值头部馏分和重整的高辛烷值后部馏分作为无铅优质汽油的调和组分。这种优化调和可以合理地利用资源获取更大的经济效益。

（3）汽油组分的调和效应

调和组分在基础组分中所表现出的真实辛烷值就是这个调和组分在该基础组分中的调和辛烷值。而调和组分的调和辛烷值随调和组分在该基础组分中的加入量的不同而不同。通常用调和辛烷值来表示汽油各调和组分之间的调和效应。

调和组分的调和辛烷值大于调和组分的净辛烷值时称为正调和效应，反之称为负调和效应。为提高调和经济效益，在确定调和组分及掺入量时，应尽可能使调和发挥正调和效应。

（4）正丁烷的调和效应

正丁烷作为汽油的调和组分可提高汽油的蒸气压，使汽油的初馏点及10%馏出温度降低，从而改善汽油发动机的起动性能，同时也可提高汽油的辛烷值。

正丁烷在各种基础调和组分中有不同的调和效应。如在催化裂化汽油和重整汽油中调和效应不佳，调和辛烷值与净辛烷值相关不大；在直馏汽油和重整抽余油中调和效应较好，调和辛烷值（马达法 MON 和研究法 RON）均大于净辛烷值。因此，正丁烷是提高汽油产品质量的重要调和组分。

（5）甲醇、乙醇汽油的调和效应

甲醇、乙醇汽油具有易燃烧、抗爆性能好、能量转化率高、污染小等优点，是汽车较为理想的代用燃料。变性燃料甲醇或乙醇调入汽油后，可以明显提高汽油抗爆性。甲醇的净辛烷值为马达法（MON）90~92、研究法（RON）106~112、调和辛烷值可达 MON 104.5、RON 135.6、净抗爆指数为98~102。目前，甲醇汽油和乙醇汽油在国内已经得到了推广使用。

车用汽油辛烷值调和的基本计算除了满足辛烷值要求外，还要考虑最优的经济效益，两者结合的调和方案才是优化的调和方案。

此外，在汽油调和或使用中，有时还需要调入抗氧防胶剂和金属钝化剂，用以增强汽油的安定性。调入抗静电剂克服流动摩擦产生的静电。

2. 航空煤油调和

航空煤油调和的主要目的是改善航空煤油的抗烧蚀性能、电导率、抗磨性能和抗氧化能。

航空煤油添加剂的添加地点可根据生产及用户具体情况选择在装置馏出口、炼油厂成品罐区或储油库添加。添加剂的添加方式大多采用管道调和，同时在油罐入口处设置喷嘴，即在航空煤油组分的输送泵入口处抽吸规定比例的添加剂，与航空煤油一起混合进入计量罐，再经喷嘴在调和罐内进行均匀混合。见图3-6-12航空煤油调和工艺原则流程图。

3. 柴油调和

柴油调和质量控制指标以十六烷值、调凝固点和350℃馏出量为主。

十六烷值是表示柴油燃烧性能的指标，十六烷值越高，其燃烧性能越好。

目前，国内柴油组分主要以直馏柴油、催化裂化柴油和焦化柴油为主，也有部分加氢裂化柴油。对加工高含硫原油的炼油厂，为降低柴油的硫含量，以达到最新的国家环保标准，通常需要将柴油经过加氢装置处理。直馏柴油的十六烷值较高，但凝固点也较高，催化裂化柴油的十六烷值比直馏柴油低，因此催化裂化柴油必需与直馏柴油进行调和后方可作为成品柴油出厂。

通过组分调和的方式可增加成品柴油的产量。但对-10℃以下的低凝固点柴油，通常需要加入柴油流动改进剂，以降低其凝固点，改善柴油的低温流动性能。

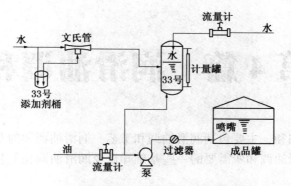

图 3-6-12 航空煤油调和工艺原则流程图

值得注意的是，当柴油调和组分油的酸度、腐蚀等项目不合格时，无法通过直接调和的方式加以改善，此时的调和组分不准调和。

6.4.2 重质油品调和

（1）重质油品的调和主要是燃料油和铺路重油等的调和，以调黏度、凝点为主。重质油多用喷嘴——罐式调和，一般情况下不再经泵循环，也有的炼油厂根据油品性质也可采用压缩空气搅拌调和。

（2）燃料油多以减压渣油为基础油，调入其他重质油品，如蜡油等。铺路用重油不准调入蜡油。

（3）减底渣油进罐温度一般不得超过 120℃。调和燃料油所用蜡油含水必须在 0.5%以下。

（4）为防止调油突沸，调油罐底不得有沉积水，否则必须先加温脱水，采样分析含水在 0.5% 以下方可调油。

重质油调和过程中如发现冷凝水带油，说明加热器漏汽，应停止油罐使用，清罐后修理。

（5）调油后的重质油管线如用蒸汽吹扫过，下次调油时应放净管内存水或用管线容量 3~5 倍的合格油品置换管线，将冷凝水顶入扫线罐或污油罐。严防冷凝水进入调和罐遇高温引起油罐突沸。

第4篇　润滑油调和

本篇介绍润滑油调和，主要包括润滑油调和工艺、润滑油调和的专用设备和润滑油调和操作等3章内容。润滑油调和所需要的一些基础知识及润滑油调和工艺与操作。

第1章　润滑油调和工艺

1.1　概　　述

1.1.1　矿物润滑油

润滑油是指在各种发动机和设备上使用的石油基液体润滑剂。目前使用最多的润滑油就是从石油中提炼出来的矿物润滑油。矿物润滑油是一种很复杂的、含有多种碳氢化合物的烃类混合物。另外，还含有硫、氮、氧等多种微量元素。其原料一般取自石油中沸点高于300℃或350℃的馏分，一般称为润滑油基础油。经过调和以后，作为商品的润滑油称为润滑油成品油。

1.1.2　矿物润滑油工业的发展

在1878年的巴黎世界博览会上推出的第一批矿物润滑油样品轰动一时。但当时的生产工艺简陋，直到20世纪20年代，选择性溶剂精制、分离工艺的蓬勃发展，使世界矿物润滑油工业步入了现代化进程。20世纪30年代添加剂的诞生把润滑油工业的发展带入了崭新的阶段。很快节能型工艺、节能型添加剂、节能设备在润滑油生产过程中广泛应用，使长寿命油、通用油、适用地域广泛温差大的多级油逐渐受到青睐。随着世界石蜡基原油的日趋短缺和价格上涨，世界各国对环保法规的日趋严格，对优质基础油的需求量大幅度增长，矿物润滑油基础油生产向加氢技术发展，世界矿物润滑油基础油正由 API Ⅰ类向 API Ⅱ/Ⅲ类转变。添加剂也由单剂向复合剂转变，同时要求对环境的影响越小越好。润滑油配方的基本结构中加氢基础油和合成油的比例在逐渐增大，对添加剂的配伍性提出了新的要求。在润滑油的生产过程中，自动控制系统也被广泛采用。

国外润滑油的调和技术开发较早，发展较快。1983年 BP 公司在法国的调和厂建立润滑油自动调和厂。1991年 Esso、BP、Mobil 公司先后使用了自动批量调和技术以适应小批量、特殊品种的调和。1996年 Esso 公司建成了由计算机控制的自动球扫线系统。20世纪90年代在线调和技术和同步计量调和技术逐渐被更多的石油公司采用，包括 SMB 橇装技术的应用。由此可见二十世纪末是润滑油调和技术飞速发展的关键时期，无论是润滑油调和工艺技术，油品质量，还是自动化水平都取得了长足的进步。二十一世纪初管道输送技术得到应用，目前为止被多家公司采用。

中国中、高档润滑油的生产起步和发展与外国相比要晚，调和技术也较落后。近几十年，随着我国经济改革步伐的日益加快，国内市场对润滑油的需求量日益增多，对产品质量、级别的要求也越来越高，这就对国内润滑油调和厂的生产技术提出了更高的要求。中国在20世纪80年代引入了静态混合器，并且先后引进了先进的管道调和技术，如1983年中石化长城润滑油公司引进的美国柯纳尔公司的自动调和设备，兰州炼油化工总厂润滑油调和车间建立的在线管道调和系统；而后在1999年~2001年中石化润滑油公司采用自主设计与国外先进技术相结合的方式，建立了自动调和系统和管汇输送系统等等。

由此看来，在未来的润滑油生产中装置的联合化，调和工艺的自动化，生产、储存、运输管理综合化将成为润滑油调和工艺的新特点。

目前中国润滑油生产可以分为三部分：一是国有骨干企业即中国石化润滑油公司和中国石油润滑油公司。近年中国石油、石化两大集团，分别进行了重组，推出了自己的润滑油品牌，大大增强了中国润滑油在国际市场的竞争力。但是我国润滑油的总体生产水平较国外还有一定的差距。如生产规模偏小，生产厂家分散，产品质量档次跨度太大，自主的研发能力不足。

为了降低成本，扩大生产灵活性，充分满足市场需求，众多润滑油生产商选择了"先集中，后分散"的生产经营策略，即统一在炼油厂集中生产润滑油的基础油或半成品添加剂，再送到分布在不同地区的润滑油调和厂调和成市场所需的各种润滑油成品油，这样使产品更靠近市场，靠近消费地区，同时降低生产成本，获得更多的利益，并且可以保证产品质量。

对于现代矿物润滑油工业来说，先进的生产工艺是制备优质基础油的技术手段，优质基础油是调制优质成品油的物质基础，优化配伍的添加剂是配制优异使用性能商品的重要保证，模拟仿真化的测试评定是表征和检验润滑油性能水平的主要方法，过程控制是润滑油品质保障的关键，相辅相成、共同发展。

1.1.3 新型润滑剂

进入21世纪以后，全世界对环境保护的呼声越来越高，世界各地纷纷以立法的形式强化对排放污染的严苛要求。例如对汽车的尾气排放指标越来越严格，石油产品对水体、土壤的污染处罚越来越严厉。并且设备制造商们不断推出的新材料、新技术、新设计对润滑油的工作环境提出了更高要求，如更高的极压性能、更好的氧化安定性能、降低油耗、延长换油期等等。因此，研制更加环保和节能、长寿命型的润滑油是未来发展的方向。

绿色润滑油脂是具有良好的生物降解性的新一代润滑剂。同时，生物降解性也是评价它的最重要指标。传统的润滑油绝大多数是以矿物油为基础油，由于不完全燃烧、泄漏、遗洒等原因，润滑油将不可避免地直接排放到环境中，对生态环境造成危害；并且在矿物润滑油的生产过程中，部分生产工艺的缺陷对操作人员和环境也会造成不良影响；试验表明用后的润滑油会产生不同程度的毒性，对生态环境有害。因此生产环境友好型或环境允许型的绿色润滑油脂已成为今后发展趋势。绿色润滑油脂无毒、具有良好润滑性、黏温性能、黏度指数高、容易降解生成二氧化碳和水。现在世界各大公司都已着手环境友好型绿色润滑油脂的研究和开发，我国也已起步。

可生物降解性是指物质被活性有机体通过生物作用分解为简单化合物的能力。在生物降解过程中常伴随着物质损失、最终产物水和二氧化碳的生成、氧气的消耗、能量释放和微生物量的增加等。一般可通过定量测定生物降解过程中的总有机碳和溶解有机碳来衡量生物降解性。目前，绿色润滑油使用的基础油主要是植物油和合成酯。合成酯在结构上与植物油有相似之处，但其氧化安定性优于植物油。绿色润滑油脂的添加剂适于选用无毒或部分低毒的，可提高润滑油的可生物降解性和氧化安定性的添加剂。

1.1.4 废润滑油再生

润滑油在使用过程中由于高温和空气的氧化作用，会逐渐氧化变质。而且设备在运转过程中磨下的金属粉末、从外界进入油中的水和杂质，也对油的氧化起催化作用，所以润滑油在使用过程中颜色逐渐变深，酸值上升，并且会产生沉淀物、油泥、漆膜，这些物质沉积在摩擦部件的表面、润滑油流通的孔道和滤清器上，会堵塞油路，引起机器的各种故障。

变质的废润滑油在使用、设备维修过程中不慎进入水体、土壤，造成水体、土壤乃至整个生态环境的污染和破坏。焚烧废润滑油产生的含有重金属氧化物的烟气，对人体和环境同样造成危害。把废润滑油进行适当处理，成为再生润滑油，既可以避免损害生态环境，又可以节约石油资源，是一种较为合理的处理方法。有些国家还通过能源政策和环保法案来鼓励进行废油再生。目前，主要采用的废油再生的方法有：再净化工艺，主要处理那些变质不严重，仅混入水和固体杂质的废润滑油；再精制工艺，主要采用硫酸等化学物质处理和白土吸附的方法，处理变质程度较大，含油泥、漆膜等氧化产物多的废润滑油；再炼制工艺，采用蒸馏、精制、吸附、加氢等工艺方法，处理深度氧化变质的废润滑油。为了减少废油再生过程对环境的污染，将逐步采用环保的无污染工艺，减低废油再生成本，许多国家制定措施和法规以鼓励使用再生润滑油。

1.2 润滑油调和工艺

为了提高产品性能、满足各行各业、日益提高的润滑要求；并且为了优化产品结构，合理利用资源、最大限度地降低生产成本、获取最高效益；人们在优质的矿物油中按照不同比例加入具有特殊功能的添加剂，通过特定的调和工艺，生产出满足各种不同需求的润滑油新品种。

1.2.1 调和机理

大多数石油产品都是经过调和而成的调制品。油品调和通常可分为两种类型：一是油品组分的调和，是将各种基础组分，按比例调和成基础油或成品油；二是基础油与添加剂的调和。

各种油品的调和，除个别不互溶的液-液分散体系和液-固溶解混合体系以外，大部分为液-液相系互相溶解的均相调和，是三种扩散机理的综合作用。

分子扩散：由分子的相对运动所引起的物质传递，是在分子尺度内进行的。

涡流扩散（或称湍流扩散）：油品在混合状态下，当机械能传递给液体物料时，处于高速流体与低速流体界面上的流体受到强烈的剪切作用，产生涡流扩散，流体在局部范围内混合。

对流扩散：在加热或混合过程中，热能或机械能推动，液体大范围地循环流动，引起物质传递的现象为对流扩散。这种混合是在大尺度空间内进行的。

油品混合过程，三种扩散同时存在。对流扩散把不同物料"剪切"成较大"团块"；涡流扩散把物料的不均匀程度迅速降低。分子扩散使全部油料达到完全均匀的分布状态。

1.2.2 润滑油调和工艺

1.2.2.1 润滑油调和工艺类型

常见的润滑油调和工艺，一般分两种基本类型：罐式调和和管道调和。不同的调和工艺具有独特的特点和适用不同的场合。

罐式调和是将基础油和添加剂按比例直接送入调和罐，经过搅拌后，即为成品油。罐式调和系统主要包括成品罐、混合设备、加热系统、散装和桶装添加剂的加入装置、计量器具/设备、机泵和管线等基础设施，自动调和系统还包括过程控制系统。一些系统中抽桶装置的应用避免了桶装添加剂加入时各种杂质对产品质量的影响，也减少了添加剂对环境的污染；一些桶抽取装置具有清洗功能，将添加剂残留损耗降低到最低限度。见图4-1-1。

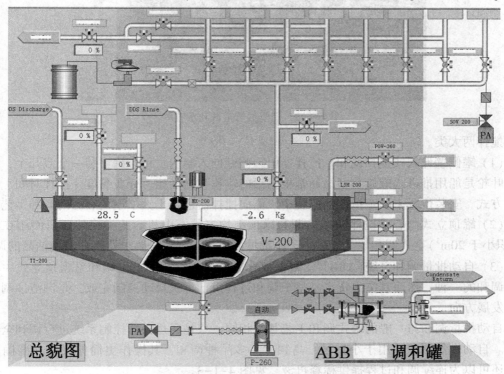

图 4-1-1　润滑油罐式调和装置图

管道调和是将润滑油配方中的基础油、添加剂组分，按照计算好的比例，同时送入总管，经过混合器均匀混合后即为成品油，其理化指标和使用性能即可达到技术要求，可以直接灌装或送入储罐。

管道调和通过实时在线调整管道泵的转速，以使得各条管道中原料油的流量进行动态地调整，以达到预设定的比例，保证最优的调和精度。另外一种管道调和，也是通过管道加入添加剂，经过管道上流量计计量，但需要在调和罐中混合均匀方为成品油。见图4-1-2。润滑油调和广泛应用计算机自动控制技术具有自动化程度高、计量精度高、调和质量好、品种调换灵活等特点。

1.2.2.2　罐式调和

罐式调和工艺分为机械搅拌方式调和、泵循环方式调和、气动脉冲混合方式调和。所使用的调和罐一般是带有加热系统和混合装置的金属罐（最好是不锈钢和搪瓷的）

1. 机械搅拌调和

使用机械搅拌混合是油罐调和的常用方法。被调和物料是在搅拌器的作用下，形成主体对流和涡流扩散传质、分子扩散传质，使全部物料性质达到均一。搅拌调和的效率，取决于搅拌器的设计及其安装。润滑油成品油调和常用的搅拌方式主要有侧向伸入式搅拌及立式中

图 4-1-2　润滑油管道调和示意图

心式搅拌两大类。

（1）罐侧壁伸入式搅拌调和　搅拌器由罐侧壁伸入罐内，每个罐可装一个或几个，搅拌器的叶轮是船用推进式螺旋桨型。通常根据罐的容积与高径比、介质黏度、搅拌时间、搅拌运行方式、安装位置来确定搅拌器的功率。侧向搅拌器适合于大中型调和罐的调和工艺。

（2）罐顶立式中心式搅拌调和　调和罐顶部均安装有电机。此类搅拌器只使用在小型（容积小于 $20m^3$）立式调和罐上，适用于小批量而质量、配比等要求严格的特种油品的调和。

（3）自动批量调和系统（ABB）#　根据混合方式分类，自动批量调和是罐顶立式中心式搅拌调和的一种，然而其突出特点是整个调和过程由计算机自动控制完成，是润滑油调和工艺的发展方向。

自动批量调和与一般的罐式调和工艺基本相同，只是通过自动控制系统进行调和全过程控制。自动批量调和适用于小批量、高频次、多品种调和，其操作更简便灵活、准确度更高，还可以为连续调和过程提供稀释母液，见图 4-1-3。

自动批量调和的工艺过程包括投料计量、加热、混合、出料、扫线五个过程。

自动批量调和可以进行固体、液体、桶装、散装原料的调和；抽桶单元的应用避免了在桶装添加剂的加剂过程中油品被杂质或其他物质的污染。

自动批量调和由自动控制系统统一"指挥"，其操作自动化程度高，生产灵活性强，能够满足客户的特殊需要，可以更好的适应市场的多元化和多变性。此装置还可以稀释高黏度添加剂或特殊溶解条件（如高温或溶解度低）的添加剂，以及专门生产有色稀释剂或成品油。

使用球扫线系统对共用管线进行清扫，不仅可以清空管线，防止管线存油，还可以避免不同产品的相互污染，保证产品质量，还可以减少因管线存油产生的不合格品数量，减少灌装时所产生的顶线油的数量，减少油品损耗。经过球扫线后的油管内残留油量非常低，对后续产品的质量没有影响。

自动批量调和系统的生产速度相对较低，其原因除了各组分物料是依次加入，需要一定的输送时间外，桶装添加剂的黏度大、温度低、比例大也会延长调和时间，但是通过生产高附加值的产品，来发挥其特点、弥补其不足。

2. 泵循环调和

用泵不断地将物料从罐内抽出，再送回调和罐，在泵的作用下主要形成主体对流扩散和

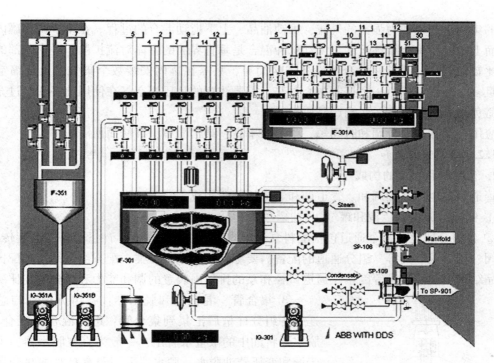

图 4-1-3　自动批量调和

涡流扩散，使油品调和均匀。为了提高调和效率，降低能耗，在生产实践中不断对泵循环调和的方法进行了改进。主要有：

（1）泵循环井井喷嘴调和　先将组分油和添加剂送入罐内，用泵不断地从罐内抽出部分油品再通过装在罐内的喷嘴喷射回罐内。高速射流在静止流体中穿过时，一面推动其前方的液体流动形成主体对流；另一方面在高速射流作用下，射流边界就可形成大量旋涡使传质加快，从而大大提高混合效率。这一方法设备简单，效率高，管理方便。但是泵的循环能力要大到每小时能使调和罐里的油品总量循环几次到十几次，以便迅速地完成均匀的混合。这种混合方法适用于中低黏度油品的调和，见图 4-1-4。

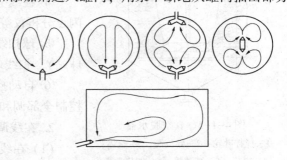

图 4-1-4　射流混合流型

（2）静态混合器调和　即在循环泵出口、物料进调和罐之前增加一个合适的静态混合器，可大大提高调和效率。一般比机械搅拌缩短一半以上的时间，且调和质量优于机械搅拌。

静态混合器两端法兰直接安装于回流管线，混合室内装有相互交错的倾斜波纹板，每一层相互交错，在泵循环时，使物料被有效地分割、旋转、混合，最终达到均匀的效果。静态混合器的设计便于清洗、维修和更换。

3. 应用气动脉冲混合工艺

气动脉冲混合是按物料物理特性（如黏度、密度、流动性等）和容器的几何参数（如形式、容量等）不同，相应设定脉冲频率、延时和压力等参数，通过中心控制系统控制油罐内安装的集气盘产生动力强大的气流，推动油品，上下搅动混合的过程。在整个调和罐内形成自下而上的整体垂直循环运动。气动脉冲混合是垂直界面的主体对流扩散，罐内各部的物料湍动比较均匀。气动脉冲混合的设备结构简单，只需在罐内安装数个集气盘及压缩空气管线，且多个油罐可以由一个控制中心操作。需要注意的是压缩空气在使用前必须经过充分干燥，避免油品水分过高，影响产品质量。

应用气动脉冲混合调和时间短，生产效率高；结构简单，维修简便。

1.2.2.3 管道调和

1. 管道调和系统的构成

管道调和也称连续调和。管道调和装置的一般构成：

① 储罐：原料罐、调和罐/成品油罐。

② 各组分通道：每个通道包括配料泵、过滤器、油气分离器、计量设备、温度传感器、止回阀、压力调节阀等。组分通道的配备需要综合考虑原料种类、配方组分结构和配比、总体产品结构、预计产量等因素。通道口径和泵的排量由装置的调和能力和组分的配比决定。

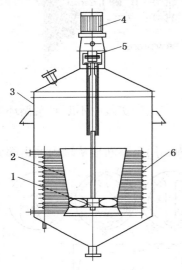

图 4-1-5 真空脱水器
1—搅拌叶轮；2—导流筒；3—釜体；
4—电机；5—减速机；6—加热盘管

③ 集合管、混合器和脱水器：各组分通道与总管相连，各组分计量后汇集到集合管；进入混合器混合均匀；脱水器将油中的微量水脱出，一般为真空脱水器，主要用于调和变压器油脱水。脱水器采用蒸汽盘管加热和导热油加热。该设备采用螺旋推进式搅拌，带导流筒，能实现液体上下、内外循环。采用填料密封、抽真空，便于润滑油中水分的逸出，从而达到脱水的目的，见图4-1-5。

④ 在线分析仪表：如在线黏度分析仪、倾点分析仪、闪点分析仪等。在线仪表主要用于产品质量的实时控制。

⑤ 球扫线：球扫线由钢管、球站(收/发球站、中间球站)、扫线球组成。见图4-1-6。

⑥ 自动控制系统：可存储并根据需要调用配方；自动控制全部调和过程；自动进行安全和故障报警。

2. 在线调和(In-Line Blender 简称 ILB)

（1）在线调和的工艺过程

在线调和(ILB)是比较典型的连续式管道调和方式。系统一般设有 4~9 个通道，每个通道适合一定比例范围的组分，每个通道的泵流量相对固定。在线调和系统根据产品配方，自动计算各组分的调和量。通过调节分流量泵出口调节阀的开度，使各流量按指定的比例控制，以保证各组分在总管中瞬时的配比符合预先设定的比例要求，从而保证最优的调和精度。在线调和系统通过在线仪表和在线分析仪器，对产品质量指标进行实时质量检测和闭环控制。各组分汇入总管后，通过混合器混合均匀，即成为成品油。

（2）在线调和工艺的特点

① 调和批量大、速度快、效率高。

② 整个调和过程自动化程度高，操作简便。

③ 生产周期短，交货迅速，提高油罐的利用率。

④ 其缺点是配方变化的适应性差。当配方改变需改变各泵的流量时，由于泵的额定流量不能改变，所以部分原料还需打循环，以保证低流量运行；由于采用模拟量控制，并且每种组分需要一个计量通道，设备投资高；由于集合管中已是成品油，不能用基础油清洗管线，见图4-1-7。

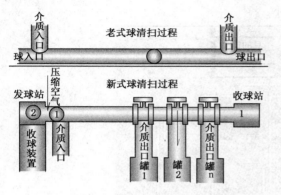

图 4-1-6 球扫线系统

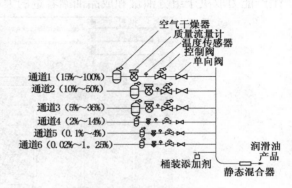

图 4-1-7 ILB 在线调和工艺

3. 同步计量调和(SMB)

同步计量调和是另一种管道调和工艺形式。

(1) 同步计量调和的工艺过程

同步计量调和 SMB 和在线调和 ILB 的设备都是由流量计和调节阀组成的若干条输油(或添加剂)通道及一条母管所构成，调和生产时，油和剂按配方的要求分别自各通道计量后进入母管，然后进入成品罐，设备都由计算机控制，进料计量精度高，调和一次合格率高；调和时间短，动力消耗少，调油速度提高；全部调和密闭操作，防止了油品氧化，降低了油品损耗。所不同的是同步计量调和的原料组分由各原料罐通过专用管线输送，装置的各个通道同时输送至流量计计量，利用自动阀门来控制组分的进料量。各组分原料不是在集合管中实现配比，完成均匀混合，而是通过出料的集合管送至调和罐，最后采用球扫线方式将管内存油推入调和罐。在调和罐中实现组分配比，完成均匀混合。

(2) 同步计量调和的工艺特点

同步计量调和系统生产过程全部自动控制，调和时间短，生产速度快；计量精度高；对配方的适用性强，配方中的多种组分可以同时输送和计量；各通道对组分油的适应能力强，计量通道可以共用，即在一个批次的调和过程中，某些计量通道可以使用两次以上，可有效地节省通道数量，节约投资成本。只是成品罐必须设搅拌装置。见图4-1-8。

1.2.2.4 罐式调和和管道调和两种调和工艺的比较

罐式调和是把定量的各调和组分依次加入到调和罐中，加料过程中不需要控制组分的流量，只需确定各组分最后的数量。还可以随时补加某种不足的组分，直至产品完全符合规格标准。这种调和方法，工艺和设备均比较简单，不需要精密的流量计和高度可靠的自动控制手段，也不需要在线的质量检测手段。因此，建设此种调和装置所需投资少，易于实现。此种调和装置的生产能力受调和罐大小的限制，只要选择合适的调和罐，就可以满足一定生产能力的要求，但劳动强度大。新型自动批量调和的自动化程度高，计量精确，合格率高，适合不同客户的特殊需求，以及新产品的试生产的需要。

管道调和是把全部调和组分以正确的比例同时送入调和装置进行调和，从管道的出口即得到质量符合规格要求的最终产品。这种调和方法需要有满足混合要求的连续混合器，需要有能够精确计量、控制各组分流量的计量设备和控制手段，还要有在线质量分析仪表和计算机控制系统。需要设备和过程控制具有高度的稳定性。所以连续调和可以实现优化控制，合理利用资源，减少不必要的质量过剩，从而降低成本。连续调和顾名思义是连续进行的，其生产能力取决于组分油罐和成品油罐容量的大小。

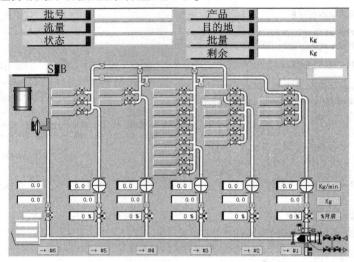

图 4-1-8　同步计量调和工艺

综上所述，罐式调和适合批量小、组分多，具有特殊工艺要求或特殊产品特性的油品调和，在产品品种多、缺少计算机技术装备的条件下更能发挥其作用。而生产规模大、品种和组分较少，又有足够的储罐容量和资金能力时，管道调和则更有其优势。罐式调和一般情况下，设备简单，投资较少；管道调和相对投资较大。具体应用中，需作具体的可行性研究，根据经济、技术分析而确定。

1.3　润滑油调和的工艺控制

1.3.1　调和过程的影响因素

影响润滑油质量的因素很多，配方各组分比例、计量设备的精度、原料油的质量指标等都直接影响着成品油的质量。这里主要分析润滑油调和过程控制中工艺、操作的因素对调和后油品质量的影响。

1.3.1.1　配方组分投料的控制

无论哪一种调和工艺，控制配方加入比例都是非常重要的环节。它是准确执行配方的保证。对于控制配方的投料比例，需要做到配方计算合理，数据操作准确，计量器具/设备校验有效、计量精确；配方各组分投料完毕后，利用各组分的物料平衡，如原料罐的出入量平衡、各组分原料出料量之和与调和罐入料总量的平衡等方法，验证各组分投料比例是否符合配方要求。

对于自动调和系统，计量设备的准确控制、自动阀门的调节是精确计量的关键，否则将导致组分比例的失调。因此，评价调和设备优劣首先在于该系统的计量及其控制的可靠性和精确程度，它直接影响产品合格率。

434

由于计量误差大造成的不合格主要有：高温黏度、低温动力黏度（即 CCS）、倾点等指标，其中黏指剂的计量准确性，主要影响高温黏度；重组分油的加入比例，主要影响成品油的低温动力黏度、低温泵送；添加剂的输送温度，直接影响流量计计量添加剂的准确性，从而影响成品油的碱值、元素含量、灰分和倾点是否合格。

计量误差超差的原因分析：①油罐收付油前后检尺、检温有误差；②输油管线扫线时没扫净；③油品在输送过程中串入其他管线或油罐内；④油品计量错误；⑤油罐长期使用变形，原容积表不适用；⑥对于流量计计量方式：黏指剂、重组分油、散装添加剂等黏度较大的原料，在输送温度低或抽至原料油罐底量时，输送流量过小，超出流量计的有效计量范围，计量误差增大。

采取预防纠正措施：1. 合理控制原料储存温度，调油时达到最低输送温度以上，方可调和；重点控制好黏指剂、功能添加剂的储存温度。2. 对照每个组分最低流量加强监控，一旦发现问题，通过做物料平衡确认，误差大及时调整。3. 合理调配工艺管线，避免不同原料在共用管线内存油，此类情况，对小批量产品的质量影响较大，若管线存油尽量吹扫干净。4. 油罐检尺严格按规程操作。5. 油罐容积应定期检定。

1.3.1.2　生产过程的物料温度

原料油和成品油在储存和输送过程中，控制一定的温度是十分必要的。一般来讲，原料的输送温度低，输送速度慢，若不及时清扫，会凝固在管线中，无法操作。输送温度过高，加速原料油氧化，一般油温在 50~60℃ 以上，油品的氧化速度增加一倍，添加剂受热易氧化分解而失效，造成巨大损失；油温高还会加速成品油老化变质，降低使用寿命。为了节约能源，也可采用罐内油品储存温度低，通过快速加热器，迅速提升油品输送温度，已保证其必要的流动性。

在润滑油调和过程中，选择适宜的调和温度，对混合效果和油品质量影响很大。一般选择不高于 70℃ 为宜，因为温度过高会加速基础油和添加剂的氧化分解，而齿轮油一般不高于 60℃ 为宜，因为其中的抗氧剂在 50℃ 左右开始分解。

1.3.1.3　生产过程的混合均匀度

对于不同黏度级别的成品油，原料油的黏度不同，轻重原料的比例不同，混合（搅拌）形式、混合设备功率不同，调和温度不同，混合的时间不同，混合的均匀效果也不同。混合时间过长，过多的空气混入油中，会加速油的氧化，对液压油、汽轮机油、变压器油的抗泡性和空气释放性也有不利影响。

成品油混合不均匀，常见的不合格项目有：黏度、倾点、碱值、灰分、元素含量、抗泡性、低温动力黏度等。

不合格原因分析：①混合设备发生故障或因磨损效率下降；②混合时间不足；③物料混合温度低、黏度过大，物料混合不易均匀；④操作工艺参数发生变化，例如调和批量超出正常批量范围。

改进措施：①定期进行设备维护；②对于高黏度油品适当提高调和温度或延长调和时间；③选用效率更高的混合方式，如采用边进料边混合的方式，提高混合效率。

根据生产任务的需要，对于调和量低、影响混合效果的情况，可以采用泵循环调和的方式，在工艺温度下，延长混合时间，达到混合均匀的目的。

1.3.1.4　油中的空气

油中混有空气是不可避免的。空气的存在不仅促进添加剂的分解和油品的氧化，还影响配方组分的计量准确性，因为流量计在油、气混合状态，计量误差很大。为了消除空气的影响，在管道调和装置中可以控制混合器负压操作，还可以增加空气分离罐，当通道内有气体时，自动停泵，排气后，泵自动开启，保证计量的准确性。还需要合理控制混合时间，尽量减少混合过程带入油中空气。

1.3.1.5 添加剂的稀释、溶解

部分固体添加剂、非常黏稠的添加剂、溶解度低的添加剂，使用前必须溶解、稀释、调制成合适浓度的添加剂母液，否则既可能影响调和的均匀程度，又可能影响计量的精确度，也不利于管道输送。还有的添加剂数量少，用流量计计量不易精确，可以与基础油进行预混合，再进行调和计量，如此操作方便准确；个别添加剂在润滑油中溶解度低、不易分散，需要中间溶剂进行稀释溶解，才能更好地在润滑油中分散均匀，发挥其作用，如高效抗泡剂二甲基硅油，为了提高使用效果，先以一定的比例溶解在煤油中，再均匀分散在润滑油中。

1.3.1.6 添加剂的加剂顺序

润滑油调和的基本原则是必须严格按照配方要求和调和工艺进行操作。在按照配方比例完成基础油投料后，根据工艺要求、按照一定顺序加入添加剂。一般来说，先加入增黏剂调整好油品黏度，再加入降凝剂调整油品的倾点，然后加入抗泡剂，再按优先顺序加入其他功能剂，如复合剂、抗乳化剂、抗氧抗腐剂、极压抗磨剂、油性剂、防锈剂、金属减活剂，最后使基础油与添加剂均匀混合。添加剂碱性或酸性是不同的，在投料时不要一起加入，避免酸碱中和，降低其使用效果。现在润滑油多使用复合剂，对于加剂顺序的要求已经不十分严格。

1.3.1.7 杂质的污染

调和过程中混入的固体杂质和配方以外的组分等都是对调和系统的污染，都可能造成调和产品的不合格。机械杂质是指不溶于苯和汽油的沉淀物和悬浮物。润滑油中含有机械杂质不仅能使油的黏度增加，而且将加速机械零件的研磨、拉伤和划痕等磨损。发动机中润滑油机械杂质增加会加重发动机的磨损，增加积炭的生成，堵塞油路油嘴和滤清器，造成润滑失效。还可降低油品的抗氧化安定性。变压器油中有机械杂质，会降低其绝缘性能。因此润滑油的调和过程需避免混入杂质和配方以外的组分。

固体杂质的来源：①原料油中带入；②检尺或其他操作时掉入；③新建或改造施工过程中带入；④过滤器清理不及时、不彻底、滤网滤袋等漏损；⑤清罐周期过长，罐底脏；⑥储罐等设施的内壁因腐蚀而产生的锈渣掉入油中。

控制措施：①在系统中增加过滤器或提高过滤精度，滤除杂质；②定期检查、清理过滤器，更换滤网滤袋；③检尺时用布擦尺，避免大风天检尺；④罐体、管线竣工，吹扫、清洗后方可使用，且泵前、阀门前增加临时过滤措施；⑤定期清罐，适当提高油罐包装管线出口的高度，避免抽出大量杂质；⑥适当提高黏油的储存温度，以利于固体杂质的沉降。但这只对较大颗粒的固体杂质起作用，杂质中还有一些纤维样杂质，需要借助更加精密的设备来过滤，如深层过滤材料、滤袋、滤机等，根据介质、清洁程度的不同要求而定；⑦储罐等设施的内壁喷涂防腐涂料，避免锈渣污染；⑧对于机械杂质不合格的油品，可以用沉降、过滤的方法去除杂质，在沉降过程可以适当提高油品温度，有利于杂质沉淀在罐底。

从经济的观点出发，无论是管道调和还是罐式调和，一个系统只调一个产品的可能性是极小的，因此配方外组分对系统的污染十分常见。罐底量和罐壁残留油品对系统也会造成污

染。对于同一精制深度系列而牌号不同的基础油，一般采用相邻黏度级别存放原则，否则应抽尽罐底残油。当级别相差较大的组分使用同一管道时，可以采用压缩空气反吹处理或球扫线清理管道。当储罐或调和罐更换油品，需要降低污染风险时，还可以用组分油洗罐，或彻底清理油罐。从生产安排上，可以安排品种、级别相近的油品在一个调和罐中调和，避免差别大的油品相互污染，以保证调和产品质量。

1.3.1.8 规范的操作

随着调和过程的自动化程度越来越高，对操作的技术性、规范性的要求更高了。操作过程的不规范，将导致产品不合格、物料损失、甚至发生生产事故。例如：

（1）检尺操作不规范，是否检查量油尺校验证、尺带是否褶皱，检尺操作是否重复两次，读数是否正确，误差是否符合要求等都会影响计量数据的准确性。严重时可能影响产品质量，甚至导致跑冒事故的发生。

（2）关键操作没有进行必要的复查，在配方计算、执行过程，改流程过程出现错误，造成配方或输油错误，甚至发生跑冒串事故。

（3）加剂操作不规范，没有核对添加剂名称即加剂，造成加剂错误，产品不合格，甚至报废。

（4）过程监控巡检不到位，对于自动调和过程，油品输送过程未监控计算机的动态画面，报警未及时处理，没有定点定时巡检，出现问题没有及时发现，导致生产事故的发生。

（5）记录不规范，未及时、准确地记录操作数据，或者记录字迹不清，在追溯过程不能反映真实的原始操作情况，给问题的原因分析、解决和生产经验数据的总结带来困难。

控制措施：①合理编制操作规程，明确操作要求；②细致培训，提高对不规范操作导致的严重后果的认识，增强责任意识；③严格执行操作规程，检查操作规程的执行情况，明确管理要求，制定切实有效的考核制度。

1.3.2 不合格品的处置方法

由于配方使用、设备故障、操作不规范等多种原因，造成原料油或成品油的理化指标或性能指标不合格。对于已判定不合格的油品，立即标识、隔离，避免误用；分析不合格原因，调整不合格品。并针对不合格原因采取纠正及预防措施，避免不合格重复发生。若不合格油品调整困难，可以同品种油品分批混兑调和，或改变方案，调配成其他油品，再或者做降级使用的处理。由于润滑油生产过程环节较多，对某一不合格项目的影响因素错综复杂，一个不合格项目可能由多个原因造成，有时单凭一次或几次的不合格，很难判断其准确的不合格原因；由于润滑油调和是一个不可逆的过程，对多个可能的不合格原因，无法一一追溯，所以需要在不合格原因分析的过程中，细致观察、分析每一个可能因素，多利用试验分析等量化手段，综合各方面分析结果，不断积累经验并固化，最终总结出一套既具有实践经验基础，又有理论依据支持的不合格品处置方法。

这里介绍润滑油调和过程中部分常见不合格品的处置方法，以供参考。

1.3.2.1 黏度不合格的处置

润滑油的黏度对润滑油的流动性和在摩擦面之间形成的油膜厚度影响很大。黏度较大的润滑油在摩擦面之间形成较厚的油膜，润滑效果好，但消耗在克服摩擦阻力的功率大，流动性差，为了节约能源，降低燃油消耗，普遍采用较低的成品油黏度，但黏度过低，油膜过薄易被破坏，造成磨损，所以需要控制适宜的黏度指标。

黏度不合格，可能存在的几种主要原因有：①配方计算错误，或配方录入计算机时错误；②计量设备/器具故障，导致计量误差过大；③流程操作错误，如输错油；④混合不均匀；⑤管线存油处理不干净；⑥工艺参数控制不到位；⑦罐底存油量过多。

处置方法：①检查配方是否正确，如品种和批号；②检查物料平衡，验证物料使用量是否符合配方要求；③检查调和设备是否异常；④检查使用的流量计、秤、量油尺是否故障或损坏；⑤在投料前，对管线中的存油情况是否确认和考虑其影响，是否进行了必要的处理。⑥若不合格数值与规范偏差较小，又未发现确切的不合格原因，可再次混合后，重新分析；⑦根据不合格数值的高低，适量加入配方中的轻重组分，注意相应补加添加剂，以保持油品的性能不因调整而降低；⑧不合格调整时，若两项以上不合格，需综合考虑，并分析二者是否有相互联系。

1.3.2.2 倾点不合格的处置

倾点是润滑油低温流动性能的重要指标。倾点高的润滑油在低温下易失去流动性，阻塞油路，不能保证润滑，造成冬季发动机启动困难。倾点过低，添加剂和低温性能好的原料投入多，增加成本，所以要控制适宜的倾点指标。

造成倾点不合格的原因主要有：①原料组分计量误差大；②降凝剂不适用或基础油感受性不好；③降凝剂稀释时混合不均，比例失控或计算错误；④油品调和时混合不均匀；⑤工艺流程错误，添加剂进入其他管线、设备。

不合格油品的分析、处置方法：①检查配方、物料调和记录是否正确；②检查物料平衡，验证物料使用量是否符合配方要求，尤其是降凝剂的使用量是否正常；③检查原料油的倾点是否偏高，导致调和油品的倾点不合格；④调整：补加降凝剂，混合均匀，注意控制油品调和温度满足工艺要求。若不合格数值在分析误差范围内，又未发现确切的不合格原因，可再次混合后，重新分析。还可以改调其他产品或与同种低倾点产品混兑。

1.3.2.3 低温动力黏度不合格的处置

低温动力黏度是反映润滑油的低温性能的指标之一，也是多级油的重要性能指标之一。基础油的低温性能主要取决于所用的基础油的馏分和黏度指数，成品油的低温性能与配方中基础油的低温性能、轻重组分的比例、黏指剂的结构组成和比例等因素有关。润滑油的低温性能差，导致润滑系统低温下不能及时正常供油和提供合适的润滑，运动部件出现严重磨损，甚至机泵启动困难。鉴于多级发动机油的低温性能的限制，要求在保证多级油的油膜强度的同时尽量使用低黏度、高黏度指数的基础油和加入黏度指数改进剂，以改善油品的低温启动性能和高温润滑性能。但是低温动力黏度也不是越低越好。由于降低低温动力黏度需要加入更多的低温性能好的基础油和大量的黏指剂，生产成本较高；黏指剂加入比例大，剪切黏度损失大，易氧化结焦、生成油泥和沉淀，同时也为了保证润滑系统的机油压力，因此低温动力黏度不宜过低。

低温动力黏度不合格的原因主要有：①基础油的低温性能差；②配方的比例不合理；③成品油黏度过高；④原料组分计量误差过大；⑤调和油品混合不均匀；⑥罐底油或管线存油的影响；⑦黏指剂不适用。

不合格品的处置方法：①若不合格数值与规范偏差较小，又未发现确切的不合格原因，可再次混合后，重新分析；②可适当降低产品黏度，注意按比例补加添加剂；③若不合格数值与规范要求相差较大，则调整配方，适当提高配方中轻组分油比例或降低重组分油比例，补油时补加添加剂；④油品降级使用。

438

1.3.2.4 总碱值不合格的处置

油品中加入的清净分散剂多呈碱性，测定总碱值可间接表示所含添加剂的多少，一般以总碱值作为内燃机油的重要质量指标。使用后的内燃机油，一方面因添加剂氧化、分解逐渐失效，另一方面，氧化生成的酸类中和碱性添加剂，所以总碱值逐渐降低。因此测定总碱值，还可以判断添加剂的衰变，并可以以总碱值的下降，确定换油周期。

总碱值不合格的主要原因有：①原料组分计量误差过大；②配方错误，或配方录入计算机时错误；③添加剂自身的碱值低；④调和油品混合不均匀。

不合格品处置方法：①分析添加剂的碱值，计算理论值，判断添加剂碱值是否符合要求；②分析基础油的指标是否符合要求；③检查计量设备是否正常，油量是否符合配方要求；④调整：补加基础油或添加剂，混合均匀；若添加剂自身的碱值不符合要求，可考虑添加补强剂。

1.3.2.5 灰分不合格的处置

灰分主要是燃烧、灼烧后生成的金属盐和金属氧化物组成。油品在生产、储存、运输和使用过程中，设备、管线和金属容器腐蚀生成的金属盐类，氧化生成的铁锈、油漆的溶解和灰尘的污染等因素都会是灰分的来源，还有添加剂中的金属盐也是灰分的来源。灰分的存在会使润滑油在使用过程中积炭增加，灰分过高也会造成机械零件的磨损。对于不含添加剂的油品，灰分可以作为检查精制是否正常的指标之一。如果精制中残留有金属盐和白土等，则使灰分增加。对于加有添加剂的润滑油，测定灰分可间接表明添加剂的含量。

产生灰分不合格的原因主要有：①原料组分计量误差过大；②配方错误或配方录入计算机时错误；③原料油携带精制过程残留的金属盐和白土；④油罐、管线因施工或腐蚀产生的金属锈渣；⑤调和油品混合不均匀；⑥调和系统中残留有配方外组分，对油品造成污染。

灰分不合格的处置方法：①检查添加剂量是否超高或是否加错添加剂；②分析油中的机械杂质是否超标；③调整：若灰分低，补加添加剂，混合均匀；若灰分高，可扩大调和产量，降低灰分；④检查清罐记录，是否长期未清罐，检查罐顶、罐壁是否有锈渣脱落。

1.3.2.6 抗乳化性不合格的处置

抗乳化性是润滑油抵抗与水混合形成乳化液的性能。油品的表面张力大，不易形成乳化液，但油中含较多的机械杂质、皂类、酸类、油泥等表面活性物质，严重破坏了油品的表面张力，在有水的情况下，易乳化。具有抗乳化性的润滑油遇水虽经搅拌振荡，也不易形成乳化液或形成的乳化液很易迅速分离。抗乳化性差，在水存在的情况下，润滑油易乳化，同时其氧化安定性也差。抗乳化性是汽轮机油的重要质量指标，汽轮机油乳化液破坏油膜，增加摩擦、磨损和产生腐蚀。

产生抗乳化性不合格的原因主要有：①基础油中混入杂质或极性物质，导致成品油抗乳化性不合格；②基础油本身的抗乳化性差；③调和罐或储罐在更换油品时，添加剂中的极性物质对后续油品造成污染，导致后续油品的抗乳化性不合格；④基础油在运输过程中受到污染，造成抗乳化性不合格；⑤油罐长期使用或闲置后未清理，杂质过多，导致油品抗乳化不合格；⑥原料含水变质。

不合格油品的处置方法：①加入破乳剂混合均匀；②分析原料水分，油品脱水；③分批混兑入同种油品。④预防：注意原料的分析、筛选；对于差别大的油品避免使用同一油罐，否则需要清洗或清理油罐，尤其是汽轮机油的调和，避免其他添加剂的污染；防止油品中机械杂质、油泥等的进入。

1.3.2.7　起泡性不合格的处置

润滑油在实际使用中，由于受到振荡、搅动等作用，使空气进入润滑油中，形成气泡。如果油品的抗泡性能不好，形成的大量气泡不能迅速破除，将影响润滑性能，加速其氧化变质；破坏油膜，增加设备磨损；润滑油在循环系统中产生气阻，使供油中断，妨碍润滑，对液压油则影响其压力传递；大量泡沫使汽轮机油油箱溢油，使供油压力升不上去，影响循环，破坏油膜，造成振荡和磨损。

起泡性不合格的原因主要有：①抗泡剂加入量不足；②抗泡剂类型与油品不匹配；③如果是二甲基硅型抗泡剂，可能稀释比例不准或混合不均匀；④抗泡剂在油中的分散不够均匀。

不合格品处置方法：①补加抗泡剂，但要控制加入总量，避免抗泡剂加入过多，起泡性反而变差；②针对不同类型的油品，选择不同类型的抗泡剂，如液压油使用非硅型效果更好，而且对其空气释放性能有帮助；③硅型和非硅型抗泡剂可以复配使用，需要小样试验来确定用量。④延长油品混合时间，使抗泡剂充分分散，重新分析；⑤准确计量、规范稀释抗泡剂。

1.3.2.8　空气释放性不合格的处置

空气释放性则指油品释放悬浮或分散在油中的雾沫空气的能力。在润滑油循环系统中，难免要带进一些空气。空气在油品中表现为较大气泡和雾状细小气泡两种形式，较大的气泡能迅速上升到油品表面，而细小气泡上升到油品表面的速度慢。这种细小气泡悬浮在油中，会破坏油膜，产生气阻，造成供油不足，引起机械的噪音和振荡，影响系统压力传递，使液压系统操作失灵和摩擦增大，油温上升，加速油品氧化，产生沉淀和油泥，堵塞过滤器，影响设备寿命。因此，必须消除油中气泡，要求油品具有良好的空气释放性能。一般来说，油品黏度越大，空气释放性越差。硅油抗泡剂虽能有效地提高油品的表面抗泡性能，但会使其在油中的空气释放性能变差。一些非硅抗泡剂不仅具有很好的消泡作用，同时，对油品的空气释放性能影响也很小。

空气释放性不合格的原因主要与基础油的空气释放性能有关，所以筛选适用的基础油十分关键。抗泡剂的分散均匀程度对添加效果的影响很大。油品的温度、黏度与气泡在油中的寿命(从泡沫形成到它完全消失时所经历的时间)有关。一般来说，泡沫的寿命随温度的升高而下降。而油品的黏度越大，泡沫的寿命越长。所以说提高油品温度，降低黏度，有利于泡沫的消失。

成品油的空气释放性不合格可以视原配方的情况适当补加非硅型抗泡剂，来改善油品的空气释放性能，加入量需要做小样试调。或者提高油品温度，降低油品黏度，加速空气的释放；也可以分批混兑入同种油品中。

1.3.2.9　氧化安定性不合格的处置

氧化安定性不合格表明油品抵抗氧化变质的能力较差，油品在温度升高、金属存在、氧气浓度与接触面积增加的情况下更容易加速氧化。润滑油氧化后，通常使黏度增大、颜色加深、酸值升高、表面张力下降等，进一步氧化则生成沉淀和胶状油泥，这些物质沉淀于机械零件表面，阻碍散热，阻塞油路，增加摩擦磨损；汽轮机油的氧化安定性差，油品容易氧化变质和乳化；变压器油的氧化安定性差，使绝缘强度下降，冷却散热作用变差，沉积物沉积在变压器线圈表面，妨碍线圈散热，造成过热甚至烧坏设备。因此这一指标对于润滑油的实际使用、储存和运输都非常重要。

氧化安定性的不合格原因主要有：①基础油精制深度不够，配方组成不合理；②在润滑油调和和储存过程中，设备故障或操作不当，造成油品温度过高；③添加剂加热时间过长，造成油品过热氧化。

不合格品处置方案：①若基础油不合格可以与氧化安定性好的基础油调和，提高其抗氧化性能；再或者用于调和对氧化安定性要求低的油品；②若成品油的氧化安定性不合格，可以加入抗氧剂；或者调整配方比例，重新调配；还可以降档使用或分批调入同类油品。

1.3.2.10 基础油入厂检验不合格的处置

基础油入厂检验，有时会出现质量指标与规范要求略有偏差的情况。但是由于适于调和润滑油的基础油资源十分紧张、而且出于对运输成本的考虑，部分基础油在经过处理后可以满足指标要求，或者经过配方调整，不影响成品油的质量，则可以有条件地让步接收。对于批准让步接收的产品，必须制定处置方案，使用时做好记录，便于追溯。

1.4 润滑油中的水分

1.4.1 润滑油中水分的来源

水进入润滑油中主要有以下几种途径：

（1）原料带水 基础油在加工、精制过程带水，添加剂制备过程产生水，基础油、添加剂因其极性而易于吸水；吹扫过程，压缩空气中带入水。

（2）储运过程进水 在潮湿的环境中，散装油品储存时间过长，空气中水蒸气凝结成液态水进入油品；因储存不当如透光孔或检尺孔未关严造成雨、雪水进入油中；与润滑油直接接触的加热设备如蒸汽或热水加热设施泄漏造成水进入油中；运输过程油罐车内水未清理干净或雨、雪水从人孔进入油中。

（3）使用过程进水 润滑油在油箱中燃烧或高温下发生化学反应后产生的水进入油中，外部空气进入曲轴箱受热后再冷凝成水进入油中，由于密封不严冷却水漏进曲轴箱，等等。

因此在操作规程中要密切注意所有孔盖的巡回检查，控制生产过程中水分进入油中；定期清理储油罐、槽、箱等容器，对润滑油系统的加热设备、密封设备进行检测与维护，避免水进入润滑油中，对油品质量造成危害。

1.4.2 润滑油中水分的存在形式

润滑油中的水分按照其分散程度和存在状态不同，可分为：

（1）游离水 游离水是指析出的微小水滴聚集成较大颗粒而从油中沉降下来，呈油水分离状态存在。

（2）悬浮水 悬浮水以极细小的微粒状态分散于油中，形成乳浊液。由于水滴微粒极小，比游离水更难从油中分离。

（3）溶解水 溶解水以分子状态存在于烃类分子的空隙间，溶解量取决于油品的化学组成和温度。

1.4.3 润滑油中含水的危害

水分作为润滑油中的污染物，对润滑油的品质、性能及其服务的设备都会造成十分严重的影响，甚至带来巨大的经济损失。

润滑油中水分的存在，会直接影响产品的外观，会导致润滑油中的添加剂发生水解、沉淀，从而添加剂失效，降低其使用功能；水分会降低油品的黏度，降低油膜的承载能力，甚至破坏油膜造成机件磨损；还可能在高温高压下气化，形成小气泡瞬间破裂，造成气蚀磨损，或者在油路中气化，造成气阻，阻塞油路；水分的存在加强了酸对金属的腐蚀作用，造成零部件的锈蚀，生成的锈渣和金属碎屑还会加速催化油品氧化变质，加速油的老化；水分与润滑油经搅拌混合会形成白色的乳化液，使表面活性强的清净分散剂、防锈剂等失效，使油中产生油泥；添加剂水解产生的沉淀、磨损产生的金属颗粒、锈蚀产生的锈渣、沉降的油泥还会堵塞油路、堵塞滤清器，造成系统供油不足。润滑油中的水分，提高油品的凝点，在使用温度低时，由于接近冰点使润滑油流动性变差，黏温性变坏，甚至结冰，堵塞油路；水分还会使润滑油的导热性能变差，如导热油系统升温升不上去。

不仅如此，水分的存在还可能导致事故发生。例如，对电器系统用油，微量水会大大影响油的绝缘特性，易使用电系统出现故障；水分受热汽化，体积急剧增加，油出现突沸或外溢，若水分含量较大，还可能发生爆炸，增大火灾危险。

因此，润滑油中含水越少越好，不仅在使用、储存过程妥善保管，还要注意使用前和使用中的脱水。

1.4.4 润滑油中含水的测试方法

1.4.4.1 目测法

把适量油样加热，再静置一段时间，注意观察容器底部是否有游离水沉淀。

1.4.4.2 烧灼法

把润滑油放在铝箔或锡纸做的小盘上，高温加热 1~2min，若飞溅或冒泡，则水含量大；若连续爆裂声，则水较少，若一点爆裂声后无声，则水量很干。或者比较简易的方法，用纸蘸上含水的油，点燃，发出爆裂声，也可证明有水。

1.4.4.3 试纸或试剂变色法

用试纸或试剂变色的方法也可验证油中含水。

1.4.4.4 通过现象判断

在检尺过程中，若打开检尺口盖或透光孔盖时，有水珠落下，则需要取样分析水分是否超标；在储罐加热过程（加热盘管伸入油中的情况）中，放水口放出的冷凝水发现油迹，可能盘管漏水，需空罐检查。在取样过程，发现油中有水泡，油品本身清澈透明且静置后水泡沉降到容器底部，则油中水量较多，为游离水；若油品外观浑浊，倾倒时感觉稀散，但水珠不明显，严重的达到乳白色，则表明油水混合时间较长，乳化程度较深，油品变质较严重。

1.4.4.5 定量测定的方法

（1）GB/T 260—77 石油产品水分测定法的测定原理是利用蒸馏的原理，将一定量的试样和无水溶剂混合，在规定的仪器中进行蒸馏，溶剂和水一起蒸发出并冷凝在一个接受器中不断分离，由于水的密度比溶剂大，水便沉淀在接受器的下部，溶剂返回蒸馏瓶进行回流。根据试样的用量和蒸发出水分的体积，计算出试样所含水分的质量分数，作为石油产品所含水分的测定结果，当水的质量分数少于 0.03% 时，认为是痕迹；如果接受器中没有水，则认为试样无水。

（2）热重法：通过升温过程中，物质由低沸点到高沸点依次蒸发，测定失重量。

（3）吸附法：利用干燥剂吸水，测定增重量。

1.4.5 控制油中水分的措施

①定期对油罐和罐内加热盘管进行检测，日常加热操作时，注意放出的冷凝水是否含油；②在操作规程中明确雨天操作的规定，如下雨前进行罐顶巡检，检查罐顶孔盖是否盖好等等；③严格控制进入原料油的水分指标，保证进厂原料油的各项指标合格后，方可卸油。④油品避免长期在潮湿环境中储存。

在生产过程，加热盘管渗漏使油品进水的情况较为常见。由于这种情况较为隐蔽，可以通过原料和成品油的水分分析及加热系统操作来综合判断加热盘管是否漏水。现场判断加热盘管是否漏水的方法是，全开放水阀，放空冷凝水；全开蒸汽阀，当蒸汽充满盘管，关闭出水阀和蒸汽阀，静置降温；全开出水阀，放水，观察水中是否带油。现场检查还可以通过切水阀切水来判断罐内是否有水。一旦判定加热盘管漏水，则立即关闭油罐加热系统的进出口阀门，必要时可加盲板，完全切断水进罐的通路；做好相关记录和现场标识；进行油品脱水和清罐，及加热系统维修。

1.4.6 润滑油脱水的方法

测出油品中的水分，再根据水分含量的多少，确定脱水方法。加热蒸发是曾经普遍采用的方法，但是高温加速油品的氧化，使添加剂变质分解，缩短油品的寿命，所以现在很少采用。

1.4.6.1 重力沉降脱水

重力沉降脱水是利用水的密度比油大的特点，在静止状态下，油中的水珠靠重力作用沉降到油层以下。这种方法简便易行，无污染，适于处理外观透明、油品黏度低、水污染初期的油品。因为这种情况下的水主要为游离水，易于沉降分离，但对于溶解水和悬浮水则不太适用。当油水混合物浑浊情况不十分严重时，可加少量破乳剂，搅拌、沉降，也可达到油水分离的效果。当油罐沉降一定时间后可进行切水操作，切水操作时，人员不得离开现场。

1.4.6.2 离心分离脱水

离心分离脱水是利用油水密度不同，将油水混合物装在容器中高速旋转，其密度不同，产生的离心力不同，从而使油水完全分离开。此类脱水设备，比较小巧轻便，快速，但电机功率与处理量有直接关系，且运行成本较高。

1.4.6.3 真空脱水

真空脱水装置是将油水混合物在负压条件下，加热到一定温度，油和水根据它们不同的沸点通过真空蒸馏分离。这种方法可以脱出游离水、溶解水和悬浮水。但需要消耗大量的能量，费用较高，且高温加速油品氧化，缩短使用寿命。连续调和还可以利用脱水器脱除微量水，或采用真空过滤机进行脱水。

1.4.6.4 吸附法

吸附法就是利用具有吸水功能的材料吸除油中的水分。吸水材料如淀粉或高分子树脂。装有吸水材料的过滤器可以除掉游离水和悬浮水，但材料的吸水能力有限，所以适合油中含水量少时使用。

在实际生产中也有采用干燥的气体(如氮气)，吹入油中，将油中的水气带走。向油中吹气的同时可相对提高油品温度，打开油罐顶盖，以利于水分被带出。

1.4.6.5 膜分离法

膜分离法是利用多孔膜对油和水的表面亲和力不同，对处于稳定状态的油水混合物进行油水分离。固体膜主要起破乳的作用。其优点是设备简单、操作方便、能耗少，但膜孔径小，容易堵塞，需经常清洗，连续操作性差，不适宜处理大批量产品。

1.4.6.6 聚结法

聚结脱水就是利用聚结纤维表面对油和水的不同亲和作用，水珠黏附在亲水的聚结纤维层上。水滴在聚结纤维上聚结长大，达到一定尺寸后，从纤维表面脱落。此方法适宜分离油中的悬浮水和游离水。聚结法处理能力大，能耗少，运行成本和维护费用低，是应用广泛的油水分离技术。

1.5 辅助生产工艺

1.5.1 黏度指数改进剂生产

黏度指数改进剂（以下简称黏指剂）是一种由低相对分子质量单体聚合而成的高相对分子质量化合物，单体可以是相同的分子，也可以是不相同的分子，它成固体胶状或粉末胶状。在正常的油品温度下，很难溶解在油品中。因此在加入油品之前，需要在一定温度下用低黏度的基础油将其溶解。黏指剂生产工艺的控制直接影响其使用性能。

1.5.1.1 黏度指数改进剂生产流程

黏指剂的生产流程主要包括基础油投料、加热，干胶分解投料，溶胶和稀释、输送五道工序。过程流程图见图 4-1-12。

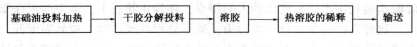

图 4-1-12 溶胶过程流程图

根据配方比例将基础油投入到溶胶釜中作为溶胶油，并预热。当达到加胶温度后，将黏指剂的干胶分解投到溶胶釜中。胶块分解的尺寸直接影响溶胶时间和溶胶效果。在干胶投料的过程中，需持续加热、混合。加胶完毕，油温保持在溶胶温度范围内溶胶。溶胶过程要定时观察溶胶釜中胶粒的溶化情况和温度变化情况。直到干胶完全溶解。向稀释釜中投入稀释基础油，降低稀胶温度，降低油料氧化速度。将稀释的胶液输送出溶胶釜。需要时将事先预留的基础油投入溶胶釜中进行冲洗，洗油一并送入稀释的胶液中，混合均匀。

与普通的干胶先分解再粉碎的方式相比，比较简便的方式是直接将整块干胶粉碎成颗粒，加入基础油中溶解。还有一种设置在溶胶釜底部的高剪切搅拌器。溶胶釜先注满基础油后启动，把大块的干胶投入釜内。剪切器的剪切头所产生的吸力把大块干胶吸到底部，迅速把干胶切成碎片，碎片会被吸到剪切头的内部，进行更精细的剪切，切碎成微粒再喷出。根据要求还可以进行第二级均质程序，碎片与基础油经过在线混合器不断的循环，直到胶和基础油达到预期的均质效果。

1.5.1.2 黏度指数改进剂生产控制

在黏指剂的生产过程中要控制好关键过程控制点，保证溶胶质量，提高溶胶效率，降低能量损耗，节约生产成本。

1. 基础油分配

黏指剂的溶胶过程的原材料为润滑油基础油和黏指剂干胶。基础油总量分为溶胶用基础油、稀释用基础油、清洗用基础油。溶胶用基础油用量过少，干胶在基础油中的浓度高，胶粒不易溶化。溶胶用基础油量过大，则基础油预热和溶胶过程需要加热量加大，延长加热时间和增加能耗，而且稀释过程由于稀释油量少，稀胶降温幅度小，不利于减缓黏指剂的氧化。

2. 干胶投料时基础油的预热温度

干胶投料时基础油预热温度需达到较高温度，可以达到90℃，甚至更高。因为在预热油温低时，干胶容易溶胀黏连在一起，结成大块，不易溶解；还会黏附在加热盘管或其他附属设备设施上不易脱落，增加了溶胶的难度，影响溶胶效果。同时黏在加热盘管表面易过热而氧化结焦，影响传热效果和盘管使用寿命。

3. 胶块尺寸

将整块干胶分解，根据碎胶设备不同，目前有先切块后粉碎和直接粉碎的方法，也有整块投料，在油中进行碎胶的方法。

对于两步分解胶块的方法：大块干胶先切割成条块，为避免碎胶机卡死，需控制胶片厚度，若停机清理，则延长生产时间。碎胶的颗粒尺寸过大，不容易溶化，延长溶胶时间，增加能耗。

对于直接碎胶的方法：要定期检查设备的碎胶情况和胶粒尺寸，若胶粒增大，需及时调整设备，避免影响溶胶效果。

4. 投料速度

投料速度与混合能力有关。若混合能力强，可以迅速分散胶粒，可以加快投料速度。但是投料速度过快，容易造成溶胶釜内干胶颗粒凝聚结块，反而降低干胶溶化速度，延长溶胶时间和增加能耗。

5. 溶胶温度范围的控制

溶胶温度直接影响干胶的溶解效果，对产品质量起到至关重要的作用。因此需要严格控制溶胶温度。若溶胶温度过低，干胶无法完全溶化和溶透，不仅黏指剂的增黏能力降低，而且不溶的胶块阻塞滤网、还造成浪费。但是溶胶温度过高，易使热溶胶发生热氧化变质，颜色变深，易结焦，影响热溶胶的使用性能。

6. 溶胶时间控制

溶胶时间过短，胶无法完全溶化和溶透，堵塞过滤器，而且造成干胶的浪费。溶胶时间过长，容易使热溶胶发生热氧化，高分子的长链断裂，造成黏度损失。

7. 混合

溶胶过程多使用机械搅拌进行混合。搅拌的转速直接影响胶粒在油中的分散程度，转速小，胶粒分散效果差，胶粒大多漂浮在溶胶釜的中上部，胶粒在高浓度下溶解，速度缓慢。若胶粒迅速分散均匀，胶粒在低浓度下溶解，加快溶胶速度，缩短溶胶时间，降低蒸汽损耗。

在溶胶过程进行循环均质，使胶溶解更加均匀、彻底，干胶残留微粒小，残留量少。

8. 热溶胶的储存温度

储存温度过高，易使溶胶发生热氧化变质。温度过低，尤其是冬季，其输送黏度过大增加泵负荷，增加能耗。

9. 冲洗溶胶釜和管线

热溶胶输转完毕，用基础油冲洗溶胶釜和管线，以免当温度下降后，溶胶黏附在罐壁和附件上、堵塞管线。尤其溶胶生产为间歇操作，当生产间隔较长时，尤需注意溶胶釜和管线的清理，避免堵塞管道，影响后续生产。

1.5.1.3 黏度指数改进剂生产操作方法

1. 基础油投料、加热

按照工艺规定进行基础油投料和油罐加热操作。基础油达到加胶温度后,开始干胶投料操作。加热过程注意油中含水时的突沸,避免烫伤。

2. 干胶分解操作

操作前检查设备状态和润滑状况是否完好。检查设备的电源、按钮、接线和接地是否完好和绝缘。分步碎胶:先将整块干胶切割成较薄的条块,再粉碎成胶粒。一般为不大于10mm的立方体。注意切胶过程必须戴好防护用品,注意操作安全。直接碎胶:将整块干胶直接送入碎胶机粉碎成胶粒,注意戴好护目镜,防止碎胶过程胶粒飞溅,伤害眼睛。在干胶投料过程注意控制投料速度。

3. 溶胶操作

在工艺规定的溶胶温度下,定期查看溶胶温度和干胶颗粒溶化情况。检查干胶是否完全溶解的方法:目测溶胶外观浅亮透明,油面无漂浮的不溶胶粒。取溶胶样品进行过滤,滤网表面无不溶胶粒。或者取溶胶样品,倾斜容器,目视容器壁无不溶胶粒。

4. 热溶胶的稀释

按照工艺规定,用基础油稀释溶好的胶液,输转方法按油罐付油和收油操作方法执行。

5. 清洗和输送

溶胶输转完毕,将预留的稀释油输入溶胶釜进行冲洗,并通过管线与稀释的胶液混合,保证管线中的溶胶冲洗干净。接着用压缩空气吹扫管线,最后将稀释的全部胶液混合均匀,完成溶胶生产过程。

1.6 工艺计算

1.6.1 黏度计算

在润滑油生产过程中,不同批次货的基础油质量指标发生变化,为了保证调和油品的质量,必须根据各基础油组分的测定数据来调整其调和比例。通常采用的调整的依据就是黏度计算。黏度的计算是一个经验估算式,这个估算式适用于绝大部分的矿物油的混合计算,因此被广泛采用。估算式如下:

$$\lg \nu_m = \sum x_i \lg \nu_i \qquad (4-1-1)$$

式中 ν_m——油品混合后的黏度,mm^2/s;

x_i——组分的摩尔分率,%;

ν_i——组分黏度,%。

通常情况下,各种牌号的基础油都是各烃类的混合物,因此无法获得其摩尔质量,从而不可能计算摩尔分率。于是在实际操作过程中采用质量分率来替代摩尔分率。

1.6.1.1 已知两种基础油黏度及调和后的黏度,求基础油调和比

$$x_1 = (\lg \nu_m - \lg \nu_2)/(\lg \nu_1 - \lg \nu_2) \qquad (4-1-2)$$

[例4-1-1] A、B两种基础油40℃黏度分别为30mm^2/s、90mm^2/s,用他们来调和黏度为46mm^2/s的混合基础油,求他们各自所占的比例。

解: $$x_1 = (\lg \nu_m - \lg \nu_2)/(\lg \nu_1 - \lg \nu_2)$$

代入数据得，$x_1 = (\lg 46 - \lg 90)/(\lg 30 - \lg 90) = 61.1\%$

$$x_2 = 1 - x_1 = 1 - 61.1\% = 38.9\%$$

1.6.1.2 已知两种基础油及调和比，求调和后的黏度

$$\lg\nu_m = x_1\lg\nu_1 + (1 - x_1)\lg\nu_2 \tag{4-1-3}$$

[例4-1-2] A、B 两种基础油 40℃ 黏度分别为 $32 mm^2/s$、$110 mm^2/s$，将他们按 1 3 的比例混合，求混合后的基础油黏度。

解: $\lg\nu_m = x_1\lg\nu_1 + (1 - x_1)\lg\nu_2$

代入数据得， $\lg\nu_m = 0.25 \times \lg 32 + 0.75 \times \lg 110$

$$\nu_m = 80.78 mm^2/s$$

1.6.2 黏度指数计算

黏度指数是一个用于表示油品黏度随温度变化而变化情况的指数。它是通过测定油品两个规定温度下的黏度和查找规定标准油黏度，经过计算求得。规定的标准油，一个是美国宾夕法尼亚州的石油，它的黏温性能比较好，黏度指数规定为 100；一个是得克萨斯州海湾沿岸劣质石油，它的黏温性能较差，黏度指数规定为 0。然后将他们分成若干个窄馏分并分别测定每个窄馏分 98.9℃（210 ℉）和 37.8℃（100 ℉）温度下的黏度，列成数据表格。计算黏度指数用标准油的黏度举例见表 4-1-1。

表 4-1-1 计算黏度指数用标准油的黏度

98.9℃ 的黏度/cSt	L/cSt	H/cSt	L-H/cSt
6.00	62.61	40.70	21.91
6.10	64.61	41.76	22.85
6.20	66.61	42.82	23.79
6.30	68.61	43.89	24.72
6.40	70.61	44.96	25.66

注: $1 cSt = 10^{-6} m^2/s$

对于一个试样来说，先测定 98.9℃ 和 37.8℃ 时的黏度，然后从以上规定的数据表格中查找一组与试油 98.9℃ 黏度相同的数据，代入计算公式便可得到试样的黏度指数。

1.6.2.1 油品黏度指数 VI≤100 的计算公式

$$VI = 100 \times (L - U)/(L - H) \tag{4-1-4}$$

式中 L——黏度指数为 0 的标油在 37.8℃ 时的黏度；

H——黏度指数为 100 的标油在 37.8℃ 时的黏度；

U——试样在 37.8℃ 时的黏度。

[例4-1-3] 某油品在 98.9℃ 时的黏度为 $6.20 mm^2/s$，37.8℃ 时的黏度为 $43.88 mm^2/s$，求该油品的黏度指数。

解: 查表 4-1-1 得到，标油为 $6.20 mm^2/s$ 时，$L = 66.61 mm^2/s$，$H = 42.82 mm^2/s$

$$VI = 100 \times (L - U)/(L - H)$$

代入数据得，$VI = 100 \times (66.61 - 43.88)/(66.61 - 42.82) = 95.54$

1.6.2.2 油品黏度指数 VI>100 的计算公式

$$VI = (10^N - 1)/0.0075 + 100 \tag{4-1-5}$$

式中 $N = (\lg H - \lg U)/\lg Y$

H——黏度指数为 100 的标油在 37.8℃时的黏度；

Y——试样在 98.9℃时的黏度；

U——试样在 37.8℃时的黏度。

[例4-1-4] 某油品在 98.9℃时的黏度为 6.40mm²/s，37.8℃时的黏度为 36.22mm²/s，求该油品的黏度指数。

解：查表 4-1-1 得到，标油为 6.40mm²/s 时，H=44.96mm²/s

$$N = (\lg H - \lg U)/\lg Y = (\lg 44.96 - \lg 36.22)/\lg 6.40 = 0.1164$$

$$VI = (10^N - 1)/0.0075 + 100 = (10^{0.1164} - 1)/0.0075 + 100 = 141$$

1.6.3 调和配比计算

润滑油调和是在一定工艺条件下，将不同的基础油和添加剂按照一定的比例进行调配，形成一种均相混合物。在许多情况下，产品的原料组分一样，但是比例不一样，最后得到不同牌号的产品，甚至是不同性能。因此正确计算各组分的加入量，在油品调和过程中是至关重要。

油品调和配比计算通常有两种方式，一种是内加法，一种是外加法。通常情况下，下达工艺配方时采用内加法和外加法相结合，而在下达生产投料单时一般采用内加法。另外，对于一些加量在 ppm 级的组分，一般情况下也采用外加法。下面就重点介绍内加法。

内加法：所有组分采用质量百分比来表示其在油品中的加入比例，各组分比例之和等于百分之百。而各组分的实际加入量等于某批产品生产总量乘以其所占的比例。

[例4-1-5] 用 M、N 两种基础油和复合配方生产 TSA46 汽轮机油 60t。以公式方法计算基础油和添加剂的加入量（内加法）。两种基础油 40℃黏度分别为 30mm²/s、90mm²/s；复合配方：A 剂 0.5%(m)；B 剂 0.2%(m)；C 剂 0.03%(m)；D 剂 0.02%(m)；E 剂 0.0005%(m)（E 剂用外加法计算）。

解：添加剂的加入量：

$$m_A = 60000 \times 0.5\% = 300(kg)$$

$$m_B = 60000 \times 0.2\% = 120(kg)$$

$$m_C = 60000 \times 0.03\% = 18(kg)$$

$$m_D = 60000 \times 0.02\% = 12(kg)$$

$$m_E = 60000 \times 0.0005\% = 0.3(kg)$$

基础油总百分比例：

$$1 - (0.5\% + 0.2\% + 0.02\% + 0.03\%) = 99.25\%$$

M 组分在基础油中的比例

$$X_M = (\lg \nu_m - \lg \nu_2)/(\lg \nu_1 - \lg \nu_2)$$

代入数据得，

$$X_M = (\lg 46 - \lg 90)/(\lg 30 - \lg 90) = 61.1\%$$

$$m_E = 60 \times 61.1\% \times 99.25\% = 36.38(t)$$

所以 N 组分在基础油中的比例　　$X_N = 1 - X_M = 1 - 61.1\% = 38.9\%$

基础油的加入量为：

$$n_E = 60 \times 38.9\% \times 99.25\% = 23.16(t)$$

1.6.4 合格率计算

一般来说，产品合格率是指在一定时期内，某单位生产合格产品总量与生产产品的总量之比值。合格率在一定程度上反映了该单位产品的质量水平和生产过程的控制水平。

[**例4-1-6**] 某润滑油厂一月份生产内燃机油500批，其中合格产品批次为490批，液压油400批，其中合格产品批次为395批，汽轮机油200批，，其中合格产品批次为180批，求该厂一月份生产油品合格率。

解：P(合格率) = 合格产品总批次/产品总批次 = (490 + 395 + 180)/(500 + 400 + 200)= 96.82%

[**例4-1-7**] 某润滑油厂一月份生产内燃机油500批，其合格率为98%，液压油400批，其合格率为95%，汽轮机油200批，其合格率为96%，求该厂一月份生产油品合格率。

解：P(合格率)= 合格产品总批次/产品总批次 = (500×98% + 400×95% + 200×96%)/(500 + 400 + 200 ）= 96.54%

1.6.5 损耗率计算

一般情况下，产品在一定时期内，生产出的产品数量与总投料量之比值，称为产品的收率。用百分之百减去产品的收率就是损耗率。

[**例4-1-8**] 某润滑油厂一月份生产投入基础油500t，添加剂40t，生产得到的成品油数量为535t，求该厂一月份生产油品损耗率。

解： X(收率) = 产成品数量 / 原材料总投入量 = 535/(500 + 40) = 99.07%

Y(损耗率) = 1 - 99.07% = 0.93%

1.6.6 传热的计算

传热现象是在生活和生产中时刻存在的一种自然现象，在能源、化工、冶金、动力等行业得到广泛应用，比如在冬天接卸高黏度的油料需要加热，调和油品时要加热。传热是由于温差的存在引起的能量转移，能量一般从高温向低温转移。科学合理利用能源和回收余热是传热学研究的重要课题，因此传热计算在传热学有着重要的意义。

1.6.6.1 热量计算

热量转移速度快慢和多少，与散热物质和受热物质的性质、质量大小、温差大小相关。

1. 物质无相变化的热量计算公式如下：

$$Q = G \times c \times (T_2 - T_1) \qquad (4-1-6)$$

式中 Q——热量，J；

       G——物质的质量，kg；

       c——物质的比热容，kJ/(kg·℃)；

       T_2——高温，℃；

       T_1——低温，℃。

2. 物质有相变化的热量计算公式如下：

$$Q = G \times [r + c \times (T_2 - T_1)] \qquad (4-1-7)$$

式中 Q——热量，J；

       G——物质的质量，kg；

       c——物质的比热容，kJ/(kg·℃)；

       T_2——高温，℃；

       T_1——低温，℃；

       r——相变热，℃。

[**例4-1-9**] 换热器中用导热油加热基础油，基础油质量为20t，基础油的比热容

$c = 3kJ/(kg \cdot ℃)$，要将基础油从 30℃ 加热到 85℃，试计算需要多少热量(忽略热损失)。

解：① 据 $Q = G \times c \times (T_2 - T_1)$

② 代入数据，$Q = 20000 \times 3 \times (85 - 30) = 3300000(kJ)$

[**例 4-1-10**] 换热器中用导热油加热基础油，基础油流量为 15t/h，从 30℃ 加热到 85℃，基础油的比热容 $c = 4kJ/(kg \cdot ℃)$，试计算换热器的热负荷(忽略热损失)。

解：热负荷是每秒钟导热油通过换热器传递给基础油的热量，

① 据 $Q = G \times c \times (T_2 - T_1)$

② 代入数据，$Q = (15 \times 1000/3600) \times 3 \times (85 - 30) = 687.5kJ/s$

1.6.6.2 传热过程常用的参数

1. 传热系数，$λ$

（1）固体的传热系数

金属传热系数一般随温度的升高而降低，而且随金属纯度升高，传热系数变小；非金属传热系数随密度增大和温度的升高而变大。大多数固体的传热系数与温度近似于线形关系，即：

$$λ = λ_0(1 + kt) \qquad (4-1-8)$$

式中 $λ$——物体在温度 t℃时的传热系数，$W/(m \cdot ℃)$；

$λ_0$——物体在温度 0℃时的传热系数，$W/(m \cdot ℃)$；

k——温度系数，金属材料的 k 值为负数，非金属材料的 k 值为正数，$1/℃$。

（2）液体的传热系数

一般情况下金属液体的传热系数要比非金属的大。金属液体的传热系数随温度升高而减小；除水和甘油等少量物质外，大多数的非金属液体的传热系数随温度升高而略有减小。水的传热系数最大，而且纯液体的传热系数要比溶液混和物的要大。

互溶有机化合物混合液的热传导系数估算式：

$$λ_m = \sum x_i λ_i \qquad (4-1-9)$$

式中 x_i——组分的质量分数；

$λ_i$——i 物质在温度 t℃时的传热系数，$W/(m \cdot ℃)$；

$λ_m$——混合物在温度 t℃时的传热系数，$W/(m \cdot ℃)$。

有机化合物水溶液的热传导系数估算式：

$$λ_m = 0.9 \sum x_i λ_i \qquad (4-1-10)$$

（3）气体的传热系数

气体的传热系数随温度升高而变大。当压强为 P<3kPa 或 P>2×10⁵kPa 时候，传热系数随压强的升高而变大，当压强为 3kPa<P<2×10⁵kPa 时候，传热系数随压强变化可以忽略不计。

常压下气体混和物的热传导系数估算式：

$$λ_m = 0.9 \sum x_i λ_i M_i^{1/3} / \sum x_i M_i^{1/3} \qquad (4-1-11)$$

式中 x_i——组分的摩尔分数；

M——组分的相对分子质量，kg/kmol。

2. 传热热阻，R

传热过程要克服一个热阻，热量才能传递到低温物体上，其计算式：

$$R = b/(\lambda S) \qquad (4-1-12)$$

式中　b——平壁的壁厚，m；

S——传热面积，m^2；

λ——传热系数，W/(m·℃)。

3. 多层壁传热热阻，R

多层壁传热热阻等于各层热阻之和，计算式为：

$$R = \sum R_i \qquad (4-1-13)$$

4. 圆筒状传热面的平均半径和平均面积

$$r_m = (r_2 - r_1)/lg(r_2/r_1) \qquad (4-1-14)$$

$$S_m = 2\pi L r_m = 2\pi L(r_2 - r_1)/lg(r_2/r_1) \qquad (4-1-15)$$

5. 温差

温差是指高温一侧的温度与低温一侧的温度之差，计算式为：

$$\Delta t = (t_2 - t_1) \qquad (4-1-16)$$

6. 多层壁温差

多层壁传热温差等于各层温差之和，计算式为：

$$\Delta t = \sum \Delta t_i \qquad (4-1-17)$$

7. 保温层的临界直径

一般情况下，传热速率随保温层的厚度增加而减小。但是直径小的圆管外边包扎的保温层直径小于某个值时，其传热速率随保温层厚度增加反而增大，这个值被称为临界直径 d_c。当保温层直径大于这个临界直径后，传热速率随保温层的厚度增加而减小。临界直径的计算公式：

$$d_c = 2\lambda/\alpha \qquad (4-1-18)$$

式中　λ——保温层材料的传热系数，W/(m·℃)；

α——空气对流传热系数，W/(m·℃)。

1.6.6.3 单层壁传热计算

理论计算过程，一般假设平壁材料均匀，而且导热系数不随温度的变化而变化(或采用平均导热系数)，并且温度只是沿着壁厚轴向进行变化，形成一种稳态的一维传热。其计算公式如下：

$$Q = \Delta t/R = \lambda S(t_2 - t_1)/b \qquad (4-1-19)$$

[例 4-1-11]　某炉平壁厚度为 0.3m，炉内表温度为 1200℃，炉外表温度 40℃，炉壁材料的热传导系数为 $\lambda = 0.82 + 0.00075t$。求单位面积的热通量和平壁温度分布关系式。

解：平均壁温为：$t_m = (t_2 + t_1)/2 = (1200 + 40)/2 = 620(℃)$

炉平壁平均传热系数为 $\lambda_m = 0.82 + 0.00075 \times 620 = 1.285$

单位面积的传热量 $q = \lambda_m(t_2 - t_1)/b = 1.285 \times (1200 - 40)/0.3 = 4969(W/m^2)$

设炉壁中距内壁 x 处的温度为 t，所以

$$q = \lambda(t_2 - t)/x$$

所以　　　　　　　$t = t_2 - qx/\lambda = 1200 - 4969x/1.285 = 1200 - 3867x$

温度分布关系式为：$t = 1200 - 3867x$

[例 4-1-12]　某圆形管道表面包扎有内径为 120mm 厚度为 60mm 保温层，管线外表温

度为200℃，保温层外表温度为30℃，保温层材料的热传导系数为 $\lambda=0.11+0.00015t$。求保温层每米管长热损失。

解：平均壁温为：$t_m=(t_2+t_1)/2=(200+30)/2=115$

保温层平均传热系数为 $\lambda_m=0.11+0.00015\times115=0.127$

每米保温层平均传热面积为 $S_m=2\pi L(r_2-r_1)/\lg(r_2/r_1)=2\pi\times1\times(0.12-0.06)/\lg(120/60)=1.252m^2$

每米保温层传热量为 $Q=\Delta t/R=\lambda S_m(t_2-t_1)/b=0.127\times1.252\times(200-30)/0.06=450.5(W/m)$

1.6.6.4 多层壁传热计算

多层壁传热计算公式如下：

$$Q=\sum\Delta t_i/\sum R_i \qquad (4-1-20)$$

[例4-1-13] 某炉由三层平壁层构成，最内层厚度为120mm，材料的传热系数为 1.02W/(m·℃)；中间层厚度为280mm，材料的传热系数为0.15W/(m·℃)；外层厚度为 230mm，材料的传热系数为0.65W/(m·℃)。炉内壁温度为1000℃，炉外壁温度为40℃，求各平壁界面的温度(假设各层之间没有热阻)。

解：设从内到外两个界面层的温度分别为 t_3、t_2，内壁温度为 t_4，外壁温度为 t_1。

单位面积传热量为：

$$
\begin{aligned}
q=Q/S&=(\Delta t_3+\Delta t_2+\Delta t_1)/[S\times(\Delta R_3+\Delta R_2+\Delta R_1)]\\
&=[(t_4-t_3)+(t_3-t_2)+(t_2-t_1)]/(b_3/\lambda_3+b_2/\lambda_2+b_1/\lambda_1)\\
&=(t_4-t_1)/(b_3/\lambda_3+b_2/\lambda_2+b_1/\lambda_1)
\end{aligned}
$$

代入数据得，$q=(1000-40)/(0.12/1.02+0.28/0.15+0.23/0.65)=410.6(W/m^2)$

因为 $q=\lambda(t_{高}-t_{低})/b$，所以 $t_{低}=t_{高}-qb/\lambda$ 和 $t_{高}=t_{低}+qb/\lambda$

代入数据得，$t_3=t_4-qb_3/\lambda_3=1000-410.6\times0.12/1.02=951.7(℃)$

$$t_2=t_1+qb_1/\lambda_1=40+410.6\times0.23/0.65=185.3(℃)$$

1.6.6.5 壁面与流体之间的传热计算

壁面与流体之间进行传热，主要是他们之间存在温差而形成的推动力。由于对流传热过程受到诸多因素的影响，过程极为复杂，因此对流传热的工程计算主要采用一些半经验的方法来进行估算。

1. 单面传热估算式

$$Q=\alpha S\Delta t \qquad (4-1-21)$$

式中　α——对流传热系数，W/(m·℃)；

　　　S——总传热面积，m^2；

　　　Δt——壁面与流体之间温差平均值。

2. 两流体通过管壁的传热的计算

两流体通过管壁的传热过程包括三个步骤，即热流体将热传给管壁、管壁中的热传导和管壁将热传给冷流体。以上传热过程的计算，关键是确定总的传热系数(K)。

(1) 基于管内表面的总传热系数(K_i)计算公式：

$$1/K_i=1/\alpha_i+bd_i/\lambda d_m+d_i/\alpha_o d_o \qquad (4-1-22)$$

式中　α_i——管内表面对流传热系数，W/(m·℃)；

α_o——管外表面对流传热系数，W/（m·℃）；

λ——管材的传热系数，W/（m·℃）；

b——管壁厚度，m；

d_i——管内径，m；

d_o——管外径，m；

d_m——管内、外径的算术平均值，m；

λ——管材的传热系数，W/（m·℃）。

（2）基于管外表面的总传热系数（K_o）计算公式：

$$1/K_o = d_o/\alpha_i d_i + bd_o/\lambda d_m + 1/\alpha_o \qquad (4-1-23)$$

（3）基于管内、外表面平均面积的总传热系数（K_m）计算公式：

$$1/K_m = d_m/\alpha_i d_i + b/\lambda + d_m/\alpha_o d_o \qquad (4-1-24)$$

（4）污垢热阻

加热管使用后，管内外表面经常会形成一层污垢，大大增加了传热的热阻，因此在估算总传热系数时，往往要将两侧的污垢热阻考虑进去，其估算式为：

$$1/K_o = d_o/\alpha_i d_i + R_{si} d_o/d_i + bd_o/\lambda d_m + R_{so} + 1/\alpha_o \qquad (4-1-25)$$

其中 R_{si} 和 R_{so} 分别为管内外表面的污垢热阻，因难以准确计算，故常采用经验值。

（5）平均温差法计算传热量，其公式如下：

$$Q = KS(\Delta t_2 - \Delta t_1)/\lg(\Delta t_2/\Delta t_1) \qquad (4-1-26)$$

1.6.7 总碱值的计算

油品生产完毕，有时会出现总碱值不够的情况，说明添加剂加入量不足，这时就要通过碱值的计算来确定添加剂补加量。计算公式如下：

$$N = M(a-m)/(n-a) \qquad (4-1-27)$$

式中 N——需要补加的添加剂量；

M——不合格油品总量；

a——合格油品的总碱值；

m——不合格油品的总碱值；

n——添加剂的总碱值。

[例 4-1-14] 某润滑油生产厂生产了一批内燃机油 200t，经检测它的总碱值为 5.8mgKOH/g，不符合标准规定的 ≥6.2mgKOH/g 的质量要求，所采用的添加剂总碱值为 200mgKOH/g，请问油品调整合格最少需要补加多少添加剂？

解：
$$N = M(a-m)/(n-a)$$

代入数据得，$N = 200×(6.2-5.8)/(200-6.2) = 0.413（t）$

第 2 章　润滑油调和专用设备

2.1　混合设备

在润滑油调和中，常利用各种混合设备使基础油、添加剂充分混合均匀，并强化传热、传质、清除和减少罐底沉积，减缓罐底腐蚀，提高油罐利用率。常用的混合设备有机械搅拌，静态混合器和气动脉冲三种。

2.1.1　机械搅拌

由于机械搅拌结构简单，技术成熟，使用的历史较长，在润滑油调和中得到广泛的使用。

2.1.1.1　机械搅拌的分类

机械搅拌分为侧向伸入搅拌器和立式搅拌器两种。其中侧向伸入搅拌器又分为固定插入角型和可变插入角型两大类；而立式搅拌器分为立式中心搅拌、偏心式搅拌、倾斜式搅拌、底搅拌四种。

1. 侧向伸入搅拌器

（1）固定插入角型

这种结构是将推进式桨叶的轴流方向与筒底中心线偏在 7°～15°安装，在设备内能产生相同程度的上下流和水平流。固定插入角型如图 4-2-1 作所示。在润滑油调和中，固定插入角型的搅拌设备大量使用。

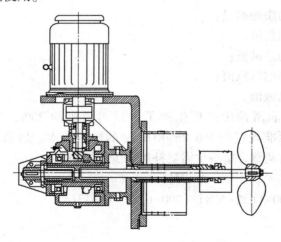

图 4-2-1　固定插入角型

（2）可变插入角型

可变插入角型（如图 4-2-2 所示）是指搅拌轴可按生产需要进行变化。角度变向的程序是以左 30°、中心、右 30°的顺序进行运转，变换时间应根据物料的种类和操作条件而定。变化的目的是能形成较好流型。在罐较大时，如果用固定插入角型搅拌，天长日久就容易产生大量的底部堆积。若用可变插入角型搅拌设备，由于连续周期的扫掠搅拌，增加了液体的无规则流动,可防止底部周边和搅拌器中间安装部分的泥浆堆积。在润滑油调和中,可变插入角型的搅拌设备很少使用。

2. 立式搅拌器

（1）立式中心搅拌

将搅拌装置安装在立式设备筒体的中心线上,驱动方式一般为皮带传动和齿轮传动,用普通电机直接连接或与减速机直接连接。常用的功率为 0.2~22kW。一般认为功率 3.7kW以下为小型,5.5~22kW 为中型,转速低于 100rpm 为低速,100~400rpm 中速,大于400rpm 称高速立式搅拌器,如图 4-2-3 所示。在润滑油调和中,立式中心搅拌设备大量使用,主要集中在小批量的调和罐中。

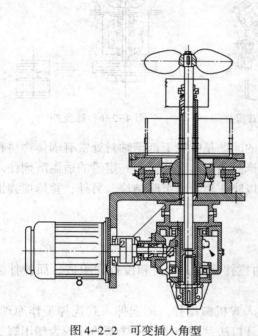

图 4-2-2　可变插入角型

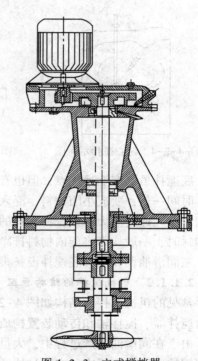

图 4-2-3　立式搅拌器

（2）偏心式搅拌

搅拌装置在立式容器上偏心安装,能防止液体在搅拌器附近产生"圆柱状回转区",可以产生与加挡板时相近似的搅拌效果。偏心搅拌的流型示意图如图 4-2-4。搅拌中心偏离容器中心,会使液流在各点所处压力不同,因而使液层间相对运动加强,增加了液层向的湍动,使搅拌效果得到明显的提高。但偏心搅拌容易引起振动,一般用于小型设备上比较合适。在润滑油调和中,偏心式搅拌设备很少使用。

（3）倾斜式搅拌

简单的圆筒形或方形敞开的立式设备,可将搅拌器用夹板或卡盘直接安装在设备筒体的上缘,搅拌轴斜插入筒体内(如图 4-2-5 所示)。此种搅拌设备的搅拌器小型、轻便、结构简单,操作容易,应用范围广。一般采用的功率为 0.1~2.2kW。在润滑油调和中,倾斜式搅拌设备很少使用。

（4）底搅拌

搅拌装置在设备的底部,称为底搅拌设备,如图 4-2-6 所示。底搅拌设备的优点是,搅拌轴短、细，无中间轴承，可用机械密封，易维护、检修，寿命长。底搅拌比上搅拌的轴短而细，轴的稳定性好，既节省原料又节省加工费，而且降低了安装要求。所需的检修空间比上搅拌小，避免了长轴吊装工作，有利于厂房的合理排列和充分利用。由于把笨重的减速装置和动力装置安放在地面基础上，从而改善了封头的受力状态，同时也便于这些装置的维护和检修。底搅拌装置安装在下封头处。有利于上封头接管的排列与安装，特别是上封头带夹套、冷却气相介质时更为有利。底搅拌有利于底部出料，可使出料口处得到充分的搅动，使输料管路畅通。

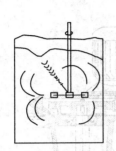

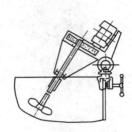
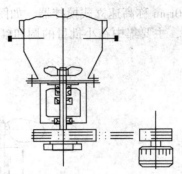

图 4-2-4　偏心搅拌示意图　　　图 4-2-5　倾斜式搅拌　　　　图 4-2-6　底搅拌

底搅拌虽然有上述优点，但也有缺点，突出的问题是叶轮下部至轴封处常有固体物料粘积，时间一长，变成小团物料，混入产品中影响产品质量。为此需用一定量的适温溶剂注入其间，注入速度应大于聚合物颗粒的沉降速度，以防止聚合物沉降结块。另外，检修搅拌器和轴封时，一般均需将釜内物料排净。

在润滑油调和中，底搅拌设备很少使用。

2.1.1.2　机械搅拌的结构原理

常见的机械搅拌的结构如图 4-2-7 所示。由搅拌装置、轴封和搅拌罐组成。而搅拌装置由搅拌器、搅拌轴和传动装置构成。

由于在润滑油生产过程中，大量使用侧向伸入式机械搅拌。侧向伸入式搅拌工作原理：由储罐的侧壁伸入罐内，它通过法兰盖与罐体的开口法兰相连接。搅拌器的叶轮为船用螺旋桨型。由于螺旋桨的转动，使罐内液体产生两个方向的运动，一个沿着螺旋桨轴线方向向前运动，另一个沿螺旋桨圆周方向运动，其方向与螺旋桨的旋转方向相同。轴线方向的运动，由于受到罐壁的阻碍而使罐内液体沿着罐壁作圆周方向的运动。而液体沿螺旋桨圆周方向的运动，就使罐内液体上下翻动，流动状态见图 4-2-8。这样就使罐内液体得到搅拌，并可防止罐内沉积物的堆积，比用其他形式较为经济。

1. 搅拌器

搅拌器功能是提供搅拌过程所需要的能量和适宜的流动状态，以达到物料混合均匀的目的。桨叶旋转运动产生能量，作用于液体形成流动状态，是机械搅拌的主要部件之一。常见的搅拌器如图 4-2-9 所示，其中桨式和推进式搅拌器在润滑油搅拌设备中应用最为广泛。

（1）桨式搅拌器

结构最简单，叶片用扁钢制成，焊接或用螺栓固定在轮毂上，叶片数是 2、3 或 4 片，叶片形式可分为平直叶式和折叶式两种（如图 4-2-10 所示）。应用：在液-液系中用于防止分离、使罐的温度均一，主要用于流体的循环。由于在同样排量下，折叶式比平直叶式的功耗少，操作费用低，故轴流桨叶使用较多。桨式搅拌器的转速一般为 20~100r/min，最高黏度为 20Pa·s。

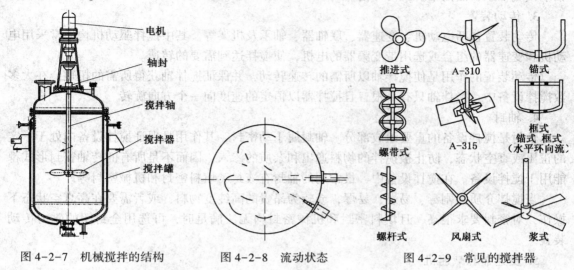

图 4-2-7　机械搅拌的结构　　　图 4-2-8　流动状态　　　图 4-2-9　常见的搅拌器

（2）推进式搅拌器

推进式搅拌器(又称船用推进器)常用于低黏流体中。标准的推进式搅拌器有三瓣叶片，其螺距与桨直径 d 相等。它直径较小，$d/D = 1/4 \sim 1/3$，叶端速度一般为 7~10m/s，最高达 15m/s。搅拌时流体由桨叶上方吸入，下方以圆筒状螺旋形排出，流体至容器底再沿壁面返至桨叶上方，形成轴向流动。其特点是搅拌时流体的湍流程度不高，循环量大，结构简单，制造方便。应用：一是黏度低、流量大的场合，用较小的搅拌功率，能获得较好的搅拌效果；二是主要用于液-液系混合、使温度均匀，在低浓度固-液系中防止淤泥沉降等，如图 4-2-11所示。

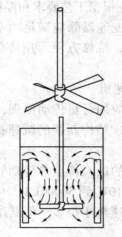

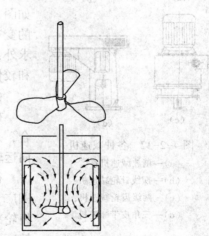

图 4-2-10　桨式搅拌器　　　　　图 4-2-11　推进式搅拌器

2. 搅拌轴

搅拌设备中的电动机输出的动力是通过搅拌轴传递给搅拌器的，因此搅拌轴必须有足够的强度。同时，搅拌轴既要与搅拌器连接，又要穿过轴封装置以及轴承、联轴器等零件，所以搅拌轴还应有合理的结构、较高的加工精度和配合公差。

按支撑情况，搅拌轴可分为悬臂式和单跨式。悬臂式搅拌轴在搅拌设备内部不设置中间轴承或底轴承，因而维护检修方便。

3. 传动装置

传动装置包括电动机、变速器、联轴器、轴承及机架等。其中搅拌驱动机构通常采用电动机和变速器的组合或选用带变频器的电机，使搅拌达到需要的转速。

传动装置的作用是使搅拌轴以所需的转速转动，并保证搅拌轴获得所需的扭矩。在大多数搅拌设备中，搅拌轴只有一根，且搅拌器以恒定的速度向一个方向旋转。

4. 轴封

轴封是搅拌设备的重要组成部分。轴封属于动密封，其作用是保证搅拌设备内处于一定的正压或真空状态，防止被搅拌的物料逸出和杂质的渗入，因而不是所有的转轴密封形式都能用于搅拌设备。在搅拌设备中，最常用的轴封有液封、填料密封和机械密封等。

当搅拌介质为剧毒、易燃、易爆，或较为昂贵的高纯度物料，或者需要在高真空状态下操作，对密封要求很高，且填料密封和机械密封均无法满足时，可选用全封闭的磁力传动装置。

5. 变速器和减速机

（1）变速器

变速器是用于原动机和工作机之间独立的闭式传动装置，其主要功能是降低转速，并相应增大扭矩。由于搅拌轴运转速度大多在 30～600rpm 范围内，小于电动机额定转速，故在电动机出口端大多需设置变速器。按变速能力，变速器可分为减速机和无级变速器两大类。

按传动和结构特点来划分，减速机可分为摆线针轮减速机、齿轮减速机、涡轮涡杆减速机、皮带减速机四种，如图 4-2-12 所示。应根据工艺要求和操作环境，选配合适的变速器。所选用的变速器除应满足功率和输出转速的要求外，还应运转可靠，维修方便，并具有较高的机械效率和较低的噪声。

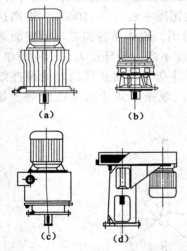

图 4-2-12　各种减速机

（a）—谐放减速机；
（b）—摆线针轮减速机；
（c）—两级齿轮减速机；
（d）—三角皮带减速机

（2）摆线针轮减速机

摆线针轮减速机应用行星传动原理，采用摆线针齿啮合，是一种设计先进、结构新颖的减速机构，允许正、反向运转。

行星齿轮减速机的最大特点是传动效率高，传动比范围广，传动功率可从 10W 到 50000kW，体积和质量比普通齿轮减速机、涡杆减速机小得多。但其结构较复杂，制造精度要求较高。

（3）齿轮减速机

齿轮减速机包括圆柱齿轮减速机和圆锥齿轮减速机两种，其中圆柱齿轮减速机在所有减速机中应用最广，它传递功率的范围可从很小至 4000kW，圆周速度也可从很低 60～70m/s；而圆锥齿轮减速机的输入轴和输出轴位置成 90°配置，因而适用于输入、输出轴相互垂直的场合。

齿轮减速机的主要特点是效率高，工作耐久，维护简便，可按其减速齿轮的级数可分为单级、两级、三级甚至多级；按其轴在空间的相互配置可分为立式和卧式；按其运动简图的特点可分为展开式、同轴式和分流式等。

为了避免减速机外廓尺寸过大，一般当传动比在 8 以下时，可采用单级齿轮减速机，大于 8 时，最好选用两级或两级以上齿轮减速机。

（4）涡轮涡杆减速机

涡轮涡杆减速机采用涡轮涡杆传动，主要用于传动比较大的场合，具有传动结构紧凑，轮廓尺寸小，工作平稳等优点，但效率较低，因而单级涡杆减速机应用较多，两级涡杆减速机则较少应用。单级涡杆减速机减速比的范围一般为 10~70。

（5）皮带减速机

皮带减速机具有效率高、寿命长、结构紧凑、传动平稳、拆卸方便等特点，允许正反方向运转，在大型发酵装置中应用较多。

（6）机械无级变速器

机械无级变速器大多利用主动构件与从动构件接触处的摩擦（牵引）力传动来传递运动和扭矩，并通过改变主、从动件的相对位置以改变接触处的工作半径来实现无级变速。

无级变速器的主要功能是根据生产实际需要随时调整工作转速，从而获得最合适的转速，即其传动比可在设计预定的范围内无级地进行改变，以简化变速传动结构，提高生产效率和产品质量，合理利用动能，同时可实现遥控及自动控制功能，减轻操作人员的劳动强度。

2.1.1.3 机械搅拌操作的方法

1. 准备工作

（1）检查各紧固部件是否牢固好用。

（2）核实油罐液位，严禁空罐或者搅拌器叶轮中心线以上的液体深度小于 3m。

（3）检查减速箱内润滑油的质和量，如油量或油质达不到标准，要及时更换或加油。

（4）盘车 1~2 周，检查确认转动灵活，否则需请维修钳工检查盘车合格。

（5）点动搅拌器，检查叶轮的旋转方向是否正确。

（6）给上电源，观察机械振动、轴承发热和机械密封泄漏情况。

2. 搅拌器电机变频调速操作

（1）按下防爆操作柱的电源按钮检查变频器是否正常着电。

（2）按下机旁电控箱的起动按钮，电机起动完成后自动切换变频调速运行。

（3）调整变频面板上的频率，以适宜的速度运行搅拌机。

（4）停机要停变频器，才停机旁电控箱按钮，长时间停用设备要停操作柱电源。

3. 注意事项

（1）应经常检查各部件是否正常，螺丝是否牢固。

（2）检查电机温度及密封情况，要求电机温度不高于 60℃，滚动轴泵温度不高于 70℃，各密封点应无滴漏现象。

2.1.1.4 机械搅拌的故障处理

机械搅拌的故障处理见表 4-2-1。

表 4-2-1　机械搅拌的故障与处理

序号	故障现象	故障原因	处理方法
1	搅拌器不动作	停电；电机或变频器故障；搅拌轴或减速箱卡死	确认是否有电；检查电机或变频器；盘车检查搅拌轴或减速箱是否太紧或卡死
2	电流升高	传动装置部件碰磨；负荷太高	解体修理；调整操作油品升温，降低负荷
3	振动增大	轴承磨损严重，间隙过大；地脚螺栓松动或基础不牢固；减速箱内部摩擦	修理或更换；紧固螺栓或加固基础；拆减速箱检查消除摩擦
4	密封泄漏	对中不良或搅拌轴弯曲；轴或轴承磨损；机械密封磨损或安装不当；填料过松；减速箱油位过高	重新校正；更换轴承并校正轴线；更换密封或检查，调整机械密封的间隙或松紧度；调整到要求油位
5	轴承温度过高	轴承安装不正确；转动部分平衡被破坏；轴承箱内油过少、过多或太脏变质；轴承磨损或松动；轴承箱冷却效果变差	按要求重新装配；检查消除；按规定添、放或更换润滑油；修理更换或紧固；检查调整

2.1.1.5　机械搅拌的维护

1. 检查各紧固部件是否牢固好用，搅拌器是否有杂音。

2. 定时检查电机电流。

3. 齿轮减速箱润滑

（1）大小齿轮及大齿轮轴承的润滑。

① 齿轮采用飞溅润滑。润滑剂为 30 号机械油，油液面应在油尺两刻度线之间。空心轴的两个轴承利用齿轮飞溅的油来润滑。

② 新安装的搅拌器在操作两星期之后，应将润滑油过滤一次。并将齿轮箱用轻质冲洗油冲洗干净后，再将经过过滤后的润滑油注入箱内。

③ 操作条件较好时，建议每操作 2500h 或六个月换一次油。

④ 如果操作条件比较恶劣，例如环境潮湿、灰尘多或有化学气味或其他原因容易引起齿轮箱温度上升，建议每一至三个月换一次油。

（2）小齿轮轴承润滑。小齿轮轴承是通过安装在小齿轮轴承箱上的压注式油杯将油输送到轴承部位而进行润滑的。

4. 电机轴承的润滑

（1）电机轴承用滚珠轴承脂润滑。

（2）润滑周期视条件而定，一般半年加一次润滑脂。

5. 定期进行盘车，防止卡死。

6. 保持机械搅拌的卫生。

2.1.2　静态混合器

在润滑油混合过程中，也常使用静态混合器。在液-液混合中，从层流至湍流或黏度比大到 1:106 的流体都能达到良好混合，分散液滴最小直径可达到 $1\sim2\mu m$，且大小分布均匀。

2.1.2.1　静态混合器的分类

静态混合器分为 SV 型、SX 型、SL 型、SH 型和 SK 型五种类型。五种类型静态混合器产品用途和性能比较见表 4-2-2 和表 4-2-3。

表 4-2-2 五类静态混合器产品用途表

型 号	产 品 用 途
SV	适用于黏度≤10^2mPa·s的液-液、液-气、气-气的混合、乳化、反应、吸收、萃取强化传热过程 d_h≤3.5，适用于清洁介质 d_h≥5，应用介质可伴有少量非黏结性杂质
SX	适用于黏度≤10^4mPa·s的中高粘液-液混合，反应吸收过程或生产高聚物流体的混合，反应过程，处理量较大时使用效果更佳
SL	适用于化工、石油、油脂等行业，黏度≤10^6mPa·s或伴有高聚物流体的混合，同时进行传热、混合和传热反应的热交换器，加热或冷却黏性产品等单元操作
SH	适用于精细化工、塑料、合成纤维、矿冶等部门的混合、乳化、配色、注塑纺丝、传热等过程。对流量小、混合要求高的中、高黏度($≤10^4$mPa·s)的清洁介质尤为适合
SK	适用于化工、石油、炼油、精细化工、塑料挤出、环保、矿冶等部门的中、高黏度($≤10^6$mPa·s)流体或液-固混合、反应、萃取吸收、塑料配色、挤出、传热等过程。对小流量并伴有杂质的黏性介质尤为适用

表 4-2-3 五类静态混合器产品性能比较表

内 容	SV 型	SX 型	SL 型	SH 型	SK 型	空管
分散、混合效果(强化倍数)	8.7~15.2	6.0~14.3	2.1~6.9	4.7~11.9	26~7.5	1
适用介质情况(黏度/mPa·s)	清洁 流体≤10^2	可伴杂质的 流体≤10^4	可伴杂质的 流体≤10^6	清洁 流体≤10^2	可伴杂质的 流体≤10^6	—
压力降比较(ΔP 倍数)			$\dfrac{\Delta P_{sk}}{\Delta P_{空管}}=7\sim8$ 倍			
层流状态压力降(ΔP 倍数)	18.6~23.5	11.6	1.85	8.14	1	—
完全湍流压力降(ΔP 倍数)	2.43~4.47	11.1	2.07	8.66	1	—

2.1.2.2 静态混合器的结构

静态混合器的结构如图 4-2-13 所示。

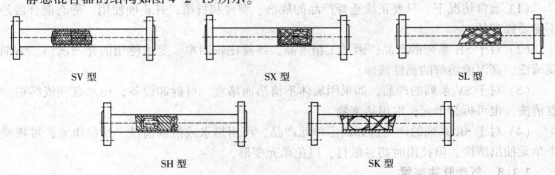

SV 型　　　　　　　　　SX 型　　　　　　　　　SL 型

SH 型　　　　　　　　　　　SK 型

图 4-2-13 各种静态混合器的结构

2.1.2.3 静态混合器的原理

工作原理：静态混合器是一种没有运动部件的高效混合设备，通过固定在管内的混合单元内件，使二股或多股流体产生流体的分层切割、剪切、或折向和重新混合，使流体不断改变流动方向，不仅将中心液流推向周边，而且将周边流体推向中心，达到流体之间三维空间良好分散和充分混合的目的。与此同时，流体自身的旋转作用在相邻元件连接处的界面上亦会发生。这种完善的径向环流混合作用，使流体在管子截面上的温度梯度、速度梯度和质量梯度明显减少。

优点：能在很宽的雷诺数范围适用，是解决混合、乳化、萃取、反应、强化传热等过程的理想设备。具有流程简单、结构紧凑、见效快、能耗小，操作弹性大，安装维修简便、混合性能好，特别适用于难适合的连续工艺过程等优点。

2.1.2.4 静态混合器的使用方法

（1）在使用静态混合器时，如无注明，混合器的任意一端均可作为进口。它既可以水平安装也可以垂直安装，出口端尽量设置一段直管。

（2）为了保证混合效果，必须保持所有混合物料的均量和压力的稳定性，同时要定时检查有无异常噪声。

（3）各种规格型号的混合器因实际的通径较小，如果混合的介质含有杂物，可考虑前置过滤网。

（4）尽管 SV 型混合器具有乳化作用，但有些物料在混合乳化后其乳化的效果容易消失，必要时应考虑添加乳化剂。

（5）有条件的场合，可采用两套静态混合器进行并联，一根工作另一根清洗，用阀门切换。

2.1.2.5 静态混合器的故障处理与维护

静态混合器的故障处理与维护表 4-2-4。

表 4-2-4 静态混合器的故障处理与维护

序 号	故 障 现 象	故 障 原 因	处 理 方 法
1	有轻微堵塞	杂质堵塞	用低黏度油多次清洗
2	流量不足	油品黏度过大；杂质堵塞	加温油品，减少黏度；用低黏度油清洗
3	异常噪声	混合器内的组合元件阻力大	加温油品，减少黏度；用低黏度油清洗

2.1.2.6 静态混合器的保养

（1）通常情况下，只要正确选择产品的规格、型号和材质，并正确使用，静态混合器是不需要修理的。

（2）对于 SH 系列的产品，因加工精度高，维修比较困难，要求使用的介质清洁、溶剂能清洗、高温能溶解的黏性流体。

（3）对于 SV 系列的产品，如果因流体不清洁而堵塞，可拆卸设备，用水蒸气或溶剂倒置清洗，也可拆卸单元，取出堵塞物。

（4）对于 SK 系列的产品，如固定单元产品，可用热水或溶剂清洗。活络单元，可将整个单元抽出清洗，但拉出时切忌敲打，以免单元变形。

2.1.3 气动脉冲装置

2.1.3.1 气动脉冲装置的结构原理

1. 气动脉冲的原理及生产方式

气动脉冲就是通过现场一整套特殊的控制装置和安装在调和罐内的集气盘，按事先设定好的脉冲频率，延时和压力等参数，产生强大的大气泡，大气泡产生以后，自下而上、自上而下地搅动油品，使油品中的各种组分在极短的时间内被均匀地混合，从而达到合格的产品质量，如图 4-2-14 所示。

在气动脉冲生产过程中，从集气盘下被以脉冲方式挤压出来的气体，冲刷刮扫罐底，使较重的组分被挤出、扬起，离升集气盘，并在短时间内急速返回填补空间。此时，脉冲式释放的空气迅速包围集气盘的四周，并在集气盘上直接形成椭圆形的大气泡。形成的大气泡朝着液面上升。上升过程中，大气泡朝着液面上升。上升过程中，大气泡托起它上面承载的重组分基础油和添加剂向上推送，也带动周围的组分上行。

由于大气泡是以一定的脉冲频率方式有规律地产生，则前面带有原动力的大气泡又受到后面大气泡的助推力。这样，根据流体动力学原理，这种惯性很快地形成了整个调和罐内部大气泡自下而上的垂直运动。运行到达液面的大气泡很自然地爆破，巨大的爆破力把从罐底送上来的较重的组分推向四周。在重力作用下，这些较重的组分很快地沿着四周向下运动，运动过程中也冲刷和刮扫罐壁。这样，周而复始的惯性运动导致整个调和罐内形成自下而上的迅速的油品垂直循环运动。

气动脉冲调和系统是一般由 PLC 工控机、触摸屏、气动执行机构、罐内集气盘等部份组成，如图 4-2-15 所示。

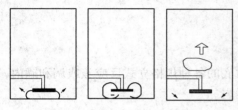

图 4-2-14　气动脉冲的原理

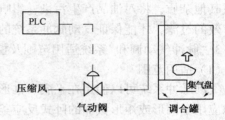

图 4-2-15　气动脉冲调和系统构成

2. 气动脉冲的特点和优越性

气动脉冲作为一种新技术，近十年内在润滑油调和生产过程中得到很快的发展，并作为一种发展的趋势，这主要是因为它与机械搅拌相比，具有以下的特点和优越性。

（1）调和效率高

气动脉冲系统效率高的原因，一是只要液体刚刚没过集气盘，就可以开动脉冲气动装置进行调和，当反应釜或调和罐被充满时，调和就基本上完成了，比传统机械搅拌快；二是由于其搅拌方式是通过大气泡的产生、垂直运动和爆破方式的，比机械搅拌方式快，所以气动脉冲调和时间可缩小一半以上。据统计，一个 $200m^3$ 的调和罐，用气动脉冲调和速度比机械搅拌的调和时间缩短 70%～80% 左右。

（2）能耗低

传统的机械搅拌方式中，热量的交换往往只停留在一定界面的液剂之间，上下液剂的传导十分缓慢，因此，一般采用提高加热温度的办法克服，普遍存在高耗能。而气动脉冲系统形成的脉冲气流的强劲动力，迅速地搅动反应釜或调和罐内的液体不停地进行上下循环运动，其紊流度大，有效地使上下部液体快速传导热量，因而，降低或减少了外界对反应釜或调和罐液体加热的需要，这就意味着能耗的减少。

（3）维修少

采用了气动脉冲后，生产现场使用气动执行机构来操纵整个调和生产的过程。没有电机，没有了电器开关，大大减少安全隐患的存在。同时由于气动脉冲系统不存在机械故障，故维修少。而在传统的机械搅拌生产方式中，机械马达会被腐蚀，长时间运转需要定时维修保养，侧向搅拌器密封又是一个难以解决的问题，维修不仅费工费时又有损失。

（4）控制灵活

通过 PLC 操纵整个罐群分别按不同的要求进行调和，现场的"电-气"脉冲信号转换装置可把来自电脑微机的指令由电信号转换为脉冲气动信号，控制现场一系列执行机构按步就班地操作。同时，这种系统可以很方便地与各厂现有的计算机集散控制系统连接起来，在中心控制室内遥控现场的生产过程，以实现全厂生产自动化。

（5）安装容易

气动脉冲系统安装十分方便，与传统的机械搅拌方式相比，大大节约了安装施工的工时，不需要在反应釜或调和罐内加固或加隔板，反应釜或调和罐内原有的加热蒸汽盘管则不影响集气盘和空气管线的安装。更重要的是气动脉冲系统是用压缩空气进行操作，现场没有用电的设备，有利于安全文明化生产，因此也降低了现场设备的投资成本和安装成本。

气动脉冲系统与各种传统的机械搅拌生产方式相比，具有一定的优势，给企业带来一定的经济效益。但是气动脉冲系统由于靠气体产生动力，对气体的质量要求较高，如果气体带水或其他杂质，将对油品产生污染，影响油品的质量，因此在气动脉冲系统一定要对气体进行有效的过滤，才能保证气动脉冲系统的正常运行。

3."脉冲气动调和"系统适用范围及控制方式

（1）适用范围

气动脉冲系统可以使用在平底、锥形底、浅盆底的各种规格立式反应釜或调和罐内，也可以应用于圆形或矩形截面的卧式反应釜或调和罐内。

（2）控制方式

不同物料可根据不同结构要求的集气盘及控制系统而完成，控制的形式是多种多样的，可以用一个"脉冲控制器"对一个调和罐进行"一对一"的控制操纵；也可以用一个"脉冲控制器"对二至四个调和罐进行多个控制操纵。

2.1.3.2 气动脉冲装置的操作方法

1. 开机前的准备工作

主要是检查压缩空气罐压力和压缩空气的含水情况。根据生产要求核对工艺流程，根据工艺配方确定气动脉冲的调和时间和根据所调油品的性质设定脉冲频率。

（1）开启自热再生干燥装置

① 开启自热再生干燥装置的进口气阀，使干燥装置压力缓慢上升至设定的压力，在两个缓冲罐压力相等时，检查气动阀的供压表是否达到正常值，若不是，调节压力调节阀使其满足要求；

② 启动自热再生干燥装置的电源开关；

③ 开启自热再生干燥装置的出口气阀。

（2）检查罐顶调压阀的气压，保证进罐前的供气气压到设定的压力，否则调节调节器使其满足要求。

2. 开机

（1）将操作面板上的开关旋至开状态，系统将加电启动，正常启动后，开关上的指示灯亮，同时触摸屏开始启动，并出现主界面。

（2）对照常罐选择及状态界面，再按相对应的罐号，即进入脉冲调和方式选择界面，在选定的操作界面中进行调和参数的设置。"调和参数设置"是全部控制系统的核心部分，包括："延时调和设定"、"调和时间设定"、"动力阀开启时间设定"。

"调和时间设定"：是指调一罐油品需要的总的时间，它是经验值，需在实践中积累。

"延时调和时间设定"：多种油罐不需要同时调和时，需设定延时调和。

"动力阀开启时间设定"：是指气动球阀开启时间。

"脉冲间隔设定"：搅拌速度是指气动球阀关闭后下一次开启所经过的时间。

3. 停机

（1）关闭脉冲调和系统。将操作面板上的开关旋至关状态，系统将关闭。

（2）关闭自热再生干燥装置。

① 关闭自热再生干燥装置的进出口气阀。

② 关闭自热再生干燥装置的电源开关。

4. 日常维护

（1）密切注意罐顶气体过滤器的工作情况，发现泄漏及时处理，以确保系统正常运行。

（2）气体过滤器按规定加油、排水，以保证进罐气体干燥。

（3）经常用软且干净的布拭擦触摸屏表面，以保持其清洁。

5. 安全注意事项

（1）上罐顶检查时，要防止滑跌。

（2）在罐顶检查系统工作情况时，应站在上风口，切不要正对着出气口，以免受伤。

2.2　润滑油加热设备

2.2.1　传热基础知识

在润滑油生产中，为了保证生产的顺利进行，使基础油和添加剂混合更加均匀，需要加热。因此合理而有效地进行加加热是润滑油生产中十分重要的基本操作之一。

1. 传热的基本方式

根据传热机理的不同，热传递有三种基本方式：热传导、对流传热和辐射传热。

热传导：是依靠物体内分子的相互碰撞进行的热量传递过程。

对流传热：流体内部质点发生宏观相对位移而引起的热量传递过程，对流传热只能发生在液体或气体流动的场合。

辐射传热：热量以电磁波的形式在空间的传递称为热辐射。热辐射与热传导和对流传热的最大区别就在于它可以在完全真空的地方传递而无需任何介质。

在润滑油生产过程中，实际采用的传热方式通常是对流传热，大部分是蒸汽加热方式，也用到少量的热水加热。

2. 传热过程中冷热流体（接触）热交换方式

传热过程中冷热流体（接触）热交换可分为三种基本方式，直接混合式换热、间壁式换热、蓄热式换热三种。

（1）直接混合式换热：冷、热流体直接接触，相互混合传递热量。该类型换热器结构简单，传热效率高，适用于冷、热流体允许混合的场合。

（2）蓄热式换热：蓄热式换热是在蓄热器中实现热交换的一种换热方式。此类换热器是借助于热容量较大的固体蓄热体，将热量由热流体传给冷流体。当蓄热体与热流体接触时，从热流体处接受热量，蓄热体温度升高，然后与冷流体接触，将热量传给冷流体，蓄热体温度下降，从而达到换热的目的。

（3）间壁式换热：冷、热流体被固体壁面（传热面）所隔开，互不接触，它们在壁面两侧流动，热量由热流体通过壁面传给冷流体。适用于冷、热流体不允许混合的场合。

在润滑油生产过程中，一般采用间壁式换热。

2.2.2　润滑油加热的几种类型

在生产润滑油过程中，许多油品在环境温度下具有较大的黏度，不易输送，为了降低油品黏度，防止油品凝固；降低油品在管道内输送的摩擦阻力；提高其流动性，加速油品混合，利于油品沉降杂质，就要对油品进行加热。油品加热常用的热源有水蒸气、热水、热油和电能等。常用的加热方法有：蒸汽间接加热法、热水间接加热法、热油循环加热法、电加热法等。根据使用的场合和用途的不同，常用的加热设备有油罐加热器、快速加热器、管线伴热、烘房和电加热等类型。

油罐加热器和快速加热器主要对基础油进行调和过程的加温，并可通过温度控制系统进行控制到给定的温度值。

管线伴热和电加热主要对工艺管线内的油品进行局部加热，有防冻、保温和升温的作用。

烘房主要针对桶装的添加剂进行预加热。

2.2.3　润滑油加热系统设备

2.2.3.1　加热器

1. 油罐加热器

油罐中常用的管式加热器按布置形式可分为全面加热器和局部加热器，按结构形式可分为分段式加热器、蛇管式加热器和串联分段式加热器。

局部加热器仅布置在罐内的收发油管附近，全面加热器则均匀布置在罐内距罐底不高的整个水平位置上。对于黏度不高（在 50℃时的黏度小于 $7×10^{-5}\,m^2/s$）且不会冷至凝固点温度以下的油品，或一次需要发出数量不多的油品，适宜采用局部加热器。若在短时期内要从油罐中发出大量油品时，应采用全面加热器。

（1）分段式管式加热器

如图 4-2-16 所示，这种加热器是用 15~50mm 直径的无缝钢管焊接而成。

分段式加热器一般由若干个分段构件组成，而每一分段构件由几根平行的管子与两根汇管连接而成，为便于安装、拆卸和修理，分段构件的横向汇管长度应小于 500mm，可使整个分段构件可从油罐人孔进出，便于安装和检修。一般几个分段构件以并联的形式连成偶数组，可以对称布置在罐底。整个分段式加热器离罐底 300~600mm 高，方便蒸汽冷凝水排出，防止产生水击现象。由于分段管组的长度不大，蒸汽通过管组的摩阻较小，因此它可以在较低的蒸汽压力下工作；同时还可使蒸汽管入口高度降低，可以尽量减少加热器下面"加热死角"。

（2）蛇管式加热器

蛇管式加热器如图 4-2-17 所示，它是利用导向卡箍将很长的蛇管固定在金属支架上的一种管式加热器，为了安装和维修的方便，设有少量的法兰联接。蛇管在油罐下部均匀分布，可提高油品的加热效果，但安装和维修均不如分段式加热器方便，同时由于每节蛇管的长度比分段式加热器的每个分段要长得多，因而蛇管加热器要求采用较高的蒸汽压力。

蛇管式加热器比分段式加热器相比，优点是加热均匀、加热效果好和不容易发生蒸汽渗

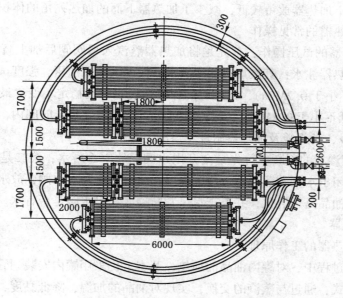

图 4-2-16 分段式加热器

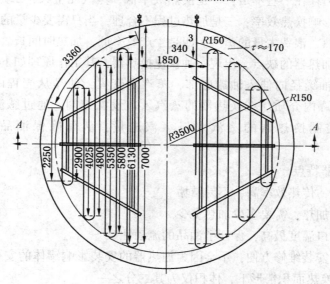

图 4-2-17 蛇管式加热器

漏,因此适合要求严格控制含水量的润滑油调和,而对于不要求严格控制含水量的油品,对于进行间歇加热作业并需经常调节加热面积的油罐,适宜于采用分段式加热器。

（3）串联分段式加热器

串联分段式管式加热器其结构如图 4-2-18 所示,是用无缝钢管焊接而成。为了便于安装、拆卸和修理,分段式管式加热器是由若干组排管组成,将每组排管串联起来,安装在离罐底并布置一圈,各组排管间可用法兰连接,以便损坏时取出检修。由于分段排管的长度不大,蒸汽通过排管对摩阻较小,因此它可在较低的压力下工作;同时,还可使蒸汽进管口入口高度降

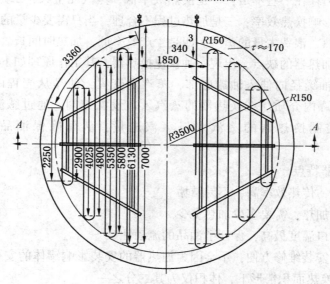

图 4-2-18 串联
分段式加热器

467

低，这样就使整个加热器放得较低，减少了加热器下面的加热死角的体积。

（4）油罐加热器的常见操作

① 油罐加热器的试压操作：首先是将加热器蒸汽入口阀阀后加上盲板，从加热器排凝阀拆开法兰往加热器注水；其次加热器注满水后接上试压泵加压，强度试验压力为工作压力的 1.5 倍（最低不小于 0.2MPa），试压时间保持达规定时间稳定不变；最后是严密试验压力为工作压力（最低不小于 0.2MPa），检查时间不少于 1h。在规定时间内，压力降不大于严密性试验压力的 5%，各焊缝及加热器附件不渗漏为合格。

② 加热盘管渗漏的判断：首先是全开出水阀，放空冷凝水；第二是全开蒸汽阀，当蒸汽充满盘管，关闭出水阀和蒸汽阀，静置降温；第三是全开出水阀，放水，观察水中是否带油；最后是观察油品是否乳化，并检查水尺判断罐底和出水阀是否有水。

2. 快速换热器

（1）快速换热器的工作原理

在油品储运过程中，对罐内油品的加热，基本上仍采用罐内安装列管式或盘管式加热器等传统的加热方式，通过与蒸汽的交换，实现对油品的加温，降低黏度，改善其流动性，以便于油泵的输送。但存在一些不足：一是换热效率低，蒸汽耗量大；二是换热管容易结焦，阻碍热量的传递，影响换热效率；三是加热过程不合理，当只需要少量的油品时，也要对整个油罐全部进行加热，浪费大量的蒸汽。四是生产效率低，加热时间长。

为了改变罐内加热器的缺点，出现一种快速换热器，其工作原理如下：

将换热器沿储油罐径向伸入油罐底部，蒸汽走管程，油品从壳程内的管间流动，壳体吸油口直接连通罐内介质。在换热器的蒸汽入口设温控阀，通过感温探头对油品出口的温度的检测来控制换热器的蒸汽入口蒸汽进量，从而确保油品温度的恒定，如图 4-2-19 所示。

（2）快速换热器特点

① 加热速度快，传热效率高，不易结垢。

② 可对油定量加热，需要多少加热多少。

③ 油罐内出油口温度最高，保证了油品的流动性。

④ 结构紧凑，安装维修方便，不会因为加热器的安装影响罐体的安全性。与 U 形管换热器比较，在同等换热面积情形下，体积仅为其二分之一。

⑤ 可实现自动化控制，可根据油品的进出温度及倒油量控制蒸汽进给量。

（3）快速换热器的操作

① 在开启蒸汽阀门前，应先打开出水阀，然后再缓慢打开蒸汽阀门。快速打开蒸汽阀门，很容易导致大量的冷凝水不能及时排除而产生水击，而且在瞬间，使蒸汽的流量、压力急剧增加，很容易产生温差应力，对加热器管道的强度不利。

② 避免加热器在液面上裸露加热，加热器暴露在空气中，加热器的加热温度将会升到很高，热膨胀大，且温度高金属材料腐蚀也相对厉害，焊口应力增大，对加热器产生不良影响。

③ 加热器 5 年定期检查一次，重点检查焊接点，法兰连接点。

3. 加热器的基本操作和常见故障处理

（1）基本操作

① 加热器的投用：a. 投用前应检查压力表，温度计，安全阀，液位计以及有关阀门是否齐全好用；b. 须先用压缩空气吹扫；c. 投用蒸汽总管：引蒸汽时先打开蒸汽总管上的倒淋阀，稍开蒸汽阀暖管，防止发生水击，至倒淋阀无水时，关倒淋阀，全开蒸汽阀。d. 先打开高点放空阀，再打开冷介质入口阀，由高点放空阀排气，排气完毕后关闭放空阀，打开冷介质出口阀；e. 引蒸汽时要缓慢，升温速度控制在 25℃/h，做到先预热后加热；f. 正常操作中，如需提高或降低蒸汽量时，应做到缓慢增加或缓慢降低，做到少量多次；

（1）快速加热器实物图

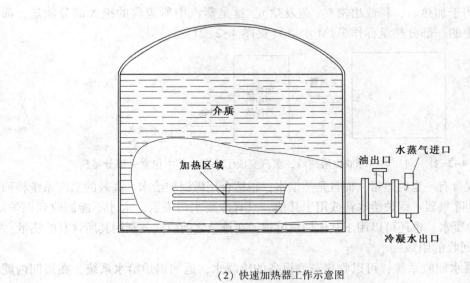

（2）快速加热器工作示意图

图 4-2-19　快速换热器

② 加热器的停用：a. 停用蒸汽时要缓慢进行，为防止控制阀不严，由蒸汽根部入口阀控制降温速度，关闭蒸汽出入口根部阀和出入口阀；紧急停用时，先将蒸汽副线阀打开，再关闭蒸汽出入口阀。b. 先开冷介质副线阀，再关闭冷介质出入口阀；c. 由换热器底部倒空物料；再由高点放空进行吹扫，彻底倒空物料。

（2）加热器的常见故障见表4-2-4。

表4-2-4　加热器常见故障

常见故障	产生原因	处理方法
传热效率下降	1) 列管结疤和堵塞 2) 壳体内不凝气或冷凝液增多 3) 管路或阀门有堵塞	1) 清洗管子 2) 排放不凝气或冷凝液 3) 检查清理
发生振动	1) 壳程介质流速太快 2) 管路振动所引起 3) 管束与折流板结构不合理 4) 机座刚度较小	1) 调节壳程介质流量 2) 加固管路 3) 改进设计 4) 适当加固

2.2.3.2　冷凝水回收系统

1. 冷凝水介绍

在润滑油生产过程中，会大量使用蒸汽，目的是加热油品到合适温度。但是1kg的蒸汽完全冷凝后，就会在同样的温度和压力下产生1kg的冷凝水（见图4-2-20），高效的蒸汽系统将会重新利用这些冷凝水，如果不回收再利用这些冷凝水，即不能节约成本，同时也影响环境，整个系统缺乏技术含量。

图4-2-20　1kg的蒸汽完全冷凝成1kg的冷凝水

饱和蒸汽用于加热后，释放出潜热（蒸发焓），这是蒸汽中所蕴含的绝大部分能量，而剩余在冷凝水中的一部分热量称作显热（水焓）（见图4-2-21）。

图4-2-21　向加热—释放出潜热后，蒸汽变成了冷凝水其中包含一部分显热

冷凝水不仅含有一定的热量，而且是蒸馏水，很适合用做锅炉给水。高效的蒸汽系统将回收这些冷凝水到除氧器、锅炉给水箱或用于其他。只有冷凝水污染后，水才不能回收到锅炉。即使是污染的冷凝水，也还可以用于其他加热过程，在排放之前应充分利用其所含有的热量。

2. 冷凝水回收的组成

高效的冷凝水回收系统，可以收集蒸汽设备的冷凝水，返回锅炉给水系统，在短期内就能得到回报，图4-2-22个简单的冷凝水系统，冷凝水回收到锅炉给水箱。

2.2.3.3　管线伴热

1. 蒸汽伴热

（1）蒸汽伴热的原理

蒸汽伴热的原理是利用蒸汽热能来补充被伴热的管道或设备内介质在工艺流程中所散失的热量，以维持介质或设备设施的最合理的工艺温度。在物料的输送、反应中以及工艺的量

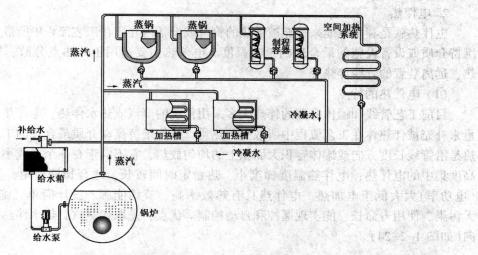

图 4-2-22 典型的蒸汽和冷凝水回收系统

值上，对热在时间和热值上有需求，所以一段时期内，蒸汽不可能被其他能源所取代。蒸汽有其他能源不能比拟的优点：单位体积的热焓大、加热快、可压力调节、分级利用等。缺点是蒸汽的散热量不易控制，其保温效率始终处于一个较低的水平。

（2）蒸汽伴热方式

蒸汽伴热又可分为内伴热管伴热、外伴热管伴热、管帽式夹套管伴热和法兰式夹套管伴热。如图 4-2-23 目前在石油化工厂和油库中使用最广泛的是外伴热管伴热，个别高凝固点油品采用夹套管伴热，内伴热管很少采用。

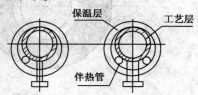

图 4-2-23　蒸汽外伴热方式

润滑油生产中使用最多的是蒸汽。通常用做伴热蒸汽的有 1.0MPa，中压蒸汽和 0.6MPa 以下的低压蒸汽，基本上能满足各种工艺管道的伴热需要。

（3）蒸汽伴热使用注意事项

① 蒸汽伴热开通时，管线内介质注意不要憋压，进出口关闭形成死区，否则会超压憋漏管件，造成跑油事故。

② 蒸汽伴热放空点宜集中设置，加设疏水器，便于凝结水回收利用。

③ 重油管线伴热管施工时注意将伴热管置于主管线下方 45°方位，双线，保温。

④ 管线伴热应考虑伴热长度，对重油管线伴热长度以 1000～2000m 为宜。

⑤ 水击现象及避免措施。蒸汽管线停送汽时，有时能听到"咣咣"声音，这就是水击现象。水击现象是介质流动状态忽然改变，管内流体动量发生变化而产生的压力瞬变过程，是管内不稳定流动所引起的一种特殊振荡现象。它使蒸汽管道的使用寿命缩短，严重时甚至会造成管道、阀门等设备的破裂损坏。所以在蒸汽管道设计和生产操作过程中要尽可能避免发生水击。一般可通过以下方法避免和减轻水击对蒸汽管道的影响。

a. 在管道设计安装时，必须使管道具有足够的坡度，并尽可能保持汽、水同向流动。

b. 在停送汽时，延缓阀门的调节时间，使管内流体的流速变化很小，减小管内流体的不稳定流动。

c. 合理的管路设计也是避免水击发生的有效措施。

2. 电伴热

电伴热就是利用电能来补充被伴热的管道或设备内介质在工艺流程中所散失的热量，以维持介质或设备设施的最合理的工艺温度。电伴热主要适用于伴热点分散、复杂管线的伴热、远离装置的管线伴热等。

(1) 电伴热的特点

目前工艺管线和罐体容器的伴热大多采用传统的蒸汽或热水伴热。电伴热是用电热的能量来补充被伴热体在工艺流程中所散失的热量，从而维持流动介质最合理的工艺温度。电伴热是沿管线长度方向或罐体容积大面积上的均匀放热，它不同于在一个点或小面积上热负荷高度集中的电伴热；电伴热温度梯度小，热稳定时间较长，适合长期使用，其所需的热量（电功率）大大低于电加热。电伴热具有热效率高、节约能源、设计简单、施工安装方便、无污染、使用寿命长、能实现遥控和自动控制等优点，是取代蒸汽、热水伴热的技术发展方向（如图4-2-24）。

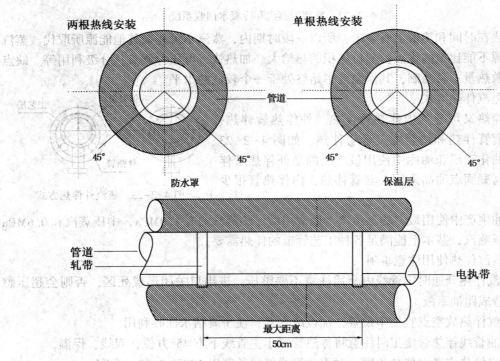

图 4-2-24　电伴热安装位置

(2) 电伴热的优点

电伴热与蒸汽（热水）相比，具有诸多优势如下：

① 电伴热装置简单，发热均匀，控温准确，能进行远控、遥控，实现自动化管理；

② 电伴热具有防爆、全天候工作性能，可靠性高，使用寿命长；

③ 电伴热无泄漏，有利于环境保护；

④ 节约水资源，不像锅炉每天需要大量的水；

⑤ 效率高，能大大降低能耗。电伴热带比蒸汽伴热费用要节省。

(3) 电伴热使用寿命

在正确维护下，电伴热系统使用寿命为3年或更长。

（4）电伴热的操作

① 需要加热的工艺管线，并检查管线内是否有油，严禁管线内没有油时加热，防止出现安全事故；

② 打开电伴热加热；

③ 巡检时检查电伴热情况，并对管线进行泄压；

④ 结束后关闭电伴热。

2.2.3.4 桶装添加剂烘房

图 4-2-25 汽烘房
1—蒸汽管；2—隔热层；
3—导轨；4—烘房门

在润滑油生产过程中，常使用桶装添加剂，为了使添加剂便于抽取且剩余量少，有必要对桶装添加剂进行加热，以降低添加剂的黏度，减少浪费。在加热过程中，一般用烘房进行加热，按加热介质分，可用蒸汽和电加热。图 4-2-25 是一个典型的蒸汽烘房的结构图。

烘房操作方法：

（1）在用烘房前先检查烘房内有无杂物和危险品，通风机、仪表、管路、排空阀、防曝门等附属设备是否良好，如有故障应预先排除。

（2）凡属易燃易爆等危险品一律不准放入烘房内。

（3）打开烘房门应先通风换气，然后才能进入烘房内。产品进烘房要认真检查，并用非燃烧性材料放稳垫牢，位置要适当，重不压轻，分类存放，防止倾倒滚动。

（4）用蒸汽的烘房其安全控制阀要专人调节，严禁任意拨动，如有问题及时处理。并按以下顺序操作：

① 若有水冷却的要先开冷却水，并检查水流是否畅通；

② 先开回水旁通阀和疏水器的阀门，再开蒸汽阀门，经一定时间后将回水旁通阀关闭；

③ 开动通风机，检查进排汽门是否打开。

（5）烘房内外要保持整洁，烘房顶禁堆物件。烘房附近要装消防设备，操作者应熟悉使用方法。

（6）烘箱使用必须按技术规定，严禁超温使用。

2.3 润滑油调和辅助生产设备

2.3.1 切胶机

1. 切胶机作用

切胶机的作用是将整块干胶切成符合技术要求的胶粒，以便更好溶解。如图 4-2-26 是一种常用的切胶机，其功能较单一，仅有切胶作用。

结构主要有切胶刀、机架、工作油缸、底座、辅助工作台及液压系统、电气系统等部分组成，切胶刀下面的底座上装有尼龙垫板，以保护切胶刀的刀刃。

切干胶时，用人工将胶料放在切胶刀的下方，然后按下启动按钮，则切胶刀在活塞杆的带动下沿机架上的滑道落下将胶料切开。机架上装有上下两个限位开关，以控制换向阀改变切胶刀的运动方向，同时，也可保护活塞缸缸盖。

切胶机具有切胶和粉碎功能，如图 4-2-27 是具有切胶和粉碎功能的切胶机示意图，图 4-2-28 是切胶机的实物图。

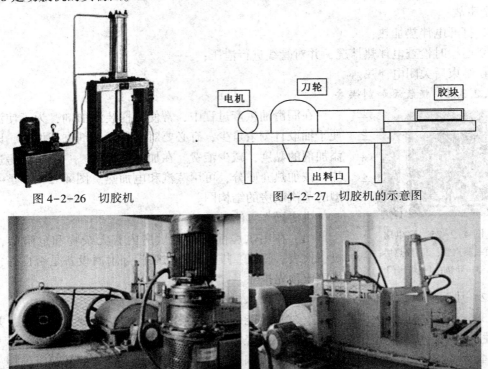

图 4-2-26 切胶机   图 4-2-27 切胶机的示意图

图 4-2-28 切胶机的实物图

其操作就是将胶块沿着轨道推入切胶机，刀轮转动将整个胶块直接切成颗粒，从料斗卸入溶胶釜。特点是快速、安全、高效。

现在，随着切胶机进一步的发展，切胶机向碎胶、搅拌和均质于一身方向发展，以下介绍一种高剪切搅拌机，具有碎胶、搅拌和均质功能。其工作原理如下。

首先在精密加工混合搅拌的工作头内高速旋转的转子刀刃会发挥其强大的吸力把固体干胶从容器底向上旋转吸入工作头的中心，如图 4-2-29 所示。

二是利用离心力是干胶项工作头转子刀刃的外围，它们将在精密加工的尾部与定环内部墙面之间研磨达到混合效果，如图 4-2-30 所示。

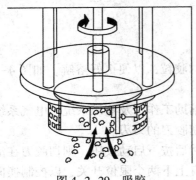

图 4-2-29 吸胶

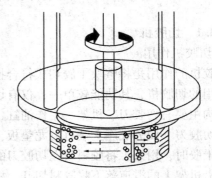

图 4-2-30 混合

474

三是干胶受到强烈液压剪切的力量，在高周转速率下通过定环中的穿孔并循环到主要的混合干胶中。如图4-2-31所示。

最后是干胶会迅速地从混合槽工作头外围排出，同时新鲜的干胶会持续的进入工作头并保证循环混合。工作头所产生的水平放射排除和吸力效果在表面下形成混合的循环并不会在水面上形成不必要的混乱效果。只要机器的能量和大小选择正确，罐内全部的干胶在混合操作的情形下会多次通过工作头并按渐进程序使产品均匀混合，并且不容易产生气泡。如图4-2-32所示。

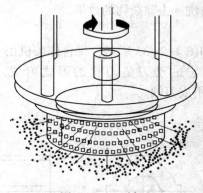 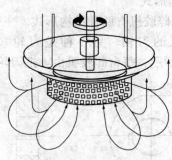

图4-2-31 循环　　　　　　　　　　　图4-2-32 排出

2. 常用切胶机操作方法

（1）开机前准备

① 检查上下限位开关及电气部分，防止失灵；

② 向切刀滑轨槽内注入适量润滑油使切刀上下畅通；

③ 落刀槽内的软铅要视其使用情况更换；

④ 切胶过程必须由两人同时进行，严禁由单人独立操作。

（2）正常开机

① 接通电源，先启动油泵，按"开"键使油泵运转正常；

② 启动切胶刀下降开关，切胶刀下降进行切胶，至切胶完毕；

③ 由下限位开关及电磁阀控制，自动上升至所需位置，按切胶刀停止开关，切胶刀即停止，如需切胶刀再上升，则可按上升开关。

（3）正常运转中的检查与维护

① 切胶机周围工作场地除干胶和运胶机外，不准堆放其他物品；

② 注意观察刀的上下运动情况，如有异常将立即停机检查；

③ 检查液压油管和接口处，不能有漏油现象。

（4）正常停机

① 切刀由限位开关控制自动上升停止后按油泵"关"键关闭油泵；

② 切断电源。

（5）常见故障及排除

① 故障现象：正常停机后，切刀自行下滑。

原因：多为活塞皮碗损坏。

消除方法：将切刀上升至顶端，并以木块支撑，勿使切刀落下。再取掉气缸上盖旋去皮碗压板，取出旧皮碗，换上新皮碗。

② 故障现象：活塞杆密封漏油

原因：密封圈损坏。

消除方法：将切刀降至下端。旋去刀架上端的螺丝，取去压板，然后将活塞杆升到适合高度，并松下活塞密封圈压盖，取出坏密封圈，换上新密封圈。

2.3.2 碎胶机

碎胶机的作用是由单台大功率电动机带动旋转的动刀在定刀的配合下，对胶料进行破碎、撕裂，并通过机体的料板流入水槽从而达到清洗、去除杂物的效果。

1. 结构形式

目前，碎胶机有两种结构形式。一种是刀盘如图4-2-33所示，每台碎胶机由9把刀盘组成螺旋状的刀轴。另一种是刀轮式碎胶机，它的动刀是刀轮的形式组成，刀轮如图4-2-34所示，每台碎胶机由4把刀轮错开安装组成刀轴。

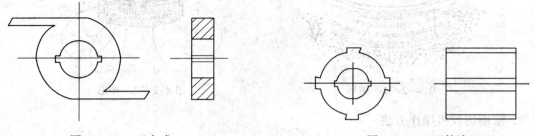

图4-2-33　刀盘式　　　　　　　　　　　　　　图4-2-34　刀轮式

刀盘式碎胶机碎胶速度快，从筛网的出胶效果好，电机负荷轻，产量高。而刀轮式碎胶机的碎胶速度慢，出胶效果差，电机负荷重，产量低，但对杂胶的撕裂、清洗效果却胜过刀盘式的。下图4-2-35是整台的碎胶机图。

图4-2-35　碎胶机

2. 碎胶机的操作方法

（1）开机前准备

① 将合适的润滑脂注入轴承座内，然后装上两轴承端盖，并调节主轴灵活好用；

476

② 手拨大皮带轮，检查机械运转是否正常，并检查所有紧固件是否紧固；

③ 接通电源，检查电动机运转方向是否正确；

④ 套上三角胶带，松掉螺栓，调节螺钉，使三角胶带松紧程度适当，后紧固螺栓。

（2）开机

① 空机运转五分钟，检查工作是否正常；

② 接通电源，按绿色按钮启动电机。

（3）正常运转中的检查与维护

① 严禁非粉碎物进入机内，特别是金属件，塑件中的镶件应取掉后进行粉碎；

② 应定期检查刀具，发现刀口有钝口、崩裂等伤损现象，应立即更换刀具；

③ 更换粉碎物品时，应先卸下漏料架，取出筛板，用刷子清除机内及筛板上的遗物后再重新装好工作；

④ 电机温度不得超过65℃，机身温度不得超过55℃；

⑤ 每使用半年后更换轴承座内润滑脂。

（4）停机

① 按红色按钮停止电机运转；

② 切断电源。

（5）常见故障及排除方法

① 故障现象：主轴卡死

原因：多为热胶粒冷却后将电机主轴与电机外壳粘住。

排除方法：立即切断电源，打开机器后盖用工具将冷胶除掉，然后拨动电机主轴看是否转动正常，如正常，重新开机工作。

② 故障现象：胶粒相连

原因：刀具损坏或刀具上附有杂物。

排除方法：打开机器外壳，更换受损刀具。如刀具未受损，检查刀具上是否黏有杂物，等排除故障后重新开机。

2.3.3　胶体磨

胶体磨的作用是将整块干胶切成胶粒，以便更好溶解。其结构如图4-2-36。

1. 胶体磨工作原理

工作原理：胶体磨是由电动机通过皮带传动带动转齿（或称为转子）与相配的定齿（或称为定子）作相对的高速旋转，被加工物料通过本身的重量或外部压力（可由泵产生）加压产生向下的螺旋冲击力，透过定、转齿之间的间隙（间隙可调）时受到强大的剪切力、摩擦力、高频振动等物理作用，使物料被有效地精细化研磨、分散和均质，达到物料超细粉碎及乳化的效果。

主要特点：相对于压力式均质机，胶体磨首先是一种高速离心式设备，它的优点是结构简单，设备保养维护方便，适用于较高黏度物料以及较大颗粒的物料。它的主要缺点也是由其结构决定的。首先，由于作离心运动，其流量是不恒定的，对应于同黏性的物料其流量变化很大。举例来说，同样的设备，在处理黏稠的漆类物料和稀薄的乳类流体时，流量可相差10倍以上；其次，由于转定子和物料间高速摩擦，故易产生较大的热量，使被处理物料变性；第三，表面较易磨损，而磨损后，细化效果会显著下降。

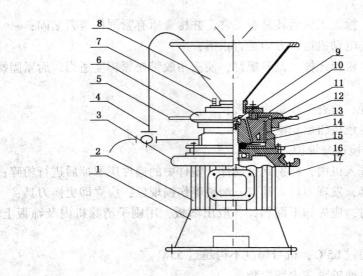

图 4-2-36　胶体磨结构

1—底座；2—电动机；3—端盖；4—循环管；5—手柄；6—调节盘；7—冷却水管接头

8—加料斗；9—旋叶刀（动磨盘紧固螺纹）；10—动磨盘；11—定位螺钉；12—静磨盘

13—冷却通道；14—机械密封组件；15—壳体；16—主轴轴承；17—排漏管接头

2. 胶体磨的操作方法

（1）开机

① 连接好进料门或进料管及出料口，再接上出料循环管，然后接上冷却水管和排漏管；

② 启动前，应把胶体磨的定子和转子间隙调整较大；

③ 安装好电力启动装置，接好电源后，特别要注意开机运转方向，判别电机是否正常方向旋转，或从进料口看方向同胶体磨上红色旋转方向标牌相一致顺转。在大型胶体磨开车时，先启动油泵；

④ 接通冷却水，启动胶体磨待运转正常立即投料加工生产；

⑤ 在生产过程中，随时调节磨盘间隙。

（2）关机

① 关机之前，进料门内适量加入水液体或其他与加工物料相关液体，开机时马上投入物料；

② 在大型胶体磨停车时，先关闭胶体磨，再关闭变速器。

（3）安全注意事项

① 严禁非操作人员动用机器，设备运在行中操作人员必须佩戴防噪耳塞；

② 胶的尺寸不能超过铭牌上注明的最大胶块尺寸；

③ 向仓内送入胶时，应缓慢将胶块送入，以免损坏机器；

④ 在切胶过程中，严禁停止主电机，严禁打开切刀上部顶盖；

⑤ 在清理切胶机及处理故障时，必须按下紧急停止按钮并将钥匙取出；

⑥ 在切胶机检修时，必须切断主电源，并按下紧急停止按钮。

3. 胶体磨的故障处理

表 4-2-5 为胶体磨的故障与处理。

表 4-2-5　胶体磨的故障与处理

序号	故障现象	故障原因	处理方法
1	不动作	停电；电机故障；减速箱卡死	确认是否有电；检查电机或；盘车检查减速箱是否太紧或卡死
2	电流升高	传动装置部件碰磨；负荷太高	解体修理；调整操作油品升温，降低负荷
3	振动大	地脚螺栓松动或放置不稳；转子与定子间隙过小；研磨的介质黏度过大	紧固螺栓或加固基础；调整适合的间隙；调整介质黏度
4	磨头磨损	物料黏度大；胶团直径大；固体硬	调整介质黏度；改善胶团直径和硬度
5	磨体发热	物料黏度大；介质浓度高有杂质	调整介质黏度；改善介质浓度和纯度
6	流量不恒定	物料温度升高；物料黏度变小；磨机转数增加	降低物料温度；调整介质黏度；减少磨机转数。

2.4　控制系统

2.4.1　控制回路的基本概念和工作原理

在润滑油生产过程中，对各个工艺生产过程中的工艺参数(如流量计、温度、液位等)都有一定的要求。有些工艺参数对产量和质量起着决定性的作用，如温度必须控制在规定的范围内，因此在生产过程中必须加以控制。

图 4-2-37 是一个液位控制的例子。图中检测元件与变送器的作用是检测液位高低，当液位高度与正常给定之间出现偏差时，控制器就会立刻根据偏差的大小去控制调节阀(开大或关小)使液位回到给定值上，从而实现液位的自动控制。

2.4.2　简单控制系统的组成

简单控制系统由被控对象、测量和变送、控制器和执行机构四部分组成。简单控制系统组成的方块图，如图 4-2-38。

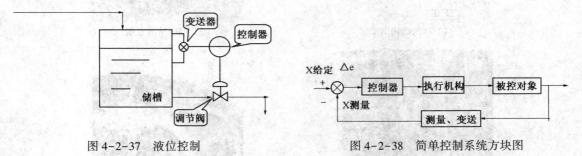

图 4-2-37　液位控制　　　　　图 4-2-38　简单控制系统方块图

1. 测量、变送环节

这一部分在现场，由各种变送器组成。根据被测参数的不同，一般分为以下列几类：

A. 温度传感器、变送器　　　　　B. 压力/压差变送器

C. 流量变送器　　　　　　　　　D. 液位变送器

E. 电量变送器

F. 分析仪表——如：可燃性气体检测探头、氧量分析仪、浊度仪

2. 执行机构

这一部分也在现场，常见的执行机构是调节阀，还有变频器(如恒压供水)以及交、直

流调速电机等等。

3. 控制器

这一部分一般在控制室内，最简单的有单、双回路控制器，多参数、多回路的一般采用PLC、工控机、DCS系统等等。

4. 控制系统的分类

由于控制技术的广泛应用及控制理论的发展，使得控制系统具有各种各样的型式，但总的说来可分为两大类，即开环控制系统和闭环控制系统。

（1）开环控制系统

控制系统的输出信号不反馈到系统的输入端，因而也不对控制作用产生影响的系统，称为开环控制系统。

（2）闭环控制系统

控制系统的输出信号通过测量变送环节，又反回到系统的输入端，与给定信号比较，以偏差的形式进入调节器，对系统起控制作用，整个系统构成了一个封闭的反馈回路，这种控制系统称为闭环控制系统。

2.4.3 球扫线系统的结构及工作原理

1. 球扫线系统组成

球扫线一般由清扫球、中间球站、端部球站（发球站、收球站）和相应的输送管线、自动控制系统等部件组成。球扫线有单球、双球、多球操作等形式。如图4-2-39。

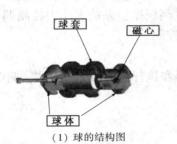

（1）球的结构图

（2）端球站示意图

（3）多通阀实物图

（4）三通阀实物图

图4-2-39　球扫线相关组件图

2. 球扫线工作原理

处在两端球站内的球，与管道内壁紧密配合，通过球站上自动阀门不同的组合，控制压缩空气流向，推动球在管道内行走，将管线内的物料，推动到目的罐中，利用球对管道内壁的刮扫，完成管道内的清洁工作，实现同一管道内可以输送不同油品而不会相互污染的目的，如图4-2-40。

480

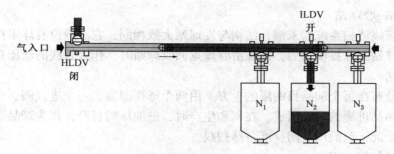

图 4-2-40 球扫线原理图

下面以比较常见的双球系统为例介绍球扫线系统。

（1）清管球

清管球（见图 4-2-41）是一个可以在清扫
管线内移动的、用以清扫管线内残油的小球，
一般为橡胶材质，有多种形式，小球有多种形
状，球心为一磁铁，便于在小球到位后，磁性
探测器可以探测到它，球外壳为橡胶材质，带
有裙边，使其可以与管线紧密接触。

图 4-2-41 清管球

（2）端球站-发球站（见图 4-2-42）

发球站是管线清扫系统的始端，包括一个
清管球的球仓、一个球阻挡器、两个球探测器、若干个进气出气阀及附属的压缩空气减压阀
等。它的主要功能是在清扫系统不工作的时候作为清管球的球仓，在清扫系统开始工作的时
候，给球提供动力，使之到达目的地，或在清管球返回球站时，作为管线内气压的泄压口。

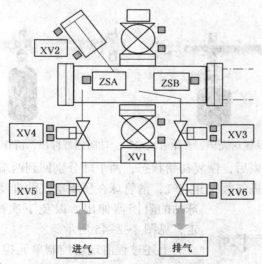

图 4-2-42 带球阻挡器、两个出口端球站

XV1：球站主管路出口控制阀。	ZSA：位置 A 扫线球探测器
ZSB：位置 B 扫线球探测器	XV3：球站 B 位置气路控制阀
XV4：球站 A 位置气路控制阀	XV5：球站进气口控制阀
XV6：球站排气口控制阀	

（3）端球站-收球站

收球站是管线清扫系统的末端，结构与发球站大致相同，它一般没有球阻挡器。它的主要作用是给收球站的球提供动力，或在清管球返回收球站时，作为管线的泄压口。

（4）中间站

各中间站分布在每个油品目的罐的上方。由两个球探测器、一个进气阀、一个球阻挡器和控制管线内油品进罐的阀门组成。在调和生产时，进油球阀打开，作为产品进入成品罐的入口。扫线开始前，该阀门关闭，准备球扫线。

（5）自动球扫线过程

油品输送完毕后，开始管线清扫。首先，发球站和收球站的探测器探测到首末两球分别在管线的两端。所选定的目的罐的入口中间站的阻挡器伸出，油罐的入口阀呈开启状态（见图4-2-43）。

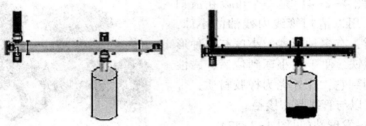

图4-2-43　目的罐上方阀打开，油品经输油管线进入成品罐

发球站和收球站的进气阀打开，压缩空气推动首末两球向目的罐移动，直至到达阻挡器的两侧，目的罐中间站上的探测器探测到两球后，目的罐球站上的进气阀进气，将两球间残油吹入油罐目的罐顶阀门关闭。（见图4-2-44所示）。

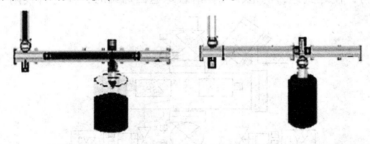

图4-2-44　油品输送完毕，开始管线清扫，球阻挡器伸出，清管球到达目的罐

最后上述扫线过程结束后，恢复初始状态，两个球分别回到两端球站。球扫线两端球站放气，目的罐中间站上的进气阀打开进气，清管球在压缩空气的推动下，回到各自球站。发球站的阻挡器伸出，以免下次操作时，清管球被油冲走，见图4-2-45所示。

上述过程由现场控制单元控制现场各传感器、阀门的输入输出，并在中央计算机的控制下自动完成。

3. 球扫线故障处理

（1）扫线命令发出后，球阻挡器正常拉出后，源球站球不能发出。

处理方法：

① 检查压缩空气源是否正常，排除空气动力源问题；

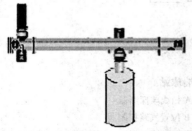

图4-2-45　管线清扫完毕，
清球管返回端球站

② 检查球扫线球站相关控制气路阀门是否正常开启，可以通过排查控制系统电器信号是否正常、排查控制电磁阀是否正常和排查气动阀门本身是否有问题处理；

③ 排查球站是否有问题（进气法兰方向是否正常、进气通道是否正常）；四是排查是否装入正常扫线用球；五是目的地（出口）阀门是否正常打开。

（2）扫线命令发出后，球阻挡器不能正常拉出。

处理方法：

① 由于停车或输送油品过程中，输送油品进入球的另一侧，球受热膨胀，将阻挡器挤住，控制阻挡器的动力不能克服挤住的力导致阻挡器不能正常拉出。处理方法：手动强制关闭其他相关阀门，开启相关阀门将球后面的力泄掉，将其他相关阀门恢复到自动，故障现象排除。

② 阻挡器不能正常拉出。一是排查控制系统电器信号是否正常；二是排查控制电磁阀是否正常；三是排查阻挡器本身是否有问题（阻挡器弯）。

（3）扫线命令发出后球到达目的地时间较长或不能到达。

处理方法：

① 检查供气压力是否正常；

② 检查目的地球站检测球信号是否故障（更换球检测元件）；

③ 扫线球裙边磨损严重漏气（更换新扫线球）；

④ 球卡在某处（手动将球扫回源，重新执行命令，反复操作，如果球扫线内无油，可用另一端球撞故障球，将故障球直接送回到源球站，然后手动将另一个球复位，恢复到自动）。

（4）球扫线两端球扫到目的地后球很长时间才回到源球站。

① 两端 HLDV 球站手动调节放气阀开度太小或处于关闭状态；

② 球扫线两端球站探测器位置不好或故障；

③ 目的地球站吹气阀压力不符合规定；

④ 球扫线两端球站的放气阀故障，至排气不畅；

⑤ 球卡在某处；

⑥ 扫线球裙边磨损严重漏气（更换新扫线球）。

（5）温差较大造成两端球站相应球站动作机构无法正常开启。（例如：早晨开车中午停车后下午继续开车造成阀门打不开，管道中压力较高，封闭的管道内无法泄压，此时将无法进行生产，春夏秋季发生此现象较多。）

处理方法：停车后将源球站的吹气阀门强制打开进行泄压，此时操作应小心防止管道中的油喷出，待压力泄掉后打开球扫线原料入口阀门进行泄压。最好将源球站的或目的球站的球阀驱动器拆下，用工具强制将阀门打开泄压，然后装好，压力泄掉后检查球站其他相关气动阀是否正常，如果还是不能打开，此时应扫线后将该阀门拆下进行泄压处理。如果不能扫线，从高点将阀门拆下处理。

（6）球站目的地罐口阀门不能打开

处理方法：首先到罐区找到该站，用手动方法判断该球站是否有故障，排除电器故障后，该阀门还是有故障，将该球站故障阀门驱动机构拆下，用合适的工具扳动阀杆反方向开启该球阀（可能管道中有杂质阻碍阀门正常开启），然后复位（操作时阀杆的位置和位置检测元件一定要和原来一样否则发生阀门实际开启状况与位置反馈相反造成事故)装好球站重新开车。

2.4.4 自动调和系统操作举例

下面以某厂的自动调和系统为例，说明自动调和系统在润滑油生产中的应用。

1. 自动调和系统简介

自动控制调和装置共分为6部分：SMB、ABB、DDS、球扫线装置、管汇系统以及控制系统。这6部分相互配合，形成两个相对独立的调和系统。

（1）SMB调和系统

SMB调和系统由原料计量通道和球扫线组成。其组成如图4-2-46所示。

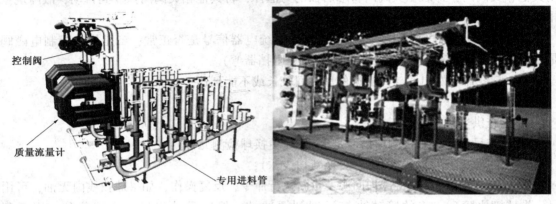

图4-2-46　SMB结构图

基础油、散装添加剂用泵由各原料罐通过专用管线输送至计量通道入口。每个组分进料管线上配自动进料阀、质量流量计、流量控制调节阀，以此来控制组分的进料量。微量添加剂通过计量泵计量。

SMB调和系统通过出料的母管，采用球扫线方式将计量后的组分送至调和罐，由计算机控制利用压缩空气驱动扫线球，将管内存油推入目的罐。由计算机控制调和罐内的侧向搅拌器，将油品搅拌均匀。

（2）ABB调和系统

ABB调和系统由2个调和罐组成，桶装添加剂抽取单元(即DDS)，出料泵和球扫线装置及原料输送管道组成。调和装置原理流程如图4-2-47所示。

ABB调和周期小于90min，基础油进料误差小于10kg，添加剂进料误差小于1.0kg，综合计量误差小于10kg。

2个调和罐均配有蒸汽伴热夹套、清洗头、垂直搅拌器、自动卸料阀。调和罐装在秤上，实现高精度计量。基础油和添加剂分别进入调和罐，搅拌器将物料混合均匀，完成调和。调和全程自动控制。装置配有清洗调和罐的设备，通过罐顶两个清洗头，将清洗油喷入调和罐，能避免不同油品间相互污染，以保证每罐成品油的质量。ABB多用于生产小批量产品。2个调和罐都可以独立完成调和任务，也可以配合完成调和任务。在配合使用时，小调和罐用于计量添加剂用量，还可以用于溶解固体添加剂或稀释黏度高的添加剂。

小调和罐独立完成任务时，产品可直接卸入活动储罐；与大调和罐配合使用时，小调和罐内的物料靠重力卸入大调和罐，产品通过卸料泵，采用球扫线方式送入成品罐。

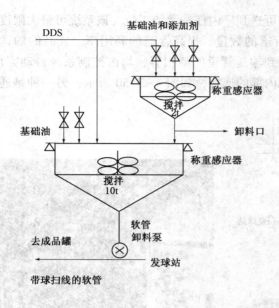

图 4-2-47　ABB 调和装置原理流程图和实物图

　　ABB 自动批量调和的优点是：操作自动化程度高，生产灵活性强。其缺点是：生产速度慢，原料必须依次加入；为保证精度，每批产品不能小于罐能力的 10%；校正计量系统时比较复杂。

　　SMB 和 ABB 调和系统也可以配合使用。

　　（3）DDS 系统

　　桶装添加剂通过 DDS 单元自动抽取，直接送到调和罐。DDS 单元包括：一个两侧连传送带的桶称重平台，抽杆、可称重、可加热的清洗罐，输送泵，由计算机自动控制，与主控计算机相连，保证操作的整体性，如图 4-2-48 所示。

　　操作过程：将装有添加剂的桶通过传送带送至称重平台，抽杆自动插入桶中抽取添加剂，至要求重量停泵。当桶剂抽空后，自动从清洗罐抽入基础油清洗空桶。基础油为配方中组分。当一种剂抽完后，抽杆移至清洗罐抽入少许基础油清洗抽杆。清洗后油、剂和清洗罐中所余基础油均送入调和罐。DDS 单元抽、洗每桶剂平均耗时 6min 左右。

图 4-2-48　DDS 系统

　　（4）球扫线装置

　　球扫线装置是在金属管道内，利用压缩空气作动力，推动塑胶球将球前面的产品沿管道推入目的油罐中。使用此系统对共用管线进行清洗，不仅可以清空管线，防止腐蚀，降低因污染产生的不合格品率。

　　每套球扫线系统都包括发球站、收球站、在线分配阀。

　　（5）管汇系统

　　自动管汇系统可以方便连接各种管线，如图 4-2-49 所示，可将任一灌装线与成品储罐任一出口管线接通，实现任一品种的产品均可送到厂内任一灌装工位。该系统可最大限度地发挥现有灌装设施的能力，减少成品输送管道的数量，提高管道的利用率。成品的输送过程，从管汇系统的自动切换、输送泵的启动到输送管道的清扫等，均由控制系统自动完成。有两种连接的方式，一种是根据指令通过阀内部的连接，如图4-2-50所示，另一种是通过机械手连接，如图4-2-51所示。

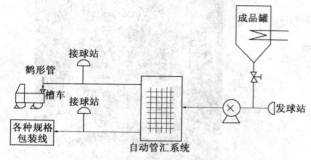

图4-2-49　自动管汇系统构成

图4-2-50　通过阀内部连接的管汇

图4-2-51　通过机械手连接的管汇

（6）控制系统

控制系统有以下特点：

① 可存储并根据需要调用配方；

② 调和过程全部自动控制，即根据调和方案自动选定目的罐、操作顺序，自动计算各物料量并自动计量，自动调节流量；

③ 自动调节阀门延迟关闭时间，这一功能进一步提高了计量精确度；

④ 自动检测配方是否有效及系统故障，并提示故障原因，以利于排除；

⑤ 具有仿真模拟功能，可进行模拟操作及员工培训；

⑥ 系统具有实时存储、实时显示功能；

⑦ 一套控制系统可控制两套调和系统同时操作，互不干扰；

⑧ 系统可根据未来发展的需要进行调整和扩充。

2. 装置调试结果

① 调试过程共调油65批次，5个品种，一次调和合格率为100%，各质量指标均满足产品质量要求。

② 装置的协调能力：测试证明，控制系统对各装置设备的自动控制、通讯、数据显示

等均能达到要求，整套装置能够协调操作，配合正常。

③ 装置性能考察：从实际生产中可以得出，SMB 综合计量误差实验的结果分别为 -0.008‰，都远远小于规定值。球扫线管线残留量平均 23ml/100m。达到良好的效果。

3. 自动调和系统使用情况

自动调和装置正式投产共调油 238 批次，51151t，合格率达 99% 以上，SMB、ABB 系统计量精度保持较好，球扫线效果明显。自动控制、通讯系统基本正常，整套装置可协调操作。从市场反馈信息来看，油品质量得到很大提高。

4. 小结

自动调和技术在润滑油生产中得到应用后，使润滑油调和技术水平有了很大提高。

（1）提高了自动化程度。旧调和过程基本为手工操作，通过检尺来控制每种基础油的加入量，用这种方法计量误差较大，特别生产小批量产品，由于管线内存油的影响，一次调和合格率较低。其次桶装添加剂人工倾倒到加剂槽中，靠输入的基础油循环携带到调和罐。整个操作过程速度慢，工人的劳动强度较大，添加剂黏附在桶壁上，造成一定量添加剂浪费。而自动调和系统很好地解决了上述问题，提高了调和效率。

（2）采用质量流量计和称重元件计量，提高了计量精度。

（3）调和质量好。调试期间，油品各种技术指标均达到质量要求。投产后黏度、水分、机杂等技术指标的合格率均有大幅度提高，SMB 共调和 199 批次，一罐不合格，一次调和合格率为 99.5%；ABB 共调和 39 批次，一罐不合格，一次调和合格率为 97.4%。由于球扫线装置的投用，使不同品种的润滑油受到污染的机率降至最低。

（4）缩短了调和周期，生产灵活性强，适应不同的市场需求。SMB 调和系统用于常规产品大批量调和。ABB 调和系统适用于特殊产品的小批量调和，合格率也较原来有了很大提高。

（5）该装置可以直接使用散装添加剂，能减少添加剂损失及添加剂桶的费用，同时节约了人力，改善了生产条件并且降低了操作成本。

第3章 润滑油调和操作

3.1 生产前准备

润滑油调和是一个不可逆的过程，因此充分做好生产前的准备工作尤为重要。

3.1.1 生产前装置准备

润滑油调和装置主要包括：工艺系统、电力系统、加热系统、空气系统、安全消防系统等。生产前，尤其是新装置开工前，要对各部分进行检查，提前制定工程验收项目清单。开工前的准备内容很多，这里主要介绍工艺系统方面的准备操作。

装置检修完毕后，装置检修或新装置开工生产前，先要编写装置开工方案，包括油罐、管线的清理、法兰螺栓的紧固，临时措施的恢复，联机试运方案等内容，检查工艺流程是否贯通、工艺参数是否确定、设备是否清理干净、确认设备状态完好、技术资料齐全，公用管线已引入、安全措施到位、人员培训完毕等等，以保证装置开工操作安全有序、平稳、顺利地进行。

3.1.1.1 油罐投用前准备

1. 油罐投用前的资料准备

新油罐在投产前或者油罐经清洗检修后重新投用前，都需要仔细检查各种验收报告，保证技术资料齐全。技术资料主要包括：

① 油罐基础检查及沉降观察记录；

② 油罐焊缝探伤记录和报告。目前油库常用的探伤方法有：超声波探伤、X光射线探伤、磁粉探伤和渗透探伤，探伤报告需要两种以上。

③ 油罐强度及严密性试验报告；

④ 油罐罐体几何尺寸检查报告；

⑤ 防雷电防静电接地系统检查测试报告；

⑥ 油罐附件的检查及测试报告；

⑦ 清罐后检查、检修及验收记录。

此外，对油罐关键部位也必须有专门技术资料，如"T"形焊缝、计量孔正下方罐底计量基准板等。

2. 新罐或检修后油罐收油前准备

新油罐或检修后油罐在收油前还需要再次确认油罐的技术资料是否全部归档，尤其是清罐操作和质量管理人员确认清罐合格的记录，还有油罐、管线及各附件（阀门、人孔、加热盘管）合格完好的检测记录和报告。新油罐和改造后的油罐需要进行计量检定，测得油罐容积计量表备查。

油罐在收油前需要明确油罐安全高度等技术参数，如综合考虑油罐储存的介质、温度、密度、消防管线位置等因素，计算油罐的安全高度。

油罐收油前确认操作规程齐全，相关部门确认后方可进行收油操作。

3.1.1.2 管线投用前准备

1. 管线投用前注意事项

施工或检修完的管线内，往往留有焊渣、泥土、铁锈等杂物，如不及时清除，投用后将会堵塞管线、损坏设备、污染油品。因此管线投用前必须用水冲洗，然后再用压缩空气吹净管内存水。清洗或吹扫都是从一端给水（压缩空气），另一端打开阀门或法兰排空，直到清洗吹扫干净为止。管线投用前，在处理管道内杂质时注意以下几点：

① 输送油的管线，在水洗后应用热空气吹干管线，其温度一般不小于80℃；或者不用水冲洗，直接用压缩空气吹扫，再用油品冲洗。

② 带副线的流量计、控制阀或机泵，吹扫时应走副线，无副线时卸下设备用短管代替。吹扫结束后，恢复原状。

③ 管线吹扫时，应关闭压力表，吹扫经过过滤器时，需及时清除过滤网上的杂质，防止滤网堵塞。注意吹扫前检查过滤网是否完好，甚至加密或加固，避免焊渣和杂质残留在管线中，影响吹扫效果。

④ 清洗与吹扫管线时逐条进行，不能留有死角，低点处应逐段排空，直至全线畅通。

⑤ 用油品循环，把管线内残存的水分、杂质带走。清洗油一般选用黏度略低、成本低的油品。循环完毕立即用压缩空气吹扫干净管线存油，关闭全部阀门。循环时泵的进口应装上过滤网，防止杂质进入泵体。清洗油扫至杂油罐或指定油罐，做好标识，等待处理。处理后，首次使用时注意油品杂质和水分的控制。

⑥ 吹扫系统管线前，需将与系统相通的仪表、设备等加装盲板，清扫后拆除全部盲板，恢复正常运行状态，记录盲板台账。

⑦ 注意检查、消除泄漏隐患，如法兰及阀门垫片是否匹配，避免开工送油时发生渗漏；并要求法兰的螺栓上齐、上紧，处于正常状态。

2. 管线试压

管线试压是对管线强度和严密性进行检验的重要方法。它是新管线投用和管线大修更新改造后必须进行的检验项目。管线试压有水压试验和气压试验两种方法。根据施工和使用单位自身条件，采用哪一种方法都可以。

（1）水压试验

水压试验使用清水，管线充满后，用试压泵加压。强度试验压力为1.5倍工作压力（最低不小于0.2MPa），试压时间保持5min稳定不变。严密性试验压力为工作压力（最低不小于0.2MPa），试压时间不小于1h，在规定时间内，压力降不大于严密性试验压力的5%，各焊缝及管线附件不渗漏为合格。

（2）气压试验

采用气压试验前需要先做好安全措施。介质可以使用压缩空气或蒸汽。强度试验压力为1.1倍工作压力（最低不小于0.2MPa），试压时间保持5min稳定不变。严密性试验压力为工作压力（最低不小于0.2MPa），试压时间不小于30min，用肥皂水检查各焊缝及管线附件不渗漏为合格。试压完毕，高点放空。

3.1.1.3 引蒸汽、压缩空气进生产装置

1. 引蒸汽进生产装置

首先确认蒸汽管路系统平稳、完好。放尽管线内残留的水，防止水击。引汽时先拆掉管线末端盲板，然后缓慢打开由管网进罐区的蒸汽总阀，吹扫罐区的蒸汽管线。当排汽阀排出

蒸汽即管线已经贯通，吹扫结束。关闭总蒸汽管线阀门，重新上好盲板引蒸汽，利用介质压力试压，检查各密封点、焊接点有无泄漏。若泄漏则关闭阀门，放空残余蒸汽，进行处理，然后重新试压，合格后投用。注意吹扫操作时，人员不离岗。

2. 引压缩空气进生产装置

检查罐区内压缩空气管线正确，相关阀门完好。压缩空气在制备过程先净化过滤，除去水和杂质，否则可能将水和杂质带入油中，导致油中水分和机械杂质不合格。在引气时先拆掉管线末端盲板，打开压缩空气净化装置的放水阀，放尽残留的水，检查空气质量合格，缓慢打开由管网进罐区的压缩空气总阀，查看压缩空气管线末端有空气排出，表明管线已经贯通。待排放出来的空气无杂质，停气，上好盲板。将压缩空气重新引入，利用介质压力试压。

3. 注意事项

(1) 按吹扫流程逐段进行吹扫，确保流程畅通。注意吹扫时避免损坏设备。

(2) 在法兰断开处和金属软管脱开处加弯管，以利于机械杂质的排出。

(3) 安装有过滤器的管线，吹扫前需先将过滤器拆除，并断开管线。

(4) 吹扫前应先将各类仪表拆除并在管线上加盲板。

(5) 有放空管线的油罐，放空管线上的阀门断开或关闭。

(6) 吹扫时，为防止压缩空气进泵，泵出入口法兰处需要加盲板。

(7) 吹扫结束后，由副线管线再切换至主线；所有阀门复位，法兰、金属软管断开处重新连接，恢复拆除的过滤器、各类仪器仪表等设备。

3.1.1.4 异常情况处理

生产装置在开工准备过程中，会遇到一些突发状况，首先要保持冷静，立即采取有效措施，避免人身伤害和生产事故的发生，避免造成重大经济损失。

1. 管线使用时渗漏的处理

如果只是法兰处有少量渗漏，可以紧固法兰螺栓，注意对称紧固、不要过于用力，以免垫片破裂，造成大量漏油。如果紧固螺栓后还不能解决漏油问题，则停止作业，吹扫干净管线内油品，更换法兰垫片。需动火时，两端需上好盲板、办理相关作业票证，方可动火。

2. 管线、油罐泄漏紧急处理措施

当发现泄漏，首先判明泄漏点，立即停止操作。当工艺管线或设备损坏，应立即停泵，扫空管线，关闭设备或管线泄漏处上游阀门，切断与油品储罐的连接，必要时加装盲板，堵漏，尽可能回收残油。

若油罐有微量的渗油或人孔垫片漏油，需尽快将油品移走。

3. 油罐溢油处理

油罐溢油切断进油线，立即停泵。若罐内油温过高或带水引起溢油，立即停止加热，或立即停止扫线。打开溢油油罐的出口阀、同类油品储罐或空罐的进口阀，使管道充满油品，并向同类油品储罐或空罐倒油或压油，降至安全液位以下。用应急物资对现场的污油进行圈围、回收及清理。用水冲刷油罐罐体(应防止水从检尺孔进入油罐)的溢油，清理罐体油迹。含油污水送入隔油池(污油池)处理，减少油气挥发，降低空气中的油气浓度。

4. 油罐故障的紧急处理

油罐壁有裂缝，油大量外溢，则立即报告主管部门，将罐内油品送入同品种的其他油罐，等候处理。因呼吸阀故障，油罐骤冷抽瘪和用泵抽瘪，应立即汇报；定期检查呼吸阀是否正常，已抽瘪的油罐，可向油罐内吹压缩空气或蒸汽，使罐内压力升高，罐凹陷处凸起。处理事故时，拆除罐顶呼吸阀，加盲板安装压力表。

因静电影响或其他原因，油罐发生爆炸，则及时切断与油罐有联系的阀门，并立即停泵。同时报警，讲清火警地点、时间、火情。

5. 空气管线串油的处理

空气管线串入油液，气动元件不能正常操作、阀门生锈，锈渣可能造成管路堵塞，导致设备不能正常工作甚至元件损坏。如果压缩空气管线的接口处漏油或放气时喷出油气，则可能压缩空气管线串入油液。立即停止操作，检查串油原因，如空气管线与油管线间的止回阀是否失效。在空气管线系统的低点放油，将空气管线内的油吹扫干净。清理气动控制设备，避免设备损坏或发生故障。

6. 停电处理

装置开工时系统不十分稳定，可能发生各种问题，停电就是其中的一种。如果机泵在运转时突然停电，应立即将停泵按钮按下，避免来电时泵在不受控制的状态下自行启动，造成事故。"停泵"的同时，要将泵出口阀关闭，以防倒流。停泵后，要对管线进行扫线。来电后，重新启动泵之前，请电工到现场检查，确定安全后再启动泵。应用计算机管理的系统，停电时应立即保存数据，关闭计算机。若长时间停电，要将因停电终止作业的管线、泵内的介质扫净。

7. 停蒸汽处理

正常停汽时，做好生产安排。停止加热，关闭蒸汽阀门，将有关停汽管路内余汽放净，以防引汽时水击。冬季停汽时间过长，需放空加热系统的冷凝水或用压缩空气吹扫干净，以防冻裂管线。尤其注意伴热管线的放空处理。冬季停蒸汽还要注意吹扫油管线，避免冻凝，影响正常操作。

突然停蒸汽时，立即将总汽阀关闭，将总蒸汽放空阀打开，放净余汽。蒸汽管线操作与正常停蒸汽相同，注意在用设备、管线的吹扫。

8. 停压缩空气的处理

压缩空气一般分为仪表用气和动力用气。仪表用气的压力一般在 0.4MPa 左右。当压缩空气突然中断立即关泵，避免憋泵或管路压力过高，造成崩漏。关闭相关阀门，避免串油或倒流。若持续停气，手动开启部分阀门，卸掉管线内压力，避免发生危险。在扫线时突然停压缩空气，应立即关闭扫线阀，防止在止回阀失灵时油倒压。在油品调和时突然停压缩空气，应立即关闭所有相关阀门、机泵，做好记录。若长时间停压缩空气，考虑是否用低凝点油品置换管内油品，避免冻凝。

3.1.2 生产前作业准备

为了降低生产过程中异常情况发生的几率，保证后续生产顺利进行。在接受作业任务以后，需要进行工艺、设备、安全等方面的检查，确认是否具备开始作业的条件。

作业准备内容：

① 核对任务单或配方，确认任务是否有特殊要求，原料罐、成品罐是否可用。

② 确认所用油罐的罐底是否影响产品质量。

③ 检查仪器仪表信号显示是否正常，设备是否完好。自动控制系统是否正常，自动控制阀门、压缩空气压力是否正常。

④ 确认生产装置和工艺管线，尤其是共用管线是否被占用。

⑤ 确认基础油、添加剂储量是否充足，原料储存温度是否满足工艺要求，若温度过低则影响输送速度和计量精度，甚至造成油品的质量指标不合格。根据任务要求准备添加剂，核对添加剂的名称、批号、合格单，高黏度桶装添加剂进行预加热，注意控制添加剂的加热温度不要过热，避免添加剂受热分解而失效，对于外观相近的添加剂除标识清除外，还需分开存放，避免混用。

⑥ 为了避免级别相差大的不同油品间相互污染，影响油品质量，所以对于同一调和装置、工艺管线、加剂槽、母液罐或抽剂单元，在使用前均要确认是否需要清洗。

⑦ 根据配方要求进行各组分的液位或重量计算，对于自动调和系统作业前还需要核对计算机中调和方案设置是否正确，过程参数设置是否正确。

⑧ 在调和前，记录各组分数据，与使用后数据对比，进行物料平衡，以便及时发现问题并处理。

3.2　油品输转操作

3.2.1　油品输转操作

油品的输转操作是润滑油调和过程中最基本的操作之一。无论是从汽车、火车、炼油厂装置收油/剂入罐，还是向调和油罐输送基础油组分油和添加剂、各油罐间倒油，以及从油罐向外付油的操作，都属于油品输转操作，操作要点十分相似，因此，在这里我们主要讨论其操作的基本要点。

3.2.1.1　操作准备

无论是收油、付油操作，还是油品调和过程的输转操作，首先都是根据任务单或配方要求确认所输送的油品的名称、批号、罐号、数量、合格单和输送的目的罐的罐号、罐状态，所用管线的状态，以及涉及的工艺流程、操作步骤，控制参数、油料的来向和性质。若收油操作，需确认是否有足够的收油空间。若是卸汽车、火车，还要检查罐车铅封是否完好。由于部分基础油和添加剂黏度较高，流动性差，所以在收油之前需加热，待油品温度达到工艺要求后再输送。

3.2.1.2　输油操作

开始输油操作，首先确认阀门开启是否正确，其他相关阀门是否关闭，避免串油。工艺流程开通后，盘车、检查机泵运转是否正常，开泵。若机泵安装在操作现场，则当泵运转平稳后，操作人员才能离开现场。如果机泵声音异常或振动过大，需立即停泵检查，不要盲目开泵，避免机泵损坏。经确认，若管线存油影响油品质量，则需先清理管线存油再进行输油操作。输油操作可能是多个岗位配合操作，那么信息沟通准确及时也是十分重要的环节。

在油品输送过程，可能出现各种异常情况，所以必须定时巡检，注意监控罐动态。收油过程，定时检查液位变化，防止收油罐液位过高，发生冒顶事故；新罐收油需确认罐壁焊缝、法兰、阀门、仪表孔等部位无泄漏；随着液位升高，检查人孔、搅拌器处无渗漏。付油过程，注意检查付油罐状态，避免对机泵造成不利影响。

收油过程中，目的油罐达到安全高度，仍需继续收油时，则需进行切换油罐操作。切换油罐时，先打开待用油罐的进口阀，确认输油通畅后，再逐渐关闭在用油罐的进口阀。在付油过程或油品调和过程，原料油罐储量不足，需要切换油罐时，先开待用油罐阀门，再关闭在用油罐阀门，避免泵空转，若使用流量计计量，则预防切换过程因流量低造成计量误差大，导致产品不合格，尤其是黏度较大的原料油，如黏指剂、添加剂，其计量准确度对产品质量的影响很大。

3.2.1.3 操作结束

油品输送完毕，清扫干净管线内的油品，避免影响后续油品质量或冬季管线冻凝。关闭系统流程，计量输转油量，做好记录。

3.2.1.4 输油操作注意事项

（1）当接卸添加剂或重质油时，罐车加热过程注意控制介质温度，避免其过热氧化。

（2）输油操作前，必须确认油品合格，并注意防水。

（3）在开通工艺流程时进行重复确认或双人复检操作，避免操作错误，造成事故。

（4）注意加强输油过程中的监控。在接卸原料、倒油、调和操作时，由于操作错误，导致油品混串。目前采用专罐、专线、专泵的调和系统是比较安全的方式。通过操作重复确认，油罐挂牌操作、巡回检查、动态板标识，定时检查液位也是较好的控制方法。

（5）在接卸罐车时，注意检查呼吸阀，若呼吸阀故障，则打开罐车的上盖，防止罐车抽瘪。

（6）用油槽调和时，注意油槽加剂后的清洗和管线吹扫，避免添加剂残留，影响油品质量。

3.2.2 自动调和基本操作

自动调和操作与手动操作区别较大。自动控制系统设有防错措施。例如：如现场开启阀门与系统中录入代号不同时，流程不通，不会发生输错油的事故。而且控制系统设有报警功能，一旦发现问题，立即锁定，避免造成严重后果。保证自动调和系统的操作前检查、参数设置正确十分重要。

3.2.2.1 自动调和操作要点

自动调和系统在"开始"前确认原料名称、批号、数量以及储存温度、合格状态符合工艺要求。生产中往往原料储罐、装置与管线之间的连接受到一定的限制，有时存储不同油品的原料罐共用同一条管线，所以需要核对原料罐及各条管线、机泵，确认是否被其他任务占用。所以熟悉工艺流程、合理排布油品品种、管线、装置间的关系十分重要。

改通系统流程，检查相关阀门的使用情况，避免发生混串事故。检查配方录入是否正确，各种参数（如：生产量、批号、工艺温度、混合时间）设置是否准确、齐全。检查自控阀门的反馈信号、仪表显示是否正常。复检流程无误后开车，并确认各自动阀门开启正常，信号显示正常，检查有无报警。若发现异常情况，立即停车，检查报警信息、处理问题、消除报警。

输送油品过程中密切注意各罐液位变化，流量变化是否正常，各部件动作是否正常。若发现异常情况，立即停车处理。记录打印当前数据，保存故障资料，便于问题的总结和分析。

在自动调和过程中，计量精度与控制阀门的参数有关。油品黏度、流速、压力变化都会引起变化。通过检查各个组分的计量误差是符合规定要求，及时调整阀门参数，避免因此造成油品不合格。

3.2.2.2 常见问题及处理

（1）输送油品时，存在不同油品共用同一条管线的情况，不仅"交通堵塞"延迟生产时间，而且管线内油品清扫不净，还可能造成混油，导致产品不合格。对此可以采用储罐、管线——对应的设置方式，也可以按不同产品的生产批量、配方结构、输油速度、顺序来优化装置与管线的关系。还可以安装球扫线，避免管线存油，方便管线共用。

2. 油品输送过程，有时出现流量低的情况。这时需要查明低流量的原因，如：原料输送温度低，黏度大，流动性差，或者储量接近罐底量，需切换储罐。采取的措施可以是给原料罐加热，提高油品温度，维持较好的流动状态；或者输油作业准备时，确认需切换油罐，注意监测流量，在流量降低之前，即切换油罐，避免因流量低，增大计量误差。

3.3　添加剂投料

添加剂作为润滑油成品油的重要组成部分，其投料量和投料工艺的控制都直接影响润滑油成品油的质量。添加剂根据其状态不同，分为液体和固体两种，其投料方法也不尽相同。

3.3.1　液体添加剂投料

绝大多数添加剂为液态，其投料方法主要是倾倒或抽取，或泵输送，但是大部分添加剂黏度较大，流动性差，如黏度指数改进剂、降凝剂，因此添加剂投料前需要加热，降低黏度，提高流动性。

3.3.1.1　桶装液体添加剂投料

1. 桶装液体添加剂投料的操作要点

（1）根据配方比例完成基础油投料，保持基础油温度，有利于添加剂的均匀混合。在开通输转流程时注意核对罐号并检查沿线相关阀门是否关闭，避免输错基础油或造成跑冒串油事故。

（2）检查添加剂桶的外观质量完好，名称、批号标识清楚，名称与配方一致，确认本批添加剂合格。标识不清的添加剂切忌使用，待核对清楚，重新标识后方可使用，必要时重新分析或与供应商联系处理。清理添加剂桶外的灰尘，避免机械杂质混入油中。

（3）用加剂槽（地槽/油槽）加剂是一种传统的投料方法。就是将一定量的基础油引入加剂槽，开启加剂槽搅拌，边循环边加剂，注意加剂过程中随时控制加剂槽液位，避免溢油。将添加剂倒入加剂槽，在加剂槽中用基础油稀释添加剂，并在不断循环的过程中基础油携带添加剂进入调和罐，以完成添加剂的投料。注意控制添加剂的投料量。投料过程注意控制添加剂加入顺序，尤其是单剂加入时注意避免单剂间相互反应，降低其功能；注意尽量减少桶内残留剂量，降低添加剂的损耗；在加剂槽抽空后，注意重新引基础油清洗加剂槽，将加剂槽内的添加剂全部带入调和罐，避免添加剂残留在加剂槽内，增大损耗并影响后续产品的质量。

（4）用加剂槽加剂，工人操作劳动强度大，占地面积大，添加剂蒸汽的污染严重，外部杂质易混入油中，而且管线长不易清扫干净，不但影响配方的加入比例，而且残留的添加剂可能影响下批调和油品的质量，因此现在更多采用的是桶装添加剂抽取方式。抽取桶装添加剂就是利用减重计量的方式，从桶中抽取定量添加剂，并可以引入基础油洗桶，再抽入调和罐，充分降低添加剂的损耗。注意将管线吹扫干净，避免管线内存留添加剂，增大计量误差，堵塞管线，影响下批油品的质量和操作。抽取添加剂可以最大限度地避免投料过程外界对油品的污染，同时大大减少了添加剂蒸汽对环境的污染，有效地保护操作人员的身体健康。

2. 注意事项

（1）投料时，注意观察加入剂的颜色是否正常、是否有水分、杂质或变质现象。或者添加剂的气味异常(有臭味)，立即停止加剂操作。

（2）加入微量添加剂时注意放慢速度、均匀加入。还可以用计量泵匀速加入的方法。

（3）对于自动调和装置，清洗油为配方内组分油，配方的总体配比不受影响。

（4）注意控制添加剂计量精度满足工艺要求。

（5）作业结束后，清理操作现场。将空桶上紧桶盖后送至规定地点存放；剩余添加剂桶标明剩余量、上紧桶盖后送回库房，妥善保管，对于标识不清晰的添加剂桶应及时补标，避免加错剂。

（6）添加剂受热后膨胀，桶内压力增高，为了预防开盖时添加剂喷溅，添加剂加热时，松动桶盖，避免憋压。加剂操作时，先拧松桶盖，泄压，再开盖加剂，而且投料操作时，务必穿戴好防护用品，特别是护目镜或面罩，避免烫伤。

（7）由于添加剂在高温下易于氧化分解，因此注意控制添加剂的温度。

3.3.1.2 散装液体添加剂投料

散装液体添加剂的投料主要使用原料泵通过管道输送，通过称重或流量计、计量仪表进行计量。小批量的添加剂也可以通过计量泵计量。

1. 散装液体添加剂的投料要点

（1）首先开通从散装液体添加剂储罐至调和罐的工艺流程，确认全流程的支线阀门关闭，避免发生串油事故。

（2）严格控制添加剂计量精度。若剂量误差较大，可混合均匀后分析元素含量，根据添加剂的元素含量，计算添加剂已经加入量，确定调整方法。

2. 注意事项

投料前注意添加剂达到一定的输送温度，避免添加剂黏度过大，流量低，计量误差增大，导致成品油不合格。冬季操作时注意输送泵的启动情况，避免因添加剂管线冻凝，造成输送泵跳闸或烧毁电机。

3.3.1.3 配制液体添加剂母液

为了便于高黏度添加剂的输送、计量，对添加剂进行稀释，降低黏度，提高流动性，提高计量精度。

1. 配制操作要点

（1）核对基础油、添加剂名称、批号、数量，规定的剂油比例。确认稀释液总量为不超过安全油量。按添加剂的重量和剂油的稀释比例，计算稀释油的重量。

按公式：

$$剂油比 \% = \frac{添加剂量}{基础油量} \times 100\% \qquad (4-3-1)$$

$$稀释油总量 = 添加剂量 + 基础油量 \qquad (4-3-2)$$

（2）根据剂油稀释比例，计量基础油和添加剂，送入稀释剂罐。无论添加剂是桶装还是散装，都要注意控制计量误差，保证稀释比例准确。

（3）控制好稀释剂罐的加热温度和混合时间，由于添加剂黏度很大，所以控制较高的温度和适合的混合时间，是稀释剂混合均匀的关键环节。如果稀释剂混合不均匀，影响添加剂实际加入量的准确性，甚至造成油品不合格。

（4）对于二甲基硅油抗泡剂的稀释方法比较简单。抗泡剂和煤油按一定比例进行稀释，充分混合，注意阴凉通风储存。

2. 注意事项

（1）稀释添加剂时，注意先进基础油后加添加剂，避免添加剂黏附在罐底和罐壁，混合不均匀。由于黏度大的添加剂相对较重，为了避免其沉降，所以在开始加添加剂时，即开始混合，以达到更好的混合效果。

（2）配制溶解度小的添加剂母液时，注意选用添加剂溶解性较好的稀释液，注意添加剂在稀释液中尽可能分散均匀，以达到最好的添加效果。

（3）煤油在使用和存储过程注意防火、防静电，避免发生火灾。

3.3.2 固体添加剂投料

润滑油添加剂的品种繁多，还有部分固体添加剂。由于润滑油黏度大，而且部分固体添加剂的溶解度比较低，所以一般固体添加剂先溶解成母液，再进行投料，更容易取得比较好的调和效果。

3.3.2.1 配制固体添加剂母液

1. 固体添加剂投料操作要点

（1）检查外观：首先检查添加剂的外观质量完好，标识清楚，确认添加剂名称与配方要求一致及此批号的添加剂合格。如果包装表面有杂质需清理干净。

（2）溶剂：溶解固体添加剂，尤其是溶解难溶的添加剂，其关键是控制溶解温度和溶解比例。将基础油加热至溶解温度，边搅拌边加剂。若溶解多种固体添加剂则按照配方要求和添加剂加入顺序投料。在固体添加剂加料口加料注意安全操作（上风口加料），避免将添加剂包装材料或其他物品掉入溶解罐，造成管道或滤网堵塞。在固体添加剂计量时注意称重准确，考虑去除包装袋的重量，保证准确的剂油比。

（3）加热和混合：根据工艺要求的调和温度和加料时间，持续加热和混合，至固体添加剂完全溶解。添加剂溶解后，注意保持稀释剂的温度，由于部分固体添加剂随着冷却而析出，影响溶解效果。

（4）作业结束后，清理操作现场。剩余添加剂封好后码垛，对于标识不清晰的应及时补标。

2. 注意事项

（1）添加剂具有一定的保质期，因此投料时，注意观察加入剂的颜色是否正常、是否有杂质、变质或受潮、风化现象。

（2）注意添加剂计量精度满足工艺要求，准确控制剂油比，避免因过饱和产生沉淀。

（3）稀释液使用前需经过滤，滤掉未溶的添加剂。试验表明，溶解度与稀释剂的温度有关，若溶解过程发现未溶解的固体添加剂较多，则可以适当提高加热温度、延长混合时间。

（4）注意控制添加剂溶液的温度，避免添加剂析出。

3.3.2.2 固体染色剂稀释操作

溶解染色剂首先清洗干净稀释容器和混合设备。根据配方的要求称取所需量的染色剂放入容器内，按比例加入稀释剂，如煤油或其他稀释油进行稀释，二者的总量不得超过容器的安全高度。

添加固体染色剂需将染色剂充分溶解，将稀释液过滤到另一个干净的容器，盖上容器盖，防止杂质和水分进入。在使用前重新混合，均匀后方可称量过滤进行投料。

3.4　油品过滤操作

3.4.1　过滤

过滤是润滑油液最常用的净化方法。过滤是阻截杂质颗粒通过，控制单位体积内颗粒大小及数目，控制单位体积内微生物数目，同时不影响产品的物理及化学性质的方法。润滑油调和过程的过滤器通常安装在泵前和流量计前。目的是滤净油品中较大直径的焊渣、铁屑、沙粒，避免其进入泵体造成磨损，影响泵的正常工作；机械杂质进入流量计内，直接影响流量计的精度和寿命，妨碍其正常工作；还有防止杂质沉积在管道中和阀体内，致使阀门关不严，而漏油、串油，甚至损坏阀体和阻塞管路，妨碍油品输送。

3.4.2　过滤的原理

过滤器是利用过滤材料分离悬浮在润滑剂中污染微粒的装置。在压力差的作用下，迫使介质通过过滤材料的孔隙，将润滑剂中的固体微粒截留在过滤材料上，从而达到从润滑剂中分离悬浮在其中的污染微粒的目的。

过滤器的主要技术指标是工作压力、压降特性与过滤精度。过滤器的压降特性是指当液体流经过滤器时由于过滤介质对液体流动的阻力产生一定的压力损失，因而在滤芯元件的出入口两端出现一定的压力降。

3.4.3　过滤器的清洗方法

根据实际使用情况制定过滤器清洗周期，定期清理过滤器。生产过程中还要根据输油速度、泵运转压力，滤后油品的机械杂质情况，压差报警提示等，判断过滤器是否需要清理。值得注意的是当过滤网（袋）前后的压差过大，过滤网（袋）发生破裂，压力突然下降，继而恢复正常值或更低，掩盖了问题的表象不易察觉，造成油品的机械杂质不合格，因此要密切注意过滤器操作情况，避免上述情况的发生。

过滤器的清洗方法：

（1）关闭过滤器两端的阀门，打开过滤器上盖，从下方的放油阀放净过滤器内的残油，取出过滤网，检查过滤器滤网是否完好，如果破损应及时更换新滤网；并追溯检查滤出油品的杂质情况是否合格。检查过滤网是否有杂质，用干净的抹布对滤筒进行擦洗。清洗滤网，滤网或滤袋必须晾干或用风吹干。

（2）检查滤网与过滤器相连处的密封垫是否完好，密封垫破损及时更换，检查密封垫下是否有杂质，有杂质用棉布擦拭干净；

（3）将清干净的滤网装入过滤器，确保滤网与过滤器连接紧密；装上过滤器盖，螺丝对角旋紧；

（4）在清理过程，需回收过滤器上和滤篮内的油液，避免污染环境。清理完毕，注意清理现场卫生，保持整洁。清理出的杂物和滤网按危险废弃物处理。清洗完毕，做好记录。

(5) 打开过滤器两端阀门，恢复正常使用。

3.4.4　高清洁度油的生产

润滑油中混入灰尘、泥沙、金属屑和金属氧化物等，将加速机械设备的磨损，严重时堵塞油路、油嘴和滤油器，破坏正常润滑。此外，金属物在一定温度下，对油的氧化起催化作用，缩短油的使用寿命，应该尽量清除掉。那么，通过过滤，机械杂质已符合要求，为什么还要生产高清洁度的油呢？随着各个行业的发展，越来越多的大型机械的液压系统向高温、高压、大流量方向发展，液压件精度要求越来越高，零件配合间隙要求越来越小，对液压元件的寿命要求越来越长。例如，国外的一些公司要求液压管道清洁度必须达到 NAS 4~6 级，润滑管道清洁度必须达到 NAS 6~8 级。此外，还有一些工业油，如气轮机油、高速轴承油，对润滑油的清洁度要求也很高。保持系统清洁度，是现代液压装置对液压油的基本要求。

3.4.4.1 清洁度的概念

为了定量地描述和评定油液的清洁度，实施对油液污染的控制，世界上广泛采用颗粒计数技术作为油液清洁度的等级标准以及测定和表示方法。近年来，各国都采用国际标准 ISO 4406 或美国航天学会标准 NAS 1683。而且，ISO 4406 正在取代 NAS 1683。

（1）ISO 4406—1987（两位数系统）标准

ISO 4406—1987（两位数系统）清洁度等级标准采用 5 微米和 15 微米两个颗粒尺寸作为检测清洁度的特征粒度。例如：ISO 16/13 表示：每毫升油液中尺寸大于 5 微米的颗粒数为 320-640，定义等级为 16；大于 15 微米的颗粒数为 40~80，定义等级为 13。

（2）ISO 4406—1999（三位数系统）标准

ISO 4406—1999 清洁度等级标准采用 4 微米、6 微米和 14 微米三个颗粒尺寸作为检测清洁度的特征颗粒。

表 4-3-1　ISO 4406—1999

每毫升颗粒数		清洁度分级	每毫升颗粒数		清洁度分级
大　于	上限值		大　于	上限值	
80000	160000	24	160	320	15
40000	80000	23	80	160	14
20000	40000	22	40	80	13
10000	20000	21	20	40	12
5000	10000	20	10	20	11
2500	5000	19	5	10	10
1300	2500	18	2.5	5	9
640	1300	17	1.3	2.5	8
320	640	16	0.64	1.3	7

3. NAS 1638 标准

NAS 1638 标准是由美国航天学会制定的清洁度等级标准，它根据 5 个颗粒度尺寸将清洁度分为 14 个等级。在实际操作中测量在 5 个尺寸范围的颗粒数的分布，得到 5 个对应的清洁度等级，以最高级为油液的清洁度。

表 4-3-2　NAS 1638 清洁度等级标准

级　别	100 毫升样品中规定颗粒大小（微米）范围内的最大颗粒数				
	5~15	15~25	25~50	50~100	> 100
00	125	22	4	1	0
0	250	44	8	2	0
1	500	89	16	3	1
2	1000	178	32	6	1
3	2000	356	63	11	2
4	4000	712	126	22	4
5	8000	1425	253	45	8

级 别	100 毫升样品中规定颗粒大小(微米)范围内的最大颗粒数				
	5~15	15~25	25~50	50~100	>100
6	16000	2850	506	90	16
7	32000	5700	1012	180	32
8	64000	11400	2025	360	64
9	128000	22800	4050	720	128
10	256000	45600	8100	1440	256
11	512000	91200	16200	2880	512
12	1024000	182400	32400	5760	1024

3.4.4.2 过滤能力表示法

过滤比 β 值，即过滤器上游油液单位容积中大于同一尺寸的颗粒数 N_u 与下游油液单位容积中大于同一尺寸的颗粒数 N_d 之比。过滤比能够确切地反映过滤器对于不同尺寸颗粒污染物的过滤能力，因此已被国际标准化组织采纳作为评定过滤器过滤精度的性能指标。过滤比值越大，过滤器的过滤精度越高。一般过滤精度值是指最大过滤精度。

此外还可以用过滤效率表示过滤器滤除油液中污染粒子的能力，即

$$E_c = (N_u - N_d)/N_u = 1 - N_d/N_u = 1 - 1/\beta \qquad (4-3-3)$$

3.4.4.3 高清洁度润滑油的生产方案

(1)首先根据生产任务，确定高清洁度油的名称、批号、清洁度等级要求。

(2)选择相应的过滤设备及过滤材料。常用的有袋式过滤器、单级或多级(滤芯)过滤机、自清式过滤机等等。

(3)过滤系统进行净化处理，可以使用净油冲洗、循环过滤的方法。

(4)成品油包装容器的净化，是十分关键的环节。

(5)工作环境进行净化处理。

(6)采样器具进行净化处理。

(7)油品灌装过程清洁性的控制。

(8)操作温度和压力的控制，从而控制过滤速度和过滤效率。

3.4.4.4 高清洁度油生产过程中油品不合格的原因

(1)油品的清洁度不合格，油内杂质微粒过多，可通过采用高精过滤器反复过滤，达到质量要求。

(2)灌装容器的清洁度不合格。包装容器在制造、运输过程附着的杂质不易清除，影响产品质量，达到清洁度要求比较困难。

(3)取样分析的容器和取样设备的清洁度不合格，容器和设备清洗后避免与空气接触，防止灰尘进入油中，导致油品的清洁度不合格。

(4)环境空气的清洁度不合格，空气中灰尘较多，与油接触，其中的杂质进入油中，造成油品清洁度不合格。

3.5 设备的防冻防凝

润滑油成品油及其原料，绝大部分黏度较大，低温下易失去流动性，因此做好防冻凝工作对保证生产运行十分重要。

3.5.1 设备发生冻凝的原因

由于润滑油生产使用的油罐、管线、大型装置绝大部分布置在室外，甚至有些机泵也设置在室外。在低温环境下，储油设备、机泵、管线、加热系统管线内残留的油、水可能发生冻凝，甚至胀裂水管，妨碍油品正常输送。发生冻凝主要有以下几种原因：

（1）环境温度过低，低于系统内介质的凝固温度。

（2）储罐、机泵、管线等没有加热、伴热、保温设施，或者有设施但没有按要求启用，或加热系统不通畅，造成介质温度过低，形成冻凝。

（3）管线送油后未清扫或清扫不彻底，残留油品发生冻凝。

（4）设备设施的加热系统设计能力不足、保温材料选择不当，不能满足防冻凝的要求。

（5）加热或伴热管线堵塞，疏水器被杂质堵塞，不能正常工作，造成冻凝。

3.5.2 设备发生冻凝的处理

设备设施发生冻凝后，需先化冻后操作，避免损坏设备。例如冬季管线、阀门一旦出现冻凝，不得强行开启，必须先解冻，后操作，避免损坏设备。

3.5.2.1 储罐内介质冻凝

储罐内介质发生冻凝，视其数量多少，可分批加入热的相同介质，利用冷热对流、传热，以提高储罐内温度。加入热介质后不要立即混合，避免因黏度太大，损坏设备，静置一段时间后，通过冷热介质自然对流、传热，介质达到一定温度后，点动混合设备，使介质混合均匀，提高介质温度。

还可以采用罐外临时加热的方法，提高罐内介质的温度。如在罐外壁的底部或下部增设临时加热管线或电伴热带（若有保温需拆除），利用罐壁传热，使罐内介质逐渐变热，从而达到化冻融凝的目的。

3.5.2.2 机泵冻凝

一般来讲，吹扫管线不经过机泵，避免机泵损坏。所以残留在机泵内的油品温度过低，即可发生冻凝。如果机泵内油品发生冻凝，可以给泵体加伴热、保温；提高泵体温度。如果冻凝不十分严重，可以通过泵的盘车，帮助克服泵内介质的黏附阻力，泵打循环，使泵内油品温度提高，解决冻凝。

也可采用给泵进行外部加热的方法，如给泵加一个外罩，将蒸汽管直接通入罩内，给泵加热，也可以解决泵的冻凝问题，但是这种方法可能使泵体生锈，所以只在应急时采用。或者用电伴热带缠绕在泵体上，也可达到化冻的效果，而且这种方法干净有效，只是需要临时用电。

3.5.2.3 管线冻凝

管线的冻凝是比较普遍的现象，对于一般的油管线冻凝不严重的处理方法就是压缩空气或氮气吹扫，但不能用蒸汽吹扫，以免油中进水。还可以使用固定伴热设备或临时伴热设备，对管线进行加热，注意伴热带要保证足够的换热面积。对保温的管线，可暂时拆下保温层或将蒸汽带插入保温层内加热，可视具体情况而定，注意化冻后恢复保温层。较长管线可根据管线走向采取分段处理的方法，必要时可在管线上开口放空。对于冻凝不十分严重的管线，可用压缩空气吹扫，也可用规定介质直接顶线，或用加热的介质顶线，但不可超过设备的使用压力。用蒸汽扫线，此方法一般用于蒸汽和冷凝水管线的冻凝。

3.5.3 设备发生冻凝的预防

设备一旦发生冻凝，处理操作十分困难，而且延误生产使用，因此，做好冬季安全生产工作，首先是要做好设备冻凝的预防工作。

首先做好加热系统的维护工作。如定期清理疏水器，疏通堵塞管线，保持加热系统畅通。冬季前检查所有设备(包括机泵)的加热、伴热系统和保温情况，查缺补漏，保证冬季设备的安全运行。

其次冬季操作过程中注意预防冻凝的发生。如严格执行冬季操作的工艺要求，尤其是储罐内介质的温度保持在凝点以上。冬季油品输转后需扫空管线，防止管线冻凝。冬季加热系统长时间停蒸汽时，需打开所有的排水阀，将存水、余汽放空，来蒸汽后正常加热操作。还应采取措施，保持加热系统的整体循环，避免排水管结冰。槽车加温用的软管在用完后将管内的水倒空(或拆下)，避免加热软管内结冰堵塞。开泵前盘车，避免损坏泵轴或烧毁电机。

还有从设备管理入手避免冻凝的发生，如长期不用的设备，将相关的设备、管线排空，停止加热，做好记录和标识。随时检查设备的使用情况，发现问题及时处理。同时注意人身安全，避免滑倒、摔伤。

3.6　管线存油处理

由于润滑油的原料和产品品种繁多，在油品更替的过程中，存在不同品种的油品共用同一条管线的情况，因此前一种油品在管线内的残留量对后续产品的计量准确度和产品质量有着至关重要的影响。管线存油的处理方法一般有用蒸汽、水、压缩空气吹扫，球扫线清理，油品置换(顶线)等方法。根据润滑油产品的特点，为避免水分对润滑油产品质量的不利影响，一般不采用蒸汽、水顶扫的方法。

3.6.1 压缩空气吹扫(风扫)

压缩空气的制备方便，价格低廉，所以使用压缩空气吹扫是普遍采用的方法之一。所使用的压缩空气主要是指具有一定压力的、经过干燥处理的洁净空气，通常来自公共管网或动力车间。压缩空气一般分为仪表用气和动力用气，习惯称仪表风和动力风。相对来讲，仪表风经过过滤、脱水，所以比较洁净、干燥，而且压力稳定，便于气动设备的控制。

3.6.1.1 扫线操作

油品输送完毕，为了将管线中的油品处理干净，用压缩空气进行吹扫。将输送流程改为扫线流程，为了减少吹扫阻力，减缓油品氧化，使用上线入罐吹扫。注意扫线时使用机泵或流量计的副线，避免压缩空气通过机泵和流量计对其造成损坏。

扫线过程中，操作人员留在现场，判断扫线是否正常。根据管线内物料流动的声音或油罐内气体鼓动的声音，确认管线是否过气。若无压缩空气通过，则立即关闭阀门，检查系统流程是否完全开通，检查压缩空气压力是否正常。确认流程后，重新扫线，并注意油罐液位变化。

根据工艺规定控制扫线时间；为了保证管线存油扫干净，在压缩空气扫通后，把控制阀门连续开关几次。若油罐没有上入罐扫线管线，扫通管线后要及时关闭进口阀，防止油品倒流回管线。

3.6.1.2 注意事项

(1) 检查扫线介质是否在规定压力的范围内，若压力过低，则难以扫净管线存油，对后续产品质量产生影响。

（2）在扫线的过程中，操作人员要留在现场注意观察扫线情况，防止喷油或冒罐等异常情况发生。

（3）停止风扫线后，要及时把机泵内的压力排放干净，防止下次开泵时泵抽空或造成气阻，而不过油。

（4）从罐底部扫线时，尤其是油罐储量接近安全储量时，注意控制扫线压力不要过高，开阀速度不要过快，避免冒罐。

（5）需要扫线的几种情况：①更换品种时需扫线；②冬季防凝需扫线；③管线长时间不用需扫线；④管线拆修前需扫线；⑤根据工艺操作规定扫线。

3.6.2 球扫线

球扫线系统是在金属管道内，利用压缩空气作动力，推动球将球前面的产品沿管道推入目的油罐中。具体操作已在第二章介绍过，这里不再赘述。使用球扫线系统对管线进行清扫，不仅可以清空管线，防止腐蚀，还可以避免不同产品之间的相互污染，经过球扫线的管线内残油量极低，大大降低了不合格品的产生。虽然球扫线的投资较大，但所达到的管线清扫效果很好，极大程度地降低了返工损失，顶线油损失，节约了生产成本，有利于长远经济效益的提高。

3.6.3 油品置换(顶线)

3.6.3.1 顶线操作

为了避免在更换油品时，管线内的残油对产品质量产生不良影响，可以先放空管线内存油，再用一定量的油品冲顶管线中残存的油品，即用新油品置换管线中的旧油品，直到管线中新油品完全替换旧的油品，并分析合格，才能认为顶线完毕。用顶线的方法处理管线存油，简便、易行，但顶线油大都降级使用、回调或作废处理，油品损耗较大，增加生产成本。

3.6.3.2 顶线质量控制的影响因素

顶线油量不易控制，如果管线存油顶不干净，可能造成后续产品不合格。因此控制好顶线油数量十分重要。影响顶线油量的因素很多，例如：每次换油前后的油品，品种不同，油品温度不同、黏度不同，颜色不同，质量指标相差悬殊等，导致相同管线的顶线油量也各不相同。因此，在规定顶线油量时，需要细致分类，反复测算，还要考虑异常情况下的控制，甚至环境因素的影响也要考虑。

3.6.3.3 顶线油量的确定

顶线油量与管线存油量有密切关系，一般为存油量的数倍，需视具体情况而定。但是最终质量控制标准是顶线后管内油品分析合格。

$$管线存油量 = \pi \rho R^2 L \qquad\qquad (4-3-4)$$

式中　ρ——油品密度，kg/m^3；

　　　R——管线半径，m；

　　　L——管线长度，m。

3.6.3.4 顶线操作注意事项

（1）顶线操作前，首先需要确认管线存油和准备顶线的各是什么油品；质量指标的差异；如果顶线油量不足，可能造成何种影响。

（2）顶线操作前，确认需要顶线油去向。

（3）顶线操作时，严格执行顶线规定。

（4）顶线完毕，及时将顶线油标识清楚，定点存放。

3.7　清　罐　操　作

3.7.1　清罐基本要求

油罐在储油过程中大量的灰尘、杂质和水分进入，还有原料油中未去除干净的催化剂、管线和储罐腐蚀产生的锈渣、罐内壁上附着的许多油垢等，淤积在罐底，形成油泥，加速油罐腐蚀，严重时会引起底板穿孔，造成漏油事故。同时，在油品输转过程中，由于杂质较多，堵塞过滤器，降低输送速度，增加过滤设备的损耗，造成设备磨损甚至报废。因此，油罐需要定期清理。在下列情况下必须进行油罐清理：一是新建成和改建油罐，在装油以前必须清理油罐内污物；二是油罐换装不同油品，罐内残存油品对新装入油品会产生不利影响；三是油罐或内部设备需要检修或油罐检定等进罐作业时；四是油罐储油达规定期限，需要清理，如常压立式金属储罐一般为3~6年。

清洗润滑油罐的安全要求：清洗油罐所使用的工具为在碰撞中不产生火花的金属和木制品、塑料制品；引入油罐的照明灯具为防爆型；禁止雷雨天清罐作业；人员进入油罐必须加强排风并进行氧气、可燃气和有毒有害气体检测合格；人员进罐清理，罐外派人防护，高空作业要带好安全带，设置防护网，下面辅助人员戴安全帽。若油罐带有机械搅拌等转动设备，应切断电源，摘除保险或接地线，并在开关上挂"有人工作、严禁合闸"等字样的警示牌，派专人监护。

3.7.2　油罐清理前准备

3.7.2.1　封堵管路

根据清罐计划安排，生产协调人员确认油罐已空。抽空罐底油，对油罐的所有相关管线、阀门加装盲板，并做好禁用标识；打开透光孔、人孔。

3.7.2.2　清除罐底油

使用油泵或专用管道放出罐底油，装入专用桶中统一处理；电机设备应采用防爆型，安装也要符合防爆要求；而且要求移动泵距离人孔口3m以外。

3.7.2.3　驱除油蒸汽

清理油罐前，排除油蒸汽，是清理油罐作业的重要环节。润滑油罐排除油蒸汽最简便有效的方法是通风。可以采用自然通风或强制通风。对于空气流通较好的油罐可采用自然通风，经监测油蒸汽浓度低于爆炸规定值时，方可进罐作业，但耗时较长。但动火时需强制通风。强制通风应间歇进行，即每通风4h，间隔1h，每小时的通风量宜大于油罐容积的10倍以上，直至油气浓度降到规定值。排除油蒸汽的方法还有充水排汽法。这种方法适于小型油罐，并有配套的含油污水处理装置。还可以用蒸汽吹扫油罐进行驱除油蒸汽，但注意用蒸汽吹扫过的油罐冷却时产生的真空，防止油罐吸瘪。

3.7.2.4　气体检测

操作人员进罐作业前，必须进行罐内可燃气体、氧含量及有毒有害气体浓度检测。经过培训的检测人员持两台在检定有效期内的可燃气体检测仪，佩戴好防护后进罐检测。检测频次每8小时不少于2次，以确保油气浓度在规定值以下。罐内气体检测合格后开具《进受限空间作业许可证》。若临时用电，必需同时开具用火和临时用电许可证后，方可进罐进行清理。进入油罐前，操作人员还要穿戴好防护用品，罐外设监护人，避免发生意外情况。

3.7.3 油罐清理操作

3.7.3.1 平底储油罐清理操作

清罐时，进入油罐的操作人员，用干净的棉布和清洗剂对油罐进行擦洗，尤其是管线法兰的低洼、弯头处，注意将油污和明水清理干净。要求目视或用抹布擦拭检查不呈现锈皮、锈渣及黑色杂质。若油罐内污油清理困难，可使用高压水冲洗或先用蒸汽蒸煮再用高压水清洗，但注意含油污水的处理。清罐的污物用专用桶盛装，并标识清楚，存放到指定地点，码放整齐。油罐清理完毕，进行验收，确认合格后方可封罐。罐内其他附件也可进行检查，发现问题及时处理。

3.7.3.2 锥底油罐的清理操作

一般油罐可用清水冲洗，黏油罐或添加剂罐可用蒸汽蒸煮再用高压水冲洗油罐至干净为止；含油污水排入隔油池或其他污油回收装置处理。打开该油罐的蒸汽对该油罐进行烘干，直至油罐没有水珠挂壁、底部没有水珠为止。若油罐内杂质不易冲洗或有特殊要求，则需在罐内搭建支架，进罐擦洗，方法与平底油罐的清理操作相同。油罐清理完毕，进行验收，确认合格后方可封罐。罐内其他附件也可进行检查，发现问题及时处理。

3.7.4 油罐验收

3.7.4.1 油罐验收

油罐清洗完毕后，凡是需要整形、修焊、拆换附件的应立即安排施工。施工完毕后，拆除临时设施（如盲板），注意避免有明水残留在管线内。恢复安装好所有相关设备，恢复供电；清理作业现场卫生。对清洗完毕的油罐进行质量验收，验收合格后批准封罐。做好清罐记录，连同清罐验收资料一起存入档案。

3.7.4.2 验收要求

由于油罐清洗的目的不同，清洗后的油罐应达到的要求也就不同。用于储存润滑油而清罐和因更换油品清罐的情况，要求达到无明显铁锈、杂质、水分、油垢、罐壁无水珠，用白布擦拭时，应不呈显著的脏污、油泥和铁锈痕迹。新建或改建油罐，只要除去罐内的浮锈和杂质即可。定期清洗的油罐，应清除罐底、罐壁及其附件表面沉渣油垢，达到无明显油渣及油污垢。属于检修及内防腐需要清洗的油罐，应将油污、锈蚀积垢彻底清除干净，用干净抹步擦拭无脏污油泥，铁锈痕迹且应露出金属本色。

3.8 润滑油装置停工操作

润滑油调和装置在长期运转的过程中，发生故障需要维修或进行装置改造时需要停工操作。在装置的停工操作前，要制定停工方案，对人员分工、停工准备、管线吹扫操作进行周密、细致的安排，严防跑冒串事故的发生。

3.8.1 停工准备

岗位人员在接到停工的指令后，清扫干净基础油和添加剂的输送管线，关闭全部阀门。长期停工不用的管线，有伴热管线关闭管线伴热蒸汽，放空冷凝水，避免低温冻凝。对于停用的管线、储罐做好标识，停用的管线两端上好盲板。

3.8.2 停工检修

油罐检修时，应先把罐内的液面高度控制在检修部位之下或空罐后，才能进行检修。

压缩空气管线、蒸汽管线检修时，先关闭源头阀门，消压排空后才能进行检修。蒸汽管线需待管线冷却到常温时，才能进行检修，并在交界阀门手轮上挂警示牌，必要时派专人守护蒸汽阀门。

　　进罐检修时，根据清罐规程，清罐完毕再进行检修。注意与油罐相关的所有阀门需上盲板并标识，所有机电设备断电，防止误操作，发生危险。

　　泵检修前，用压缩空气扫空存油，消除泵体压力，关闭泵的阀门，切断电源（做好标识）后才能进行检修。如果将泵拆下修理，则泵出入口管线需上好盲板，做好标识，保证安全。

附录 A

表 7 大庆油轮液货舱舱容表

船名：大庆　　　　　　　舱号：第一仓左　　　　　　总高：8.21m

空高/m	容量/m³	实际高/m	容量/m³	空高/m	容量/m³	实际高/m	容量/m³
2.2	180.40	0	0.82	1.1	232.32		
2.1	185.14	0.1	1.58	1.0	236.84		
2.0	189.88	0.2	3.40	0.9	241.36		
1.9	194.62	0.3	6.27	0.8	245.88		
1.8	199.36	0.4	10.20	0.7	250.40		
1.7	204.10	0.5	15.18	0.6	254.92		
1.6	208.84	0.6	21.21	0.5	259.44		
1.5	213.58	0.7	28.30	0.4	263.96		
1.4	318.32			0.3	268.48		
1.3	223.06			0.2	273.00		
1.2	227.80			0.1	277.40		

液货舱纵倾修正表

前后吃水差/m	0.30	0.60	0.90	1.20	1.50	1.80
1~6 舱号/dm	+0.05	+0.10	+0.15	+0.18	+0.23	+0.28

汽车罐车容积表（1）

车号：粤—14380

高度/cm	容积/L	高度/cm	容积/L	高度/cm	容积/L	高度/cm	容积/L
1	18	88	4288	95	4597	102	4858
2	36	89	4330	96	4635	103	4882
3	54	90	4382	97	4673	104	4912
4	72	91	4427	98	4711	105	4940
5	93	92	4473	99	4743	106	4964
6	112	93	4571	100	4787	107	4984
7	142	94	4547	101	4821	108	5009

注：下尺点总高 1333mm；帽口高 238mm；钢板厚 5mm；内竖直径 1110mm。

车号：沪 B—35470

汽车罐车容积表（2）

高度/cm	容积/L	高度/cm	容积/L	高度/cm	容积/L	高度/cm	容积/L
109	20	54	4038	47	4469	40	4854
108	41	53	4099	46	4529	39	4904
107	61	52	4161	45	4565	38	4947
106	81	51	4223	44	4640	37	4989
105	102	50	4284	43	4696	36	5031
104	122	49	4346	42	4750	35	5071
103	141	48	4417	41	4803	34	5111

注：下尺点总高 1408mm；帽口高 244mm；钢板厚 4.5mm；内竖直径 1116mm。

附录 B　石油库内爆炸危险区域的等级范围划分

B.0.1　爆炸危险区域的等级定义应符合现行国家标准《爆炸和火灾危险环境电力装置设计规范》GB 50058 的规定。

B.0.2　易燃油品设施的爆炸危险区域内地坪以下的坑、沟划为 1 区。

B.0.3　储存易燃油品的地上固定顶油罐爆炸危险区域划分，应符合下列规定（图 B.0.3）：

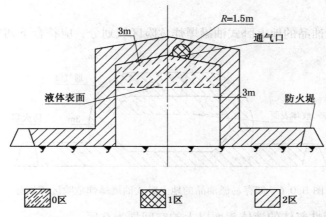

图 B.0.3　储存易燃油品的地上固定顶油罐爆炸危险区域划分

（1）罐内未充惰性气体的油品表面以上空间划为 0 区。

（2）以通气口为中心、半径为 1.5m 的球形空间划为 1 区。

（3）距储罐外壁和顶部 3m 范围内及储罐外壁至防火堤，其高度为堤顶高的范围内划为 2 区。

B.0.4　储存易燃油品的内浮顶油罐爆炸危险区域划分，应符合下列规定（图 B.0.4）：

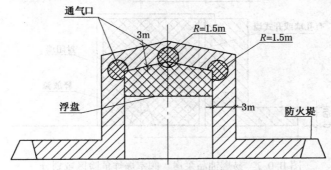

图 B.0.4　储存易燃油品的内浮顶油罐爆炸危险区域划分

（1）浮盘上部空间及以通气口为中心、半径为 1.5m 范围内的球形空间划为 1 区。

（2）距储罐外壁和顶部 3m 范围内及储罐外壁至防火堤，其高度为堤顶高的范围内划为 2 区。

B.0.5　储存易燃油品的浮顶油罐爆炸危险区域划分，应符合下列规定（图 B.0.5）：

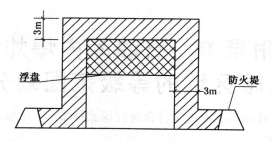

图 B.0.5 储存易燃油品的浮顶油罐爆炸危险区域划分

（1）浮盘上部至罐壁顶部空间为 1 区。

（2）距储罐外壁和顶部 3m 范围内及储罐外壁至防火堤，其高度为堤顶高的范围内划为 2 区。

B.0.6 储存易燃油品的地上卧式油罐爆炸危险区域划分，应符合下列规定（图 B.0.6）：

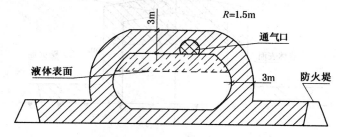

图 B.0.6 储存易燃油品的地上卧式油罐爆炸危险区域划分

（1）罐内未充惰性气体的液体表面以上的空间划为 0 区。

（2）以通气口为中心、半径为 1.5m 的球形空间划为 1 区。

（3）距储罐外壁和顶部 3m 范围内及储罐外壁至防火堤，其高度为堤顶高的范围内划为 2 区。

B.0.7 易燃油品泵房、阀室爆炸危险区域划分，应符合下列规定（图 B.0.7）：

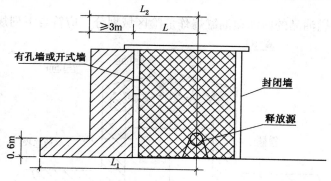

图 B.0.7 易燃油品泵房、阀室爆炸危险区域划分

（1）易燃油品泵房和阀室内部空间划为 1 区。

（2）有孔墙或开式墙外与墙等高、L_2 范围以内且不小于 3m 的空间及距地坪 0.6m 高、L_1 范围以内的空间划为 2 区。

（3）危险区边界与释放源的距离应符合表 B.0.7 的规定。

距离/m	L_1		L_2	
工作压力/ PN(MPa) 名　称	≤1.6	>1.6	≤1.6	>1.6
油泵房	$L+3$	15	$L+3$	7.5
阀　室	$L+3$	$L+3$	$L+3$	$L+3$

B.0.8　易燃油品泵棚、露天泵站的泵和配管的阀门、法兰等为释放源的爆炸危险区域划分，应符合下列规定（图 B.0.8）：

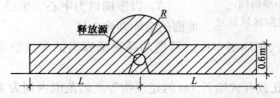

图 B.0.8　易燃油品泵棚、露天泵站的泵和配管的阀门、法兰等
为释放源的爆炸危险区域划分

（1）以释放源为中心、半径为 R 的球形空间和自地面算起高为 0.6m、半径为 L 的圆柱体的范围内划为 2 区。

（2）危险区边界与释放源的距离应符合表 B.0.8 的规定。

表 B.0.8　危险区边界与释放源的距离

距离/m	L		R	
工作压力/ PN(MPa) 名　称	≤1.6	>1.6	≤1.6	>1.6
油　泵	3	15	1	7.5
法兰、阀门	3	3	1	1

B.0.9　易燃油品灌桶间爆炸危险区域划分，应符合下列规定（图 B.0.9）：

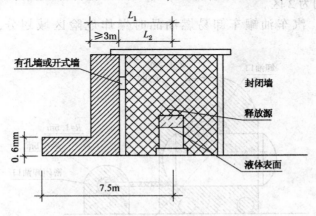

L_2≤1.5m时，L_1=4.5m；L_2>1.5m时，$L_1=L_2+3$m。

图 B.0.9　易燃油品灌桶间爆炸危险区域划分

（1）油桶内液体表面以上的空间划为 0 区。

（2）灌桶间内空间划为 1 区。

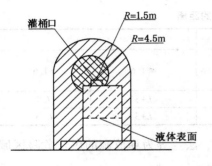

图 B.0.10　易燃油品灌桶棚
或露天灌桶场所的爆炸危险区域划分

（3）有孔墙或开式墙外 3m 以内与墙等高，且距释放源 4.5m 以内的室外空间，和自地面算起 0.6m 高、距释放源 7.5m 以内的室外空间划为 2 区。

B.0.10　易燃油品灌桶棚或露天灌桶场所的爆炸危险区域划分，应符合下列规定（图 B.0.10）：

（1）油桶内液体表面以上的空间划为 0 区。

（2）以灌桶口为中心、半径为 1.5m 的球形空间划为 1 区。

（3）以灌桶口为中心、半径为 4.5m 的球形并延至地面的空间划为 2 区。

B.0.11　易燃油品汽车油罐车库、易燃油品重桶库房的爆炸危险区域划分，应符合下列规定（图 B.0.11）：

建筑物内空间及有孔或开式墙外 1m 与建筑物等高的范围内划为 2 区。

B.0.12　易燃油品汽车油罐车棚、易燃油品重桶堆放棚的爆炸危险区域划分，应符合下列规定（图 B.0.12）：

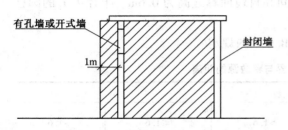

图 B.0.11　易燃油品汽车油罐车库、
易燃油品重桶库房的爆炸危险区域划分

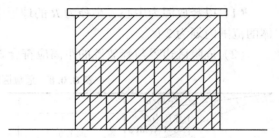

图 B.0.12　易燃油品汽车油罐车棚、易燃油品
重桶堆放棚的爆炸危险区域划分

棚的内部空间划为 2 区。

B.0.13　铁路、汽车油罐车卸易燃油品时爆炸危险区域划分，应符合下列规定（图 B.0.13）：

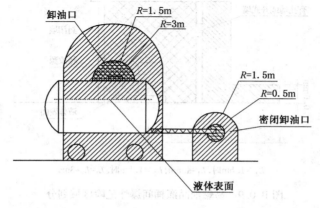

图 B.0.13　铁路、汽车油罐车卸易燃油品时爆炸危险区域划分

（1）油罐车内液体表面以上的空间划为0区。

（2）以卸油口为中心、半径为1.5m的球形空间和以密闭卸油口为中心、半径为0.5m的球形空间划为1区。

（3）以卸油口为中心、半径为3m的球形并延至地面的空间和以密闭卸油口为中心、半径为1.5m的球形并延至地面的空间划为2区。

B.0.14 铁路、汽车油罐车灌装易燃油品时爆炸危险区域划分，应符合下列规定（图B.0.14）：

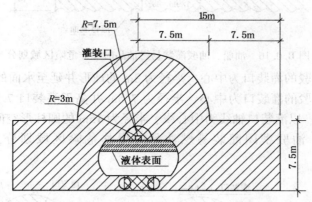

图 B.0.14 铁路、汽车油罐车灌装易燃油品时爆炸危险区域划分

（1）油罐车内液体表面以上的空间划为0区。

（2）以油罐车灌装口为中心、半径为3m的球形并延至地面的空间划为1区。

（3）以灌装口为中心、半径为7.5m的球形空间和以灌装口轴线为中心线、自地面算起高为7.5m、半径为15m的圆柱形空间划为2区。

B.0.15 铁路、汽车油罐车密闭灌装易燃油品时爆炸危险区域划分，应符合下列规定（图B.0.15）：

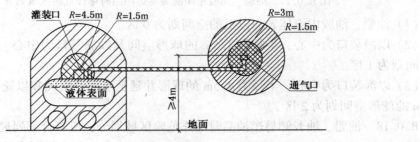

图 B.0.15 铁路、汽车油罐车密闭灌装易燃油品时爆炸危险区域划分

（1）油罐车内液体表面以上的空间划为0区。

（2）以油罐车灌装口为中心、半径为1.5m的球形空间和以通气口为中心、半径为1.5m的球形空间划为1区。

（3）以油罐车灌装口为中心、半径为4.5m的球形并延至地面的空间和以通气口为中心、半径为3m的球形空间划为2区。

B.0.16 油船、油驳灌装易燃油品时爆炸危险区域划分，应符合下列规定（图B.0.16）。

（1）油船、油驳内液体表面以上的空间划为0区。

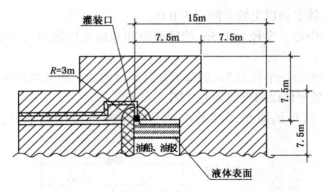

图 B.0.16 油船、油驳灌装易燃油品时爆炸危险区域划分

（2）以油船、油驳的灌装口为中心、半径为 3m 的球形并延至水面的空间划为 1 区。

（3）以油船、油驳的灌装口为中心、半径为 7.5m 并高于灌装口 7.5m 的圆柱形空间和自水面算起 7.5m 高、以灌装口轴线为中心线、半径为 15m 的圆柱形空间划为 2 区。

B.0.17 油船、油驳密闭灌装易燃油品时爆炸危险区域划分，应符合下列规定（图 B.0.17）：

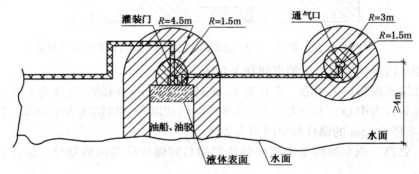

图 B.0.17 油船、油驳密闭灌装易燃油品时爆炸危险区域划分

（1）油船、油驳内液体表面以上的空间划为 0 区。

（2）以灌装口为中心、半径为 1.5m 的球形空间及以通气口为中心、半径为 1.5m 的球形空间划为 1 区。

（3）以灌装口为中心、半径为 4.5m 的球形并延至水面的空间和以通气口为中心、半径为 3m 的球形空间划为 2 区。

B.0.18 油船、油驳卸易燃油品时爆炸危险区域划分，应符合下列规定（图 B.0.18）：

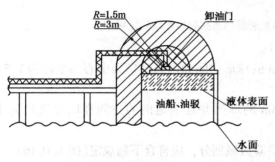

（1）油船、油驳内液体表面以上的空间划为 0 区。

（2）以卸油口为中心、半径为 1.5m 的球形空间划为 1 区。

（3）以卸油口为中心、半径为 3m 的球形并延至水面的空间划为 2 区。

B.0.19 易燃油品人工洞石油库爆炸危险区域划分，应符合下列规定（图 B.0.19）：

（1）油罐内液体表面以上的空间划为 0 区。

图 B.0.18 油船、油驳卸易燃油品时爆炸危险区域划分

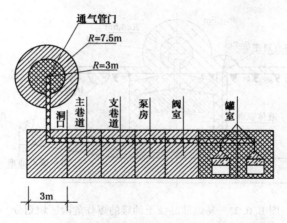

图 B.0.19 易燃油品人工洞石油库爆炸危险区域划分

（2）罐室和阀室内部及以通气口为中心、半径为3m的球形空间划为1区。通风不良的人工洞石油库的洞内空间均应划为1区。

（3）通风良好的人工洞石油库的洞内主巷道、支巷道、油泵房、阀室及以通气口为中心、半径为7.5m的球形空间、人工洞口外3m范围内空间划为2区。

B.0.20 易燃油品的隔油池爆炸危险区域划分，应符合下列规定（图 B.0.20）：

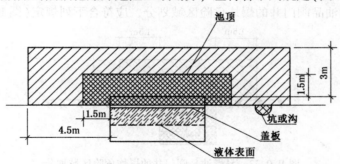

图 B.0.20 易燃油品的隔油池爆炸危险区域划分

（1）有盖板的隔油池内液体表面以上的空间划为0区。

（2）无盖板的隔油池内液体表面以上的空间和距隔油池内壁1.5m、高出池顶1.5m至地坪范围以内的空间划为1区。

（3）距隔油池内壁4.5m、高出池顶3m至地坪范围以内的空间划为2区。

B.0.21 含易燃油品的污水浮选罐爆炸危险区域划分，应符合下列规定（图 B.0.21）：

（1）罐内液体表面以上的空间划为0区。

（2）以通气口为中心、半径为1.5m的球形空间划为1区。

（3）距罐外壁和顶部3m以内的范围划为2区。

B.0.22 易燃油品覆土油罐的爆炸危险区域划分，应符合下列规定（图 B.0.22）：

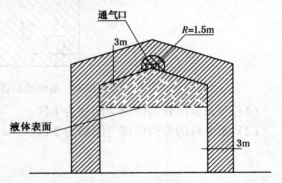

图 B.0.21 含易燃油品的污水浮选罐爆炸危险区域划分

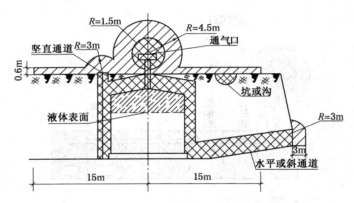

图 B.0.22　易燃油品覆土油罐的爆炸危险区域划分

（1）油罐内液体表面以上的空间划为 0 区。

（2）以通气口为中心、半径为 1.5m 的球形空间、油罐外壁与护体之间的空间、通道口门（盖板）以内的空间划为 1 区。

（3）以通气口为中心、半径为 4.5m 的球形空间、以通道口的门（盖板）为中心、半径为 3m 的球形并延至地面的空间及以油罐通气口为中心、半径为 15m、高 0.6m 的圆柱形空间划为 2 区。

B.0.23　易燃油品阀门井的爆炸危险区域划分，应符合下列规定（图 B.0.23）：

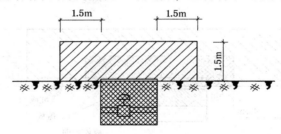

图 B.0.23　易燃油品阀门井的爆炸危险区域划分

（1）阀门井内部空间划为 1 区。

（2）距阀门井内壁 1.5m、高 1.5m 的柱形空间划为 2 区。

B.0.24　易燃油品管沟爆炸危险区域划分，应符合下列规定（图 B.0.24）：

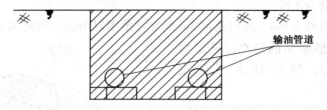

图 B.0.24　易燃油品管沟爆炸危险区域划分

（1）有盖板的管沟内部空间划为 1 区。

（2）无盖板的管沟内部空间划为 2 区。

附录 C

我国常用润滑油单剂

组 号	类 别	化 学 名 称	统 一 命 名	统 一 代 号
1	清净剂	低碱值合成磺酸钙	104 清净剂	T104
		中碱值合成磺酸钙	105 清净剂	T105
		高碱值合成磺酸钙	106 清净剂	T106
		超碱值合成磺酸钙	107 清净剂	T107
		硫化聚异丁烯钡盐	108 清净剂	T108
		烷基水杨酸盐	109 清净剂	T109
		环烷酸镁	111 清净剂	T111
		中碱值环烷酸钙	112 清净剂	T112
		高碱值环烷酸钙	114 清净剂	T114
		中碱值硫化烷基酚钙	121 清净剂	T121
		高碱值硫化烷基酚钙	122 清净剂	T122
	分散剂	单烯基丁二酰亚胺	151 分散剂	T151
		双烯基丁二酰亚胺	154 分散剂	T154
		多烯基丁二酰亚胺	155 分散剂	T155
		高相对分子质量丁二酰亚胺	161 分散剂	T161
		丁二酸季戊四醇酯	171 分散剂	T171
2	抗氧抗腐剂	硫磷烷基酚锌盐	201 抗氧抗腐剂	T201
		硫磷丁辛基锌盐	202 抗氧抗腐剂	T202
		硫磷双辛基锌盐	203 抗氧抗腐剂	T203
		硫磷伯仲醇基锌盐	204 抗氧抗腐剂	T204
		硫磷仲醇基锌盐	205 抗氧抗腐剂	T205
3	极压抗磨剂	氯化石蜡(含氯 42%)	301 极压抗磨剂	T301
		氯化石蜡(含氯 52%)	302 极压抗磨剂	T302
		亚磷酸二正丁酯	304 极压抗磨剂	T304
		硫磷酸含氮衍生物	305 极压抗磨剂	T305
		磷酸三甲酚酯	306 极压抗磨剂	T306
		硫代磷酸胺盐	307 极压抗磨剂	T307
		酸性磷酸酯胺盐	308 极压抗磨剂	T308
		硫代磷酸三苯酯	309 极压抗磨剂	T309
		硫代磷酸酯	311 极压抗磨剂	T311
		硫化异丁烯	321 极压抗磨剂	T321
		二苄基二硫	322 极压抗磨剂	T322
		氨基硫代酯	323 极压抗磨剂	T323
		多烷基苄硫化物	324 极压抗磨剂	T324
		环烷酸铅	341 极压抗磨剂	T341
		二丁基二硫代氨基甲酸钼	351 极压抗磨剂	T351
		油状硼酸钾	361 极压抗磨剂	T361

组 号	类 别	化 学 名 称	统 一 命 名	统 一 代 号
4	油 性 剂	油酸二乙醇酯	403 油性剂	T403
		硫化棉籽油	404 油性剂	T404
		硫化烯烃棉籽油-1	405 油性剂	T405
		苯三唑脂肪酸胺盐	406 油性剂	T406
	摩擦指数改进剂	二烷基二硫代磷酸氧钼	462 摩擦改进剂	T462
		烷基硫代磷酸钼	464 摩擦改进剂	T464
		硫磷酸钼钨化合物	472 摩擦改进剂	T472
		非硫磷型钼钨化合物	473 摩擦改进剂	T473
5	抗 氧 剂	2，6-二叔丁基对甲酚	501 抗氧剂	T501
		N-苯基-α-萘胺	531 抗氧剂	T531
		含苯三唑衍生物复合剂	532 抗氧剂	T532
		含噻二唑衍生物复合剂	533 抗氧剂	T533
		烷基二苯胺	534 抗氧剂	T534
		铜盐化合物	541 抗氧剂	T541
	金属减活剂	苯三唑衍生物	551 金属减活剂	T551
		肌醇六磷酸(植酸)	552 金属减活剂	T552
		噻二唑衍生物	561 金属减活剂	T561
6	黏度指数改进剂	聚乙烯基正丁基醚	601 黏度指数改进剂	T601
		聚甲基丙烯酸酯	602 黏度指数改进剂	T602
		聚异丁烯(内燃机油用)	603 黏度指数改进剂	T603
		乙烯-丙烯共聚物	613 黏度指数改进剂	T613
		分散型乙烯-丙烯共聚物	621 黏度指数改进剂	T621
		聚丙烯酸酯	631 黏度指数改进剂	T631
7	防 锈 剂	石油磺酸钡	701 防锈剂	T701
		苯骈三氮唑	706 防锈剂	T706
		合成磺酸镁	707 防锈剂	T707
		氧化石油脂钡皂	743 防锈剂	T743
		烯基丁二酸	746 防锈剂	T746
8	降 凝 剂	烷基萘	801 降凝剂	T801
		聚α-烯烃-1(浅度脱蜡脱蜡油用)	803 降凝剂	T803
		苯乙烯富马酸酯共聚物	808 降凝剂	T808
		α-烯烃共聚物	811 降凝剂	T811
		聚丙烯酸酯	814 降凝剂	T814
9	抗 泡 剂	甲基硅油	901 抗泡剂	T901
		丙烯酸酯与醚共聚物	911 抗泡剂	T911
		2 号复合抗泡剂	922 抗泡剂	T922
		3 号复合抗泡剂	923 抗泡剂	T923
10	抗乳化剂	胺与环氧化物缩合物	1001 抗乳化剂	T1001
		环氧乙-丙烷聚醚	1002 抗乳化剂	T1002

参 考 文 献

1 竺柏康．油品储运．北京：中国石化出版社，2005

2 姚运涛，王建华、张洪兴．油库安全技术与管理．重庆：重庆大学出版社，1997

3 范继义．油库加油站安全技术与管理．北京：中国石化出版社，2005

4 郭建新．加油(气)站安全技术与管理．北京：中国石化出版社，2007

5 李曰光．油库安全设备与设施．北京：解放军出版社，1995

6 李征西，徐思文．油品储运设计手册．北京：石油工业出版社，1997

7 田士良．炼油厂油品储运技术与管理．北京：中国石化出版社，1995

8 徐至钧，燕一鸣．大型立式圆柱形储液罐．北京：石化出版社，2003

9 樊宝德，朱焕勤．油库设计手册．北京：中国石化出版社，2007

10 丁崇功．液化石油气站操作工．北京：化学工业出版社，2007

11 范继义．油库阀门．北京：中国石化出版社，2007

12 中国石油化工集团公司．石油库设计规范．北京：中国计划出版社，2003

13 陈惠彦，梁成龙．油品储运操作工．化学工业出版社，2006

14 樊宝德，朱焕勤．油品装卸工．北京：中国石化出版社，2005

15 范继义．油库用泵．北京：中国石化出版社，2006

16 樊宝德，郝宝垠，朱焕勤．油品装卸工．北京：中国石化出版社，2005

17 胡建华．油品储运技术．北京：中国石化出版社，2006

18 郭建新．油品销售企业员工安全培训教材．北京：中国石化出版社，2005

19 石永春，张永国．油库技术管理．北京：中国石化出版社，2007

20 杨筱蘅．油气管道安全工程．北京：中国石化出版社，2005

21 范继义．油品装卸设备．北京：中国石化出版社，2007

22 樊宝德，朱焕勤．油库计量与监控设备．北京：中国石化出版社，2006

23 侯祥麟．中国炼油技术．北京：中国石化出版社，2001

24 黄文轩．润滑剂添加剂应用指南．北京：中国石化出版社，2007

25 中国石油化工股份有限公司科技开发部．石油及石油化工产品标准汇编．北京：中国标准出版社，2006

26 吕兆岐．润滑油品研究与应用指南．北京：中国石化出版社，1997

27 王先会．润滑油脂生产技术．北京：中国石化出版社，2005

28 蔡智等．油品调和技术．北京：中国石化出版社，2006

29 陈志平等．搅拌与混合设备设计选用手册．北京：化学工业出版社，2004

30 程丽华，吴金林．石油产品基础知识．北京：中国石化出版社，2006

31 水天德．现代润滑油生产工艺．北京：中国石化出版社，1997

32 王先会．润滑油脂生产技术．北京：中国石化出版社，2005

33 王先会．工业润滑油脂应用技术．北京：中国石化出版社，2005

34 梁治齐．润滑剂生产及应用．北京：化学工业出版社，2001

35 郑灌生．润滑油生产装置技术问答．北京：中国石化出版社，1998

36 亓玉台．石油产品应用原理．武汉：华中理工大学出版社，1996

37 颜志光．润滑材料与润滑技术．北京：中国石化出版社，2000

38 汪德涛．润滑技术手册．北京：机械工业出版社，1999

39 周亚斌，焦丽菲．油液清洁度标准及测定方法．润滑油，2008 年第一期